BREMER BEITRÄGE
ZUR
GEOGRAPHIE UND RAUMPLANUNG

HERAUSGEBER

GERHARD BAHRENBERG, HANS-KARL BARTH, EVA LEUZE, WOLFGANG TAUBMANN

Heft 2

1982

Schwerpunkt Geographie, Fachbereich 1

Universität Bremen

Geographisches Institut
der Universität Kiel
ausgesonderte Dublette

Inv.-Nr. A 29 791

Geographisches Institut
der Universität Kiel

Meere und Küstenräume, Häfen und Verkehr
Vorträge und Arbeitsberichte
17. Deutscher Schulgeographentag Bremen 1980

Herausgegeben von
Gerd Feller und Wolfgang Taubmann

1982

Schriftleitung: G. Hoffmann und H. H. Rogge

INHALTSVERZEICHNIS

Seite

Vorwort

	Meere, Häfen und Verkehr	IX
J. Ertl	Fischereipolitik – Bedeutung und Probleme der Fischwirtschaft der Bundesrepublik Deutschland im Rahmen der Europäischen Gemeinschaft	1
G. Breuer	Geopolitische Fragen der 3. UN-Seerechtskonferenz	9
G. Kortum	Entwicklung, Stand und Aufgaben der Geographie des Meeres	21
G. Sommerhoff	Die Erforschung des Meeresbodens – Untersuchungsmethoden und Ergebnisse	33
J. Meincke	Wärmetransporte im Nordatlantik und ihre Bedeutung für das Klima Nordwest-Europas	41
E. Rachor	Die besondere Stellung und die Bedeutung des Wattenmeeres im Gesamtökosystem der Nordsee	50
J. Ulrich	Untersuchungen zur Sandbewegung im Küstenbereich der Deutschen Bucht	58
G. Hempel	Neue Aufgaben und Möglichkeiten deutscher Polarforschung – insbesondere im Bereich der Biologie –	66
H.L. Beth	Anpassung der Häfen an die Entwicklung der Schiffahrt	75
W. Krause	Handelsströme und Schiffahrtswege – ökonomische Aspekte aus deutscher Sicht	81
G. Alexandersson/ B. Lagervall	Handel und Güterverkehr der Welt in den 80er Jahren	89
U. Kapust	Bremische Hafenpolitik im Lichte Bonner Verkehrspolitik	102
H.R. Hoppe	Die bremische Seehafenverkehrswirtschaft als Dienstleister im weltweiten Warenaustausch	108
W. Brönner	Die Entwicklungsgeschichte der bremischen Häfen und ihre geographischen Randbedingungen	112
H. Kellersohn	Das Überfischungsproblem – Ein Beitrag zur didaktischen Aufbereitung einer akuten Frage der Meeresnutzung	116
J. Härle	Unterrichtsthema: Das Meer als Energie- und Rohstoffquelle	129
B. Kreibich	Regionalwirtschaftliche Wirkungen großer Verkehrseinrichtungen und wie man sie mißt	140

Seite

Die Stadtregion Bremen und der Küstenraum an der Niederweser

D. Porschen	Strukturprobleme an der Küste: Der Industriestandort Bremen	152
U. Riedel	Sozioökonomische Determinanten der Stadtentwicklung, dargestellt am Beispiel Bremer Wohnquartiere, oder: Das Wohnumfeld als aktuelles Planungsobjekt	158
W. Taubmann	Universitäts- und Stadtentwicklung am Beispiel von Bremen	165
H.C. Hoffmann	Die Entwicklung der bremischen Vorstädte in der 2. Hälfte des 19. Jahrhunderts	181
W. Manschke	Probleme des innerstädtischen Verkehrs am Beispiel Bremen	188
H. Hollmann	Raumordnung in der Stadtregion Bremen	193
H. Brandt	Rahmenbedingungen des ökonomischen Standortes Bremerhaven – Geographische, historische, infrastrukturelle und soziologische Aspekte	197
G. Turowski	Die Gemeinsame Landesplanung Bremen/Niedersachsen	209
P. Singer	Raumordnung und Landesentwicklung in der Unterweserregion – Kurzfassung –	214

Zur Didaktik der Geographie

H.v. Hassel	Ziele Bremer Bildungspolitik: Forderungen an den Geographieunterricht	218
G. Bahrenberg	Schwierigkeiten mit der Geographie an der Hochschule	221
O. Werle	Zehn Jahre Geographie im Sachunterricht – Bilanz und Perspektiven	227
J.v. Westrhenen	Stadtgeographie für die Primarstufe – Ein Curriculumprojekt, in dem geographische Begriffsstrukturen für eine systematische Organisation von Lerninhalten angewendet werden.	237
A. Schultze	Geographischer Unterricht in der Orientierungsstufe – Arbeitssitzung mit Diskussion und Diavortrag	257
G. Kirchberg	Lehrpläne für die Sekundarstufe I – ein Kompromiß zwischen divergierenden Anschauungen?	261
H. Hendinger	Geographie in der gymnasialen Oberstufe unter den Bedingungen und Ansprüchen eines Abiturfaches	268
W. Schurich	Entwicklung und gegenwärtige Situation von Geographieunterricht und Geographielehrerausbildung im berufsbildenden Schulwesen	284
H. Verduin-Muller	Das Partizipations-Projekt Randstad 2, entwickelt am Utrechter Curriculum-Modell	296
E. Ernst	Schülerexkursionen in Museen, dargestellt am Beispiel des Freilichtmuseums Hessenpark	312

Raumwissenschaftliches Curriculum-Forschungsprojekt (RCFP)

H. Schrettenbrunner	Bericht über Forschungsarbeiten zum RCFP im Rahmen eines DFG-Projekts	322
W. Gaebe	Welchen Weg nimmt Reblingen? Eine Unterrichtseinheit für die Sekundarstufe II	328
I. Schickhoff	(K)ein Platz für Kinder – Ein Ballspielplatz für das Handwerkerviertel – eine Unterrichtseinheit für die 3./4. Klasse	330
W. Grau	Werkstattbericht RCFP-Unterrichtseinheit Verkehr im ländlichen Raum: Pro und Contra Streckenstillegung Ebersberg – Wasserburg am Inn	333

Vorwort

Der 17. Deutsche Schulgeographentag, der vom 25.-31. Mai 1980 in Bremen stattfand, stellte seine Vorträge und Exkursionen unter das Motto „Meere und Küstenräume, Häfen und Verkehr als Problemfelder für den Geographenunterricht".

Die Wahl dieses Themas ergab sich zum einen aus der Lage des Tagungsortes in einer Küstenregion und aus seiner Funktion als Seehafen und damit als wichtigem Güterumschlagplatz bzw. Verkehrsknotenpunkt. Zum anderen veranlaßten Fachnotwendigkeit und Aktualität der Thematik den Verband Deutscher Schulgeographen und den Ortsausschuß, den Geographen des In- und Auslandes küsten- und meeresgeographische, hafenwirtschaftliche und verkehrsgeographische Forschungen und Ergebnisse vorzustellen. Die Nutzung der Meere, Schonung und Schutz ihres ökologischen Gleichgewichtes, die schwierige Situation strukturschwacher Küstenräume sowie die Probleme von Verkehrsströmen und -einrichtungen beschäftigen in zunehmendem Maße Wissenschaft, Wirtschaft und Politik. Nachdem auf vorangegangenen Schulgeographentagen unter anderem industriegeographische, stadtgeographische und ökologische Problemfelder angesprochen worden waren, sollte 1980 ein Beitrag zu der Aufgabe geleistet werden, die junge Generation im Geographieunterricht mehr als bisher an die zukünftig sicher noch an Bedeutung gewinnenden Probleme der marinen Ressourcensicherung, der Meeres- und Polarforschung, des internationalen Seerechts, der Fischereiwirtschaft, der Entwicklung von Küstenräumen und des See- und Landverkehrs heranzuführen. Regionale Schwerpunkte bildeten dabei die Nordsee und die Niederweserregion mit Bremen und Bremerhaven. Der Tradition der Schulgeographentage folgend, wurden außer den Themen zum Tagungsmotto auch allgemein fachdidaktische Fragen behandelt.

Die große öffentliche Resonanz der Tagung, das lebhafte Interesse der Fachkollegen an der Thematik und die Fülle der in den Vorträgen zu findenden Informationen, aus denen sich viele Anregungen zur Umsetzung im Unterricht gewinnen lassen, haben zur Herausgabe des vorliegenden Heftes geführt. Obgleich nicht alle Beiträge aufgenommen werden konnten, hoffen die Herausgeber, daß von den Materialien Impulse ausgehen, der Geographie des Meeres, der Küstenräume und des Seeverkehrs im Geographieunterricht der Schulen größeren Raum zu verschaffen.

Der Tagungsband gliedert sich in vier Abschnitte. Vorangestellt werden die Arbeiten, die sich mit Meeren, Häfen und Verkehr befassen. Diese Problemfelder werden sowohl unter politischen als auch unter physiogeographischen, historischen, wirtschaftlichen und didaktischen Aspekten dargestellt. Die Aufsätze des zweiten Abschnittes behandeln Industrieansiedlung, infrastrukturelle Entwicklungen, Raumordnung und Landesplanung der Stadtregion Bremen und des Niederweserraumes. An dritter Stelle stehen übergreifende hochschuldidaktische bzw. schulstufenbezogene fachdidaktische Themen. Bildungspolitische Vorstellungen werden vorgetragen, Lernziele und -inhalte diskutiert und Unterrichtsmodelle vorgestellt. Im letzten Abschnitt erscheinen Arbeitsberichte des RCFP, das inzwischen durch die Veröffentlichung einiger Medienpakte der Verlage Klett und Westermann Eingang in die Schulen gefunden hat. Diese Gliederung des Heftes entspricht im wesentlichen den Vortragsteilen der Bremer Tagung.

Der Tagungsband wurde vom Ortsausschuß Bremen mit Einverständnis des Verbandes Deutscher Schulgeographen finanziert. Seine Drucklegung als Heft 2 der „Bremer Beiträge zur Geographie und Raumplanung" erfolgte mit freundlicher Hilfe der Universität. Den Autoren und allen anderen Beteiligten sei für ihre Mitarbeit herzlich gedankt.

Bremen, im April 1982

Gerd Feller
Wolfgang Taubmann

Meere, Häfen und Verkehr

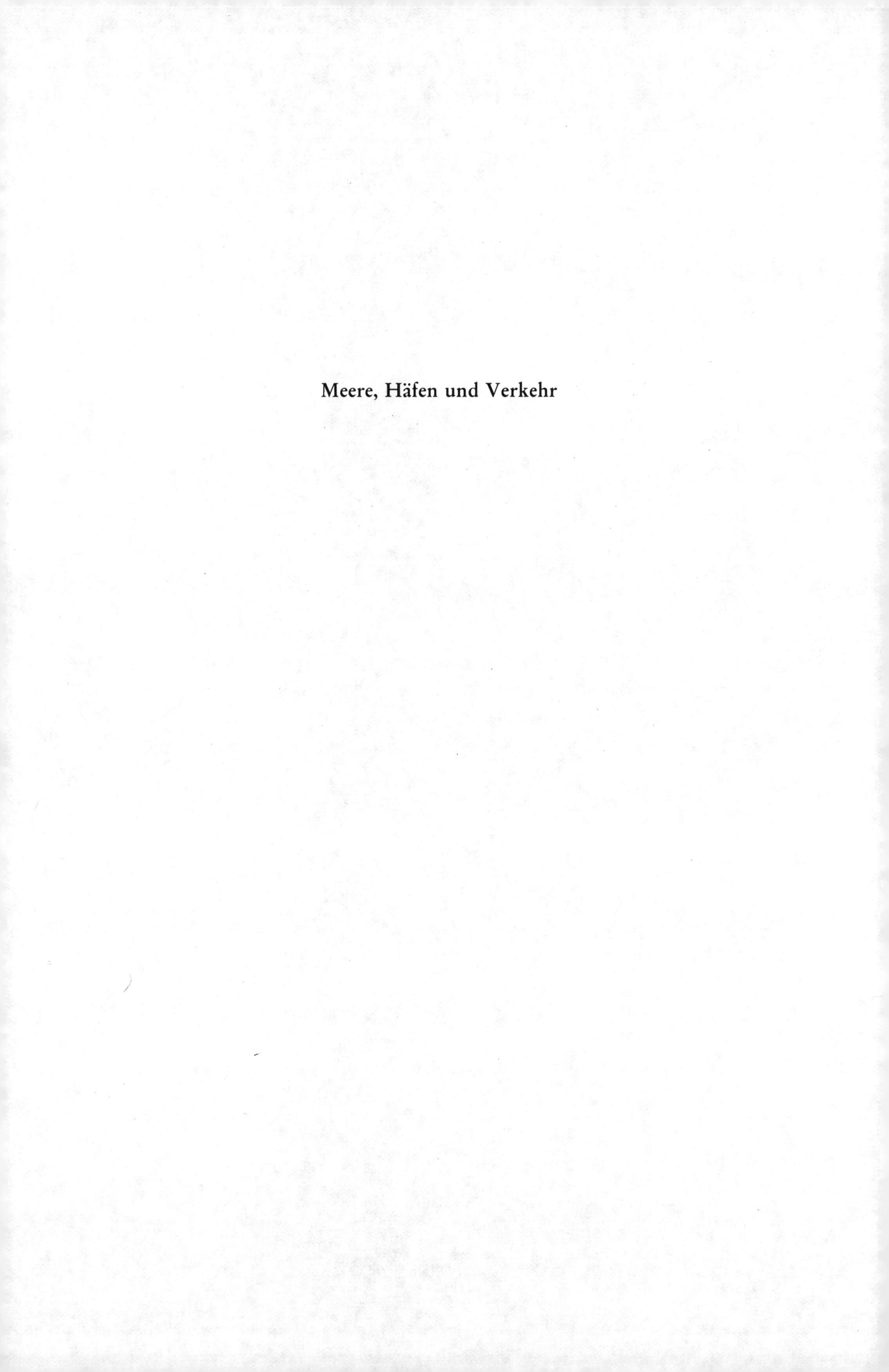

Bundesminister Josef Ertl

Fischereipolitik – Bedeutung und Probleme der Fischwirtschaft der Bundesrepublik Deutschland im Rahmen der Europäischen Gemeinschaft

Gerne bin ich Ihrer Aufforderung gefolgt, anläßlich dieses Schulgeographentages in Bremen einen Vortrag zum Thema „Fischereipolitik – Bedeutung und Probleme der Fischwirtschaft der Bundesrepublik Deutschland im Rahmen der Europäischen Gemeinschaft" zu halten.

Im Geographieunterricht wird heute neben anderen Schwerpunkten aufgezeigt, wie sich die wirtschaftliche und politische Tätigkeit des Menschen nach den äußeren Gegebenheiten dieser Erde richtet und wie diese Tätigkeit andererseits die Gegebenheiten selbst beeinflußt.

Die Fischerei und die Politik, die ihr die Rahmenbedingungen setzt, geben ein eindrucksvolles Beispiel für den schnellen Wandel, den gerade in unserer Zeit wirtschaftliche Tätigkeiten erfahren aufgrund der Weiterentwicklung von Technik und Recht, Politik und Ressourcen.
Bevor ich Ihnen einige Aspekte der Fischereipolitik darstelle, möchte ich Ihnen einen Abriß der Entwicklung der deutschen Seefischerei geben.

Bis vor etwa 100 Jahren dominierte über Jahrhunderte in Nordeuropa die Heringsfischerei und der Handel mit gesalzenem Hering. Dieses Geschäft wurde von der Hanse in ihrer Blütezeit beherrscht, deren Position weitgehend auf den damaligen Landesherren abgekauften Privilegien beruhte.
Salzung und Trocknung war damals die einzige Möglichkeit, den Fisch lager- und transportfähig zu machen. Als Frischfisch wurde der Fisch nur in der unmittelbaren Küstenregion verkauft. Für eine umfangreiche Fischerei auf diesen Fisch fehlten Absatzmöglichkeiten.
Mit dem Niedergang der Hanse war es mit der Bedeutung Deutschlands nicht nur als seefahrender, sondern auch als seefischereibetreibender Nation vorbei. Das Fischgeschäft übernahmen Briten, Niederländer und Dänen. Die Fischerei hatte in Deutschland nur noch lokale Bedeutung, sie wurde hauptsächlich von den Ostfriesischen Inseln, Helgoland und einigen Plätzen an der Küste betrieben.

Dies änderte sich mit dem großen wirtschaftlichen und politischen Aufschwung, der mit der Gründung des Deutschen Reiches einherging.
Die politischen Rahmenbedingungen waren günstig.
– Streben des Deutschen Reiches auch nach Seegeltung.
– Das Prinzip der Freiheit der Meere umfaßte neben der Freiheit der Schiffahrt auch die freie Ausübung des Fischfangs auf der hohen See, das heißt außerhalb der auf 3 Meilen begrenzten Hoheitsgewässer.

Die wirtschaftlichen Rahmenbedingungen für einen verstärkten Fischhandel und die Aufnahme einer deutschen Hochseefischerei waren gegeben durch
– verbesserte Infrastruktur,
– die Eisenbahnen,
– den großen Markt des Deutschen Reiches ohne Zollschranken,
– eine in wenigen Jahren aufgebaute deutsche Fischereiforschung, die schon zu Anfang dieses Jahrhunderts auf europäischer Ebene koordiniert wurde im Internationalen Rat für Meeresforschung, weil ein einzelnes Land – damals wie heute – allein gar nicht in der Lage ist, die ausgedehnten Weltmeere erfolgreich zu erforschen.

Friedrich Karl Busse aus Geestemünde, das heute zu Bremerhaven und damit der Freien Hansestadt Bremen gehört, stellt 1885 den ersten deutschen Fischdampfer „Sagitta" in Dienst.
Damit begann die deutsche Hochseefischerei, die sich in den Jahren vor dem 1. Weltkrieg ebenso wie eine konkurrenzfähige deutsche Kutterfischerei schnell entwickelte.

Die deutschen Fischdampfer stießen rasch in entferntere Fanggebiete vor und fischten bereits Ende des letzten Jahrhunderts regelmäßig in den Gewässern unter Island und vor Nord-Norwegen (Lofoten); später wurde auch die Barantssee befischt. Der Aktionsradius und die Reisedauer wurden durch die begrenzte Haltbarkeit der auf Eis gelagerten Fische bestimmt; das heißt der Kapitän mußte spätestens 14 bis 17 Tage nach Fangbeginn den Fang auf den Markt bringen.

Der rasche Wiederaufbau der Flotten nach dem 1. Weltkrieg führte bereits während der 30er Jahre zu einer drohenden Überfischung, die aber durch den Ausbruch des 2. Weltkrieges unterbrochen wurde. Die neu gegründete Internationale Fischereiorganisation für den Nordostatlantik konnte so die Wirksamkeit internationaler Schonmaßnahmen nicht mehr beweisen.
Eine vorangegangene Konvention bereits aus dem Jahre 1882 zur polizeilichen Regelung der Fischerei in der Nordsee und ein Übereinkommen zur Verhütung des Branntweinschmuggels durch die Fischer hatten nur administrative Bedeutung. Schonmaßnahmen waren im vergangenen Jahrhundert noch nicht erforderlich.

Der zweite Weltkrieg bedeutete eine ausgedehnte Schonzeit für die Fischbestände in Nord- und Ostsee. Problematisch für den Wiederaufbau der Fischerei waren in den Jahren nach 1945 nicht mangelnde Ressourcen, sondern der Mangel an Fischereifahrzeugen, der durch die Bewirtschaftung aller der Güter, die zum Bau von Schiffen erforderlich waren, nicht so schnell wie erwünscht behoben werden konnte. Der dann aber doch in wenigen Jahren abgeschlossene Wiederaufbau der Fischerei der europäischen Staaten und der schnelle Ausbau von Fischereiflotten auch solcher Länder, die nicht über eine Tradition bei der Fischerei verfügten, machte bald wieder eine internationale Zusammenarbeit zur Regelung der Fischerei erforderlich, um die Fischbestände rationell zu nutzen und vor Überfischung zu schützen.

In der Fischereiorganisation für den Nordostatlantik wurden
— Mindestmaschenweiten der Fangnetze,
— Mindestgrößen für gefangene Fische,
— späterhin Fangquoten und
— ein gegenseitiges Inspektionssystem
eingeführt.

Bereits Ende der 60er Jahre gab es für alle bedeutenden Meeresgebiete der Welt, in denen Fischerei betrieben wurde, solche Fischereiorganisationen, die von wissenschaftlichen Gremien beraten wurden.

Entscheidender Nachteil für die Effizienz dieser Organisationen war, daß sie praktisch nur einstimmig bindende Empfehlungen verabschieden konnte. Grund dafür war, daß eine Fischfang betreibende Nation jederzeit aufgrund der bereits genannten Freiheit der Meere die Bestimmungen für ihre Fahrzeuge letztlich nach eigenem Gutdünken festsetzen konnte. Dies führte dazu, daß man sich stets nur auf dem kleinsten gemeinsamen Nenner einigte, das heißt auf solche Regelungen, welche die Fischereitätigkeit der angesprochenen Nationen am wenigsten beschränkte mit der Folge, daß die wichtigsten Fischbestände über die Grenzen ihrer optimalen Ertragsfähigkeit hinaus befischt wurden: Sie wurden überfischt.

In solchen Fällen gingen die Tagesfänge der Fischereifahrzeuge deutlich zurück, die Fischerei wurde weniger rentabel, ihr Gesamterfolg hing in immer größerem Maße von der Stärke einzelner Fischjahrgänge ab. Viele Experten glaubten, die ökonomischen Grenzen der Fischerei lägen weit vor den biologischen Grenzen, bei deren Überschreiten die Bestände gefährdet würden. Diese Auffassung mag stimmen, wenn die Fischerei unter dem Gesichtspunkt der Rentabilität, des Soll und Haben betrieben wird. Sie galt nicht mehr, als die enorm gewachsenen Flotten der Ostblockstaaten nicht nach den gleichen ökonomischen Grundsätzen eingesetzt wurden, sondern ihre Fangtätigkeit noch fortsetzten und verstärkten, als die Bestände bereits zurückgingen. Dies führte in fast allen westlichen Ländern zu vielfältigen Subventionen für die Seefischerei.

Diese Entwicklung führte zudem dazu, daß die Küstenstaaten zum Schutz ihrer eigenen Fischer Fischereihoheitszonen forderten, welche über die traditionelle 3-sm-Grenze hinausgingen.

Auf der Ersten und Zweiten Seerechtskonferenz in den Jahren 1958 und 1960 diskutierte man noch über die Einrichtung von 12-sm-Fischereizonen, und die Zweite Seerechtskonferenz scheiterte nach einer dramatischen Abstimmung, bei der nur eine Stimme zur erforderlichen 2/3-Mehrheit fehlte, an der Frage, ob die traditionellen Fischereirechte zwischen 6 und 12 sm für eine Übergangszeit von 10 Jahren oder dauernd aufrechterhalten bleiben sollten.

Daß diese Alternative noch vor gerade 20 Jahren bestand, erscheint uns heute unglaublich.
Schon im Jahre 1977 bestanden im gesamten Nordatlantik 200-sm-Fischereizonen, bei deren Errichtung historische Rechte nicht mehr beachtet wurden. Noch im Jahre 1964 wurde im nordeuropäischen Raum durch die Londoner Fischereikonvention eine Regelung erreicht, indem die Fischereizonen auf maximal 12 sm begrenzt wurden mit der dauernden Absicherung historischer Rechte zwischen 3 und 6 sm. Island und Norwegen traten dieser Konvention aber bereits nicht mehr bei und schlossen andere Nationen aus der Fischerei in ihrer 12-sm-Zone aus.
Die Fangplätze der deutschen Kutterfischerei waren durch diese Entwicklung noch nicht bedroht und für die Nordsee durch das Ergebnis der Londoner Konferenz abgesichert.

Die deutsche Hochseefischerei stellte sich schnell auf die neue Situation ein. Außerhalb der 12-sm-Zonen blieben in den traditionellen Fanggebieten insbesondere für die Frischfischflotte noch ausreichende Fangmöglichkeiten. Die neu entwickelte und perfektionierte Gefriertechnik ermöglichte den deutschen Gefriertrawlern darüber hinaus die Entwicklung einer blühenden Fernfischerei im Nordwestatlantik, nämlich der Heringsfischerei auf der Georges Bank vor den USA, die Aufnahme und Ausweitung der Kabeljau-Fischerei bei Neufundland und die Entwicklung der Eisfischerei bei Labrador und Grönland.

Der Streit mit Island, in den Großbritannien und die Bundesrepublik Deutschland verwickelt waren, zeigte dann aber, daß die Entwicklung noch nicht abgeschlossen war.
Zwar obsiegten wir vor dem Internationalen Gerichtshof in Den Haag im Jahre 1973. Aber die politische und nachfolgend die seerechtliche Entwicklung ging darüber hinweg. Auf der 1973 eröffneten und noch andauernden Dritten Seerechtskonferenz der Vereinten Nationen fand das Konzept der 200-sm-Wirtschaftszonen überwältigende Mehrheiten. Heute haben praktisch alle Küstenstaaten ihre 200-sm-Fischereizonen. Diese Entwicklung ist ein Teilaspekt der internationalen Rohstoffpolitik, des Ringens um eine neue Weltwirtschaftsordnung.

Ein Vorläufer der Entwicklung zu erweiterten Wirtschaftszonen ist in der Truman-Proklamation von 1945 zu sehen, in der die USA für den Bereich des Festlandsockels das Recht zur Festsetzung von Erhaltungsmaßnahmen zum Schutz der Fischbestände sowie das ausschließliche Recht zur Ausbeutung von Bodenschätzen im Festlandsockel beanspruchten. Praktiziert wurde die 200-sm-Zone erstmals von den südamerikanischen Pazifik-Anrainern Chile, Peru und Ecuador in den 50er Jahren. Mangels eines Festlandsockels wurde eine Distanz von 200 sm relativ willkürlich gewählt. Vielleicht deshalb, weil es sich etwa um die Distanz handelte, über welche man einen harpunierten Wal zu einer Landverarbeitungsstation schleppen konnte, ohne daß das Fleisch verdarb.

Diese lateinamerikanische Besonderheit wurde Anfang der 70er Jahre besonders von Entwicklungsländern aufgegriffen, um Rohstoffreserven vor ihren Küsten zu sichern.
Wirklich begünstigt von 200-sm-Fischereizonen sind dabei aber nur einige der Entwicklungsländer, Hauptgewinner sind einige große Industrienationen: die USA, Kanada, die Sowjetunion, Australien, Süd-Afrika.

Die Folgen dieser Entwicklung auf dem fischereilichen Sektor haben einen ungeheuren Umfang: innerhalb der 200-sm-Zonen werden über 90 % der Weltfischereierträge erzielt. Diese sind jetzt vollständig unter der Kontrolle der Küstenstaaten.
Wie stark die deutsche Fischerei durch diese innerhalb eines Jahrzehnts im Nordatlantik eingetretene Entwicklung getroffen wurde, mögen Ihnen diese Zahlen aufzeigen:
Im Jahresdurchschnitt 1973/76 fing die deutsche Flotte insgesamt 460.000 Tonnen Fisch, davon vor Drittländern 275.000 Tonnen, das sind 66 Prozent.

Die Fänge der Hochseefischerei von durchschnittlich 320.000 Tonnen wurden zu 78 Prozent in den Fischereizonen vor Drittländern, also Nichtmitgliedstaaten der EWG gefangen.
Dies waren die USA, Kanada, Island, die Färöer, Norwegen und die UdSSR. Die Proklamierung der 200-sm-Fischereizonen dieser Länder führte zum völligen Fortfall unserer Fangmöglichkeiten bei Island und der UdSSR und bei den anderen Ländern zu einer starken Einschränkung, die zum Teil aber auch durch Überfischung bedingt ist.

Dieser Fortfall der herkömmlichen Fangmöglichkeiten in Gebieten, für die unsere Hochseefischerei konzipiert worden ist, konnte durch die Fangmöglichkeiten im EG-Meer, das heißt in den Fischereizonen der Mitgliedstaaten, nicht voll ausgeglichen werden. Grund hierfür war, daß im EG-Meer die guten Fischarten, welche unsere Hochseefischerei in Drittländern in erster Linie gefischt hat, nämlich Kabeljau, Seelachs und Rotbarsch, nur in beschränktem Umfang vorhanden sind und daß diese Bestände überfischt waren, so daß es wirtschaftlich nicht möglich war, gegebene Fangmöglichkeiten auszunutzen, da die Tagesfangraten so niedrig waren, daß sich der Einsatz der Schiffe nicht lohnte.

Diese negative Entwicklung der Fangmöglichkeiten führte zu einer drastischen Flottenreduzierung. Die Hochseefischerei bestand im Jahre 1975 noch aus 74 Einheiten, zu Anfang dieses Jahres noch aus 44 Schiffen und zu Ende dieses Jahres wird unsere Hochseeflotte voraussichtlich noch aus 32 Fahrzeugen bestehen.
In der von der seerechtlichen Entwicklung – sieht man von den Besonderheiten der Ostsee ab – weniger betroffenen Kutterfischerei sind etwa 660 Fahrzeuge im Einsatz, ihre Anzahl hat sich in den letzten Jahren nur um etwa 10 Prozent verändert.

Ich möchte Ihnen nur einige Aspekte der Fischereipolitik der Bundesregierung in dieser Situation darstellen.

Hauptziele der Fischereipolitik der Bundesregierung sind
– die sichere Versorgung der Bevölkerung mit qualitativ hochwertigen Fischprodukten zu angemessenen Preisen,
– die Teilnahme der in der Fischerei tätigen Bevölkerung an der generellen Einkommens- und Wohlstandsentwicklung,
– einen Beitrag zur Lösung des Welternährungsproblems zu geben.

A) Das Hauptziel: **Versorgung der Bevölkerung mit hochwertigen Fischereiprodukten** zu angemessenen Preisen erfordert die Aufrechterhaltung eines möglichst hohen Anteils der Eigenversorgung mit Fisch, also eine leistungsfähige Fischereiflotte zur kontinuierlichen Versorgung der Bevölkerung unabhängig von Marktschwankungen, die es gleichzeitig erlaubt, die für die Verteilung erforderliche Infrastruktur aufrechtzuerhalten.

Die Erhaltung einer leistungsfähigen Flotte setzt genügende Fangmöglichkeiten voraus. Diese wären allein innerhalb der deutschen Fischereizone in der Deutschen Bucht und der Ostsee nicht gegeben.

Basis der deutschen Fischereipolitik ist deshalb die Einbindung in die EWG-Fischereipolitik mit dem Grundsatz des allgemeinen gleichen Zugangs für die Fischereifahrzeuge aller Mitgliedstaaten zu den Fischereizonen der anderen Mitgliedstaaten.
Dieser Grundsatz beruht auf den Römischen Verträgen zur Gründung der EWG, der Akte betreffend den Beitritt von Großbritannien, Dänemark und Irland zur Gemeinschaft und der Fischerei-Strukturverordnung.

Nun ist bei der heutigen Struktur der Fischereiflotten und dem Zustand der Fischbestände im EG-Meer, welche sich mit den Worten umreißen lassen: Zu viele Fischer für zu wenig Fische, dieser Grundsatz nicht unmittelbar durchführbar.
Also müssen vertragsgerechte und politisch durchsetzbare Wege gefunden werden, um eine Fischereipolitik zu betreiben, die möglichst weitgehend diesem Grundsatz entspricht. Es müssen durch Fangregelungen für die einzelnen Fischarten den einzelnen Mitgliedstaaten räumlich und mengenmäßig nach Quoten festgelegte Fangmöglichkeiten gegeben werden.

Über die Kriterien, nach denen die Bestände auf die einzelnen Mitgliedstaaten zu verteilen sind, haben sich noch nicht alle Mitgliedstaaten geeinigt. Nach der Vorstellung der Bundesregierung, die von sieben anderen Mitgliedstaaten geteilt wird, sind dies die historischen Fänge der Fischereiflotten.
Dies, um die Eingriffe in die Struktur der Flotten der Mitgliedstaaten so gering zu halten, wie es nach den Umständen möglich ist. Und zwar sind anzuerkennen die historischen Fänge im Bereich der jetzigen Fischereizonen der EG-Mitgliedstaaten und auch die Drittlandsverluste, das heißt die historischen Fänge in Fischereizonen vor Drittländern.

Dieser Grundsatz der Berücksichtigung der Drittlandsverluste hat seine Berechtigung darin, daß bis zur Ausdehnung der Hoheitsgewässer auf 200 sm sowohl das heutige EG-Meer als auch die heutigen Drittlandsgewässer mit Ausnahme der Territorialgewässer oder alter 12-sm-Fischereizonen fischereilich Hohe See waren, also die gleiche Rechtsqualität hatten. Der Ausgleich für Verluste vor Drittländern ist aber auch ein Gebot der Gemeinschaftssolidarität.

Weiter muß eine besondere Berücksichtigung stark benachteiligter Gebiete wie Grönland, Teile von Schottland und von Irland in geeigneter Weise erfolgen – ebenso wie auch in anderen Bereichen der Gemeinschaftspolitik den benachteiligten Regionen besonders geholfen wird.

Wesentliches Element einer gemeinsamen Fischereipolitik sind auch Schonmaßnahmen zum Wiederaufbau der Bestände.
Sie werden durch ein Fangverbot schon seit 1978 beim Nordseehering durchgeführt, von dem noch im Durchschnitt 1973/76 über 300.000 Tonnen jährlich gefangen wurden.
Erforderlich sind für Schonmaßnahmen ausreichende Maschenweiten, um den Jungfisch zu schonen, und strenge Beifangregelungen für Konsumfisch in der Industriefischerei auf Arten, die zu Fischmehl verarbeitet werden.

Schließlich muß durch geeignete Kontrollmaßnahmen die Einhaltung von Quotenregelungen sichergestellt und so der Wiederaufbau der Bestände im EG-Meer eingeleitet werden.
Daß insbesondere die Kontrolle der Einhaltung von Quotenregelungen in einem Metier wesentlich ist, dessen Angehörige seit Jahrhunderten frei ihrem Beruf nachgegangen sind, werden Sie sich vorstellen können. Der Brief eines Fischers von der Ostsee-Küste an mein Haus mag Ihnen dies illustrieren. Darin teilte uns der Schleswig-Holsteiner mit: „Sehr geehrte Herren! Ich habe den Fischerberuf ergriffen, weil ich ein freier Mann sein will. Immer wenn ich aus dem Hafen ausgelaufen bin, fühle ich mich frei und unabhängig. Hiermit kündige ich Ihnen bereits jetzt an, daß ich Ihre Quotenregelungen nicht beachten werde."

Zu einer EWG-Fischereipolitik, die den Bedürfnissen der Fischer der Gemeinschaft Rechnung trägt, gehört aber auch eine möglichst weitgehende Aufrechterhaltung der Drittlandsfischerei. –
Ich hatte Ihnen dargestellt, daß unsere Hochseefischerei ihre Fänge traditionell zu 4/5 in Gewässern vor Drittländern gefangen hat. Ähnlich liegen die Dinge bei der italienischen, britischen und auch französischen Hochseefischerei. Die Einheiten unserer Hochseefischerei sind für diese Drittlandsgewässer zu bewahren bzw. wiederzugewinnen. Dies beugt gleichzeitig einer verstärkten Überfischung im EG-Meer vor, welche sich zwangsläufig ergäbe, wenn die Hochseefischereien völlig von den traditionellen Fangplätzen vertrieben würden.

Fangrechte in Gewässern vor Drittstaaten werden von der EWG, die die Zuständigkeit hierfür hat, im wesentlichen durch die Gewährung von Gegenleistungen angestrebt.
Diese bestehen in dem Austausch von Zugangsrechten in Höhe bestimmter Fangquoten. Das geschieht etwa in der Weise, daß Norwegen das Recht erhält, bestimmte Mengen Makrelen und Sprotten in den Fischereizonen der EG-Mitgliedstaaten zu fischen gegen die Gewährung von Fangquoten für Kabeljau, Seelachs und Rotbarsch in der norwegischen Fischereizone. Solche Vereinbarungen, die auch mit den Färöern und Schweden abgeschlossen werden, haben den Vorteil, daß in einem gewissen Umfang die alten Fangmuster der Flotten aufrechterhalten werden und so vorhandene Flottenstrukturen bewahrt werden können.

Die so eingetauschten Fangrechte machen aber wegen des Rückgangs der Bestände und einer allmählichen Anpassung von Fanggewohnheiten in den Drittländern an die geänderte Rechtslage nur einen Bruchteil unserer historischen Fänge aus, 1978: 66.000 t gegen 275.000 t im Durchschnitt 1973/76.
Gegenleistungen für Fangrechte können weiter erfolgen durch Gewährung von erleichtertem Marktzugang für Fischereiprodukte des Drittlands, das die Fangrechte einräumt. Dies geschieht in der Weise, daß die EWG entsprechend der Höhe der Fangmöglichkeiten für unsere Flotten auf Wunsch des Drittlands die Zollsätze für bestimmte Fischereiprodukte senkt.

Da solche Zollsenkungen einstimmig in der EWG beschlossen werden müssen, können Sie sich vorstellen, daß es schwer ist, hier zu Lösungen zu kommen, weil dieses Vorgehen ein hohes Maß an Solidarität zwischen den Mitgliedstaaten erfordert.
Einige Mitgliedstaaten sind ja nur an der Fischerei im EG-Meer, nicht aber an der Drittlandsfischerei interessiert.
Diese sehen dann in erster Linie die Auswirkungen der erleichterten Importe für den Verkauf der Produkte ihrer Fischerei, weniger aber die Fangquoten, die der Fernfischerei anderer Mitgliedstaaten zugute kommen.

Der Versuch zu einer solchen Vereinbarung: Fangquoten gegen erleichterten Marktzugang zu kommen, wird derzeit von der EWG in langwierigen Verhandlungen mit Kanada unternommen.

Vereinbarungen mit Drittstaaten sind aber nicht nur für die Hochseefischerei bedeutsam, sondern auch um traditionelle Fangmöglichkeiten der Kutter zu erhalten. In der Ostsee ist dies durch die Enge der zur Verfügung stehenden Gewässer besonders wichtig. Vereinbarungen der EG mit Schweden haben eine Erleichterung für die Kutterfischer gebracht. Die für deutsche und dänische Fischer wünschenswerten Verhandlungen der EWG mit der DDR, VR Polen und der UdSSR sind suspendiert worden, weil diese Länder die EWG nicht als Vertragspartner akzeptieren wollten.

Aber auch in der Nordsee und ihren Randmeeren Skagerrak und Kattegat sind solche Vereinbarungen der EWG mit den anderen Anliegern Norwegen und Schweden für die Kutterfischer aller Beteiligten erforderlich, denn nur so können diese die Fischerei ökonomisch sinnvoll ausrichten; denn die Fischbestände sind unabhängig von Fischereigrenzen nach Arten, Entwicklungsstufe und Jahreszeiten verschieden mal in der einen, mal in der anderen Fischereizone anzutreffen.

Zu einer gemeinsamen Fischereipolitik gehört ferner eine EWG-Strukturpolitik, das heißt die Strukturen der Fischereiflotten der Mitgliedstaaten müssen den geänderten Fangmöglichkeiten angepaßt werden. Dazu gehört sogar der Ausbau der Flotten in benachteiligten Gebieten wie Grönland und Irland, die wenig oder keine alternativen Einkommensmöglichkeiten haben, auch gleichzeitig eine dem Fischbestand entsprechende Außerdienststellung von früher benötigten Fahrzeugen in anderen Teilen der EWG. Zu einer Anpassung der Strukturen gehört auch die Entwicklung von Fahrzeugen, welche nach ihrer Größe, Besatzung und technischen Ausrüstung besonders für den Fang solcher Fischarten geeignet sind, die im EG-Meer ausreichend vorhanden sind, aber bisher nur zu einem kleinen Teil als Konsumfisch genutzt wurden.

Eine solche an den Ressourcen ausgerichtete Strukturpolitik, die aber auch die mit der Seefischerei zusammenhängenden Wirtschaftsbereiche berücksichtigen muß, erfordert von einigen Mitgliedstaaten größere Opfer als von anderen; die erforderliche Übereinstimmung innerhalb der EWG ist also auch hier nur nach langen Beratungen zu erreichen.

Wenn eine Einigung über die EG-Fischereipolitik erreicht und diese Politik durchgeführt wird, werden sich die Bestände in den Fischereizonen der Mitgliedstaaten erholen. Dieser Effekt kann bei den relativ schnellwüchsigen Fischarten innerhalb eines kurzen Zeitraums erzielt werden. Es wäre deshalb nicht sinnvoll, die Restrukturierung unserer Flotte auf das heutige Fangniveau auszurichten. Die Fischerei selbst kann aber die Vorhaltekosten, die dadurch entstehen, daß Schiffe betriebsfähig gehalten werden, für die zur Zeit nicht genügend Fangmöglichkeiten vorhanden sind, nicht alleine tragen.

Also muß sowohl den Kutterfischern als auch der Hochseefischerei mit öffentlichen Mitteln geholfen werden, diesen Tiefstand zu überstehen und ihre Strukturen entsprechend anzupassen, damit die dann zur Verfügung stehenden Fischbestände anteilig auch für die Versorgung unserer Bevölkerung aus Eigenfängen genutzt werden können. In diesem Zusammenhang ist es wichtig zu wissen, daß die Versorgung mit Fisch von der Küste aus auch eine intakte Infrastruktur voraussetzt: Funktionierende Seefischmärkte, Verarbeitungsbetriebe mit ausreichenden Kapazitäten, eine Fülle von Zuliefer- und Dienstleistungsbetrieben und ein Verteilungssystem im Binnenland.

Diese Strukturen benötigen ein bestimmtes Maß an regelmäßigen Fischanlandungen in unseren Häfen, um lebensfähig zu bleiben.
Die Anpassung der Größe der Flotte wird von der Bundesregierung erleichtert durch Prämien für die Abwrackung oder den Verkauf nicht mehr wirtschaftlich einzusetzender Tonnage. Die Erhaltung der erforderlichen Tonnage wird erleichtert durch Stillegungsbeihilfen für Fahrzeuge, die wegen fehlender Fangmöglichkeiten vorübergehend aufgelegt werden müssen. Damit wird ein Teil der Kosten gedeckt, die auch dann entstehen, wenn das Schiff noch in Fahrt ist.

Die Umstellung auf den Fang von nichttraditionellen Fischarten bzw. auf bisher wenig bekannte Fanggebiete wird erleichtert durch entsprechende Zuschüsse. Die **Markteinführung** bisher wenig bekannter Fischarten wird zudem durch Aufklärung und Werbung unterstützt.

B) Die aufgezeigten Maßnahmen zur Erhaltung und Strukturanpassung der Flotte tragen in einem gewissen Umfang auch zur **Stabilisierung der Einnahmen der Fischerei** bei. Diese sind allerdings außer auf der Seite der Ressourcen gefährdet durch eine im Gefolge der Ölpreiserhöhungen eingetretene Kostenexplosion.

Der Erfahrungssatz, wonach in der Kutterschleppnetzfischerei für den Fang von einem Kilo Fisch ein Liter Treibstoff aufgewandt wird, umreißt Ihnen dieses Problem deutlich. Diese Ölpreissteigerungen waren von unserer Fischerei nicht über den Preis auszugleichen, zumal die Fischereierzeugnisse am Markt mit anderen Nahrungsmitteln, wie Fleisch, Eier und Geflügel konkurrieren, deren Produktionskosten vom Öl weit weniger abhängig sind. Dies hat zur Folge, daß die Rentabilität unserer Fischerei, die nahezu ausschließlich eine Schleppnetzfischerei ist, weiter zurückgegangen ist.

Die Bundesregierung wird hier durch eine einmalige Liquiditätshilfe für die Seefischerei für einen gewissen Ausgleich sorgen.

Unsere **Fischereiforschung** hat sich des Energie-Problems bereits seit längerer Zeit angenommen. Es werden Netze mit geringerem Schleppwiderstand, aber gleichhoher Fangrate entwickelt, um Treibstoff zu sparen. Ein weiterer Schwerpunkt der Forschung ist es, **energiesparende Fangmethoden**, die schon früher angewandt wurden, weiter zu entwickeln und wieder den Fischern bekanntzumachen, wie Treibnetz- und Angel-Langleinen-Fischerei.

Schließlich stellt man in der Fischereiforschung – ähnlich wie bei der Elektrizitätsgewinnung – sogar schon Überlegungen an, den Wind durch Segelantrieb jedenfalls für die An- und Abreisen der Kutter ins Fanggebiet wieder auszunutzen.

Durch diese Hilfestellungen der Bundesregierung soll es der Fischerei ermöglicht werden, den geänderten Produktionsbedingungen entsprechende Produktionsmittel einzusetzen; dies soll die Wettbewerbsfähigkeit der deutschen Fischerei mit den modernen Fischereiflotten unserer unmittelbaren Nachbarstaaten erhalten und wiederherstellen.

Ein anderer Weg zur Verbesserung des Einkommens der Fischerei ist die auf der Grundlage entsprechender EWG-Verordnungen durchgeführte **Förderung von Erzeugerzusammenschlüssen**, um die Marktstellung der Fischer zu verbessern, und die Preisstützung bei Unterschreiten der weit unter dem üblichen Handelsniveau liegenden Rücknahmepreise, die für die wichtigsten Fischarten festgesetzt sind.

In diesem Zuammenhang möchte ich kurz ein Thema ansprechen, über das in der Öffentlichkeit in der letzten Zeit sehr viel geredet worden ist, häufig aber auf der Basis nur ungenügender Informationen: Frischfisch-Interventionen. Auf Märkten mit leicht verderblichen Nahrungsmitteln kommt es immer wieder zu kurzfristigen und regionalen Marktungleichgewichten. Das gilt besonders für den Frischfischmarkt, dessen Angebot und dessen Nachfrage von einer Vielzahl äußerst schwer vorhersehbarer Faktoren beeinflußt werden.

So richtet sich das Angebot trotz aller Bemühungen um marktgerechte Fangplanung immer in einem großen Umfang nach dem Glück der Fischer; auf der anderen Seite wird die Nachfrage gerade bei Fisch, abgesehen von den wochentäglichen Schwankungen, besonders auch durch das Wetter beeinflußt. Zu Unrecht übrigens, denn eine leicht verdauliche Fischmahlzeit ist gerade an warmen Tagen sehr bekömmlich. Die EG-Fischmarktorganisation sieht für den Fall plötzlich eintretender Marktungleichgewichte folgende Regulierung von Angebot und Nachfrage vor: Die Erzeugerorganisationen bieten Fische, die selbst zu dem von der EWG festgesetzten Rücknahmepreis nicht abzusetzen sind, nicht weiter an.

Sie nehmen sie aus dem Markt und lassen sie zumeist zu hochwertigen Futtermitteln verarbeiten. Eine solche Situation tritt nicht nur dann ein, wenn das Gesamtangebot aufgrund unvorhersehbarer Faktoren höher liegt als die Nachfrage, sondern auch, wenn es zu einseitig ist. Diese Lage kann bei der unglücklichen Quotensituation der deutschen Fischerei also trotz der generell knappen Fangmöglichkeiten auftreten.

Die durchschnittlichen Auktionserlöse für frischen Rotbarsch, dessen Rücknahme vom Markt in diesem Frühjahr besonderes Aufsehen erregte, lagen im Februar dieses Jahres mit 1,66 DM/kg um 8 % und im März dieses Jahres mit 1,80 DM/kg um 15 % unter den vergleichbaren Erlösen des Vorjahres. Die Verbraucherpreise lagen in diesem Zeitraum für Rotbarsch-Filet aber spürbar, nämlich 10 bis 20 % unter denen des Vorjahres. Dies ist u.a. zurückzuführen auf einen Preisdruck durch Importware – der Fischmarkt ist recht liberal geregelt – sowie in Abhängigkeit vom Fanggebiet durch geringe Größen der angelandeten Fische.

Dies unterstreicht zwei Zusammenhänge: Einmal haben die Schwankungen der Erzeugererlöse nur einen relativ geringen Einfluß auf die Verbraucherpreise, zum anderen schafft die Intervention keine künstliche

Verknappung, etwa mit dem Ziel, die Verbraucherpreise hochzutreiben. Den Fischern wird nur ein beschränkter Erlösausgleich gezahlt. In ein anderes Rechtsgebiet übertragen, das Gehalts- und Lohnempfängern nähersteht, heißt dies: Dieser teilweise Erlösausgleich wirkt wie ein garantierter Mindestlohn; er ist aber in seiner Höhe noch vom Fangertrag der Reise abhängig und reicht zudem in aller Regel nicht einmal aus, um einen Verlust auf dieser Reise zu vermeiden.

C) Einen **Beitrag zur Lösung der Welternährungsprobleme** leistet die deutsche Fischereipolitik auf folgenden Gebieten:
Indirekt dadurch, daß eine eigene, den Bedürfnissen der deutschen Bevölkerung soweit wie möglich angepaßte Fischerei unseren Importbedarf an Fischen und Fischwaren in Grenzen hält, obwohl dieser – umgerechnet in Fanggewicht – bereits über 300 000 t ausmacht. Hierdurch wird die von unserem Land ausgehende Nachfrage nach Fischereiprodukten aus anderen Ländern auf ein – wenn auch hohes – Niveau begrenzt, mit der Folge, daß auch weniger wohlhabende Länder auf dem internationalen Markt einen Teil ihres Fischbedarfs decken können.

Die deutsche Fischereiforschung, die einen anerkannt hohen Stand hat, hilft in konkreten Einzelprogrammen Entwicklungsländern beim Aufbau einer Fischerei, wie z.B. Malaysia, Thailand und den Seychellen.
Mit großem materiellen und personellen Einsatz wird von der Bundesforschungsanstalt für Fischerei ferner die Erschließung neuer Nutztierarten und die Entwicklung neuer Produkte aus bislang wenig genutzten Meerestieren betrieben (z.B. Blauer Wittling).

Auch im Hinblick auf die begrenzten Fangmöglichkeiten der Hochseefischerei gewinnt die Aquakultur immer größere Bedeutung. Hierzu gehört insbesondere die Muschelaufzucht und die Haltung von Seefischen in Netzgehegen, bei denen bereits gute, für die Küstenfischerei bedeutsame Ergebnisse erzielt worden sind. Auch die Bedeutung der Binnenfischerei, für die die Länder zuständig sind, und die Intensivhaltung von Süßwasserfischen nimmt zu. Die Arbeiten der Bundesforschungsanstalten für Fischerei sind auch hierauf ausgerichtet.

Auf anderen Gebieten, z.B. bei der Erforschung des Patagonienschelfs, bilden die im Zusammenhang mit ausländischen Forschern gewonnenen Erkenntnisse die Grundlage für eine vernünftige Bewirtschaftung dieser Bestände. Aus geopolitischen Gründen beteiligt sich die Bundesregierung an der Erforschung der Antarktis. Sie hat als Signatarstaat an der soeben abgeschlossenen Konferenz für die Gründung einer Konvention zum Schutz lebender antarktischer Ressourcen teilgenommen.

Es ist eine weite Entwicklung, die die deutsche Fischerei in den letzten 100 Jahren genommen hat. Von der einfachen Küstenfischerei, die mit Ausnahme des Salzherings nur auf die Bedürfnisse der Küstenbevölkerung ausgerichtet war, hat sie sich zu einem Wirtschaftszweig entwickelt, der einen festen Platz bei der Nahrungsmittelversorgung unserer Bevölkerung errungen hat; zusammen mit den anderen Sparten der Fischwirtschaft – wie Verarbeitung und Handel – und mit Zuliefer- und Dienstleistungsbetrieben trägt die Seefischerei nach wie vor wesentlich zur Wirtschaftskraft unserer Küstenregionen bei.

Unsere Fischerei hat infolge der seerechtlichen Entwicklung und der Überfischung der Bestände mit ernsten Schwierigkeiten zu kämpfen. Die Bundesregierung trägt nach ihren Möglichkeiten durch zielstrebige Maßnahmen im Rahmen der gemeinsamen EG-Fischereipolitik dazu bei, diese Schwierigkeiten zu überwinden.

Gerhard Breuer, Hamburg

Geopolitische Fragen der 3. UN-Seerechtskonferenz

Für eine Tagung von Schulgeographen, die sich mit Meeren, Küstenräumen, Häfen und dem Seeverkehr befaßt, muß die 3. Seerechtskonferenz der Vereinigten Nationen ein zentrales Thema sein. Diese Konferenz hat die materiellen Fragen seit 1974 in mehreren Sessionen in Caracas, Genf und New York behandelt. Ein formeller Entwurf liegt noch nicht vor. Bisher hat man nur einen zweimal revidierten informellen Entwurf, über den noch nicht abgestimmt werden kann.

Um Ihnen in der gebotenen Kürze die wichtigsten Probleme und die Triebkräfte der verschiedenen auf der Konferenz agierenden Verhandlungsgruppen erkennbar zu machen, eignet sich meines Erachtens eine geopolitische Betrachtungsweise besser als eine Darstellung, die sich anhand der Dokumentenflut der Konferenz orientiert. Nach Kjellen, Haushofer und Grabowsky, die den Begriff der Geopolitik prägten, stellt das räumliche Gebiet mit allen seinen differenzierten Eigenheiten eine niemals ruhende Triebfeder dar, die ihre Bewegtheit dem Staat mitteilt und seine Politik mitbestimmt. Wir wollen hier versuchen, den reich gegliederten Meeresraum, der fast 70 % unseres Erdballes einnimmt, als Kraft zu erkennen, die den Weg der auf der Konferenz verhandelnden Staaten bestimmt. Zu diesem Zwecke werde ich meinen Vortrag wie folgt gliedern:

Im ersten einleitenden Teil werde ich über die Wandlungen des Interesses der Staaten am Meer sprechen. Dabei werden wir einen Blick unter die Oberfläche des Meeres auf die dort zu findenden lebenden und nicht lebenden Schätze des Meeres werfen und die politische Entwicklung auf dem Meere seit etwa 1958 verfolgen. Im zweiten Hauptteil des Vortrages werde ich über die Themen der 3. UN-Seerechtskonferenz in geopolitischer Sicht sprechen, und zwar in 6 Unterabschnitten.

1. Einfluß der Erdgestaltung auf die seewärtigen Staatsgrenzen.
2. Die Freiheiten Dritter an den küstenstaatlichen Zonen.
3. Besonderheiten der geschlossenen und halbgeschlossenen Meere.
4. Rechte der Staaten ohne Meeresküste.
5. Die in noch niemandes Eigentum stehende Antarktis.
6. Boden und Untergrund der Tiefsee.

Im abschließenden Teil 3 des Vortrages werden wir einen Rückblick halten.

I. Einführung

Bis in die letzten Jahrzehnte hinein herrschte auf See nahezu uneingeschränkt der Grundsatz der Freiheit. Jeder durfte sich dort frei betätigen, solange er nicht andere in ihren gleichen Freiheiten behinderte oder ausschloß. Zum Gebiet des Küstenstaates gehörte von der freien See nur ein schmaler Streifen, bei den meisten Staaten eine 3-Meilen-Zone, nur bei wenigen eine breitere, jedoch 12 Seemeilen niemals überschreitende Zone. Das volkswirtschaftliche Interesse an der See war gering. Seerechtskonferenzen waren im wesentlichen den Interessen der Seeschiffahrt gewidmet. Noch das auf der ersten Seerechtskonferenz der Vereinten Nationen im Jahre 1958 abgeschlossene Übereinkommen über die Hohe See besagte ausdrücklich, daß die Nutzung der See grundsätzlich frei ist. Nur exemplarisch nannte es als die 4 wichtigsten Freiheiten die Freiheit der Schiffahrt, die Freiheit der Fischerei, die Freiheit, auf dem Meeresgrunde Kabel und Rohrleitungen zu legen und die Freiheit des Überfliegens. Schon bei dieser Konferenz im Jahre 1958 wurde jedoch deutlich, daß das Interesse an der wirtschaftlichen Ausbeutung der Meeresschätze wuchs. Vielen Staaten genügte ihre eng limitierte Hoheitsgewalt nicht mehr. Man wünschte gesicherte nationale Zugangsrechte zu den Schätzen des Meeres. Hier kommt die Geopolitik zum Zuge. Blicken wir also auf 2 Karten.

Auf Karte 1 sehen Sie in dunklerer Tönung die Gebiete, die für Ölbohrungen besonders interessant sind. Sie liegen zu 80 % im Bereich des Küstenvorfeldes. Sie sehen ferner, durch einfache oder doppelte Schraffur gekennzeichnet, die Gebiete, in denen Manganknollen auf dem Meeresgrund liegen. Sie enthalten Mangan und

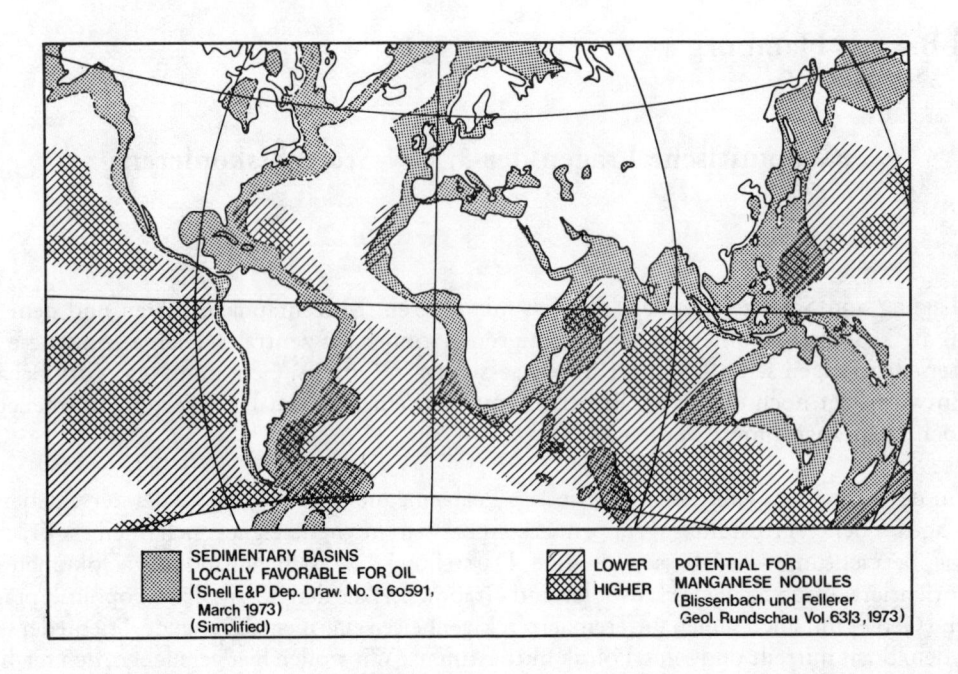

Karte 1

| | SEDIMENTARY BASINS LOCALLY FAVORABLE FOR OIL (Shell E&P Dep. Draw. No. G 6o591, March 1973) (Simplified) | | LOWER HIGHER | POTENTIAL FOR MANGANESE NODULES (Blissenbach und Fellerer Geol. Rundschau Vol.63/3,1973) |

Nickel, und die Größe der Erzvorkommen ist unvorstellbar. Man spricht von 200 Milliarden Tonnen Erz in hochwertiger Konzentration.

Karte 2 zeigt Ihnen die für den Fischreichtum maßgebliche Verteilung tierischer Fischnahrung. Auch hier gilt wieder: 80 % aller Fische werden in Küstennähe gefangen, wobei bemerkenswert ist, daß geringe Meerestiefe nicht immer maßgeblich ist. Ich verweise hierzu z.B. auf die tiefen Meeresteile an der Westküste Perus.

Auf dem Gezeigten erkennen Sie klar geopolitische Antriebe für Küstenstaaten. Sie erklären die Entwicklungen auf See, die seit 1960 die Weltöffentlichkeit beschäftigen. Es handelt sich vornehmlich um 3 Fakten:
a) die Anerkennung der Inanspruchnahme des Festlandsockels durch den Küstenstaat,
b) die umstrittene Inanspruchnahme ausschließlicher Fischereirechte seewärts der herkömmlichen Grenzen des Küstenmeeres,
c) Die UN-Resolution, nach der die tiefergelegenen Meeresteile seewärts jeder staatlichen Hoheitsgewalt gemeinsames Erbe der Menschheit sein und bleiben sollen.

Es lohnt sich, auf die 3 Fakten noch etwas näher einzugehen.

Öl- und Erdgasvorkommen im Küstenvorfeld waren schon 1958 bei der 1. Seerechtskonferenz von erheblichem Interesse. Die Amerikaner hatten nach der Truman-Erklärung aus dem Jahre 1945 den Antrag gestellt, daß jeder Staat das Recht haben sollte, den Meeresuntergrund vor seiner Küste allein ausschließlich auszubeuten bis zu einer bestimmten Tiefe des Meeresgrundes. Dieser Grundsatz ist auch auf der Konferenz akzeptiert worden. Es wurde eine besondere Konvention über den Festlandsockel abgeschlossen. Darin wurde gesagt, daß jeder Küstenstaat den Festlandsockel, ein Gebiet, das sich möglicherweise noch weit über die Hoheitsgrenze seewärts hinauserstreckt, allein ausbeuten dürfe, und zwar bis zu der Tiefenlinie, die 200 m unter der Meeresoberfläche verläuft. Leider hat sich die Konferenz damals mit der 200 m-Marke nicht ganz begnügt, sondern in dem Übereinkommen zusätzlich gesagt: Wenn die technische Möglichkeit es gestattet, den Meeresuntergrund in noch größerer Tiefe auszubeuten, dann rückt die Außengrenze des Festlandsockels automatisch seewärts vor. Schon heute ermöglicht der technische Fortschritt die Aufsuchung von Mineralöl aus der See im Bereich des Festlandsockels zu wirtschaftlichen Bedingungen aus Tiefen von mehr als 1.000 m. Offene und zu regelnde Frage also: Rückt die Festlandsockelgrenze nur für den Staat vor, der an einer Stelle seines Küstenvorfeldes in größerer Entfernung ausbeutet oder bedeutet seine Tätigkeit, daß nunmehr die Festlandsockelgrenze automatisch für alle Staaten, die einen Festlandsockel haben, seewärts vorrückt?

Was die Fischerei anbetrifft, so hat man auf der 1. Seerechtskonferenz der Vereinten Nationen 1958 zwar eine Konvention über die Hochseefischerei beschlossen, nicht aber wurden die Interessen der Staaten befriedigt, die gern schon damals ein breiteres Küstenmeer gehabt hätten, um in demselben allein und unter Ausschluß von

Karte 2

VERTEILUNG DES REICHTUMS AN ZOOPLANKTON   DURCHSCHNITTSVOLUMEN IN DER SCHICHT VON 0-100m

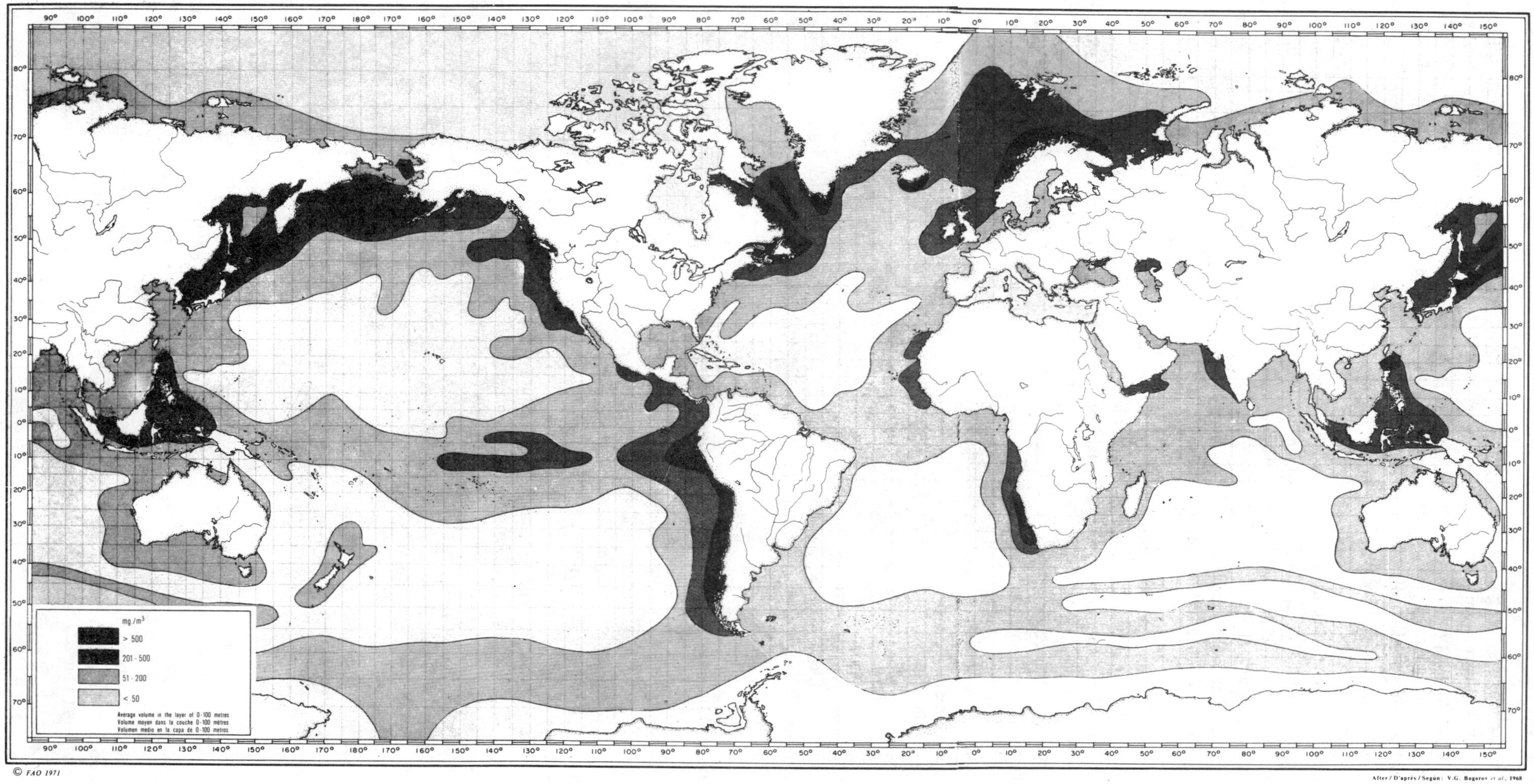
mg./m³
> 500
201 - 500
51 - 200
< 50
Average volume in the layer of 0-100 metres
Volume moyen dans la couche 0-100 mètres
Volumen medio en la capa de 0-100 metros
© FAO 1971
After / D'après / Según: V.G. Bogorov et al., 1968

DISTRIBUTION OF THE ABUNDANCE OF ZOOPLANKTON   REPARTITION DU ZOOPLANCTON SELON SA DENSITE   DISTRIBUCION DEL ZOOPLANCTON SEGUN SU ABUNDANCIA anderen zu fischen. Es gelang nicht, die Breite des Küstenmeeres einheitlich festzusetzen, und es wurde eine zweite Seerechtskonferenz im Jahre 1960 notwendig, die den Versuch erneuerte, aber die erhoffte Lösung – 6 Seemeilen Küstenmeer plus 6 Seemeilen zusätzlicher Fischereizone für den Küstenstaat – verfehlte, weil eine einzige Stimme zur notwendigen Zweidrittelmehrheit fehlte. Damit war ein Ungleichgewicht eingetreten: Die Staaten, die an den nichtlebenden Meeresschätzen des Festlandsockels interessiert waren, hatten bekommen, was sie wollten. Andererseits hatten die Staaten, die vordringlich an der Fischerei in breiteren Küstenmeeren interessiert waren, nichts erhalten. Damit war aber auch eine Entwicklung angebahnt, die mit Völkerrecht nichts mehr zu tun hat. Fischereizonen und Küstenmeer wurden von den einzelnen Staaten wie z.B. Island nicht mehr unbedingt als gleichbedeutend angesehen. Sie erweiterten ihre Fischereirechte einseitig auf 12, 20 und mehr Seemeilen; die Staaten an der südamerikanischen Westküste beanspruchten sogar als Ausgleich dafür, daß sie keinen Festlandsockel besäßen, eine ausschließliche Fischereihoheit bis zur 200-Seemeilengrenze. Auch die Nordseeanliegerstaaten beschlossen schließlich schon vor einer weltweiten Regelung, daß es zulässig sein sollte, die nationalen Fischereigrenzen bis auf 12 Seemeilen zu erweitern.

Was schließlich den Tiefseemeeresboden, d.h. die Manganknollenausbeutung, anbetrifft, so wurde hierbei die entscheidende Aktion durch die Entwicklungsländer in den Vereinten Nationen herbeigeführt. Schon 1967 hatte der bekannte Seerechtler Pardo, damals noch für Malta auftretend, den Tiefseemeeresboden als „gemeinsames Erbe der Menschheit" bezeichnet. Pardo dachte damals daran, die Außengrenze des keiner Hoheitsgewalt unterliegenden Meeres und Meeresuntergrundes so weit wie möglich küstenwärts zu fixieren, und die Entwicklungsländer sahen in seiner These zunächst die große Chance, das räumliche Vordringen der Industriestaaten in einer Zeit zu stoppen, in der sie, die Entwicklungsländer, noch nicht in der Lage waren, an der Ausbeutung aktiv teilzunehmen. Mit dem Aufruf Pardos war der Grund gelegt für die Resolution der Vereinten Nationen Nr. 2748 vom 17. Dezember 1970. Nach dieser Resolution soll das noch der Umgrenzung bedürftige Gebiet des gemeinsamen Erbes der Menschheit nur friedlichen Zwecken dienen, und es soll für das Gebiet eine internationale Verwaltung geschaffen werden.

Bei diesem Stande der internationalen Entwicklung auf See begann, von einem aus 86 Mitgliedern bestehenden Ausschuß mehr schlecht als recht vorbereitet, die 3. Seerechtskonferenz der Vereinten Nationen. Damit komme ich zum zweiten, dem Hauptteil meines Vortrags.

II. Geopolitische Fragen der 3. UN-Seerechtskonferenz

1) Nach der aufgezeigten Entwicklung ist klar, daß in erster Linie entschieden werden mußte, welche küstennahen Gebiete voll oder zur Wahrnehmung bestimmter Teilrechte der Hoheitsgewalt des Küstenstaates unterstellt werden konnten. Im Zusammenhang damit war zu klären, wo die Außengrenze dieser Zonen gegenüber dem international zu verwaltenden gemeinsamen Erbe der Menschheit zu ziehen war. Wer nach der Resolution von 1970 über das gemeinsame Erbe der Menschheit erwartet hatte, daß man versuchen würde, die Grenze dieses Gebiets so nahe wie möglich an die Kontinentalküsten heranzuschieben, sah sich sehr bald enttäuscht. Nahezu alle an der Konferenz teilnehmenden Staaten sahen ihr Heil darin, auf geopolitische Fakten gestützt, ihre eigenen Ausbeutungsrechte so weit wie möglich seewärts auszudehnen. Kein Staat wollte auch nur ein Jota von dem aus der Hand geben, was er besaß. Bei der Breite des Küstenmeeres hielt sich die Konferenz nach den Erfahrungen der 2. Seerechtskonferenz 1960 nicht mehr mit Halbheiten auf. Man steuerte zielbewußt auf eine Küstenmeerbreite von 12 Seemeilen zu; und es gibt heute wohl kaum jemanden, der an einer Festlegung dieser Küstenmeerbreite noch zweifelt. Schwieriger war es bei den wirtschaftlichen Nutzungsrechten, die viele Staaten bereits seewärts der Küstenmeergrenzen besaßen; für den Ausbeutung des Festlandsockels zu Recht – vergleich das Übereinkommen über den Festlandsockel von 1958 – für die Fischerei de facto, wenn auch nicht völkerrechtsgemäß.

Unter den Entwicklungsländern hatten es diejenigen, die bereits ihr Küstenmeer oder wenigstens ihre Fischereizonen auf 200 Seemeilen ausgeweitet hatten, verstanden, schon in der Vorbereitungszeit der Konferenz anderen Staaten die Verfolgung desselben Weges schmackhaft zu machen. Sie hatten 1970 in einer eigenen Zusammenkunft den Vorschlag lanciert, zwischen das Küstenmeer und das der Gesamtheit der Menschheit gehörende Gebiet der Tiefsee eine Zone einzuschieben, in welcher allein der Küstenstaat Ausbeutungsrechte besitzen sollte, ohne jedoch das hier im Gegensatz zum Küstenmeer uneingeschränkte Hoheitsrecht in Anspruch nehmen zu dürfen. Die Außengrenze dieser Zone sollte kennzeichnenderweise in einer Entfernung von 200 Seemeilen von der Basislinie des Küstenmeeres verlaufen, d.h. also 188 Seemeilen seewärts der Außengrenze des 12 Seemeilen breiten Küstenmeeres. Diese Zone wurde „exclusive economic zone", in der nicht sehr guten deutschen Übersetzung „ausschließliche Wirtschaftszone" genannt. Dieser Vorschlag wurde von der Konferenz mit großer Mehrheit aufgegriffen und steht im heutigen Entwurfstext. Alle Rechte, mit Ausnahme des Rechts der wirtschaftlichen Ausbeutung, sollen den anderen Staaten frei erhalten bleiben. So insbesondere die Rechte, Schiffahrt zu treiben, die Zone zu überfliegen und dort auf dem Meeresgrund Kabel und Rohrleitungen zu legen. Die Wassersäule über der ausschließlichen Wirtschaftszone wird vermutlich weder als Hohe See anzusprechen sein, noch als Küstenmeer, sondern eine Wasserfläche sui generis werden.

Die meisten Staaten, wenn sie nur über genügend freie Küstenstriche verfügten, rieben sich über diesen Erfolg vergnügt die Hände. Aber schon traten die Staaten auf den Plan, die nach der bisherigen gleitenden Definition des Festlandsockels schon mehr in der Hand hatten, als sie nach der neuen Regelung erhalten konnten. Solche Staaten, zu denen die Großmächte USA und UdSSR gehören, zeigten sich nicht bereit, von den Festlandsokkelrechten, die sie noch seewärts der 200-Seemeilengrenze beanspruchen konnten, etwas aufzugeben. Zwar gibt es Gruppen wie die arabischen Staaten, die deutlich machen, daß es nun über 200 Seemeilen hinaus keine weiteren Festlandsockelrechte mehr geben dürfe. Dennoch sucht die Konferenz gegenwärtig eine Linie, mit welcher ein über 200 Seemeilen hinausragender Festlandsockel ebenso endgültig wie deutlich gegen die Zone des „Common heritage of mankind" abgegrenzt werden kann.

Eine geographisch bestimmbare Abgrenzung ist der Kontinentalabhang, also der Abfall zum Tiefseeboden. Die volle Breite des Sedimentgesteins wollen Staaten wie die USA, Norwegen, Kanada für sich in Anspruch nehmen. Ein geomorphologisches Abgrenzungskriterium bietet die sogenannte Irische Formel. Hiernach reicht die Ausdehnung des Kontinentalsockels bis zu einer Linie, die diejenigen Punkte verbindet, an denen die Dicke des Sedimentärgesteins mindestens 1 % der kürzesten Entfernung zum Fuß des Kontinentalabbruchs ausmacht. Diese von Irland vorgeschlagene Formel hat die bisher größte Anzahl von Anhängern gefunden. Sie wird ergänzt durch einen Vorschlag des Ostblocks, der die absolute Endgrenze bei 300-350 Seemeilen Küstenentfernung ziehen will.

Wir haben bisher nur von den Außengrenzen des Küstenmeeres, der Wirtschaftszone und des Festlandsockels gesprochen. Von wo aus werden die genannten Seemeilenbreiten gemessen? Heute und auch künftig gibt es zu diesem Zweck Bestimmungen über Basislinien; und auch für unser Thema ist von Interesse, daß manche Staaten Besonderheiten ihrer Küsten zum Zuge bringen wollen. Die normale Basislinie ist die Niedrigwasserlinie entlang der Küste, so wie sie in offiziellen Karten großen Maßstabes gekennzeichnet ist. Die Staaten aber, deren Küsten viele Vorsprünge und Einschnitte aufweisen, oder bei denen unmittelbar vor der Küste Inselketten verlaufen, können das System der sog. geraden Basislinien verwenden. Norwegen, Jugoslawien, Philippinen und auch die Bundesrepublik Deutschland mit ihren ost- und nordfriesischen Inseln sind Beispiele. Basislinien müssen dem allgemeinen Verlauf der Festlandküste folgen. Für Flußmündungen ist eine gerade Linie zwischen den Niedrigwassermarken am äußersten Ufer des Mündungstrichters vorgesehen. Sonderwünsche wurden z.B. von Bangladesch vorgetragen, weil das Mündungsgebiet des Ganges sich ständig verändert.

Die Küstenzonen eines Staates müssen selbstverständlich auch gegen die des Nachbarn abgegrenzt werden, und hier tauchen ebenfalls Schwierigkeiten auf. Gestritten wird über die Frage, ob im Zweifelsfall das Prinzip der Mittellinien anzuwenden ist oder ob die Grenzlinie nach Billigkeitserwägungen von den Nachbarn auszuhandeln ist. Der internationale Gerichtshof hat sich aufgrund des geltenden Völkerrechts in dem Streit zwischen der Bundesrepublik Deutschland mit ihren Nachbarn Niederlande und Dänemark betreffend Abgrenzung des Festlandsockels für letzteres ausgesprochen. Aber selbst die besten Grenzregelungen nützen dort nichts, wo die Eigenart der Meeresgestaltung und der Zugehörigkeit der Inseln den einen Nachbarn so gut wie leer ausgehen läßt. Auf der Konferenz spielt hier die Ägäis eine bedeutende Rolle, denn die dortigen Inseln bis unmittelbar unter der türkischen Küste Klein-Asiens gehören Griechenland. Die Türkei ist daher ein glühender Anhänger einer regionalen Lösung, bei der ein Meeresgebiet von den Anliegern nach gemeinsamen Beschlüssen genutzt werden würde.

Wir kommen zu einer weiteren geopolitisch interessanten Konstellation, den Inseln und den Archipel-Staaten. Wenn man, der Begehrlichkeit der Küstenstaaten folgend, diesen Staaten breite Küstenmeere und Wirtschaftszonen zuweist, dann wird dies natürlich mit Begeisterung von allen Staaten unterstützt, die irgendwo im Meere, fern aller Küsten, eine Insel besitzen und natürlich auch von den reinen Inselstaaten. Ich bitte die Mathematiker unter Ihnen, mir bei einer einfachen Rechnung zu folgen. Nehmen wir ein Inselchen von wenigen Metern Durchmesser und berechnen wir die Größe ihrer Wirtschaftszone nach der Kreisflächenformel πr^2, wobei der Radius r = 200 Seemeilen oder 370 km beträgt. Dann kommen wir auf eine Wirtschaftszonenfläche von über 430.000 km²; ein Kontinentalstaat müßte schon eine Küstenlänge von rund 1200 km besitzen, um die gleiche Wirtschaftszonengröße zu erhalten, wie unser Inselchen. Ob dies gerecht ist, ob eine so gewaltige Fläche wirklich für den Nutzen von nur wenigen Menschen reserviert und das gemeinsame Erbe der Menschheit in gleichem Maße reduziert werden soll, erscheint mir mehr als zweifelhaft. Aber hören Sie nur einmal auf der Konferenz den Vertreter von Tonga: „Keine Industrie, kein Bergwerk; nur das Meer steht uns zur Verfügung! Will man uns nun auch noch das Wasser abgraben?" Oder nehmen Sie Island mit seinen 220.000 Einwohnern. Jeder Isländer, vom Wickelkind bis zur Urahne, hat 2 km² Fischereigewässer zur Verfügung. Würdigt man all dies, so können Sie sich die Freude der Dänen vorstellen, als sie folgendes melden konnten: „Das Dänische Geodätische Institut Kopenhagen hat die Entdeckung des nördlichsten Landpunktes der Erde bekanntgegeben. Es handelt sich um ein nur wenige hundert m² große Insel aus Sand und Steinen, die nur rund 2 m aus dem Eis des Nordpolarmeeres nördlich von Grönland herausragt." Bei kartographischen Arbeiten im nordgrönländischen Pearyland habe man feststellen wollen, welches der nördlichste Landpunkt der Erde sei. Dabei habe man entdeckt, daß es etwa 1 1/2 km weiter nördlich auf 30/ 35' westlicher Länge und 83° 40,5' nördlicher Breite diese Insel gäbe. Da der Entdecker ein dänischer Vermessungsingenieur im Staatsdienst ist, gewinnt Dänemark mit dieser Entdeckung ca. 100.000 km² Seefläche. Dies wohl selbst dann, wenn Grönland sich 1981 selbständig machen sollte.

Den allgemeinen Trend, das Küstenmeer zu erweitern und breite Wirtschaftszonen zu begründen, machten sich auch die sog. Archipel-Staaten zunutze. Sie erreichen nach dem jetzigen Arbeitsentwurf einen neuen, bisher weder politisch, noch völkerrechtlich anerkannten Status. Unter Archipel-Staaten werden Inselgruppen verstanden, die geographisch, wirtschaftlich oder politisch eine Einheit bilden oder historisch als zusammengehörig angesehen werden. Solche Staatsgebilde, wie vor allem Indonesien, aber auch die Fidschis, Bahamas, Mauritius und andere können die am weitesten seewärts gelegenen Punkte ihrer äußeren Inselgruppen miteinander verbinden, vorausgesetzt, daß das Verhältnis zwischen See- und Landflächen höchstens 9 : 1 beträgt. Weitere Voraussetzung ist, daß die Länge der Basislinien nicht 100 Meilen, in Ausnahmefällen 125 Meilen, überschreiten darf. Im übrigen gelten die technischen Regeln für die Basislinien des Küstenmeeres. Für die Meeresgebiete innerhalb der archipelagischen Basislinien gewinnt der Archipel-Staat volle Souveränität. Erst seewärts dieser Basislinien werden das Küstenmeer und weitere Zonen, wie die Wirtschaftszonen, gemessen.

2) Welche Freiheiten besitzen dritte Staaten in den küstenstaatlichen Zonen. Ich muß an dieser Stelle insbesondere über die von der Schiffahrt und die von der Forschung benötigten Freiheiten sprechen. Zunächst zur Schiffahrt:

In dem unmittelbar an das Land angrenzenden Küstenmeer haben die Handelsschiffe aller Flaggen das bisher nicht definierte Recht auf friedliche Durchfahrt. Ein jetzt begründeter, leider nicht völlig geschlossener Katalog, von Tatbeständen legt fest, was als nicht friedlich anzusehen ist. Dazu gehören alle Aktivitäten militärischer Art, Verstöße gegen die Zollvorschriften, wie etwa Be- oder Entladen von Gütern, vorsätzliche und schwere Verschmutzung, jede Form der Fischerei. Nur in Ausnahmesituationen kann die friedliche Durchfahrt vorübergehend ganz aufgehoben werden.

Besondere Schwierigkeiten ergeben sich bei den Meerengen. Sie sind daher ein zentrales Thema der Konferenz. Die meisten für den Schiffsverkehr wichtigsten Meerengen – ich nenne die Ostseeausgänge, den Ärmelkanal, Gibraltar, die Dardanellen und den Bosporus, Bab el Mandeb, den Ausgang des Roten Meeres, die in letzter Zeit häufig erwähnte Straße von Hormus im Persischen Golf und die für Japan bei den Transporten von und nach Nahost besonders wichtige Straße von Malacca. Sie alle sind breiter als 6 sm. Somit verbleibt gegenwärtig in diesen internationalen Wasserstraßen seewärts der Küstenmeere der Anliegerstaaten ein Meeresstreifen, der den Rechtsstatus der Hohen See besitzt und der Hoheitsgewalt der Anrainer entzogen ist. Wenn nunmehr die Staaten ihr Küstenmeer auf 12 sm erweitern, dann wachsen alle Meerengen von weniger als 24 Seemeilen Breite sozusagen zu. Es werden dann mehr als 100 internationale Wasserstraßen ein Teil des Küstenmeeres und damit unter die Souveränität der Anliegerstaaten fallen. Würden diese neuen Meerengen in gleichem Maße der Hoheitsgewalt des Küstenstaates unterworfen, wie das übrige Küstenmeer, würden auch hier nur die Regeln über die friedliche Durchfahrt gelten. Da dieses Recht nur für Schiffe gilt, wäre der bisher freie Überflug von der Erlaubnis der Anliegerstaaten abhängig. Unterseeboote müßten die Meerengen aufgetaucht passieren. Es wurde auf der Konferenz deutlich, daß die Großmächte eine so weitgehende Einschränkung der Bewegungsfreiheit ihrer See- und Luftflotten nicht hinnehmen werden. Aber auch für die Handelsschiffahrt würden die weitgehenden Kontroll- und Eingriffsbefugnisse des Küstenstaates ein untragbares Risiko bilden. Die Seerechtskonferenz hat daher ein Konzept der sog. Transitpassage entwickelt, nach dem Durchfahrt und Überflug militärischer Fahrzeuge frei von jeder Kontrolle des Küstenstaates sind und Handelsschiffe nur in Ausnahmefällen beschränkten Eingriffen unterworfen sind. Zwar hat der letzte Arbeitsentwurf ein hinnehmbares Maß an Gleichgewicht zwischen den divergierenden Interessen hergestellt, wichtige Detailfragen sind jedoch noch nicht abschließend geklärt. Die Großmächte haben klargestellt, daß sie die Ausdehnung des Küstenmeeres auf 12 sm erst dann anerkennen würden, wenn auch die ungehinderte Passage durch die neuen Meerengen abschließend gesichert ist.

Wie erinnerlich, besitzen die neuen Archipel-Staaten innerhalb der archipelagischen Basislinien, von denen aus die Breite des Küstenmeeres und der Wirtschaftszone erst gemessen wird, volle Souveränität. Diese Regelung wäre jedoch für die zivile und die militärische Schiffahrt und Luftfahrt unerträglich, wenn die Archipel-Staaten nicht gleichzeitig verpflichtet worden wären, Durchgangsstraßen von normalerweise 50 Seemeilen Breite einzurichten. In diesen Archipelstraßen werden Durchfahrts- und Überflugrecht eingeräumt, die denen für die Transitpassage durch Meerengen entsprechen. Damit würde auch dieser Sonderstatus für die Völkerrechtsgemeinschaft erträglich, wenn auch nicht frei von Risiken. Ob das Konzept unverändert Vertragsinhalt wird, wird schließlich von dem Schicksal des gesamten Vertragspaketes abhängen, zu dem die sich gegenseitig bedingenden Regelungen um die Erweiterung der Küstenzonen zusammengeschnürt werden.

Ich komme zur Forschung. Früher hatte jedermann die Freiheit, auf der Hohen See, die unmittelbar an die Außengrenze des schmalen Küstenmeeres angrenzte, zu forschen. Daher hatten wir noch auf der ersten Seerechtskonferenz der Vereinten Nationen in Genf 1958 versucht, die Meeresforschung im Übereinkommen über die Hohe See als 5. Meeresfreiheit ausdrücklich zu nennen. Das gelang schon damals nicht mehr; man mußte sich damit begnügen, daß die ausdrücklich genannten vier Meeresfreiheiten nur als Beispiele und als Ausfluß des damals noch allgemein anerkannten Freiheitsgrundsatzes hervorgehoben worden waren. Schlechter war schon, daß in dem gleichzeitig abgeschlossenen Übereinkommen über den Festlandsockel ausdrücklich gefordert wurde, daß für jede Forschung im Gebiet des Festlandsockels, bei dem die Hoheitsgewalt besitzenden Küstenstaat eine Genehmigung einzuholen war; eine Vorschrift, die unserer Meeresforschung schon viel Mühe bereitet hat.

Jetzt wird die Freiheit weiter eingeengt, denn die Notwendigkeit, eine Forschungsgenehmigung einzuholen, besteht für das Gesamtgebiet der Wirtschaftszonen und der erweiterten Festlandsockel. Zwar soll die Genehmigung grundsätzlich unverzüglich erteilt werden, aber da ein Küstenstaat jede Forschungshandlung untersagen darf, welche irgendwie die lebenden oder nicht lebenden Meeresschätze dieses Gebietes betrifft, ist abzusehen, daß sich die praktischen Schwierigkeiten nicht verringern werden. Nur eine leichte Beruhigung bringt die Vorschrift, daß ein Küstenstaat eine Forschungshandlung nicht behindern kann, wenn sie von einer internationalen Organisation beschlossen worden ist, in welcher der betreffende Küstenstaat selbst als Mitglied im positiven Sinne mitgestimmt hat.

3) Eine weitere geographische Besonderheit, die sich politisch auswirkt, stellen die von mehreren Staaten umgebenen geschlossenen oder halbgeschlossenen Meere da. Als geschlossenes Meer kommt insbesondere das Kaspische Meer in Betracht, von der Sowjetunion und vom Iran umgeben. Das halbgeschlossene Meer wird in dem Übereinkommensentwurf definiert als eine von zwei oder mehreren Staaten umgebene Meereswasserfläche, die entweder mit der offenen See nur durch einen engen Ausgang verbunden ist oder so beschaffen ist, daß sie ganz oder doch fast völlig von den Küstenmeeren oder Wirtschaftszonen der Anrainerstaaten umgeben ist. Beispiele sind die Ostsee, das Rote Meer, der Persische Golf, das Schwarze Meer, ja sogar das gesamte Mittelmeer. Einige der in Betracht kommenden Anrainerstaaten liebäugelten mit dem Gedanken, hier besondere und auch für andere Benutzer verbindliche Regionalvorschriften aufzustellen. Dies war insbesondere für die auf Freiheit angewiesene Seeschiffahrt schwer annehmbar. Für die Einrichtung von Verkehrstrennnungsgebieten für den Seeverkehr, d.h. zwei nebeneinander verlaufenden Einbahnstraßen auf See, ist inzwischen an anderer Stelle sichergestellt, daß das geplante Einbahnstraßenprojekt bei der International Maritime Consultative Organization (IMCO) anzumelden und von ihr zu billigen ist. Auch die Regeln zur Verhütung der Meeresverschmutzung sind weltweit einheitlich kodifiziert worden. Besonderheiten von sog. „Special Areas" sind dabei anerkannt, ihre Freiheiten jedoch limitiert. So enthält der Übereinkommensentwurf gegenwärtig nur noch Vorschriften, in denen die Anrainerstaaten aufgefordert sind, bei der Verwaltung der lebenden Meeresschätze, beim Umweltschutz und bei der Meeresforschung zusammenzuarbeiten. Eine Forderung, die eigentlich für alle Nachbarstaaten gelten sollte, ganz gleich, ob sie in halbgeschlossenen Meeren leben oder nicht.

4) Nach dem geltenden Völkerrechtsstand steht die Hohe See, wie ich wiederhole, jedermann zur Nutzung offen, d.h. auch den Bewohnern solcher Staaten, die keine Meeresküste besitzen. Schiffe können diese Staaten wie in der Barcelona-Erklärung aus dem Jahre 1921 ausdrücklich festgelegt ist, ohne weiteres unter eigene Flagge bringen. Sie waren daher auch auf der ersten Seerechtskonferenz vertreten, jedoch nur an den Schiffahrtsfragen interessiert. Erstaunlich war, daß sie sich auf dieser Konferenz von 1958 noch nicht zu Wort meldeten, als Küstenstaaten den Festlandsockel als natürliche Verlängerung ihres Staatsgebietes in Anspruch nahmen; die Staaten ohne Meeresküste hätten mit Leichtigkeit argumentieren können, daß der Festlandsockel, den sie bisher frei hätten erforschen und nützen können, nicht nur dem Küstenstaat, sondern dem ganzen Kontinent, einschließlich der Staaten ohne Meeresküste, als Sockel dient. Inzwischen sind die Staaten sensibler geworden und fragen, was sie denn für ihre bisherigen, wenn auch kaum genutzten, Rechte erhalten würden. Sie wollten bei der Verteilung des Meeresraumes nicht wort- und entschädigungslos beiseite treten. Die deutsche Delegation hat sie bei solchen Forderungen unterstützt und mit anderen Staaten, die geographisch ähnlich ungünstig bedacht sind wie die Bundesrepublik Deutschland, ihre Zahl so verstärkt, daß die Gruppe mehr als 1/3 der Konferenzstaaten ausmachte und damit bei der Endabstimmung der Konferenz eine Sperrminorität besessen hätte. Seit die wirtschaftlichen Ausbeutungsinteressen in den Händen der EG ruhen, die insgesamt gesehen nicht mehr als geographisch benachteiligt angesprochen werden kann, ist die Unterstützung der Staaten ohne Meeresküste erschwert. Man sollte in der EG Mittel und Wege suchen, um die in der Endphase der Konferenz evtl. sehr notwendige Gruppe zu stärken.

Bisher haben die Staaten ohne Meeresküste nur einige Artikel erstritten, in denen ihnen grundsätzlich das Recht auf Transit zum Meere zugesichert wird. Transitstaaten, wie z.B. die Bundesrepublik Deutschland für die Schweiz, Österreich, die Tscheslowakei und Ungarn, müßten selbstverständlich in ihren eigenen Interessen dagegen geschützt werden, daß ihnen durch den Transit wirtschaftlicher Schaden erwächst. Dabei sollen die Binnenstaaten und die Transitstaaten die notwendigen Einzelheiten durch besondere Verträge regeln. Zu den besonders aktiv auftretenden Staaten ohne Meeresküste gehörte stets Afghanistan, sein entschiedener Gegner war bis zuletzt Pakistan. Es dürfte sich lohnen, vor Abschluß der Konferenz zu prüfen, ob auch einem Staat ohne Meeresküste unter den gegenwärtigen Bedingungen Afghanistans ein Transitrecht ohne weiteres zuzugestehen ist.

Bei der Fischerei haben die Staaten ohne Meeresküste nicht viel erstritten. Sie haben einen Anspruch, am freien Überschuß der zulässigen Fangmenge des zu ihrer Region gehörenden Küstenstaates teilzunehmen. Da aber letzterer entscheidet, ob bei der zulässigen Fangmenge überhaupt ein Überschuß bleibt, ist der Anspruch der Staaten ohne Meeresküste wohl nur auf dem Papier verwirklicht.

Beim Meeresbergbau in den neuen Wirtschaftszonen ist von Rechten der Staaten ohne Meeresküste in dem Entwurf überhaupt nichts zu lesen und in den Verhandlungen nichts mehr zu hören.

5) Die Antarktis steht bis zum heutigen Tage in niemandes Eigentum. 1959 ist ein Antarktis-Vertrag von 12 Staaten abgeschlossen worden; fünf davon sind die Staaten, die bis dicht an die Antarktis heranreichen, nämlich Chile, Argentinien, Südafrika, Australien und Neuseeland, die übrigen 7 sind die USA, das Vereinigte Königreich, die Sowjetunion, Frankreich, Japan, Norwegen und Belgien. Der Vertrag regelt die Erforschung der Antarktis zu friedlichen Zwecken. Andere Staaten sind inzwischen beigetreten, so u.a. Polen, die Deutsche Demokratische Republik und Anfang vorigen Jahres auch die Bundesrepublik Deutschland, die im Antarktisgebiet eine eigene Forschungsstation errichtet.

Wenn auch das Eigentum weder in dem Vertrag geregelt, noch bisher irgendwie verteilt worden ist, so gibt es doch eine Reihe von Staaten, die Eigentumsansprüche in bestimmten Sektoren angemeldet haben. Sie sehen auf der Karte 4 diese Sektoren. Man rechnet im Antarktisgebiet neben den großen Vorräten an Fischen und Krill mit bedeutenden Vorkommen an Mineralien. So ist es erklärlich, daß Nachbarstaaten wie Chile und Argentinien zur Verbesserung ihrer Sektorenansprüche einen Grenzstreit führen; und es wäre auch erklärlich, wenn man auf der 3. Seerechtskonferenz der Vereinten Nationen gelegentlich auch über die Antarktis sprechen würde. Dies ist – wohl weil der kalte Erdteil ein heißes Eisen ist – bisher niemals geschehen. Aber es ist selbstverständlich klar, daß die allgemeinen Regeln einer Konvention, insbesondere die über Küstenmeer- und Wirtschaftszone auch auf das Antarktisgebiet anwendbar sein werden. Die Antarktisvertrag-Staaten stehen in Alarmbereitschaft.

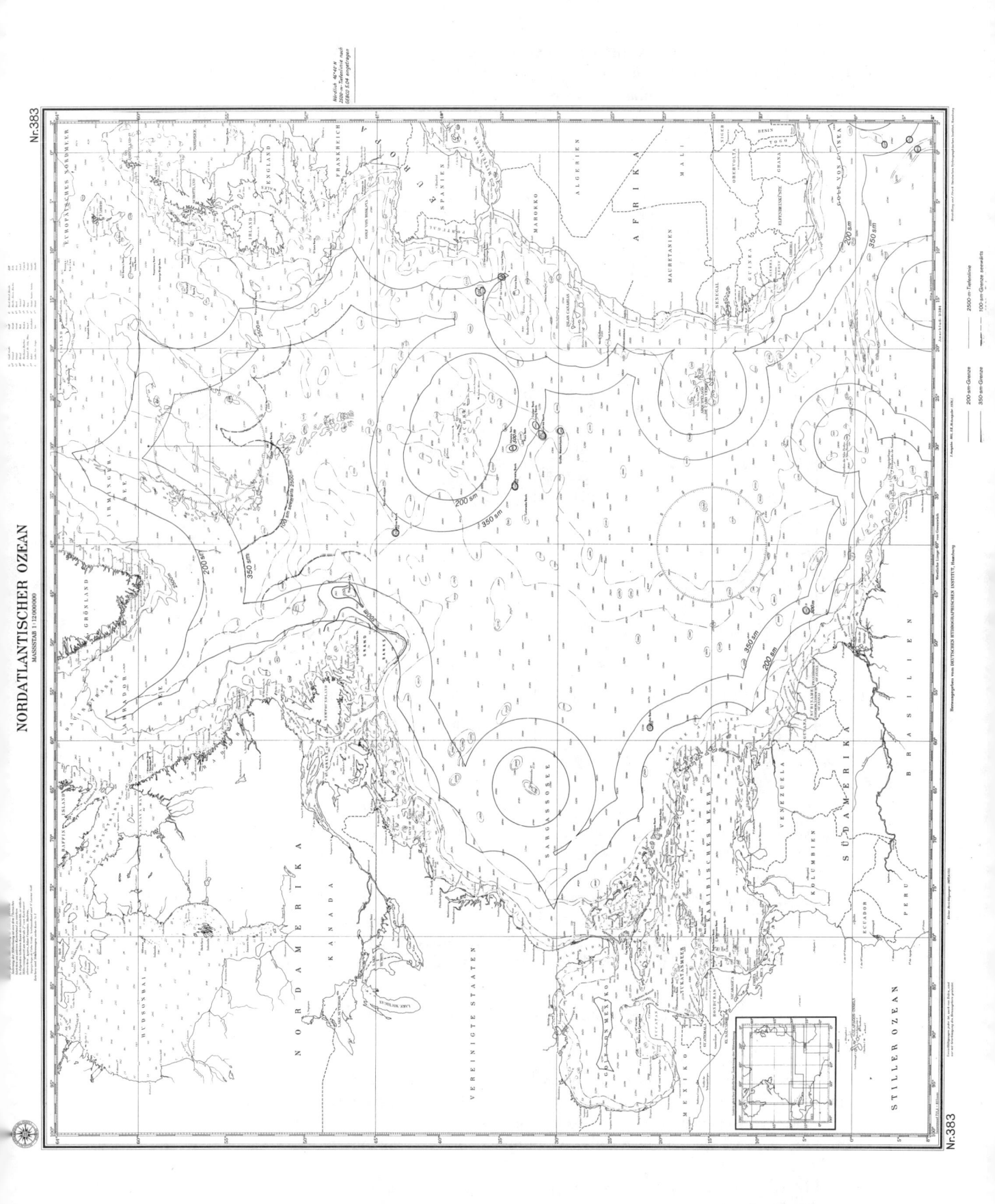

Karte 3

6) Besonders viel wird auf der Konferenz über die sog. „area" gesprochen, das Gebiet seewärts jeglicher Hoheits- oder Jurisdiktionsgrenzen. Dies ist das Gebiet, das nach Abzug der eben behandelten Küstenzonen als gemeinsames Erbe der Menschheit zur gemeinsamen Verwaltung übrigbleibt. (vgl. dazu Karte 3) Immerhin bleiben die Hauptvorkommen an Manganknollen im Stillen Ozean immer noch in der Fläche des gemeinsamen Erbes der Menschheit (Karte 4).

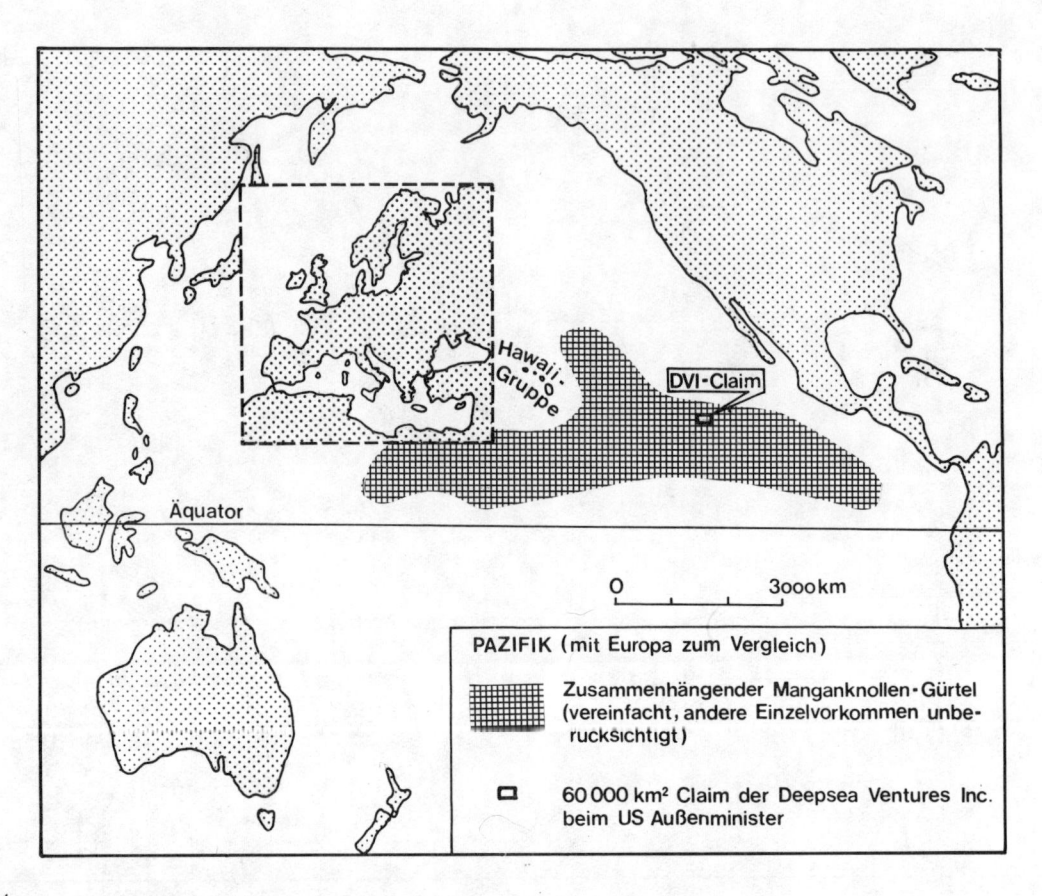

Karte 4

Hier nun ist seit Anbeginn der Konferenz alles strittig: Wie soll die gemeinsame Verwaltung aussehen? Wie werden die Stimmrechte der Mitgliedstaaten bemessen? Wer kann ein Abbaugebiet zugeteilt erhalten? In welcher Größe? Zu welchen Bedingungen und gegen welche Zahlungen? Der Streit um diese Fragen dauert nun schon so lange, daß die Haupt-Industriestaaten, die Ausbeutungskapazitäten besitzen, nämlich die USA und die Bundesrepublik, ungeduldig geworden sind und Gesetze vorbereiten, mit denen sie ihren Unternehmen vorbehaltlich endgültiger völkerrechtlicher Regelung Abbaurechte gewähren und sichern wollen. Das findet natürlich den entschiedenen Widerspruch der Entwicklungsländer und vieler anderer.

Überlegen wir uns, was die Bundesrepublik nun nach der Ziehung der neuen Grenzen auf See erhalten wird, so ergibt sich:

1. Für die Fischerei erhält die Bundesrepublik Deutschland im Rahmen der EG einen sehr großen Fischereiraum. Allerdings ist damit auch der Nachteil verbunden, daß die Bundesrepublik nun nicht mehr wie früher vor Island, Norwegen und anderen fernen Gewässern Hochseefischerei betreiben kann. Diese Situation kann nur geändert werden, wenn die EG nunmehr mit den genannten Staaten gute bilaterale Verträge abschließt.
2. Im Gebiete des Festlandsockels wird sich praktisch nicht sehr viel ändern, denn die Unternehmen, die heute schon im EG-Festlandsockel tätig sind, werden dies auch künftig tun, ohne daß dort großer Wechsel eintritt.
3. Was schließlich die Beteiligung an der Ausbeutung der Manganknollen anbetrifft, so hat die Bundesrepublik Deutschland, wie geschildert, ebenso wie die USA als Inhaberin von praktischen Ausbeutungsmöglichkei-

ten die große Chance, künftig im Stillen Ozean mit auszubeuten. Dies allerdings nur durch eine große neue internationale Meeresbodenbehörde, die voraussichtlich in Jamaika oder Malta oder auf den Fiji-Inseln ihren Sitz haben wird. Bis mit der Ausbeutung begonnen werden kann, ist sicher noch ein weiter Weg. Es wird auch darauf ankommen, in der Behörde die nötigen Stimmrechte zu erhalten.

III) Rückblick

Blickt man auf die bisherige Konferenz zurück, dann kann man beklagen, daß nunmehr auch die See von allen möglichen Grenzen überzogen wird. Grenzen, so wie wir sie vom Lande kennen, trennen die Staaten voneinander und führen leicht auch zur Isolierung eines Volkes. Die See andererseits hat bisher immer die Funktion gehabt, die Völker zu verbinden und allen gleiche Bedingungen zu gewähren.

Für die See und ihre Anliegerstaaten wäre es vielleicht angemessener gewesen, gestützt auf die natürlichen Grenzen der unterseeischen Gebirge und die wirtschaftlichen Gegebenheiten der die See umgebenden Staaten, ganz große geographische Regionen zu begründen, in denen die wirtschaftliche Ausbeutung den zugehörigen Regionalstaaten oblegen hätte. Ich habe diese Lösung vor und nach der Konferenz in Wort und Schrift wiederholt empfohlen und darf ihr hier, obgleich sie auf der Konferenz in den Hintergrund getreten ist, noch einmal öffentlich nachweinen. Die Grundgedanken dieser Lösung, die auf der Konferenz auch von der Türkei und anderen vertreten worden waren, sind folgende:
1. Nur die höchstzulässige Außengrenze für das Küstenmeer wird in der Konvention mit 12 Seemeilen festgelegt.
2. Das gesamte Gebiet außerhalb der Küstenmeere, also das gesamte Weltmeer als gemeinsames Erbe der Menschheit wird lediglich zum Zweck der wirtschaftlichen Ausbeutung in große Meeresregionen aufgeteilt, die dann geographisch angrenzenden Kontinentalregionen zur regionalen Verwaltung, wenn ratsam auch zur geordneten Weiterverteilung in Unterregionen übergeben werden.
3. Festlegung sehr allgemein gehaltener Grundsätze für die Verwaltung und Weiterverteilung innerhalb der Regionen. Zu berücksichtigende Faktoren wären dabei die Einwohnerzahl der jeweiligen Staaten, ihre Küstenlänge, der Grad der volkswirtschaftlichen Abhängigkeit von Schätzen des Meeres, die bisherige Tätigkeit der Staatsangehörigkeit auf See.
4. Schaffung einer Behörde der Vereinten Nationen mit registrierenden, statistischen, vermittelnden, finanziellen und ausgleichenden Funktionen.

Diese Regionallösung hätte folgende vorteilhafte Konsequenzen:
1. Kein Küstenstaat hat ernstzunehmende Einbußen bei seinen bisher realisierten Ansprüchen zu erwarten, insbesondere auch nicht die Staaten, die im Vorgriff auf eine allgemeine völkerrechtliche Regelung Küstenzonen bis zu 200 Seemeilen Breite bereits in ihr Hoheitgebiet einbezogen haben. Diese Staaten werden eventuell mit nur unbedeutenden Abstrichen das, was sie haben, als Unterregion behalten.
2. Die Industriestaaten könnten in einem ausreichend großen Gebiet unverzüglich mit der erstrebten Ausbeutung beginnen. Ihre Unternehmen könnten das zur Verfügung stehende Gebiet und Teile fremder Regionen dann — allerdings auch nur dann — vergrößern, wenn sich die fremde Regionalverwaltung zu einem entsprechenden Vertrag bereitfindet.
3. Die Entwicklungsländer werden in den Regionen, zu denen sie jeweils gehören, vor Zugriffen ferner gelegener Industriestaaten gesichert.
4. Sondervorschriften für Staaten ohne Meeresküste und für sonstige benachteiligte Staaten wären unnötig, da die Staaten dieser Gruppe im Rahmen der Region, der sie jeweils angehören, berücksichtigt werden müssen.
5. Inseln, die von allen Meeresküsten weit entfernt sind, werden ebenfalls in angemessener Weise im Rahmen der Region berücksichtigt, ohne daß zu große Flächen im Umkreis von eventuell nur schwach besiedelten Inseln das gemeinsame Erbe der Menschheit durchlöchern.
6. Keine Streitigkeiten zwischen benachbarten Staaten, wie z.B. Griechenland und Türkei, da für sie die allgemeinen regionalen Grundsätze in gleicher Weise angewendet werden.
7. Den in der Region eingeräumten Rechten würden regional einheitliche Pflichten entsprechen (Grundsätze, die bei der Ausbeutung zu beachten sind).
8. Möglichkeiten der Abstimmung verschiedener Arten der wirtschaftlichen Nutzung innerhalb der Region, z.B. Abstimmung der Grenzen für die Ausbeutung und die Linienführung für Kabel wären gegeben.
9. Die Schiffahrt ist in der von ihr benötigten Freiheit besonders gut gesichert, da jeder Staat Hoheitsrechte im küstennahen Gebiet außerhalb seines Küstenmeeres nur Kraft regionaler Zuteilung treuhänderisch ausübt.

10. Das System ist eine angemessene Fortentwicklung des bisherigen Völkerrechts, nach welchem das Meer außerhalb eines Staatsgebietes grundsätzlich jedermann zur Verfügung steht.

Diese regionale Lösung wird vermutlich auf der Konferenz nicht wieder in den Vordergrund treten. Das neue Seerecht wird anders aussehen. Ob es zeitgemäß ist, wird die Zukunft zeigen.

Gerhard Kortum, Kiel

Entwicklung, Stand und Aufgaben der Geographie des Meeres

1. Die Situation: Das wiedergefundene Meer

„Mit Recht ist das Meer in den vergangenen Jahren als das gemeinsame Erbe der Menschheit bezeichnet worden. Es ist noch nicht lange her, daß es als eine „blaue Wüste" betrachtet wurde, die dort beginnt, ‚wo das bewohnte Territorium endet, und sich im endlosen Raum verliert'. Mit dem Eintritt in das Raumfahrt-Zeitalter ist das Meer mit unserem ganzen Planeten geschrumpft. Es erscheint nun nicht mehr unendlich und bodenlos ... Neue Grenzen und internationale Gesetzgebung bewegen sich vom Land auf das Meer, auf den kontinentalen Schelf und weiter hinaus in die Tiefsee, entsprechend der Ausdehnung des politischen Interesses von der Oberflächenverteidigung und den Fischereigebieten bis zu den unermeßlichen Schätzen der Tiefsee." (R. ALLEN u.a., Krüger Atlas der Ozeane 1979, S. 7).

Mit diesen Worten leitet THOR HEYERDAHL sein Vorwort zu einem neuen, wenn auch in seiner Art nicht neuartigen Kompendium der Meerkunde und Meeresnutzung ein, das sich mit Beiträgen von 35 teilweise namhaften Wissenschaftlern aus dem angelsächsischen Raum zu ozeanographischen, historischen, meeresbiologischen und rohstoffbezogenen Einzelfragen insgesamt als „Atlas" wohl deshalb bezeichnet, weil es — und das ist eine Neuerung — einen 60 seitigen Abschlußteil regional-meereskundlichen Gehalts (Das Weltmeer: Ozeane und Nebenmeere) mit vielen Regionalkarten enthält. Daß man unter den Mitarbeitern keinen Geographen mehr findet, überrascht keinen, der sich mit Problemen der Geographie des Meeres befaßt. Dennoch könnte das Werk wohl als Meeresgeographie im weitesten Sinne, zugeschnitten auf eine interessierte Öffentlichkeit in einem von der deutschen Meereskunde leider nicht mehr in diesem Maße fortgesetzten Stil der populären Darstellung, bezeichnet werden.

Nun erschien im Januar 1980 endlich das langerwartete Werk H.G. GIERLOFF-EMDENs „Geographie des Meeres. Ozeane und Küsten" in 2 Bänden in der renommierten Reihe „Lehrbuch der Allgemeinen Geographie", die erste große Zusammenfassung meeresgeographischen, meereskundlichen und meerbezogenen Wissens aus der Feder eines Geographen, seit 1907 das „Handbuch der Ozeangeographie" (2 Bde.) in der Bibliothek Geographischer Handbücher von OTTO KRÜMMEL vorgelegt wurde. Damit wurde eine sehr empfindliche Lücke in der geographischen Literatur aus dem Fach selbst heraus geschlossen. Vorbei ist die Zeit der unlängst wiederholt geäußerten Befürchtung, die Geographie könnte sich angesichts der zunehmenden ökologischen und wirtschaftspolitischen Bedeutung der Ozeane in der heutigen Zeit nicht mehr kompetent und in der Lage fühlen, 71% der von ihr als ureigenes Forschungsfeld empfundenen Geosphäre überhaupt noch zu berücksichtigen. Beklagt wurde der aus der disziplingeschichtlichen Verselbständigung der Meereskunde und ihrer Hinwendung zur geophysikalischen und biologischen Teildisziplin und der zunehmenden, zuletzt nahezu ausschließlichen Beschäftigung der Geographie mit dem terrestrischen Teil des Planeten verständliche, aber nicht zwangsläufige Verlust des Meeres. Bestrebungen, neue zaghafte Brücken zwischen dem Mutterfach Erdkunde und der Meereskunde schlagen zu wollen, waren zwar in ganz wenigen Ansätzen international zu verzeichnen, aber blieben für das Selbstverständnis der zu sehr mit sich selbst beschäftigten Geographie letztlich bis Ende der 70er Jahre ohne Belang. Wurde bislang vorsichtig von „einer"(möglichen) Geographie des Meeres gesprochen, so liegt diese nun mit dem bedeutenden Werk GIERLOFF-EMDENs in einer bestimmten, ausgeführten Form vor. — Das verlorene Kind ist wiedergefunden, es fragt sich nun nur, was mit ihm gemacht wird. —

Nachdem 1969 auf dem Kieler Geographentag wohl die sich bietende Chance vertan worden war, in einer Küstenuniversität das Meer wieder stärker in die Forschung und Betrachtung des Faches einzubinden (abgesehen von zwei Vorträgen, in denen G. DIETRICH einen großen gedanklichen Bogen von LEXANDER VON HUMBOLDTs „Kosmos" zur modernen Meeresforschung zog und J. ULRICH über geomorphologische Untersuchungen an Tiefseekuppen im Nordatlantischen Ozean berichtete), blieb es nun dem 17. Schulgeographentag in Bremen vorbehalten, dieser Fachnotwendigkeit mit dem Motto „Meere und Häfen" Rechnung zu tragen. In Einzelreferaten werden hierbei verschiedene wichtige meeres- und küstengeographische Probleme aus dem naturökologischen und wirtschafts- und sozialgeographischen Bereich angesprochen. Für alle diese Aspekte soll und kann dieser allgemein gehaltene Bericht über „Entwicklung, Stand und Aufgaben der Geographie des Meeres" kein theoretisch-konzeptioneller Überbau sein; dennoch mögen sich aus der historisch-methodischen und mehr konzeptionellen als inhaltlichen Zielsetzung manche Zuordnungen ergeben.

Dabei sollen bereits veröffentlichte Thesen und Leitlinien (vgl. KORTUM 1979) nicht wiederholt, wohl aber ergänzt und vertieft werden. Eine theoretisch-methodische Präzisierung der Geographie des Meeres erscheint gerade zum jetzigen Zeitpunkt notwendiger denn je. Bisher ist nie deutlich genug geworden, woher die Meeresgeographie in ihren Ursprüngen kommt, welche ideengeschichtliche Fortschritte auf diesem speziellen Gebiet gemacht wurden, welche Grundkonzeptionen wichtigen Arbeiten auf diesem Sektor zugrundeliegen oder welche Wege wohl für die Zukunft gangbar wären.
Auf wenigen Seiten kann dieses angesichts der Stoffülle ozeangeographischer Literatur und angesichts der Pluralität der Forschungsansätze der Geographie in der Vergangenheit und heute nur in groben Umrissen erfolgen. (Verwiesen wird auf eine in Vorbereitung befindliche Arbeit über diese ideen- und disziplingeschichtliche sehr interessante Überlappungszone von Erd- und Meereskunde von PAFFEN/KORTUM).

Die drei Vorträge des „Kieler Blocks" stehen alle mehr oder weniger im Erbe des großen Ozean-Geographen Günter DIETRICH und im weitesten Sinne in der langen Kieler Tradition der geographischen Beschäftigung mit dem Meer, die dort nach OTTO KRÜMMELs langjähriger Tätigkeit im Geographischen Institut (1883-1911) durch LUDWIG MECKING, dann später von ozeangeographischer Seite aus besonders nach dem II. Weltkrieg durch GEORG WÜST und GÜNTHER DIETRICH verkörpert wurde. Wenn sich dort auch bisher trotz institutioneller Vorteile noch kein deutlich profilierter Schwerpunkt erneut bilden konnte, so hat dieses neben personellen Gründen besonders auch die Nichtbereitschaft der Meereskunde insgesamt zum Grunde, Geographen heute in ihren Bahnen wieder zum Zuge kommen zu lassen, obwohl die Meeresforschung heute doch ein großes interdisziplinäres Forschungsfeld gemeinsam am Objekt Ozean interessierter Wissenschaftszweige sein will. Gerade die außerordentliche Entwicklung der Meeresgeologie in der Kieler Universität ist das Muster dafür, wie intensiv sich ein Fach standortgebunden dem Meer hin öffnen kann, ähnliches gilt teilweise für das sich auf Seerechtsfragen spezialisierende Institut für Internationales Recht.

Im folgenden soll der Versuch gewagt werden, vor einem größeren disziplingeschichtlichen Rückblick durch eine breiter angelegte Definitionspalette zur „Meeresgeographie" die Entwicklung der geographischen Behandlung des Meeres anzudeuten, deren heutiger Stand im wesentlichen durch das jüngst erschienene Werk GIERLOFF-EMDENs zu markieren ist, das hier in diesem Rahmen nur eingeordnet, aber keiner detaillierten Würdigung unterzogen werden soll. Die Entwicklung wird hiermit nicht abgeschlossen sein, denn viele Aufgaben warten.

2. Das Problem: Die Begriffe Meereskunde und Meeresgeographie

Es gibt zahllose gute Definitionen und Wesensbeschreibungen der modernen Meereskunde, besonders auch im deutschsprachigen Bereich. ERICH BRUNS gab etwa folgende, sehr geographische Charakteristik: „Die Wissenschaft vom Meer, die Meereskunde, hat die Aufgabe, die in den Ozeanen ablaufenden Vorgänge zu untersuchen, deren Ursachen zu finden und die grundlegenden Gesetzmäßigkeiten aufzudecken. Gegenwärtig kommt der Meereskunde eine immer größer werdende Bedeutung zu, sind doch ihre Forschungsergebnisse wichtige Voraussetzung für die Nutzung des Meeres und seiner mannigfachen Ressourcen im Dienste der menschlichen Gesellschaft... Die Meereskunde, auch Ozeanographie oder besser Ozeanologie genannt, beschäftigt sich mit den Eigenschaften und dem Verhalten des Meereswassers, mit den Wechselwirkungen zwischen den Wassermassen der Ozeane und der Lufthülle über dem Meer und der Erde darunter, mit der Form und dem Aufbau der Ozeanbecken, mit der Vielfalt der Lebensformen im Meer und mit den Zusammenhängen zwischen allen diesen Phänomenen. So stellt sie eine komplexe Wissenschaft dar, die die chemischen, physikalischen, geologischen und biologischen Prozesse im „Objekt Ozean" erforscht und theoretisch zu deuten versucht..." (in BROSIN, Hrsg., 1969, S. 9). –
Schon etwas enger faßt G. DIETRICH die Meereskunde: „Meereskunde, Ozeanographie, Ozeanologie ist als Wissenschaft vom Meer ein Teilgebiet der Geophysik. Die Meereskunde befaßt sich mit der zeitlichen und räumlichen Verteilung von physikalischen und chemischen Eigenschaften des Meeres... und dessen Einfluß auf lebende Organismen, sowie der Bodengestalt und der Sedimente, mit dem Wärme- und Stoffhaushalt, den

Meeresströmungen, Oberflächen- und internen Wellen, den Gezeiten und der Tiefenzirkulation." DIETRICH hat auch als Verfasser des berühmten Lehrbuches „Allgemeine Meereskunde" (²1965, ³neubearbeitete Auflage 1975) konsequent bis 1970 diese äußere Stoffumgrenzung als Ozeanographie vertreten, die er, so im Vorwort des bekannten und sehr verbreiteten Bändchens „Ozeanographie. Physische Geographie des Weltmeeres" in der Reihe „Das Geographische Seminar" (3. Aufl. 1970), als „physische Meereskunde" bezeichnet, wobei hiermit „andere" Meereskunden nicht ausgeschlossen werden, aber unerläutert bleiben. Dieses Selbstbekenntnis zu Geophysik verwischt aber nicht alte geographische Bindungen in DIETRICH's Werk. Im erwähnten Vorwort heißt es hierzu rückblickend: „Bis dahin ordnete man die Meereskunde ganz in die Geographie ein. Damit ist heute die Bedeutung der geographischen Betrachtungsweise für die Meereskunde nicht geringer geworden. Sie gelangt nach wie vor in der speziellen Meereskunde zur Anwendung. In ihr werden die einzelnen Meeresräume behandelt, ihre Gestalt, Größe, Tiefe, Bodenbedeckung, die physikalisch-chemische Eigenart und die Bewegungsvorgänge des Wassers in diesem Raume, die Pflanzen- und Tierwelt und schließlich die Beziehungen zum Menschen". (DIETRICH 1970, Sm 5f.)

DIETRICH hat dann aber später interessanterweise eine wieder ausgesprochen „geographische" Auffassung vom Inhalt der Meeresforschung vertreten, die er erstmals 1970 im einleitenden Kapitel vom „Inhalt der Meeresforschung„ (1970, S. 9-14) vom James COOK-Lehrstuhl für Geographie auf Hawaii aus veröffentlichte. Das wohl bekannte Schema geht davon aus, daß die vier Grundaspekte STOFF, RAUM, LEBEWESEN und ENERGIE auch in wirtschafts- und sozialgeographische Horizonte verfolgt werden und auch der „Schutz des Meeres und der Küsten" vor Verunreinigung und Überfischung miteinbezogen werden.

Dieses großartige, wohl auch synthetisierende Inhaltsmodell wird auch in der neuen Meeresgeographie GIERLOFF-EMDENs erwähnt (1980, I, S. 4), dort aber nicht zur in dieser Art möglichen und sinnvollen Problem- und Stoffstrukturierung ausgenutzt.

Auch GIERLOFF-EMDEN versucht unter der Heranziehung eines breiten definitorischen Spektrums („Definition und Gliederung der Meereskunde") im einleitenden Abschnitt zur „Wissenschaft vom Meer" die breitgefächerte innere Fachdifferenzierung der Meeresforschung zu ermitteln. Die herkömmliche Gliederung wird etwa bestimmt durch Meeresphysik und dynamische Ozeanographie, Maritime Meteorologie, Meereszoologie, Meeresbotanik, Marine Mikrobiologie und Planktologie, Marine Ökologie, Marine Geophysik und Geologie oder Marine Paläontologie. Die Meeresgeographie (auch Geographie des Meeres, Ozeangeographie, maritime Geographie) wird – abgesehen von der UdSSR, wo MARKOV (1971) 1970 die Einrichtung einer Sektion Marine Geographie innerhalb der Ozeanographischen Kommission der Akademie der Wissenschaften durchsetzen konnte, – sich auf diesem Wege nirgendwo heute mehr etabliert finden. Letztmals und letztlich ohne Folgen meldete sich die Geographie offiziell in der Bundesrepublik, vertreten durch TROLL und PAFFEN, mit einem wünschenswerten Aufgabenkatalog in der ersten, die neuere Aufbauphase und staatliche Förderung der Ozeanographie einleitenden Denkschrift zur Lage der Meeresforschung (BÖHNECKE und MEYL, 1962, S. 57-9). Selbst eine vom Geographischen Institut Hamburg unter KOLB gewünschte Planstelle wurde nicht realisiert. – Aus heutiger Sicht scheint es, daß damals von Seiten des Faches und der Forschungsplanung Weichen falsch gestellt wurden, die die kümmerliche Entwicklung maritim-geographischer Arbeiten in der Folgezeit mitbedingten.

Es bleibt also die fundamentale Frage im Raum: Was ist nun eigentlich Meeresgeographie, wenn man sie in heutigen Organisationsstrukturen der Meereskunde nicht findet und man als Meeresgeograph nur in der Selbsteinschätzung existiert? Dem Geographen steht es zunächst frei, Meeresgeographie nach Stoffumfang und Zielsetzung neu zu bestimmen. Einige Möglichkeiten seien im folgenden zur Diskussion gestellt. Hier gibt es nun, ausgehend vom breit und umfassenden Ansatz der Meereskunde gerade in Deutschland zur Zeit FERDINAND VON RICHTHOFENs, dem Begründer und Leiter des Instituts und Museums für Meereskunde in Berlin in Personalunion mit dem Geographischen Institut, doch manche allgemeine Zuordnungsaspekte. Die folgenden Auffassungen von einer Meeresgeographie sind zunächst ebenso breit wie der sich erst später auf Ozeanographie einengende Begriff Meereskunde, der in der „Berliner Zeit" nicht nur den biologischen, sondern auch ganz selbstverständlich den verkehrs- und wirtschaftsgeographischen und seestrategischen Aspekt mitemschloß. Auch im Rahmen deutschen Seegeltungsstrebens und kolonialer Ausdehnung wurden sehr vielfältige meerbezogene Themen in der „Meereskunde. Sammlung volkstümlicher Vorträge" oder in der Reihe „Das Meer in volkstümlichen Darstellungen" (hrsg. vom Institut für Meereskunde in Berlin durch G. WÜST) behandelt.

3. Der Bonus: Die Periode der geographischen Meereskunde in Deutschland

Meeresgeographie könnte zunächst ganz allgemein die unmittelbar über die Belange der Seefahrt (Segelhandbücher, nautische Handreichungen etc.) hinausgehende Beschreibung und Darstellung des Meeres sein, zunächst ohne direkten Fachbezug. Hiermit kann nicht nur die stark angeschwollene populärwissenschaftliche Literatur in Sachbüchern einbezogen werden – sie ist gerade für didaktische Zwecke oft hilfreicher als die Fachlehrbücher –, sondern auch die besonders im deutschsprachigen Raum sehr alte, „vorgeographische" naturkundliche Beschreibung des Meeres. Generell sollte man – nicht nur bei der Geographie der Meere – die Unterscheidung zwischen experimenteller Forschung und wissenschaftlicher Verarbeitung bzw. Interpretation und Stoffdarbietung ziehen. Die Stärke der Meeresgeographie lag und liegt dabei eindeutig im letzten Bereich, wenn auch mehrere Geographen an den großen deutschen Meeresexpeditionen der Jahrhundertwende teilnahmen (so KRÜMMEL auf der Plankton-Expedition auf der „National" 1889, SCHOTT auf der „Valdivia"-Tiefsee-Expedition 1888/99 und DRYGALSKI auf der „Gauß"-Südpolarexpedition 1901/2). Besonders sei auf die im engeren Sinne geographische Planlegung der berühmten „Meteor"-Expedition (1925-27) im Südatlantik durch ALFRED MERZ hingewiesen. Bis zur Ausrichtung der Meereskunde auf physikalisch und chemisch-quantitative Probleme und Forschungsmethoden – diese tritt erstmals bei A. DEFANT (Physik des Meeres, 1929) stärker hervor – war die Meeresforschung in Deutschland – und das ist ein bisher kaum beachtetes Spezifikum und ein Bonus für die heutige Lage – ganz entscheidend integraler Teil der Geographie. Folglich ist ihre Ausrichtung – auch in Publikationen – sehr wohl als „ozeanographisch-meeresgeographisch" zu bezeichnen (dazu auch PAFFEN 1964 S. 40f, „Das Verhältnis von Geographie und Ozeanographie im Rückblick").

Dies zeigt schon eine Analyse der einschlägigen Beiträge in den geographischen Fachzeitschriften jener Jahre. In dem Gesamtprogramm Meeresforschung und Meerestechnik 1976-79 (Hrsg. Bundesministerium f. Forschung und Technologie 1976) wird beiläufig in einem Satz auf die alte Tradition der wieder zur Weltgeltung aufgestiegenen deutschen Meeresforschung verwiesen. An anderen Stellen, zuletzt wieder bei GIERLOFF-EMDEN, wird dann auch die Geschichte der Meeresforschung sehr ausführlich als notwendiger Rückblick abgehandelt. Seit 1962 setzte sich dabei aber in der Bundesrepublik eine immer wieder aufgegriffene, auf WÜST, BÖHNECKE und DIETRICH zurückgehende vierphasige „Leseart" durch, die, nicht unbeeinflußt von angelsächsischen Vorbildern, die „eigentliche Meeresforschung" erst 1873 mit der sicher einen bedeutenden Einschnitt bildenden Weltfahrt der britischen „Challenger" (1872-1876) beginnen läßt. Das Stadium der Erkundung währte dann bis 1914, der Übergang zur systematischen Erforschung großer Ozeanräume dauerte von 1920-39; es folgte 1940-56 die Zuwendung zu speziellen physikalischen, geologischen und biologischen Problemstellungen und als vierte Phase der Übergang zur internationalen synoptischen Aufnahme ozeanischer Räume (erstmals BÖHNECKE/MEYL 1962, GIERLOFF-EMDEN 1980, S. 119 ff. u.v.a.). Die geographische Herkunft wird dabei fast immer unterschlagen. Die Hervorkehrung organisatorischer Gesichtspunkte in einer historischen Schematisierung muß auch aus disziplingeschichtlichen Gründen wohl zurückgewiesen werden, die mehr auf ideengeschichtliche Wandlungen oder Theorieentwicklung auszurichten wäre. Hierzu liegen aus dem angelsächsischen Raum – und dieser wird dann notwendigerweise auch verstärkt beachtet – neuerdings mehrere gute Übersichten vor, die gerade für die Frühphase der Ozeanographie auch viele meeresgeographische Aspekte enthalten (M. DEACON, Scientists and the Sea 1650-1900, 1971; Oceanography, concepts and history, 1977; ferner mehr auf die USA bezogen: S. SCHLEE, Die Erforschung der Weltmeere, 1974), wenn auch die deutsche und die russische Seite und die besonders in diesen beiden Ländern vertretene geographische Richtung wenig in der gedanklichen Entwicklungsgeschichte Berücksichtigung finden. Die Frage nach dem eigentlichen Begründer der Meeresforschung hat je nach Gesichtspunkt und Vorurteil Antworten von B. FRANKLIN, J.F. MAURY, E. FORBES, MURRAY, A.v. HUMBOLDT, O. KRÜMMEL, V. HENSEN, SCORESBY, EHRENBERG oder HOOKER gefunden. Die Frage ist als solche schon unseriös.

In Deutschland ist der Beginn der modernen Tiefseeforschung sicher die Pentade von 1870-75: 1870 wurde die „Commission zur wissenschaftlichen Untersuchung der deutschen Meere" in Kiel gegründet (K. MÖBIUS, G. KARSTEN, V. HENSEN, später O. KRÜMMEL u.a.). Dem Geographischen Institut wurde ein Meereslabor für die Auswertung von Proben im Rahmen der ICES zugeordnet. Meereskunde-Institute entstanden erst 1900 in Berlin und 1936 in Kiel.

1872 wurde dann die Deutsche Seewarte in Hamburg als Reichsstelle gegründet (heute DHI), die entsprechend den Vorbildern in Großbritannien und besonders den USA (JAMES FONTAINE MAURY, Depot of Carts and Instruments, Wind and Current Charts seit 1947, Physical Geography of the Sea and its Meteorology 1855)

den praktischen Belangen der Seefahrt diente, aber besonders unter dem ersten Direktor GEORG VON NEUMAYER (bis 1909) auch in den ab 1882 erscheinenden „Annalen zur Hydrographie und maritimen Meteorologie" meeresgeographischen Fragen nachging.
1874 gründete ANTON DOHRN die weltweit als Vorbild dienende Stazione Zoologica di Napoli als meeresbiologische Küstenstation.

4. Der Ursprung: Die „alte" Meeresgeographie im 18. u. 19. Jh. in Deutschland

1874 war von Kiel aus ein Jahr nach dem Aufbruch der „Challenger", aber ohne erkennbaren Bezug zu diesem Unternehmen, die Korvette „Gazelle" zu ihrer zweijährigen Expedition ausgelaufen. Es war die letzte der großen internationalen „wissenschaftlich begleiteten" Weltumsegelungen, an denen deutsche Naturforscher (Geographen gab es noch nicht) in großer Zahl – auch auf dänischen und besonders russischen Schiffen – teilnahmen. Diese vorwissenschaftliche Frühphase der Meereskunde ist dennoch im weiteren Sinne sehr meeresgeographisch gewesen. Die Periode begann bekanntlich mit der Teilnahme der FORSTERs auf J. COOKs 1769 durchgeführten Expedition nach Tahiti. Neben den FORSTERs sind andere deutsche Naturforscher in ihrem Beitrag zur Erforschung des Meeres oder der Darstellung des Ozeans noch sehr im Dunkel der Ideengeschichte. Erwähnt seien nur HORNER (1803-6 auf der „Newa"), Adalbert von CHAMISSO auf der russischen „Rurik" 1815-18 (vgl. Reise um die Welt, 2 Bde., 1835), ESCHHOLZ und besonders EMIL VON LENZ, der KOTZEBUE auf der Fahrt 1823-26 begleitete und dem schon von ALEXANDER VON HUMBOLDT im „Kosmos" zugebilligt wurde, daß er erstmals auf Grund seiner genauen Tiefentemperaturmessungen gedanklich die Tiefenzirkulation der Ozeane erkannte.

Vielleicht sind die meeresgeographischen Ansichten ALEXANDER VON HUMBOLDTs bisher überbetont worden, wenn man sie im größeren Rahmen sieht. Als HUMBOLDT kurz vor seinem Tode der österreichischen „Novara"-Expedition die wissenschaftliche Fahrtanweisung schrieb („Physikalische und geognostische Erinnerungen...", 1857), überschaute er die gerade seit 1850 auch im Zusammenhang mit der Verlegung der ersten transatlantischen Kabel stark zunehmende Kenntnis vom Meer nicht mehr. Als Naturphilosoph hat er in der geographischen Betrachtung und Darstellung des Meeres – HUMBOLDT kam nie dazu, seine meereskundlichen Ansichten etwa in einer Monographie über Meeresströmungen zusammenzufügen –, bedeutende Vorläufer gehabt: Nie wurde bisher die meeresgeographische Systematik eines BERNHARD VARENIUS gewürdigt oder die „Hydrotheologie" (Hamburg 1737) eines J.A. FABRICIUS bemerkt (mit dem Untertitel: „Versuch, durch Betrachtung des Wassers dem Menschen zur Liebe und Bewunderung des Schöpfers zu ermuntern"). Meeresgeographie wurde damals im Rahmen der Allgemeinen Hydrologien betrieben, die im 17. und 18. Jhd. sehr zahlreich waren. Nur dem Meer widmeten sich der bereits von der Meeresgeologie als Urvater herangezogene Graf L.F. MARSILI („Histoire physique de la Mer", Amsterdam 1725), eine außerordentlich interessante und sicher auch meeresgeographisch stark interessierte Persönlichkeit, und der bislang unentdeckte Deutsche F.W. OTTO mit seinem „Abriß einer Naturgeschichte des Meeres", die zweibändig 1794 in Berlin erschien. OTTO behandelte das Meer in seiner 1800 folgenden Hydrographie: „System einer allgemeinen Hydrographie, Versuch einer physischen Erdbeschreibung nach neuesten Beobachtungen und Entdeckungen", in vier Kapiteln:
1. Von dem Weltmeere überhaupt, seiner Größe und seinem Verhältnis gegen das Land,
2. Becken des Meeres (Grund und Boden des Meeres, Ufer des Meeres),
3. Wasser des Meeres (Geschmack, Schwere, Temperatur, Farbe und Leuchten des Meerwassers), ferner: Bewegung des Wassers im Meer a) allgemein: Wellen, Ebbe und Flut, b) besond.: Strömungen
4. Als 4. Abschnitt folgt eine regionale Meeresbeschreibung: Das Weltmeer nach seinen Haupt- und besonderen Teilen betrachtet.

Ohne hier auf diesem Bereich der „alten Meeresgeographie" im Rahmen der Physischen Erdbeschreibungen Vollständigkeit zu erstreben, sei noch erwähnt, daß Immanuel KANT in seiner von J.J.W. VOLLMER 1883 edierten „Physischen Geographie" auf nahezu 600 Seiten eine „Allgemeine Beschreibung der Meere" gab, die bisher keine Beachtung fand. Verwiesen werden muß hier auch kurz noch im Zisammenhang der Meeresgeographie des 19. Jhds. auf die große Bedeutung von HEINRICH BERGHAUS oder JOHANN GEORG KOHL, der in seiner 1868 in Bremen erschienenen „Geschichte des Golfstroms und seiner Erforschung..." auf Grund seiner Archivarbeiten im Coast and Geodetic Survey der USA wichtige frühe internationale Querverbindungen in der Meereskunde erschließt. Gleichfalls kann auf AUGUST PETERMANN und seine ozeanographischen Interessen, die teilweise in den frühen Jahrgängen seiner Mitteilungen ihren Niederschlag fanden, nur kurz verwiesen werden.

Zusammenfassend kann festgehalten werden für diese Frühphase:
Die Meereskunde blieb in Deutschland bis in die 1920er Jahre praktisch Teil der Geographie und war damit Meeresgeographie. Sie hat vor der Gründung der Meereskunde-Institute und vor Errichtung der Geographie als Hochschulfach ein reiches Vorfeld der Betrachtung und Darstellung des Weltmeeres im Rahmen der großen physischen Erdbeschreibungen in Deutschland, deren systematisch-idealistisches Vorgehen und Theoriestreben sicher den mehr praktisch-seemännischen Traditionen der angelsächsischen Meeresforschung gegenüberstehen.

5. Das Konzept: Die „methodisch-theoretische" Meeresgeographie

Meeresgeographie ist ferner definierbar als Gesamtdarstellung des Weltmeeres oder von einzelnen Teilräumen durch Geographen, mithin eine gezielte, methodische Aufbereitung ozeanographischen Wissens aus der Sicht der Geographie.
Hervorragende Beispiele dieser Art sind etwa im deutschsprachigen Raum gegeben durch die Arbeiten von OTTO KRÜMMEL (Handbuch der Ozeanographie, 2 Bde, 1907/11), der in seinem Vorwort u.a. schrieb: „Hierbei habe ich mich bemüht, keinen Augenblick zu vergessen, daß ich als Geograph für Geographen zu schreiben hatte". Ferner muß hier auf die Arbeiten von LUDWIG MECKING und F.v. DRYGALSKI, W. MEINARDUS, A. GRUND, G. BRAUN, A. MERZ und H. SPETHMANN, R. LÜTGENS u.a. verwiesen werden, die meist in irgendeiner Verbindung zum 1900 gegründeten Institut für Meereskunde in Berlin standen. Besonders müßte auch auf das Werk von GERHARD SCHOTT eingegangen werden, der von der Deutschen Seewarte aus mehr aus deren praktischen Bedürfnissen seine im Umfang und Konzeption nicht wieder erreichten Ozeanmonographien verfaßte. Dieses ist für die Zeit von 1900-1945 beste deutsche meeresgeographische Tradition geworden, gewachsen auf alten Strukturen und Entwicklungen in noch engem Kontakt zur Arbeit auf See. Auch GEORG WÜST, der im Berliner Institut unter PENCK und MERZ studiert hatte und von 1946-59 dann in Kiel das Institut für Meereskunde wiederaufbaute, steht in dieser Entwicklung.
Auch neuerdings besteht diese Art der Meeresgeographie, wohl auch angeregt durch die gesamte Aktualität des Meereskomplexes, weiter. E. ROSENKRANZ hatte 1977 den Mut, in der Studienbücherei „Geographie für Lehrer" (Band 14) eine Monographie über „Das Weltmeer und seine Nutzung" zu schreiben, wobei er im Vorwort und in dem einleitenden Kapitel über „Die Bedeutung des Meeres in geographischer Sicht" bewußt an die abgebrochene Überlieferung anknüpfte: „Um die Jahrhundertwende hat sich die wissenschaftliche Geographie verhältnismäßig intensiv mit dem Meer beschäftigt (S. 7)". – „Die Geographie hat wie in den Anfängen der wissenschaftlichen Meereskunde auch heute alle Voraussetzungen für eine erfolgreiche Mitwirkung an diesen großen Aufgaben." (S. 10)
Hierzu gehört auch das neue zweibändige Handbuch GIERLOFF-EMDENs, auf das noch einzugehen ist.

Meeresgeographie ist ebenso die Darstellung von Seiten der heutigen institutionalisierten Meereskunde und ihren Vertretern für die Zwecke der Geographen oder – im weitesten Sinne – für die interessierte Öffentlichkeit, sofern hierbei räumliche Aspekte oder spezifisch geographisch erachtete Momente wie „Nutzung des Meeres" berücksichtigt werden. Gleichzeitig könnte man auch alle ozeanographischen Arbeiten mit regionalisierendem Bezug und neuerdings mit ökologischer Problemstellung als im weitesten Sinne „meeresgeographisch" okkupieren, auch wenn dies vielen Autoren nicht recht wäre. – Hierzu gehören die unzähligen Aufsätze etwa von WÜST oder DIETRICH in geographischen Fachzeitschriften, DIETRICHs „Physische Geographie des Weltmeeres", ferner KINGs „Oceanography for Geographers" (1962) u.a.
Meeresgeographie ist ferner, wenn sich Geographen, ob nun mit oder ohne eigene Forschungstätigkeit auf dem Meer, theoretisch-methodisch mit dem Meereskomplex auseinandersetzen. Dieses Bedürfnis stellte sich nicht zuletzt aus der scheinbaren Inkompetenz der Geographie ein und dem Bewußtsein, daß die Entwicklung über das Fach hinweggerollt war. Sie waren die Bremser und Mahner, die meist keine großen Verifizierungen ihrer Vorstellungen vorlegen konnten, aber dennoch wohl einige Langzeitwirkungen hatten.

Zu dieser Gruppe gehören
– KARLHEINZ PAFFEN, der 1964 in der „Erdkunde" seine auch disziplingeschichtlich untermauerte Konzeption einer „Geographie des Meeres" („Maritime Geographie") vorlegte;
– K.K. MARKOV u.a. stellten in der SOVIET GEOGRAPHY 1971 und 1976 aus der langen Tradition russischer Meeresforschung, die in angelsächsischen Darstellungen der Geschichte der Ozeanographie oft übergangen wird, ein weiteres Konzept der Marinen Geographie vor. Es war offensichtlich von PAFFEN beeinflußt.

- Im angelsächsischen Raum, also bei den traditionellen Seemächten, herrschte trotz stürmischer Entwicklung der Ozeanographie zunächst Schweigen: Fußend auf einer 1966 von A.J. FALICK verfaßten Besprechung PAFFENS, meldete sich KENNETH WALTON mit „A Geographer's View of the Sea" (1974) und ebenfalls aus England A.D. COUPR mit einem 1978 veröffentlichten Aufsatz über „Marine Resources and Environment", der sehr stark eingebettet wurde in methodische Überlegungen zur Maritimen Geographie. Dieser Begriff selbst stammt aus Großbritannien und wurde erstmals für ein dreibändiges Werk von JAMES KINGSTON TUCKEY 1815 verwendet.
- In der Bundesrepublik ging dann, sicher auch unter dem Eindruck der Seerechtsproblematik, von Seiten der Schulgeographie und Didaktik ein neuer Impuls aus: 1978 setzte sich H. KELLERSOHN mit der „Geographie der Meere" als Themenbereich mit zunehmender Bedeutung für ein Geographie-Curriculum auseinander. Auf dieser Linie sind auch G. KORTUMs mehr auf der ursprünglichen Konzeption KH. PAFFENs aufbauenden und stärker fachwissenschaftlich orientierten Gedanken zur „Meeresgeographie in Forschung und Unterricht" zu sehen (1979).

Ferner wird auf wenige Ansätze verwiesen, einzelne spezifisch geographische Methoden auf den Meeresraum zu übertragen, ohne eine theoretische Gesamtkonzeption des Einbaus des weltumspannenden ozeanischen Natur- und Wirtschaftsraumes in ein System der Geographie anzustreben. Von großer Bedeutung war hier die Übertragung der Ideen des „Geographischen Formenwandels" – ursprünglich 1952 von H. LAUTENSACH entwickelt – durch J. BLÜTHGEN auf die Betrachtung von Meeresräumen, mit besonderer Berücksichtigung der Ostsee (1957).

Es lohnt sich, gerade bei diesem fruchtbaren Methodentransfer zur Kennzeichnung des Wesens der Meeresgeographie im engeren Sinne etwas zu verweilen. Er liegt auf gleicher Ebene wie PAFFENs Versuch, das landschaftskundliche Lehrgebäude der Geographie auf dem Ozean zur Anwendung zu bringen. BLÜTHGEN schrieb selbst (1957, S. 21): „Da jedoch nicht allein die feste Erdoberfläche, sondern ebenso die Wasserhülle ... bis zu einem gewissen Grade geographischer Forschung zugänglich sind, ergibt sich die Frage, inwieweit der Formenwandel auch bei der Typisierung bzw. Individualisierung von Meeresräumen eine erfolgversprechende Arbeitsmethode darstellt ... Der Versuch liegt auf der Hand, solche Gesichtspunkte auch bei der Kennzeichnung von Meeren mit geographischem Ziel anzuwenden."

Auch KH. PAFFEN griff (1964, S. 59) diesen wohlgelungenen Versuch auf, spricht ihm aber keine Bedeutung für eine ökologische Landschaftsgliederung im marinen Raum zu. – Einzelaspekte des Formenwandel-Prinzips sind nun aber in der sowjetischen Meeresgeographie um K.K. MRKOV sehr zum Tragen gekommen: Unter „Some Ideas for Marine Geography" wird etwa einleitend ausgeführt: „Marine Geography is the field of application of a number of original theoretical aspects: horizontal and vertical zonality, and the symmetry and asymmetry of the natural environment of the oceanic surface. The oceanic enviroment is zonal in character. Oceanic zonality is even more clearly defined and more all-encompassing than terrestrial zonality, first established by ALEXANDER v. HUMBOLDT and V. DOKUCHAYEV. Zonality affects the entire complex of oceanic environmental factors: waves, winds, cloud cover, water chemistry and the distribution of marine organisms." (MARKOV 1971, S. 348)

GIERLOFF-EMDEN übernimmt in dem erwähnten LAG-Lehrbuch (1980, I, S. 535–539) ebenfalls den „Geographischen Formenwandel der Ozeane und ihrer Wassermassen", aber nicht als ein (durchaus mögliches) Grundprinzip der Darstellungskonzeption, sondern als ein gedanklich nicht weiterführendes Teilgerüst für eine mögliche „Gliederung von Phänomenen mit verschiedenen Merkmalen des Wasserkörpers".

Es gibt mithin durchaus in Umrissen und in Teilen wohl nach rudimentär oder auch nach modernen Geographieverständnis „veraltet" in den jeweiligen Ansätzen eine konzeptionell-methodische Auseinandersetzung der Geographie mit dem Meeresraum, die sich sogar in bestimmten Problembereichen, wie der Gliederung des Weltmeeres in natürliche Regionen, fruchtbar verdichtet hat. Gerade in einer Zeit, da Geographen nicht oder kaum mehr aktiv forschend auf dem Meer tätig sein können und teilweise auf Lücken im breiten ozeanographischen Forschungsspektrum ausweichen, wie Meeresbodenmorphologie, Fernerkundung oder Bearbeitung von Küstenproblemen im weitesten Sinne, kommt der „methodisch-theoretischen Meeresgeographie" wohl besondere Bedeutung zu und sollte hier im Mittelpunkt weiterer Überlegungen stehen.

6. Der Stand: Eine neue geo-ökologische Meeresgeographie

In GIERLOFF-EMDENs 2-bändiger „Geographie des Meeres" wird leider an diese konzeptionellen Ansätze nicht angeknüpft, sei es, daß sie überhaupt nicht registriert werden oder, wie die Konzeptionen BLÜTHGEN und PAFFENs, ohne erkennbaren Bezug zur Gesamtdarbietung des Stoffes nur kurz oder beiläufig Erwähnung finden. Durch die weitgehende Ausklammerung des Werkes und der dahinterliegenden Ideen herausragender deutscher Meeresgeographen wie OTTO KRÜMMEL oder GERHARD SCHOTT steht diese neue „Geographie des Meeres" mit ihrem Gegenwarts- und Zukunftsbezug auch bei sehr ausführlicher Darstellung der Geschichte der Meeresforschung aus ozeanographischer Sicht nicht in der systematisch ausgerichteten engeren meeresgeographischen Tradition.

So wird eine Auseinandersetzung mit dem Begriff „Meeresgeographie" und ihre Abgrenzung gegenüber der Meereskunde im Vorwort weitgehend ausgeklammert. „Die Geographie des Meeres befaßt sich mit dem Weltmeer, d.h. mit den Ozeanen und den Küsten als Umwelt. Es werden die allgemeinen Erscheinungen und Prozesse im Raum und die Eigenart besonderer Räume, wie der Küsten, behandelt... Marine Landschaftskunde (Anm.: Sie leitet sich begrifflich nicht von G. BÖHNECKE, sondern von K.H. PAFFEN her, der in der von BÖHNECKE und MEYL 1962 herausgegebenen Denkschrift zur Lage der Meeresforschung für den Punkt 7 Marine Geographie zeichnete; vgl., S. 57, ferner PAFFEN 1964, S. 40, Vorbemerkung) bedeutet die umfassende Betrachtung der Meeresräume, die neben den naturwissenschaftlichen Sachverhalten auch die anthropogeographischen Fakten einbezieht.

Die „Geographie des Meeres" ist eine Darstellung eigener Art, die neben den Lehrbüchern der „Allgemeinen Meereskunde" zu nutzen ist. Dem Fach Geographie kommt in der Lehre die Aufgabe des Transfers von Sachverhalten der Erdwissenschaften zu... In der Gegenwart gehört die anthropogene Beeinflussung von Ozeanen und Küsten als den Räumen der Umwelt des Menschen, die so problematisch geworden ist, und die Wechselwirkung zwischen dieser Beeinflussung und dem Naturraum in den Vordergrund der Betrachtung. Es handelt sich um einen multidisziplinären Gehalt, der unter dem Aspekt der Erscheinungen, Prozesse und Wechselwirkungen in räumlicher Ordnung als ein geographischer besteht. Allgemeine Aspekte räumlicher Forschung und räumlicher Ordnung sind gültig: Formenwandel, regionale Einheiten, Milieus; Physiotope und Ökotope wie: Watt, Ästuar, Felsufer, Auftriebswasserregion". (GIERLOFF-EMDEN 1980, I, S. III-IV) „Es ist dringend an der Zeit, die mit hohem Aufwand gewonnenen Erkenntnisse über das Meer als Lebensraum konsequenter als das bis jetzt der Fall war, zu seiner Erhaltung anzuwenden, und das heißt in erster Linie, das erreichte Wissen hinreichend bekannt zu machen. Die vorliegende Veröffentlichung soll der Informationen über das Weltmeer, seinen Ozeanen und Küsten als Lebensraum dienen und hofft, einen breiten Kreis von Interessenten anzusprechen." (ders. 1980, S. VII).

Hiermit zielt GIERLOFF-EMDENs Konzeption einer „Geographie des Meeres" insgesamt nicht auf eine geographische Gesamtsicht im Sinne einer umfassenden „Allgemeinen Ozeanographie", sondern auf die Behandlung geographischer Sachverhalte, Wirkungsgefüge und Probleme in Schwerpunkten, unter starker Miteinbeziehung anthropo- und wirtschaftsgeographischer Faktoren. Im weitesten Sinne könnte man diese neueste Entwicklung der Meeresgeographie als in der heutigen Situation sehr zu begrüßende Geo-Ökologie des Meeres bezeichnen, ohne daß mit diesen kurzen Anmerkungen das Werk GIERLOFF-EMDENs voll gewürdigt werden kann.

Mit dieser Ausrichtung auf „marine environment" steht das Werk ideengeschichtlich einem anderen, von Geographen nie weiterverfolgten Grundprinzip der Betrachtung des Meeres, eben dem ökologischen, näher, das nicht nur in Großbritannien unter EDWARD FORBES und später in Edinburgh um W. THOMSON sehr stark die weitere Entwicklung der mehr biologisch-lebensräumlich orientierten Meeresforschung im angelsächsischen Raum bestimmte, die heute in kurzgefaßten, auch deutschsprachig verfügbaren Gesamtdarstellungen wie etwa von R.E. COKER (Das Meer – der größte Lebensraum. Eine Einführung in die Meereskunde und Biologie des Meeres, 1966) oder R.V. TAIT (Meeresökologie. Das Meer als Umwelt, 1971, engl. Elements of Marine Ecology) ihre Fortsetzung findet. Auch zu Beginn der Meeresforschung in Deutschland ist diese mehr an der praktischen Anwendung in der Fischereiforschung ausgerichteten Teildisziplin der Meereskunde stärker vertreten, etwa in dem grundlegenden marin-ökologischen Werk von K.A. MÖBIUS über „Die Austern und die Austernwirtschaft" (1877) oder durch VIKTOR HENSEN („Ergebnisse der Plankton-Expedition" (1892) u.a. – Viele Wege gehen auch von hier zurück zu ALEXANDER VON HUMBOLDT (vgl. THEODORIDES 1965). GIERLOFF-EMDEN hat diese geo-ökologische Methode als integrierende Behandlung naturgeographischer Komplexe, die innerhalb der Geographie in praktischer Feldarbeit und Theorie- und Systembildung in den letzten Jahren so fruchtbar entwickelt wurde, etwa in seiner großartigen Darstellung der Auftriebswasserregionen (1980, I, S. 639-650) oder der beispielhaften Behandlung der Meeresströmungen (Humboldtstrom und Golfstrom) sowie an vielen anderen Ökotopen, Geochoren oder wie immer man räumliche Grundeinheiten regionaler Systeme fassen will, zur Anwendung in der Meeresforschung gebracht, auch unter Hinzuziehung der Fernerkundungsverfahren, die weiterhin einen sehr zu begrüßenden Neuansatz geographischer Erforschung des Meeres darstellen.

7. Die Aufgaben: Weiterentwicklung der Konzeption und Einbau in Forschung, Lehre und Schule.

Ökosystem-Forschung ist zwar kein ausschließliches Arbeitsfeld nur der modernen Geographie, aber es scheint, daß bei einem Überblick der heutigen Forschungsansätze und Forschungsfronten unseres Faches, wie sie BARTELS (1980) kürzlich prägnant formulierte, diese an ältere landschaftskundliche Systemvorstellungen anknüpfenden Arbeitsrichtung auch auf dem Ozean und an seinen Küsten eine geographische Zukunft hat. Gleiches gilt u.a. für die Ressourcenforschung oder den umweltökologischen Ansatz im Rahmen einer humanökologischen Geographie, die sachlich auch bei GIERLOFF-EMDEN stark vertreten ist.

In dem Selbstverständnis der modernen Wirtschafts- und Sozialgeographie sind zwar Perzeptionsforschung, Mobilitätsforschung, Träger räumlichen Handels und Siedlungssystemforschung – um einer Gliederung von BARTELS (1980) zu folgen, für das marine Milieu ohne Belang, andere Schwerpunkte wie chorische Methodik, Umweltpotentialanalyse, Disparitätenforschung und sogar Raumentwicklungsforschung sind nicht nur im ozeanischen Raum als Bereiche geographischen Arbeitens denkbar, sondern angesichts der noch sicher auf längere Sicht weiter bestehenden Aktualität der wirtschaftspolitischen Nutzung des Meeresraumes wünschenswert.

Heute verlangen wir von jeder Meeresgeographie, auch im Sinne der alten breiten Auffassung der Meereskunde, eine angemessene Berücksichtigung der Anthropogeographie. Dieses war lange in Vergessenheit geraten. Der Einbau der Kultur- und Sozialgeographie in eine Betrachtung des Meeres wurde schon von PAFFEN 1964 mit konkreten Vorschlägen nach der dort vertretenen Anwendung aller Bereiche der Allgemeinen Geographie betont, aber nicht näher methodisch ausgeführt. Folgen wir etwa H. UHLIGs Organisationsplan und System der Geographie (1970, Plan S. 28), so wird dort zwar die „Hydrogeographie" als Teil der Allgemeinen Geographie aufgeführt, aber bis auf Bevölkerungs-, Siedlungs- und Agrargeographie haben doch alle „Geofaktorenlehren" ebenfalls marine Bereiche. Hierzu gehören:

Reliefgeographie (Geomorphologie)	Physische Anthropogeographie
Klimageographie	Geographie der Fischerei
Hydrogeographie	Industrie- (u. Bergbau-)geographie
Bodengeographie	Handels- und Verkehrsgeographie
Vegetationsgeographie	Politische Geographie
Tiergeographie	Historische Geographie.

Auch die „Geographischen Hilfswissenschaften" haben einen maritimen Bezug: Mathematische Geographie, Kartographie und Luftbildauswertung.

Systematische Gesamtübersichten sind immer schwieriger geworden. Aber in globalen Teildarstellungen, etwa der Seerechtsproblematik und ihrer Implikationen (HEROLD 1975, A.D. COUPER 1978: Geography and the Law of the Sea, ALEXANDER 1966: Offshore Geography of Northwestern Europe u.a.), der Fischereiressourcen (BARTZ 1964, UTHOFF 1978D Endogene und exogene Hemmnisse in der Nutzung des Ernährungspotentials der Meere) oder der Analyse kleinerer oder regionaler mariner Ökosysteme (als „spezielle Meeresgeographie"), hat die Erdkunde vom traditionellen Hintergrund, von ihrem heutigen Methodenpotential und ihren gegenwärtig empfundenen Forschungszielen her wieder große Möglichkeiten, das lange verlorengewesene Meer wiederzubearbeiten, in der Forschung, Lehre und auch in der Schule.

Meeresgeographie kann somit kein Teil der Allgemeinen Geographie sein, und es ist nicht erforderlich, hier eine neue Teildisziplin aufzubauen. Sie ist auch keine Regionalgeographie insofern, als sie die wasserbedeckte Geosphäre bearbeitet. Sie ist – ähnlich der Geographie der Hochgebirge, die sich neuerdings etabliert hat ein Prinzip der konsequenten Anwendung geographischer Methoden auf eine spezielle „Großlandschaftseinheit", den Ozean, wobei alle Zweige der Geographie zur Geltung kommen und verknüpft werden.

Diese Sicht hat ebenfalls sehr alte Ursprünge. So findet man in dem betagten Reallexikon von ZEDLER 1739 unter dem Artikel „Meer" folgende noch heute aktuelle Anmerkungen (in Band XX):

„Von dem Meere müssen wir eine zweyfache Betrachtung anstellen, eine natürliche und eine moralische. Bey der natürlichen unterscheiden wir die Beschaffenheit des Meeres an sich. Es ist die große Versammlung der Wasser, wovon die Erde allenthalben umgeben wird ...

Die moralische Betrachtung, die man bey dem Meere anstellen kann, betrifft dessen Herrschaft. Denn in dem natürlichen Recht kommt die Frage vor, ob man sich über das Meer eine eigentümliche Herrschaft anmaßen

könne? Versteht man darunter das große Welt-Meer, so ist wohl solches keiner eigentümlichen Herrschaft fähig...." –
Damit ist der große Bogen von der ältesten Meeresbeschreibung zur heutigen Tagesaktualität geschlagen.

8. Zusammenfassung

Nach diesem Überblick kann heute festgestellt werden, daß die „Geographie des Meeres" sicher auch auf Grund der zunehmenden wirtschaftspolitischen und umweltökologischen Problematik wieder stärker in die Geographie eingebaut werden konnte. Dies ist ein erster bedeutender Schritt.
Die Geographie des Meeres läßt sich auch ohne Schwierigkeiten in das heute als relevant empfundene Forschungsverständnis der Geographie einfügen. Dies ist eine wesentliche Voraussetzung für die weitere Arbeit.

Es wurde bewußt – auch aus fachpolitischen Gründen – eine sehr allgemeine und umfassende, in Deutschland auch historisch bedingte breite Auffassung der Meeresgeographie vertreten, die dem Verständnis der Geographie als Brückenfach zwischen dem geowissenschaftlichen Bereich und den Wirtschafts- und Sozialwissenschaften einerseits und den Aufgaben der Geographie als Zentrierungsfach an der Schule entspricht. Mit einem weitgehend kompilatorischen Transfer sollte sich die Geographie aber nicht begnügen: Sie muß im Bereich der Geographie des Meeres zumindest einen durch fachspezifische Methoden oder Problemstellungen gegebenen „Filter" anwenden, etwa durch die Weiterentwicklung von methodisch-theoretischen Konzepten. Erst mit erkennbaren facheigenen Leistungen, die durchaus auch wie in der Frühphase wieder im Bereich der „großen Synthese" liegen könnten, wird eine Maritime Geographie in dem interdisziplinären Spektrum der heutigen Meeresforschung wieder Anerkennung finden.

Literaturverzeichnis

ALEXANDER, L.M.: Offshore Geography of Northwestern Europe. London 1966
ALLEN, R. u.a.: Der Große Krüger-Atlas der Ozeane. Frankfurt/M. 1979
ARCHER, A.A. und P.B. BEAZLEY: The Geographical Implications of the Law of the Sea Conference. In: Geogr. Journal 1975, S. 1-13
BARDACH, J.: Das große Geschäft – Die Ausbeutung der Meere. Zürich 1972 (auch Fischer Bcher des Wissens 6251 Frankfurt/M. 1976)
BARTELS, D.: Geographie: Die Fachwissenschaft als Bezugswissenschaft der Fachdidaktik. In: G. KREUZER (Hrsg.) Didaktik des Geographieunterrichts, Hannover 1980, S. 33-65
BARTZ, F.: Die großen Fischereiräume der Welt. Versuch einer regionalen Darstellung der Fischereiwirtschaft der Erde. Bd. I. Atlantisches Europa und Mittelmeer. Wiesbaden 1964 (Bibliothek geographischer Handbücher)
BERGHAUS, H.: Allgemeine Länder und Völkerkunde nebst einem Abriß der physikalischen Erdbeschreibung. 2 Bd., Stuttgart 1837
BLÜTHGEN, J.: Der geographische Formenwandel bei der Betrachtung von Meeresräumen mit besonderer Berücksichtigung der Ostsee. Stuttgarter Geograph. Studien Bd. 69 (Hermann Lautensach-Festschrift) 1957, S. 21-33
BÖHNECKE, G. und A.H. MEYL: Denkschrift zur Lage der Meeresforschung. Wiesbaden 1962
BROSIN, H.J. und E. BRUNS: Das Meer. Leipzig/Berlin/Jena 1969
Bundesminister für Forschung und Technologie (Hrsg.): Gesamtprogramm Meeresforschung und Meerestechnik in der Bundesrepublik Deutschland 1976-1979. Bonn 1976
CHAMISSO, A. v.: Werke. Berlin 1835 (Bd. 3 und 4: Reise um die Welt)
COKER, R.E.: Das Meer – der größte Lebensraum. Eine Einführung in die Meereskunde und Biologie des Meeres. Hamburg 1966

COUPER, A.D.: Geography and the Law of the Sea. London 1978
COUPER, A.D.: Marine ressources and Environment. In: Progress in Human Geography. Vol. 2, No. 2, 1978, S. 296-308.
DEACON, E.R. (deutsche Bearbeitung durch D. DIETRICH): Die Meere der Welt. Ihre Eroberung – ihre Geheimnisse. Stuttgart 1973
DEACON, M.: Scientists and the Sa 1650-1900. London 1971
DEACON, M.: Oceanography. Concepts and History, 1977
DEFANT, A.: Physical Oceanography. 2 Bde. 1961
DIETRICH, G.: Beiträge zu einer vergleichenden Ozeanographie des Weltmeeres. In: Kieler Meeresforschungen 1956, S. 3-24
DIETRICH, G.: Veränderlichkeit im Ozean. In: Kieler Meeresforschungen 1966, S. 139-144
DIETRICH, G. und J. ULRICH: Atlas zur Ozeanographie. OBI-Hochschulatlanten) Mannheim 1968
DIETRICH, G.: Ozeanographie. „Physische Geographie des Weltmeeres. (Das Geogr. Seminar), Braunschweig, 3. Aufl. 1970
DIETRICH, G. (Hrsg.): Erforschung des Meeres. 24 Wissenschaftler berichten über das Meer, den Meeresboden und über Meerestechnik. Frankfurt/M. 1970
DIETRICH, G., K. KALLE, W. KRAUS u. G. SIEDLER: Allgemeine Meereskunde. Berlin/Stuttgart 1975
DOUMENGE, F.: Géographie des mèers. Paris 1965
ENGELMANN, G.: A. v. HUMBOLDT's Abhandlung über die Meeresströmungen. In: Pet. Mitt. 1969, S. 100-110
FABRICIUS, J.A.: Hydrotheologie. Hamburg 1737
FELS, E.: Das Weltmeer in seiner wirtschafts- und verkehrsgeographischen Bedeutung. Leipzig 1932
FORSTER, J.R.: Bemerkungen über Gegenstände der Physischen Erdbeschreibung . . . auf seiner Reise um die Welt . . ., Berlin 1783
GAREIS, A. und A. BECKER: Zur Physiographie des Meeres. Triest 1867
H.G. GIERLOFF-EMDEN zum 50. Geburtstag: Arbeiten zur Geographie der Meere. Münchener Geographische Abhandlungen Bd. 9, 1973
GIERLONF-EMDEN, H.G.: Manual of Interpretation of Orbital Remote Sensing Satellite Photography and Imagery for Coastal and Offshore Environmental Features. Münchener Geogr. Abhandl. Bd. 20, 1976
GIERLOFF-EMEEN, H.G.: Geographie des Meeres. Ozeane und Küsten. 2 Bde., Berlin, New York 1980
GULLAND, J.A. (Hrsg.): The Fish Ressources of the Ocean. FAO, West Byfleet/Surrey 1971
HERDMAN, W.A.: Founders of Oceanography and their Work. London 1923
HEROLD, D.: Die Dritte Seerechtskonferenz der Vereinten Nationen. In: Die Erde 1975 S. 277-290
HUMBOLDT, A.v.: Kosmos. 4 Bde. Tübingen 1845
Hydrograph. Amt des Reichsmarineamtes: Die Forschungsreise der „Gazelle", 5 Bde., Berlin 1888-90
Institut für Meereskunde an der Universität Kiel: Jahresbericht für das Jahr 1976. Kiel 1977
JANSON, O.: Meeresforschung und Meeresleben. Leipzig 1907
KANT, I.: Physische Geographie (bearb. v. J.J.W. VOLLMER), Hamburg 1803, Bde. 1 und 2: Allgemeine Beschreibung des Meeres
KELLERSOHN, H.: Geographie der Meere. Ein Themenbereich von zunehmender Bedeutung für ein Geographie-Curriculum. In: Geographie im Unterricht 1978, S. 415-419
KING, C.A.M.: Oceanography for Geographers. London 1962
KOHL, J.C.: Geschichte des Golfstromes, Bremen 1868
KORTUM, G.: Meeresgeographie in Forschung und Unterricht. In: Geographische Rundschau 1979, S. 482-491
KRÜMMEL, O.: Der Ozean. Eine Einführung in die allgemeine Meereskunde. Leipzig 1886 (Reihe: Das Wissen der Gegenwart)
KRÜMMEL, O.: Handbuch der Ozeanographie. 2 Bde. Stuttgart 1907/1911 (Bibliothek Geographischer Handbücher)
KRUSENSTERN, X.J. v.: Beyträge zur Hydrographie . . . Leipzig 1819
KURZROCK, R. (Hrsg.): Ozeanographie. Berlin 1977. (Reihe Forschung und Information 22, Schriftenreihe der RIAS-Funkuniversität)
LOFTAS, T.: Letztes Neuland – die Ozeane. Frankfurt/M. 1970 (Reihe Suhrkamp-Wissen)
MARKOV, K.K. Marine Geography. In: Soviet Geography 1971, S. 346-350
MARKOV, K.K. et.al.: The Geography of Oceans and its basic Problems. In: Soviet Geography 1976, S. 437-446
MARSILI, L.F.de: Histoire Physique de la Mer. Amsterdam 1725

MAURY, M.F.: The Physical Geography of the Sea and its Meteorology. (1855) – Cambridge (Mass.) 1963
MAURY, M.F.: Die physische Geographie des Meeres. (dtsch. Bearb. von C. BÖTTGER), Leipzig 1855
MERO, J.L.: TEHE Mineral Ressources of the Sea. Amsterdam/London/New York 1965
MERZ, A.: Die Atlantische Hydrographie und die Planlegung der eutschen Atlantischen Expedition. Sitz. – Ber. Preuss. Akad. d. Wiss. 31, Berlin 1925
MÖBIUS, K.A.: Die Austern und die Austernwirtschaft. Berlin 1877
MOISEEV, P.A.: The Living Ressources of the World Ocean. Jerusalem 1971 (russ. Moskau 1969)
MONIN, AmS., V.M. KAMENKOVICH u. G.V. KORT: Variability of the Oceans. New York/London-/Sidney/Toronto 1977 (russ. 1974)
NOWAK, A.F.P.: Der Ocean. Leipzig 1852
OSTHEIDER, M.: Möglichkeiten der Erkundung und Erfassung von Meereis mit Hilfe von Satellitenbildern. Münchner Geogr. Abh. Bd. 18, 1975
OTTO, F.W.: Abriß einer Naturgeschichte des Meeres. 2 Bde., Berlin 1974
OTTO, F.W.: Hydrographie: System einer allgemeinen Hydrographie des Erdbodens. Berlin 1800
PAFFEN, K.H.: Maritime Geographie. Die Stellung der Geographie des Meeres und ihre Aufgaben im Rahmen der Meeresforschung. In: Erdkunde 1964, S. 40-62
Premier Congres Intern. d'Histoire de l'Océanographie. Monaco 1968
PRESCOTT, J.R.V.: The Political Geography of the Oceans. London/Vancouver 1975 (Reihe Problems in Modern Geography)
RATZEL, F.: Das Meer als Quelle der Völkergröße. Eine politisch-geographische Studie. München-Berlin 1911
RICHTHOFEN, F.v.: Das Meer und die Kunde vom Meer. (Universitätsrede) Berlin 1904
ROSENKRANZ, E.: Das Meer und seine Nutzung. Gotha/Berlin 1977. (Studienbücherei für Lehrer, Band x4)
SCHLEE, S.: Die Erforschung der Weltmeere, Oldenburg und Hamburg 1974
SCHOTT, F.: Das Meer als Wirtschaftsraum. Paderborn 1974 (Fragenkreise-Schöningh)
SCHOTT, G.: Geographie des Indischen und Stillen Ozeans. Hamburg 1935
SCHOTT, G.: Die Aufteilung der drei Ozeane in natürliche Regionen. In: Pet. Mitt. 1936, S. 165-170 und 218-222
SCHOTT, G.: Geographie des Atlantischen Ozeans. Hamburg 3. Aufl. 1942, (1. Aufl. 1912)
SKINNER, B.J. und K.K. TUREKIAN: Man and the Ocean. Englewood Cliffs 1973 (Foundation of Earth Science Series)
TAIT, R.V.: Meeresökologie. Das Meer als Umwelt. Stuttgart 1971 (dtv-G. Thieme, Wiss. Reihe 4091)
THEODORIDES, J.: Alexander von HUMBOLDT et la biologie marine. In: Coll. Int. sur lo'histoire de la biologie marine, „Vie et Milieu", Suppl. 19, 1965, S 131-162
UHLIG, H.:Organisationsplan und System der Geographie. In: Geoforum 1970, S. 19-52
UTHOFF, D.: Endogene und exogene Hemmnisse in der Nutzung des Ernährungspotentials der Meere. In: 41. Deutscher Geographentag Mainz, Wiesbaden 1978, S. 347-361
WALTON, K.A.: A Geographer's View of the Sea. In: Scott. Geogr. Magaz. 1974, S. 4-13
WÜST, G. (Hrsg.): Tiefseebuch. Ein Querschnitt durch die neuere Tiefseeforschung. (Das Meer in volkstümlichen Darstellungen, Bd. III) Berlin 1934
WUST, G.: A.v. HUMBOLDT's Stellung in der Geschichte der Ozeanographie. In: A.v. HUMBOLDT. Studien zu seiner universalen Geisteshaltung. Berlin 1959, S. 90-104

Gerd Sommerhoff

Die Erforschung des Meeresbodens – Untersuchungsmethoden und Ergebnisse

Der Meeresboden entzieht sich aufgrund seiner Wasserbedeckung der unmittelbaren Beobachtung und Vermessung. Eine Ausnahme machen nur die kristallklaren Wasser tropischer und subtropischer Flachmeere, die einen Durchblick bis zum Meeresboden gewähren.

Von solchen Ausnahmen abgesehen läßt sich das Licht nur sehr begrenzt bei der Erforschung des Meeresboden nutzen, wie z.B. bei der Unterwasserphotographie. Denn elektromagnetische Wellen werden schon nach kurzer Strecke im Meerwasser gänzlich absorbiert. Die Erforschung des Meeresboden ist daher auf andere Methoden angewiesen als die terrestrische Geomorphologie. An die Stelle optischer Aufnahme-Methoden treten akustische Verfahren. Der Schall tritt als Informationsträger an die Stelle des Lichts.
Das ist auch der Grund dafür, daß erst in den letzten zwei bis drei Jahrzehnten der Durchbruch in der Entschleierung der Ozeanböden und ihres Untergrundes gelungen ist.

Der erste systematische Schritt in die Tiefe wurde vor gut 100 Jahren auf der „Challenger"-Expedition (1872-1876) getan. Die Lotungen mit Lotleine und Bleigewicht erbrachten erste, wenn auch noch sehr grobe Vorstellungen über die Tiefe der Meeresböden und ihre Sedimentbedeckung. Wegen des großen Abstandes dieser punktuellen Messungen konnte das Relief des Meeresboden nur in groben Umrissen erfaßt werden. Daher stellte man sich den Meeresboden bis vor gut 50 Jahren noch als relativ ungegliederte Tiefsee-Ebene vor.

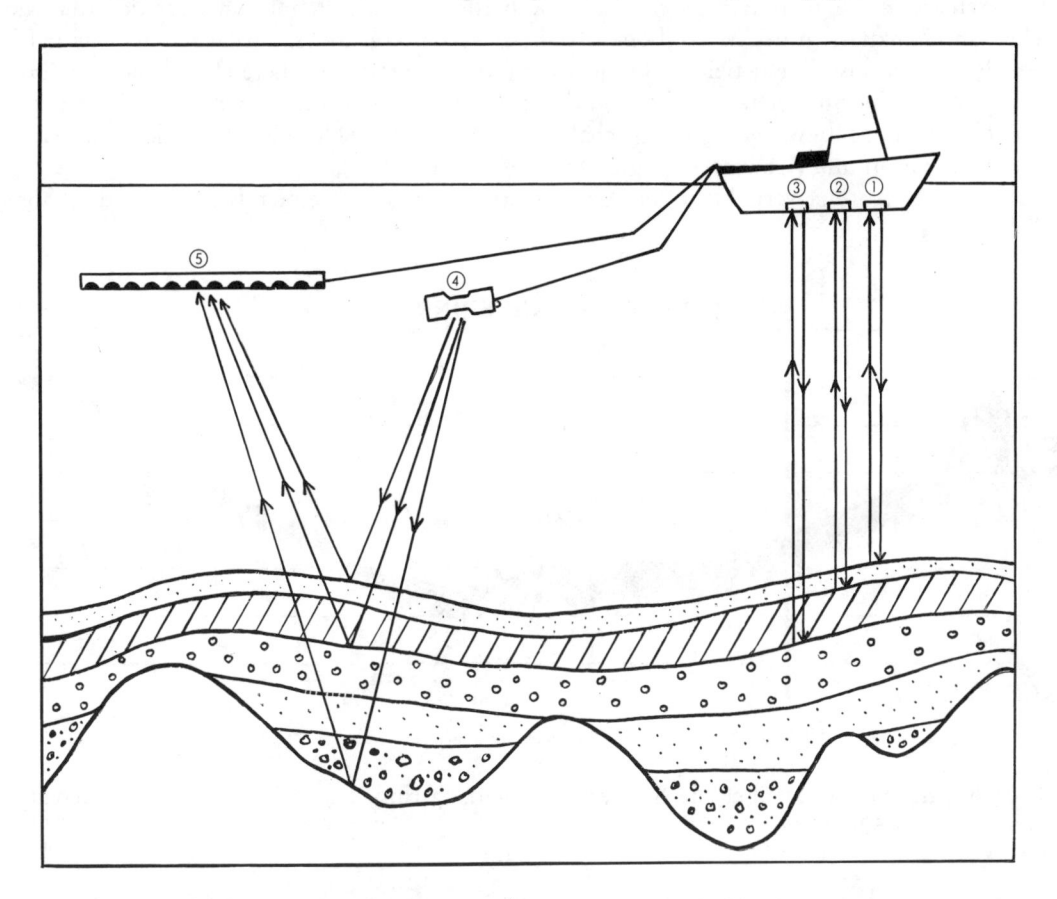

Abbildung 1: Methoden der akustischen Seevermessung
1 = 30 kHz-Echolotung; 3 = 3,5 kHz-Echolotung; 5 = Hydrophonkette; 2 = 12 kHz-Echolotung; 4 = Schallgeber für reflexionsseismische Vermessung

Mit der „Deutschen Atlantischen Expedition" der alten „Meteor" (1925-1927) begann eine neue Epoche in der Erforschung des Meeresboden. Der Einsatz des durch Behm im Jahre 1919 entwickelten Echolotes löste die zeitraubende und ungenaue Tiefenmessung mit Lotleine und Bleigewicht ab. Die kontinuierlichen Echolot-Vermessungen der „Meteor" ermöglichten genauere Kartierungen des Meeresboden. Der mittelatlantische Rücken wurde entdeckt. Die erste genauere Tiefenkarte des südatlantischen Ozeans konnte erstellt werden.

Ein weiterer Fortschritt in der Erforschung des Meeresboden wurde durch die stürmische Entwicklung der marinen Reflexionsseismik seit dem 2. Weltkriege erzielt. Einen ausführlichen Überblick über die Entwicklung der gesamten Meeresforschung seit der „Challenger"-Expedition gibt Gierloff-Emden (1980).

1. Akustische Erforschung des Meeresbodens

Die akustischen Vermessungsmethoden zur linearen Erfassung des Meeresboden sollen an Abb. 1 verdeutlicht werden. Die akustischen Verfahren beruhen auf der Reflexion von Schallwellen am Meeresboden. Bei bekannter Schallgeschwindigkeit — sie beträgt im Meerwasser je nach Temperatur und Salzgehalt rd. 1500 m/sec^{-1} — ist die Echolaufzeit ein Maß für die Tiefe des Meeresboden. Bei der Echolotung werden von einem im Schiffsrumpf montierten elektroakustischen Wandler, der zugleich als Schallgeber und -empfänger fungiert, Schallwellen abgestrahlt und ihre Reflexionen registriert. Mit Ultraschall-Echoloten, wie z.B. dem 30 kHz-Echolot, kann nur die Oberfläche des Meeresboden abgetastet werden. Mit den tieferen Frequenzen der sogenannten Sedimentechographen können auch Sedimentstrukturen des Untergrundes erfaßt werden. Von den 12 kHz-Echographen werden Eindringtiefen bis zu 20 m und von den 3,5 kHz-Schallgebern Eindringtiefen von optimal 100 m in der Sedimentsäule erreicht. Neben den Bodenreflexionen kommt es auch zu Reflexionen an Grenzflächen im Sediment, wie z.B. an Schicht-, Verwerfungs- oder Gleitflächen.

Bei der reflexionsseismischen Aufnahme des Meeresboden werden Schallgeber und -empfänger hinter dem Schiff hergeschleppt. Die marine Reflexionsseismik beruht wie die Echolotung auf der Reflexion von Schallwellen an Grenzflächen des Meeresboden und seines Untergrundes. Im Gegensatz zur Echolotung arbeitet die Reflexionsseismik mit tieferen Frequenzen (50-150 Hz) und größeren Schallenergien. Hierdurch lassen sich größere Eindringtiefen erreichen, so daß der Meeresboden bis zum Basement der ozeanischen Kruste durchleuchtet oder besser gesagt durchschallt werden kann. Eine Übersicht über die marine Reflexionsseismik, ihre Prinzipien und Arbeitsweisen gibt Ewing § Ewing (1970).
Der morphologische Aussagewert akustischer Informationsträger soll an einem Beispiel aus der Labradorsee verdeutlicht werden.

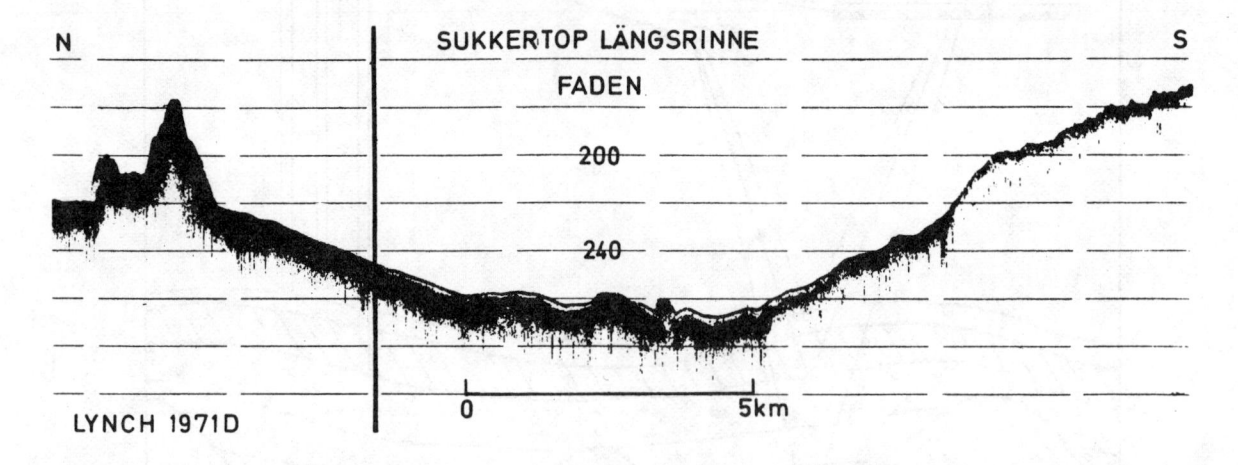

Abb. 2
3,5 kHz-Sedimentechogramm über die Sukkertop-Schelflängsrinne vor SW-Grönland (Tiefenangaben in Faden: 1 Faden = 1,852 m)

Das in Abb. 2 dargestellte 3,5 kHz-Sedimentechogramm[1] stellt ein N-S-Profil über eine küstenparallele Schelflängsrinne dar, die vor SW-Grönland den Küstenschelf zwischen Sukkertoppen und Godthaab von dem Außenschelf trennt. Die Längsrinne weist in dem Echogramm Beckenform mit einer maximalen Tiefe von rd.

500 m auf. Das Echogramm zeigt eine akustisch durchlässige (transparente) Schicht über einem akustisch harten Untergrund. Die transparente Schicht keilt am Beckenhang in rd. 440 m Tiefe aus. Der schallharte Untergrund weist das gleiche kleinkuppige Relief wie die obere unverschüttete Hangpartie auf. Im Kontext der geomorphologischen Entwicklung des SW-Grönlandschelfs kann das Sedimentechogramm wie folgt gedeutet werden: Der schallharte Reflektor zeigt den pleistozänen Untergrund an, der im Beckentiefsten von jungen (nacheiszeitlichen) Weichsdimenten bedeckt ist. Als maximale Mächtigkeit der postglazialen Sedimentdecke ergibt sich aus dem Echogramm ein Wert von 5-6 m. Das angeführte Beispiel verdeutlicht, daß Echogramme nicht nur das Relief des Meeresbodens wiedergeben, sondern auch eine Vorstellung von der bodennahen Sedimentdecke vermitteln können.

Flächenhafte akustische Aufnahmen des Meeresbodens, sogenannte Sonographien, werden mit Sonarskannern (Side-Scan-Sonar- oder Side-Looking-Sonar-Anlagen) durchgeführt.

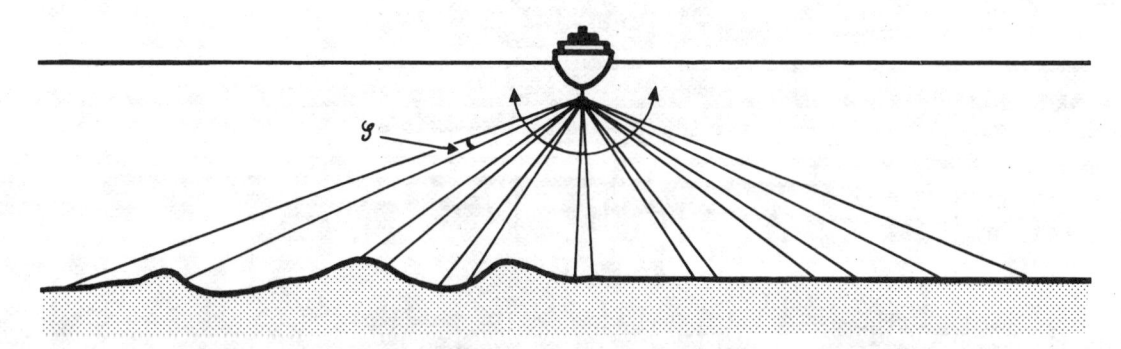

Abb. 3
Side-Scan-Sonar-Vermessung des Meeresbodens

Sie tasten den Meeresboden auf beiden Seiten des Schiffskurses bis zu 7 km Breite streifenförmig ab und reihen Bodenstreifen an Bodenstreifen zu einem Flächenechogramm (Abb. 3).

Das Sonargerät wird unmittelbar vom Schiff eingesetzt oder als Schleppfisch hinter oder neben dem Schiff herangezogen. Das Schleppgerät kann in geringer Entfernung über dem Meeresboden gezogen und bis zu 6000 m Tiefe eingesetzt werden.

Berühmt sind die Aufnahmen des britischen National Institute of Oceanography mit GLORIA (Geological Long Range Inclined Asdic), eines Schleppgerätes, das aus ASDIC-Anlagen (ASDIC = Antisubmarine Detection and Identification Committee) entwickelt wurde. Die besten Aufnahmen wurden in dem Bildatlas „Sonographs of the sea floor" von Belderson et al. (1972) veröffentlicht und interpretiert.

In Abb. 4 ist eine Side-Scan-Aufnahme[2] von Eisbergschrammen auf dem nördlichen Labradorschelf (Saglek Bank) wiedergegeben. Die Spuren auf Grund gelaufener Eisberge erscheinen hier als helle Bänder, die von dunklen Streifen eingerahmt werden. Die dunklen Streifen stellen Uferwälle von Eisbergfurchen dar. Da sie senkrecht zum Schallstrahl liegen, reflektieren sie stärker und erscheinen daher dunkler. Die Eisbergfurchen liegen im Schallschatten der Uferwälle und erscheinen daher als helle Bänder. Dieser Grauton-Unterschied zwischen Furchen und Wällen ist durch das nicht unbedeutende Relief der Eisbergschrammen bedingt. Auf den Schelfbänken vor Labrador sind sie im Mittel 30-40 m breit und im Mittel 3-5 m tief und werden von 1-2 m hohen Uferwällen umrahmt. Die Side-San-Aufnahme läßt erkennen, daß die Eisbergschrammen überwiegend geradlinig und nur vereinzelt halbkreisförmig gekrümmt verlaufen. Ihre Richtung ist durch die Drift der Eisberge im Labradorstrom bestimmt.

2. Geomagnetische Erforschung des Meeresbodens

Neben den akustischen Methoden hat insbesondere die geomagnetische Vermessung des Meeresboden zu spektakulären Ergebnissen geführt. So konnte der symmetrische Aufbau der mittelozeanischen Rücken geklärt und auf sea floor spreading-Prozesse zurückgeführt werden.

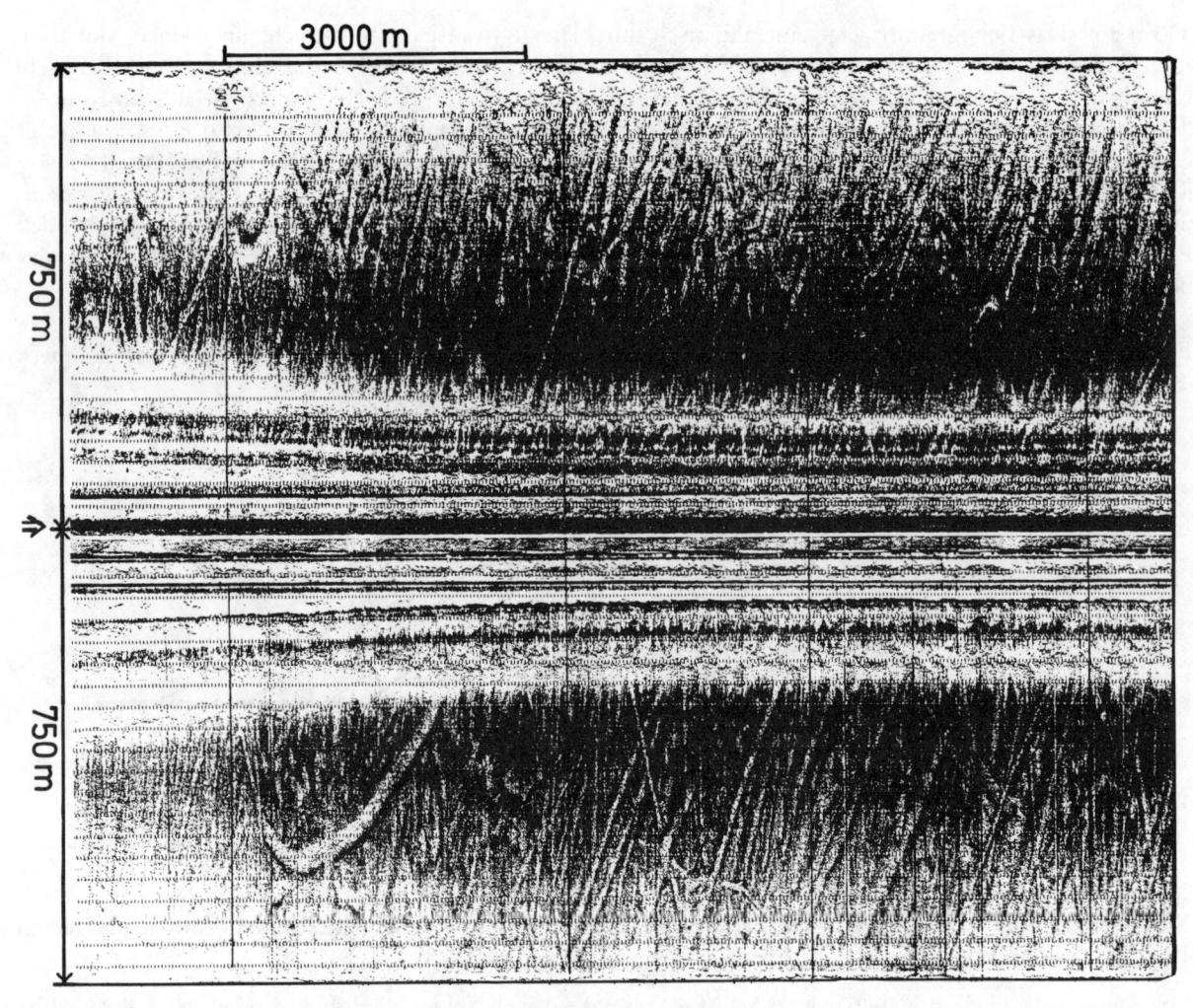

Abb. 4
Sonographie von Eisbergschrammen auf dem nördlichen Labradorschelf (Saglek Bank)

In Abb. 5 ist das geomagnetische Anomalienmuster der Labrador- und Irmingersee wiedergegeben. Die Darstellung, die die bisherigen magnetischen Untersuchungsergebnisse zusammenfaßt, beruht weitgehend auf den Arbeiten von Srivastava (1978), Talwani et al. (1971) und Johnson, Sommerhoff § Egloff (1975). Die Isoanomalien repräsentieren Streifen gleicher positiver (normaler) oder negativer (inverser) magnetischer Anomalien.

Die Anomalien sind durch einen remanenten Gesteinsmagnetismus bedingt. Bei der Abkühlung von Gesteinsschmelze unter die Curie-Temperatur (ca. 500 °C) werden die ferromagnetischen Minerale wie Magnetit in Richtung des Erdmagnetfeldes magnetisiert. Bei Umpolungen (Richtungsänderungen), des erdmagnetischen Feldes, wie sie alle 500.000 Jahre vorgekommen sind, bleibt dieser Gesteinsmagnetismus als fossiler Magnetismus erhalten. In den Basalten des Meeresbodens ist somit die zur Zeit ihrer Entstehung herrschende Richtung des Erdmagnetfeldes gleichsam als fossiler Kompaß eingefroren. Durch die radiometrische Altersbestimmung der normal und invers magnetisierten Gesteine konnte eine geomagnetische Zeitskala für die Magnetostratigraphie entwickelt werden.

Auf dem magnetischen Zebramuster beruht die Theorie von der Ausbreitung des Meeresboden (sea floor spreading). Nach der geomagnetischen Zeitskala nimmt das Alter des Meeresbodens vom Zentralgraben des Reykjanes Rückens symmetrisch nach beiden Seiten hin zu.

Bis Anomalie 13 verlaufen die magnetischen Anomalienstreifen parallel zum Reykjanes Rücken. Alle älteren Anomalien biegen jedoch südlich Kap Farvel (Südspitze Grönlands) in scharfem Knick in die Labradorsee ein. Hier ordnen sie sich symmetrisch um den heute inaktiven und verschütteten Labradorsee-Rücken an.

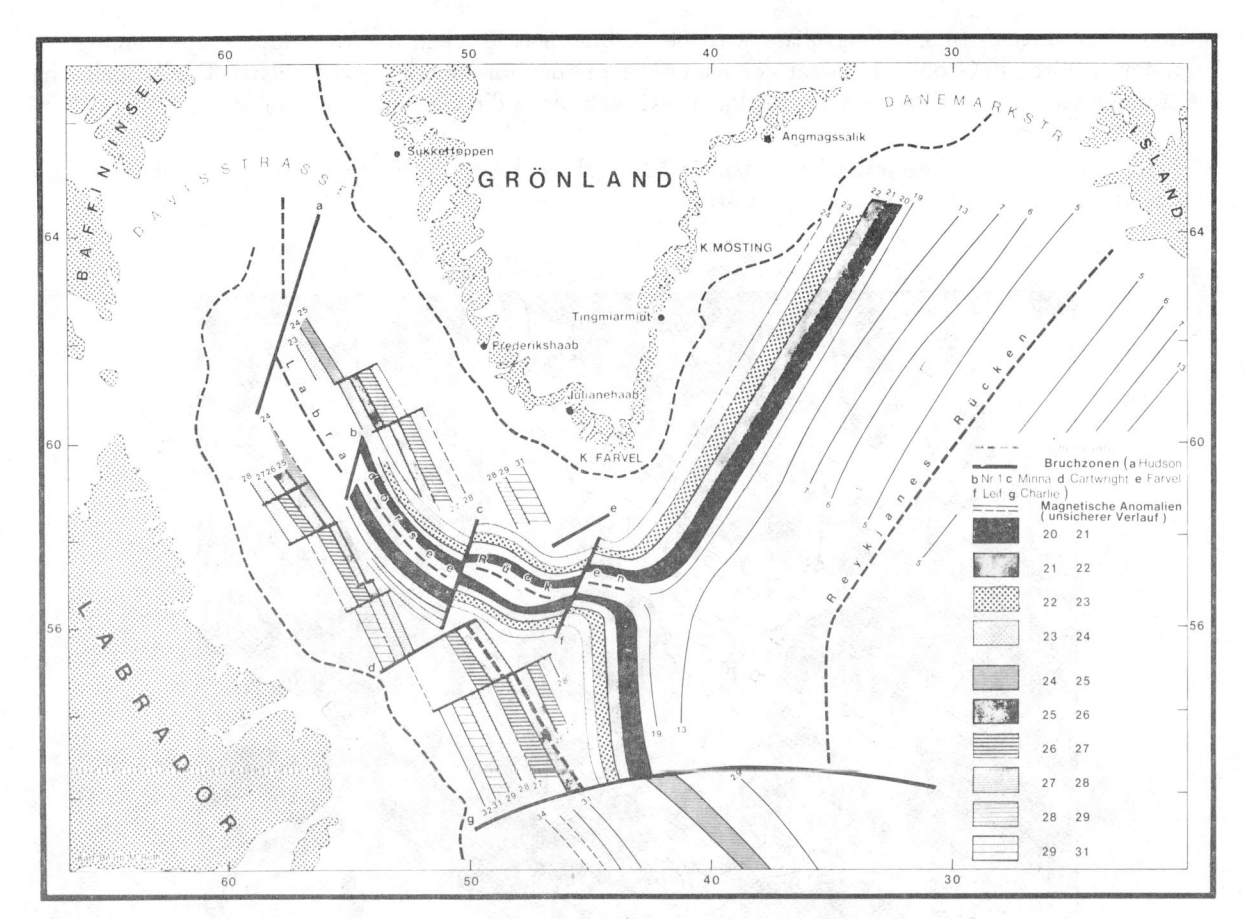

Abb. 5
Magnetisches Anomalienmuster der Labrador- und Irmingersee (nach verschiedenen Quellen, vgl. Text)

Dieses magnetische Anomalienmuster weist drei Lithosphären-Platten aus, die nordamerikanische, die grönländische und eurasiatische, die südlich Kap Farvel in einem Dreiplatten-Eck (triple junction) aneinandergrenzen.

Auf der Grundlage des magnetischen Anomalienmusters können Entstehung und geologische Entwicklung der Labrador- und Irmingersee im Sinne der Plattentektonik rekonstruiert werden. Danach lassen sich drei Entwicklungsphasen unterscheiden, die sich aus dem Wechsel von einer Zweiplattenbewegung zu einer Dreiplatten- und wieder zu einer Zweiplattenbewegung ergeben:

	magnet. Anomalie	10^6 Jahre
1. Phase: obere Kreide – oberes Paläozän	32-24	75-60
2. Phase: unteres Paläozän – Eozän	24-14	60-40
3. Phase: ausgehendes Eozän – rezent	13- 1	40-heute

Während der ersten Öffnungsphase des nördlichen Nordatlantik trennt sich Nordamerika von der europäisch-grönländischen Platte. Zu dieser Zeit bilden Grönland und Nordeuropa noch eine zusammenhängende Platte. Durch Ausdehnung des Meeresboden am Labradorsee-Rücken entsteht die Labradorsee.

Während der zweiten Phase trennt sich Europa von Grönland. Die Irmingersee entsteht und weitet sich am Reykjanes Rücken aus. Durch die gleichzeitige Ausdehnung von Labrador- und Irmingersee bildet sich südlich Kap Farvel ein Dreiplatten-Eck, an der nordamerikanische, grönländische und eurasiatische Platte aneinanderstoßen.

Während der dritten Entwicklungsphase wird der Labradorsee-Rücken inaktiv und die Ausdehnung der Labradorsee hört auf. Grönland bewegt sich zusammen mit der nordamerikanischen Platte. Die Ausdehnung der Irmingersee setzt sich dagegen am Reykjanes Rücken bis in die Gegenwart hinein fort.

Wie aber hat der nördliche Nordatlantik vor 75 Mio. Jahren ausgesehen? Hierzu lassen wir den Film des auseinanderdriftenden Meeresbodens rückwärts laufen.

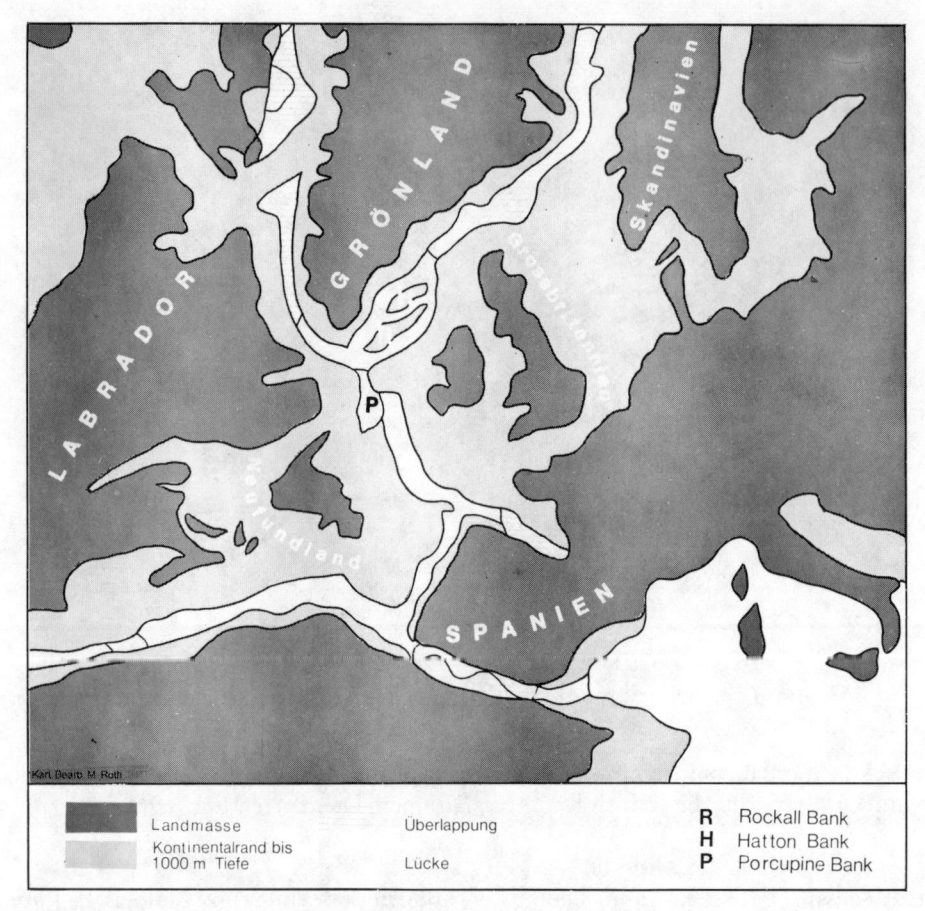

Abb. 6
Mögliche Anordnung von Labrador- und Irmingersee (nach Bullard et al., 1965)

Abb. 6 gibt die Anordnung von Labrador, Grönland und Europa vor der Öffnung der Labrador- und Irmingersee wieder (nach Bullard et al., 1965). Nimmt man als Kontinent-Umriß nicht die Küstenlinie, sondern die 1000 m-Tiefenlinie, schließt also Schelf und oberen Kontinentalhang bei der Rekonstruktion des Urkontinents Laurasia mit ein, so ergibt sich ein recht gutes Zusammenpassen der Kontinente.

3. Tiefseebohrungen

Das geomagnetische Alter des Meeresbodens konnte später durch Tiefseebohrungen bestätigt werden, die seit 1968 im Rahmen des „Deep Sea Drilling Project" auf dem Bohrschiff „Glomar Challenger" durchgeführt werden. Hierdurch wurde ein weiterer Schritt zur Entschleierung des Meeresbodens und seines tieferen Untergrundes getan. Bis dahin konnten nur Sedimantproben von der Oberfläche des Meeresbodens mit Bodengreifern und Dredschen und bis zu 20 m lange Kerne mit Kasten- und Kolbenloten gewonnen werden. Dagegen beträgt die größte Bohrtiefe von „Glomar Challenger" bisher 1740 m unter dem Meeresboden. Selbst in Wassertiefen über 6000 m kann noch gebohrt werden. Bisher wurden ca. 700 Bohrlöcher gebohrt und über 50 km Bohrkerne geborgen. Sie werden beim Lamont Doherty Geological Observatory an der Columbia University in New York und beim Scripps Institution of Oceanography in La Jolla bei San Diego gelagert.

An den Bohrkernen läßt sich die geologische Entwicklung der Ozeanböden rekonstruieren. Das soll beispielhaft an dem Bohrloch 113 (Leg 12 der „Glomar Challenger") aus der südlichen Labradorsee rd. 450 km südwestlich von Kap Farvel verdeutlicht werden (Abb. 7).

Nach den auf Bohrloch 113 gezogenen Sedimentkernen lassen sich deutlich zwei Sedimentgruppen unterscheiden: vom Meeresboden bis in 550 m Tiefe glaziale Sedimente aus überwiegend terrigenen Komponenten (Turbidite und glazimarine Sedimente) und von 550 bis 900 m Tiefe präglaziale Ablagerungen aus vorwiegend biogenen Komponenten (Konturite und pelagische Sedimente). In den glazialen Sedimenten läßt sich lithologisch und mikropaläontologisch ein mehrfacher Wechsel zwischen Warm- und Kaltzeiten feststellen. Warmzeiten zeichnen sich durch das Vorherrschen biogener Sedimente und die vermehrte Häufigkeit warmpräferenter Foraminiferen aus. Kaltzeiten sind dagegen durch das Vorherrschen terrigener Sedimente (Turbidite = Ablagerungen von turbidity currents; glazimarine Sedimente = Eisbergdrift-Material) und das Zurücktreten wärmeliebender Foraminiferen charakterisiert. In den präglazialen Sedimenten lassen sich pelagische Ablagerungen im engeren Sinn (Stillwasser-Tiefseesedimente) und Ablagerungen von Bodenströmungen (Konturite) unterscheiden.

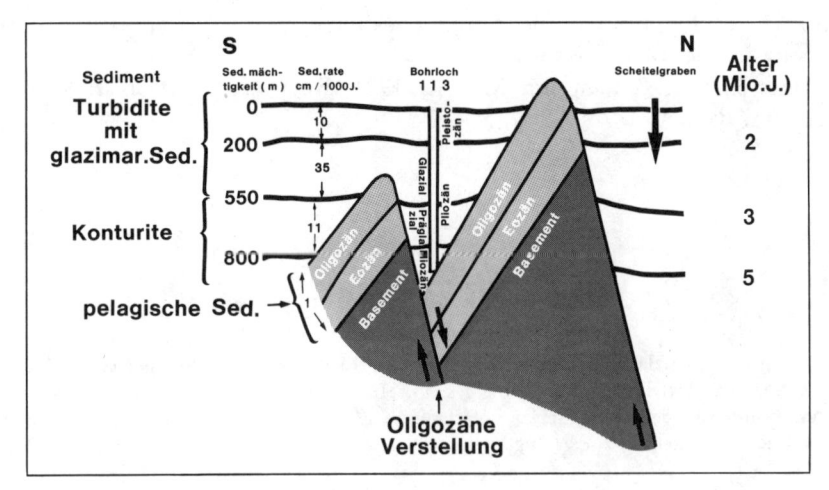

Abb. 7
Stratigraphische Skizze von Bohrloch 113, Glomar Challenger leg 12 (nach Laughton, Berggren et al., 1972)

Die Bohrergebnisse von „Glomar Challenger" werden in den „Initial Reports of the Deep Sea Drilling Project" veröffentlicht.

4. Erforschung des Meeresbodens durch Unterwasserphotographie und Tauchboote

Durch die weitere Entwicklung der Unterwasserphotographie seit dem 2. Weltkrieg konnten neue Erkenntnisse über Kleinformen und Formungsprozesse, Sedimentcharakter und Besiedlung des Meeresbodens gewonnen werden. Unterwasserphoto- und fernsehaufnahmen können vom Schiff, von Tauchbooten oder ferngesteuerten Unterwasserfahrzeugen gemacht werden. Eine umfangreiche Sammlung ausgewählter Tiefseephotos mit kurzen Interpretationen wurde von Heezen & Hollister (1971) veröffentlicht.

Tauchboote ermöglichen eine unmittelbare Beobachtung und Vermessung des Meeresbodens. Im Projekt „FAMOUS" (French American Mid Oceanic Undersea Survey) wurde 1974 von französischen und amerikanischen Wissenschaftlern der Zentralgraben des Mittelatlantischen Rückens rd. 700 km südwestlich der Azoren mit den Tauchbooten „Alvin" und „Archimède" untersucht und aufgrund detaillierter Photo- und Sonaraufnahmen kartiert.

Die vorliegenden Ausführungen können und wollen keine vollständige Darstellung aller Verfahren zur Erforschung des Meeresbodens sein. Die für eine submarine Geomorphologie bedeutsamen Untersuchungsmethoden sollten in ihrer morphologischen Aussagekraft kurz skizziert werden. Eine Reihe wichtiger geologisch-geophysikalischer Methoden, wie Gravimetrie und Wärmeflußmessungen, konnten nicht angesprochen werden, ebenso wenig wie die umfangreiche Literatur zu den einzelnen Untersuchungsmethoden.

Zitierte Literatur

BELDERSON, R.H., Kenyon, N.H., Stride, A.H. & Stubbs, A.R. (1972): Sonographs of the sea floor. A picture atlas. Amsterdam

BULLARD, E.C., Everett, J.E. & Smith, A.G. (1965): The fit of the continents around the Atlantic. A symposium on continental drift. — Roy. Soc. London Philos. Trans., A 258, S. 41-51

EWING, J. & Ewing, M. (1970): Seismic reflection. — In: A.E. Maxwell (Ed.): The sea, vol. 4, Part 1, S. 1-51, New York

GIERLOFF-EMDEN, H.G. (1980): Geographie des Meeres. Ozeane und Küsten. Lehrbuch der Allgemeinen Geographie Bd. 5, 2 Bde, Berlin

HEEZEN, B.C. & Hollister, Ch. (1971): The face of the deep. London

JOHNSON, G.L., Sommerhoff, G. & Egloff, J. (1975): Structure and morphology of the west Reykjanes basin and the southeast Greenland continental margin. — Marine Geology, 18, S. 175-196

LAUGHTON, A.S., Berggren, W.A. et al. (1972): Initial reports of the Deep Sea Drilling Project, vol. 12, Washington

SRIVASTAVA, S.P. (1978): Evolution of the Labrador Sea and its bearing on the early evolution of the North Atlantic. — Geophysical Journal of R.A.S.

TALWANI, M., Windisch, C.C. & Langseth, M.G.Jr. (1971): Reykjanes Rige Crest: A detailed Geophysical Study. — J. Geophys. Res., Vol. 76, Nr. 2, S. 473-517

Anmerkungen

Das 3,5 kHz-Echoprogramm wurde von dem US. Navy-Forschungsschiff „Lynch" aufgenommen und vom US. Navy Department (Naval Ocean Research and Development Activity) zur Verfügung gestellt. Hierfür gilt mein herzlicher Dank.

Die Side-Scan-Aufnahme wurde auf dem kanadischen Forschungsschiff „Hudson" aufgezeichnet und vom Bedford Institute of Oceanography (Atlantic Geoscience Center) zur Verfügung gestellt. Hierfür gilt mein herzlicher Dank.

Jens Meincke, Kiel

Wärmetransporte im Nordatlantik und ihre Bedeutung für das Klima Nordwest-Europas

Einleitung

Das Klima Nordwest-Europas zeichnet sich gegenüber den in der geographischen Breite vergleichbaren Küstenregionen Asiens und Amerikas bekanntlich durch geringe jahreszeitliche Schwankungen bei vergleichsweise hohen Mittelwerten aus. Das wird besonders deutlich bei einem Vergleich der Lufttemperaturwerte aus langjährigen Beobachtungreihen der in Abbildung 1 ausgewählten Küstenorte. Eine der Ursachen dafür ist die sogenannte „Nordostatlantische Wärmeanomalie", die in Abbildung 2 dargestellt ist als Differenz zwischen der beobachteten Wasseroberflächentemperatur im Nordostatlantik und derjenigen, die sich als zonaler Mittelwert des antarktischen Wasserrings entlang 60° südlicher Breite ergibt. Der Bezug auf den antarktischen Wasserring erfolgt wegen seiner zonalen Strömungen, die den Einfluß meridionaler Wärmetransporte minimal hält (DIETRICH, 1950). Die Werte von + 8° C und mehr für den Nordostatlantik sind die höchsten im Weltmeer und liegen in einer Region, die bei so hoher Breite ausschließlich im atlantischen Sektor eine freie Verbindung mit dem Weltmeer aufweist.

Quantitative Abschätzungen ergeben, daß zur Aufrechterhaltung der nordostatlantischen Wärmeanomalie ca. $7 \cdot 10^{14}$ W über den Breitenkreis von 40° N nach Norden zu transportieren sind (BRYAN, 1978). Zwei ozeanographische Prozesse sind dabei von entscheidender Bedeutung: Der horizontale Transport warmen und salzreichen Wassers aus den Wärmeüberschußgebieten des Weltmeeres, d.h. der Subtropen und der Tropen, und der Prozeß des Absinkens von abgekühltem Oberflächenwasser, der in den subarktischen Regionen ein zu starkes Auskühlen bzw. Gefrieren des Wassers verhindert. Diese beiden Prozesse, Elemente der klassischen Vorstellung von der „Golfstromheizung" Europas, sollen im Folgenden dargestellt werden, wobei gleichzeitig die Grenzen quantitativer Wärmetransportbestimmungen im Meer diskutiert werden.

Die Wärmespeicherung im Meer

Auf der Erdoberfläche spielt der Ozean bei der Speicherung einfallender Sonnenstrahlung eine besondere Rolle: Zum einen besitzt Wasser eine sehr hohe Wärmespeicherkapazität (ca. 5 mal größer als Erdboden), zum anderen kann wegen der durch Wind und Wellen möglichen Durchmischung der oberflächennahen Schichten (im Gegensatz zum festen Boden) ein größeres Volumen an der Speicherung beteiligt werden. Einen Wärmeüberschuß erhalten im globalen Jahresmittel die Regionen zwischen ca. 38° N und 38° S. Das zeigt sich deutlich durch eine ganzjährig ausgeprägte Temperaturschichtung, bei der die warme Deckschicht (Temperaturen T > 20° C, vertikale Mächtigkeit 30-50 m) durch eine scharfe „Sprungschicht" von den kälteren Wasserschichten getrennt ist.

Im Gegensatz dazu stehen die gemäßigten und die subarktischen Meeresgebiete, in denen sich nur während des Sommers aufgrund des Einstrahlungsüberschusses eine relativ warme Deckschicht bilden kann. Während der Defizitmonate im Winter jedoch kühlt die Wassersäule bis einige hundert Meter Tiefe durch laufende Wärmeabgabe an die Atmosphäre gleichmäßig ab. Abbildung 3 zeigt die unterschiedliche maximale Tiefe der winterlich durchmischten Schicht für den Nordatlantik. Als eine grobe Abgrenzung zwischen Gebieten mit Wärmeüberschuß bzw. Wärmedefizit läßt sich im Meer die 10° C-Isotherme ansehen. Die Wassermassen mit Temperaturen über 10° C im Jahresmittel zählt man zur sog. „Warmwassersphäre", die volumenmäßig zwar nur 7 % der Gesamtwassermenge im Meer ausmacht, dafür aber das bedeutendste Wärmereservoir auf der Erde darstellt.

Der horizontale Wärmetransport im Nordatlantischen Stromsystem

Da sich bekanntlich die Überschußgebiete im Jahresmittel nicht erwärmen bzw. die Defizitgebiete nicht abkühlen, muß zwischen ihnen ein Ausgleich stattfinden. Zu 70 % erfolgt der Ausgleich global über den Wasserdampf der atmosphärischen Zirkulation, 30 % jedoch tragen die meridional gerichteten Meeresströmungen dazu bei. Da der Wärmetransport sich als Produkt von Temperatur und Geschwindigkeit errechnet, sind die Oberflächenströmungen wegen ihrer größeren Geschwindigkeit (etwa um den Faktor 10 größer als die

Tiefenströmungen) und ihrer Lage im Bereich der höchsten Wassertemperaturen am bedeutendsten. Für den Nordatlantik kommt hierzu das Stromsystem in Frage, das stark schematisiert in Abbildung 4 (DIETRICH, 1975) wiedergegeben ist. Entsprechend der klassischen Vorstellung transportiert es warmes (T > 22° C) und salzreiches (S > 36°/oo) Wasser aus dem Bereich Karibik/Antillen und Golf von Mexiko in den verschiedenen Stromzweigen unter Abkühlung und Salzgehaltsabnahme bis in die Regionen um Nordnorwegen und Spitzbergen. DIETRICH's Karte basiert auf einer hydrographischen Aufnahme des Nordatlantik in den Jahren 1957/58, deren Daten mit Hilfe der sog. „dynamischen Methode" zu Strömungskarten bearbeitet wurden.

Nach einem vergleichbaren Verfahren, jedoch mit einem umfangreicheren Datensatz hat der amerikanische Ozeanograph WORTHINGTON 1976 ebenfalls den Volumentransport der nordatlantischen Strömungen berechnet. Sein Ergebnis ist in Abbildung 5 dargestellt. Es widerspricht den klassischen Vorstellungen, indem es den Golfstrom auf einen südlichen und einen nördlichen Wirbel reduziert, die beide auf die Westhälfte des Nordatlantiks beschränkt bleiben und somit den Nordostatlantik von der Versorgung mit Golfstromwasser nahezu ausschließen.

Das reale Strömungsfeld läßt sich anhand der verfügbaren Datenbasis derzeit nicht klären, einige Gründe für den Widerspruch zwischen den Abbildungen 4 und 5 sind jedoch in den Abbildungen 6 bis 9 zu finden. Demnach sind die Strömungen im offenen Ozean im wesentlichen durch Schwankungen gekennzeichnet, die durch Mäander oder Wirbel hervorgerufen werden. Die räumliche „Skala" dieser Schwankungen liegt bei ca. 100 km, die „Zeitskala" liegt im Bereich Tage bis Monate. Ihre Ursache ist in der Stabilität einer Strömung, in dem Einfluß der Meeresbodentopographie und in der Wirkung wechselnder Windfelder zu finden. Wegen der kleinen Raumskala der Schwankungen (100 km) werden sie von den klassischen Datensätzen mit Stationsabständen von 50-200 km und unterschiedlichsten Zeitabständen nicht ausreichend erfaßt und führen somit zu einer mehr oder weniger starken Verfälschung. In jedem Falle zeigt der Widerspruch zwischen Abbildung 4 und 5 deutlich, wie sehr die derzeitige Unkenntnis der am Wärmetransport beteiligten Bewegungsprozesse (mittlere Strömung, Wirbel, Mäander) eine quantitative Abschätzung der Meridionaltransporte verhindert. Für die nordostatlantische Wärmeanomalie spielt dabei die Unkenntnis des Nordatlantischen Stromes als Energieträger zwischen dem Golfstrom und den nordwesteuropäischen Gewässern die entscheidende Rolle.

Das Absinken abgekühlten Oberflächenwassers

Neben den oberflächennahen Meeresströmungen ist ein weiterer Prozeß am Meridionaltransport von Wärme beteiligt: Im Bereich der Grönland- und der Island-See, den beiden westlichen Becken des Europäischen Nordmeeres, findet im Winter eine so starke Abkühlung des Oberflächenwassers statt, daß die mit der Abkühlung verbundene Dichteerhöhung zum Absinken in größere Tiefen (800-3000 m) führt. Aus Kontinuitätsgründen muß das abgesunkene Wasser ersetzt werden, was zum wahrscheinlich größten Teil von der Seite her erfolgt. Damit liegt im Europäischen Nordmeer ein Bereich, der aktiv für den „Import" warmen Wassers sorgt. Abbildung 10 zeigt einen Schnitt der Temperatur und des Salzgehaltes durch das Europäische Nordmeer, wobei der Bereich um Jan Mayen durch vertikale Homogenität (abgesehen von der dünnen Schicht sommerlich erwärmten Oberflächenwassers) ausgezeichnet ist. Hier liegt das Bildungsgebiet des dichtesten Wassers im Weltmeer, das von hier ausgehend die tiefen Becken sowohl des Arktischen Ozeans als auch der Norwegischen See und des Nordatlantiks füllt.

Untersuchungen über das Absinken von Oberflächenwasser in der Labradorsee und im Golf von Lyon (Mittelmeer) im Winter haben gezeigt, daß eine Reihe von Voraussetzungen erfüllt sein müssen, ehe das Absinken beginnen kann (GASCARD, 1979): Die Absinkregion muß Bestandteil einer größeren „zyklonalen", d.h. linksdrehenden Zirkulation (Durchmesser ca. 300-600 km) sein. Der Salzgehalt der am Absinken beteiligten Wassermassen darf einen kritischen Wert nicht unterschreiten, und es müssen nach einer Abkühlungsphase meteorologische Störungen den eigentlichen Absinkvorgang in Gang setzen. Nun liegen für das Europäische Nordmeer noch keine Beobachtungen vor, die die Erfüllung der Voraussetzungen direkt aufzeigen. Die zyklonale Zirkulation der Grönland- und Island-See, die nötige Salzgehaltszufuhr aus dem atlantischen Wasser des Norwegischen Stromes, die winterliche Abkühlung und das Auftreten von Winterstürmen lassen jedoch ein wirksames Absinken erwarten. Damit ist, quantitativ aber derzeit noch unbekannt, eine vom Golfstromsystem „unabhängige" Möglichkeit gegeben, die nordostatlantische Wärmeanomalie zu erhalten: Der Meridionaltransport warmen Wassers könnte hiernach auch aus den subtropischen Regionen des östlichen Nordatlantiks erfolgen.

Diskussion

In den vorangegangenen Abschnitten sind die beiden Antriebsmechanismen für meridionalen Wärmetransport im Meer — einmal der strömungsbedingte und damit wesentlich vom Wind verursachte Transport und zum anderen der thermo-halin bedingte und damit durch Abkühlung (für die Temperatur) und Niederschlag bzw. Verdunstung (für den Salzgehalt) verursachte Transport — separat dargestellt worden. Nach Modellrechnungen über ihre Bedeutung ist zu erwarten, daß beide Anteile gemeinsam wirksam sind, allerdings der überwiegende Teil dem strömungsbedingten Transport zugeschrieben wird. Was zu genaueren Untersuchungen derzeit fehlt, sind ausreichende Beobachtungsgrundlagen für die an den Transporten beteiligten physikalischen Prozesse. Das beginnt bei der Erfassung der die Meeresströmungen charakterisierenden Mäander und Wirbel sowie der Untersuchung der durch sie erfolgenden Energietransporte. Das beinhaltet auch die sehr schwierige Beobachtung des Absinkens und der Absinkraten in der winterlichen Grönlandsee. Die moderne Ozeanographie kann dies erst seit etwa 1970 mit Hilfe schneller Datenerfassung auf Forschungsschiffen, verankerter Meßsysteme für Strömung und Temperatur, mit treibenden Körpern, deren Bahn mit Satelliten oder mit Schallmeßverfahren verfolgt wird, sowie mit Temperaturmessungen von Satelliten. Diese sehr aufwendigen Meßverfahren sollen in diesem Jahrzehnt intensiv genutzt werden, um zusammen mit Modellrechnungen die Wärmetransporte im Meer und ihren Einfluß auf das Klima zu bestimmen. Für den Nordatlantischen Strom laufen seit 1981 koordinierte Meßkampagnen, an denen die Bundesrepublik insbesondere durch einen Sonderforschungsbereich an der Universität Kiel (SFB 133 — Warmwassersphäre des Nordatlantischen Ozeans) beteiligt ist (KRAUSS, 1980). Ab 1982 sind Untersuchungen auch im Bereich des Europäischen Nordmeeres geplant, wo unter Koordination durch den Internationalen Rat für Meeresforschung speziell die Winterverhältnisse in der Grönland See erfaßt werden sollen. Weitere Aufschlüsse werden ab 1986 von einer neuen Generation von Satelliten erwartet, die über eine genaue Höhenvermessung der Meeresoberfläche eine entscheidende Verbesserung großräumiger Strömungsberechnungen ermöglichen wird.

Literatur

BRYAN, K. (1978) The Ocean Heat Balance Oceanus, 21, 19-26.
DICKSON, R.R., P. GURBUTT (1980) XBT-Profiles of the Northheast Atlantic in June 1979 Polymode-News, 74, 2 pp.
DIETRICH, G., K. KALLE: Allgemeine Meereskunde Gebr. Borntraeger, Berlin, Stuttgart, 1975, 3. Aufl. 593 pp.
KRAUSS, W. (1980) Golfstrom und Nordostatlantische Wärmeanomalie Umschau 80, 6, 167-174.
RICHARDSON, P.L., J.J. WHEAT, D. BENNETT (1979) Free-drifting buoy trajectories in the Gulf Stream System 1975-78, a data report. Woods Hole Oceanographic Institution Technical Report 79-4.
ROBINSON, A.R., D. BAUER, E. SCHROEDER: Numerical Atlas of monthly mean temperature and salinity in the ocean. Compass Systems Inc., San Diego 1976.
WORTHINGTON, L.V. (1976) On the North Atlantic Circulation The Johns Hopkins Oceanographic Studies, 6, 110 p.

Abb.: 1 a

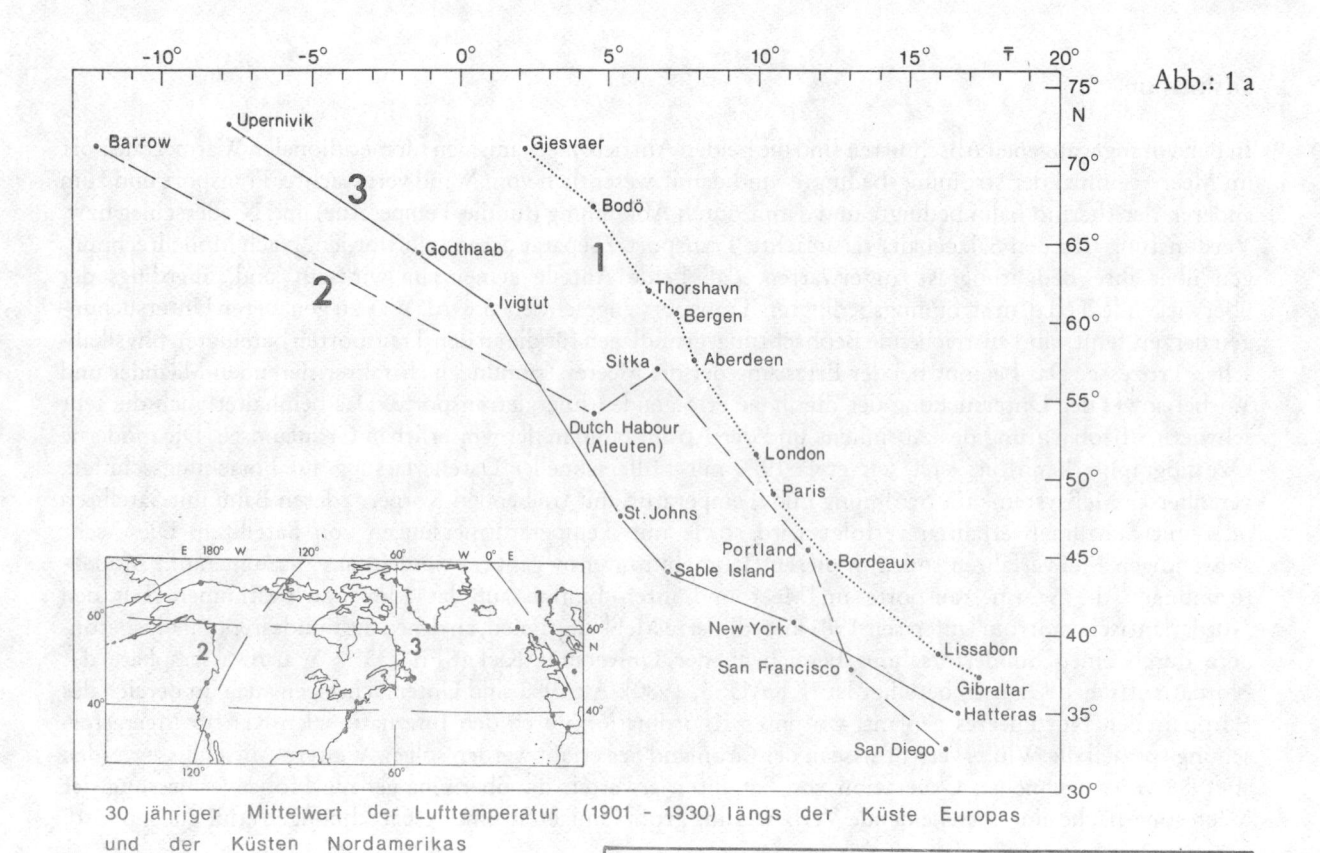

30 jähriger Mittelwert der Lufttemperatur (1901 - 1930) längs der Küste Europas und der Küsten Nordamerikas

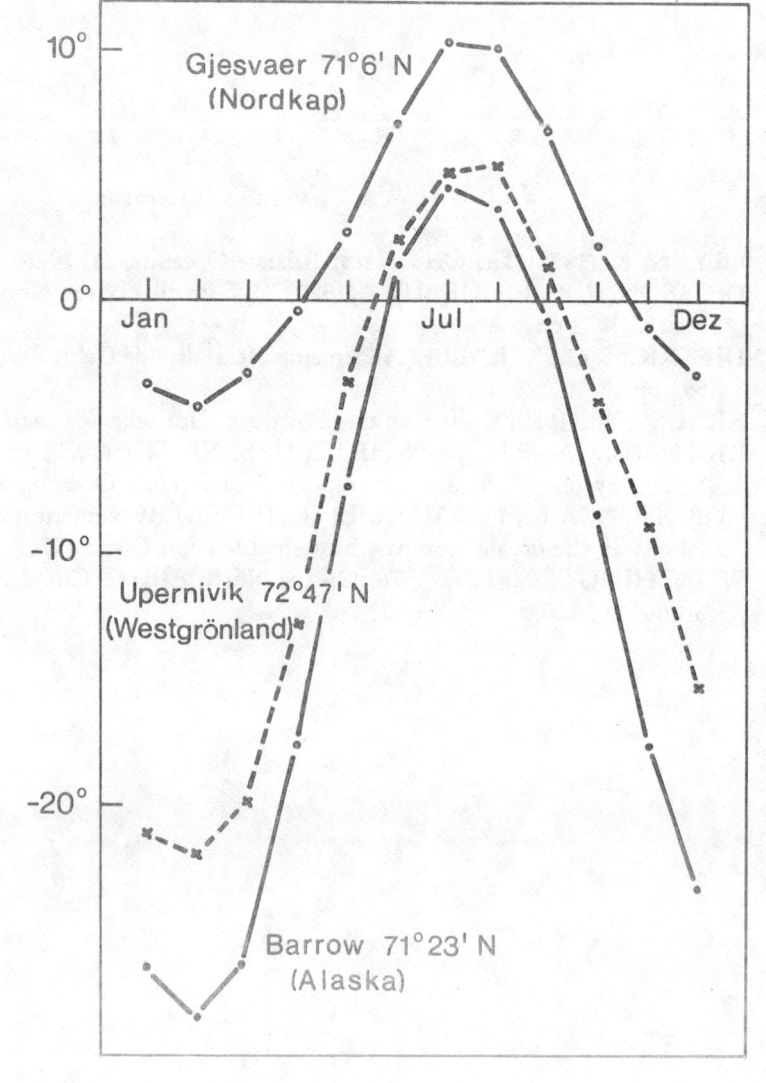

Jahresmittel (1a) sowie mittlerer Jahresgang (1b) der Lufttemperatur für ausgewählte Orte längs der Küste Europas sowie der Küsten Nordamerikas. (Mit frdl. Genehmigung von W. KRAUSS). Die europäische Küste ist mit zunehmender Breite relativ wärmer bei gleichzeitig geringster Jahresschwankung.

Abb.: 1 b

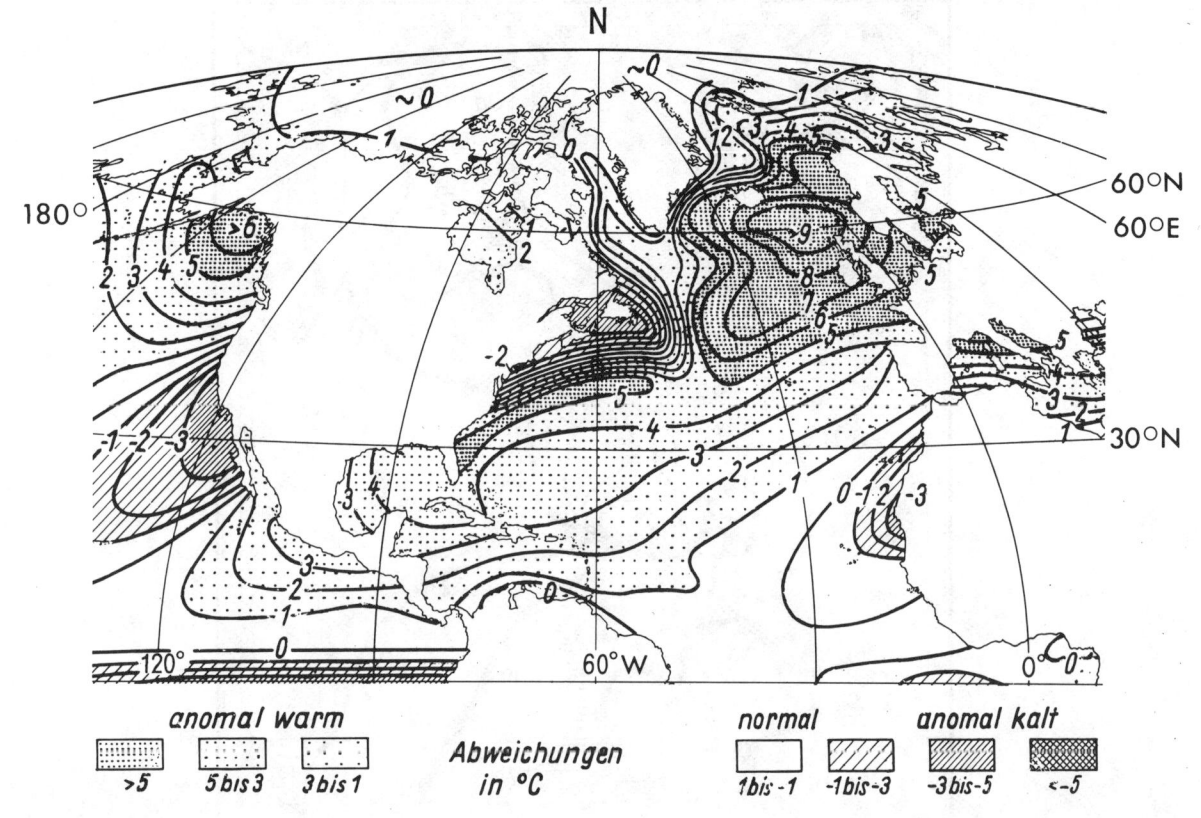

Abbildung 2:
Die nordostatlantische Wärmeanomalie dargestellt als Differenz zwischen der beobachteten Meeresoberflächentemperatur und dem zonalen Oberflächentemperaturmittel für 60° Südl. Breite (nach G. DIETRICH, K. KALLE, 1957).

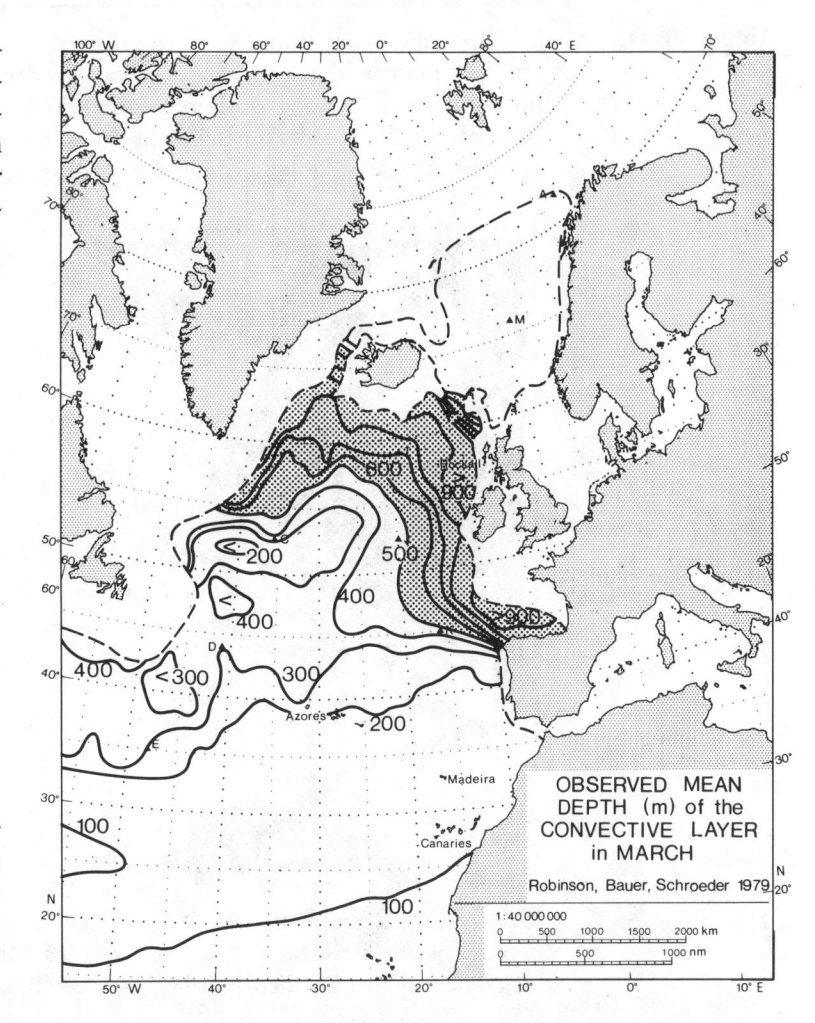

Abbildung 3:
Tiefe der Schicht, die im Spätwinter (März) durch Wärmeabgabe an die Atmosphäre eine vertikal konstante Temperatur besitzt (nach ROBINSON, BAUER, SCHROEDER, 1979).

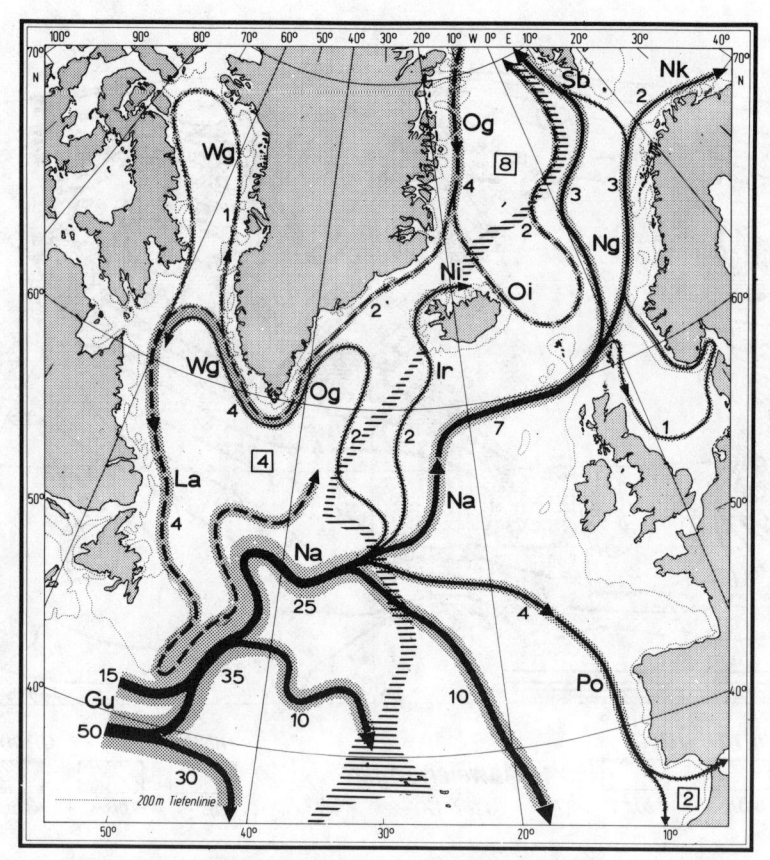

Abbildung 4: Schematische Darstellung des nordatlantischen Oberflächenstromsystems (0-1000 m), ermittelt mit der „dynamischen" Methode auf der Basis hydrographischer Daten aus dem Internationalen Geophysikalischen Jahr 1957/58 (nach DIETRICH et. al., 1975). Die Aufspaltung des Nordatlantischen Stromes findet über dem Mittelatlantischen Rücken (schraffiert) statt. Zahlen bedeuten den Massentransport in Mio m³/s.

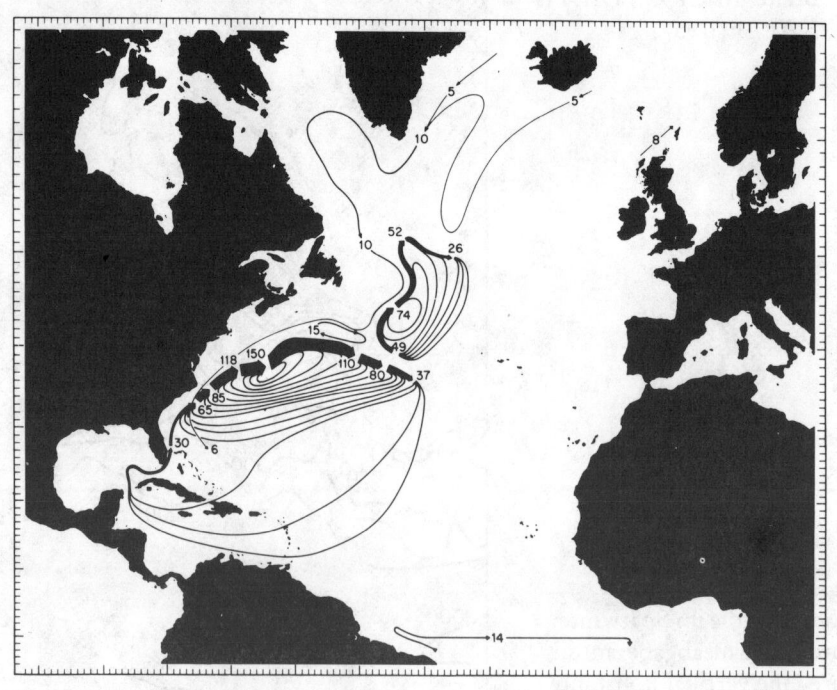

Abbildung 5: Zirkulationsdiagramm für die Strömungen in der gesamten Wassersäule. Jede Linie repräsentiert einen Massentransport von 10 Mio m³/s. Die Golfstromwassermassen bleiben auf den westlichen Nordatlantik beschränkt (aus WORTHINGTON, 1976).

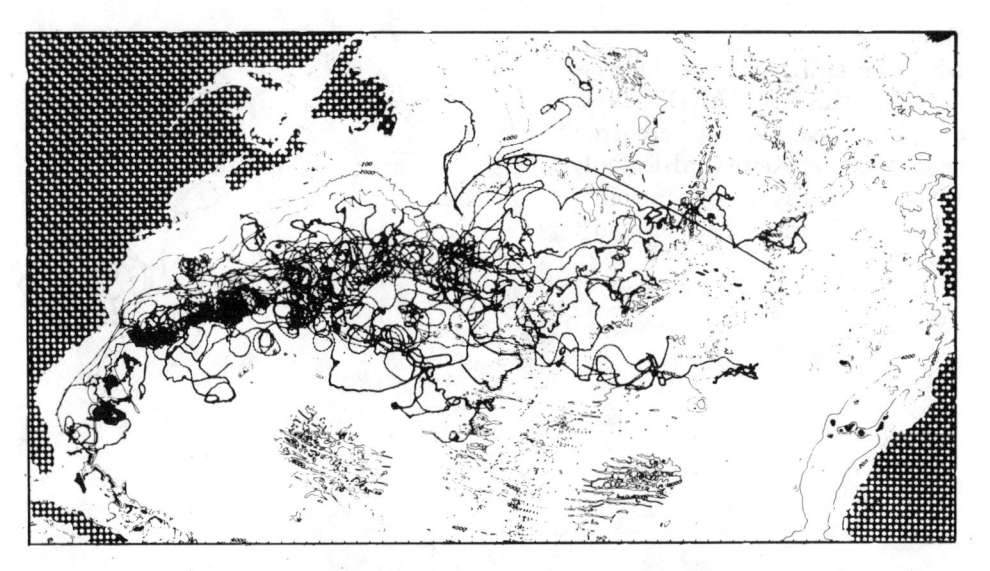

Abbildung 6: Bahnen von 36 Driftbojen an der Meeresoberfläche, deren Ort 2 mal pro Tag durch Satelitten bestimmt wurde (aus RICHARDSON et. al., 1979). Danach sind Mäander und Wirbel die charakteristische Erscheinungsform des Golfstromes.

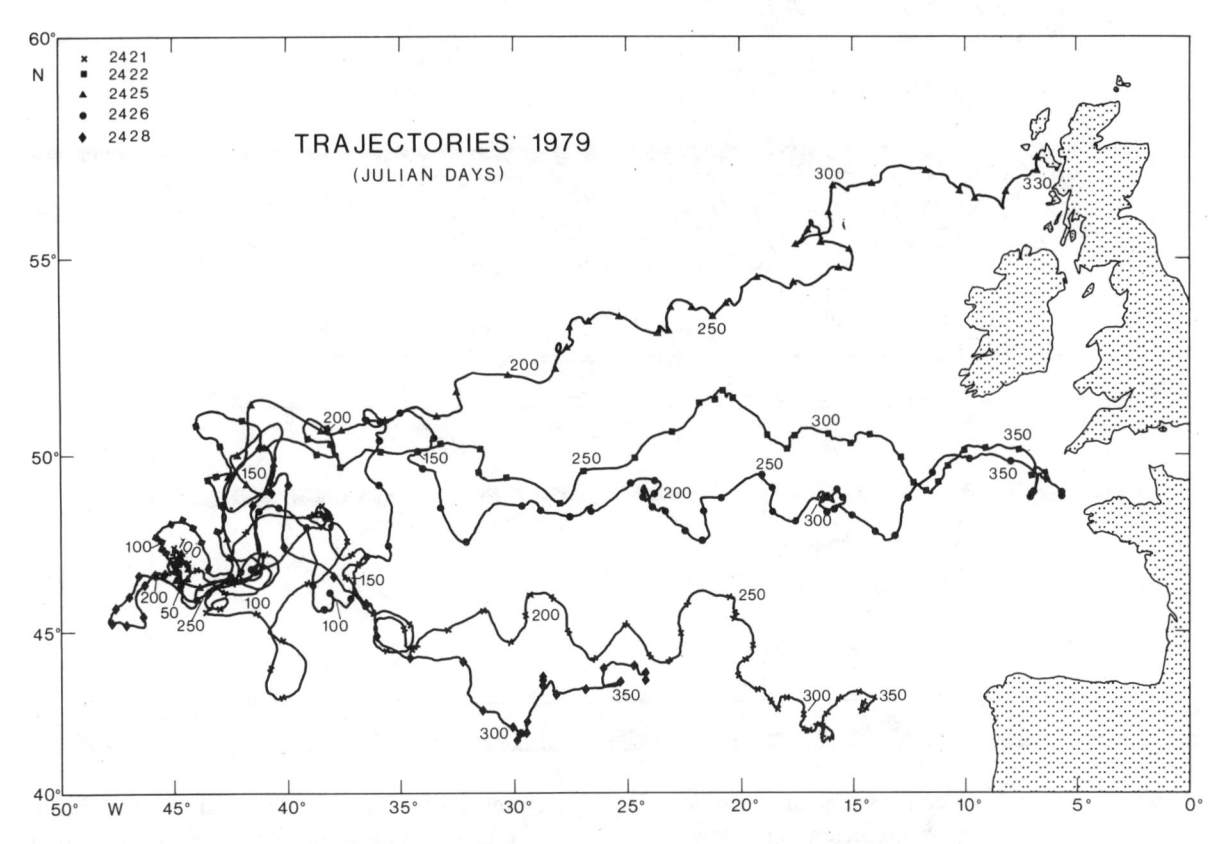

Abbildung 7: Bahnen von 5 Driftbojen an der Meeresoberfläche. Die Zahlen bezeichnen den Tag des Jahres 1979. Auch hier sind Schwankungen das dominante Signal.

Abbildung 8:
Bahn einer Driftboje an der Meeresoberfläche (aus RICHARDSON et. al., 1979). Nach dem Überqueren einer Seamount-Kette wird der Drifter für ca. 100 Tage in topographisch induzierten Wirbeln „festgehalten".

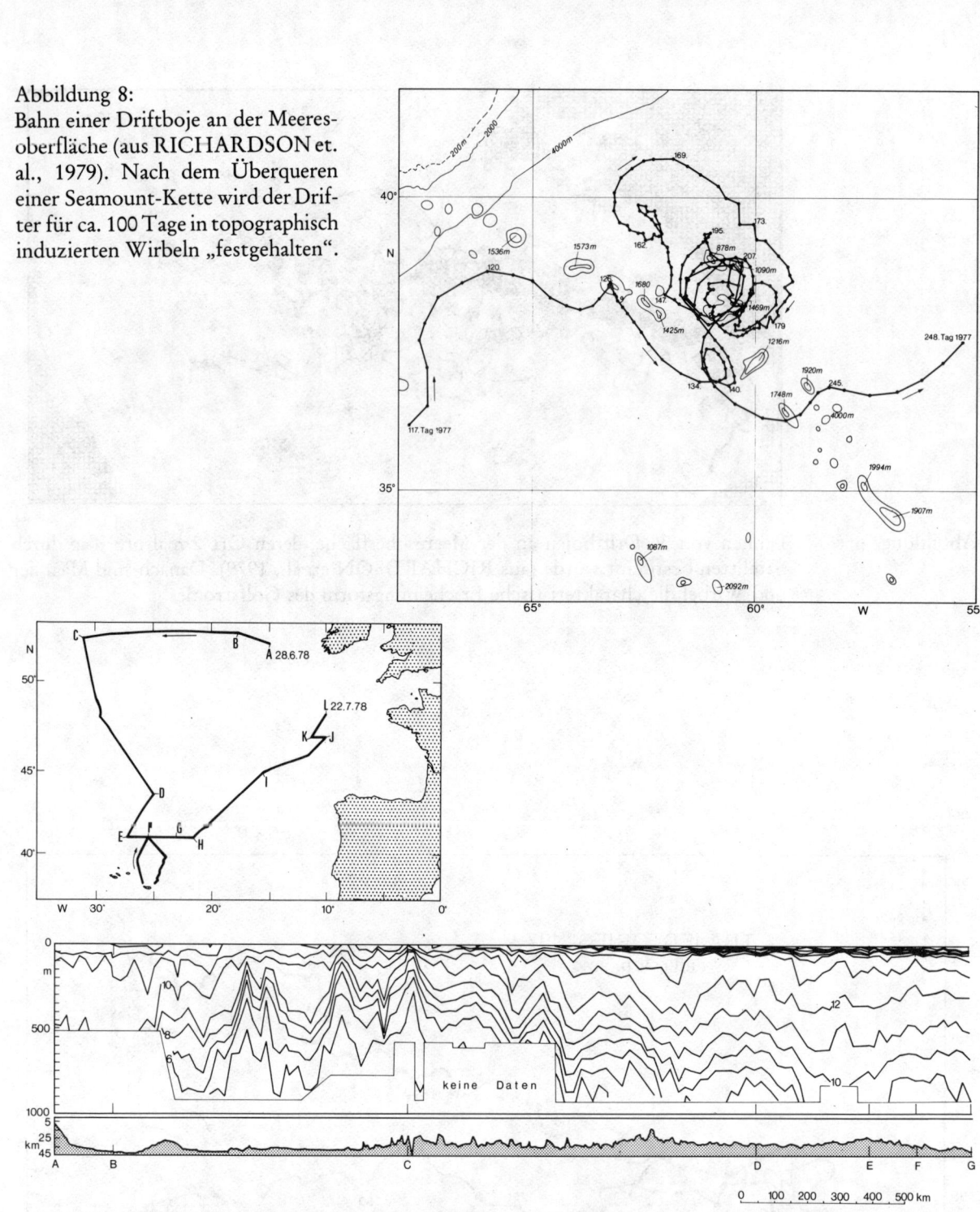

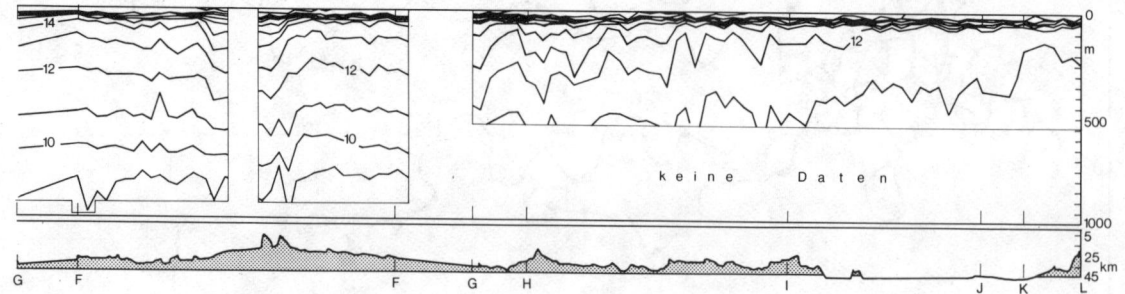

Abbildung 9: Temperaturschnitt entlang des angezeigten Kurses im Nordostatlantik. Die Tiefenschwankungen der Isothermen zeigen die gleiche räumliche Skala wie die Bahnen der Drifter (Abb. 6 bis 8) und sind in den meisten Fällen an Wirbel oder Mäander gekoppelt (nach DICKSON etl. al., 1980).

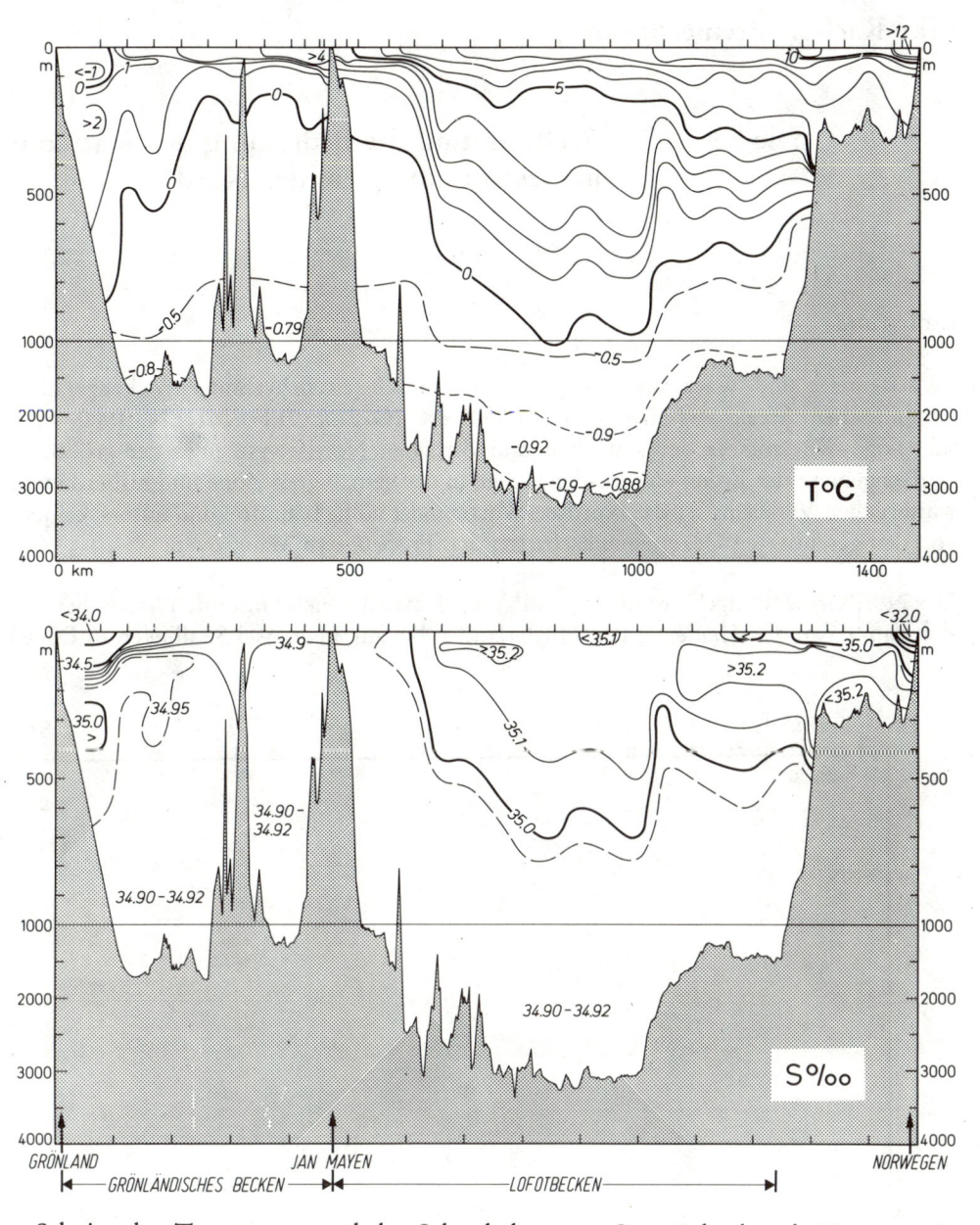

Abbildung 10: Schnitt der Temperatur und des Salzgehaltes von Ostgrönland nach Norwegen im Sommer 1958. Der vertikal homogene Bereich um Jan Mayen ist das Gebiet des Absinkens von Oberflächenwasser während des vorangegangenen Winters (aus DIETRICH et. al., 1975).

Eike Rachor, Bremerhaven

Die besondere Stellung und die Bedeutung des Wattenmeeres im Gesamtökosystem der Nordsee

Einleitung

„Wattenmeer und Watt sind die periodisch im Gezeitenrhythmus trockengefallenen und überfluteten amphibischen Areale zwischen Land und Meer" (GIERLOFF-EMDEN, 1980, S. 1037). – Das sandig-schlickige Wattenmeer der südlichen und östlichen Nordsee ist eines der größten zusammenhängenden Wattengebiete der Erde. Wegen seiner Lage in der gemäßigten Zone und insbesondere der Möglichkeit der winterlichen Vereisung ist das Nordsee-Wattenmeer völlig baumfrei und unterscheidet sich dadurch auffällig von den geschützten Gezeitenlandschaften der Tropen, den Mangroven;

Das Nordsee-Wattengebiet nimmt den flachen Küstenbereich hinter den friesischen Inseln ein und erstreckt sich damit von den Helder in den Niederlanden bis zur Halbinsel Skallingen in Dänemark (Abb. 1).

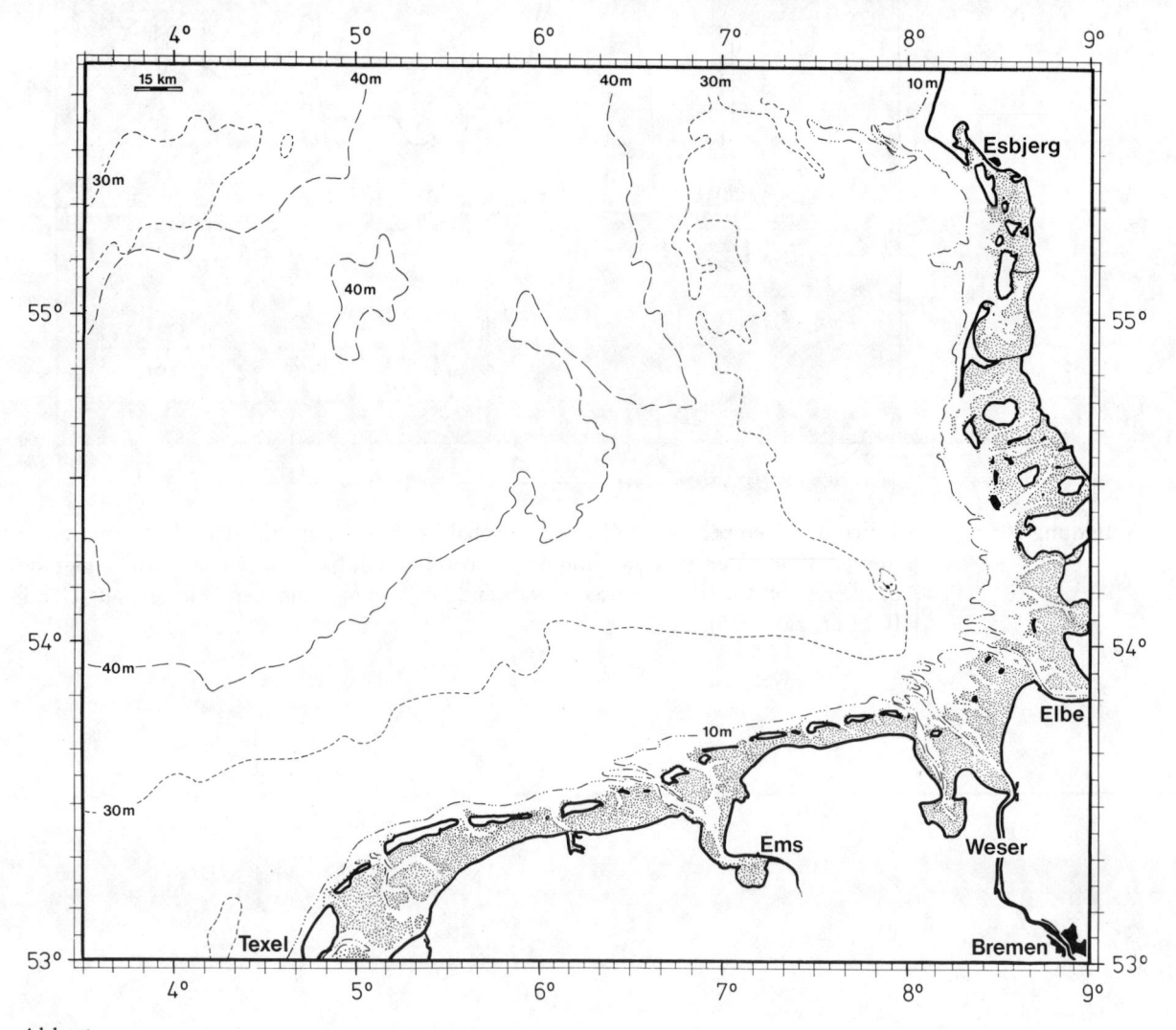

Abb. 1
Ausdehnung des Nordsee-Wattenmeeres (punktiert)

Die Ausdehnung (gemessen entlang den Inseln) beträgt etwa 500 km; die Fläche des Gesamtraumes einschließlich der Salzwiesen und der dauernd wasserbedeckten Rinnen beträgt rund 10.000 km², wovon etwa 2/3 während der normalen Gezeiten trockenfallen und somit das eigentliche Watt ausmachen. Die Wattflächen sind im Mittel 7-10 km breit, im Maximum werden etwa 30 km erreicht.

Das Wattenmeer stellt noch einen relativ naturnah erhaltenen Groß-Lebensraum dar und hat als Naturraum in Mittel- und Westeuropa —abgesehen von einigen Hochgebirgsregionen — nicht seinesgleichen. Diese Natürlichkeit des Ökosystems, verbunden mit einer hohen Bioproduktivität und daraus folgenden überregionalen ökologischen Bedeutung sind die Gründe dafür, daß es intensive regionale und internationale Bemühungen gibt, den Raum insgesamt soweit wie möglich als Naturraum zu schützen.

Wie stellt sich dieser Raum für einen Biologen dar, und welches ist seine Bedeutung im Gesamtökosystem der Nordsee? – Diesen Fragen kann ich in einer kurzen Darstellung nur skizzierend nachgehen; aber ich will dabei versuchen, die Besonderheiten aus ökologischer Sicht herauszuarbeiten.

Lebensbedingungen

Das Wattenmeer, wie es sich heute darstellt, ist eine relativ junge Landschaft: Erst in den letzten 6000 bis 7500 Jahren hat sich die heutige Küstenlinie allmählich ausgebildet, das Wattenmeer selbst erst nach Ausbildung des vor Seegang schützenden Strandwall-Düneninsel-Bogens. Auch nach Beginn stärkerer menschlicher Eingriffe mit dem Deichbau vor etwa 1000 Jahren ist der Wattenmeerraum durch seine starke Dynamik gekennzeichnet geblieben. Grundlage dieser Dynamik sind die Grenzlage dieser Küstenlandschaft zwischen Festland und Meer, die halbtägigen Gezeiten und die sedimentäre Bodenbeschaffenheit.

Der durch die Gezeiten gegebene amphibische Charakter des Lebensraumes Watt und die Charakterisierung als Sedimentationsraum sind auch die Grundlagen der ökologischen Sonderstellung des Wattenmeeres im Nordseeraum.

Der Tidenhub beträgt 1,5 bis fast 4 m (Wilhelmshaven: im Mittel 3,60 m und bei Springtiden 3,96 m; Norderney: 2,40 m; Esbjerg 1,5 m). Die resultierenden Strömungen der Flut und Ebbe auf den Wattflächen liegen im Mittel bei 30 bis 50 cm/s, in den kleineren Wasserläufen, den Prielen, können 100 cm/s, in den großen Rinnen 150 cm/s erreicht werden, bei Sturm bedeutend höhere Werte (400 cm/s, VEENSTRA, 1976, REINECK, 1978). Die typischen Feinsande des Watts können schon bei bodennahen Strömungen in der genannten Größenordnung (beim Übersteigen von rund 30 cm/s, SEIBOLD, 1974) in Bewegung geraten; bei etwa 70% dieser Geschwindigkeit kommen die Körner wieder zur Ruhe. Schluff und Ton und auch feinste organische Trübstoffe benötigen zur Sedimentation weit geringere Wasserbewegungen bis Ruhe, wie sie im Watt nur bei Hochwasser („Kentern" der Flut) vorkommt. Bei dieser Sedimentation gerade der feinsten und organischen Schwebstoffe und ihrem Festlegen im Boden spielen Organismen eine außerordentliche Rolle, z.B. durch Abfangen, Abfiltrieren, Einschleimen, Verdichten und Kotpillen-Bildung.

Daß die Bedeutung des Filtrierens und der Kotpillen-Produktion außerordentlich ist, sei an einer Hochrechnung über die Leistung der oft in Massen im Wattenmeer vorkommenden Herz- und Miesmuscheln gezeigt (BEUKEMA, 1976): Eine erwachsene Muschel vermag pro Stunde einen Liter Wasser durch ihren Kiemenapparat klarzufiltrieren; zehn große und dazu die kleinen Tiere pro m² schaffen dann am Tag eine Pumpleistung von 300 l (Pausen bei fehlender Wasserbedeckung eingerechnet); im gesamten niederländischen Wattenmeer errechnet sich daraus eine täglich filtrierte Wassermenge von 750 Mrd. l. In etwa einer Woche würde theoretisch das gesamte Wasser des niederländischen Wattenmeeres die Kiemen der Muscheln passiert haben! Die Zahl der Muscheln im gesamten Wattenmeer beträgt mehrere Mrd.; die Kotproduktion und die Produktion von Pseudofaeces dürfte im Jahre in die Mill. t gehen (VEENSTRA, 1976).

Insgesamt läßt sich das Nordsee-Wattenmeer auch als Ästuar bezeichnen (VAN DEN HOEK et al., 1979), und zwar als „bar-built estuary" sensu PRITCHARD (1967); es genügt der Definition PRITCHARDs (ibid. S. 3): „An estuary is a semi-enclosed coastal body of water which has a free connection with the open sea and within which sea water is measurably diluted with fresh water derived from land drainage".

Allerdings ist diese Definition nicht unumstritten, da in vielen Fällen nur Buchten oder erweiterte Flußmündungen mit Süßwasserzufuhr und Gezeitenerscheinungen als Ästuarien bezeichnet werden (s. GIERLOFF-EMDEN, 1980). Dieser letzten Definition genügen im Nordsee-Wattenmeere insbesondere die Mündungen von Ems, Weser, Elbe und Eider, deren Ästuarwatten eine großflächige, typische Brackwasserzonierung in den Besiedlungsverhältnissen aufweisen.

Der kontinentale Süßwasserzufluß ins Wattenmeer (den man durch die Charakterisierung als Ästuar hervorheben kann) ist allerdings von außerordentlicher Wichtigkeit für Salinität, Sedimenthaushalt, Nährstoffzufuhr und Schadstoffeintrag. So müssen die Dauerbewohner der eigentlichen Wattflächen Schwankungen der Salinität vertragen oder überdauern können; da im Wattenmeer das Meerwasser deutlich verdünnt ist (selten > 30⁰/₀₀ S) und bei Regenfällen während Freiliegen der Flächen zusätzliche Aussüßung vorkommt, liegen Brackwasserverhältnisse vor (mixohaline Verhältnisse nach dem „Venice-System", CASPERS, 1959), die nicht von allen Meeresorganismen und noch weniger von limnischen Arten vertragen werden. Bei trockenem Wetter kann zudem in abgeschlossenen Wattgebieten der Salzgehalt auch über den der angrenzenden Nordsee steigen.

Neben den Salinitätsschwankungen ist natürlich der regelmäßige Wechsel von Wasserbedeckung und Trockenfallen für sich gesehen ein außerordentlich einschneidender Ökofaktor: Insbesondere Fortbewegungs-, Ernährungs-, aber auch viele andere Verhaltensweisen werden davon direkt beeinflußt, so daß je nach Tide sehr unterschiedliche Aktivitäts- und Verhaltensmuster gefunden werden können. Viele Tiere des Wattenmeeres sind deshalb auch keine Dauerbewohner der eigentlichen Wattflächen, sondern kommen in diesen Raum aktiv oder auch passiv (durch Verdriften) zu der für sie geeigneten Gezeitenphase (Plankton, Fische, Schwimmkrebse und als besonders auffällige Gäste beim Trockenfallen die Vögel). Die tierischen Dauerbewohner sind zum großen Teil nach dem Trockenfallen des Watts im Boden verborgen.

Die indirekten Wirkungen des Gezeitenwechsels sind mannigfaltig und erfordern neben den verhaltensmäßigen in den meisten Fällen auch besondere physiologische Anpassungen (z.B. an die Salzgehaltsschwankungen, stark wechselnde Temperaturen, Sauerstoffmangel im Bodenwasser, extreme Lichteinwirkungen). Sehr viele der Wattorganismen sind auch in ihrem Fortpflanzungsverhalten den wechselnden und extremen Bedingungen gut angepaßt.

Schon diese Aufzählung biologischer Anpassungen deutet auf eine der großen Besonderheiten der Wattenmeer-Ökosysteme hin: Grundlegende biologische Phänomene treten hier unter wechselnden, haufig extremen Bedingungen besonders deutlich in einem natürlichen Lebensraum zu Tage und sind somit der Forschung zugänglich. Auch viele geomorphologische Erscheinungen und ihre Ursachen lassen sich im Wattenmeer modellhaft erforschen und demonstrieren, ebenso wie der Paläontologe und Sedimentologe hier das aktuelle Geschehen in einem flachen Küstenstreifen studieren kann („Aktuo-Geologie" und „Aktuo-Paläontologie", RICHTER, 1929, SCHÄFER, 1962). Für Hydrographen, Wasserbauer, Chemiker stellt sich die Situation nicht anders dar: Das Wattenmeer als Naturraum hat einen außerordentlich großen Wert für die Erforschung von Naturerscheinungen in einem wenig vom Menschen gestörten Milieu.

Besiedlung und Zonierung des Lebensraumes (Abb. 2)

Der amphibische Charakter des Wattenmeeres mit seinen Schwankungen und Extremsituationen ist der Grund dafür, daß hier nur eine beschränkte Auswahl von Organismen existieren kann: der Lebensraum der eigentlichen Wattflächen ist im Vergleich zu den angrenzenden Sublitoral-Bereichen des Meeres und zu natürlichen Festland-Biotopen artenarm. Beide Groß-Lebensräume strahlen mit ihren Arten in das Wattenmeer aus. Dabei dominieren terrestrische und limnische Elemente im wesentlichen nur in den bei besonders hohen Wasserständen gelegentlich überfluteten landnahen Zonen (Supralitoral) oder im Innenbereich der Ästuarien, während die aquatische marine Komponente im eigentlichen, täglich zweimal überfluteten Wattenmeer eindeutig überwiegt (Eulitoral). Typische Samenpflanzen − abgesehen von den Seegräsern − treten nur als Pioniere im obersten Bereich dieses Eulitorals auf (Queller und Schlickgras); und erst oberhalb der Mitteltidehochwasser-Linie (MThw) finden wir geschlossene und perennierende Samenpflanzen-Decken (Salzwiesen). In den noch regelmäßig bei Springtiden überfluteten Salzwiesen-Bereichen folgt auf die Quellerzone des Verlandungsgürtels die als Viehweide geschätzte Andelzone (Puccinellietum maritimae) und im hohen Vorland die Rotschwingelzone (Festucetum rubrae). Wir erkennen also schon in diesem vom Pflanzenwuchs geprägten Bereich der Salzwiesen (Salzmarsch, Heller, Außengroden) eine stockwerkartige Zonierung gemäß der Überflutungshäufigkeit in Abhängigkeit von der Höhenlage. Diese Zonierung setzt sich auch unterhalb der MThw-Linie im Eulitoral fort. Hier sind allerdings nicht die Samenpflanzen aspektbestimmend, sondern es läßt sich hier die ökologische Stockwerk-Zonierung anhand der Bodentierwelt zeigen. Mit zunehmender regelmäßiger Wasserbedeckungszeit und Exponiertheit gegenüber Strömungen und Welleneinwirkungen ändern sich nämlich die Sedimente von der MThw-Linie bis zur MTnw-Linie (und darunter) im Prinzip von Schlick über Schlicksand zum Sand. Und in diesen verschiedenen Böden lassen sich mehrere Wattvarianten der Macoma-baltica-Gemeinschaft (benannt nach der baltischen Plattmuschel) abgrenzen: im hochgelegenen Schlickwatt die Scrobicularia-Siedlung (benannt nach der weißen Pfeffermuschel), im Mischwatt die Pygospio-Siedlung (nach einem kleinen röhrenbauenden Ringelwurm benannt) und im Sandwatt die Scoloplos-Siedlung (nach einem anderen Ringelwurm benannt), in der besonders der Pier- oder Wattwurm (Arenicola) durch seine Kothäufchen auffällt. Diese räumliche Zonierung der Lebensgemeinschaften im Watt und in der Salzwiese entspricht der zeitlichen Abfolge beim Verlandungsprozeß (Sukzession).

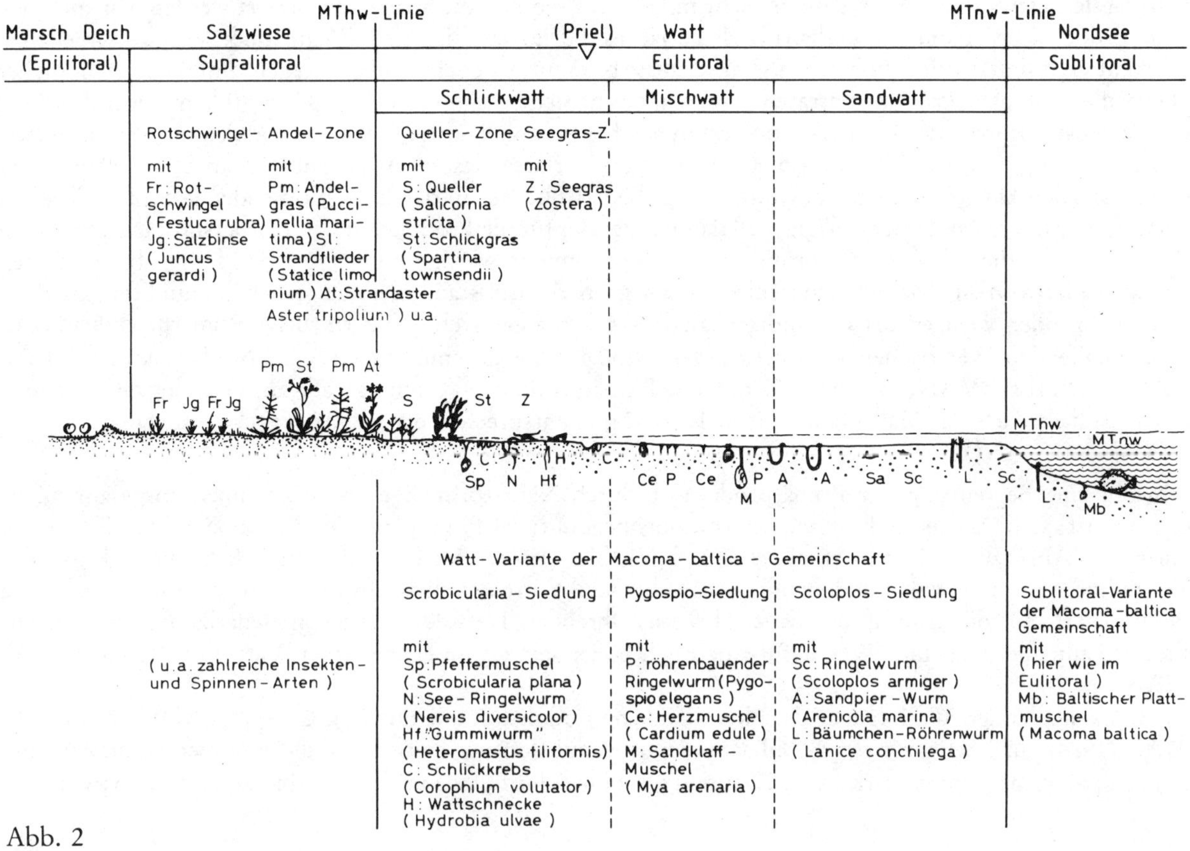

Abb. 2
Zonierung der Vegetation und Bodenfauna an einer Wattenmeer-Küste (stark generalisierte Darstellung)

Produktivität

Auffällig in den Zonen des eigentlichen Wattenmeeres ist die außerordentlich hohe Siedlungsdichte, die einzelne Tierarten der Makro-Bodenfauna (Makro-Zoobenthos: vor allem Würmer, Muscheln, Schnecken, Krebse) hier erreichen können, insbesondere in den Schlick- und Schlicksand-Böden, die besser mit organischen Nährstoffen versorgt sind als die reinen Sandböden.

So sind beim Schlickkrebs (Corophium) bis zu 50.000 Individuen pro m² anzutreffen, und verschiedene Würmer erreichen ähnliche Dichten (Heteromastus), im Extrem der Wurm Polydora sogar Werte von bis zu 200.000 I./m². Auch bei den größeren Muscheln wie der Herzmuschel (Cardium) sind einige tausend (Jung-)-Tiere pro m² keine Ausnahme; und im Übergangsbereich zum Sublitoral, z.B. an den Gleithängen von Prielen, können sich Massensiedlungen der Miesmuschel (Mytilus) entwickeln.

Im Mittel finden wir – mit Schalen und Darminhalt – 300 g Tier-Rohgewicht pro m² Wattfläche, was einer Menge von 100 g Tiergewebe entspricht, das sind etwa 25 g Trockensubstanz (BEUKEMA, 1976). Im Sublitoral der offenen Nordsee ist im Schnitt nur mit einem Zehntel dieser Biomasse zu rechnen, und auch andere natürliche Ökosysteme produzieren in den meisten Fällen ärmere tierische Biomasse-Bestände. In den besonders produktiven Wattenzonen werden einige kg Rohgewicht, d.h. einige hundert Gramm organische

Trockensubstanz gefunden, besonders hohe Werte in den Massensiedlungen („Bänken") der Mies- und Herzmuscheln.

Ist das Wattenmeer als Ökosystem in der Lage, diese hohe tierische Produktion („Sekundärproduktion") aus sich heraus, aus eigener pflanzlicher Primärproduktion, zu gewährleisten?
Dazu ist es natürlich notwendig, die gesamte tierische Produktion aus den Biomassebeständen und den Kenntnissen über Wachstum, Reproduktion und Energiebedarf abzuschätzen, was bisher erst in Ansätzen möglich ist. Die meisten Tiere des Wattbodens sind relativ schnellwüchsig, und auch die Lebensspanne bis zur Fortpflanzungsreife ist in der Regel kurz, häufig nur ein Jahr und auch weniger. Zur langfristigen Aufrechterhaltung der Tierbestände muß dann im Jahr mindestens die Bestandsmasse regeneriert werden: wir sprechen vom Produktions-/Biomasse-Verhältnis (P/B, Jahres-Turnover), das also 1 sein muß. Von verschiedenen Wattentieren sind deutlich höhere P/B-Verhältnisse bekannt, wobei man in der Regel beim Berechnen solcher Werte die wirklichen Produktionsraten unterschätzt, da sich bestimmte Lebensphasen (kleine Jugendstadien) und Wachstumsprozesse (Regeneration verlorener Körperteile), sowie spezielle Produktionsleistungen (wie Schleimbildung) nur sehr schwer produktionsbiologisch erfassen lassen. Aus der aufgenommenen Nahrung ist dann vor allen Dingen noch der gesamte Energiebedarf und der in der Exkretion endende Stoffwechsel zu bestreiten: Man rechnet überschlägig, daß dann insgesamt für die Produktion von Körpersubstanz von einem Pflanzenfresser die zehnfache Nahrungsmenge aufgenommen werden muß. Dem sich somit abschätzbaren Gesamtbedarf von durchschnittlich wenigstens 250 g Trockensubstanz allein schon der hier nur berücksichtigten, mehr oder weniger ortsbeständigen Boden-Makrofauna steht eine jährliche Primärproduktion der trockenfallenden Wattflächen von nur rund 100-150 g C/m² gegenüber (VAN DEN HOEK et al., 1979, CADÉE & HEGEMAN, 1974 und 1979). Diese Primärproduktion genügt gerade zur Deckung des errechneten Minimalbedarfs der Makrofauna (denn 100-150 g C entsprechen etwa 250 g Trockensubstanz).

Obwohl eine Begrenzung der Primärproduktion durch Nährstoffmangel im Wattenmeer insgesamt nicht gegeben ist, steht sie deutlich hinter der von hochproduktiven Phytoplankton- und Bodenalgen-Beständen zurück (VAN DEN HOEK et al., 1979); KNEITZ (1977) vergleicht die pflanzliche Produktion des Wattenmeeres mit der von Tundren oder der Laubproduktion eines mitteleuropäischen Laubmischwaldes; die Phytoplankton-Produktion in den dauernd wasserführenden Tiefs des westlichen niederländischen Wattenmeeres kann allerdings mit 150 g C/m² a deutlich höher sein als im eigentlichen Watt (CADÉE & HEGEMAN, 1979).
Im trockenfallenden Watt macht die Phytoplanktonproduktion mit nur 20 g C/m² a (CADÉE & HEGEMAN, 1974) nur einen geringen Anteil der Gesamtproduktion aus; hierfür sind die extremen Standortbedingungen wie insbesondere starke Wassertrübung, erhöhte Turbulenz und Boden-Instabilität verantwortlich.

Das Wattenmeer ist also auf Zufuhr organischer Substanzen aus anderen Ökosystemen angewiesen, wie allein schon die durchgeführte überschlägige Kalkulation aus Bodenfauna-Produktion und Primärproduktion ergibt: das Wattenmeer ist ein subsidiäres Ökosystem.
Die Zufuhr stammt zum größten Teil aus der offenen Nordsee, z.T. auch aus den Flußsystemen. Durch den Flutstrom wird also mehr Nahrung in das Wattenmeer hineingebracht als der Ebbstrom wieder zurücknimmt. Diese Nahrung wird von Filtrierern (Muscheln) und anderen Suspensionsfressern direkt aus dem Wasser herausgeholt und durch unvollständige Ausnutzung und Kotbildung zum Teil auch an das Bodensubstrat und andere Konsumenten weitergegeben, andere Teile dieser Nahrung können direkt sedimentieren und dann von Bodensatz- und Bodenfressern genutzt werden.

Das Watt ist somit ein Akkumulationsgebiet nicht nur von anorganischen Sedimenten, sondern auch von organischen Nahrungssubstanzen, insbesondere aus dem Primärproduktionsgebiet der südlichen Nordsee. Durch die Anpassung der typischen Wattenfauna an das extreme abiotische Milieu ist eine gute Ausnutzung des Nahrungsüberschusses möglich, da zu diesen Anpassungen ein hohes Reproduktions- und Ausbreitungsvermögen (über pelagische Larven, z.T. nach Brutfürsorge) und ein schnelles Wachstum zumindest im ersten Lebensjahr gehören (hohe Regenerationsfähigkeit der Populationen, NELLEN, 1978). Solche Arten bezeichnet man auch als opportunistisch.
Die gute Ausnutzung des Nahrungsüberschusses ist außerdem dadurch begünstigt, daß im Wattenmeer wegen der geringen Wassertiefe und dann ausreichenden Stauwasserzeit eine hohe Anreicherung am Boden ermöglicht ist, die eine Ausnutzung mit relativ geringem Energieaufwand bei dichter, oft sogar sessiler Siedlungsweise erlaubt. Durch den regelmäßigen Luftkontakt, den Wasseraustausch und die hohe Turbulenz ist das

Wattenmeer zudem gut mit Sauerstoff versorgt; selbst die in stark anoxischen Feinsedimenten lebenden Tiere können sich regelmäßig Sauerstoff zur vollständigen Nahrungsausnutzung aus dem direkt über dem Boden verfügbaren Wasser beschaffen. Organische Substanz kann also im Wattenmeer weitgehend genutzt, an höhere Stufen des tierischen Nahrungsgefüges weitergegeben und letztlich remineralisiert werden. Überschüssige Nährsalze können nach der Remineralisation dann in gelöster Form wieder über Gezeiten- und Restströme schnell in den Kreislauf des Nordsee-Ökosystems zurückgelangen (schneller als nach Sedimentation im Sublitoral) und damit dessen Primärproduktion fördern.

Die Menge an aus der Nordsee dem Wattenmeer zugeführter organischer Substanz wird mindestens so hoch sein wie die im Watt selbst von Pflanzen produzierte Biomasse, so daß pro m² mindestens 500 g Trockensubstanz verfügbar sind (VEENSTRA, 1976, BEUKEMA, 1976); CADÉE & HEGEMAN (1979) schätzen, daß der Eintrag von der Nordsee sogar doppelt so hoch ist wie die Primärproduktion der Watten.

Vom Überschuß der im Wattenmeer produzierten Bodenfauna-Biomasse können die zu bestimmten Zeiten des Jahres (z.B. im Spätsommer) in die Millionen gehenden Zahlen von nahrungssuchenden Vögeln leben. Für viele Arten des Nordseeraumes stellt das Wattenmeer den Haupt-Lebensraum dar oder zumindest den für das Fortbestehen der Population wichtigsten Raum. Dieses gilt auch für weiter im Norden brütende Populationen von Vögeln, z.B. aus Westgrönland oder von der Ostküste der Karasee (Taimyr-Halbinsel). Wie in einem großen Sammeltrichter werden die Züge dieser Vögel im Wattenmeer zusammengeführt, und nur wenn in diesem Raum genügend Nahrung und Ruhe gefunden wird, können Zug und Brutgeschäft erfolgreich überstanden werden.

Ein anderer, mengenmäßig wahrscheinlich noch größerer Anteil der Watt-Bodenfauna-Produktion kommt dem Nordsee-Ökosystem wieder direkt zugute und hat außerordentliche ökonomische Bedeutung: etwa die Hälfte des Produktionsüberschusses wird wahrscheinlich von Fischen weggefressen (BEUKEMA, 1976), insbesondere von Jungfischen verschiedener Plattfischarten (Schollen, Seezungen, Flundern und Klieschen), aber auch vom Kabeljau und Hering („Kinderstube für Fische"). So driften z.B. die planktischen Eier und Larven der Scholle nach der Laichperiode im Spätwinter von den Laichplätzen östlich vom Ärmelkanal und auch aus der westlichen Deutschen Bucht mit den Restströmen der Nordsee vor die Wattenmeerküste; von dort wandern die Jungfische dann im Frühjahr ins Wattenmeer ein und finden dann dort ein günstiges Ökoklima mit steigenden Wassertemperaturen und reichem Nahrungsangebot vor (NELLEN, 1978); mindestens 80% aller Nordsee-Schollen, so schätzt man, verbringen ihr erstes Lebensjahr im Wattenmeer. (Abb. 3)

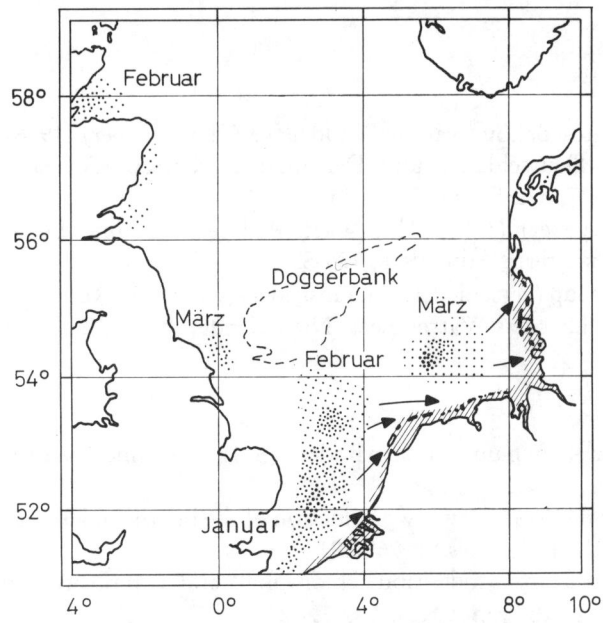

Abb. 3
Laich- und Aufwuchsgebiete („Kinderstube") der Scholle in der Nordsee.
Punktiert: Laichgebiete mit Laich-Monat (die Intensität der Punktierung soll die Bedeutung der Laichgebiete anzeigen);
Schraffiert: Aufwuchsgebiet;
Pfeile: Drift- und Wanderwege von Larven und Jungfischen.
(Quellen: SIMPSON, 1959; ZIJLSTRA, 1976)

Die Gesamtanlandungen an Schollen und Seezungen aus der Nordsee machten 1975 126.000 t aus und erbrachten einen Ertrag von mehr als 200 Mill. DM. Ein großer Teil der in der Nordsee befischten Fischpopulationen verbringt also einen wichtigen Abschnitt seines Lebens im Wattenmeer; der Ertrag fällt im wesentlichen in der hohen See an. Aber auch die Wattenfischerei selbst stellt an der Küste einen wichtigen Wirtschaftsfaktor dar, wobei allerdings nicht Fische, sondern der Fang von Garnelen („Krabben"), Mies- und Herzmuscheln den Hauptertrag bringen (1975 in Deutschland fast 50 Mill. DM, NELLEN, ibid.).

Während über die Bedeutung des Wattenmeeres für die Vogelwelt und für die Nordsee-Fischbestände schon relativ gute Kenntnisse vorhanden sind und aus diesen Kenntnissen auch wichtige Argumente für die Schutzwürdigkeit dieses Naturraumes abgeleitet werden, ist die Bedeutung des Abbaus organischer Substanzen und die Rolle der tierischen Nahrungsbeziehungen in diesem Geschehen noch nicht hinreichend erforscht:

Ist das Wattenmeer wirklich so etwas wie eine große „Kläranlage" für die Nordsee? Sind die tierischen Konsumenten für diese Funktion wichtig und entscheidend?

Die bisher vorliegenden, vor allem holländischen Schätzungen haben ergeben, daß die hohe tierische Biomasseproduktion weitgehend von den Fischen und Vögeln „abgeschöpft" wird. Ich vermute, daß dann auch dieses regelmäßige „Abernten" den gesamten Umsatzprozeß entscheidend beeinflußt.
Störungen des jetzt noch vorhandenen dynamischen Gleichgewichtes, z.B. durch Schädigung der im Wattenmeer nahrungssuchenden Fisch- und Vogelpopulationen,
durch übermäßige Vermehrung der Nahrungszufuhr (Eutrophierung),
durch zunehmende Verschmutzung
und auch durch räumliche Einengung der besonders produktiven und schlick-fangenden Zonen durch weitere großflächige Eindeichungen und auch durch ungesteuerten Tourismus –
solche Störungen könnten das für den Stoffumsatz der südlichen Nordsee außerordentlich leistungsfähige Wattenmeer dieser seiner auffälligsten Eigenschaft berauben.

Literatur

a. Umfassende Darstellungen:

LANDELIJKE Vereniging tot Behoud van de Waddenzee (Herausgeber) (1976): Wattenmeer. Ein Naturraum der Niederlande, Deutschlands und Dänemarks. Deutsche Ausgabe Karl Wachholtz Verlag, Neumünster, 2. Aufl. 1977, 372 S. und 3 Tafeln.
REINECK, H.-E. (Herausgeber) (1970): Das Watt. Ablagerungs- und Lebensraum. Verlag Waldemar Kramer, Frankfurt, 2. erweiterte Aufl. 1978, 185 S.
WADDEN Sea Working Group (verschiedene Herausgeber) (seit 1975): Reports, Contributions, Mededelingen mit vielen Beiträgen über das Wattenmeer. Niederlande.

b. Literatur:

BEUKEMA, J. (1976): „Tierleben in und auf dem Boden" (S. 125-131) und „Nahrungsketten im Wattenmeer" (S. 173-175), in: 1.
CADÉE, G.C. & J.Hegeman (1974): Primary production of the benthic microflora living on tidal flats in the Dutch Wadden Sea. Neth. J. Sea Res. 8, 260-291
– (1979): Phytoplankton primary production, chlorophyll and composition in an inlet of the western Wadden Sea (Marsdiep). Neth. J. Sea Res. 13, 224-241.
CASPERS, H. (1959): Vorschlag einer Brackwassernomenklatur. („The Venice System"). Int. Rev. gesamten Hydrobiol. 44, 313-315.
GIERLOFF-EMDEN, H.G. (1980): Geographie des Meeres: Ozeane und Küsten. De Gruyter, Berlin, New York, 2 Teile mit insgesamt 1310 S. + Literaturverzeichnis + 2 Tafeln.
HOEK, C. van den, Admiraal, W., Colijn, F. & V.N. de Jonge (1979): The role of algae and seagrasses in the ecosystem of the Wadden Sea: a review. Rep. 3 of the Wadden Sea Working Group, S. 9-118.

KNEITZ, G. (1977): Zur Ökologie des Wattenmeeres. Z. Kölner Zoo 20, 19-27.
NELLEN, W. (1978): Das Wattenmeer: Ökologische Kostbarkeit und Goldgrube für den Fischer. Umschau 78, 163-169.
PRITCHARD, D.W. (1967): What is an estuary: physical viewpoint. In: Lauff, G.H. (Ed.): Estuaries. Amer. Ass. Advancement Science, Publ. No. 83, S. 3-5.
REINECK, H.-E. (1978): Die Watten der deutschen Nordseeküste. Die Küste 32, 66-83. (Im gleichen Heft weitere Beiträge über den deutschen Küstenraum.)
RICHTER, R. (1929): Gründung und Aufgabe der Forschungsstelle für Meeresgeologie „Senckenberg" in Wilhelmshaven. Natur u. Museum 59, 1-30.
SCHÄFER, W. (1962): Aktuo-Paläontologie nach Studien in der Nordsee. Verlag Waldemar Kramer, Frankfurt, 666 S.
SEIBOLD, E. (1974): Der Meeresboden. Ergebnisse und Probleme der Meeresgeologie. Springer-Verlag, Berlin, Heidelberg, New York (Hochschultext), 183 S.
SIMPSON, A.C. (1959): The spawning of the plaice (Pleuronectes platessa) in the North Sea. Fish. Invest., Lond., Ser. II, 22 (No. 7), 111 S.
VEENSTRA, H. (1976): „Struktur und Dynamik des Gezeitenraumes." (S. 19-45), in: 1.
ZIJLSTRA, J. (1976): „Fische". (S. 133-141), in: 1.

Johannes Ulrich, Kiel

Untersuchungen zur Sandbewegung im Küstenbereich der Deutschen Bucht

1. Einleitung

Sandbewegungsvorgänge am Strand sind uns allen aus eigener Anschauung bekannt. Sie werden durch den Wind hervorgerufen, sind also das direkte Ergebnis meteorologischer Vorgänge. Demgegenüber sind Sandbewegungen am Meeresboden nur indirekt Resultate meteorologischer Vorgänge, da hier das Medium Wasser dazwischengeschaltet ist. Die durch Wind am Strand bzw. Wasserbewegung am Meeresboden entstehenden sogenannten Sandtransportkörper weisen jedoch sehr ähnliche Formen auf. Strömungen und Wellen verursachen bei sandigem Boden mehr oder weniger langgestreckte Erhebungen, deren Kämme quer zur Bewegungsrichtung verlaufen und die wir an Land als „Rippelmarken", am Meeresboden oder im Sandwatt als „Rippeln" oder „Riffeln" bezeichnen. Häufig ist ihr Querschnitt asymmetrisch, ihre Steilseite (Leehang) zeigt in die Bewegungsrichtung.

Generell läßt sich feststellen, daß die **praktischen Auswirkungen der Sandbewegungsvorgänge** im Küstenbereich sowohl positive als auch negative Seiten für die Volkswirtschaft haben. Als **positive Folgen** sind z.B. Sandansammlungen an Stränden zu nennen, die letztlich für den Fremdenverkehr nutzbar gemacht werden können, oder die Sandgewinnung für Bauzwecke, wobei die Nutzung von Seesand eine immer größere Rolle spielt. **Negative Folgen** der Sandbewegung stellen z.B. Sandabtragung an Küsten, Küstenabbrüche sowie Versandung von Hafenanlagen und Seewasserstraßen in Küstennähe dar.

Seit langem wird versucht, den negativen Auswirkungen der Sandbewegung mit künstlichen Maßnahmen entgegenzutreten. Dies ist besonders die Aufgabe von Küstenbauingenieuren, die vor allem an Wasser- und Schiffahrtsbehörden tätig sind, z.T. auch an Technischen Hochschulen und Universitäten. Sie haben sich international zusammengeschlossen und veranstalten im vierjährigen Rhythmus Informationskongresse mit dem Titel: „International Coastal Engineering Conference". Sie sind also in erster Linie zuständig für die praktische Durchführung von küstenbaulichen Maßnahmen. Doch derartige Maßnahmen sind nur erfolgreich, wenn vorher die Grundlagen der zur Diskussion stehenden Verhältnisse eines Küstenbereiches erforscht sind und aus den Forschungsergebnissen die richtigen Folgerungen gezogen wurden.

Hierbei gilt jedoch leider noch immer weitgehend die Feststellung „Planung ist der Ersatz des Zufalls durch den Irrtum". Häufig sind die negativen Auswirkungen von Küstenbauwerken sehr bald erkennbar, wie dies z.B. bei den Sandanhäufungen vor dem Eidersperrwerk der Fall ist, vielfach zeigen sie sich jedoch erst nach Jahrzehnten, wie z.B. bei Buhnenbauten vor der dänischen Westküste, wo durch die Küstenbauwerke die Erosion sogar noch verstärkt wurde. Bekanntlich stimmt eben die Praxis nicht immer mit der Theorie überein, und die Küstenbauer sind dann erfreut, wenn trotz negativer Auswirkungen immer noch ein relativ großer Nutzen durch die von ihnen eingeleiteten Maßnahmen gegeben ist.

2. Die Erforschung der natürlichen Grundlagen

Häufig sind die Mißerfolge jedoch durch ungenügende Erforschung der natürlichen Grundlagen bedingt. Noch in den 60er Jahren hatte man z.B. keine Kenntnis beim Verlauf der Sandbewegung in der Deutschen Bucht. Man kannte zwar die Bodenbedeckung aus einigen Spezialkarten (z.B. von J. JARKE, 1956) sowie die Korngrößenverteilung großräumig und die Tiefenverhältnisse generell (Th. STOCKS, 1956), doch man wußte nicht, in welchen küstennahen Bereichen der Sand ständig, sporadisch oder periodisch in Bewegung ist und mit welcher Intensität dies geschieht. Nur im Einzelfall waren hier lokale Untersuchungen durchgeführt worden. Doch gerade dieses Wissen ist ja häufig die Voraussetzung für küstenbautechnische Maßnahmen.

Da in Küstenschutzanlagen und Seewasserstraßen Milliarden an Volksvermögen investiert sind, ist es absolut notwendig, die erforderlichen Grundlagenforschungen zu intensivieren, um verläßliche Unterlagen über

Ursprung, Wanderwege und Ablagerungsorte der bewegten Sandmengen zu erhalten. Nur dann ist es möglich, ökonomisch sichere Planungsmaßnahmen durchzuführen.

Diese Sachlage war den zuständigen Fachleuten im In- und Ausland seit langem bekannt, insbesondere in Holland, wo man die meisten Erfahrungen in der Küstenbautechnik besitzt. Daher gibt es eine reichhaltige Literatur aus früheren Jahrzehnten über lokale Sandbewegungsvorgänge, d.h. wissenschaftliche Einzeldarstel-

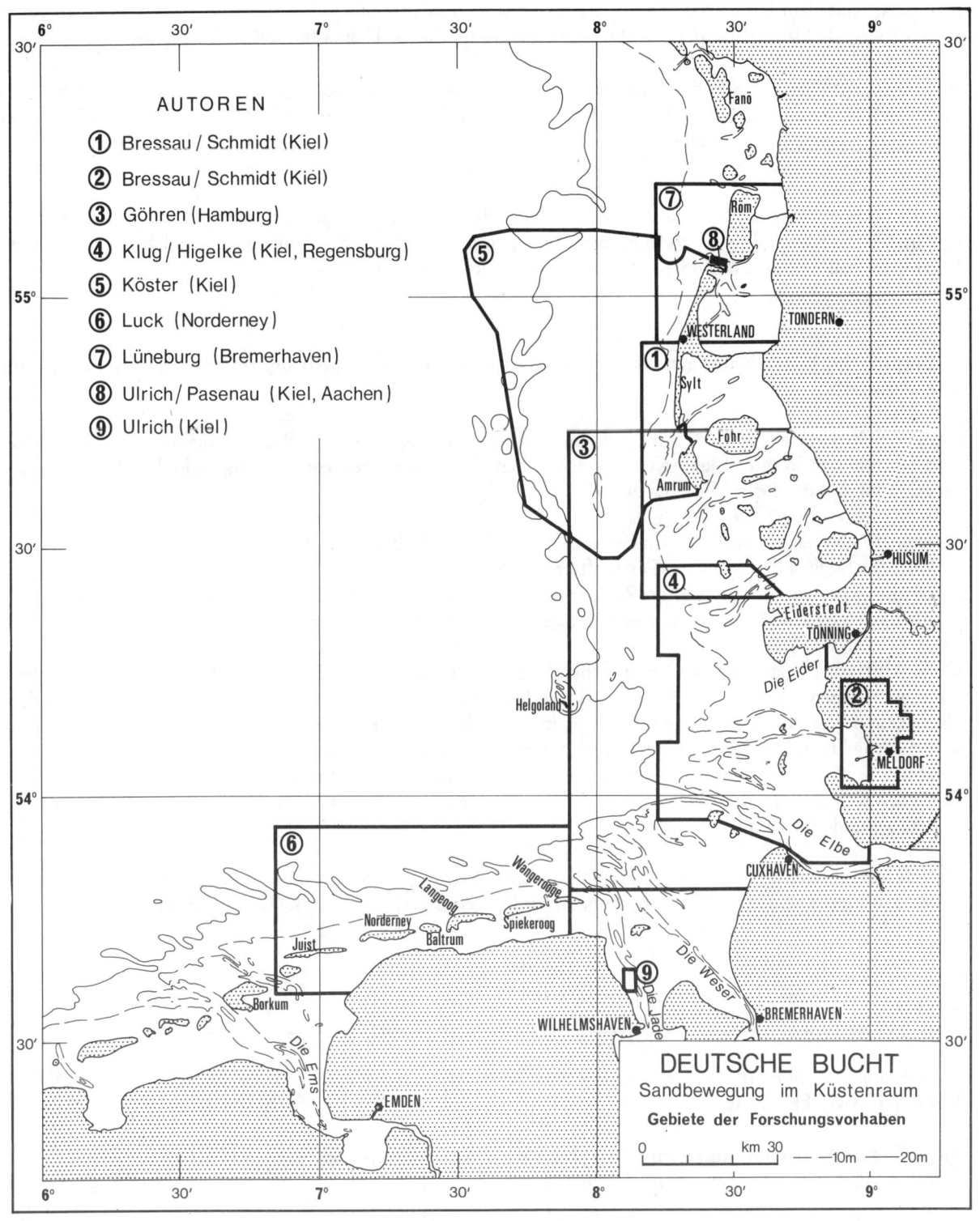

Abbildung 1: Darstellung der räumlichen Verteilung der Forschungsaktivitäten während der Hauptuntersuchungsperiode im Rahmen des Schwerpunktprogrammes „Sandbewegung im Küstenraum" der Deutschen Forschungsgemeinschaft (1969-1974).

lungen, die z.T. Ergebnisse von Laborexperimenten wiedergeben, die das Ziel hatten, das komplexe Phänomen der Sandbewegung mit Hilfe physikalisch-technischer Einrichtungen zu simulieren. Diese Untersuchungen haben auch zu wertvollen Ergebnissen geführt, wie u.a. die Arbeiten von H.G. DILLO (1960). A. FÜHRBÖTER (1967), W. SCHÄFER (1954) und vor allem W. HENSEN (1954-1959) beweisen.

Doch eine Zusammenfassung der im Sektor „Sandbewegung" tätigen Wissenschaftler der Bundesrepublik kam erst 1967 zustande durch Gründung eines speziellen Schwerpunktprogrammes der Deutschen Forschungsgemeinschaft mit dem Titel „Sandbewegung im Küstenraum", womit insbesondere der Nordseeküstenraum gemeint war, da hier infolge der starken Gezeitenströme dieses Thema besonders brisant ist.

Im vergangenen Jahr ist nun der Abschlußbericht über dieses Schwerpunktprogramm, das von 1968 bis 1974 durchgeführt wurde, erschienen (DEUTSCHE FORSCHUNGSGEMEINSCHAFT 1979). Er enthält außer einer Zusammenfassung durch den letzten Koordinator des Programmes, Prof. A. Führböter (Braunschweig), die wichtigsten Ergebnisse der Grundlagenuntersuchungen aller beteiligten Forschungsgruppen.

Ein Teil dieser Forschungsergebnisse dürfte sich auch für die Verwendung als Unterrichtsstoff an Schulen eignen, da hier eine direkte Verbindung zu angewandten Problemstellungen erkennbar ist. Auf diese Ergebnisse soll nun im Folgenden in erster Linie eingegangen werden.

3. Empirische Untersuchungen im Rahmen des DFG-Schwerpunktprogrammes „Sandbewegung im Küstenraum"

In diesem Zusammenhang erscheint mir vor allem eine Gruppe von Forschungsprojekten zur Darstellung geeignet, die sich in ihrer Mehrheit mit empirischen Untersuchungen von Vorgängen in der Natur, d.h. am Meeresboden in der Deutschen Bucht, befassen.

Es handelt sich hierbei nach der Klassifikation von A. FÜHRBÖTER (1979) um
1. Untersuchungen des aktuellen Feststofftransportes
2. Geologische Untersuchungen im Zusammenhang mit dem eustatischen Meeresspiegelanstieg und
3. Aktualgeologische Untersuchungen der Sandbewegungserscheinungen.

Diese Untersuchungen wurden entsprechend der unterschiedlichen Themenstellung der einzelnen Forschungsvorhaben mit sehr verschiedenen Methoden durchgeführt. Die meisten Arbeiten dienten jedoch dem einen Ziel: der Erkundung der Sandbewegung im deutschen Nordseeküstenraum auf empirischem Wege. Nur wenige Projekte des Schwerpunktprogrammes umfaßten den Gesamtraum der Deutschen Bucht, die meisten befaßten sich mit den Verhältnissen in Teilgebieten. Außerdem können die Arbeiten unterschiedlichen zeitlichen Kategorien zugeordnet werden, die von geologischen Zeiträumen (Größenordnung 10.000 Jahre) bis in den Sekundenbereich hinein reichen.

Von den insgesamt 27 Forschungsvorhaben des Gesamtprogrammes befaßten sich folgende Einzelprojekte vorwiegend mit empirischen Untersuchungen im Bereich der Deutschen Bucht (vgl. Abb. 1):

Thema	Autor
Auswertung von **Bohrungen** zur Frage der Sandbewegung an der Westküste Schleswig-Holsteins	S. BRESSAU / R. SCHMIDT (Kiel)
Gegenläufige **Restströmungen** im Küstenmeer zwischen Amrum und Knechtsand und ihr Einfluß auf die Sandbewegung	H. GÖHREN (Cuxhaven, Hamburg)
Geomorphologische **Seekartenanalysen** zur Erfassung der Reliefentwicklung und des Materialumsatzes im Küstenvorfeld zwischen Hever und Elbe 1936-1969	H. KLUG / B. HIGELKE (Kiel, Regensburg)

Themen	Autor
Dreidimensionale Kartierung des Seegrundes vor den Nordfriesischen Inseln	R. KÖSTER (Kiel)
Untersuchungen zur Sedimentbewegung mit Hilfe einer **Unterwasser-Fernseh-Anlage**	G. LUCK (Norderney)
Erfassung morphologischer Vorgänge der **ostfriesischen Riffbögen in Luftbildern**	G. LUCK / H.-H. WITTE (Norderney)
Untersuchungen des **oberflächennahen Sedimenthabitus** und der daraus ersichtlichen Bodendynamik im Lister Tief und seinem Einzugsbereich (1970-1973)	H. LÜNEBURG (Bremerhaven)
Bodenrippeln als **Indikatoren für Sandbewegung**	J. ULRICH (Kiel)
Dynamik der Sandbewegung im **Lister Tief** (Testfeld-Untersuchungen)	J. ULRICH / H. PASENAU (Kiel, Aachen)

4. Die Bestandsaufnahme von Bodenrippeln in der Deutschen Bucht

Zu Beginn der Arbeiten im Rahmen des Schwerpunktprogrammes wurde ein Dreistufenplan festgelegt, der folgende Aufgaben umfaßte:
1. Bestandsaufnahme und Sammlung von Beobachtungsmaterial
2. Einrichtung rationeller Meßmethoden
3. Systematischer Einsatz neuer und konventioneller Meßverfahren in ausgesuchten Testfeldern.

Bereits in der ersten Besprechung des Programmes unter dem damaligen Koordinator Dr. J.M. LORENZEN wurde nach einer Möglichkeit gesucht, in kurzer Zeit einen generellen Überblick über jene Bereiche zu erhalten, in denen sich Sandbewegungsvorgänge abspielen (J.M. LORENZEN, 1971). Da der Sandtransport durch Wellenbewegungen und Bodenströmungen verursacht wird, wäre es naheliegend gewesen, durch eine Vielzahl von Strömungsmessungen gekoppelt mit Trübungsuntersuchungen die Gebiete mit Sandbewegungen zu ermitteln. Doch ein solcher Aufwand hätte die finanziellen Möglichkeiten bei weitem überstiegen, und außerdem wären der Zeitbedarf sowie die technischen und organisatorischen Schwierigkeiten enorm gewesen.

Eine ganz andere, bessere Möglichkeit wurde gefunden, um das gleiche Ziel in relativ kurzer Zeit, nämlich innerhalb von drei Jahren, zu erreichen: Mit Hilfe des Echographen kann man bestimmte Bodenformen registrieren, die als Indikatoren für Sandbewegungen dienen können, und zwar sowohl für die Richtung als auch für die Intensität dieser Transportvorgänge. Man braucht also nur das gesamte Küstenvorfeld systematisch bathymetrisch zu vermessen und die Ergebnisse in geeigneter Form kartographisch zu erfassen.

Eine solche großräumige Bestandsaufnahme der hierfür geeigneten Formen, insbesondere der Groß- und Riesenrippeln wurde von einer kleinen, aber sehr aktiven Sandbewegungs-Forschungsgruppe des Instituts für Meereskunde in Kiel in den Jahren 1969 bis 1972 durchgeführt; hierbei wurden eigene Messungen vorgenommen, und zwar mit den Forschungskuttern „Alkor" und „Hermann Wattenberg" des Instituts für Meereskunde Kiel sowie mit den Tonnenlegern „Kapitän Meyer", „Walter Körte", „Greif", „Kurt Burkowitz" und „Gustav Meier" der jeweils zuständigen Wasser- und Schiffahrtsämter, und es wurden Unterlagen anderer Institute und Behörden zur morphologischen Auswertung benutzt. Den betreffenden Dienststellen sei auch an dieser Stelle für ihre wertvolle Amtshilfe gedankt.

Das **Ergebnis dieser Bestandsaufnahme** konnte 1973 in Form von 22 Kartenblättern im Maßstab 1 : 100.000 als Ergänzungsheft der Deutschen Hydrographischen Zeitschrift veröffentlicht werden (J. ULRICH, 1973). Eine Gesamtübersicht über die Rippelgebiete der Deutschen Bucht wurde im Maßstab 1 : 800.000 gegeben (Abb. 2).

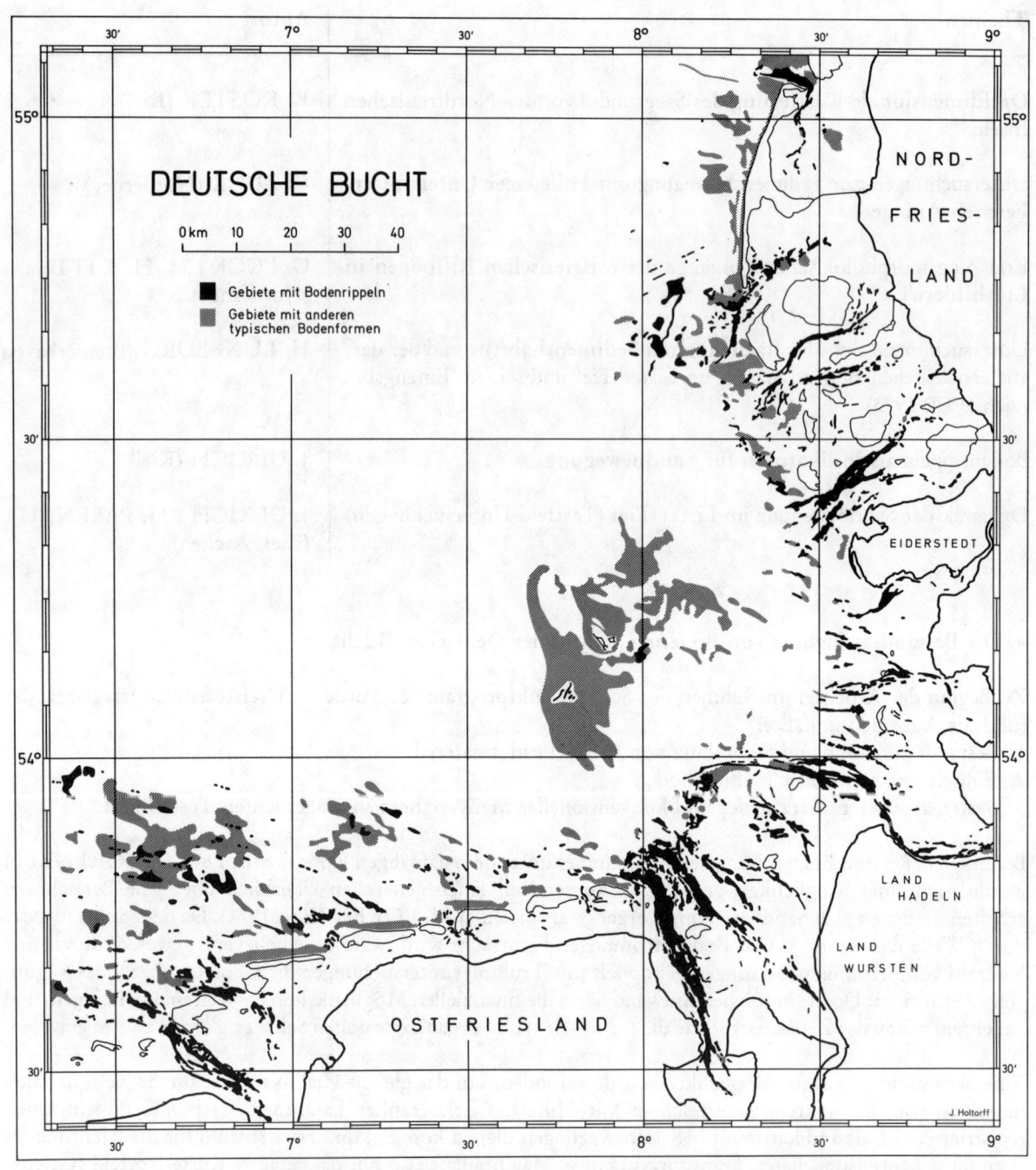

Abbildung 2: Generalisierte Gesamtübersichtskarte der Verbreitung von Riesen- und Großrippelfeldern im Vorfeld der deutschen Nordseeküste (aus J. ULRICH, 1973). Die schwarzen Flächen (Riesen- und Großrippelgebiete) decken sich weitgehend mit den großen Rinnen- und Prielsystemen der Flußästuare, Buchten und Inseldurchlässen. Die grauen Flächen betreffen Gebiete mit anderen für Sandbewegungsvorgänge typischen Bodenformen (Sandbänke, Sandriffe, Sandrücken, Sandwellen etc.).

'In den Kartenblättern sind die Rippelformen einheitlich nach Größenklassen erfaßt worden. Die morphologische Klassifizierung wurde der von H. E. REINECK, I. B. SINGH und F. WUNDERLICH (1971) aufgestellten Einteilung angeglichen. Es wurde unterschieden zwischen Rippel-Kleinformen (Höhe < 0,5 m), Großrippeln (0,5 m bis 2 m) und Riesenrippeln (> 2 m Höhe).

Bei den Riesenrippeln (die früher generell als submarine Dünen bezeichnet wurden) handelt es sich um Formen, deren Längen wesentlich größer sind als die zugehörigen Wassertiefen. Außer der Höhe der Rippeln wurde ihre

Steilheit L/H in drei Klassen erfaßt (a bis c). Mit dieser Nomenklatur konnte eine generelle Übersicht über die Sandtransportkörper-Formen in der Deutschen Bucht gewonnen werden. Danach treten in diesem Bereich an zahlreichen Stellen auf großen Flächen Rippelfelder auf. Diese Riesenrippeln sind jedoch fast ausschließlich in den Flußmündungen und großen Prielen der Watten zu finden, wo die Gewässersohle aus Mittel- bis Grobsand besteht. Ihre maximalen Höhen betragen 11 m.

Nach Beendigung dieser Bestandsaufnahme wurden eingehende Messungen der **Bewegung dieser Transportkörper** durchgeführt, und zwar in Gebieten mit extremen Verhälnissen. So wurden im Heppenser Fahrwasser (Innenjade) die kurzfristigen Vorgänge untersucht (d.h. die Pendelbewegung von Rippelkämmen während einer Springtide); in einem Testfeld im Lister Tief wurden dagegen langfristige Bewegungsvorgänge wiederholt gemessen (J. ULRICH, 1972; J. ULRICH und H. PASENAU, 1973).

5. Untersuchungen zur Dynamik der Sandbewegung im Lister Tief

Hierbei kam es zu einer nutzbringenden interdisziplinären Zusammenarbeit sowohl mit deutschen Wissenschaftlern und Dienststellen, als auch mit dänischen Küstenbauingenieuren und Wasserbaubehörden. Vor allem wurden die Unterschungen durch Arbeiten von H. LÜNEBURG (Bremerhaven) unterstützt. Mit Hilfe eines Hydrophonschlittens wurde die Facies der oberflächennahen Sedimente erfaßt (H. LÜNEBURG, 1977). Von dänischer Seite konnten in Amtshilfe mehrere Schreibpegel für dieses Projekt eingesetzt werden, so daß eine genauere Ermittlung der Wasserstände bei den Vermessungsarbeiten möglich war. Der einzige auf deutscher Seite in diesem Gebiet vorhandene Pegel im Lister Hafen hätte hierfür nicht ausgereicht. Zusätzlich wurde nahe dem Leuchtturm List West ein automatischer Registrierpegel installiert.

Die Untersuchungen wurden in einem ausgewählten Testfeld durchgeführt, das mitten im Lister Tief, d.h. zur Hälfte auf dänischer Seite, lag. Infolge der guten Zusammenarbeit mit den dänischen Kollegen gab es hierbei keinerlei hoheitsrechtliche Schwierigkeiten. Insgesamt wurden in der Zeit von 1971 bis 1974 nicht weniger als 14 Forschungseinsätze gefahren, zum Teil sogar mit 2 Schiffen. Hierbei wurden zehn verschiedene Gerätetypen eingesetzt, um möglichst vielseitige Vermessungsergebnisse zu erzielen. Durch die Teilnahme des Vermessungsschiffes „Sturmmöve" des Wasser- und Schiffahrtsamtes Kiel mit seinem Hydrodist-Navigationssystem wurde eine optimale Ortsbestimmung ermöglicht, ohne die eine genaue Erfassung der Sandtransportkörper und ihrer Bewegungen nicht möglich gewesen wäre.

Einige der wichtigsten **Resultate dieser Untersuchungen** seien hier genannt:

1. Als maximale **Strömungsgeschwindigkeit** im Testfeld wurde 1,30 m/sec gemessen. In den östlichen Teilen des Lister Tiefs liegen die Werte noch höher.

2. Die Sohle des Testfeldes läßt sich nach Asymmetrie und beobachteter Wanderung der Rippeln in zwei Areale gliedern, nämlich in ein südliches mit **flutorientierten Formen**, die ostwärts wandern, und in ein nördliches mit **ebborientierten Formen**, die westwärts wandern. Die Wanderungsgeschwindigkeit von Formen mittlerer Höhe (3 m) kann mehr als 60 m pro Jahr betragen.

3. Das im Testfeld gelegene **System von Riesenrippeln** mit Höhen bis zu 11 m und Wellenlängen von z.T. mehr als 300 m wird stellenweise von einem **Großrippelsystem** überformt. Wie die Side Scan Sonar-Registrierungen zeigen, wird das gesamte System wiederum auf den Luvhängen von ausgedehnten **Kleinrippelfeldern** überlagert.

4. **Die Rippelkämme verlagern sich.** Das geht aus einem Vergleich der Vermessungsergebnisse zweier Reisen (September 1971 und Juni 1972) eindeutig hervor.

5. Zwischen der **Wandergeschwindigkeit** der analysierten Rippeln mit über 2 m Höhe und den unterschiedlichen **Strömungsgeschwindigkeiten** bestehen deutlich erkennbare Zusammenhänge. Die Strömungsverhältnisse wurden durch wiederholte Driftstrommessungen sowie durch Strömungsmessungen vom verankerten Schiff ermittelt.

6. Die **Verteilung der Korngrößen** läßt deutliche Unterschiede zwischen den Rippelkämmen und den Rippeltälern erkennen, d.h., grobes Material findet man im Kammbereich, feinere Sedimente in den Rippeltälern (H. LÜNEBURG, 1979).

6. Die Sandbilanz im Lister Tief

Diese bis zum Ablauf des Schwerpunktprogrammes im Jahre 1974 erzielten Ergebnisse warfen zwei neue Fragen auf:

1. Wie groß ist der Anteil der periodisch oder zumindest sporadisch in Bewegung geratenen Sande, d.h., bis zu welcher Bodentiefe werden die Sande im Extremfall bewegt? In diesem Zusammenhang ist ein Überblick über die Tiefenlage der unter den labilen Sanden liegenden Basisschicht erforderlich (geophysikalische und geologische Kartierung).
2. Wie sieht die Sandbilanzrechnung für das Lister Tief aus, und welche langfristigen Entwicklungen der Sandbewegung sind hier zu erwarten?

Diese Fragen konnten in der begrenzten Zeit des Schwerpunktprogrammes nicht mehr beantwortet werden. Außerdem sind hierfür zusätzliche geologische Untersuchungen mit Hilfe von Spezial-Bohrgeräten erforderlich. Erfreulicherweise ist eine Fortführung bzw. Ergänzung dieses Forschungsprojektes in anderer Form (DFG-Normalverfahren) ermöglicht worden. H. PASENAU (jetzt wissenschaftlicher Assistent am Geographischen Institut der Technischen Hochschule Aachen) hat es sich zum Ziel gesetzt, diese geologisch-sedimentologischen Fragestellungen für das Lister Tief zu beantworten.

Literatur

BRESSAU, S. und R. SCHMIDT: Ergebnisse einer Auswertung von Bohrungen zur Frage der Sandbewegung an der Westküste Schleswig-Holsteins. DFG-Forschungsbericht „Sandbewegung im Küstenraum". Boppard 1979

DIETRICH, G.: „Sandbewegung im deutschen Küstenraum" als Schwerpunktprogramm der Deutschen Forschungsgemeinschaft. Die Küste, H. 18, 1969

DILLO, H.-G.: Sandwanderung in Tideflüssen. Mitteil. d. Franzius-Inst. d. TU Hannover, H. 17, 1960

FIGGE, K.: Das Sandriffsystem vor dem Südteil der Insel Sylt (Deutsche Bucht, Nordsee). Dt. Hydrogr. Z., 29, H. 1, 1976

FÜHRBÖTER, A.: Zur Mechanik der Strömungsriffel. Mitteil. d. Franzius-Inst. d. TU Hannvoer, H. 29, 1967

FÜHRBÖTER, A.: Sandbewegung im Küstenraum – Rückschau, Ergebnisse und Ausblick. DFG-Forschungsbericht „Sandbewegung im Küstenraum". Boppard 1979

GÖHREN, H.: Gegenläufige Restströmungen im Küstenmeer zwischen Amrum und Knechtsand und ihr Einfluß auf die Sandbewegung. DFG-Forschungsbericht „Sandbewegung im Küstenraum". Boppard 1979

GÖHREN, H. und H. LAUCHT: Geräteentwicklung und Naturmessungen zur Erforschung des Materialtransportes im Wattenmeer. DFG-Forschungsbericht „Sandbewegung im Küstenraum". Boppard 1979

HENSEN, W.: Modellversuche für die untere Ems. Mitteil. d. Franzius-Inst. d. TU Hannvoer, H. 6a, 6b, 1954

HENSEN, W.: Modellversuche für die Unterweser und ihre Nebenflüsse. Mitteil. d. Franzius-Inst. d. TU Hannover, H. 15a, 15b, 1959

JARKE, J.: Eine neue Bodenkarte der südlichen Nordsee. Dt. Hydrogr. Z., 9, H. 1, 1956

KLUG, H. und B. HIGELKE: Ergebnisse geomorphologischer Seekartenanalysen zur Erfassung der Reliefentwicklung und des Materialumsatzes im Küstenvorfeld zwischen Hever und Elbe, 1936-1969. DFG-Forschungsbericht „Sandbewegung im Küstenraum". Boppard 1979

KÖSTER, R.: Dreidimensionale Kartierung des Seegrundes vor den Nordfriesischen Inseln. DFG-Forschungsbericht „Sandbewegung im Küstenraum". Boppard 1979

LORENZEN, J.M.: Bericht des Koordinators. DFG-Forschungsbericht „Sandbewegung im Küstenraum". Zwischenbericht 1971

LUCK, G.: Untersuchungen zur Sedimentbewegung mit Hilfe einer Unterwasserfernsehanlage. DFG-Forschungsbericht „Sandbewegung im Küstenraum". Boppard 1979

LUCK, G. und H.H. WITTE: Erfassung morphologischer Vorgänge der ostfriesischen Riffbögen in Luftbildern. DFG-Forschungsbericht „Sandbewegung im Küstenraum". Boppard 1979

LÜNEBURG, H.: Untersuchungen des oberflächennahen Sedimenthabitus im Lister Tief und seinem Einzugsgebiet (von 1970-1973). DFG-Forschungsbericht „Sandbewegung im Küstenraum". Boppard 1979

NASNER, H.: Über das Verhalten von Transportkörpern im Tidegebiet. Mitteil. d. Franzius-Inst. d. TU Hannover, H. 40, 1974

PASENAU, H. und J. ULRICH: Giant and Mega Ripples in the German Bight und Studies of their Migration in a Testing Area (Lister Tief). Proceed. 14th Intern. Conference on Coastal Engineering, 1974

REINECK, H.-E., SINGH, I.B. and F. WUNDERLICH: Einteilung der Rippel und anderer mariner Sandkörper. Senckenberg Marit. 3, 1971

SCHÄFER, W.: Modell-Versuche zur Formänderung der Mellum-Plate. Natur u. Volk, Bd. 84, S. 426-432, 1954

STOCKS, Th.: Eine neue Tiefenkarte der südlichen Nordsee. Dt. Hydrogr. Z., 9, H. 6, 1956

ULRICH, J.: Untersuchungen zur Pendelbewegung von Tiderippeln im Heppenser Fahrwasser (Innenjade). Die Küste, H. 23, 1972

ULRICH, J.: Die Verbreitung submariner Riesen- und Großrippeln in der Deutschen Bucht. Erg.-H., Reihe B, Nr. 14 zur Dt. Hydrogr. Z. 1973

ULRICH, J. und H. PASENAU: Morphologische Untersuchungen zum Problem der tidebedingten Sandbewegung im Lister Tief. Die Küste, H. 24, 1973

WUNDERLICH, F.: Riff- und Platenranduntersuchungen Testfeld Sylt. DFG-Forschungsbericht „Sandbewegung im Küstenraum". Boppard 1979

Gotthilf Hempel, Kiel

Neue Aufgaben und Möglichkeiten deutscher Polarforschung
— insbesondere im Bereich der Biologie —

Einleitung

Geographie-Unterricht ist üblicherweise Erdkunde und kaum Meeres- und Polarkunde. Die Unterlassung einer genügenden Beschäftigung mit dem Meer und den Polargebieten in der Schule hat ihre Auswirkungen bis in die deutsche Außenpolitik, die den Problemen des internationalen Seerechts, der marinen Ressourcensicherung und der Meeres- und Polarforschung lange Zeit zu wenig Aufmerksamkeit schenkte. Vielleicht wäre hier manches besser gelaufen, wenn sich bereits vor Jahrzehnten ein Schulgeographentag intensiv mit dem Meer befaßt hätte und die Lehrer die Anregungen in die Schulen getragen hätten.

Historischer Rückblick

Der Anstoß zu einer Neubelebung deutscher Polarforschung kam Mitte der siebziger Jahre, angestoßen von Biologen und Geologen. Seit 1975 fanden je zwei große biologische und geologisch-geophysikalische Schiffsexpeditionen in die Antarktis statt und außerdem im vergangenen Südsommer Erkundungsfahrten zur Umrandung des Weddell-Meeres und in das Nord-Viktoria-Land. Diese Fahrten waren der Auftakt für ein kontinuierliches deutsches Engagement in der Antarktis, wie es die von der Bundesregierung angestrebte Mitgliedschaft in der Konsultativrunde des Antarktisvertrages erfordert.

Die Motive für die Wiederbelebung der deutschen Polarforschung sind vielfältig, sie sind denen früherer Phasen nicht unähnlich: Ressourcensicherung, nationales Prestige, außenpolitische Erwägungen, vor allem aber wissenschaftliches Interesse. Die deutsche Wissenschaft will sich nicht von der Klärung einiger zentraler naturwissenschaftlicher Probleme ausschließen, die in der Polarforschung enthalten sind. Wir knüpfen dabei an eine reiche Tradition an: 1874/75 arbeiteten deutsche Astronomen auf den Kerguelen. Die Erforschung Südgeorgiens verdanken wir z.T. deutschen Wissenschaftlern, die 1882/83 dort anläßlich des 1. Polarjahres magnetische, meteorologische, glaziologische und ozeanographische Beobachtungen durchführten. Die Westseite der Antarktischen Halbinsel wurde durch Dallmann schon 1873/74 bereist – die Bismarck-Straße wurde von ihm benannt. Die Suche nach Robbenkolonien verband er mit geographischen Interessen. Von Drygalski führte 1901-1903 die „Gauß", das erste deutsche Forschungsschiff, das speziell für Polarforschung gebaut wurde, an die Küste der Ostantarktis: Geophysikalische Messungen und Meteorologie waren wichtige Teile seines Programms – wie auch seine ausländischen Vorgänger konnte er nicht zu dem von C.F. Gauß berechneten magnetischen Südpol vordringen. Filchners Expedition mit der „Deutschland" 1910-1912 diente der Erforschung des Weddell-Meeres und seines Schelfeises. Stärker noch als auf der Expedition von v. Drygalski spielten hier ozeanographische Messungen eine große Rolle. Die Zirkulation des Weddell-Meeres, die Vertikalstruktur seiner Wassermassen und die Bildung antarktischen Bodenwassers wurden besonders während der winterlichen Drift des vom Packeis eingeschlossenen Schiffes untersucht. Am Wettlauf zum Pol haben sich die Deutschen nicht beteiligt.

Danach ruhte die deutsche Antarktisforschung 25 Jahre lang, während besonders Großbritannien auf See und die U.S.A. aus der Luft die Antarktis systematisch erforschten. Motiviert durch den neuen deutschen Walfang und den Drang, Flagge zu zeigen, aber auch aus wissenschaftlichen Interessen unternahm die „Schwabenland" 1938/1939 unter Leitung von Ritscher eine meereskundlich-geographische Expedition in den atlantischen Sektor des Südozeans und vermaß vom Flugzeug aus weite Küstengebiete, das Neuschwabenland.

Die nächste Pause deutscher Antarktisforschung war 36 Jahre lang. In ihr wandelte sich die internationale Polarforschung zur Routinearbeit mit alljährlich wiederkehrenden Meßkampagnen, die überwiegend von den ca. 50 fest installierten Forschungsstationen ausgehen, die rings um die Antarktis, allerdings mit Schwerpunkt auf der Antarktischen Halbinsel, verteilt sind.

Am Internationalen Geophysikalischen Jahr 1957/58, dem bisherigen Höhepunkt internationaler Polarforschung, beteiligte sich die Bundesrepublik zwar im Nordmeer mit zwei Schiffen und auf Grönland mit einer Forschergruppe, in der Antarktis waren aber nur einzelne deutsche Wissenschaftler in ausländische Teams eingebunden. So wirkte die Bundesrepublik auch nicht an dem aus dem Internationalen Geophysikalischen Jahr resultierenden Antarktisvertrag mit, der die friedliche, von keinen Nutzungsansprüchen, Atommüll und -waffentests gestörte wissenschaftliche Arbeit in der Antarktis sichern sollte.

In der Arktis ist die deutsche Betätigung kontinuierlicher verlaufen. Grönland und Spitzbergen sind seit Jahrhunderten Ziele deutscher Seefahrer, Walfänger und Robbenschläger gewesen. Deutsche Entdeckungsreisende haben im Dienste des Zaren Sibirien und seine Küsten erforscht. Geologen, Botaniker und Zoologen arbeiteten schon im 19. und frühen 20. Jahrhundert in der Arktis. Die Geophysik des Eises und der polaren Atmosphäre wurden erforscht – Wegener, einer der bedeutendsten deutschen Geophysiker, starb vor 50 Jahren auf dem Grönlandeis. Die Meeresforschung im arktischen Nordatlantik wurde zu einem erheblichen Teil von deutschen Wissenschaftlern getragen. Der Initiative von G. Dietrich sind großenteils die internationalen meereskundlichen Programme „Polarfront" im Internationalen Geophysikalischen Jahr und „Overflow" (1960) zu danken.

Im Rückblick zeichnen sich einige charakteristische Merkmale der deutschen Polarforschung im internationalen Vergleich ab:

Politisch
– zeitliche Diskontinuität des staatlichen Interesses und damit der finanziellen Förderung;
– schwache Betonung nationaler Ansprüche.

Wissenschaftlich
– In der Antarktis einzelne Expeditionen, dabei weitgehende Beschränkung auf Arbeiten auf See bzw. auf Erkundung von See aus. In der Arktis kontinuierlichere Meeresforschung und zahlreiche Untersuchungen auf dem Eis und Fels der arktischen Inseln.
– In der polaren Meeresforschung von Anfang an eine enge interdisziplinäre Zusammenarbeit.
– Internationale Gemeinschaftsunternehmen (Geophysik, Glaziologie, Ozeanographie)

Das neue Antarktisprogramm

Das neue deutsche Antarktisprogramm, das im Herbst 1978 von einem Ausschuß der Deutschen Forschungsgemeinschaft konzipiert und von der Bundesregierung ergänzt und veröffentlicht wurde, knüpft bewußt an unsere wissenschaftliche Tradition an, will aber den Geowissenschaftlern auch auf dem antarktischen Schelfeis und Festland dauerhafte Arbeitsmöglichkeiten bieten. Wir hoffen, daß nun eine lange Periode stetiger Förderung einsetzen wird. Um dies zu sichern, sollen drei neue Dauereinrichtungen geschaffen werden:

1. das **Alfred-Wegener-Institut für Polarforschung**, das 1980 in Bremerhaven gegründet wurde und das voraussichtlich 1984/85 über ein arbeitsfähiges Institutsgebäude verfügen wird. Mit einem Stab von ca. 40 Wissenschaftlern sollen einzelne Schwerpunkte in verschiedenen meteorologisch-ozeanographischen, geologisch-glaziologischen und biologischen Bereichen gepflegt werden. Das Institut soll aber auch für die übrige deutsche Polarforschung Logistik- und Koordinationsfunktionen haben.

2. das große **eisbrechende Forschungs- und Versorgungsschiff**, das einerseits die Meeresforschung im Eis und in den ungünstigen Jahreszeiten ermöglichen und andererseits die Versorgung der deutschen Forschergruppen in der Antarktisstation und in Sommerlagern wenigstens teilweise übernehmen soll. Das Schiff wird hoffentlich 1982 in Dienst gestellt werden.

3. die **Antarktisstation**, die Anfang 1981 auf dem Filchner-Schelfeis errichtet werden sollte, wo bereits im Januar 1980 entsprechende vorbereitende Messungen durchgeführt wurden. Die Polar-Station soll die Basis bilden für ganzjährige Dauermessungen im Eis und in der Atmosphäre und Ausgangspunkt sein für geologisch-geophysikalische Sommer-Expeditionen in das transantarktische Gebirge, an die Wurzel der Antarktischen Halbinsel und in die Berge östlich der Weddell-See, 30 Menschen können in der Station arbeiten, notfalls bis zu 45 Personen dort untergebracht werden. Mit Flugzeugen, Hubschraubern und Raupenschlitten soll ein Gebiet von mehr als 500 km Radius der Forschung zugänglich gemacht werden.

Wegen extrem ungünstiger Eisverhältnisse konnte im Südsommer 1981 der Standort auf dem Filchner-Schelfeis nicht erreicht werden. Die Überwinterungsstation wurde weiter nördlich in der Atkabucht errichtet. Die Filchner-Station soll später als Sommerlager eingerichtet werden.

Die deutsche Polarforschung muß auf drei Säulen ruhen:
a) **Hochschulen** mit ihrer breiten Palette verschiedener Disziplinen der Grundlagenforschung und mit vielen jungen Nachwuchswissenschaftlern. Die Deutsche Forschungsgemeinschaft schafft ein Schwerpunktprogramm „Antarktisforschung", um den Hochschulsektor und seinen Nachwuchs zu fördern.
e) **Bundesforschungsanstalten** für Geowissenschaften und Rohstoffe und für Fischerei, die insbesondere ressourcen-orientierte Forschung betreiben,
c) **Polarinstitut**, das auch längerdauernde Forschungsvorhaben und Dauermessungen aufnehmen kann, die für Hochschulinstitute wenig geeignet sind. Es verfügt dafür über die erforderlichen Großeinrichtungen (Polarschiff, Antarktisstation). Diese dienen aber zugleich der gesamten deutschen Polarforschung.

Tab. 1: Säulen der Polarforschung

Grundlagenforschung		Ressourcenforschung
Hochschulen Max-Planck-Institute Forschungsinstitute d. „Blauen Liste"	Polarinstitut mit Polar-Schiff, Antarktisstation	Bundesanstalten für Fischerei Geowissenschaften und Rohstoffe
Finanzierung durch		
Länder, Deutsche Forschungsgemeinschaft, Bundesminsterien für Forschung und Technologie, für Bildung und Wissenschaft	Bundesministerium für Forschung und Technologie, Land Bremen	Bundesministerien für Ernährung, Landwirtschaft und Forsten, für Wirtschaft, für Forschung und Technologie

Die Bundesregierung will die Polarforschung in den nächsten Jahren mit insgesamt knapp 300 Millionen DM fördern, davon kommt der größte Teil vom Bundesministerium für Forschung und Technologie und geht überwiegend in die Großinvestitionen, besonders das Polarschiff, die Antarktisstation und den Institutsbau in Bremerhaven.

Aufgaben der Polarforschung

Der politische und wirtschaftliche Rahmen der Polarforschung ist mit wenigen Worten zu umreißen:

Das Nordpolarmeer und seine unwirtlichen Küstengebiete trennt und verbindet die beiden Supermächte, es ist ihre Pufferzone für Warnsysteme und zugleich ihr militärisches Aufmarschgebiet. Es ist ein kurzer internationaler Flugweg und könnte ein kurzer Schiffahrtsweg sein, wenn es gelänge, das Eis zu überwinden. Die Erdöl- und Gaslagerstätten von Alaska und Nordwest-Kanada, im Petschorabecken, der Ob-Mündung und im Barentsmeer machen diese Gebiete energiepolitisch interessant. Die Halbinsel Kola, Nordwest-Kanada, das Yenessei-Tal und die Tschuktschen-Halbinsel sind reich an Erzen. Die Subarktis bildet einige der reichsten Fischereigebiete der Erde, das eigentliche Nordpolarbecken ist dagegen fischarm.

Die militärische und verkehrstechnische Bedeutung der Antarktis ist nicht so offensichtlich, aber im Zeitalter globaler Strategien nicht abwegig. Die mineralischen Bodenschätze der Antarktis sind bisher nur in wenigen eisfreien Gebieten (ca. 2 % der Gesamtfläche des Kontinents) bekannt. Die meisten sind unter den gegebenen

Bedingungen nicht abbauwürdig. In Analogie zu den übrigen Teilen von Gondwanaland (z.B. Südafrika, Australien) kann man unter dem Eis weitere Bodenschätze vermuten.

Im Weddell-Meer und im Ross-Meer gibt es wahrscheinlich Lagerstätten von Petrol-Kohlenwasserstoffen, im transantarktischen Gebirge zahlreiche Kohlenlager. Eine Ausbeutung scheint aber erst in ferner Zukunft machbar und lohnend, das gilt besonders für die terrestrischen Lagerstätten.

Tab. 1: Flächenausdehnung der Antarktis

Kontinent	12 Mill. km²
Schelfeis	1,5 Mill. km²
Antarktischer Ozean südlich der Konvergenz	38 Mill. km²
Eisbedeckung des Ozeans im Spätwinter	19 Mill. km²
im Spätsommer	2,5 Mill. km²

Tab. 2: Einige charakteristische Unterschiede im marinen Lebensraum des Nord- und Südpolarmeeres

Südpolar	Nordpolar
Ringozean um Kontinent	Mittelmeer
Austausch mit allen Ozeanen	kaum Austausch
Ausdehnung bis ca. 55-60 °S	bis ca. 63-70 °N
wenig Süßwasser Schichtung stark geschichtet	
Absink- und Auftriebsvorgänge	vertikal stabil
im Herbst 10% Eisbedeckung	ganzjährig überwiegend
im Frühjahr 50% Eisbedeckung	eisbedeckt
Mosaik glazialer und biogener Sedimente	häufig Fluß-Sedimente
ganzjährig hohe Nährstoffkonzentration in euphotischer Zone	Nährstoff-Aufzehrung im Sommer
schmaler, tiefer Schelf	breiter, flacher Schelf
wenig Süßwasser-Zuflüsse keine ausgeprägte Schichtung	viel Süßwasser stark geschichtet

Die lebenden Schätze der Antarktis werden dagegen schon seit 150 Jahren genutzt, zuerst durch Robbenschlag, dann durch Walfang und seit ca. 10 Jahren durch Fisch- und Krillfang. Die für den Menschen nutzbare Produktion an Walen dürfte nach Erholung der Bestände bei wissenschaftlich gesteuerter Nutzung etwa die gleiche Höhe wie in den besten Jahren des ungesteuerten Walfanges betragen. Ähnliche Dauererträge würden die bisher praktisch nicht berührten Krabbenfresserrobben und Adelie-Pinguine liefern. Der Jahresfang an Krill könnte vielleicht die gleiche Größe wie die übrige marine Weltfischerei erreichen. Die antarktischen Fischbestände sind dagegen klein und schon jetzt durch die sowjetische Fischerei stark dezimiert.

Wissenschaftliche Themen

Jedem Geographen sind die krassen Unterschiede zwischen den nördlichen und südlichen Polargebieten bekannt, sie haben ihre wichtigste Wurzel in der gegensätzlichen Verteilung der Landmassen: In der Arktis umgibt ein fast geschlossener Kontinentalring ein relativ kleines Meeresbecken; in der Antarktis wird ein zentraler, eisbedeckter Kontinent von einem gewaltigen Ringozean umschlossen (Tab. 1). Sein Packeis nimmt, von Jahr zu Jahr schwankend, im Spätsommer etwa die Hälfte der Gesamtfläche des Ozeans bis zur Antarktischen Konvergenz ein. Der antarktische Wasserring steht im offenen Austausch mit allen drei Ozeanen, das Nordpolarmeer hat nur zum Nordatlantik einen breiten Zugang, der aber durch den Schottland-Island-Grönland-Rücken vom freien Austausch des Tiefenwassers angeschnitten ist. Die geographischen Unterschiede führen zu tiefgreifenden Differenzen im Lebensraum der Nord- und Südpolarmeere (Tab. 2).

Der massive Eisklotz der Antarktis bedingt im Mittel niedrigere Lufttemperaturen, die kalten Luftmassen strömen weit nach Norden. Die generell niedrigeren Mitteltemperaturen im Süden verglichen mit Plätzen gleicher geographischer Breite im Norden, besonders in Europa, sollten allgemeines Schulwissen sein. Vor allem auf dieser Ungunst des Klimas beruht wahrscheinlich die Artenarmut der Landflora und das fast

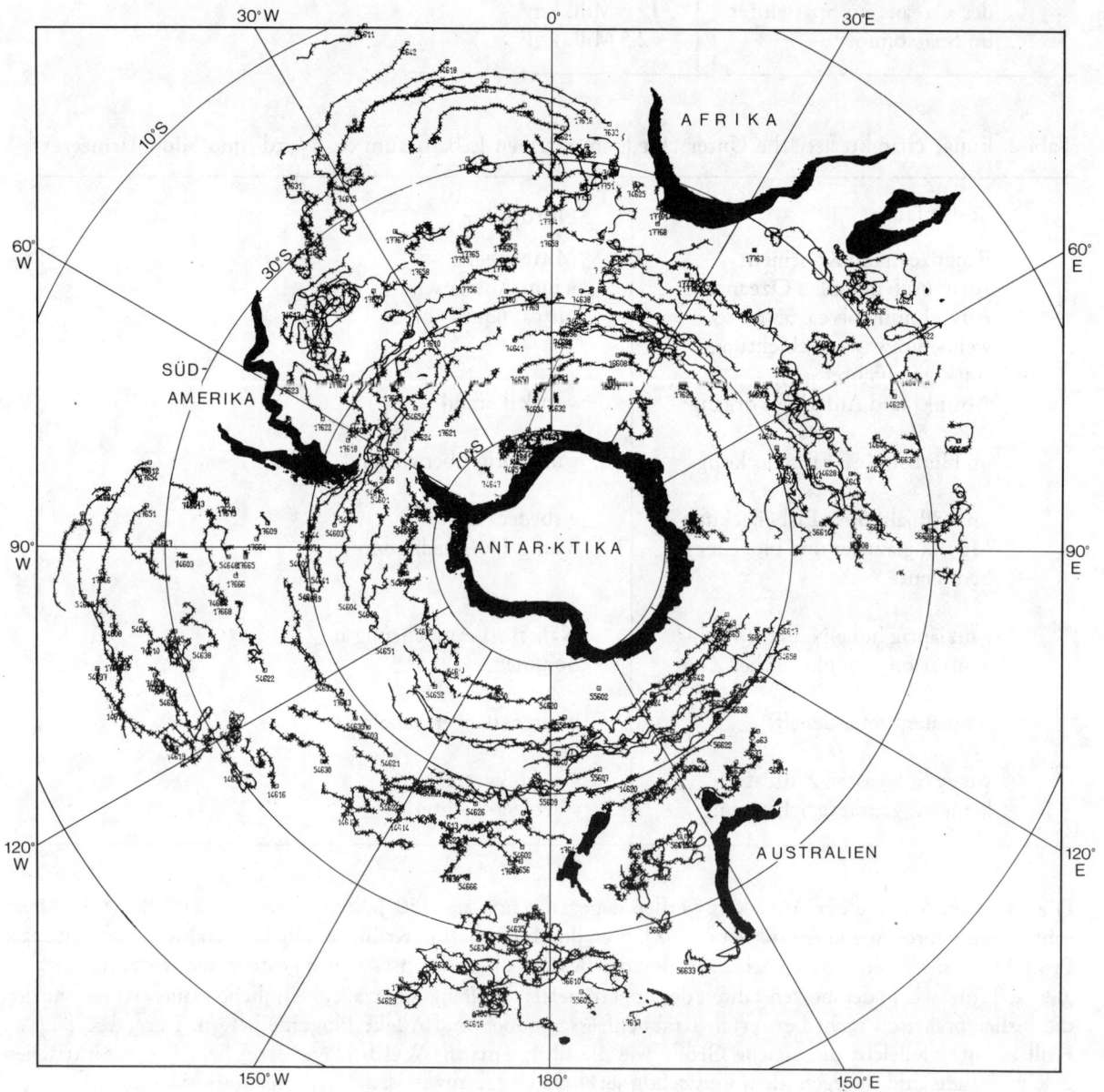

Abbildung 1: Driftwege von Treibbögen (22. November 1978 bis 11. Juni 1979). Die Zahlen kennzeichnen jeweils den Ausgangspunkt, die Kreuze den einwöchigen Weg der von Satelliten georteten Bojen. Deutlich ist die starke Ringströmung der Westwinddrift und der Wirbel am Ostteil der Weddellsee. Aus Meincke (1980).

vollständige Fehlen einer terrestrischen Fauna in der Antarktis. Die Robben- und Pinguinkolonien bilden nur einen dünnen, temporären und sporadischen Saum auf Schelfeis und Inseln. Diese werden nur zur Mauser bzw. zum Haarwechsel und zur Fortpflanzung aufgesucht. Die antarktische Lebensgemeinschaft ist auf das Meer als einzige Nahrungsquelle und als Refugium gegen die Winterkälte angewiesen.

Den **Ozeanographen** sind die großräumigen Meeresströmungen und Wassermassen einigermaßen bekannt. Die Westwinddrift, geteilt von der Antarktischen Konvergenz, umschließt den ganzen Kontinent. Die Ostwinddrift ist vergleichsweise weniger bekannt, da sie an den Küsten des Kontinents und der Schelfeis-Kante schlechter zu untersuchen ist. Von Satelliten geortete Driftbojen und Eisberge haben in den letzten Jahren diese Strömungen offensichtlich gemacht.

Tab. 3: Einige Charakteristika des antarktischen Ökosystems

- Gesamtes System ans Meer als Nahrungsraum gebunden
- Stenotherme Anpassung an ganzjährig niedrige Wassertemperaturen
- Stellenweise hohe Biomasse im Plankton und (bezogen auf Wassertiefe) Benthos
- Warmblüter am Ende einer kurzen Nahrungskette mit Krill als Zwischenglied, daneben „normale" Nahrungsketten. Wenig Fische.
- Langlebige Riesen (z.B. Wale, Krill)
- Geringe Primärproduktion trotz reicher Düngung
  Höhere Glieder des Systems nahrungslimitiert
- Schlechte Nahrungsausnützung durch Warmblüter
- Empfindlich gegen menschliche Einflüsse

Die Struktur und Variabilität der Polarfront, d.h. der Konvergenz polaren und subpolaren Oberflächenwassers, die zuerst Meinardus 1903 auf der „Gauß" untersuchte, ist im Zeitalter der Satelliten-Ozeanographie sowie der Bathysonden- und Dauerstrommessungen wieder interessant geworden. Ihm war jüngst ein internationales Programm in der Antarktis gewidmet (ISOS). Generell sind gegenwärtig Fronten im Meer ein beliebter Untersuchungsgegenstand der Ozeanographen.

Das Absinken polaren Wassers in die Tiefsee und seine Ausbreitung ist für den Energie- und Stoffhaushalt des Weltmeeres sehr wichtig. Andererseits sind aber Ozeanographen und **Meteorologen** gleichermaßen an den Austauschprozessen zwischen Meereis-Ozeanoberfläche und Atmosphäre interessiert. Die Zirkulation der Luftmassen in der Antarktis, das Abströmen kalter Luft über dem antarktischen Plateau und Schwankungen in der Eisbedeckung des antarktischen Meeres von Jahr zu Jahr haben globale Auswirkungen. Deswegen spielen Meteorologie und Ozeanographie der Polargebiete eine große Rolle im neuen Weltklima-Programm.

Auch die Arbeiten der **Glaziologen** stehen hiermit in engem Zusammenhang: Der Massenhaushalt des Filchner/Rönne-Schelfeises, seine Geschichte und seine Dynamik bilden den Mittelpunkt des deutschen Programmes für die nächsten Jahre. Über die Dynamik und Bilanz des Filchner-Schelfeises ist bisher wenig bekannt. Generell soll die Eiskalotte der Antarktis zur Zeit leicht zunehmen (um ca. 3 cm pro Jahr). Dies scheint aber nicht für Teile der Westantarktis zu gelten, wo der Eispanzer angeblich schrumpft. Die jüngste klimatische Vorgeschichte der Antarktis liest man aus dem Isotopen-Verhältnis $^{16}O/^{18}O$ in Eisbohrkernen ab und aus Sedimenten, deren Feinschichtung z.B. die schwankende Lage der Antarktischen Konvergenz oder den Wechsel zwischen glazialen und marinen Ablagerungen anzeigen.

Die Zuordnung der West-Antarktis zum Andinen Orogen, die Struktur der Nahtzone zwischen West- und Ostantarktis und die Beziehungen des ostantarktischen Schildes zu den übrigen Teilen von Gondwana-Land sind Fragen für den terrestrischen **Geophysiker** und **Geologen**. Der Schwerpunkt deutscher Arbeiten wird im Bereich der Transantarktischen Gebirgszüge und in der Westantarktis liegen.

Für den **Biologen** gibt es zwei große Problemkreise:

1. Das Funktionieren des Einzelorganismus und seiner Organe unter den extremen Temperaturbedingungen der Antarktis. Alle Lebensprozesse im Meer müssen unter Kühlschrankbedingungen ablaufen, an Land meist

unter Gefrierhausverhältnissen. Die Anpassungsmechanismen der Enzymsysteme und des Zusammenspiels der Gewebe und Organe kennen wir bisher nicht.

2. Die Entwicklung der antarktischen Lebensgemeinschaft, ihre heutige Struktur und Dynamik in Beziehung zur Umwelt. In der Antarktis leben Flora und Fauna seit 10-20 Mio Jahren unter einheitlich kalten Bedingungen. Abgesehen von den Walen und manchen Seevögeln, die gelegentlich oder regelmäßig transäquatoriale Wanderungen durchführen, sind die antarktischen Wirbeltierbestände weitgehend isoliert, über 80 % der Fischarten sind endemisch. Die Landflora ist extrem arm. Der zirkumpolare Wasserring der Antarktis ist wohl der größte einheitliche Lebensraum der Erde, die großen Ringströme führen zur Faunenvermischung. Die antarktische Lebensgemeinschaft ist in Struktur und Stoffhaushalt einzigartig auf der Erde (Tab. 4): Das obere Ende einer kurzen Nahrungskette, die vom Phytoplankton über Krill zu Walen, Robben und Pinguinen führt (Abb. 2), wird von Warmblütern beherrscht, sie ersetzen hier ökologisch weitgehend die Fische. Neben

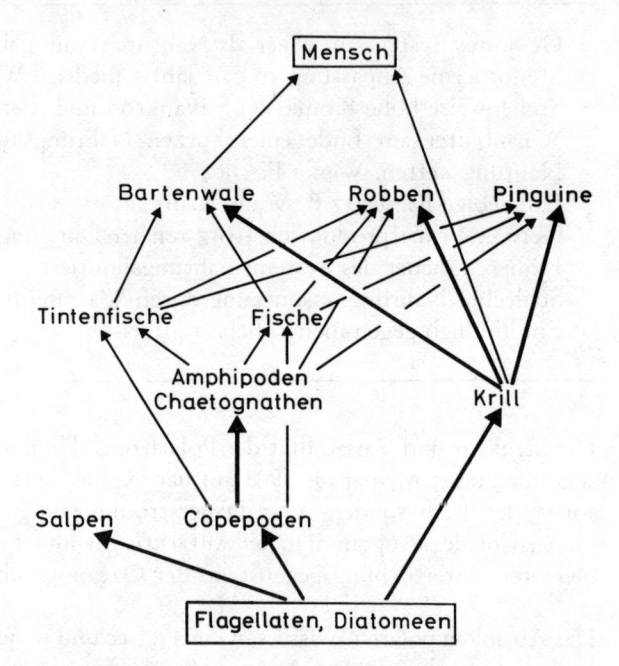

Abbildung 2:
Schema der antarktischen Nahrungskette.

dieser kurzen Kette gibt es ein Nahrungsgeflecht, das dem anderer kalter Meere nicht unähnlich ist. Die Bodenfauna der Antarktis ist, wenn man die große Tiefe des Schelfs berücksichtigt, relativ reich an Biomasse. Im Durchschnitt ist die pflanzliche Primärproduktion trotz guter Düngung gering. Das bedeutet Nahrungslimitierung für höhere Glieder der Nahrungskette. Primär- und Sekundärproduzenten sind am Eisrand, ozeanischen Fronten und anderen ozeanographischen Strukturen fleckenhaft konzentriert. Damit finden körperlich und geistig bewegliche, riesige Tiere ausreichend Nahrung ohne zu großen Energieaufwand. Bezogen auf ihre trophische Stufe ist der Krill 1000fach, der Finnwal 100.000fach schwerer als ihre Gegenstücke Calanus und Hering im Nordatlantik. Die „Riesen" sind langlebig und bilden damit eine hohe Biomasse (standing stock). Ihr Stoffwechsel ist aber sehr aufwendig und damit ist die Nettoproduktion im Vergleich zur Biomasse relativ gering. Das Überleben in der Antarktis kostet viel Energie. Das bedeutet, daß im Verhältnis zur pflanzlichen Gesamtproduktion des antarktischen Ringozeans die mögliche dauerhafte Entnahme durch den Menschen gering sein dürfte: Etwa 2 Mill. t Wale (nach Erholung der Bestände), maximal die gleiche Menge Robben und Pinguine (falls man je an deren Nutzung denken mag) und 50-80 Mill. t Krill. Diese Schätzungen sind sehr vage, denn über die quantitativen Wechselwirkungen innerhalb der antarktischen Nahrungskette wissen wir nur wenig, wir nehmen aber an, daß das antarktische Ökosystem gegen menschliche Eingriffe empfindlicher ist als die Systeme im nördlichen Nordatlantik und Nordpazifik. Die hydrographische Situation in der Subarktis und Arktis führte zu einer viel weniger ausgeprägten Einheitlichkeit und Sonderstellung der dortigen Lebensgemeinschaften.

Die für den Südsommer 1980/81 geplante Expedition der „Meteor" in die Antarktis mag als Beispiel für eine Reihe neuer Forschungsansätze dienen. Auf drei Fahrtabschnitten sollen von Mitte November bis Anfang März biologische, geologische und ozeanographische Fragen von 72 Wissenschaftlern und Technikern des In- und Auslandes bearbeitet werden. Biologisches Hauptthema des 1. Fahrtabschnittes sind Primärproduktion und Zehrung. Im Gegensatz zu den meisten anderen Meeresgebieten sind in der Antarktis die Nährstoffe Phosphat und Nitrat meist nicht limitierend für die Entwicklung des Phytoplanktons im Oberflächenwasser. Nachschub aus der Tiefe kompensiert die Aufzehrung durch die pflanzliche Primärproduktion. Diese wird zeitweilig durch Lichtmangel im Winter und unter dem Packeis sowie durch hohe Turbulenz herabgesetzt. Im großräumigen und ganzjährigen Mittel ist die Produktion an pflanzlicher Substanz in der Antarktis kleiner als in den meisten Meeresgebieten, örtlich treten aber besonders an den Rändern des Eises sehr hohe Werte auf. Die hydrographischen Ursachen hierfür liegen möglicherweise in einer Feinschichtung des Wassers, die ein schnelles Absinken der Diatomeen und Dinoflagellaten aus der durchlichteten Zone in die Tiefe verhindern. Physiker, Chemiker und Biologen wollen am Rande des zurückweichenden Packeises auf zwei Dauerstationen die Frühjahrsblüte des Phytoplanktons untersuchen und die Feinstruktur der Wassersäule und ihre Dynamik analysieren. Mikrobiologen werden den bakteriellen Abbau des Planktons und seiner Stoffwechselprodukte studieren. Fütterungsversuche sollen Werte über die Weidetätigkeit der antarktischen Copepoden im Vergleich zu Messungen in wärmeren Meeren liefern.

Der 2. Fahrtabschnitt dient vor allem der Untersuchung des Meeresbodens. Der Schelf der Antarktis ist durch die Eismassen auf ca. 500 m Tiefe abgesunken. Hier leben vor allem Schwämme und Stachelhäuter, aber nur wenige Mollusken. Ein kleines, in das geologische Programm des 2. Fahrtabschnittes eingebettete Projekt befaßt sich mit den Kleintieren (Nematoden etc.) des Bodens. Mikroorganismen vollenden hier den Abbau von organischer Substanz einschließlich der großen Mengen von Chitin aus Krill und Planktonkrebsen. In einem komplexen biologisch-chemischen Programm sollen erstmalig in der Antarktis diese Vorgänge analysiert werden.

Der 3. Fahrtabschnitt der „Meteor"-Reise ist Teil des internationalen Programmes BIOMASS (Biological Investigations of Marine Antarctic Systems and Stocks), das auf die Bewertung der lebenden Naturgüter der Antarktis, insbesondere des Krill zielt: Die Fragen nach der Struktur des antarktischen Ökosystems und seiner fischereilichen Nutzung sollen in einem 10-Jahresprogramm möglichst weitgehend beantwortet werden. Im Südsommer 1980/81 wollen 8 Forschungsschiffe, darunter das deutsche Fischereiforschungsschiff „Walther Herwig" in einem 4wöchigen Echolot-Survey die Gesamtmenge des Krills im Atlantischen Sektor grob abschätzen. In einem noch großräumigeren Unternehmen werden Forschungsschiffe von Südafrika, Frankreich, Australien und Japan analog, aber weniger detailliert die Krillbestände des Indischen Ozeans erfassen. Krill gilt als gewichtsmäßig häufigste Tierart der Erde; diese Volkszählungen sollen erste direkte Zahlenwerte der Biomasse für einen Großteil der Populationen liefern.

Die Kenntnis der vorhandenen Gesamtmenge sagt aber noch wenig über die tatsächlich Jahr für Jahr abfischbare Produktion an Krill aus. Um die Jahresproduktion und den Anteil, den der Mensch daran nutzen darf, abschätzen zu können, müssen wir Lebensdaten über Wachstum, Fortpflanzung und Mortalität des Krill gewinnen. Damit werden die Voraussetzungen für ein mathematisches Ertragsmodell geschaffen, das die Grundlage für die internationale Befischungspolitik im Rahmen der 1980 abgeschlossenen aber bisher nicht ratifizierten Konvention zum Schutz der lebenden Ressourcen des Südozeans bieten soll. Die zentrale Stellung des Krill innerhalb des antarktischen Nahrungsgeflechts bedeutet aber, daß jede Krillfischerei weitreichende ökologische Folgen haben wird: Sie bedingt einerseits zusätzliche Konkurrenz für die natürlichen Krillkonsumenten und kann andererseits den Weidedruck reduzieren, den Krillkonzentrationen auf das Phytoplankton ausüben. Eine verantwortungsvolle Bewirtschaftung des Südozeans kann letztlich nur auf der Basis eines komplexen Ökosystem-Modells erfolgen, das die Wechselbeziehungen zwischen den verschiedenen trophischen Ebenen Warmblüter, Krill, Phytoplankton, wenigstens in groben Zügen berücksichtigt.

Die „Meteor"-Expedition soll zu diesem ökologischen Mosaik einige Steinchen beitragen: Durch die Untersuchung von Primärproduktion und Primärproduzenten in krillreichen Gebieten; durch Magenanalysen an krillfressenden Fischen; „Meteor" wird nach Krillbrut suchen und die Struktur von Krillschwärmen mit Unterwasserfernsehen, -photographie und Echolot analysieren. Aquarienexperimente an Bord sollen mit Messungen in See verknüpft werden, um den Sauerstoffbedarf, Nahrungsaufnahme und Schwimmverhalten zu messen. F.F.S. „Walther Herwig" wird sich zusammen mit anderen Schiffen an den Schwarmstudien beteiligen.

Ausblick

Bisher hat es der deutschen Polarforschung an Kontinuität gefehlt. Kriege und starke Schwankungen in der staatlichen Förderung waren hierfür die Hauptursachen. Durch hohe Investitionen im logistischen Bereich, durch langfristige, international verbindliche Zusagen bezüglich neuer Forschungstätigkeiten und durch Gründung eines selbständigen Instituts für Polarforschung sowie kleinerer, spezialisierter Einheiten der Polarforschung an verschiedenen Universitäten und Instituten bereiten wir jetzt eine lange Forschungsperiode vor. Hoffen wir, daß auch die heutige Schülergeneration sich später in der Exploration der Ressourcen der Polargebiete, vor allem aber in der allgemeinen Erforschung dieser Regionen und ihrer Lebensgemeinschaften betätigen kann.

Hans Ludwig Beth, Bremen

Anpassung der Häfen an die Entwicklung der Schiffahrt

In der Entwicklung der Seewirtschaft haben sich die Häfen weit mehr als Anpasser gezeigt, als daß sie die Rolle eines Initialzünders und Motors übernommen hätten. Technische und betriebliche Veränderungen in den Häfen ergeben sich vorwiegend aus Veränderungen der Schiffahrt, nicht umgekehrt. Häfen geben nicht den Anstoß zur Einführung neuer Systeme, aber, mit flexibler Anpassung, haben sie den neuen Transportsystemen und -varianten zum Durchbruch verholfen. Der Grad der Flexibilität in der Anpassung ist hierbei häufig entscheidend für die Zukunft des Hafens gewesen; einschließlich der regionalen Entwicklungschancen. Die Flexibilität ihrerseits, wenn sie zum Erfolg führen soll, setzt voraus:
– die Möglichkeit zu schnellen Entscheidungen in organisatorischer Hinsicht;
– das Vorhandensein eines Entscheidungspotentials, d.h. z.B. von Flächen, Finanzierungsmöglichkeiten etc..

Als günstige Voraussetzung erweist sich das Vorliegen eines Generalplans, der nicht starr gehandhabt wird, sondern einer fortlaufenden Ergänzung unterliegt, der ferner im gewissen Sinne die Reaktionen auf erwartete Herausforderungen antizipiert. Der Versuch einer Systematisierung der Herausforderungen ergibt den nachfolgenden Katalog, wobei die speziellen Ansprüche gesondert zu diskutieren sind:
– ein wachsendes Seeverkehrsvolumen;
– eine Veränderung der durchschnittlichen Schiffsgröße;
– die Entwicklung neuer Verkehrssysteme;
– die Entwicklung neuer, spezieller Verkehre;
– Kapitalintensivierung und Bedeutung des Zeitfaktors;
– die Organisation von Schiffahrt und Transportwesen;
– technische Aspekte;
– Schwankungen.

Die angeführten Punkte weisen teils Überschneidungen auf. Hinsichtlich „challenge and response" sollen sie jedoch einzeln auf ihre Bedeutung hin kurz diskutiert werden.

1. Der **Welthandel** hat sich seit 1962 etwa verdreifacht (s. Abb. 1). Alle strukturellen und organisatorischen Komponenten konstant gesetzt, heißt dies, daß auch die Nachfrage nach Seeverkehrsumschlagsleistungen in den Häfen eine gleiche relative Steigerungsrate bei doppelter Ausgangsmenge (Laden und Löschen) erfahren hat. Nach 1973 hat das Wachstumsniveau sich zwar abgeschwächt, jedoch ist auch zukünftig mit einem Wachstum, das jährlich bei zwischen 3 bis 5 % zu veranschlagen wäre, zu rechnen. Schwankungen der Weltkonjunktur schlagen sich natürlich auch hier in Schwankungen nieder.

Herausforderung und Reaktion lassen sich wie folgt schematisieren:

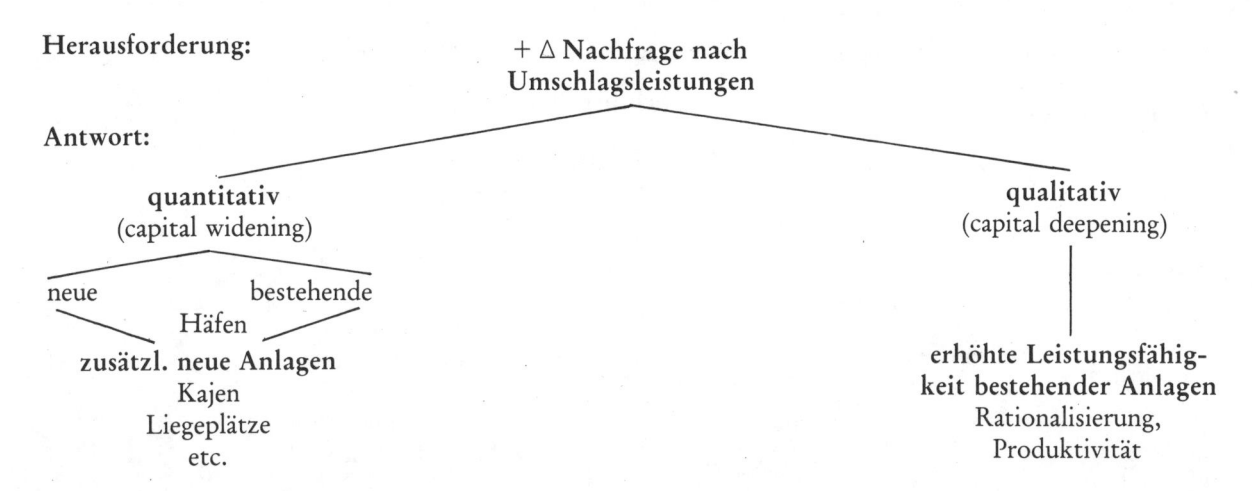

Herausforderung: $+\Delta$ Nachfrage nach Umschlagsleistungen

Antwort:

quantitativ (capital widening)
 neue / bestehende Häfen
 zusätzl. neue Anlagen
 Kajen
 Liegeplätze
 etc.

qualitativ (capital deepening)
 erhöhte Leistungsfähigkeit bestehender Anlagen
 Rationalisierung, Produktivität

Die Kombination beider Reaktionsrichtungen zeigt sich in dem Ersatz herkömmlicher Anlagen durch leistungsfähigere neue Anlagen, die zugleich der folgenden zweiten Herausforderung Rechnung tragen.

2. Ohne Zweifel hat die **Schiffsgröße** eine rasantere Wachstumsentwicklung erlebt als die Handelsflotte insgesamt. Dies zeigt sich in Abb. 2. Ohne Zweifel kann aber auch das Schiffsgrößenwachstum für den Hafen weitaus schwerwiegendere Herausforderungen darstellen und empfindliche Folgen herbeiführen. Mit wasserbaulichen Limitationen werden auch räumliche Begrenzungen und limitierte Finanzierungsmöglichkeiten berührt. Der Preis für eine zusätzliche Einheit an zu erstellender Wassertiefe steigt nun einmal überproportional.

Die Herausforderung erstreckt sich nicht nur auf veränderte Abmessungen in Länge, Breite und Tiefgang der Schiffe, sondern auch auf das veränderte Ladungsvolumen per Schiff. Damit kann die Anpassung sich auch nicht nur auf wasserseitige Parameter erstrecken, sondern sie wird ebenso die Suprastruktur im Hafen betreffen müssen. Die häufige Ausweglosigkeit in den bestehenden Bedingungen erzwingt hierbei eine Verlagerung des Hafens in Richtung Küste (verbesserte Flächen- und wasserseitige Bedingungen) oder sogar in das Meer hinein. Offshore-Systeme sind heute insbesondere im Umschlag flüssiger Massengüter keine Seltenheit mehr. Das folgende Schema stellt hierzu eine grobe Systematisierung dar:

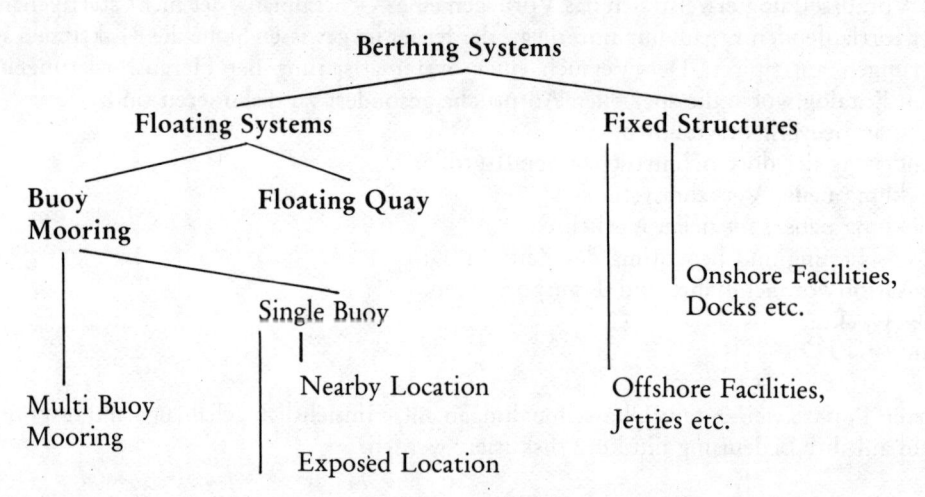

```
                          Berthing Systems
                         /                \
              Floating Systems         Fixed Structures
              /          \                   |
        Buoy          Floating Quay          |
      Mooring                                |
         |                              Onshore Facilities,
         |            Single Buoy       Docks etc.
         |                |
         |           Nearby Location    Offshore Facilities,
      Multi Buoy         |              Jetties etc.
       Mooring           |
                    Exposed Location
```

Schwimmende Anlagen sind, wie gesagt, am häufigsten zweckgebunden für den flüssigen Massengutverkehr anzutreffen, so insbesondere im Arabischen Golf. Sie begegnen damit der Herausforderung in dem Sektor, der schiffsseitig bei relativ geringer Zahl die höchste Durchschnittsgröße erreicht.

Eine schon in der Vergangenheit anzutreffende Entwicklung ist die bereits erwähnte Verlagerung der Onshore-Fazilitären an seeschifftiefes Wasser. Beispiele gibt es Hunderte; hierzu eine Auswahl: Danzig-Gdingen, Stettin-Swinemünde, Lübeck-Travemünde, Bremen-Bremerhaven, Amsterdam-Ijmuiden, London-Thameshaven, Rouen-Le Havre, Bordeaux-Verdon, Kalkutta-Haldia, Perth-Fremantle-Kwinana, Houston-Galveston u.a.m..

Zusammenfassend zeigt das folgende Schema Herausforderung und Antwort:

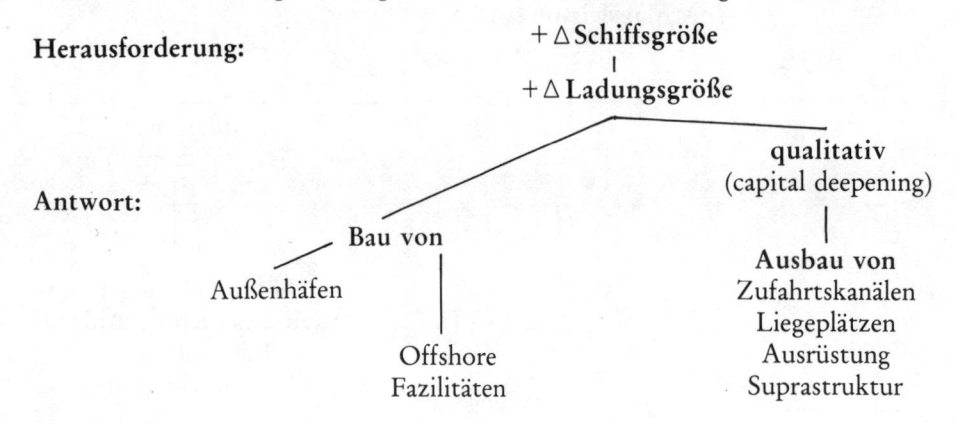

Herausforderung:
$$+\Delta\,\text{Schiffsgröße}$$
$$+\Delta\,\text{Ladungsgröße}$$

Antwort:

```
                                    qualitativ
                                (capital deepening)
                                        |
              Bau von                Ausbau von
             /      \                Zufahrtskanälen
      Außenhäfen    Offshore         Liegeplätzen
                    Fazilitäten      Ausrüstung
                                     Suprastruktur
```

3. **Neue Systeme** sind insbesondere im Stückgutverkehr entwickelt worden. Die damit einhergehende Wandlung des Verkehrs hat das Hafenbild in den Industrienationen zwar bereits weitgehend verändert, teils auch die Funktionen, befindet sich in den Entwicklungsregionen allerdings noch im Anfangsstadium. Für letztere ist insbesondere die höhere Kapitalintensität eine in der Einführungsphase schmerzhafte Erfahrung.

Unter neuen Systemen, der Herausforderung in diesem Punkt, verstehen wir die Containerisierung, den Roll-on Roll-off Verkehr und den Leichterverkehr, teils geteilt, teils aber auch in wiederum kombinierter Form. Allen ist gemeinsam eine höhere Kapitalintensität im Vergleich zum konventionellen Stückgutverkehr; ferner damit ein höherer Zeitanspruch (geringere Liegezeit) an den Hafen. Wartezeiten werden normalerweise nicht akzeptiert und führen für den Hafen zum Verlust von Verkehren. Die Sicherung der Verkehre für den Hafen erfordert die Errichtung entsprechender Spezialanlagen, die in der Regel zudem, wie insbesondere im Falle der Containerisierung, einen vergleichsweise hohen Flächenbedarf aufweisen.

Herausforderung:

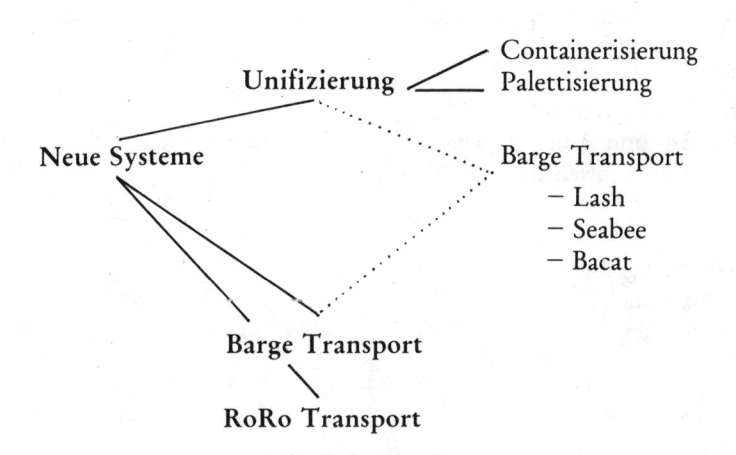

```
                            Containerisierung
           Unifizierung  <
                            Palettisierung
Neue Systeme              Barge Transport
                            − Lash
                            − Seabee
                            − Bacat

           Barge Transport

           RoRo Transport
```

Antwort: Neue Spezialanlagen
               − Mehrzweckeinrichtungen
               − Terminals für

                   − Hafen-Hafen Verkehr
                   − Versender-Empfänger Verkehr

4. Gerade wachsende Handelsverkehre führen zu **neuen spezialisierten Warenverkehren** mit der Ausbildung spezialisierter Schiffstypen einerseits, dem Reaktionserfordernis zu spezialisierten Umschlagseinrichtungen andererseits. In strenger Abgrenzung sind an die 800 verschiedene Schiffstypen definiert worden. Hierin sind jedoch einerseits nicht umschlagsrelevante Typen enthalten sowie andererseits Kombinationen, für die sich hafenseitig kein kombinierter Anpassungszwang ergibt. Der Umfang der Verkehrsspezialisierung läßt eine Entscheidung offen, ob die Anpassung erfolgen kann, über:
− Spezialumschlagseinrichtungen,
− Spezialliegeplätze,
− gesonderte Terminals oder
− Mehrzweckanlagen.

Als Beispiele für eine Spezialisierung seien repräsentativ genannt: Pkw Umschlag, Zellulose, Röhren, Schwergut, Lebendvieh.

5. Der **Zeitfaktor** ist in den vorhergehenden Punkten bereits angesprochen worden. Er ergibt sich aus der höheren Kapitalintensität in einer Reihe von Systemen, ist andererseits, wie zur Zeit deutlich wird, jedoch auch abhängig von der Marktsituation.

Die strenge Zeitanforderung neuer Verkehre jedoch führt im Prinzip zu einer quantitativ maximalen Anpassung der Hafenleistungsfähigkeit, d.h. zu einer Ausrichtung am oberen Plafonds der Normalschwankungen in der Nachfrage. Die Nachfragebedienung erlaubt keine, auch nur geringe zeitliche Verlagerung.

6. Ansprüche werden schließlich gestellt von der Art der **Organisation des Verkehrs**. Hier erheben sich die folgenden Fragen:
— die Frage nach der Regelmäßigkeit der Verkehre und den Anpassungskombinationsmöglichkeiten an diverse Verkehre;
— die Frage nach Direkt- oder Feederverkehren — übt der Hafen eine Zentral- und Verteilerfunktion aus? —;
— die Frage nach der Homogenität der Verkehre;
— die Frage nach der Aufgliederung in Inlandsweitertransport und Hafenverarbeitungsfunktionen;
— die Wahrnehmung von Freihafenfunktionen.

Die aufgeführten Kriterien können einen wesentlichen Einfluß auf Art und Umfang der notwendigen Anpassungen ausüben.

7. Ferner seien **technische Aspekte** des Verkehrs als Herausforderung aufgeführt. Sie ergeben sich einerseits aus dem Ansatzpunkt Schiff, andererseits aus der Ladungskennzeichnung. Der nachfolgende Katalog wäre in erheblichem Maße vertiefungsfähig und soll hier nur zu Zwecken einer groben Übersicht dienen.

Schiff
— Ausrüstung für Ladungsvorgang
— Ausrüstung für An- und Ablegvorgang
— besondere technische Einrichtung

Ladung
— Homogenität-Heterogenität
— Gewicht des Einzelstücks
— Änderung der Qualität
— Gefährlichkeit
— Verflüssigung etc.

Herausforderung und Anpassung folgen im Prinzip analog den Aussagen zu neuen Systemen und neuen Verkehren

8. Die Nachfrage nach Hafenumschlagsleistungen zeigt **Schwankungen.** Abb. 3 demonstriert dies mittelfristig an der Umschlagsentwicklung in den fünf wichtigsten deutschen Häfen. Auch hierzu ist die Art der Anpassungsdifferenzierung bereits erläutert worden. Darüberhinaus können sich extern bedingte Sprünge in der Umschlagsentwicklung ergeben, die vom Hafen in der Anpassung ein Höchstmaß an Flexibilität erfordern. Eingangs ist das Vorhandensein eines Langfristplanes positiv herausgestellt worden. Pläne dieser Art gewinnen ihren vollen Wert, wenn sie selbst als anpassungsfähige Richtlinie verstanden werden.

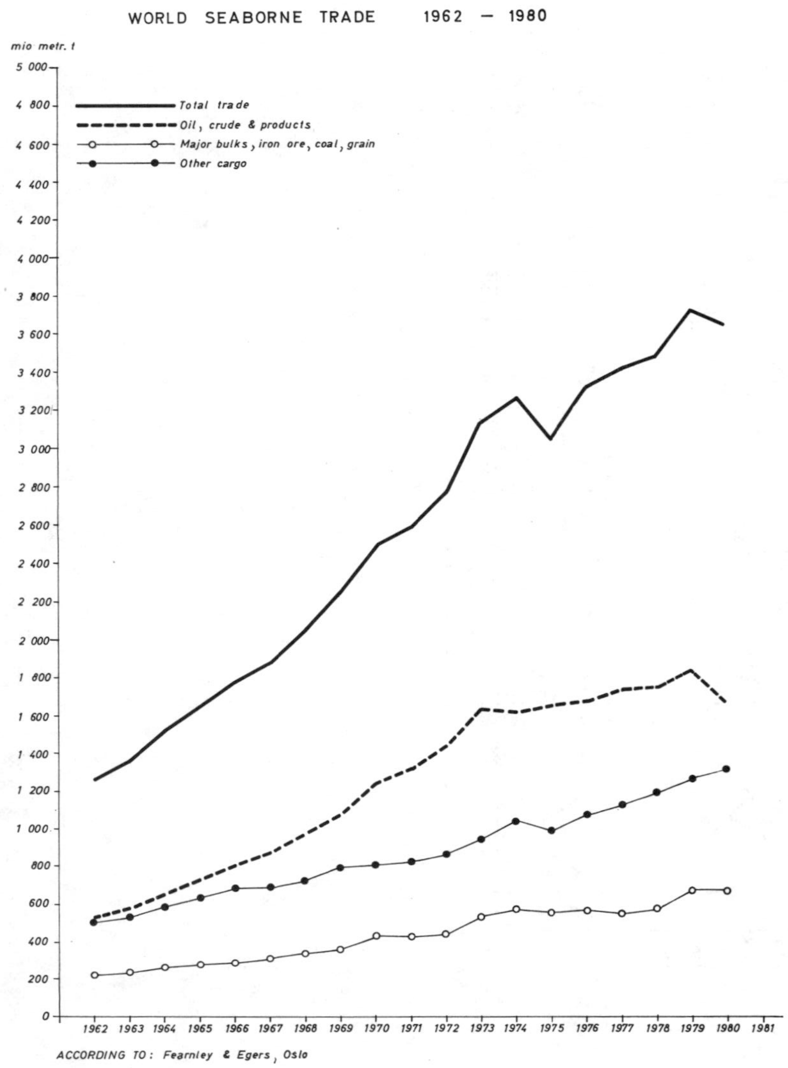

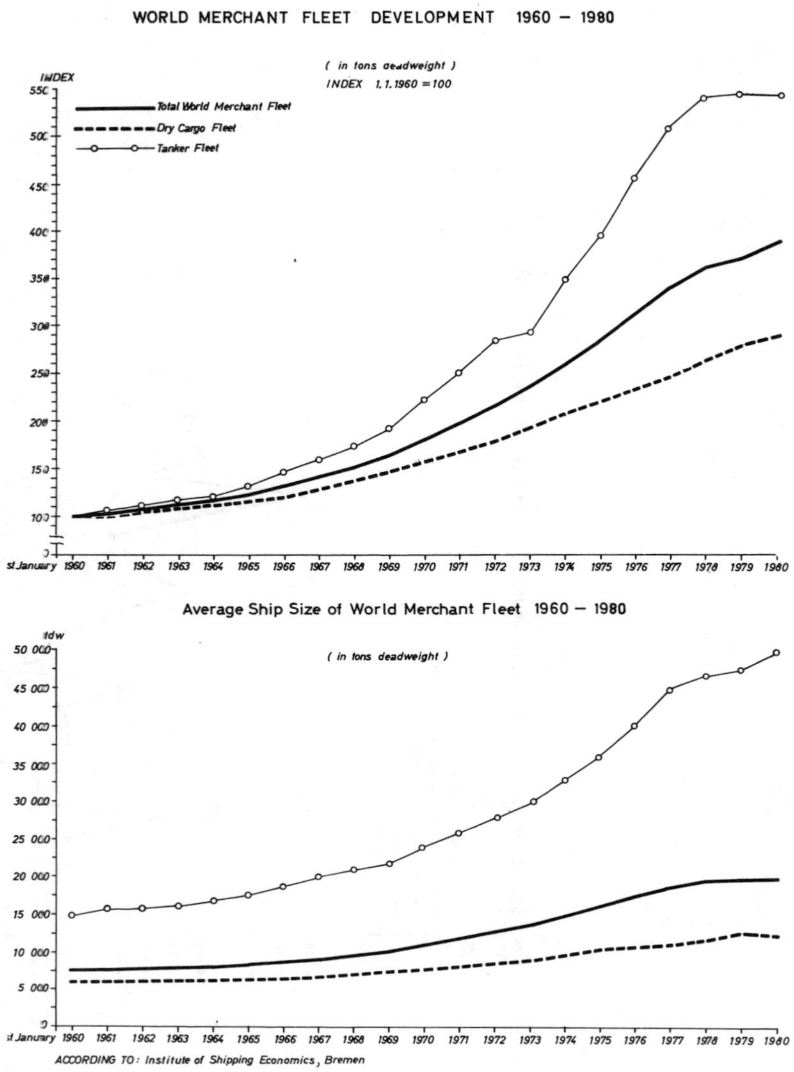

WORLD MERCHANT FLEET DEVELOPMENT 1960 – 1980

Abb. 2

WORLD SEABORNE TRADE 1962 – 1980

Abb. 1

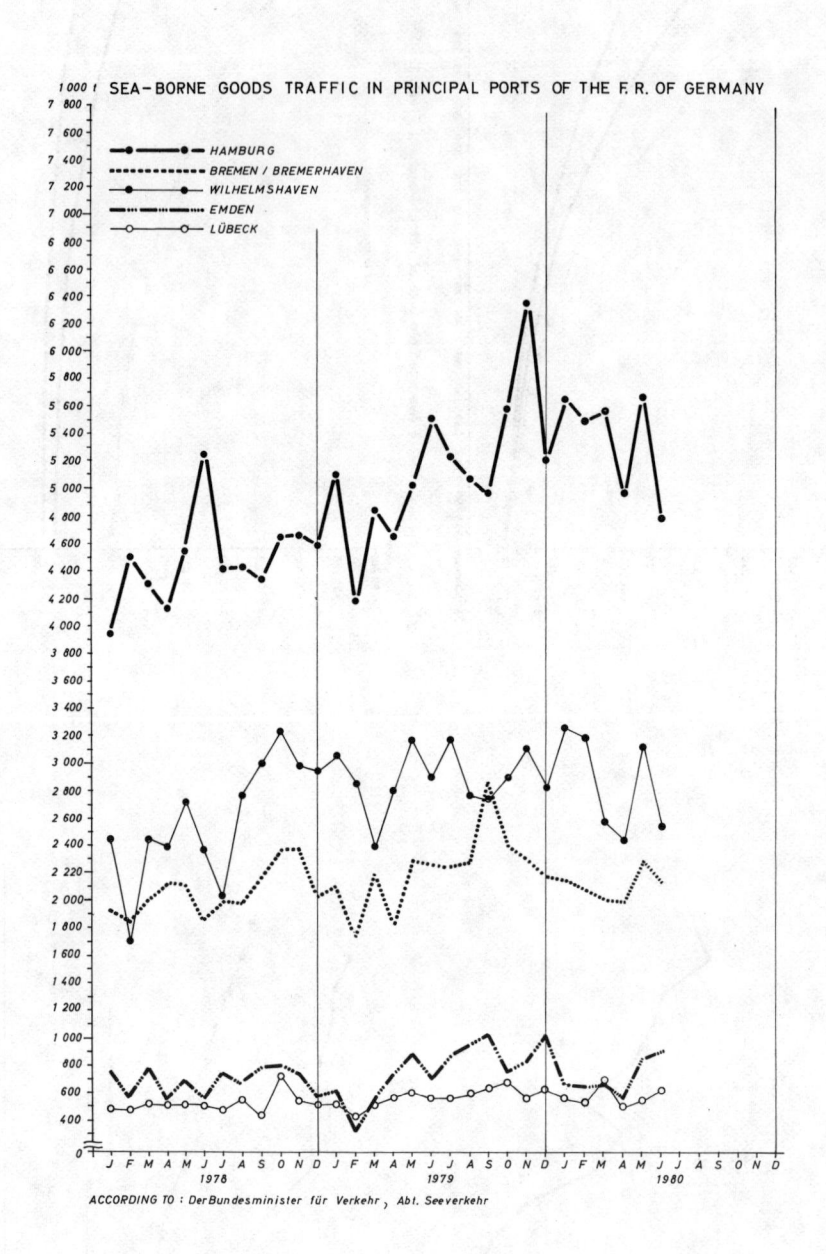

Abb. 3

Wolfgang Krause, Bremen

Handelsströme und Schiffahrtswege – ökonomische Aspekte aus deutscher Sicht

Die Seeschiffahrt steht seit geraumer Zeit in einem tiefgreifenden Strukturwandel.
Seit Mitte der sechziger Jahre begann der Prozeß der Containerisierung, der in Deutschland und anderen Industriestaaten weit fortgeschritten ist, international aber bei weitem noch nicht abgeschlossen ist. Zum anderen zeichnen sich in der Massengutschiffahrt (bulk trade) Änderungen aufgrund der zukünftigen Energiesituation ab, von denen die Öl- und Kohlefahrt durch entsprechende Substitutionsprozesse am meisten betroffen sein werden.

Deshalb sollen vornehmlich die Entwicklung und Verlagerung dieser Handelsströme im Stückgut- und Massengutverkehr betrachtet werden, wobei ihr Einfluß auf die deutsche Verkehrswirtschaft zu analysieren ist.

Die Idee des Containerverkehrs resultiert u.a. aus der Erkenntnis, daß heterogene Transportströme bei Homogenisierung und Kanalisierung enorme Kostenvorteile aufweisen. Zielvorstellung ist also, den arbeitsintensiven Stückgutverkehr mit Hilfe von verstärktem Kapitaleinsatz in einen Quasi-Massengutverkehr mit genormten Behältern umzuwandeln. Insbesondere im Haus-Haus-Verkehr, d.h. in der durchgehenden, ungebrochenen Transportkette, realisieren sich diese Vorteile in besonders hohem Maß. Diesem sogenannten FCL-Container-Verkehr, bei der der Auftraggeber eine komplette Containerladung dem Reeder übergibt (FCL = Full Container Load), steht der LCL-Container-Verkehr gegenüber (LCL = Less than Container Load), bei dem mehrere Ablader mit kleineren Sammelgutmengen einen Container benutzen, wobei nur ein Pier/Pier-Verkehr erreicht wird. Auf die beiden Mischformen FCL/LCL- (Haus/Pier) und LCL/FCL- (Pier/Haus) Containerverkehr sei der Vollständigkeit hingewiesen, die besonders im Verkehr mit Entwicklungsländern eine Rolle spielen. Beim kostenoptimalen FCL-Container wird die zu transportierende Ware im Regelfall direkt aus der Produktion in den Container gepackt.

Danach erfolgt der Containertransport auf dem Landweg (Bahn/LKW) oder auf dem Wasserweg (Binnenschiff) vom Werk zum Seehafen. Hier erfolgt die Entladung des Containers vom entsprechenden Verkehrsträger und die Einplanung für das nächste abgehende Containerschiff. Absetzen des Containers im Seeschiff, Seetransport, Löschen des Containers im Empfangshafen, evtl. Zwischenlagerung und Verladen auf die landseitigen Verkehrsträger sind die weiteren Glieder dieser Transportkette, wo nach dem Binnenlandtransport und Auspacken des Containers der Endempfänger über die Ware verfügt.

Hieraus geht hervor, daß eine weitere Intensivierung des Containerverkehrs nicht nur von der adäquaten Einrichtung der Hafenfazilitäten abhängt, sondern die Vorteile des Containersystems lassen sich nur dann voll ausschöpfen, wenn die Voraussetzungen für einen schnellen und reibungslosen Haus/Haus-Verkehr gegeben sind. Insofern ist stets die Qualität der Hinterlandanbindung der Häfen und der Entwicklungsstand der Binnenverkehrsträger zu analysieren. Insbesondere in den Ländern der Dritten Welt ist die nachgelagerte Verkehrsinfrastruktur oft noch weit davon entfernt, einen durchgehenden, intermodalen Containertransport zu gewährleisten. Neben der oft unzureichenden Hinterlandstruktur ist auch das Bestehen unpaariger Verkehrsströme noch nicht gelöst, d.h. für den Rücklauf der Container stehen keine geeigneten Güter zur Verfügung.

Doch wie entwickelte sich die Containerisierung bis zum heutigen Stand und wie wird die zukünftige Entwicklung aussehen?

Vorläufer des Containerverkehrs waren im US-Küstenverkehr seit etwa 1955 zu beobachten. Die ersten Vollcontainerschiffe wurden Mitte der sechziger Jahre auf den Relationen Europa/Nordamerika Ostküste, Europa/Australien und Nordamerika Westküste/Ferner Osten eingesetzt. Das Behältersystem setzte sich dann Anfang der siebziger Jahre im Verkehr zwischen den Industrienationen durch, wobei in manchen Fahrtgebieten gegenwärtig bis zu 90 % des Stückgutaufkommens mit Containerschiffen abgefahren werden, so daß in diesen Relationen eine Sättigungsgrenze erreicht ist.

Die weitere Entwicklung ging in der zweiten Hälfte der siebziger Jahre dahin, daß die Verkehre zwischen den Industrienationen und den fortgeschrittenen Ländern der Dritten Welt, den sogenannten Schwellenländern, containerisiert wurden. Ein weiterer Trend zeichnete sich ab in der Containerisierung auf mittlere Distanzen, nachdem in der Anfangsphase vornehmlich die Langstreckenverkehre entwickelt wurden.

Aktuell ist z. Zt. die Einführung des Containers (Vollcontainerschiffe) in den Fahrtgebieten Südamerika Ost- und Westküste, China, Indonesien und Indien. Wirtschaftlich gestaltet wird die Verkehrsbedienung mit Vollcontainerschiffen durch die Einrichtung von Feederlinien und Feederzentren, wobei durch diese Zubringerdienste Häfen mit z.B. kleineren oder Semicontainerschiffen durch die Containerisierung erfaßt werden, deren Anlaufen durch große Vollcontainerschiffe der 3. Generation mit einer Kapazität bis zu 3.000 TEU nicht rentabel wäre. (TEU: Twenty-Feet-Equivalent-Unit)

Eine Ausweitung der Containerisierung wird sich mittelfristig auf die Fahrtgebiete Industrienationen/Entwicklungsländer konzentrieren, wobei das kapitalintensive Containerschiff z. Zt. primär auf die Bedürfnisse der Industriestaaten mit einer funktionierenden Hinterlandstruktur zugeschnitten ist. Der Vorteil Risikominimierung bezüglich Diebstahl und Beschädigung gegenüber dem konventionellen Verkehr dürfte für alle Teilnehmer am Containerverkehr gleichermaßen gelten, obwohl einschränkend anzunehmen ist, daß zwar die Ladung im Container weitgehend diebstahlsicher ist, daß nach neueren Erfahrungen aber auch ganze Container auf ihrem Weg zum Empfänger verloren gehen können.

Durch Entwicklung von Spezialcontainern ist in den letzten Jahren versucht worden, dem Problem der unpaarigen Verkehrsströme entgegenzuwirken. Fragen der Temperatur-, Druck- und Feuchtigkeitskontrolle sind technisch gelöst, so daß viele leicht verderbliche Produkte aus Ländern der Dritten Welt containerisierbar sind. Die Möglichkeit, Fleisch und Früchte zu containerisieren, hat z. B. die Einführung der „Box" in der Relation mit Neuseeland und Südafrika stimuliert.

Ein anderes Beispiel gibt der Containerdienst zwischen Europa und der Karibik: Hier wird der Schiffsraum – sprich Container – auf der Rückreise mit Kaffee, Bananen und anderen tropischen Früchten ausgelastet. Die Entwicklung von Spezialcontainern zur Lösung derartiger Sonderprobleme hält an. Zu nennen sind:
– Bulk-Container für Massenschüttgüter;
– Open-top-Container für sperrige und schwere Frachtstücke;
– Tankcontainer, insbesondere für bestimmte gefährliche Flüssigkeiten. Dieser Sektor hat extrem hohe Zuwachsraten, der Bau erfordert aber auch einen entsprechenden technologischen Wissensstand.
– Isolier-Container für kälte- und wärmeempfindliche Güter (Bier, Wein);
– Kühl-Container, entweder mit eigenem Kühlaggregat oder mit Anschlußmöglichkeit für eine „clip-on-unit" für verderbliche Nahrungsprodukte;
– Plattformen mit ISO-genormten Eckbeschlägen zum Transport sperriger Güter.

Viele Schwellenländer leisten – quasi als Sekundäreffekt – ihren Beitrag zur Herstellung gleichgewichtiger Verkehrsströme im Containerverkehr, indem statt Massengütern und Rohstoffen zunehmend Halb- und Fertigfabrikate exportiert werden. Eine weniger restriktive Handhabung der Handelshemmnisse in den Industriestaaten, insbesondere der EG, dürfte einer weiteren Gleichgewichtigkeit in den Verkehrsströmen entgegenkommen.

Am 1. Januar 1980 waren weltweit über 600 Vollcontainerschiffe mit einer Kapazität von ca. 630.000 TEU im Einsatz, der Auftragsbestand auf den Werften belief sich auf 74 Schiffe mit fast 100.000 TEU. Betrachtet man die von Containerschiffen bedienten Fahrtgebiete, so beansprucht die auf Nordeuropa gerichteten Routen 50 % der Weltcontainerkapazität. So verkehrten (Stichtag: September 1978) auf der Route Nordeuropa/Ostküste Nordamerika 46 Vollcontainerschiffe mit einer Kapazität von rund 55.000 TEU (Ø Schiffskapazität 1.196 TEU), auf der Route Nordeuropa/Ferner Osten 41 Einheiten mit rund 93.000 TEU (Ø 2.268 TEU) und auf der Route Nordeuropa/Australasien 21 Einheiten mit rund 33.000 TEU (Ø 1.566 TEU).

Eine Gewichtung des Weltcontainerverkehrs mit den Rundreisezeiten ergibt, daß bei einem derart bestimmten Volumen das Fahrtgebiet Nordeuropa/Ostküste Nordamerika rund 25 % ausmacht entspr. 1,53 Mill. TEU, Westküste Nordamerika/Ferner Osten rd. 24 % entspr. 1,47 Mill. TEU und Nordeuropa inklusive europ. Mittelmeer/Ferner Osten 16 % entspr. 990.000 TEU. Die restlichen Verkehrsvolumina verteilen sich auf die übrigen Fahrtgebiete mit Anteilen weit unter 10 %. Die Rundreisezeiten wirken sich z.B. so aus, daß auf dem Nordatlantik 12-16 Reisen p.a. durchgeführt werden können, während es im Europa/Australientrade nur 5-6

p.a. sind. Das Fahrtgebiet Europa/Ferner Osten ist dabei in steigendem Maße der Konkurrenz durch den Landbrückenverkehr der Transsibirischen Container-Linie (TSCL) ausgesetzt. Hierzu haben die Verbände der deutschen Verkehrsträger eine Studie verfaßt, wobei im Ergebnis folgende Auswirkungen auf die deutsche Verkehrswirtschaft gesehen werden:
- Die TSCL hatte 1977 im Vergleich zu den westlichen Linienverkehren einen Anteil von 10 %, in Verbindung mit der sowjetischen, auf Fernost gerichteten Odessa-Linie 15 % erreicht. Schwerpunkte der TSCL-Aktivitäten sind auf die exportstarken Handelsnationen Japan und Deutschland gerichtet.
- Ausbauplanungen der TSCL landseitig: Baikal-Amur-Magistrale, die ca. 500 km nördlich der Transsib verlaufen soll, Fertigstellung 1985, Volumenerhöhung der Transsib auf 240.000 TEU p.a.; hafenseitig: die fernöstlichen Hafenumschlagskapazitäten sollen auf 350.000 TEU p.a. erweitert werden, so daß tägliche Abfahrten mit Feederschiffen nach Japan möglich sein werden.
- Die Ratenpolitik der TSCL orientiert sich, wie auch in anderen Fahrtgebieten mit Beteiligung von Staatshandelsflotten, an anderen Maßstäben als die westlicher Verkehrsunternehmen. Neben dem Motiv der Deviseneinnahme spielen sicherlich auch außerökonomische Gründe eine Rolle.

Der Containerisierungsgrad in den deutschen Seehäfen steigt stetig. Er erreichte in Hamburg 1978 rund 26 % und in den bremischen Häfen 32 %.

Containerisierungsgrad in deutschen Seehäfen (in %)

	1970	1976	1977	1978
HH	4,6	19,9	22,0	25,7
HB	11,8	28,1	29,9	32,2

Welche Probleme stellten sich der Hafenwirtschaft im Verlauf der Containerisierung?

Bestimmte Hafenfunktionen gehen beim Haus/Haus-Verkehr auf den Versender bzw. Empfänger über. Trotzdem muß der Seehafen keine Durchgangsstation mit geringerer Bedeutung als im konventionellen Stückgutumschlag werden, da den Funktionsverlusten die Schaffung neuer, meist höher qualifizierter Aufgaben gegenüber steht. Der Grad dieser Strukturveränderung hängt davon ab, inwieweit es den Häfen und ihren Institutionen gelingt, alte Funktionen durch neue zu ersetzen und in welchem Umfang sich der Containerverkehr weiterhin entwickelt.

Als Zwischenergebnisse lassen sich festhalten: Der Prozeß der Containerisierung wird weiter fortschreiten. Die Wachstumsrate als direkt abhängige Variable vom Wachstum des Welthandels läßt sich nicht prognostizieren. Die Containerisierung in den Verkehrsrelationen zwischen Industriestaaten zeigt erste Sättigungserscheinungen. In einigen Häfen (z.B. USA-Ostküste), die bereits zu fast 100 % containerisiert sind, bleibt nur noch ein Wachstum im Rahmen des Weltcontainerverkehrs. Dies gilt aber nicht für die deutschen Häfen, die erst bei einem Containerisierungsgrad von ca. 30 % angelangt sind. Hier dürfte der zweite Trend zum Tragen kommen, daß sich die Containerisierung in zunehmenden Maße zwischen Industriestaaten und Ländern der Dritten Welt durchsetzen wird, wobei auch hier im dynamischen Rahmen eines wachsenden Welthandels gerade zwischen diesen Ländern weitere Impulse zu erwarten sind.

Der langfristige Trend, Containerisierung zwischen Entwicklungsländern, dürfte in erster Linie unter deutschen Gesichtspunkten diejenigen Reedereien betreffen, die im „cross trade" zwischen Drittländern Ladung aquirieren. Negativ könnten sich hierbei die protektionistischen, d.h. ladungslenkenden Tendenzen erweisen.

Die hohen Investitionen, die die Containerisierung erfordert, kommen für alle Beteiligten nur dann vorteilhaft zum Tragen, wenn Vor- bzw. Nachlauf der Container vor/nach dem Seetransport im Hinterland eine ungebrochene Transportkette ermöglicht.

Die sehr hohe Kapitalintensität erfordert auch hafenseitig die Vorhaltung einer hochwertigen Technologie, da für einen Containerliegeplatz mit einem etwa doppelt bis dreimal so hohem Kapitaleinsatz wie bei einer konventionellen Stückgutumschlagsanlage zu rechnen ist.

Die Massengutschiffahrt (bulk trade) wurde in den vergangenen Jahren von der Rohölfahrt dominiert.

Allein die Verkehrsleistungszahlen (in Tonnenmeilen) für den seewärtigen Massengutverkehr unterstreichen diese Aussage.

Seewärtiger Handel nach Massengütern (in Tonnenmeilen)
im Jahr 1978

Rohöl	9,693 Billionen
Kohle	0,560 Billionen
Eisenerz	1,984 Billionen
Getreide	0,945 Billionen
Bauxit/Aluminium	0,162 Billionen

Ein weiteres Anzeichen war der Tankerboom bis 1973, der zum Bau von Tankerschiffseinheiten kaum geahnter Größe führte. Der z. Zt. weltgrößte Tanker, die französische „Pierre Guillaumat", hat eine Tragfähigkeit von 555.000 tdw. Obwohl größere Schiffseinheiten den Vorteil degressiver Kostenzuwächse aufweisen, werden aus ökologischen Gründen Grenzen für eine weitere Steigerung der Schiffsgefäße sichtbar. Es ist aus statistischen Gründen aber leicht einsehbar, daß, setzt man anstelle der Supertanker viele kleine Tankschiffe – insbesondere auf dicht befahrenen Wasserstraßen – ein, sich das Gesamtunfallrisiko erhöhen würde, wenn auch die Umweltbelastung je Unfall nicht so hoch ist. Es wäre aus ökologischen Gründen interessant, hier eine optimale Schiffsgröße zu ermitteln. Zu berücksichtigen ist auch, daß viele „kleinere" Einheiten mehr qualifizierte Besatzungen erfordern. Es hat sich aber gezeigt, daß gerade menschliches Versagen und mangelhafte Ausbildung eine, wenn nicht sogar die häufigste, Unfallursache sind.

Der übersteigerte Boom im Tankerbereich führte weltweit zu Überkapazitäten und fiel zeitlich zusammen mit einer sich mittelfristig abzeichnenden Verknappung des Rohöls.

Eine kurze Betrachtung der Rohölströme zeigt, daß mit 610 Mill. t Westeuropa im Jahr 1978 42.3 % des seewärtigen Rohölverkehrs auf sich zog.

Seewärtiger Rohölimport Westeuropas incl. Mittelmeerländer
in Mill. t

Jahr	Westeuropa	Welt	Westeuropa/Welt in %
1970	600,9	994,9	60,4
1971	623,3	1 068,3	58,3
1972	663,9	1 179,1	56,3
1973	736,9	1 358,6	54,2
1974	682,4	1 359,9	50,2
1975	577,5	1 258,8	45,9
1976	637,9	1 417,5	45,0
1977	619,0	1 466,7	42,2
1978	610,0	1 441,5	42,3

Von 1970 bis 1978 hat sich der seewärtige Weltrohölhandel zwar um rund 50 % erhöht, der absolute, auf Westeuropa gerichtete Verkehrsstrom ist von konjunkturbedingten Schwankungen abgesehen, ziemlich konstant geblieben.

Die deutsche Rohölzufuhr setzte sich 1978 und 1979 wie folgt zusammen:

Deutsche Rohölzufuhr 1978 und 1979 (in 1000 t)

Herkunfsland	1978	1979
Saudi-Arabien	14 606	17 920
Irak	2 914	2 233
Kuweit	1 495	2 690
Katar	594	514
Iran	17 290	11 525
Oman	388	338
Syrien	1 432	845
Arabische Emirate	6 526	7 556
Mittlerer Osten	45 245	43 621
Libyen	14 638	17 340
Algerien	9 885	9 739
Nigeria	10 352	14 543
Tunesien	916	369
Gabun	630	739
Ägypten	368	283
Kongo	99	23
Afrika	36 888	43 036
Venezuela	878	1 355
UdSSR	2 718	3 575
Großbritannien	6 395	11 804
Norwegen	2 622	3 470
Sonstige Länder	922	494
Gesamt	95 668	107 355

Die Importe aus den Gebieten des Mittleren Ostens wurden dabei leicht reduziert, gestiegen sind die Einfuhren aus den afrikanischen Ländern und aus dem Nordseebereich.

Die weltweite Kohlefahrt zeigte in den siebziger Jahren bescheidene Wachstumsraten als die Ölfahrt. Die deutschen Kohleimporte über See schwankten um die 5 Mill. t-Marke.

Seewärtige Kohleimporte Westeuropas (in Mill. t)

Jahr	Westeuropa	Deutschland (W)	Welt	Westeuropa Welt (in %)
1970	41,2	8,3	101,2	40,7
1971	43,3	5,8	93,9	46,1
1972	43,7	5,4	95,9	45,6
1973	43,5	5,4	103,8	41,9
1974	50,9	4,4	119,1	42,7
1975	57,7	5,2	127,4	45,3
1976	57,1	4,6	126,8	45,1
1977	62,7	5,1	131,8	47,6
1978	62,4	5,4	126,5	49,3

Nach gegenwärtigem Erkenntnisstand wird die Kohle in der Lage sein, den sich abzeichnenden Substitutionsprozeß des Erdöls durch andere Energieträger besonders stark zu unterstützen. Kohle, insbesondere Steinkohle ist reichlich verfügbar. Ca. 3/5 der ökonomisch und technisch gewinnbaren Energiereserven entfallen auf die Kohle.

Die breite Streuung der Vorkommen spricht dafür, daß mittel- und langfrisig keine Versorgungsrisiken zu erwarten sind. Die sich ändernde Preisrelation zwischen den Energieträgern wird einen rentablen Kohleabbau unterstützen.

In den achtziger und neunziger Jahren werden Japan und einige westeuropäische Länder als Hauptnachfrager auftreten.

Die Bundesrepublik wird erst in den neunziger Jahren verstärkt importabhängig werden, wenn die Nachfrageentwicklung mit der Inlandsförderung nicht mehr Schritt halten wird.

Die Auswirkungen auf die Kohlefahrt sieht das Institut für Weltwirtschaft wie folgt:

„In Einklang mit der zunehmenden Außenhandelsintensität wird es langfristig notwendig sein, die Transportkapazitäten erheblich zu erweitern. Das gilt einmal für die Güterströme innerhalb der einzelnen Länder, wobei sich einige Exportländer nicht nur auf wesentlich größere Liefermengen als bisher einstellen müssen, sondern auch zunehmende Entfernungen von den Kohlegruben zu den Verladehäfen zu überbrücken haben. Zum anderen werden im Weltseeverkehr die beträchtlichen Zunahmen des Weltkohlehandels und die Verlängerung der Transportwege (Verlagerung der Handelsströme) zur Folge haben, daß die Tonnagenachfrage stark ansteigen wird. Damit auch in der Kohlefahrt die Kostenvorteile größerer Ladungen – ähnlich wie in der Ölfahrt – genutzt werden können, wird der Einsatz erheblich größerer Schiffseinheiten als bisher unerläßlich sein. Dies impliziert wiederum, daß die Kapazität der notwendigen Verlade- und Entladekapazitäten angepaßt werden muß."

(aus: Die Weltwirtschaft Heft 1/1979, S. 177)

Erste Vorboten dieser Entwicklung zeigen sich in einem weltweit erhöhten Auftragsbestand an Bulkcarriern für die Kohlefahrt.

Die Größenverteilung dieser Schiffstypen, die ja auch Einfluß auf die Hafenfazilitäten hat, sah 1977 wie folgt aus:

– 25 000 tdw	25-40 000 tdw	40-60 000 tdw	60-100 000 tdw	100 000 –
22%	11%	21%	27%	19%

1965 waren noch 65 % der Kohlebulker kleiner als 25 000 tdw, Einheiten über 100 000 tdw existierten nicht. Für 1985 schätzt eine englische Consultant-Firma, daß 1985 bereits 53 % aller Kohlefahrer größer als 60 000 tdw sind. Der mittelfristige Trend geht aber zu noch größeren Einheiten, die im Bereich bis zu 160 000 tdw liegen dürften.

Die größten Ladehäfen für Kohle können Schiffe über 100 000 tdw abfertigen, teilweise sogar bis zu 250 000 tdw. Im europäischen Bereich sind entsprechende Löschhäfen in Rotterdam und Göteborg (bis zu 250 000 tdw) vorhanden.

Die entsprechenden deutschen Häfen können Einheiten bis zu 90 000 tdw abfertigen, es ist aber geplant, die Fazilitäten in Emden für 150 000 tdw einzurichten. Diese Aufstockung dürfte auch erforderlich sein, denn eine deutsche Energiestudie besagt, daß im Jahr 2000 etwa 40 Mill. t Kohle in die Bundesrepublik eingeführt werden müssen. Bei der Umstellung auf die Kohle werden neben ökonomischen Problemen auch selbstverständlich ökologische Probleme großen Ausmaßes zu bewältigen sein.

Literatur

CARGO SYSTEMS (Ed.): Coal, Seaborne Trade, Transportation and Handlung; Surrey 1979
DREWRY: The Advance of Deep-Sea, Fully Cellular Container Shipping; London 1978
ENGELMANN: Die Rohstoffabhängigkeit der Bundesrepublik; Vortrag auf einer Tagung des Vereins für Sozialpolitik, Mannheim 1979
FEARNLEY & EGERS: World Bulk Trades (1970-1978); Oslo jw.Jg.
WITTHÖFT: Container; Herford 1977

Entwicklung der Containerflotte nach Typ 1967 - 1982

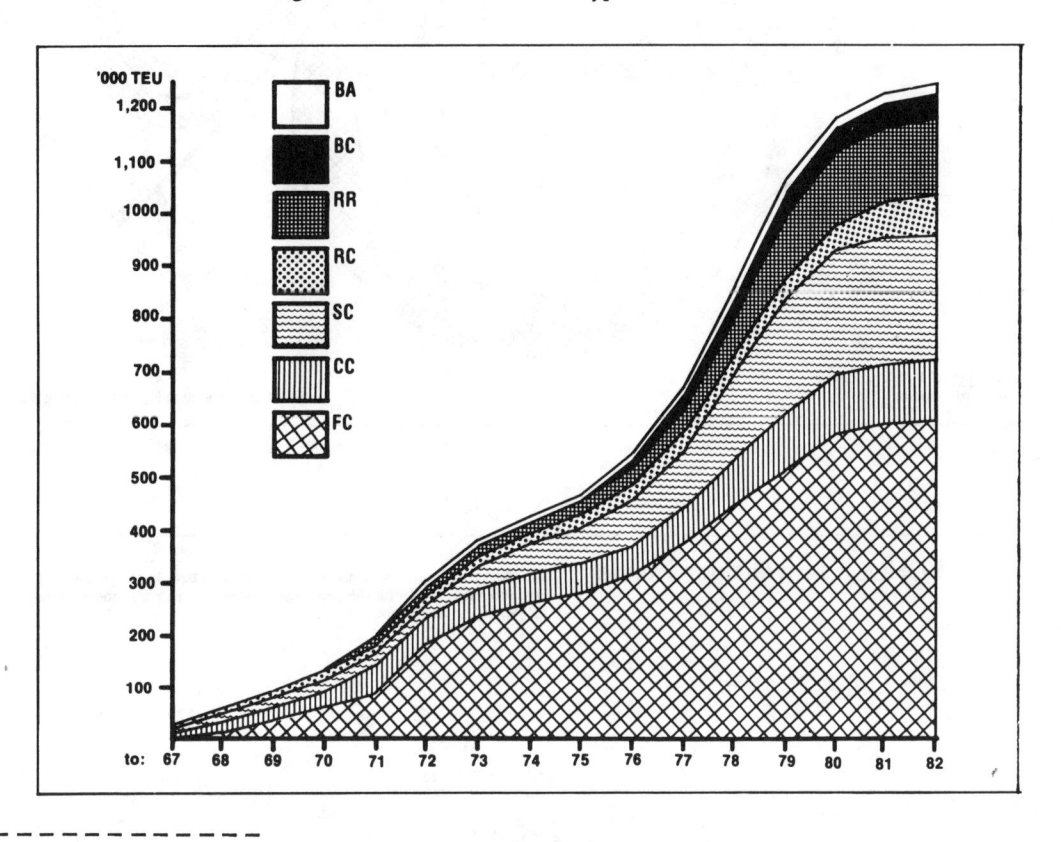

Source - Quelle: Containerisation International, March 1980, p. 17, 19

Abb. 1

BA: Barge carriers with container space (Barge/Container-Schiff)
BC: Container carrying bulk carriers (Massengutfrachter mit Container-Lademöglichkeiten)
RR: Pure ro-ro multi-deck ships (Roro-Schiff)
RC: Cellular with ro-ro capability (Container/Roro-Schiff)
SC: Semi-container: cellular and/or lo-lo* (*lift on − lift off)
CC: Converted to fully cellular (zum Vollcontainer umgebaut)
FC: Fully cellular ships (Vollcontainer-Schiff)

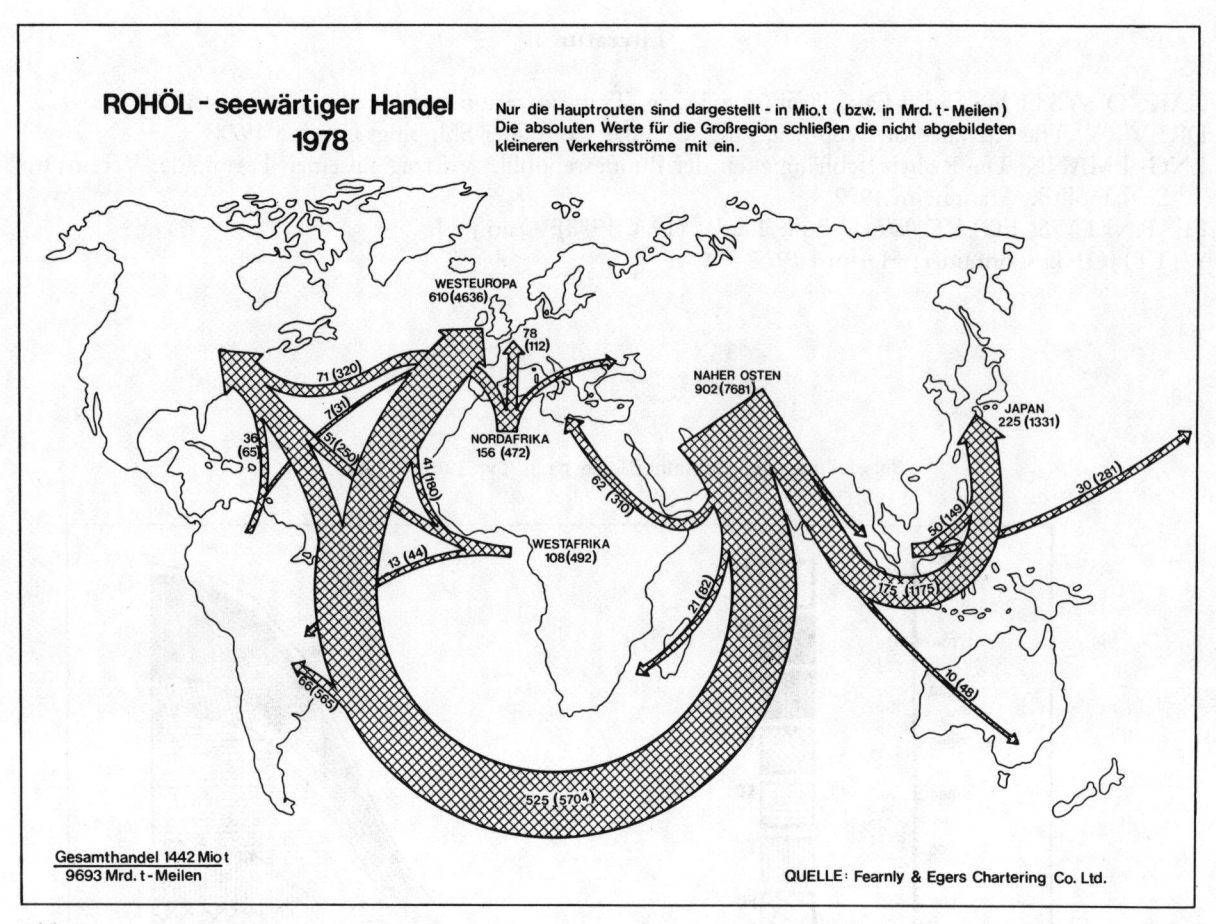

Abb. 2

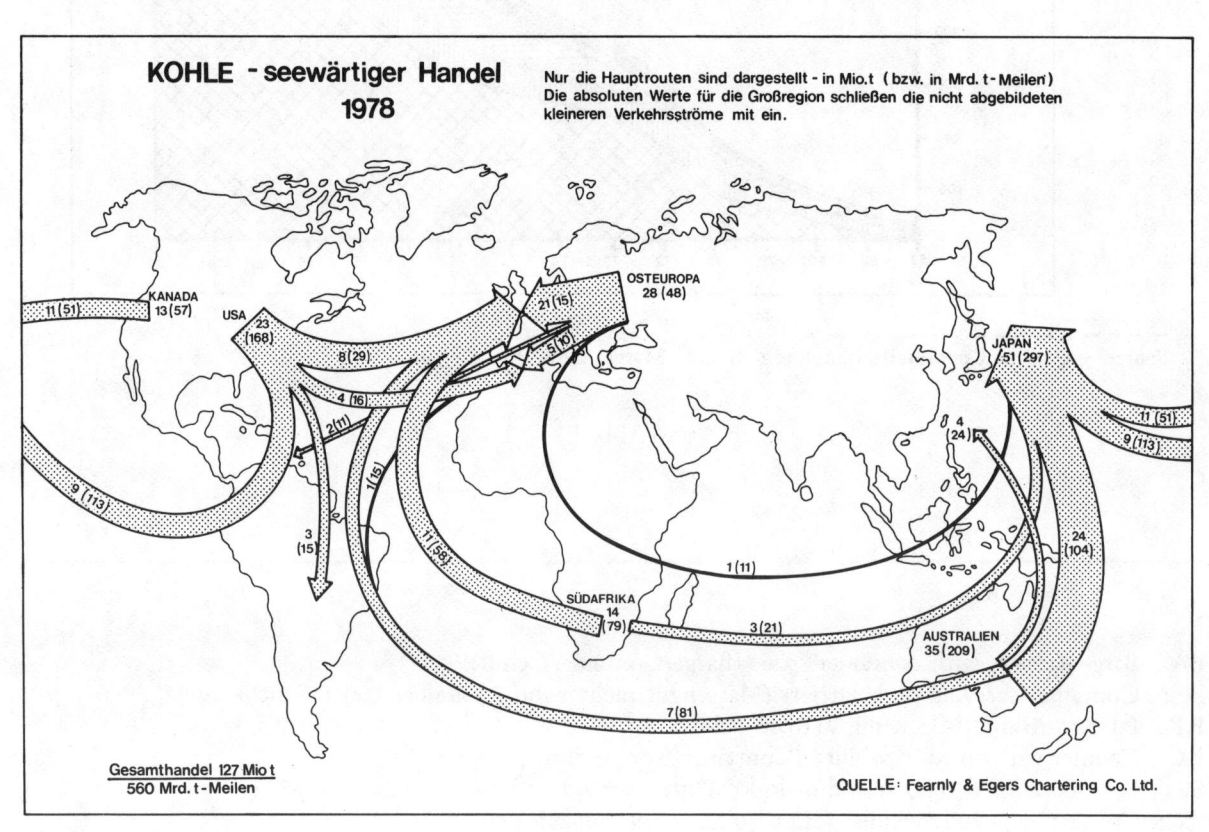

Abb. 3

Gunnar Alexandersson und Björn Lagervall, Stockholm

Handel und Güterverkehr der Welt in den 80er Jahren

Einleitung

Wer zur Kristallkugel geht, um dort die Zukunft zu erblicken, muß gut vorbereitet sein. Erstens muß er zurückblicken, um die bisherigen Trends zu erkennen, und dann entsteht die Frage, an welchem Punkt zwischen Vergangenheit und Zukunft wir uns jetzt befinden. Er muß sich dann nach weiteren Tendenzen umsehen, welche die bisherigen Trends nicht zeigen. Und vielleicht findet er dann, daß er Prophet des Unprophezeibaren ist.

Die exponentiellen Trends kann man nicht automatisch in die Zukunft extrapolieren. Da sind die logistischen Kurven oder die S-Kurven und die Produktzykluskurven eher realistische Beschreibungsinstrumente als die exponentielle Kurve. Die letztere wird oft von Ökonomen und Geschäftsleuten gebraucht, aber man muß sich dabei klar sein, daß sie mehr oder weniger kurzzeitige Teile der S-Kurve oder Produktzykluskurve darstellt. Kurzzeitig heißt, z.B. im Fall der Ölkonsumtionskurve der Welt, mehr als 100 Jahre mit einem 7%-igen jährlichen Zuwachs oder eine Verdoppelungszeit von 10 Jahren. Für die Bevölkerungskurve der Welt ist die maximale Zuwachsperiode viel kürzer gewesen, etwa 20 Jahre mit einem jährlichen Zuwachs von 20 Promille oder einer Verdoppelungszeit von 35 Jahren. Diese Periode ist jetzt passiert, und in der Zukunft werden die Zuwachsraten allmählich niedriger.

Um die Dynamik der Bevölkerungsentwicklung zu verstehen, kann man das Modell des demographischen Übergangs verwenden, das von den Vereinigten Nationen und auch von vielen Lehrbüchern gebraucht wird. Aber das VN-Modell ist nach europäischen Erfahrungen kalibriert worden und deshalb sehr unrealistisch, um die heutige Weltsituation zu beleuchten. Die Geburtsraten sind in den meisten Ländern der Welt ja viel höher, als sie in Westeuropa gewesen sind. In vielen Ländern Afrikas und der Arabischen Welt wird die Verdoppelungszeit nur 20 Jahre sein. Die Zuwachsraten liegen dort bei ungefähr 35 Promille, während sie in Westeuropa in der Zeit großen Bevölkerungszuwachses 10 Promille betrugen. Dieser Umstand kann für die Zukunft der Welt wie auch für den Welthandel von großer Bedeutung werden. Außerdem müssen wir die wichtige Frage des Strukturübergangs berücksichtigen: von 80% im Ackerbau Beschäftigten, wie z.B. jetzt in Tansania, zu 2,5%, wie heute in den Vereinigten Staaten. In Afrika wird die Modernisierung sehr langsam gehen. Die afrikanischen Politiker, so scheint es, sind sich noch nicht bewußt, daß man diese zwei demographischen Probleme, diese sozialen Dynamitpakete, nicht liegen lassen kann. Ihre Kollegen in Asien und Lateinamerika arbeiten damit ernsthaft und nicht ohne Erfolg.

Historische Strukturwandlungen des Welthandels

Die moderne Verteilung des Welthandels geht aus Abbildung 1 hervor. Die Vereinigten Staaten und die Bundesrepublik sind die größten Handelsländer. In einer zweiten Gruppe folgen Japan, Frankreich, Italien und Großbritannien.

Wir wollen zuerst zurückblicken, um die langzeitigen Veränderungen des geographischen Musters des Außenhandels klarzulegen. Vor dem Ersten Weltkrieg war Großbritannien mit 14% Anteil am Welthandel die größte Handelsnation der Welt (Abb. 2). Diese Position hatte England seit langem. Die Heimat der industriellen Revolution hatte ihren maximalen Anteil am Welthandel schon Anfang des 19. Jahrhunderts erreicht, und zwar mit einem Drittel. Als andere Länder in Europa und auch die Vereinigten Staaten allmählich industrialisiert wurden, sank dieser Anteil bis auf 25% im Jahre 1850 und auf 16% um die Jahrhundertwende.

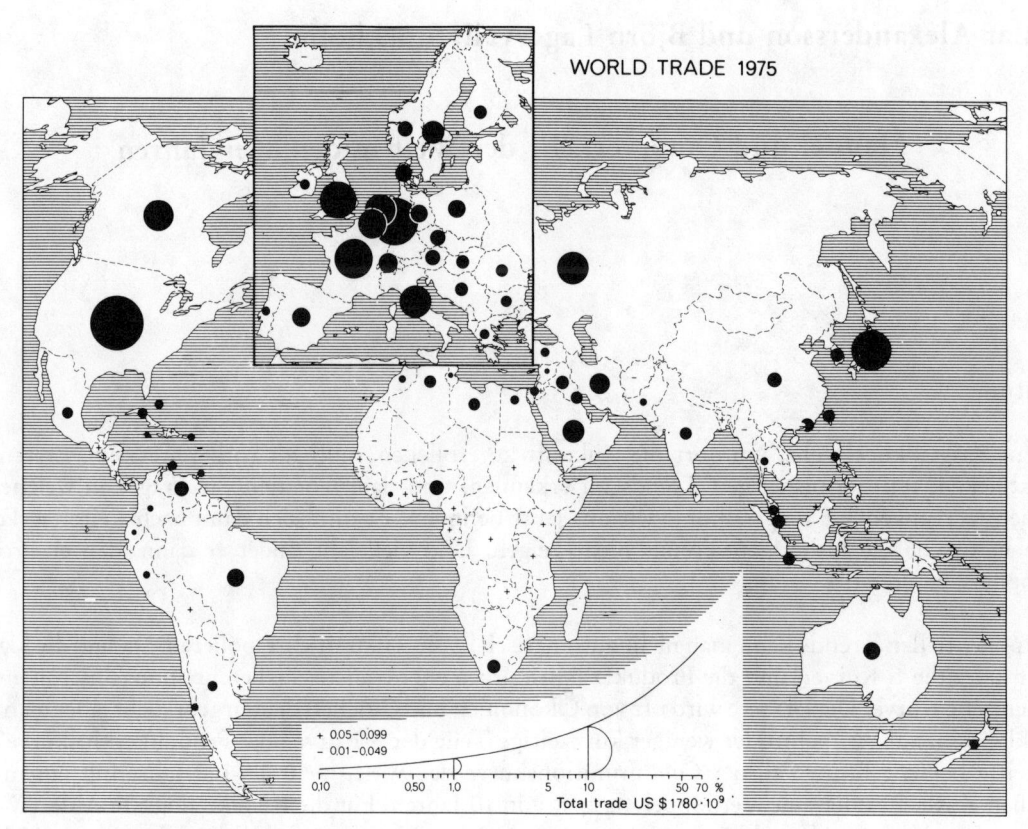

Abb. 1: Welthandel 1975

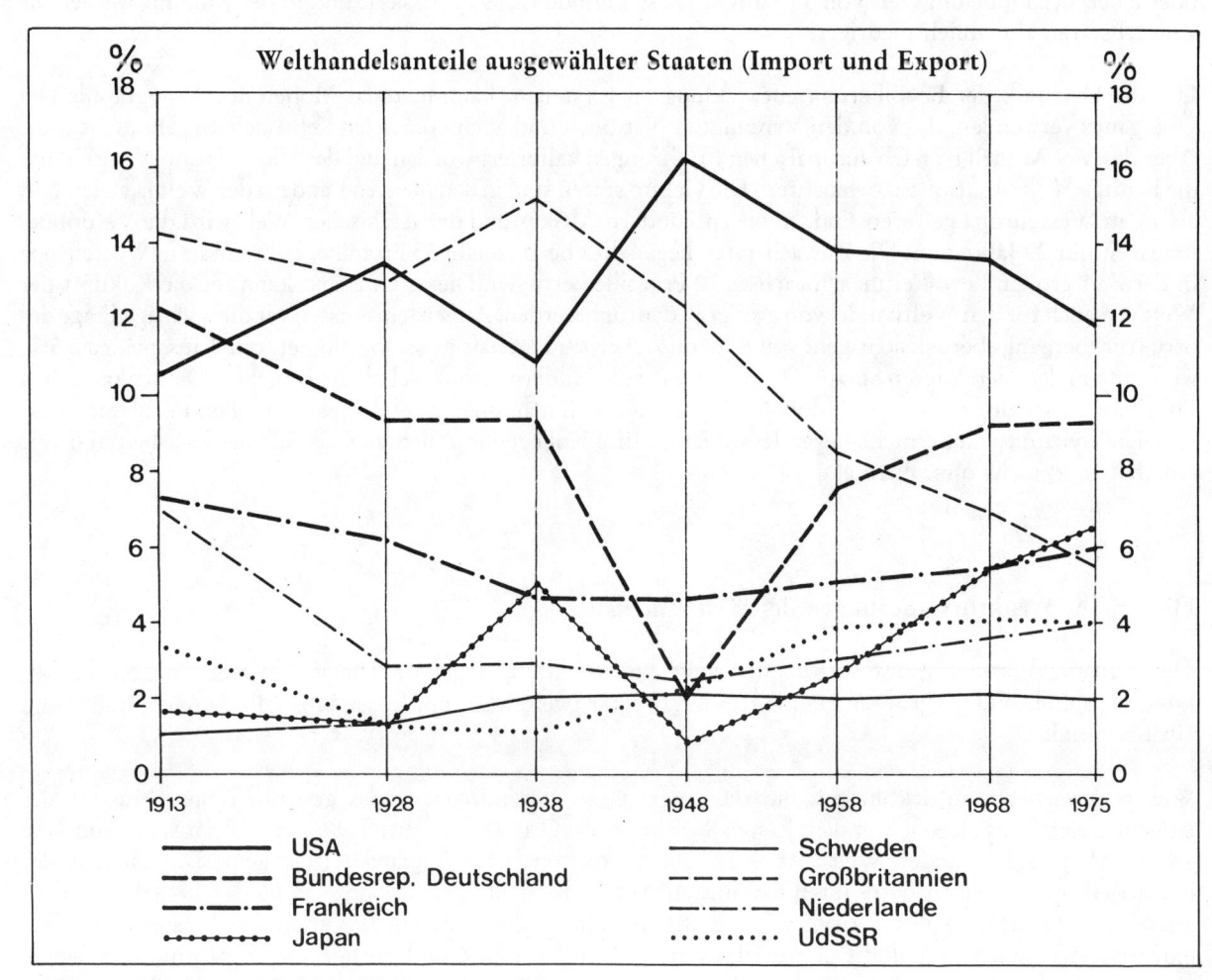

Abb. 2: Anteile am Welthandel (Import und Export)

Im Jahre 1913 war Großbritannien das Mutterland des größten Imperiums, das die Welt je gesehen hat. Viele wichtigen Teile des Imperiums waren von London, dem Weltzentrum von Handel und Finanz, weit entfernt. Zwei wichtige Länder waren fast antipodisch gelegen: Australien und Neuseeland.

Um die Handelsintensität zwischen zwei Ländern zu messen, benötigen wir einen Intensitätsindex. Die Konstruktion dieses Indexes geht aus dem folgenden Exempel hervor. Der prozentuelle Anteil Australiens am Außenhandel Englands (5,1% im Jahre 1913) wird mit Australiens Anteil am Welthandel im selben Jahr (1,9%) dividiert und die Quote mit 100 multipliziert. Für Großbritanniens Handel mit Australien 1913 betrug der Intensitätsindex 274. Denselben Index erhält man für Australiens Handel mit Großbritannien. Für zwei Länder, die so weit voneinander entfernt sind, ist dieser Index sehr hoch. Man hat oft gesagt, daß die Leute in Australien und Neuseeland englischer wären als die Engländer selbst, und dies beweisen diese Indexe. Sie haben in der Welt kein Gegenstück.

Für Großbritanniens Handel mit den europäischen Nachbarländern waren die Intensitätsindexe 1913 sehr niedrig; für Frankreich und auch für Deutschland jeweils 80. Diese niedrigen Werte hatten auch nicht viele Gegenstücke. Die Hauptregel war und ist, daß man mit seinen Nachbarn einen größeren Handelsaustausch hat als mit weit entfernten Ländern. Wenn man die britischen Indexwerte für verschiedene Länder zur Zeit des Imperiums mit der Entfernung von London korreliert, zeigt es sich, daß die Korrelation eine positive war, d.h. je weiter die Entfernung, um so höher der Intensitätsindex. Das britische Imperium war aber eine Ausnahme. Für Länder außerhalb des Imperiums war es umgekehrt. Amerika, Deutschland, Frankreich, Japan und Rußland z.B. handelten mehr mit ihren Nachbarländern und weniger mit entfernten Ländern. Die Entfernungsgradienten dieser Länder waren negativ: je weiter entfernt, um so niedriger die Intensität. In diesen Kalkülen sind nur die vierzig bis fünfzig größten Handelsländer der Welt mitkalkuliert worden. Für jedes Land repräsentieren sie etwa 90-95% des Außenhandels.

Mit der Auflösung aller europäischen Imperien, ausgenommen des russischen, hat sich das Muster des Außenhandels auch für England verändert. Großbritannien hat jetzt einen negativen Intensitätsgradienten.

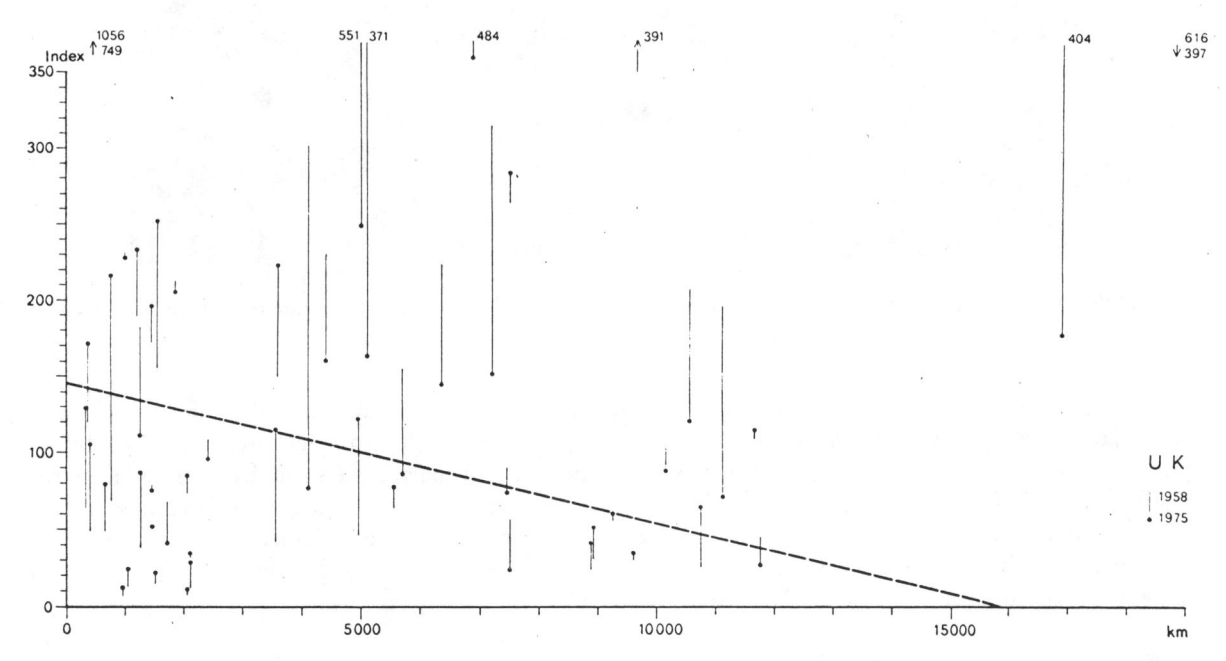

Abb. 3: Indexwerte für den britischen Außenhandel 1958/1975. Der Gradient ist auf Grund der Werte für 1975 berechnet.

Die Punkte repräsentieren die Werte für 1975 und die Linien die Veränderungen seit 1958. Die Indexwerte für Neuseeland und Australien sind zwischen 1958 und 1975 viel niedriger geworden, aber die Zahl für Irland ist dagegen gestiegen, um nur Länder des Imperiums zu erwähnen. Die beiden weit entfernten Commonwealthländer haben ihren Außenhandel an den pazifischen Raum reorientiert, vor allem an Japan und die Vereinigten Staaten, aber auch an die chinesischen Kleinländer (Taiwan, Hong Kong und Singapore) und an Südkorea. Ein neues Zentrum des Welthandels hat sich im westlichen pazifischen Raum entwickelt.

91

Die Reorientierungen von Neuseeland und Australien begannen seit den Verhandlungen Großbritanniens mit der EG in den 50iger Jahren. Es konnte ja nicht dem Römischen Vertrag zustimmen und bildete mit sechs anderen Ländern die EFTA. Die zwei antipodischen Länder sahen schon die Zukunft an der Wand geschrieben. Die inneren Sechs und die äußeren Sieben hatten großen Erfolg, auch wenn die EFTA von den Engländern nur als kurzfristige Konstruktion gesehen wurde. Aber de Gaulle und seine beiden Vetos verlängerten diese Periode mehr, als es ursprünglich gedacht war, und England wurde erst 1972 Mitglied der EG. Auch das Mutterland des alten Imperiums hatte sich schon vor 1972 allmählich reorientiert, und die Indexwerte für den Handel mit Frankreich, Deutschland, Belgien usw. stiegen an, aber noch 1975 lagen sie unter den für Nachbarländer ‚normalen' Werten (220-250). Für die achtziger Jahre muß man deshalb annehmen, daß sich die neue Entwicklung in die Richtung ‚mehr Nachbarhandel' fortsetzen wird.

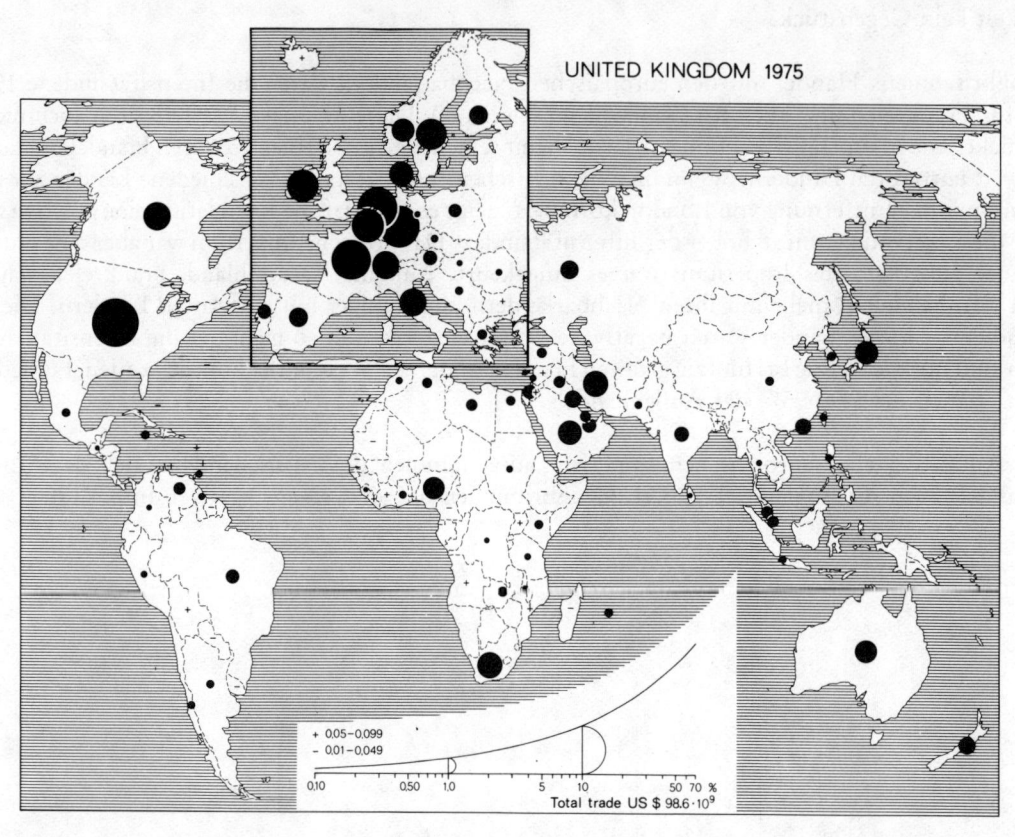

Abb. 4 Welthandel Großbritanniens 1975. Indexwerte für individuelle Länder können mit Hilfe Abb. 1 visuell geschätzt werden auf diesen Karten (4-6, 8, 9, 11-14)

Auch für Australien sind große Veränderungen im Handelsmuster eingetreten. England dominiert nicht mehr wie im Jahre 1958. Japan ist der große Handelspartner. Die beiden Länder komplettieren einander sehr gut, und der Mineralboom in den australischen Wüsten nimmt mit japanischen langfristigen Kontrakten, amerikanischer und britischer Geschäftsführung und australischer und amerikanischer Finanzierung sehr schnell zu. Für Australien ist jetzt auch Amerika wichtiger als England. Andere Länder im pazifischen Raum, z.B. Canada und die bereits erwähnten Kleinstaaten, sind ebenfalls von großer Bedeutung. Mit Neuseeland hat man enge Verbindungen, aber dieser Nachbar ist ja bevölkerungsmäßig recht klein.

Auch für den westlichen Pazifikraum kann man die Kurven in die achtziger Jahre extrapolieren. Australien hat noch viele Mineralien zu entdecken und zu exportieren, und Japan zeigt noch nicht, daß man ein Plateau für seine Industrieproduktion erreicht hat. Die Industrieproduktion kann nicht ewig exponentiell wachsen, und Japan, eins der leitenden Industrieländer, wird vielleicht ein Pionier auf dem Plateau werden. Aber wann? Das können wir noch nicht sagen. Japan ist die treibende Kraft im expansiven westpazifischen Raum und deshalb für die Weltschiffahrt und für den Welthandel sehr wichtig.

Japan hatte vor dem Ersten Weltkrieg wenig Handel mit den südamerikanischen Ländern, aber in den letzten Jahrzehnten hat sich das verändert. Jetzt sind die Indexe für Chile, Peru, Brasilien und andere Länder über 150.

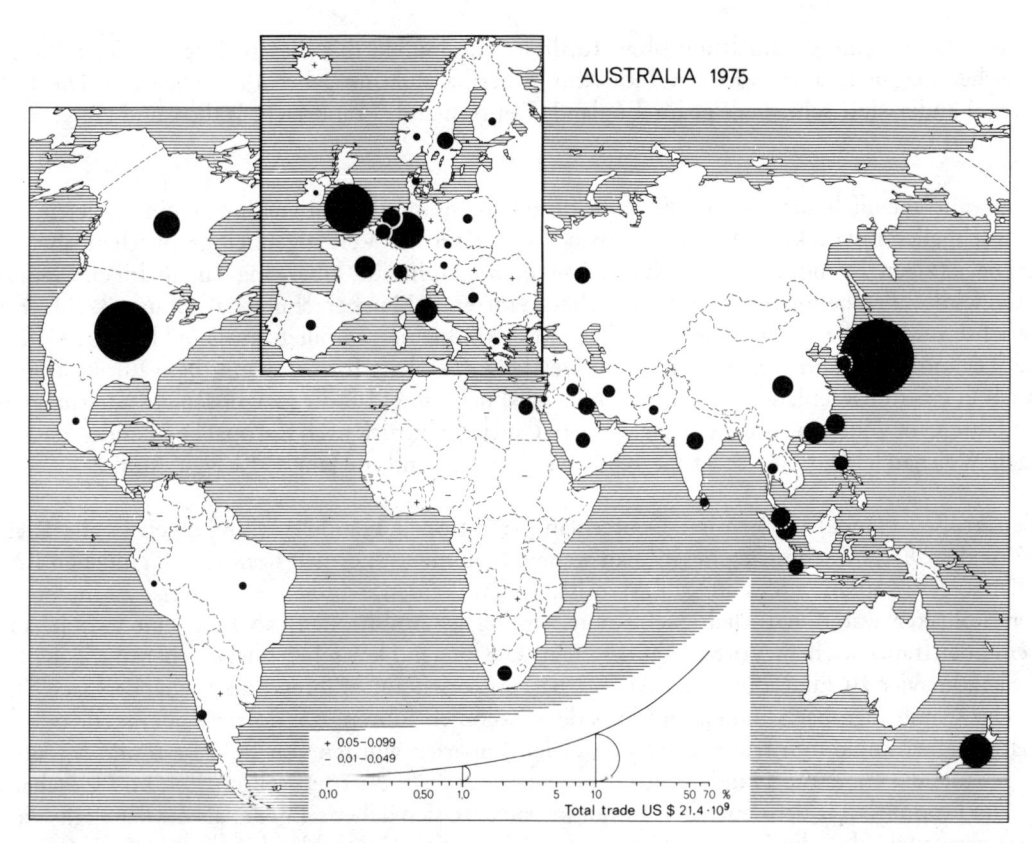

Abb. 5: Welthandel Australiens 1975

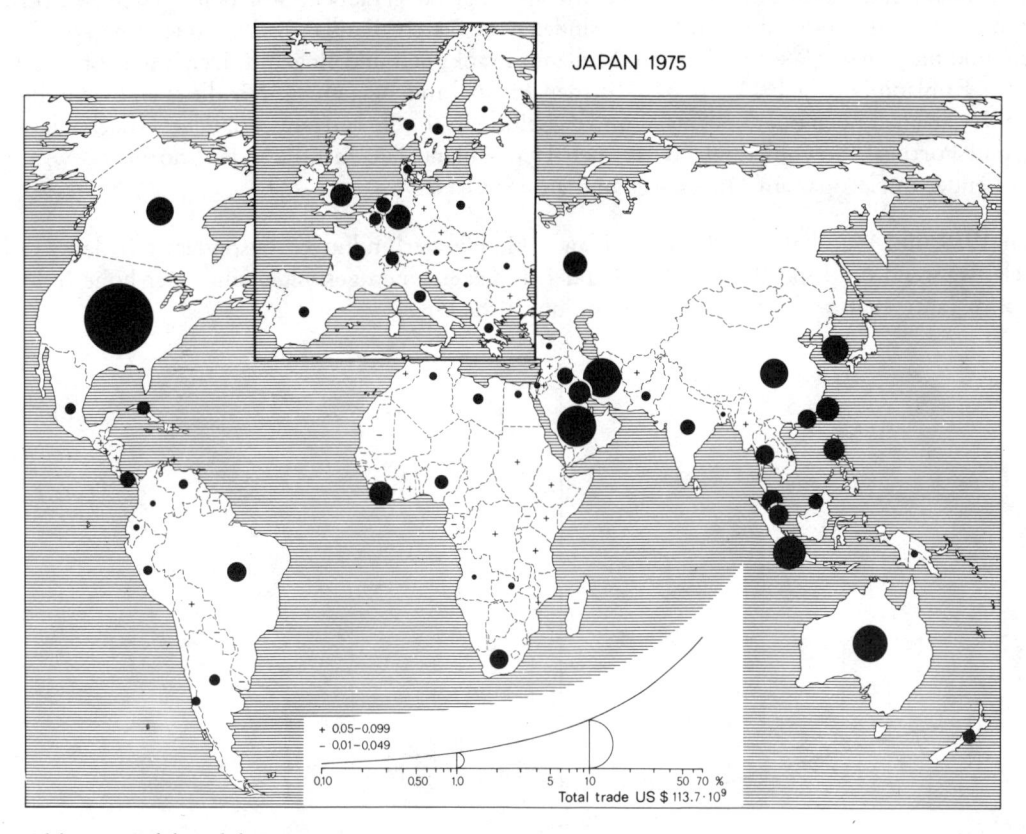

Abb. 6: Welthandel Japans 1975

Sehr hohe Werte hat man bereits auch für die Philippinen, Indonesien, Taiwan und Thailand. Der Handel mit Südafrika sowie mit Australien entwickelt sich ebenfalls. Die Indexe für Amerika sind immer hoch gewesen, im Jahr 1958 und vorher mehr als 200, jetzt allerdings ein wenig niedriger. Japan hat große Schiffslieferungen nach

Liberia, aber das ist eine Buchhaltung ohne Realität. Zusammen mit diesem Export, der teilweise unter amerikanischer Flagge abläuft, wäre der Index für Amerika auch im Jahre 1975 über 200. Die Indexe für europäische Länder sind sehr niedrig; für England, Deutschland, Frankreich, Italien und einige andere viel geringer als 1913.

Japan wird wahrscheinlich auch eine große Rolle für die ökonomische Entwicklung Chinas spielen. Von einer erwarteten schnellen Entwicklung Chinas hat man mehrmals in der Vergangenheit gesprochen, aber nie zuvor hat man die jetzigen Kombinationen gehabt. Der demographische Übergang zu niedrigen Geburts- und Todesraten wird wahrscheinlich in China sehr schnell eintreten. Man berechnet, daß Chinas Bevölkerung jetzt mit 1% wächst, und um die Jahrhundertwende mit 0,0%. Mit kleinen Familien, großem Fleiß und Offenheit für westliche Technologien und vielleicht auch für westliche Geschäftsformen kann diese Entwicklung schnell gehen, auch in einem Riesenland wie China. China wird unbedingt für die Prognosen des Welthandels in den achtziger Jahren von sehr großer Bedeutung werden. Und jetzt zurück nach Europa! Die Bundesrepublik spielt im jetzigen Welthandel fast eine so große Rolle wie Deutschland im Jahr 1913 (vgl. Abb. 2).

Unter den großen Handelsländern hat Deutschland traditionell Handelsverbindungen in alle Richtungen gehabt. Vor dem Ersten Weltkrieg besaß man wenige Kolonien, und man konnte den goldenen Regeln der Freihändler folgen: kaufen, wo es am billigsten ist, und verkaufen, wo die besten Preise zu finden sind. Die deutschen Politiker waren natürlich nicht ohne koloniale Ambitionen, aber zu einem Imperium nach englischem oder französischem Vorbild kam es nicht. Die jungen Deutschen blieben ebenso wie die Amerikaner und Skandinavier zu Hause und bauten Geschäftsimperien auf, während die Engländer nach Studien in Oxford oder Cambridge nach Indien und in andere Kolonien fuhren, um dort fremde, mehr oder weniger entwickelte Völker zu administrieren. Die kolonialen Imperien wurden von Politikern und Missionsgesellschaften gebaut, das moderne Handelsmuster ist dagegen von Industriegesellschaften und Geschäftsleuten geformt. Die Produktivität der deutschen Eliten entwickelte sich daher schneller als die der englischen. Es ist vielleicht kein Zufall, daß die Länder ohne Kolonien, wie z.B. Deutschland, Schweden, die Schweiz oder Österreich, heute einen höheren Lebensstandard als England genießen. Vor dem Ersten Weltkrieg hatte Deutschland „normale" oder hohe Intensitätsindexe im Osten: Rußland, Österreich-Ungarn, Rumänien, Bulgarien, und niedrige im Westen: Belgien, Holland, Frankreich und England. Der Intensitätsindex für den Handel mit Rußland betrug 1913 z.B. 322, für den Handel mit Belgien 46. Für die skandinavischen Länder waren die Werte auch hoch oder „normal", und dasselbe galt für die Mittelmeerländer: Griechenland, Italien, Spanien und Portugal. Sowohl England als auch Deutschland hatten hohe oder „normale" Werte für die periferen Länder in Europa, am Mittelmeer und an der Ostsee.

Zwischen 1958 und 1975 haben sich Deutschlands Handelsverbindungen besonders mit den EG-Ländern entwickelt, während die Indexe für andere Länder im allgemeinen gesunken sind. Der hohe Indexwert für Südkorea im Jahre 1958 war wahrscheinlich konjunkturbedingt.

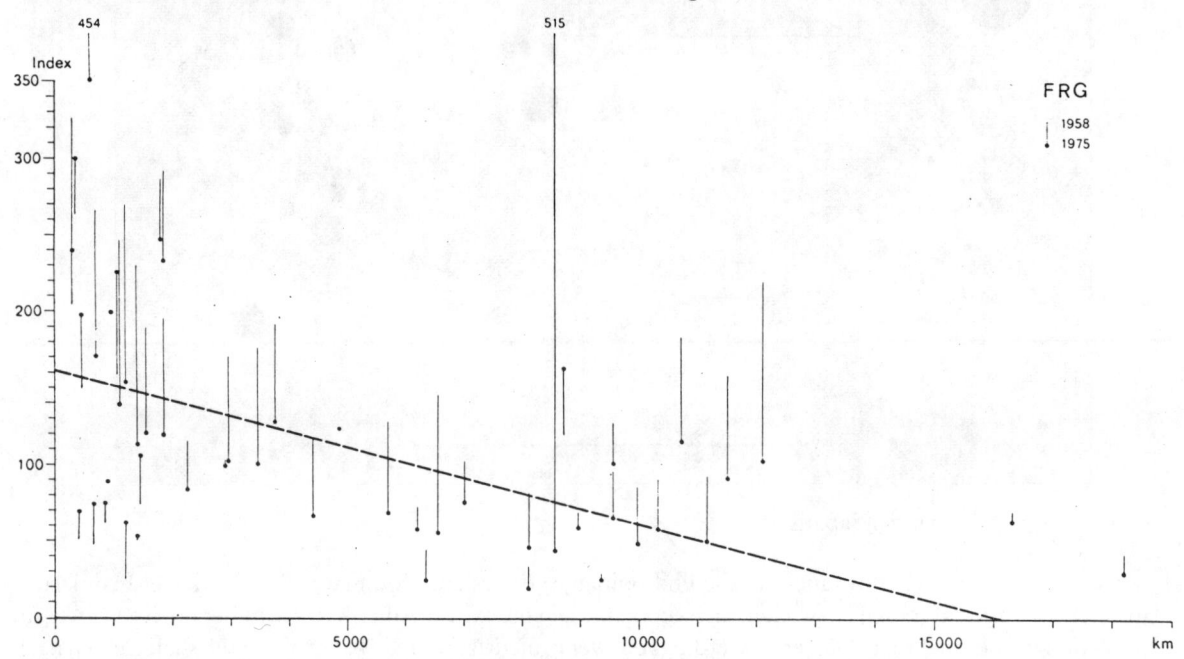

Abb. 7: Indexwerte für den Außenhandel der Bundesrepublik Deutschland 1958/1975 und 1975 Gradient

Die politischen Blockgrenzen spielen selbstverständlich eine große Rolle. Die engsten Verbindungen sind heute mit dem Westen und nicht wie im Jahr 1913 mit dem Osten geknüpft. Prag, Budapest und Warschau sind eben so nahe gelegen wie Wien und Zürich, aber im Handelsverkehr existiert da ein großer Unterschied.

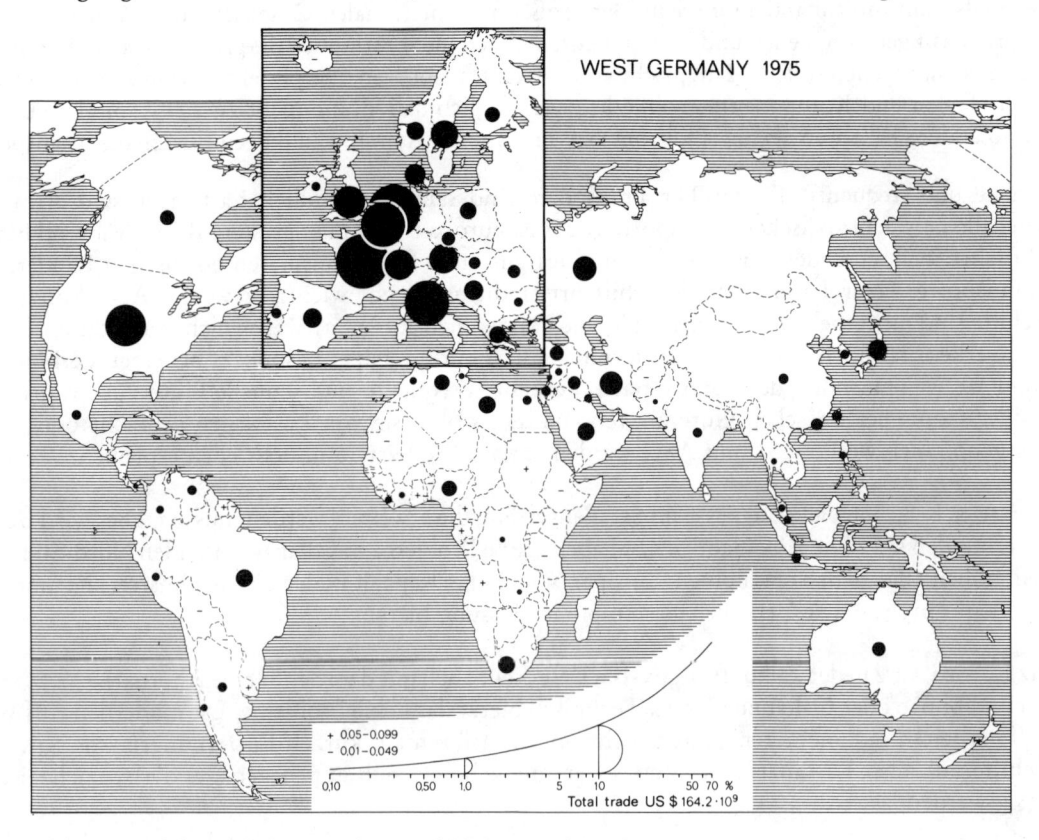

Abb. 8: Welthandel der Bundesrepublik Deutschland 1975

Für Österreich ist die Bundesrepublik der dominierende Partner mit einem Index, der zwar nach 1958 gesunken ist, der aber doch fast 400 zeigt. Für die Schweiz dominiert die Bundesrepublik weniger, ist aber trotzdem der größte Partner. Auch hier ist der Index seit 1958 gesunken. Steigerungen der Indexe verzeichnet man für die EG-Länder, und das beweist, welche große Rolle die Handelsblöcke hier gespielt haben, und das nicht nur in Europa, sondern überall in der Welt.

Schweden hatte immer sehr hohe Indexe für den Handel mit den nordischen Ländern. Seit 1958 sind die Werte von hohen Ausgangspunkten weiter stark gestiegen. Das ist ein wichtiges Resultat der EFTA. Die Firmen im nordischen Raum sehen jetzt den Norden als ihren Heimatmarkt an. Schwedens Indexe für die drei anderen nordischen Ländern lagen im Jahr 1975 über 700, was auch zwischen Nachbarländern sehr hoch ist, viel höher als die Werte unter den EG-Ländern. Aber auch 1913 waren sie sehr hoch und die ökonomischen Relationen eng. Deutschland und England nahmen während der fünf Jahre, die in unserer Untersuchung registriert wurden (1913, 1927, 1937, 1958 und 1975), für alle vier nordischen Länder die Stellung der größten Handelspartner ein.

Dänemark als EG-Land hat jetzt eine Brückenstellung zwischen den nordischen Ländern und der EG. Diese Position hat sich auch verkehrsmäßig in den letzten Jahrzehnten verstärkt.

Der europäische Güterverkehr

Es ist schon paradox, daß in unserer Zeit der Handel mit Nachbarländern schneller als der mit fernen Ländern wächst, obgleich wir die größte Kommunikations- und Verkehrsrevolution aller Zeiten haben und es möglich ist, billige Rohwaren wie Eisenerz und Kohle aus Australien nach Europa zu bringen, Kontakte zwischen allen Punkten der Welt herzustellen, Fernsehprogramme zu übertragen und Menschen zum Mond zu senden. Dies ist durch die modale Konkurrenzsituation im Güterverkehr sehr stark beeinflußt. Schiffe haben höhere Terminalkosten, aber niedrige Unterwegskosten, die Lastwagen dagegen niedrige Terminalkosten und hohe

Unterwegskosten. Die Eisenbahn liegt irgendwo zwischen diesen beiden Alternativen. Die Transportrevolution hat es mit sich gebracht, daß alle Transportkosten relativ billig geworden sind, d.h. nur wenige Prozente des Produktpreises ausmachen. In der heutigen verwickelten Industriewelt werden immer größere Teile des Außenhandels zum Internhandel innerhalb der großen multinationalen Gesellschaften. Andere große Teile sind Unterlieferungen von Teilen und Komponenten. Auch hier bestimmen die großen Gesellschaften, wie die Transporte vor sich gehen sollen. Man spricht von Systemtransporten. Die Gesellschaften wollen die Lager mit Rohwaren, Teilen und Komponenten so niedrig wie möglich halten, um nicht zu viel Kapital zu binden. Es spielen also andere Faktoren als die traditionellen Transportkosten mit und beeinflussen die Transportwahl.

Für schnelle und frequente Tür-zu-Tür-Transporte sind selbstverständlich Lastwagen sehr attraktiv. Sie spielen bei allen intraeuropäischen Transporten in Westeuropa eine immer größere Rolle, während Eisenbahn und Schiffahrt in ihrer Bedeutung nachlassen. Dies gilt auch für die insulären nordischen Länder. Für die Europatransporte dieser Länder ist die Schiffahrt traditionell sehr wichtig gewesen. Aber konventionelle Linienschiffe sind nicht mehr konkurrenzfähig. Sie können sich gegen Lastwagen nicht mehr durchsetzen. Der Eisenbahnverkehr ist noch bei großen Entfernungen konkurrenzfähig, besonders bei einer Verbindung von Bahn- und LKW-Transport, dem **piggy-back** Verkehr. Frequente und schnelle Güterzüge transportieren Trailer oder Container zwischen Güterknotenpunkten, wohin sie von Lastwagen gebracht oder wo sie in Empfang genommen werden. SJ und ASG werden ein solches System in Schweden erproben.

In Westeuropa bestehen viele Engpässe im Straßensystem, die erweitert werden müssen. Dies wird mit hohen Kosten verbunden sein. Die Alpenländer z.B. haben große Probleme mit dem wachsenden Nord-Süd-Verkehr zwischen Italien und dem transalpinen Europa. Wenn die Kapazität der Eisenbahnstrecken und -tunnel ausreicht, kann **piggy-back** Verkehr eine temporäre Lösung bieten.

Für ganz Europa wäre in der Zukunft **piggy-back** Verkehr auch mit dem Schiff eine Alternative, z.B. zwischen Helsinki und Bilbao oder Oslo und Genua. Technisch bietet das keine Probleme. Die modernen **roll-on-roll-off** Schiffe arbeiten seit mehreren Jahren nicht nur als Fähren auf kurzen Entfernungen, sondern auch als Linienschiffe auf allen Distanzen. Sie sind sogar mit gebogenen Rampen gebaut, die spezielle Kaiplätze überflüssig werden lassen.

Für die nordischen Länder und Großbritannien gewinnen die Fähren immer mehr an Bedeutung. Sie sind mit Brücken vergleichbar und transportieren Lastwagen und Eisenbahnzüge dort, wo der Brückenschlag noch zu teuer ist. Fähren verbinden Finnland mit Schweden und Schweden mit Dänemark und Dänemark mit Deutschland. Mit dem Rückgang konventioneller Linienschiffahrt und der explosiven Expansion des Fährverkehrs hat sich die Brückenposition von Dänemark und Schonen erheblich verstärkt.

Weitere Kommentare zum Welthandel

Nach diesem Exkurs über den europäischen Güterverkehr kehren wir zurück zu Norwegens Außenhandel, der weitgehend von Schweden bestimmt wird. Früher haben die Ökonomen zwischen exportierbaren und nichtexportierbaren Produkten unterschieden. Heute werden alle Produkte über die Grenzen verkauft. Die Schweden kaufen norwegische präfabrizierte Holzhäuser und die Norweger solche, die in Schweden produziert worden sind. Fast alle Produkte im Handel der vier nordischen Länder sind mit einem Text in Norwegisch, Dänisch, Schwedisch und Finnisch versehen. Der Norden ist **ein** Markt geworden, und das wird so von nordischen und auch von ausländischen Firmen gesehen.

Finnland weicht seit dem Zweiten Weltkrieg durch seinen großen Handel mit der Sowjetunion von den anderen Ländern Westeuropas ab.

Die großen Reparationszahlungen in den fünfziger Jahren, die mit Holzindustriemaschinen, Schiffen und anderen Produkten der Werkstattindustrie geleistet wurden, bedingten neue finnische Spezialitäten auf dem Weltmarkt.

Finnlands geopolitische Situation hat den Terminus „Finnlandisierung" entstehen lassen. Er ist in Finnland nicht beliebt. Die Finnen haben unter Paasikivi und Kekkonen eine Formel für gute Nachbarrelationen mit der Sowjetunion gefunden, und zwar nach Jahrzehnten des gegenseitigen Mißtrauens und schlechter Verhältnisse. Aber Finnland gehört historisch und kulturell zu den nordischen Ländern und zu Westeuropa.

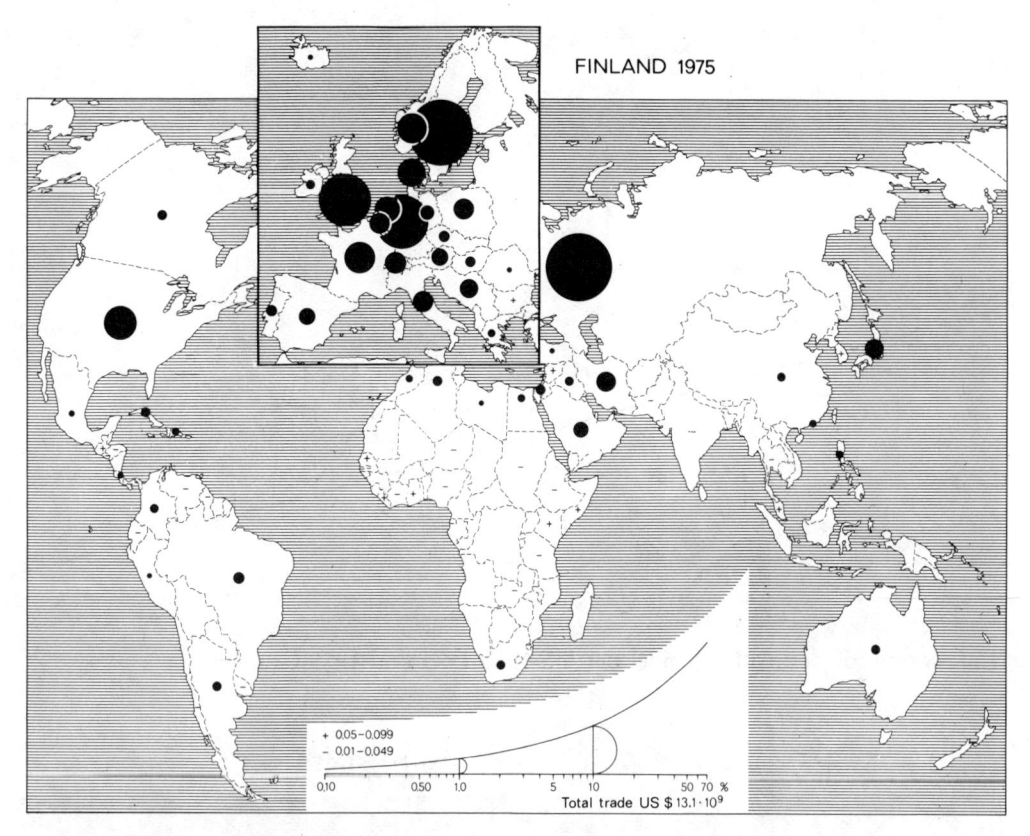

Abb. 9: Welthandel Finnlands 1975

Auch die Mittelmeerländer treiben viel Handel mit Nordwesteuropa, speziell mit der Bundesrepublik. Italien befindet sich außerdem in einer guten Position für den Handel mit Ländern des Nahen Ostens. Die Muster des Außenhandels von Spanien und Portugal erzählen, warum die beiden iberischen Länder so interessiert gewesen sind, in die EG zu kommen.

Die Benelux-Länder weisen Handelsmuster auf, die ahnen lassen, daß die Lastwagen hier die wichtigsten Güterträger sind: umfangreicher Handel auf kurzen Entfernungen. Die großen deutschen Gesellschaften haben Töchter in Antwerpen und Rotterdam etabliert. Die EG hat die alten protektionistischen Ideen zur Seite gestellt. Man spricht nicht mehr wie im Jahre 1913 davon, Emden zu einem deutschen „Rheinmündungshafen" zu machen. Benelux und die Bundesrepublik sind ökonomisch integriert worden, aber vielleicht nicht so stark wie die nordischen Länder und die Vereinigten Staaten mit Canada und Mexiko.

Frankreich folgt demselben Muster wie England, nämlich mit drastisch reduzierten Indexen für die alten Kolonien und erhöhten Werten für die EG-Länder. Diese Indexe sind aber noch nicht so hoch, wie sie normalerweise für Nachbarländer sind, und deshalb kann man vermuten, daß sie in den 80iger Jahren steigen werden. Nur für Italien und Belgien sind sie höher als 200, was für Belgien normal ist, für Italien jedoch eine Erhöhung bedeutet. Frankreich hat auch für den Handel mit der Schweiz und Spanien normalerweise Werte über 200.

Die Vereinigten Staaten haben immer höhere Indexe für Canada gehabt, und zwar für alle fünf Observationsjahre mehr als 400 und für 1975 fast 600, was für zwei große Handelsländer sehr hoch ist. Für Mexiko liegen die Intensitätswerte noch höher, 750 im Jahre 1975, was ebenfalls eine Erhöhung seit 1958 bedeutet.

Der Entfernungsgradient für Amerikas Handel ist negativ, und der Handel mit den Nachbarn ist stark gewachsen, wie man es auch für die anderen großen Handelsnationen bemerken kann. Für Canada ist Amerika als Handelspartner ganz dominierend. Das alte Mutterland England ist im Vergleich unbedeutend.
Für Brasilien, Argentinien und Chile waren die Werte 1975 niedriger als 1958 und früher. Venezuela und Peru hatten wie früher hohe Werte, über 300. Mit wenigen Ausnahmen sind die Vereinigten Staaten der wichtigste Handelspartner der Länder der westlichen Halbkugel. Dies gilt nicht für den Handel mit Ländern in Europa und Afrika, die im allgemeinen niedrigere Indexe aufweisen. Als Ausnahmen gelten seit langem Liberia und Südafrika und im Jahre 1975 Nigeria mit seiner großen Ölproduktion.

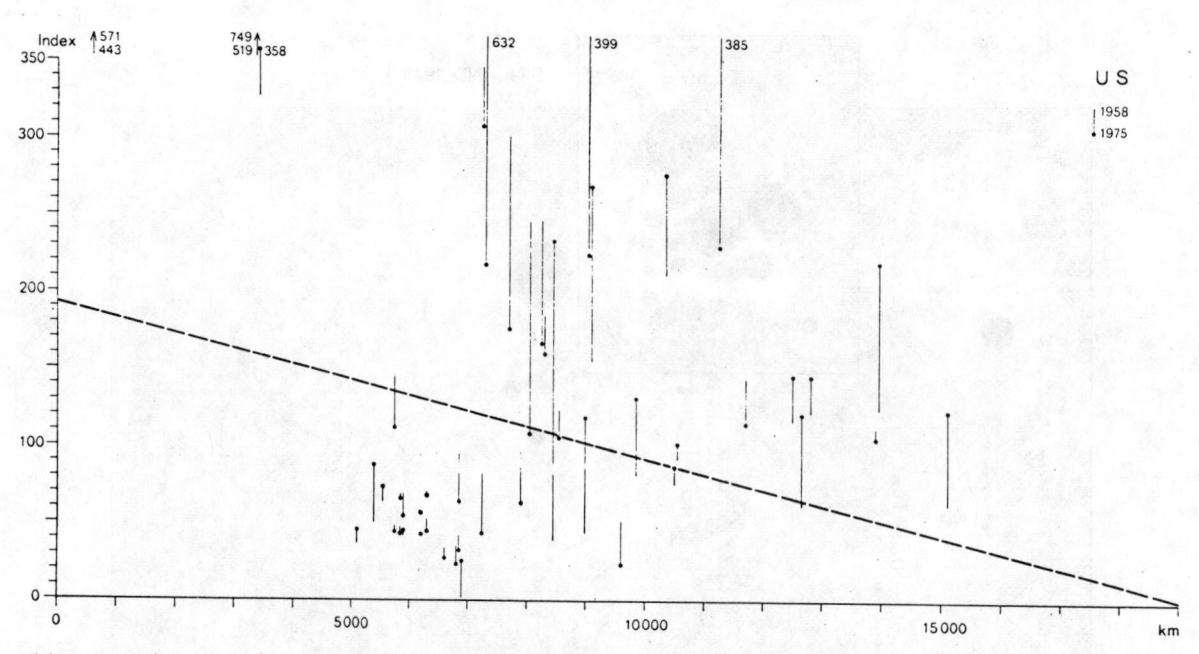

Abb. 10: Indexwerte für den Außenhandel der US 1958/1975 und 1975 Gradient

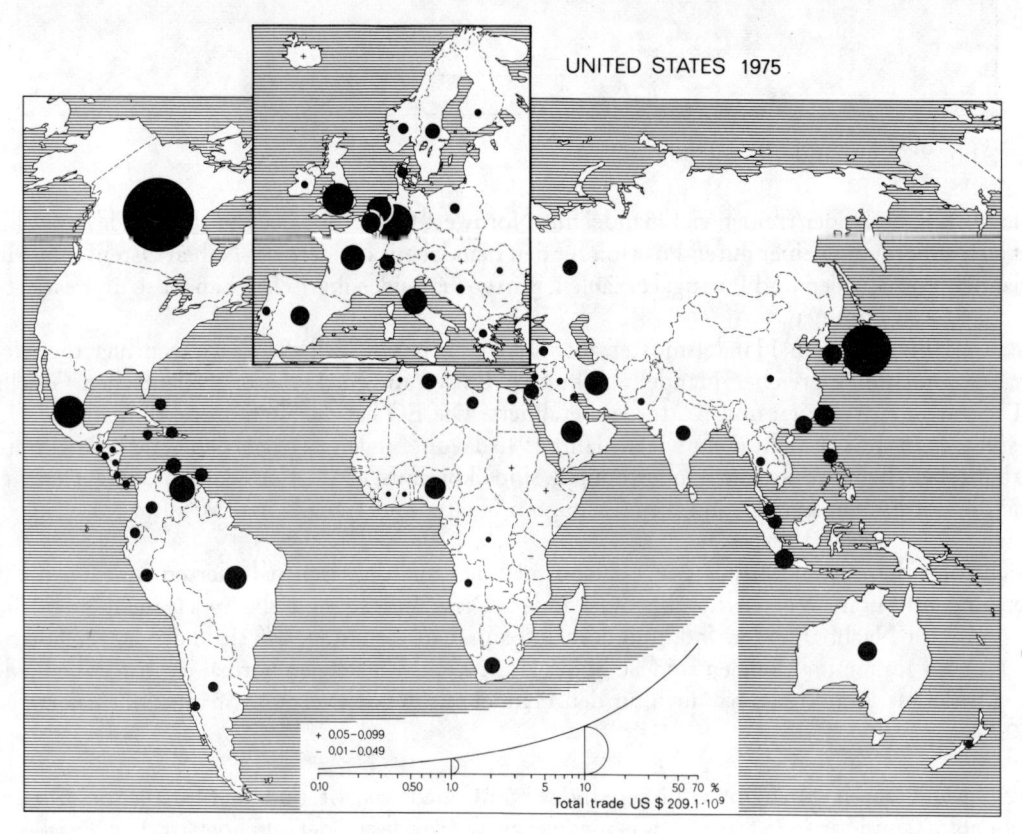

Abb. 11: Welthandel der USA 1975

In Asien sind die Handelsintensitätswerte angestiegen, und geopolitisch kann man hier sagen, daß die US mit ihrer „Containmentpolitik" in die Fußspuren der retirierenden europäischen Kolonialmächte getreten sind. Man hat heute viel engere Handelsverbindungen mit Indien, Pakistan, Indonesien usw. als vor dem Ersten und Zweiten Weltkrieg.

Argentinien, ein Beispiel aus Südamerika, hat wichtige Handelspartner, die weit entfernt sind, aber der Handel mit anderen Ländern in Lateinamerika ist gewachsen.

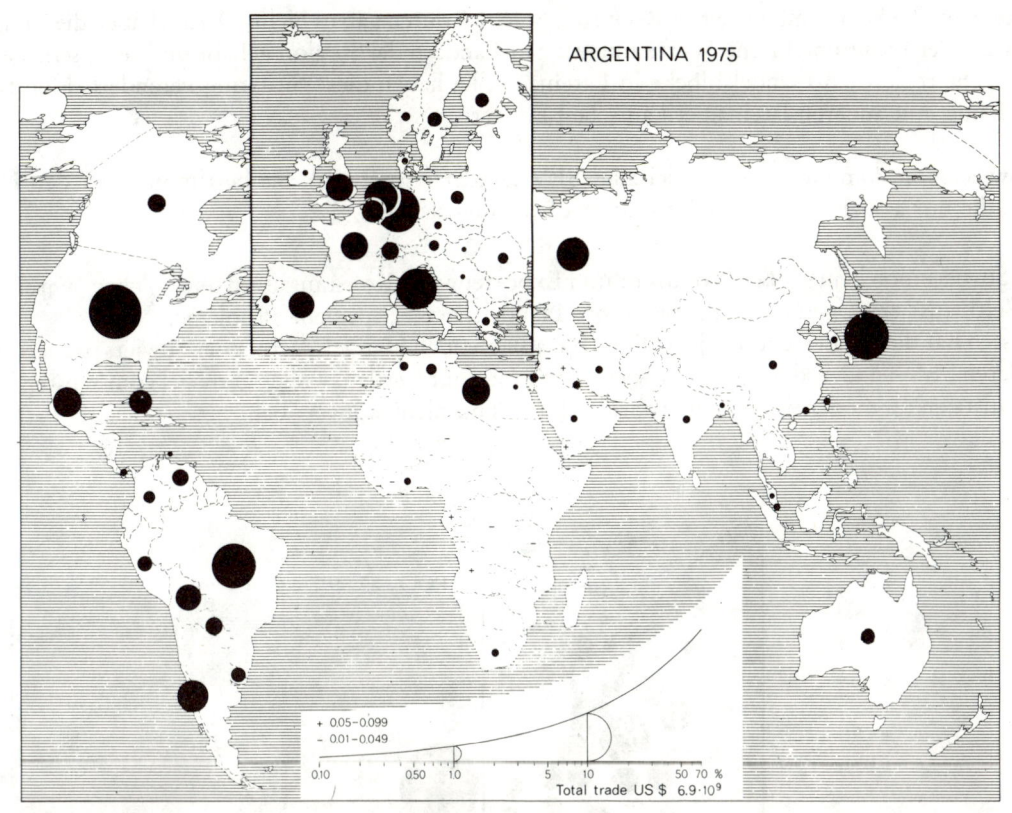

Abb. 12: Welthandel Argentiniens 1975

In diesem Raum konnte man früher beobachten, daß Länder, die miteinander gute Verkehrsbedingungen hatten, wie z.B. Argentinien und Brasilien, hohe Indexe notierten. Europäische und amerikanische Linienschiffe öffneten frequente Verbindungen zwischen Santos und Buenos Aires, aber keine Linien liefen mexikanische

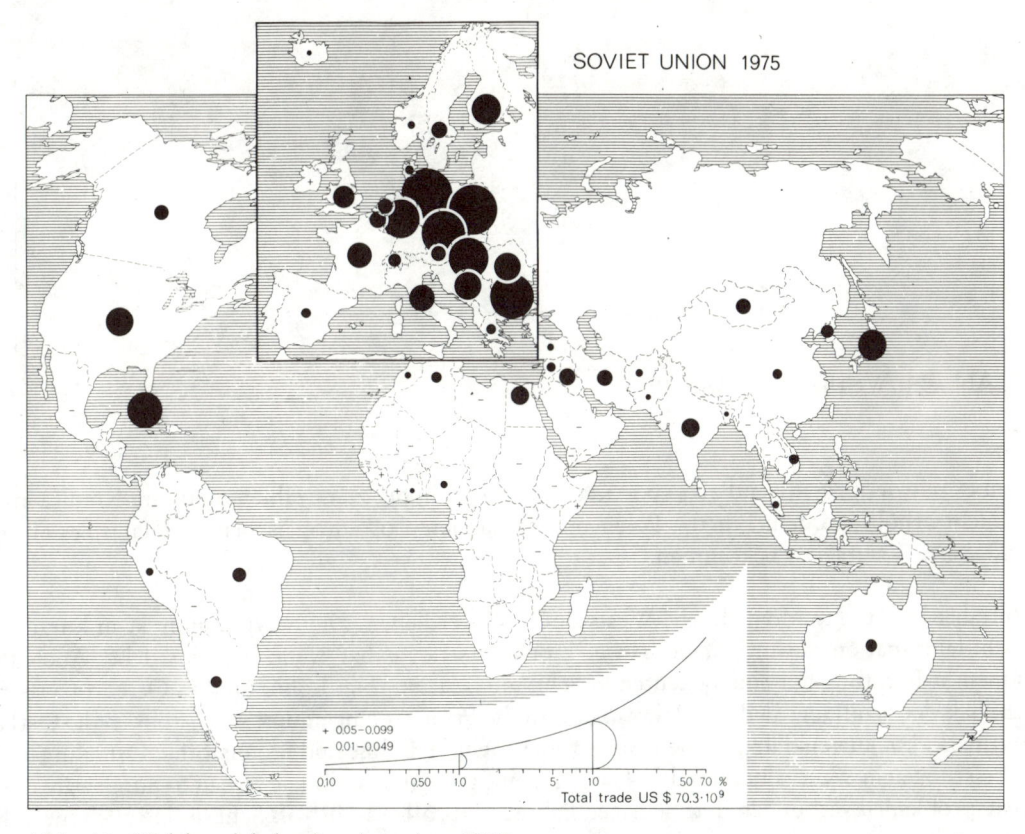

Abb. 13: Welthandel der Sowjetunion 1975

und argentinische Häfen auf derselben Route an. Solche Routen gab es nicht. Darum haben die lateinamerikanischen Länder traditionell hohe Werte mit einigen Ländern der Region gehabt und sehr, sehr niedrige mit anderen. Die regionalen Handelsblöcke in Lateinamerika haben diese Situation verändert. Man treibt jetzt mehr Handel mit anderen lateinamerikanischen Ländern.

Die Sowjetunion dominiert im Handel aller SEV-Länder (Comecon). Sie bestimmt sogar den Handel der Länder, die nur assoziierte Mitglieder sind, wie z.B. Jugoslawien.

Da die Sowjetunion kein großer Produzent und Exporteur von Konsumgütern und solchen Waren ist, die auf dem Weltmarkt stark gefragt sind, haben ihre Handelspartner spezielle Probleme.
Im Westen hat die Bundesrepublik jetzt Finnland als leitenden Handelspartner der Sowjets passiert. Polen und die anderen SEV-Länder, die von der Sowjetunion bestimmt werden, wollen gern viel vom Westen kaufen, um ihre Industrien zu modernisieren, aber ihre Valuten sind nicht konvertibel.

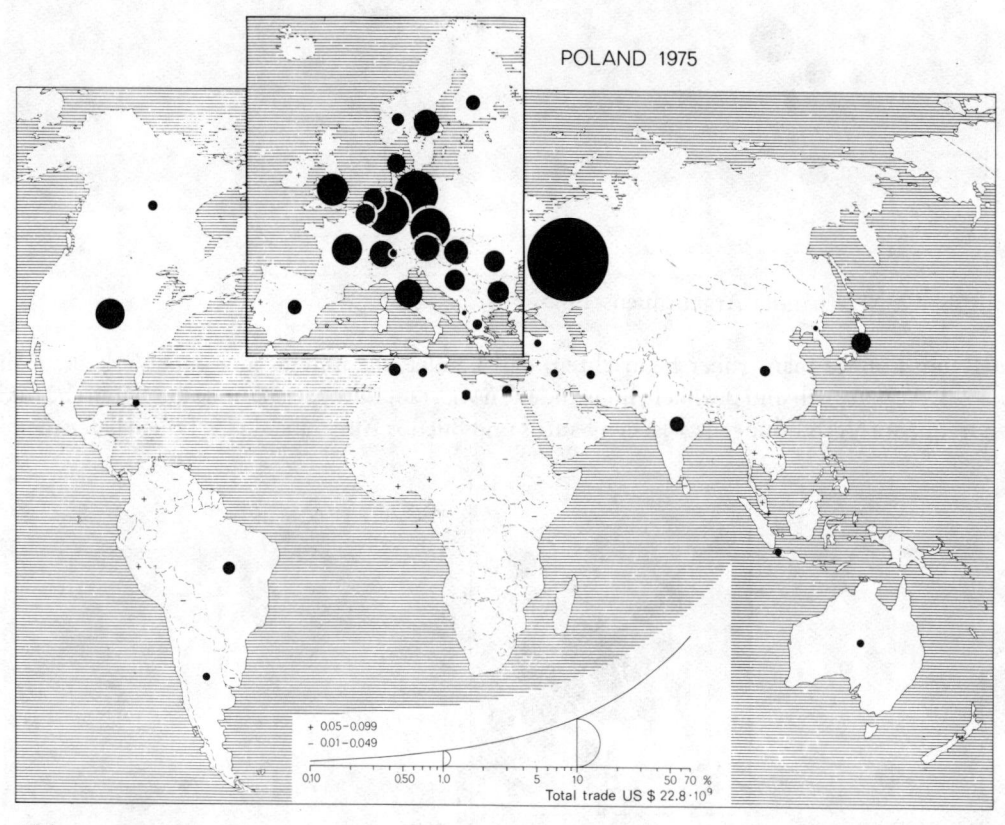

Abb. 14: Welthandel Polens 1975

Sie finden es schwierig, genügend zu exportieren, um den Import zu bezahlen, und ihre Kredite im Ausland können nicht erhöht werden. Für die Polen und alle anderen osteuropäischen Länder ist es ein ständiges Problem, „harte Valuta" zu bekommen.

Die Schiffahrt bietet eine Möglichkeit, Westvaluten zu verdienen. Die Sowjetunion ist in kurzer Zeit eine große Schiffahrtsnation geworden, und ihre Trockenlastflotte hat wenig Gegenstücke. Auch Polen hat Ambitionen in Richtung auf eine bedeutende Schiffahrtsnation. Die Löhne sind in Osteuropa sehr niedrig. Dadurch, daß der Schiffahrt in den 5-Jahresplänen hohe Priorität eingeräumt wird, können die Ostländer auf dem Weltmarkt konkurrenzfähig werden. Sie bezahlen Schiffe, Löhne und Brennstoff in Ostvaluta und werden für ihre Leistungen in Westvaluta bezahlt. Das wäre eine gute internationale Arbeitsteilung, wäre es nicht mit Sicherheitsproblemen verbunden. Die heutigen Fähren und **roll-on-roll-off** Schiffe sind auch für militärische Transporte sehr gut geeignet.

Zusammenfassung

Fast überall in der Welt hat sich paradoxerweise der Handel mit Nachbarländern schneller entwickelt als der mit entfernten Ländern. Das hat den Lastwagenverkehr begünstigt und für Eisenbahnen und Küstenschiffahrt Schwierigkeiten gebracht. Das erklärt auch die starke Expansion des Fährenverkehrs. Die Zukunft kann durchaus Möglichkeiten für den Schienen- und Schiffsverkehr bringen, und zwar durch die Organisation von **piggy-back** Verkehr. Dies kann lohnend sein, wenn die Brennstoffpreise weiter steigen. Auch für den Umweltschutz wären weniger Trailer und Container auf den Straßen günstig.

Massengüter werden noch mit dem Schiff transportiert, auch auf kurzen Strecken. Fast alle Güter, die von Kontinent zu Kontinent laufen, werden auf See transportiert, nur spezielle Kategorien gehen als Luftfracht oder mit transkontinentalen Bahnen, z.B. zwischen Deutschland und Japan via Sibirien. Massengüter werden mit den immer größeren Schiffen auch in Zukunft transportierbar bleiben, obgleich die Erhöhung der Brennstoffpreise dem Massenguttransport entgegenwirkt. Die Kohletransporte auf sehr langen Strecken, z.B. von Australien und Südafrika nach Europa, werden in der Zukunft wahrscheinlich eine viel größere Rolle spielen. Dies gilt auch für die Verfrachtung von Düngemitteln nach tropischen Ländern mit „grüner Revolution" und von Lebensmitteln wie Getreide und Sojabohnen nach Ländern mit einer Bevölkerungsexplosion.
Die Prognosen zu den künftigen Öltransporten, die man vor zehn Jahren anstellte, sind weit von der Wirklichkeit ausgefallen. Reedereien, Stahlwerke, Werften und andere, die den damaligen Propheten folgten und trotzdem überlebten, haben jetzt wenig Geduld mit Propheten.

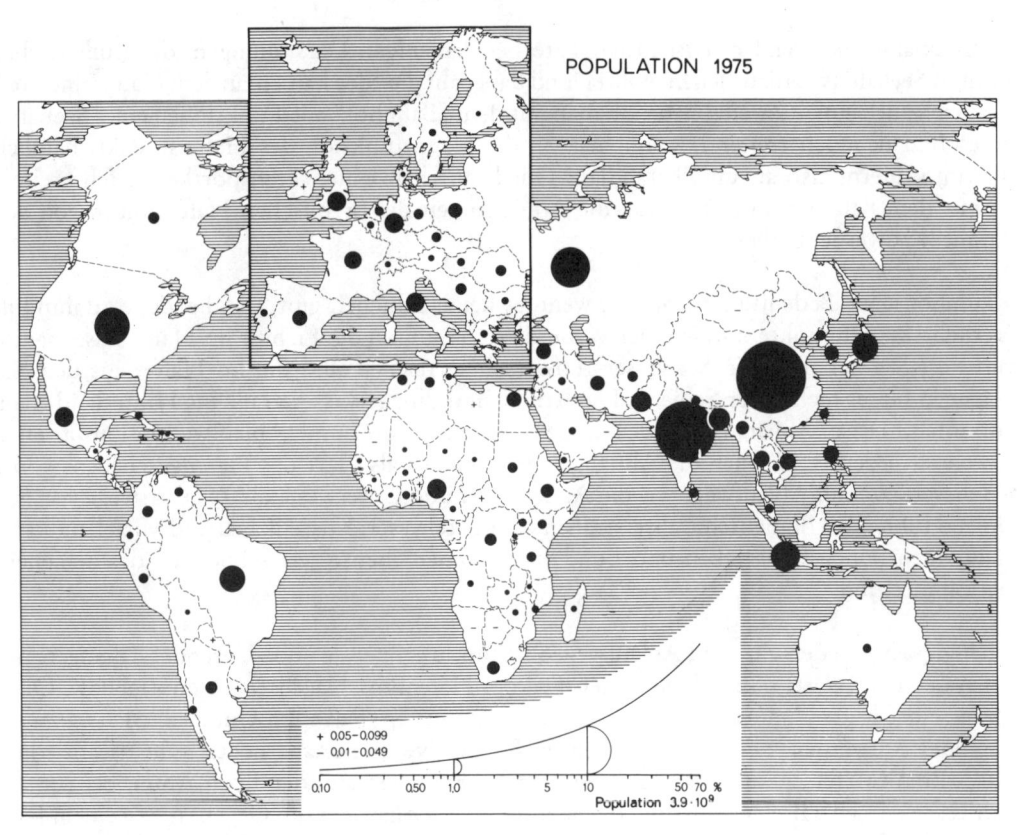

Abb. 15: Weltbevölkerung

Udo Kapust, Bremen

Bremische Hafenpolitik im Lichte
Bonner Verkehrspolitik

Die bremische Hafenpolitik ist aufs engste mit der Bonner Verkehrspolitik verknüpft. Wohl hat Bremen – nicht zuletzt zur Verteidigung seiner Selbständigkeit – stets allergrößten Wert darauf gelegt, daß der Bundesrepublik Deutschland ebenso wenig wie früher dem Reich irgendeine Zuständigkeit in bremischen Hafenfragen eingeräumt wird, wie andererseits der Bund namentlich in letzter Zeit gelegentlich erhobene finanzielle Forderungen Bremens mit dem Hinweis zurückgewiesen hat, es handele sich hier um Angelegenheiten des Hafens und also um keine Bundesangelegenheit. Zu keiner Zeit stand jedoch in Frage, daß die bremische Hafenpolitik in einem existentiellen Abhängigkeitsverhältnis zur Verkehrspolitik des früheren Reiches stand und heute zu der des Bundes steht, wie andererseits die bremischen Häfen für die Bonner Verkehrspolitik nicht ohne positives Interesse sind. Ich denke da nur an den beachtlichen Ladungsanteil, den die bremischen Häfen täglich für die Bundesbahn aufbringen. Hierzu muß man nämlich wissen, daß seit langem über 50 % der in den bremischen Häfen umgeschlagenen Güter über die Schiene ins Binnenland bzw. vom Binnenland zu den Häfen transportiert werden, eine Tatsache, die in diesem Umfang kein anderer Hafen Europas aufzuweisen hat. Man nennt deshalb Bremen auch einen „Eisenbahnhafen".

Apropos Eisenbahn. Sie stand offensichtlich Pate bei denjenigen Darstellungen, die Außenstehenden die Funktion eines Seehafens verdeutlichen wollten und dabei auf die Idee kamen, in dem Hafen einen Bahnhof zu sehen. Wenn ich auch einige Zweifel habe, ob man mit dem „Bahnhof" alle Funktionen eines Seehafens erfaßt, so ist dieses Bild dennoch treffend, wenn man an die Hauptfunktion des Hafens denkt, nämlich an den Umschlag von Gütern, also als unselbständiges Glied innerhalb einer Transportkette. Ich greife gern den Vergleich mit dem Bahnhof auf, um daran die Abhängigkeit der bremischen Hafenpolitik von der Bonner Verkehrspolitik zu verdeutlichen:

Wie ein Bahnhof keine Bedeutung mehr hat, wenn es keine Schienen gibt, die die Züge zu ihm führen und andere Verkehrsknotenpunkte miteinander verbinden, so müßten die Lichter im Hafen ausgehen, wenn ihn kein Schiff von See her über die Seewasserstraße mehr erreichen und die im Hafen aus den Seeschiffen umgeschlagenen Güter nicht über Schiene, Landstraße und Binnenwasserstraße ins Hinterland transportiert werden könnten. Diese Abhängigkeit des Hafens von den Zu- und Ablaufwegen mit ihren Zu- und Ablaufverkehren bedeutet zugleich die Abhängigkeit Bremens als Herr des Hafengeschehens von Bonn als Herr eben dieser Zu- und Ablaufwege wie die Außenweser und Unterweser als Zufahrtswege von See und die ins Binnenland führenden Binnenschiffahrtsstraßen wie Mittelweser, Küstenkanal und Mittellandkanal, die auf Bremen laufenden Bundesfernstraßen und Bundesautobahnen ebenso wie schließlich das Schienennetz der Deutschen Bundesbahn.

Diese Abhängigkeit von den Zu- und Ablaufwegen ist um so größer, je unbedeutender das sogenannte Loco-Aufkommen des Hafens ist, d.h. je kleiner der Teil des Hafenumschlags ist, dessen Ziel bzw. Quelle in der Hafenregion selbst liegt. Und wenn wir hierzu erkennen müssen, daß – im Unterschied etwa zu Hamburg, Rotterdam oder Antwerpen – der Loco-Verkehr in Bremen wegen nur spärlicher Industrieansiedlung in der Hafenregion Bremen stets gering war (nach letzten Schätzungen soll der Loco-Anteil bei rund 35 % des Gesamtumschlags liegen), Bremen also als sogenannter Speditionshafen (im Gegensatz zu einem Industriehafen) in besonderem Maße auf gute Zu- und Ablaufwege angewiesen war und wohl auch bleiben wird, mag auch Außenstehenden verständlich werden, welchen Wert Bremen seit eh und je auf gute Beziehungen zu den jeweiligen Herren über die Zu- und Ablaufwege zu seinen Häfen legen mußte und warum Spannungen zwischen Bremen und dem früheren Berlin oder dem heutigen Bonn unausweichlich waren, wenn die Zu- und Ablaufwege nicht rechtzeitig den Erfordernissen des Hafens angepaßt worden waren oder wenn Bremen feststellen mußte, daß die Bonner Verkehrs-Ordnungspolitik wieder einmal die deutschen Seehäfen übersehen hatte oder glaubte, deren Existenz mit ihren existentiellen Forderungen an die überregionale Verkehrspolitik nicht gebührend berücksichtigen zu können.

Dabei – und dies sei allen weiteren Ausführungen vorangestellt – hat Bremen zu keiner Zeit etwa eine bevorzugte Behandlung gegenüber anderen Häfen weder von Berlin noch von Bonn gefordert, noch hat Bremen jemals verkannt, daß es angesichts der vielfältigen Verkehrsprobleme im Reich wie im Bund nicht im Mittelpunkt der Interessen der bundesweiten Verkehrspolitik stehen kann. Es schmerzt jedoch, feststellen zu müssen, daß Bremen – und dies gilt wohl auch für die anderen deutschen Seehäfen – sich in der deutschen wie europäischen Verkehrspolitik oft als Stiefkind behandelt fühlt. Bremen jedenfalls ist von der überregionalen Verkehrspolitik zu keiner Zeit die Bedeutung beigemessen worden, die es angesichts des volkswirtschaftlichen Stellenwerts an sich verdient hätte.

Bevor ich jedoch auf das Verhältnis der bremischen Hafenpolitik zur Bonner Verkehrspolitik näher eingehe, möchte ich zunächst die Bedeutung der bremischen Häfen für Bremen selbst, aber auch für den Bund kurz aufzeigen.

Erklärtes Ziel der bremischen Hafenpolitik ist stets gewesen, die Wettbewerbsstellung der Häfen in Bremen-Stadt und Bremerhaven gegenüber den Konkurrenzhäfen zu halten und möglichst zu verbessern. Und dies nicht etwa aus Freude am Wettbewerb oder sonstigen spielerischen Treiben, sondern aus ganz handfesten, abgesicherten Motiven, nämlich
1. um die **Wirtschaftskraft** im Lande Bremen weiter zu stärken,
2. um die mit den bremischen Häfen verbundenen **Arbeitsplätze** zu sichern und die mit dem Hafen verbundenen Standortvorteile für die Schaffung weiterer Arbeitsplätze zu nutzen, sowie schließlich
3. um mit den in den bremischen Häfen für die Bundesrepublik Deutschland erbrachten Dienstleistungen den überzeugenden Grund für die Erhaltung der **Selbständigkeit** dieses Bundeslandes zu liefern.

Was dies im einzelnen bedeutet, wird selbst Uneingeweihten sofort klar, wenn man hierüber nur einige wenige Zahlen erfährt und also weiß, daß
1. die bremischen Häfen rund ein Drittel des Bruttosozialprodukts des Landes erwirtschaften;
2. mit 114.000 Arbeitsplätzen rund ein Drittel aller Arbeitsplätze im Lande Bremen von den Häfen unmittelbar oder mittelbar abhängen und
3. Bremen angesichts dieser Bedeutung seiner Häfen für die eigene Existenz eher bereit ist, finanzielle Opfer für eben diese Häfen, damit aber auch finanzielle Opfer für Dienstleistungsfunktionen für die gesamte Bundesrepublik zu bringen, als von Flächenstaaten mit ihren vielseitigen anderweitigen kostenträchtigen Problemen schlechterdings erwartet werden kann.

In der Tat hat sich Bremen seine Häfen viel kosten lassen. So hat dieses kleinste Bundesland nach dem Kriege rund 1,5 Milliarden DM (einschließlich der Erweiterung des Containerterminals Bremerhaven) in seine Häfen investiert, und zwar ausschließlich aus eigenen Steuereinnahmen und nur bezogen auf die Hafen-Infrastruktur, d.h. auf die Hafenbecken nebst Ufereinfassungen, Schleusen und Dalben, öffentliche Wege und Bahnverbindungen.

Allein für die Unterhaltung dieser Hafen-Infrastruktur müssen zur Zeit weitere rund 60 Mio DM pro Jahr aufgebracht werden.

Daneben dürfen die Leistungen der privat organisierten Hafenverkehrswirtschaft nicht vergessen werden. Sie hat für die Suprastruktur-Investitionen aufzukommen. Unter Suprastruktur-Investitionen verstehen wir die Beschaffung von Umschlagseinrichtungen (z.B. Land- und Schwimmkrane, Containerbrücken) oder Flurfördergeräte (z.B. Gabelstapler und Vancarrier), den Bau von Schuppen und Speichern, die Herrichtung von Betriebsgrundstücken und deren jeweilige Privatanschlüsse an öffentliche Straßen, Schienenwege oder Versorgungs- und Entsorgungsleitungen. Diese Suprastruktur-Investitionen, die für die Funktionsfähigkeit eines Hafens ebenso wichtig sind wie die Infrastruktur-Investitionen, mögen mit weiteren rund 1 Milliarde DM veranschlagt werden.

Diese rund 2,5 Milliarden DM in die bremischen Häfen nach diesem Kriege investierten Kapitals finden ihre Parallele in den Anstrengungen Bremens zwischen den beiden Weltkriegen ebenso wie vor dem 1. Weltkrieg.

Hier denke ich nur an den vor der Jahrhundertwende vollzogenen Bau des heutigen Europahafens, wofür die Bürgerschaft damals 25 Mio Mark aufbringen mußte wie an jene 30 Mio Mark, die Bremen gezahlt hat, um durch die sogenannte „Korrektion der Unterweser" Schiffen mit einem Tiefgang bis zu 5 m wieder den Weg zu den stadtbremischen Häfen freizumachen. Diese 55 Mio Mark der 80er Jahre des vergangenen Jahrhunderts würden heute – nach vergleichbaren Baupreisen berechnet – einen Aufwand von immerhin rund 725 Mio DM bedeuten, also rund die Hälfte jenes Betrages, den Bremen nach dem 2. Weltkrieg für seine Häfen ausgegeben hat. Dieser Hinweis auf frühere Aufwendungen Bremens für seine Häfen muß besonders dann beeindrucken, wenn man bedenkt, daß am Tage der Einweihung des Europahafens im Jahre 1888 der bremische Staat insgesamt 165.225 und davon die Stadt Bremen 118.043 Einwohner zählte und also das für solche großen Aufwendungen zur Verfügung stehende Steueraufkommen erheblich geringer war als nach dem 2. Weltkrieg.

Alle diese großen finanziellen Aufwendungen haben sich stets gelohnt, was allein durch die ständig wachsenden Umschlagszahlen belegt werden kann. So wurden in den bremischen Häfen im vergangenen Jahr rund 28 Mio t umgeschlagen, wovon rund 16,5 Mio t auf Stückgüter entfielen. Auf diesen Stückgutverkehr hat Bremen seit eh und je großen Wert gelegt, weil das Stückgut im Unterschied zum Massengut besonders arbeitsintensiv ist und außerdem die damit verbundene Wertschöpfung rund 12 mal so groß ist wie die Wertschöpfung beim Umschlag von einfachen Massengütern, wie etwa beim Mineralöl. Von dieser Wertschöpfung her gesehen nehmen die bremischen Häfen in Europa nach Rotterdam, Antwerpen und Hamburg den 4. Platz ein. Erst danach folgen Marseille, London, Le Havre, Dünkirchen und Amsterdam.

Dennoch kann und soll dieses an sich stolze Ergebnis nicht darüber hinwegtäuschen, daß der Umschlag in den bremischen Häfen erheblich größer sein könnte, wenn die Bonner Verkehrspolitik mehr auf die deutschen Häfen Rücksicht nehmen und ihren Beitrag zur Schaffung gleicher Wettbewerbsbedingungen im Hinterlandverkehr liefern würde. Hierunter leidet Bremen ebenso wie Hamburg und die anderen deutschen Seehäfen. Insofern hemmt die Bonner Verkehrspolitik das in den deutschen Häfen nach Infra- und Suprastruktur sowie dem know-how der Seehafenverkehrswirtschaft an sich angelegte potentielle Wachstum in nicht unbeträchtlichem Maße.

Und damit möchte ich überleiten zur Bonner Verkehrspolitik aus der Sicht der bremischen Hafenpolitik.

Bremen fühlt sich in seinen Hafenbelangen von Bonn stark vernachlässigt. Allerdings gilt dies auch von der früheren Verkehrspolitik vor Bonn. So mußte Bremen bereits früher oft das eigentliche Feld der Hafenpolitik verlassen und – mit mehr oder weniger großen finanziellen Opfern – sich auf allgemein verkehrspolitischem Gebiet beim Bau und Ausbau der überregionalen Verkehrs-Infrastruktur engagieren, um mit den in seinen Häfen umgeschlagenen Gütern ins abnehmende bzw. die Häfen beliefernde Hinterland zu gelangen. Hierzu nur einige Beispiele aus der Geschichte:

Abgesehen von den bereits erwähnten Anstrengungen Bremens bei der Vertiefung der Unterweser Ende des vergangenen Jahrhunderts war es auch notwendig, leistungsfähige Wege ins Hinterland zu schaffen. Die Landstraßen waren kein zuverlässiger Weg, weil sie im Winter durch Schnee und im Sommer oft durch Regen unpassierbar waren. Auch wurde die Transportleistung des Fuhrwerks gegenüber den größer werdenden Seeschiffen immer unbedeutender. Die Mittelweser als Verkehrsweg für die Binnenschiffahrt konnte sich damals weder mit dem Rhein noch mit der Elbe messen. Aus diesem Grunde wurde für Bremen die Anbindung an das Eisenbahnnetz von lebenswichtiger Bedeutung. Um Bremen herum, also im Königreich Hannover, im Herzogtum Braunschweig und im Großherzogtum Oldenburg entstanden Staatsbahnen. Einen nicht im eigenen Lande liegenden Seehafen in das Eisenbahnnetz einzubeziehen, kam ihnen natürlich nicht in den Sinn und wurde später noch lange als schädlich eingeschätzt. Bremen mußte also selber aktiv werden und außerhalb der Grenzen der Stadt erhebliche Summen in den Bau von Eisenbahnstrecken investieren. In einem Vertrag mit Hannover übernahm Bremen z.B. 50 % der Kosten (ca. 3 Millionen Taler) der Eisenbahnstrecke Bremen-Wunstorf. 1847 war Bremen mit dieser Strecke an die Köln-Mindener-Eisenbahn angeschlossen. 1862 war die Eisenbahn Bremen-Bremerhaven fertiggestellt, an der Bremen sich wiederum mit 50 % der Kosten beteiligte. Um einen Anschluß nach Berlin zu erhalten, finanzierte Bremen 1873 zu 100 % die Strecke von Bremen über Uelzen bis Stendal.

Mit diesen kostenträchtigen Entschlüssen zu den Eisenbahnprojekten und der Korrektion der Unterweser gelang es Bremen im vergangenen Jahrhundert, sich im Wettbewerb mit seinen damals schon mächtigen Konkurrenten an Elbe und Rhein zu behaupten.

Nach dem 1. Weltkrieg wurde einheitlich das Reich für die Infrastruktur der innerdeutschen großen Verkehrswege wie die Reichsstraßen und später die Reichsautobahn, die Reichswasserstraßen und die Reichsbahn zuständig. Diese Zuständigkeit ist nach dem 2. Weltkrieg auf die Bundesrepublik Deutschland übergegangen.

Die Situation Bremens hinsichtlich eines guten Anschlusses seiner Häfen an das Verkehrsnetz des Bundes hat sich durch diese Veränderung in der Zuständigkeit freilich nicht entscheidend verbessert. Auch wenn man berücksichtigt, daß das von Bonn vorgefundene Verkehrsnetz des Reichs im wesentlichen auf eine Ost-West-Verbindung mit dem Zentrum Berlin ausgerichtet war, die wichtigsten Industriezentren an Ruhr, Rhein, Main und Neckar nunmehr an der Peripherie zu den westlichen Nachbarstaaten lagen, die verkehrliche Verbindung der Wirtschaftszentren in Hessen mit dem Ruhrgebiet vorrangig erscheinen mochte, sowie wirtschaftlich unterentwickelte Räume durch eine Bremen nicht immer freundlich gesonnene Zonenrand- und Regionalpolitik verkehrspolitisch besonders betreut werden mußte, so bleibt doch mit Bedauern festzustellen, daß der Frage der Hafenanbindung Bremens – wie auch Hamburgs – mit dem Ruhrgebiet und den anderen deutschen Wirtschaftszentren in Bonn nur eine höchst untergeordnete Bedeutung beigemessen wurde.

Als Beweis dafür mag der relativ späte Anschluß Bremens an das überregionale **Autobahnnetz** gelten. So wurde die Autobahnstrecke Bremen-Walsrode mit ihrem Anschluß an die Autobahn Hamburg-Frankfurt-Basel erst im Juli 1964 dem Verkehr übergeben, und erst im November 1968 folgte die Hansa-Linie, während die Autobahn Bremen-Bremerhaven trotz des gewaltig gewachsenen Containerverkehrs in Bremerhaven und der immer wieder öffentlich wie parteiintern erhobenen Forderungen sogar erst vor rund 1 1/2 Jahren fertiggestellt worden ist.

An dieser die bremischen Belange nur höchst nachrangig praktizierten Bonner Autobahnpolitik hat sich offensichtlich bis zur Stunde nichts geändert. So gelten nach dem für die nächsten 10 Jahre maßgebenden „Bundesverkehrswegeplan 1980" die Planungen der aus Bremer Sicht eminent wichtigen Autobahnverbindung A 5 von Bremen über Herford, Marburg und Gießen als eingestellt. Bremen wird sich jetzt überlegen müssen, ob es die Ablehnung einer mit einer solchen Autobahnverbindung möglichen Verkürzung des Anschlusses seiner Häfen an das so wichtige Gebiet um Frankfurt und Stuttgart um rund 100 Tarifkilometer oder an das Industriegebiet Bayerns um Nürnberg und München um rund 50 Tarifkilometer endgültg hinnehmen soll. Wenn auch nicht verkannt werden soll, daß seit Anfang der 70er Jahre insofern ein Wandel in der Bonner Verkehrspolitik eingetreten ist, als seitdem alle Entscheidungen über den weiteren Ausbau des Bundesverkehrswegenetzes auch auf eine alle drei Verkehrsträger (Schiene, Straße, Wasserstraße) koordinierende Planung und Bewertung abgestützt werden müssen, so trifft doch gerade diese Entscheidung Bremen besonders hart.

Auch beim Ausbau von **Wasserstraßen** zeigte sich Bonn nicht in der Lage, den lebensnotwendigen Interessen der Seehäfen voll zu entsprechen. So muß sich Bremen am Ausbau des Mittellandkanals bis 1993 mit run 20 Mio DM beteiligen und am Ausbau des Küstenkanals ein Drittel der Gesamtkosten (= rund 19 Mio DM) übernehmen. Bezüglich des weiteren Ausbaues der Mittelweser steht Bremen zur Zeit mit Bonn über den Abschluß eines entsprechenden Abkommens in Verhandlungen; aber auch für diese nach dem Grundgesetz voll in die finanzielle Verantwortung Bonns fallende Maßnahme, mit der nach jahrelanger, zum Teil recht unerfreulicher Verhandlung Bremen endlich aus einer drohenden binnenschiffahrtlichen Sackgasse herausgeführt werden soll, muß Bremen ein Drittel der Kosten tragen. Hinsichtlich der Unterweser schließlich mußte Bremen für den letzten Jahres abgeschlossenen 9 m-Ausbau eine Vorfinanzierung in Höhe von 32,5 Mio DM durchführen und den damit verbundenen Zinsverlust von rund 13 Mio DM hinnehmen.

Etwas besser mag die Situation beim Streckennetz der **Deutschen Bundesbahn** beurteilt werden. Aber selbst hier mußte Bremen für die Elektrifizierung der Nord-Süd-Strecke von Eichenberg/Göttingen nach Bremen-/Bremerhaven im Jahre 1961 einen Zinszuschuß von 22 Mio DM leisten, nur um einen leistungsfähigeren Eisenbahnanschluß seiner Häfen zu erhalten, und dies, obgleich auch hierfür Bonn allein hätte aufkommen müssen und die Auslastung der Bahn auch für Bonn niemals ohne Interesse gewesen ist.

Natürlich hätte Bonn die obengenannten Infrastruktur-Maßnahmen im Straßen-, Wasserstraßen- und Schienennetz zu irgendeinem Zeitpunkt auch ohne finanzielle Beteiligung Bremens vorgenommen. Doch dann wären sie für Bremen zu spät gekommen; Bremen hätte aus einer derartigen Verzögerung des kapazitätsgerechten Anschlusses an das Hinterland mit Sicherheit bleibende Schäden davongetragen, indem wichtige Seeverkehre unwiederbringlich zu Konkurrenzhäfen abgewandert wären.

Besonders belastend hat sich für Bremen, aber auch für die anderen Seehäfen der Bundesrepublik die überwiegend nach dem Westen ausgerichtete Verkehrspolitik Bonns erwiesen. Insbesondere in den ersten 15 Jahren der Bonner Verkehrspolitik wurden – mitunter aus falschen Vorstellungen einer Wiedergutmachung der im Kriege den Niederländern und Belgiern zugefügten Schäden – zum dauernden Nachteil der deutschen Seehäfen neue Straßenverbindungen zum Westen gelegt, die – verbunden mit einer freien Preisbildung, einer freizügigen Kontingentpolitik sowie geringeren fiskalischen Belastungen im grenzüberschreitenden Verkehr – förmlich als Magnet auf die Westhäfen wie Rotterdam und Antwerpen wirken mußten und damit gravierende Wettbewerbsverzerrungen zu den deutschen Häfen herbeiführten. Während z.B. von Bremen aus nur über zwei in der Regel auch noch überlastete Autobahnen das Hinterland der bremischen Häfen im Ruhrgebiet, im Frankfurter und Stuttgarter Raum einerseits und die Industriegebiete im Nürnberger und Münchener Raum andererseits verbunden sind, zählen wir allein zwischen Rheine und Aachen zur Zeit fünf grenzüberschreitende Autobahnen, wobei überdies fünf weitere Autobahnen im Bau bzw. in der Planung sind.

Zwar hat es an gemeinsamen Anstrengungen der Küstenländer im Bundesrat nicht gefehlt, um Bonn auf diese für die deutschen Seehäfen höchst abträgliche Verkehrspolitik aufmerksam zu machen. So hat z.B. der Bundesrat in seiner Sitzung am 22. Dezember 1966 die Bundesregierung gebeten (ich zitiere wörtlich), „unverzüglich durch nationale Maßnahmen darauf hinzuwirken, daß die wesentlichen Wettbewerbsverzerrungen vornehmlich auf steuerlichem und tariflichem Gebiet zwischen dem Zu- und Ablaufverkehr der deutschen Seehäfen einerseits und dem grenzüberschreitenden Verkehr zu den niederländischen/belgischen Rheinmündungshäfen andererseits beseitigt werden".

Gebracht haben jedoch diese oder ähnliche Appelle nichts. Resignierend mußte der langjährige Hafensenator der bremischen Häfen, Dr. Georg Borttscheller, in seinen Lebenserinnerungen mit dem Titel „Bremen – mein Kompaß" auf Seite 256 schließlich bekennen: „Nahezu 12 Jahre habe ich gebohrt und geboxt, versucht, Vernunft und System in die Dinge zu bringen, das Pferd aufzuzäumen, wie es ein Reiter braucht. Es gelang mir nicht. Das Roß steht heute noch verkehrt im Stall, falsch im Zeug. Ich bekenne, daß ich auf diesem Gebiet hingehalten, begaukelt und angefeindet wurde und schließlich so erfolglos blieb, wie sonst nie in meinem ganzen Leben".

Niemand sollte es deshalb verwundern, daß bei solch einer Verkehrspolitik des Bundes der Anteil der deutschen Seehäfen an den seewärtigen Einfuhren seit Jahren rückläufig ist; so betrug er 1978 noch ca 45 %, während bereits 55 % über ausländische Seehäfen gingen. An dem Einfuhrzuwachs über Häfen von 1970 bis 1978 von ca. 5 % waren die deutschen Seehäfen lediglich mit 1,3 %, die ausländischen Seehäfen mit 7,9 % beteiligt.

Ähnliches gilt für die Ausfuhr aus der Bundesrepublik. Danach liegt der Anteil der deutschen Seehäfen an der deutschen Ausfuhr über See bei etwa 60 %, und zwar mit eindeutig abnehmender Tendenz.

Diese Entwicklung muß natürlich für jeden Seehafen in der Bundesrepublik beunruhigend wirken. Zwar sind ganz leichte Anzeichen zu verspüren, daß man neuerdings offenbar auch in Bonn die Existenz der deutschen Seehäfen zur Kenntnis nehmen will. Jedenfalls möchte ich es als ein entsprechendes Anzeichen werten, wenn z.B. die Bundesregierung in den letzten Wochen bei der Zentralkommission für die Rheinschiffahrt den Antrag auf Aufhebung der Schiffahrtsabgabenfreiheit auf dem Rhein gestellt und damit ihre Bereitschaft gezeigt hat, eine der entscheidenden Vergünstigungen für die benachbarten Seehäfen in den Niederlanden und Belgien endlich zu Fall zu bringen. Oder wenn man in einem Arbeitspapier des Bundesverkehrsministeriums vom 19. März d.J. über ein „Finanzierungsmodell zur gemeinsamen Finanzierung von europäischen Verkehrs-Infrastruktur-Vorhaben" lesen kann, daß bei den verkehrspolitischen Aspekten auch (ich zitiere wörtlich) „die Wirkung auf die Zu- und Ablaufverkehre der Seehäfen" zu beachten sei.

Und trotzdem: Bremen wäre bei dieser Bonner Verkehrspolitik schon längst zu einem unbedeutenden Handelsplatz herabgesunken, wenn es dem beweglichen, aktiven, zukünftige Entwicklungen im Weltseeverkehr treffsicher voraussahnenden bremischen Kaufmann in der Seehafenverkehrswirtschaft und hier allen voran dem bremischen Seehafenspediteur wie den ob ihrer Sondermeinung oft belächelten bremischen Politikern nicht immer wieder gelungen wäre, durch doppelte Kraftanstrengungen die Benachteiligung seitens der bundesweiten Verkehrspolitik wenigstens halbwegs wieder auszugleichen. Letztendlich sei es wohl (ich zitiere wörtlich) „seine Zuverlässigkeit und Pünktlichkeit, sein Hang zur Sorgfalt und Vertragstreue, sein besonderes know-how und die überragende technische Ausstattung", die Bremen bei seinen Kunden immer wieder als einen zu bevorzugenden Hafenplatz erscheinen läßt. So jedenfalls wußten die Repräsentanten Bremens in Stuttgart kürzlich zu berichten, eine Beobachtung, die von vielen anderen immer wieder gemacht wird und deshalb wohl wahr zu sein scheint. Freilich, die Bremer mußten dafür – so sagt man – im Vergleich zu anderen

Wirtschaftsregionen dieses Landes auch immer eine Stunde früher aufstehen; hieran dürfte sich auch in Zukunft nichts ändern. Natürlich braucht sich dann aber auch kein mit Bremen konkurrierender anderer Hafen darüber zu wundern, daß die Bremer bei ihren möglichen Kunden weltweit in der Regel schon angeklopft haben, bevor andere Häfen auf den Plan treten.

Helmut R. Hoppe, Bremen

Die bremische Seehafenverkehrswirtschaft als Dienstleister im weltweiten Warenaustausch

Dieser Beitrag bezieht sich auf das, was die besondere bremische Stellung, d.h. diejenige von Bremen und Bremerhaven, in der Weltwirtschaft ausmacht. In einer Zeit, in der Bremen negative Schlagzeilen liefert, ist es besonders wichtig, die Hafentätigkeiten aufzuzeigen. Diese haben in Jahrhunderten in täglicher mühsamer Kleinarbeit die Grundlage unseres Stadtstaates gelegt. Unter Ausnutzung der Seewasserstraße Weser und der Häfen ist die Seehafenverkehrswirtschaft der Dienstleister, der für die gesamte deutsche Volkswirtschaft wirkt.

Ich gebe zunächst die Definition der Seehafenverkehrswirtschaft und erläutere sie.
Zum anderen stelle ich deren Einbettung in die Volkswirtschaft dar.
Zum dritten Teil geht es um die Anhängigkeit vom Güteraufkommen. Der vierte Abschnitt befaßt sich mit den wichtigen Gütergruppen der Gliederung der Seehafenverkehrswirtschaft dafür und dem darauf beruhenden Hafenausbau.
Zum Fünften werde ich den Unterschied zwischen einem Hafen (also somit Handelsfunktion) und einer Umschlagstelle aufzeigen. Zum Sechsten geht es um die volkswirtschaftliche Bewertung; dann zum siebenten Teil mit den Aufgaben der beiden Hafengruppen Bremen und Bremerhaven.
Zum Achten erfolgt dann eine gewisse Bewertung.

1. „Die Seehafenverkehrswirtschaft umfaßt alle diejenigen Dienstleistungen und Vermittlungen in einem Seehafen, die im Rahmen der Beförderungsvorgänge mit der Seeschiffahrt verbunden sind."
Im einzelnen sind das diejenigen Tätigkeiten, die in der Kontaktzone Seehafen den binnenwartigen Zu- und Ablaufverkehr der Güter auf Schiene, Straße und Binnenwasserstraße mit demjenigen auf der Seewasserstraße, d.h. mit der Seeschiffahrt verbinden. Man versteht darunter zunächst den stationären Transport durch technische Geräte und ergänzend dazu das Umfuhrwesen des Hafens, nämlich die Hafenschiffahrt durch Schuten, die Hafeneisenbahn und die Hafenrollfuhr. Das erste ist der eigentliche Umschlag der Güter vom Schiff auf Land und vom Land auf Schiff durch Brücken und Kräne, durch Auffahrtrampen für den Roll-on-Roll-off-Transport und Saugeinrichtungen, einschließlich der Zwischen- und Auffanglagerei der Seegüter. Ferner gehören das Stauen der Güter im Schiff, das Tallieren der Ware und das Festmachen der Seeschiffe hierher. Dazu gehört auch die Seetransportvermittlung samt Nebentätigkeiten. Das wären die Schiffsmaklerei, die Agentur, die Ladungsmaklerei, die Klarierungsmaklerei und dann die besonders wichtige Seehafenspedition, die so etwas wie der „spiritus rector" für fast alle diese aufgezählten Tätigkeiten ist. Ein Wort zur Erläuterung: Der Seehafenspediteur ist derjenige, der die Verhältnisse in den anderen Häfen, die Leistungen der Seeschiffe und diejenigen von Bahn, LKW und Binnenschiff, sowie die Qualität und Preise von ihnen allen kennt und im eigenen Namen bzw. für seinen Auftraggeber die örtlich, zeitlich, preislich und qualitätsmäßig günstigen Transportverträge abschließt. Der Spediteur ist also kein Fuhrmann.

Nachdem ich hier die positive Seite dargelegt habe, muß ich auch sagen, was nicht zur Seehafenverkehrswirtschaft gehört. Z.B. das Probenehmen und Probeziehen, das Kornumstechen, die Dauerlagerei samt der Behandlung von Gütern für den Handel. Dazu gehören nicht die Lagerhalter, Quartiersleute und Küper. Ferner die Tätigkeiten zur Erleichterung der Schiffsabfertigung, z.B. der Meldedienst, die Zolldeklarierung, die Bewachungen, das Lotswesen. Auszuschalten sind auch die Wartung und Ausrüstung der Schiffe bei den Werften, die Zimmerei, die Segelmacherei, die Kesselreinigung, Schädlingsbekämpfung usw. usw. und letztlich auch die Seeversicherung und die Schiffahrtsbanken.

Für den Zuhörer ist das ein verwirrender Katalog von Namen. Für uns Hafenleute stehen die Bezeichnungen für pulsierendes Leben. Die von mir aufgezählten Tätigkeiten, die von der Definition gedeckt werden, beziehen sich auf die Bewegung des Umschlaggutes auf kürzere Strecken. Mit anderen Worten, es handelt sich um eine echte räumlich begrenzte Kontaktzone Hafen, die durch die von mir aufgezählten spezifischen Funktionen der Seehafenverkehrswirtschaft gekennzeichnet ist.

2. Diese Seehafenverkehrswirtschaft nun leistet Dienste für andere Dienstleister, nämlich die von mir schon aufgezählten Verkehrsträger, nämlich die Seeschiffahrt auf der einen, Bahn, Straße und Binnenschiffahrt auf der anderen Seite. Sie wissen um die besondere Empfindlichkeit der Verkehrsträger, vor allen Dingen in wirtschaftlich nicht einfachen Zeiten. Sie wissen um das Defizit der Eisenbahn. Sie wissen um die politischen und wirtschaftlichen Sorgen in der Seeschiffahrt. Diese Verkehrsträger sind abhängig von ihren Auftraggebern in Industrie und Handel und von den großen wirtschaftlichen und politischen Entwicklungen. Von ihnen ist wiederum die Seehafenverkehrswirtschaft im Seehafen abhängig. Sie ist also doppelt empfindlich. Sie muß daher täglich alle Verkehrsvorgänge vor Augen haben und dabei außenpolitische und wirtschaftspolitische Entwicklungen in die Überlegungen einbeziehen.

Auf die Gesamtwirtschaft hin gesehen werden Warenströme im Hafen gebündelt. Da Häfen große Investitionen erfordern, muß in ihnen sehr genau und exakt gearbeitet werden. All diese vielen Tätigkeiten, Berufe und Firmen müssen in ständigen Kontakten und Gesprächen täglich wie Zahnräder ineinandergreifen. Es kommt also sehr stark auf den Menschen mit seinem Leistungs- und Arbeitswillen, aber auch auf sein Wissen und seine Klugheit und seinen weltweiten Überblick an, für den die Geographie nun einmal ein unumgängliches Rüstzeug ist.

3. In Bremen/Bremerhaven wird weltweiter Warenaustausch durchgeführt. Hier werden einkommende und ausgehende Güter und auch die Transitware umgeschlagen. Wie ich schon andeutete, besteht eine gewisse Abhängigkeit von denjenigen, die über die Ware bestimmen. Die Besonderheit Bremens liegt nun darin, daß hier eine wechselseitige Abhängigkeit besteht. Wenn kein Außenhandel vorhanden wäre, gäbe es keinen Hafen, und wenn es keinen Hafen gäbe, gäbe es keinen Außenhandel. Die Dinge liegen aber nicht so einfach, wie dieses Beispiel zeigt. Nur etwa 25 % des Gutes, das hier umgeschlagen wird, ist sogenanntes Loco-Gut, das sich in den Händen der hiesigen Händler, Industriellen usw. befindet. 75 % liegt in den Händen der Spedition. Es ist das jenes Gut, das aus den übrigen Teilen der Bundesrepublik und der Welt durch geschickte Angebote über Bremen/Bremerhaven gezogen wird. Dieses Verhältnis von 25 zu 75 zeigt die Bedeutung der Seehafenspedition an der Unterweser.

Wie ist es nun zu dieser Einschaltung dieses relativ kleinen Platzes mit dem geringen Loco-Aufkommen in den weltweiten Warenaustausch gekommen? Gibt es hier doch, wie Geographen geläufig, keine nennenswerten Rohstoffe in der näheren und weiteren Umgebung und auch kaum Menschen, die als Erzeuger und Verbraucher in Betracht kommen. In unserer Umgebung leben nur 80 Menschen auf dem Quadratkilometer. Das sind sehr viel weniger als der Bundesdurchschnitt. Das einzige Positivum, das wir von der Geographie her haben, ist die Seewasserstraße Weser und deren Kreuzung mit Landverkehrswegen. Durch die Virtuosität der Seehafenverkehrswirtschaft ist es möglich gewesen, daß hier ein Welthafen Bremen/Bremerhaven und ein Welthandelsplatz entstand. Wäre sie nicht vorhanden, wären wir heute nur eine Stadt von etwa 100 000 Einwohnern und nicht ein Zwei-Städte-Staat von mehr als 700 000 Menschen.

Mit anderen Worten, es bestand immer der Zwang zum Verkehr mit der Ferne über See oder weit ins Binnenland und zum entsprechenden Fernhandel. Auf die Seehafenverkehrswirtschaft bezogen bedeutet das Überblick, großes Geschick, Fleiß und eine erhebliche Risikobereitschaft. Ein Weiteres kommt hinzu; die enge Verbindung zu den kommunalen Instanzen, ein kurzer Verwaltungsweg und die Tatsache, daß die Senatoren in der Vergangenheit so etwas wie die obersten Fachbeamten ihres jeweiligen Ressorts waren.

Dazu kommt, daß Bremen der dem Binnenland nächstgelegene deutsche Seehafen ist. Wenn Sie sich vorstellen, daß zur See eine Entfernungseinheit die Kosten 1 verursacht und die anschließende Landstrecke dafür etwa 3,8-5,5 dann ist ein Vorteil dargestellt. Bremerhaven ist der am weitesten seewärtsgelegene Hafen, für ihn spricht das Interesse der Reeder an einer Anlage für ihre größten Schiffe mit großen Tiefgängen.

4. Wie wird die Dienstleistungsaufgabe der Seehafenverkehrswirtschaft im einzelnen gelöst?
a) Beim Umschlag von Stückgütern, also der hochwertigen Güter, die in Kisten, Kästen, Ballen, Fässern, Containern usw. transportiert werden, gibt es auf jeder der Stufen, die ich Ihnen vorher aufgezählt habe, selbständige Firmen, die in Konkurrenz zueinander stehen. Z.B. selbständige Schiffsmakler, Stauer, Tallyfirmen, Spediteure usw.. Lediglich beim Umschlag mit Kränen, mit Brücken, Ro-Ro-Rampen usw. ist nur eine Umschlaggesellschaft tätig.
Warum das Letztere? Wegen der geringen Kajelängen, die sehr kostspielig sind, sie kosten je laufenden Meter etwa 108.000,- DM, muß eine möglichst große Gütermenge über das einzelne Meterstück Kaje

umgeschlagen werden. Deshalb disponiert eine Gesellschaft über die Schiffsliegeplätze an den Kajen. Zum Teil müssen die Schiffe fast Bug an Heck liegen, um eben den größtmöglichen Nutzen zu erreichen. Diese Kunst des Disponierens ist ein besonderes Kennzeichen im bremischen Umschlaggeschäft. Sie wird noch dadurch angeregt, daß auf den Stufen vor und nach dem Löschen und Laden der Schiffe, also auf den verschiedenen anderen horizontalen Stufen, viele Firmen tätig sind und durch ihren Wettbewerb untereinander auf die in der Mitte stehende Umschlaggesellschaft einwirken und sie zu möglichst hohen Leistungen veranlassen. Das führte dazu, daß jährlich je laufenden Meter etwa 600 t Stückgüter in Bremen über die Kajen gehen. Der nächstbeste Hafen auf dieser Welt schafft nur etwa 400 t. Wir glauben daher, durch das Räderwerk unserer Organisation, dem „Bremer System", eine besonders hohe Effektivität erreicht zu haben.

b) Beim Umschlag von Massengütern, also jenen, die mit Greifern erfaßt oder gesaugt werden, z.B. Erz, Kohle, Öl, Getreide usw., ist die Situation völlig anders. Dafür gibt es die horizontale Gliederung nicht, sondern eine vertikale. Z.B. betreibt ein Umschlagbetrieb gleichzeitig Stauerei und Spedition oder ein Schiffsmakler ist gleichzeitig Spediteur für diese Güter. Dazu kommt, daß diese Massengüter nicht in den Freihäfen umgeschlagen werden, sondern, weil sie eine Basisfunktion in der Volkswirtschaft haben und in der Regel nicht mit Zoll belegt sind, in den sog. Seezollhäfen, d.h. den Inlandshäfen, umgeschlagen werden. Dieser mehrschichtige Typ von Firmen der Seehafenverkehrswirtschaft hat sich aufgrund der Besonderheiten dieser Güter herausgebildet und ebenfalls bewährt.

5. Ich hatte eingangs gesagt, daß es sich um den Umschlag von Gütern für Fremde handelt, für Importeure, Exporteure und Transiteure. Es besteht also ein klarer Gegensatz zum sog. Werkshafen, in dem z.B. ein großer Konzern der Industrie seine eigenen Güter umschlägt. Zum Teil geschieht das im räumlichen Zusammenhang mit dem dazugehörigen Industriewerk oder auch, wenn es weit entfernt im Binnenland liegt, durch eine eigene Werksabteilung oder Tochterfirma.

Alles in allem gesehen, ist dasjenige, was ich Ihnen aufgezeigt habe, ein Beweis dafür, daß an einem solchen Platz wie Bremen/Bremerhaven, wo kaufmännische Aktivität, Risikobereitschaft und die Technik des Wirkens der Seehafenverkehrswirtschaft zusammenkommen, ein Zwang zu einem Universalhafen besteht. Man ist eben nicht nur Werkshafen, sondern im Zusammenhang mit der Außenwirtschaft ein besonderer, allerdings vielgliedriger eigener Wirtschaftskörper.

In Hamburg ist die örtliche industrielle Basis und damit das Loco-Geschäft, bedeutend. Es stellt mehr als die Hälfte der Güter, die in seinem Hafen umgeschlagen werden. Worauf beruht der Unterschied? Dort ist eine wesentlich größere Finanzkraft infolge Konzentration von Banken und Großunternehmen pro Kopf der Bevölkerung vorhanden als bei uns. Unsere Stärke liegt wesentlich in der Aktivität der Seehafenverkehrswirtschaft. Bedenken Sie, daß mehr als 30 % aller Arbeitsplätze im Stadtstaat Bremen vom Hafengeschäft abhängig sind. –

6. In der Presse werden häufig Hafenrekorde verzeichnet. Öffentlichkeitsreferenten sprechen von Rekorden und schaukeln sich mit den Umschlagsmengen von Millionen Tonnen hoch. Darauf kommt es nicht an. Viel wichtiger ist, was die einzelnen Güter effektiv in Mark und Pfennig wert sind und was sie im volkswirtschaftlichen Sinne für die Betätigung der Außenwirtschaft und die Beschäftigung bedeuten. Es kommt also auf den indirekten Nutzen an. Mit anderen Worten, es ist nicht entscheidend, was im Hafen an städtischen Gebühren oder an Umschlagsentgelten eingenommen wird. Es kommt darauf an, was die Außenwirtschaft, die den Hafen als Werkzeug nutzt, verdient und an Steuern an die Kommune abführt. Dieses Geld wird zum Teil wieder im Hafen investiert, in dem die Seehafenverkehrswirtschaft, für die gesamte Volkswirtschaft wirkt. Es ist das etwas schwierig zu erkennen, weil hier der Nutzen nicht unmittelbar in Erscheinung tritt, sondern nur auf Umwegen. Der Hafen ist ein Dienstleister für andere. Diese Dienstleistungen erbringt vornehmlich die Seehafenverkehrswirtschaft und das alles in einem, ich erwähnte es eingangs schon, von der Natur her recht vernachlässigten Raum Nordwest-Europas.

7. Was hat es mit dem Unterschied zwischen den Häfen in Bremen und Bremerhaven auf sich? Hierzu kann ich sagen, es gibt gar keinen Unterschied. Man könnte sagen, das sind die einen Hafenbecken der Stadtgemeinde Bremen und das sind die anderen Hafenbecken der gleichen Stadtgemeinde Bremen. Damit ist gesagt, daß es in Bremen praktisch keine Landeshäfen gibt. Die Kommune Bremen läßt diese beiden Hafengruppen, soweit es das Stückgutgeschäft angeht, von derselben Umschlaggesellschaft behandeln, und sie werden durch dieselbe Handelskammer Bremen betreut. Eine Arbeitsteilung ist dergestalt entwickelt worden, daß

in aller Regel in der Hafengruppe Bremerhaven die Containerdienste mit den zum binnenländischen Zielort durchrollenden Sendungen und Spezialgüter umgeschlagen werden. Demgegenüber beherrschen in Bremen die konventionell umgeschlagenen Güter des Handels das Bild.

Das ganze Schema ist nur deswegen so möglich, weil die Stadtgemeinde mit dem Hafen identisch ist. Der Hafen ist nicht nur der wesentliche Träger der Wirtschaft, sondern auch derjenige der politischen Eigenstaatlichkeit. Jahrhundertelange Erfahrung, genaues Kennen der Materie und der Umwelt im weiteren Sinne, haben hier etwas ohne Reißbrettplanung oder Schreibtischtheorien geschaffen. Hier ist vielmehr etwas Bedeutendes aus dem Zwang der geographischen Verhältnisse heraus entstanden, und es hat sich bewährt.

8. In meiner Zusammenfassung möchte ich noch einmal herausstellen, daß die Seehafenverkehrswirtschaft alle jene Dienstleistungen und Vermittlungen in einem Seehafen erbringt, die mit den Beförderungsvorgängen der Seeschiffahrt zusammenhängen. Sie beeinfluß sie auch und bemüht sich darum, daß die Dinge richtig laufen, so daß Im- und Export zum Gesamtnutzen der großen deutschen Volkswirtschaft möglich sind. Damit wird eine Aufgabe im höheren Sinne erfüllt. Cicero sagte schon einmal, und er verstand sich auf Staatsführung, daß es nicht auf das kleinliche Ramschen ankomme, sondern darauf, Güter für das Volksganze zu bewegen, durchzuschleusen und in jene Kanäle zu leiten, daß sie letztlich jedem Einzelnen zugute kommen. Wir in Bremen/Bremerhaven glauben, daß wir in der geistigen Durchdringung dieser Aufgabe uns ein System geschaffen haben, das unter den obwaltenden Umständen gute Leistungen täglich, ohne Schlagzeilen zu machen, erbringt.

Wolfgang Brönner, Bremen

Die Entwicklungsgeschichte der bremischen Häfen und ihre geographischen Randbedingungen

Die Betrachtung bremischer Hafengeschichte dürfte streng genommen nur Bremen sowie jenes Bremerhaven behandeln, das im frühen 19. Jahrhundert als Tochterstadt Bremens 60 km die Weser abwärts nördlich der Geestemündung gegründet wurde. Bremerhaven umfaßt jedoch heute auch die ehemals selbständigen, aber doch seit langem mit der bremischen Gründung eng verflochtenen Stadtteile Lehe und Geestemünde, wovon gerade die nur wenig später als Bremerhaven gegründete Hafenstadt Geestemünde hier nicht außer Betracht bleiben darf. Das Thema in Vollständigkeit darzustellen würde aber den gesetzten Rahmen sprengen. Außerdem wird die Erforschung hafengeschichtlicher Denkmäler erst seit einigen Jahren betrieben, so daß vorerst nur Zwischenergebnisse vorgestellt werden können. Eine zeitliche Begrenzung empfiehlt sich deshalb ebenso wie die exemplarische Behandlung bestimmter Objekte. Im folgenden sollen ganz überwiegend Zeugnisse des 19. Jahrhunderts, der ersten großen Ausbauphase der Häfen, und nur ausnahmsweise solche des 20. Jahrhunderts angesprochen werden. Dabei wird es sich wegen der größeren Denkmälerdichte und interessanteren Technologien hauptsächlich um Objekte in Bremerhaven handeln.

Bremen und Bremerhaven sind immer schon eher durch ihre Unterschiede als durch ihre Gemeinsamkeiten charakterisiert. Bremerhaven war 1827 gegründet worden, um bei zunehmenden Schiffsgrößen Bremens Geltung als Handels- und Hafenstadt zu sichern. Deshalb wagte man auf schwierigstem Gelände den Bau eines Hafens und fügte ihm eine Stadt aus der Retorte hinzu. Erst durch die Weserkorrektion von 1883 bis 1888 wurde die Anlage großer Hafenbecken im Westen Bremens möglich, so daß ein Teil der Schiffe wieder nach Bremen geholt werden konnte. Die beiden Häfen (vgl. Karte im Anhang) legen in allen Einzelheiten Zeugnis ab vom Überlebenskampf der Hansestadt in ungünstiger geographischer Lage und zeigen, daß die Besonderheiten der Lage jeweils ganz verschiedene technische Lösungen verlangten. Die Hauptleistung bei der Anlage der Häfen in Bremen war die Weserkorrektion. Der Hafen selbst wurde als offener Hafen (Tidehafen) gebaut. Die in langen Zeiträumen vor sich gehenden Schwankungen des Wasserspiegels bis zu sieben Metern und der durchlässige Sandboden ließen die Anlage eines Dockhafens nicht ratsam erscheinen. In Bremerhaven dagegen bestand das Hauptproblem in der Anlage und Sicherung der Hafenbecken selbst. Die Lösung bestand hier in einem ständig erweiterten System von Dockhäfen, d.h. in Hafenbecken, die durch Schleusen gegen die Weser abgeschlossen sind und einen etwa gleichbleibenden Wasserstand halten.

Bremerhaven wurde gleichzeitig mit der Erbauung des ersten Hafenbeckens an der Geestemündung als Stadt aus der Retorte angelegt. Das lange, schmale Hafenbecken erstreckt sich parallel zur Weser. Auf dem langseitig anschließenden Terrain entstand die neue Stadt. Der Holländer Johann Jakob van Ronzelen, Wasserbauingenieur und Stadtplaner in einer Person, zeichnete für dieses Konzept verantwortlich und bestimmte mit seiner Tat nicht nur die Gründungsphase Bremerhavens, sondern auch die weitere Entwicklung der Stadt. Die Lage des Hafenbeckens zwischen Stadt und Weser verhinderte jede weitere Entwicklung an dieser Stelle. Breitere Schiffe und ein größeres Verkehrsaufkommen machten bereits 1847/52 die Anlage des Neuen Hafens und einer neuen Schleuse etwas weserabwärts nötig. Die Stadt erweiterte sich parallel dazu. Hafen- und Stadtentwicklung folgten weiter dieser Dynamik und blieben van Ronzelens Grundentscheidung treu. Weserabwärts entstanden nacheinander 1872/76-1892/97 Kaiserhafen I und II mit der alten und der neuen Kaiserschleuse, schließlich auch die riesige Nordschleuse von 1928/31. Die Stadt folgte den Häfen bis zum letzen Ausläufer der ehemaligen Kaiserstraße. Ich möchte die Frage offen lassen, ob dieses stadtplanerische Konzept an dieser Stelle wirklich das einzig mögliche war. Die Anlage von Dockhäfen war damals in der sturmflutgefährdeten Lage an der offenen Weser sicher unumgänglich. Ein besseres Verständnis als alle Spekulationen scheint aber der zeitgeschichtliche Hintergrund zu vermitteln, vor dem van Ronzelen seine Ideen entwickelte. Deutschland konnte keine Vorbilder und Beispiele liefern. Das große Vorbild hieß England, genauer Liverpool. In Liverpool war das System des Dockhafens bereits im 18. Jahrhundert entwickelt worden. Die dort errichteten Anlagen gaben nicht nur für die berühmten Londoner Docks, sondern für alle englischen und europäischen Dockhäfen das Beispiel ab. Unzählige Beschreibungen bezeugen allein in Deutschland ein durch das ganze 19. Jahrhundert andauerndes Interesse an den Häfen dieser Stadt. Aber nicht nur der Dockhafen war die durch Liverpool vorgegebene Lösung, sondern auch die Lage der Häfen zwischen dem Mersey und der Stadt. Liverpool baute seine Hafenbecken vor der Stadt in den Fluß hinaus. Der dadurch begrenzte Raum erlaubte Erweiterungen nur entlang dem Flußufer. Heute zieht sich eine endlose Reihe von Dockhäfen zwischen Stadt und Fluß hin.

Die Liverpooler Häfen bilden heute ein ausgedehntes technikgeschichtliches Ensemble mit Schleusen, Drehbrücken, Lagerhäusern, Verwaltungsgebäuden, Trockendocks und dergleichen, das meiste allerdings in trostlosem, verlassenem Zustand. Fülle und Dichte der in Bremerhaven vorhandenen Technikdenkmäler laden auch unter diesem Aspekt zum Vergleich ein. In Bremerhaven sind die historischen Hafenanlagen, deren Zahl freilich nicht so groß ist wie in Liverpool, als gut ablesbares Ensemble erhalten geblieben, wobei dank der Eigentümlichkeit der Entwicklung die hafengeschichtlichen Denkmäler sich wie auf einer Schnur in chronologischer Folge entlang der Weser aneinanderreihen. Erhalten sind nicht nur die Hafenbecken und die großräumlichen Zusammenhänge, sondern eine Vielzahl von Einzelobjekten. Von den Schleusen sind zumindest noch die Vorhäfen und die Leuchtfeuer, so beim Alten Hafen von 1827/30 und beim ersten Kaiserhafen, und von der Schleuse zum Neuen Hafen sogar noch die Tore erhalten. Die Kaiserschleuse von 1897 ist noch voll in Betrieb. Auch die Verbindungsschleuse zwischen Neuem Hafen und Kaiserhafen besitzt noch eines von ihren ehemals zwei Stemmtorpaaren. Außerdem sind noch mehrere Dreh- und Klappbrücken erhalten und in Funktion, so die Drehbrücken für Schiene und Straße über der eben genannten Verbindungsschleuse, die Drehbrücke über die Geeste von 1904 und die Klappbrücken zwischem Altem und Neuem Hafen von 1926. Schließlich sei noch der Wasserstandsanzeiger von 1903 beim Alten Hafen genannt. Selbst die von van Ronzelen eingeführte und für Bremerhaven typische Bockpfahlkonstruktion der Kajen ist in der Vorhafenmauer zum Alten Hafen von 1852 unverändert erhalten. Das System hatte sich auf dem schwierigen Boden Bremerhavens so gut bewährt, daß das Prinzip über hundert Jahre lang verwendet und fortentwickelt wurde. Hinzu kommen Kräne, Schuppen, Verwaltungsgebäude und dergleichen. Ohne Zweifel handelt es sich um ein historisches Ensemble mit viel erhaltener Substanz und beachtlicher Vollständigkeit. Der Vergleich zwischen Bremerhaven und dem englischen Vorbild ist übrigens nicht neu. Goethe, der bekanntlich an der Gründung reges Interesse zeigte, schrieb 1828 an den Arzt Nicolaus Meyer: „Müssen wir doch so viel von den englischen Docks, Schleusen, Canälen und Eisenbahnen uns vorerzählen und vorbilden lassen, daß es höchst tröstlich ist, an unserer westlichen Küste dergleichen auch unternommen zu sehen." Man sieht daran, wie sehr der Vorsprung Englands auf dem Gebiet der Technik als Makel am Bild der Deutschen Nation verstanden wurde.

Bald nach der Gründung des bremischen Hafens entstand auf der anderen Geesteseite die Hafenstadt Geestemünde. Sie wurde vom Königreich Hannover ab 1848 als Gegengründung zu Bremerhaven erbaut. Die Stadt ist ebenfalls eine völlige Neugründung. Bei der Betrachtung des frühen Stadtplans fällt auf, daß hier ein anderes stadtplanerisches Konzept verfolgt worden ist. Hier liegt der Hafen nicht zwischen Weser und Stadt, sondern er durchdringt die Stadt. Das meiste davon ist in den ersten Ansätzen steckengeblieben. Doch ist der Versuch einer Alternative zu Bremerhaven unverkennbar. Von diesen frühen Anlagen ist ebenfalls noch vieles erhalten. Die aufwendige und damals, 1863, hochmoderne Kammerschleuse ist mit Vorhafen vorhanden. Nur das Außenhaupt ist zugeschüttet. Weiter existieren noch Hafenbecken und Hauptkanal. Die Drehbrücke über den Hauptkanal stammt von 1861/62 und ist noch heute in Betrieb. Auf die ausgedehnten Anlagen des Fischereihafens, mit deren Ausbau 1891 der eigentliche Aufschwung Geestemündes begann, kann ich hier nur hinweisen.

Aus dieser Vielzahl technischer Einrichtungen soll nun das Thema Schleusenbau herausgegriffen und wegen seiner besonderen Bedeutung näherer Betrachtung unterworfen werden. Der Unterschied zwischen einem Tidehafen und einem tidefreien Hafen ist bereits oben angesprochen worden. Ein Tidehafen muß, um die Gezeitenunterschiede auszugleichen, eine entsprechende Tiefe haben, damit auch bei Niedrigwasser die im Hafen liegenden Schiffe nicht auf Grund geraten. Die Erbauung eines Dockhafens, der ja, durch Schleusen geschützt, seinen Wasserstand konstant halten kann, ist dagegen hinsichtlich der Hafentiefe sehr viel ökonomischer. Er muß jedoch dafür an seinen Schleusen, die den hohen Wasserstand halten sollen, um so besser gesichert sein, damit der Gefahr des Leerlaufens begegnet wird. Bei Häfen wie Liverpool, Bristol oder London liegt das Außenhaupt der Schleuse bei Ebbe praktisch trocken. Wir finden deshalb in den meisten Dockhäfen Englands vor den eigentlichen, durch Schleusen gesicherten Hafenbassins noch zusätzliche Halbtidebassins, die wiederum mit einer Schleuse geschützt sind. Auch die Verbindungskanäle zwischen den Hafenbecken wurden durch Schleusen gesichert. Wenn die Hafenbauer oft in ihrer Entscheidung zwischen Dockhafen und Tidehafen mehr oder weniger frei waren, so war in Bremerhaven der Dockhafen die einzig mögliche Lösung. Im Gegensatz zu den anderen Beispielen ist nämlich das Gelände hier nicht flutsicher. Das

Marschenland liegt hier nicht mehr als 50 cm über der normalen Fluthöhe und würde ohne Schutzdeiche bei jeder höheren Flut überspült. Demzufolge war ein geschlossenes Hafensystem unumgänglich. Jede Schleuse mußte neben der Sicherung gegen das Leerlaufen bei Niedrigwasser durch sogenannte Ebbetore auch Fluttore in Deichhöhe erhalten, von denen nicht nur die Sicherheit der Häfen, sondern auch des Hinterlandes abhing. Man könnte also bei diesen Dockhäfen ein weitverzweigtes Sicherungssystem nach innen und außen erwarten. Die Sparsamkeit der Schutzanlagen steht in überraschendem Gegensatz dazu. Die politische Situation der Hafenstadt stellte einer optimalen Lösung entscheidende Hindernisse in den Weg. Da man auf fremdem Hoheitsgebiet nur ein eng begrenztes Territorium zur Verfügung hatte, das sich im Laufe der Zeit nur schrittweise durch neue Landkäufe vergrößern ließ, mußte auf große Flächen beanspruchende Anlagen wie Halbtidebassins verzichtet werden. Nur eine einzige Schleusenanlage schützte das jeweilige Hafenbecken gegen die offene Weser. Beim Alten Hafen von 1830 war es noch immerhin eine Kammerschleuse, die den Zugang zum Hafen auch bei niedrigen Wasserständen ermöglichte und über ein Paar Fluttore und zwei Paar Ebbetore verfügte. Sie war jedoch mit 11 m Breite von bescheidener Größe. Die 1851 fertiggestellte Schleuse zum Neuen Hafen war dagegen nur eine einfache Dockschleuse, die den Hafen nach außen durch ein Paar Fluttore und nach innen durch ein Paar Ebbetore sicherte. Sie hatte außerdem den Nachteil, daß ein Durchschleusen nur jeweils für etwa eine Stunde bei ausgeglichenem Wasserstand zwischen Weser und Hafenbecken möglich war. Ob finanzielle Erwägungen bei der Entscheidung für diesen Schleusentyp eine Rolle gespielt haben, läßt sich nicht sicher beantworten. Von einer Kammerschleuse war jedenfalls zu keinem Zeitpunkt die Rede. Ein Blick auf die Karte zeigt auch, daß der bereits oben angesprochene zu geringe Raum einer solchen Lösung entgegengestanden hätte. Der Neue Hafen war eingerichtet worden, um die Postverbindung New York – Bremerhaven aufnehmen zu können. Die Postschiffe hatten immerhin eine Breite von 17-18 m und eine Länge von über 70 m. Aus diesem Grunde hatte die neue Dockschleuse eine Breite von nahezu 22 m erhalten. Eine Schleusenkammer von entsprechender Länge war auf dem vorhandenen Platz nicht unterzubringen. Auch die alte Schleuse zum Kaiserhafen, erbaut 1876, von der wir heute nur noch den Vorhafen sehen, wurde dieser Schleuse im wesentlichen nachgebildet. Sie verfügt lediglich über ein weiteres Fluttor. Erst die neue Schleuse zum Kaiserhafen ist wieder eine Kammerschleuse, diesmal auf freierem Gelände mit 28 m Breite und 223 m Länge die damals größte der Welt.

Nur ein kurzer Blick soll nun auf ein anderes, dem Schleusenbau verwandtes Gebiet gerichtet werden, auf den Bau von Trockendocks. Bremerhaven nimmt auch auf diesem Gebiet eine besondere Rolle ein. In kurzer Folge entstanden nach der Hafengründung an den Ufern der Geeste die Werften von Lange, Wencke, Rickmers und Ulrich auf dem rechten Ufer und die von Tecklenborg und Schau auf dem linken Ufer. Da neben dem Schiffsneubau die Reparatur einen wichtigen Teil des Geschäfts ausmachte, bemühten sich die Werften alsbald um die Anlage von Trockendocks. So entstanden in diesem Bereich bis 1865 zu beiden Seiten der Geeste insgesamt sechs Trockendocks. An der Elbe bei Hamburg gab es zu dieser Zeit nur ein Trockendock. In den Häfen von Bremerhaven und Geestemünde wurden bis 1910 noch vier weitere Anlagen errichtet, nämlich das Lloyd-Dock im Neuen Hafen 1871 (Breite 17 m, Länge 138 m) und das Kaiserdock I im Kaiserhafen 1899 (Breite 28 m, Länge 226 m, damals das größte der Welt) sowie die beiden Baudocks von Seebeck im Geestemünder Hafen (1910). Zum Vergleich: In Liverpool zählte man 1886 neunzehn Trockendocks. Die Hafenregion an der Geestemündung darf also als ein auch in dieser Hinsicht bemerkenswerter Platz gelten.

Abschließend sollen nun ein paar wesentliche Aspekte der Häfen in Bremen angesprochen werden. Es ist bereits oben gesagt worden, daß sie im Vergleich zu den Häfen in Bremerhaven arm an spektakulären Wasserbauten sind, da sie als offener Tidehafen gebaut wurden. Eine Ausnahme muß hier sicher für die Kajen gelten, die auf dem zwischen Kleie und Sand wechselnden Untergrund eigentümlicher Konstruktionen bedurften. Während noch die Mauern des Hafenbeckens im alten Freihafen, heute Überseehafen, mit ihren Schrägpfählen dem Bremerhavener Typ ähneln, war für die Kaje am offenen Strom ein vollkommen anderes System gewählt worden. Sie wurde auf Beton zwischen Spundwänden gegründet. Beim um 1900 begonnenen Überseehafen schließlich wurden die Mauern auf zwischen hölzernen Spundwänden angelegte Betonschürzen gegründet und der Seitenschub des Erdreichs durch ein weit nach hinten verlegtes System von Schrägpfählen aufgefangen. Die Vielfalt der Lösungen beweist jedenfalls, daß die Schwierigkeiten keineswegs leicht zu meistern waren und immer wieder neue Konstruktionen erzwangen.

Im übrigen aber zeichneten sich die bremischen Häfen durch eine große Zahl bedeutender Hochbauten aus. Doch zunächst muß zeitlich etwas zurückgegriffen und zumindest mit einigen Sätzen der Weserbahnhof angesprochen werden. Diese Hafenanlage wurde bereits 1855, also noch vor der Weserkorrektion, unterhalb der Altstadt am Weserufer angelegt. Mit ihr wurde erstmalig die Verbindung Hafen und Eisenbahn hergestellt.

Wieder Liverpool zum Vergleich: Dort bestand noch um 1850 keinerlei Gleisanschluß zum Hafen. Güter, die mit der Bahn transportiert werden sollten, mußten auf Fuhrwerke geladen und zur nächsten Bahnstation in der Stadt transportiert werden. Es zeigt sich also, daß Bremen mit der Anlage des Weserbahnhofs eine durchaus fortschrittliche Entscheidung gefällt hatte.

Die Verbindung von Eisenbahn und Hafen gewann bei der Planung von Hafenanlagen zunehmend Bedeutung. Dabei galt es, Ladekräne, Lagerschuppen und Speicher mit den Verkehrswegen Schiene und Straße zu einem sinnfälligen Gefüge zu verbinden. Im Laufe der Zeit waren verschiedene Lösungen versucht worden, ehe man zu einem überzeugenden, differenzierten System von Transport und Lagerung kam. Am Weserbahnhof wurde die Eisenbahn noch nicht auf der Kaje ans Schiff heran, sondern hinter die Lagerhäuser gelegt. Immerhin gab es schon einen besonderen, wenn auch kleinen Platz, wo mit drei Handkränen vom Schiff direkt auf die Eisenbahn verladen werden konnte. Auch in Bremerhaven wurden noch 1863 die Bahngleise hinter die Schuppen gelegt. Bei dem 1872 fertiggestellten Kaiser-Kai in Hamburg lagen dann die Bahngleise direkt auf der Kaje, darüber die Ladekräne und unmittelbar dahinter die Speicherbauten oder Schuppen. Im Bremer Freihafen von 1888 wurde schließlich ein differenziertes System von Kränen, Bahngleisen, Schuppen und Speicherbauten hintereinandergeschaltet. An der Kaje liefen fahrbare Ladekräne über parallel liegenden Eisenbahngleisen. Dahinter legte man flache Schuppen zur kurzfristigen Lagerung und Sortierung der Waren an. Auf deren Rückseite folgten eine Rampe und wiederum Bahngleise. Vollendet wurde das System durch hohe Speicherbauten, damals in gotisierenden Formen erbaut, die mit den Schuppen durch wiederum über den Bahngleisen laufende Kräne verbunden waren. Die Speicherbauten konzentrierten sich allerdings auf Wunsch der Kaufleute auf den hinteren, der Stadt nahe gelegenen Teil des Hafenbeckens, da sie ihren Warenlagern möglichst nahe sein wollten. Dieser Gesichtspunkt macht aber auch deutlich, daß die Lagerschuppen an der Kaje und die dahinter liegenden Speicher nach recht verschiedenen Gesichtspunkten betrieben wurden. Die Waren, die zur kurzfristigen Lagerung und zum Sortieren in die Schuppen gebracht wurden, entsprachen nicht unbedingt den Waren, die zur langfristigen Lagerung in die Speicher transportiert wurden. Aus diesem Grunde wurde auch recht bald Kritik laut. In Wasmuths Lexikon der Baukunst wird später sogar die Korrespondenz zwischen Schuppen und Speicher geradewegs als unsinnig bezeichnet. Für die speziellen Bremer Bedürfnisse scheint sich das System aber doch bewährt zu haben. Es wurde nämlich beim Bau des zweiten Bassins, des Überseehafens, um die Jahrhundertwende in vergrößerten Dimensionen wiederholt.

Die mehrere hundert Meter langen, hohen Speicheranlagen bildeten zusammen mit dem Hafenhaus, dem Maschinenhaus, dem Feuerwehrgebäude und vielen anderen Bauten ein gewaltiges Ensemble. Im Zweiten Weltkrieg sank das meiste in Schutt und Asche. Neben der Feuerwache und einigen verstreuten Speicherbauten vor allem am Fabrikhafen ist nur noch eine Speichergruppe von etwa 400 m Länge am Überseehafen erhalten geblieben. Die zugehörigen Schuppen sind nach dem Krieg in alter Größe wiederhergestellt worden und werden noch heute genutzt. Die Speicher stehen dagegen leer und machen einen leblos düsteren Eindruck. Die sorgfältig verschlossene, monumentale Anlage wirkt mit ihren vielen unbenutzten Toren, Luken und Rampen eher abweisend. Doch wer sich vom Eindruck des Augenblicks lösen und in seiner Vorstellung etwas von der früheren Geschäftigkeit zurückholen kann, die hier herrschte, wird sich auch bald wieder mit dem architektonischen Erscheinungsbild anfreunden können und sich an der lebhaften Gliederung dieser Backsteinarchitektur und der gelungenen Verbindung von Gestalt und Funktion erfreuen.

Heinrich Kellersohn, Siegen

Das Überfischungsproblem –
Ein Beitrag zur didaktischen Aufbereitung
einer akuten Frage der Meeresnutzung

I. Zur didaktischen Begründung

Die Erdbevölkerung nimmt jährlich um ca 2% zu. Nach Schätzungen mancher Experten sterben im Jahr 10-30 Mill. Menschen direkt oder mittelbar an Unter-bzw. Falschernährung.[1]
Zu den Staaten mit langer Fischereitradition sind neue Fischfang betreibende Staaten hinzugekommen. In manchen Bereichen (Regionen, Fischbeständen) machen sich bereits alarmierende Auswirkungen dieser gesteigerten Aktivitäten bemerkbar.
Die Entwicklung eskalierte in deutlich abhebbaren Schritten: einst Fischfang vor der eigenen Küste und im Bereich der „freien Hohen See", dann Konkurrenz auf den reichen Fischgründen, dann Konflikte mit z.T. gefährlichen Konfrontationen, dann teils erfolgreiche, teils erfolglose Bemühungen um Regelungen auf nationalen und internationalen Ebenen.
Hinzu kommen die enorm gestiegene Bedeutung des Weltmeeres als Rohstoff-, Verkehrs-, strategischer – und Deponieraum und die hochgradige Gefährdung des Ökosystems Meer.

Das alles verlangt nach durchgreifenden Lösungen. Vernünftige Regelungen bei einem so vielfältigen wirtschaftlichen und politisch u.U.brisanten Problem wie dem der immer intensiveren Nutzung des Meeres setzen gründliche wissenschaftliche Erforschung sowie ein hohes Maß an Verantwortungsbewußtsein bei allen Entscheidungsträgern und Nutznießern voraus, sicher aber auch eine hinreichend informierte kritische Öffentlichkeit. In diesem Umfeld ist das Überfischungsproblem zu einem wichtigen praktischen Teilproblem geworden. Der skizzierte Zusammenhang liefert zwar noch nicht die didaktische Legitimation des Themas für den Unterricht, bestätigt aber die für die Legitimation wichtige sachliche und gesellschaftliche Relevanz.

Die wichtigsten Lernziele werden am Schluß aufgelistet, wenn der Leser, dann mit dem Inhalt der Ausführungen vertraut, die Ziele direkter und konkret den Abschnitten/Inhalten zuordnen kann. Die folgende didaktische Aufbereitung möchte Hilfen anbieten für die Behandlung des Problems auf der Sekundarstufe II. Bei angemessener Einschränkung können wesentliche Teile auch bei leistungsfähigen oberen Klassen der Sekundarstufe I erarbeitet werden. Man kann unschwer Differenzierungsmöglichkeiten nach dem Schwierigkeitsgrad erkennen.

II. Problematisierung und Struktur der Unterrichtseinheit

1. Zur Problemverdeutlichung

Material 1 = **M 1** T.H. Huxley in einer Adresse an die Internationale Fischereiausstellung in London (1883):

„Ich glaube mit Bestimmtheit sagen zu können, daß angesichts unserer heutigen Fischereimethoden einige unserer Hauptfischereizweige, wie die Kabeljaufischerei, die Heringsfischerei und die Makrelenfischerei praktisch unerschöpflich sind. Ich basiere diese Feststellung auf zwei Tatsachen, erstens ist nämlich der Reichtum des Meeres an diesen Fischen derart groß, daß die Zahl an Fischen, die wir entnehmen, nicht erkenntlich ist, und zweitens ist die Vielfalt der Einflüsse, die die Fische unter natürlichen Umständen dezimieren, derart groß, daß unsere Fischerei überhaupt nicht ins Gewicht fällt, wenn man die Gesamttodesrate betrachtet."
Zitiert nach R.V. Tait: Meeresökologie. S. 253 f.

M 2 E.S. Russel (1942): „In einigen Fischgründen der nordwesteuropäischen Gewässer existiert bereits heute der Zustand der Überfischung. Zwei Dinge vor allem werden falsch gemacht. Erstens wird zuviel gefischt, d.h. die Bestände werden so reduziert, daß die Fänge unter das langjährige mögliche Maximum sinken, und zweitens

fällt die Gefahr, gefischt zu werden, in ein zu junges Lebensstadium der Fische, d.h. es werden zu kleine Fische gefangen. Man sollte sie besser noch wachsen lassen, um einen größeren Ertrag erzielen zu können."
Zitiert nach R.V. Tait, a.a.O. S. 254.

M 3 Schätzungen der potentiellen Fangmengen

Autor	Potentielle Menge (Mill. t)	Jahr
Chapman	1000	1966
Pike u. Spilhaus	200	1965
Schaefer	200	1965
Ryther	100	1969
Ricker	150	1968
Moiseev	80-100	1964
Cushing	100	1966
Bogorov	100	1965
F A O	120	1969

Zitiert nach F.W. Bell: Food from the Sea. The Economics and Politics of Ocean Fisheries. 1978. S. 127.

M 4 Weltfischfang (1 000 t)

1948	1962	1970	1975	1977
17200	40050	70696	71003	73501

nach F A O: Yearbook of Fishery Statistics. Versch. Jg.

M 5 „In ICNAF subarea 5 betrug der Jahresfang an Schellfischen jahrelang im Schnitt 50 000 t. Er stieg sprunghaft auf 155 000 bzw. 127 000 t in den Jahren 1965 bzw. 1966. Jedoch waren diese Fangmengen, die vor allem us-amerikanische und sowjetische Fischer einbrachten, größer als der geschätzte höchstmögliche Dauerertrag von 50 000 t. In den folgenden Jahren fielen die Schellfisch-Erträge rapide ab und erreichten den niedrigsten Wert von ca. 12 000 t während der Periode von 1971-74. Es ist klar, daß eine ernste Überfischung zu dieser Erschöpfung der Fischerei beitrug, welche durchaus mit 50 000 t jährlich hätte rechnen können, wenn die Fänge rechtzeitig eingeschränkt worden wären ... Im Jahre 1973 endlich wurde eine Gesamtquote von 6 000 t für den Schellfischfang in Subarea 5 festgelegt, sie gilt auch noch für 1976, was bestenfalls auf eine geringe Erholung der Bestände schließen läßt. Der Kern des Problems ist ersichtlich: Das Überfischen führte zu einem Rückgang der Fänge von 50 000 t auf (maximal) 6 000 t, oder anders gesagt zu einem jährlichen Verlust von 44 000 t bis - sofern möglich — die Bestände sich wieder aufgefüllt haben."

F.W. Bell 1978, S. 80 f.
(ICNAF = International Commission for the NW-Atlantic-Fisheries. Subarea 5 = Seegebiet vor der NO-Küste der USA)

Die vorgestellten Materialien geben Anstöße für eine erste Diskussionsrunde:
— Der Weltfischfang erzielte bis etwa 1970 eine beträchtliche Steigerung der Erträge.
— Seit etwa 10 Jahren ist eine Stagnation mit Fangerträgen um 70 ± 5 Mill. t eingetreten.
— Oft taucht der Begriff „Überfischung" auf, dessen komplexe Problematik wegen des anschaulichen umgangssprachlichen Wortes leicht übersehen werden kann.

Die Erörterung wird auf zahlreiche Gründe stoßen, u.a.:
— Die Erdbevölkerung hat inzwischen eine Verdopplungsrate von 30-35 J. erreicht. Der Hunger in der Welt ist erschreckend. Die Meere bieten einen großen und hochwertigen Proteinvorrat an.
— Der wachsende Wohlstand der reichen Länder steigert den Bedarf.

- Wissenschaftliche und technische Fortschritte haben auch der Fischereiwirtschaft bedeutende Impulse gegeben (ozeanographische und fischereiwissenschaftliche Erkenntnisse, Entwicklung leistungsstarker Fang- und Fabrikschiffe mit großen Operationsweiten, Fischortungsinstrumente, neue Verarbeitungsmethoden, Aufbau moderner Vermarktungssysteme u.a.).
- Reiche Fischgründe werden immer intensiver genutzt (Atlas!).
- „Konkurrenzneid" – Die Doppeltatsache, daß das Meer einerseits außerhalb bestimmter Zonen, die allerdings in den letzten Jahren erheblich ausgeweitet worden sind, de jure (noch) das gemeinsame Gut aller ist (common property), aber andererseits nur eine begrenzte Nahrungsressource bereitstellt, hat das Streben aller nach einem angemessenen Anteil am verfügbaren Vorrat zu Folge.

2. Der biologische (-ökonomische) Aspekt der Überfischung

Die folgenden Informationen umreißen den Inhalt des Schlüsselbegriffs bereits differenzierter.

M 6 „Zunächst einmal sei betont, daß der Begriff „Überfischung" in diesem Zusammenhang lediglich bedeutet, daß die Fischer dieser Welt mehr der beliebten Fischarten fangen, als durch Nachwuchs ersetzt wird, und daß schließlich eine schwerwiegende Verringerung der Fischvorkommen oder gar vollständiges Aussterben von Fischarten die Folge sein wird..."
N.C. Flemming – J. Meincke (Hrsg.): Das Meer. 1977. S. 294.

M 7 „Theoretisch kann die Fischerei noch gewaltig expandieren. Doch ungeachtet der Tatsache, daß der Höhepunkt noch nicht erreicht wurde, hat die Fischerei die Meere in einer gewissen Weise bereits überbeansprucht, was vor allem daran liegt, daß der Fischfang räumlich konzentriert erfolgt und auf diese Weise reiche Fanggebiete wie die Barentssee, Grönland, Island und Norwegen erschöpft. Der Hauptgrund liegt darin, daß man noch nicht Mittel und Wege gefunden hat, auch in weniger ergiebigen Meeresgebieten einen lohnenden Fischfang zu betreiben."
L. Rey in: P.D. Wilmot, A. Slingerland: Technology Assessment and the Oceans. 1977. S. 48.

M 8 „Ein Fischbestand... kann als *unterfischt* betrachtet werden. Das Gebiet ist übervölkert und infolgedessen sind die älteren Fische in schlechtem Zustand. Ein Großteil der Nahrung wird jedoch von den älteren Fischen den jungen weggefressen, die dadurch unterernährt sein werden und nicht ihre altersmäßig optimale Größe erreichen. Der Bestand könnte eine stärkere Befischung vertragen und würde mit steigender Befischung zunächst bessere und vor allem qualitativ hervorragende Fische liefern. Eine Reduzierung der Population würde vor allem zu Lasten der älteren Fische gehen und würde den jüngeren erlauben, ihre optimale Größe zu erreichen... Wenn wir nun den entgegengesetzten Fall betrachten, so würde der Bestand bei *Überfischung* bald nur noch aus jungen und kleinen Fischen bestehen, die allerdings in größerer Zahl vorhanden wären, da das Nahrungsangebot nicht von den älteren weggefangen würde. Anlandungen von kleineren Fischen würden aber wiederum den Marktwert erheblich senken, da sie im Verhältnis zu den Gräten nur wenig Fleisch besitzen. Dieser Bestand ist überfischt und mit der Zeit würde wohl auch die Gesamtzahl sinken, wenn nicht genügend ältere Fische überlebten und die Zahl der laichenden Fische unter die für die Erhaltung eines optimalen Bestandes nötige Zahl sänke."
R.V. Tait, a.a.O. S. 254 f.

M 9

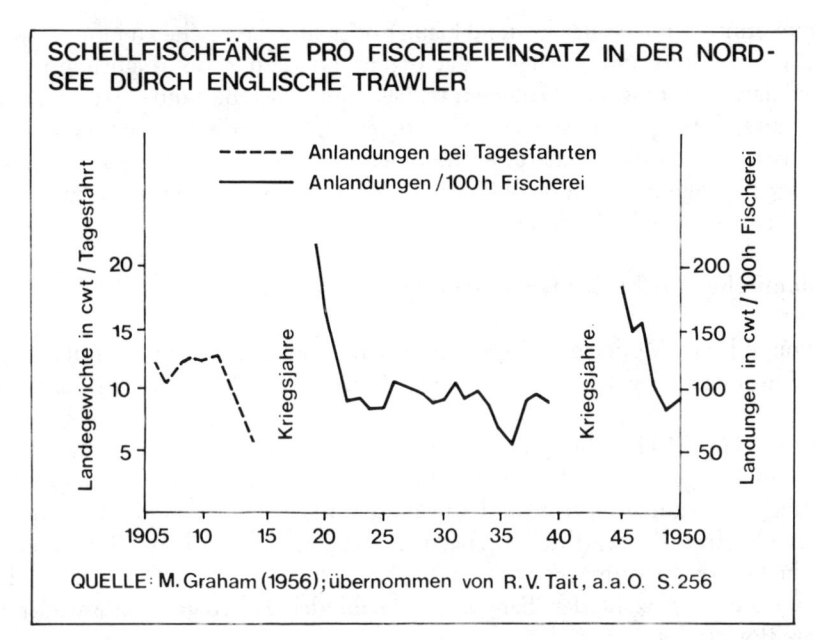

SCHELLFISCHFÄNGE PRO FISCHEREIEINSATZ IN DER NORDSEE DURCH ENGLISCHE TRAWLER

– – – Anlandungen bei Tagesfahrten
—— Anlandungen / 100 h Fischerei

QUELLE: M. Graham (1956); übernommen von R.V. Tait, a.a.O. S. 256

Schellfischfänge pro Fischereieinsatz in der Nordsee durch englische Trawler. Quelle: M. Graham (1956); übernommen von R.V. Tait, a.a.O. S. 256.

Diese Materialien weisen die Überfischung in erster Linie als ein biologisch-ökologisches und in zweiter Linie als ein ökonomisches Problem aus. Theoretisch möglich und didaktisch zunächst vorteilhaft ist die klare Unterscheidung beider Aspekte, wenngleich beide in der Wirklichkeit eng verknüpft sind.[2]

Grundlage für das weiterführende Gespräch kann eine leicht überschaubare Formel sein.

M 10 Formel von E.S. Russel[3]

$$B_A = B_E + (N+W) - (T+F)$$

B_A	B_E	$(N+W)$		$(T+F)$	
Endbestand	Anfangsbestand	Nachwuchs	Zuwachs	Verluste ohne Fischereieinflüsse	Verluste durch Fischereieinflüsse
		Gesamtzunahme		Gesamtabnahme	

(Dimension der Gleichung: Gewichtseinheit)

Die Auswertung erfolgt in mehreren Gedankenschritten:
(1) Vorklärende Fragen: Welche Faktoren können die in der Gleichung vorkommenden Größen bestimmen? Welche (u.U. schwer quantifizierbaren) Wechselbeziehungen bestehen? So wird z.B. die Nachwuchsquote N reguliert u.a. durch die Temperatur im Laichgebiet, die Nahrungszufuhr, die Strömungsverhältnisse während der planktonischen Phase, die (variable) Zahl der natürlichen Feinde. Die Zuwachsrate W ist u.a. abhängig von der Nahrungszufuhr, von der Größe und Altersstufen-Zusammensetzung des Gesamtbestandes, den „von außen" zugefügten Verlusten.

(2) Der besondere Fall $N + W = T + F$: Der Gesamtzunahme entspricht der Gesamtverlust, d.h. der Bestand bleibt konstant ($B_E = B_A$). Da (theoretisch) (T+F) über F regulierbar ist, kann (theoretisch) jeder Bestand B_A gehalten werden.
(3) Die Gesamtzunahme (N+W) hängt natürlich vom biologisch-generativen Charakter des Bestandes ab, mithin auch – unter der Voraussetzung eines konstanten Bestandes – die Größe (T+F) und damit die Fischereiquote. Entscheidend ist nun folgendes: Es gibt einen nach Größe und Zusammensetzung (Regenerationskraft) optimalen Bestand, der optimale Werte für N bzw. (N+W) sichert und dadurch auf Dauer auch die

höchste Abfischquote ermöglicht. Ist der Bestand kleiner oder sind die Fische zu jung (zu wenig Nachwuchs) oder ist der Bestand überaltert (zu geringes Wachstum) oder zu groß (Nahrungsmangel), sinken die Gesamtzunahme und damit der mögliche Dauerertrag. Dem optimalen Bestand entspricht also eine biologisch optimale Befischungsrate, der sog. „höchstmögliche Dauerertrag", d.h. die Menge (in Gewichtseinheiten), die einem Bestand langfristig durch die Fischerei entnommen werden kann, ohne daß er durch Überfischung gefährdet wird. Dieser (biologisch fundierte) höchstmögliche Dauerertrag ist nicht zu verwechseln mit dem höchsten ökonomischen (finanziellen) Ertrag.

3. Der (bio-) ökonomische Aspekt der Überfischung

F.W. Bell hat ein ökonomisches Modell der Überfischung aufgestellt, das auf einem umfassenderen Modell der Fischerei basiert.[4] Eine qualitative Erörterung dieses Modells ist Schülern der genannten Altersgruppen durchaus möglich.

Die graphische Darstellung (M 11) faßt zwei Zuordnungen zusammen, die über die gemeinsame x-Achse unmittelbar aufeinander bezogen werden können. Auf der x-Achse werden die Jahresfangerträge Q (z.B. einer Fischart in einem Fanggebiet) aufgetragen. Auf der y-Achse sind nach oben die Kosten zur Einbringung einer Gewichtseinheit (z.B. 1 kg) bzw. der erzielte Preis, nach unten der jeweilige Gesamt-Fischereiaufwand ablesbar. (Auf der y-Achse in beiden Richtungen positive Werte!) Der Fischereiaufwand kann in verschiedenen Einheiten gemessen werden: Anzahl der Fangschiffe, Zahl der Fangtage, Gesamtoperationskosten der eingesetzten Fischereiflotte(n) etc.

M 11

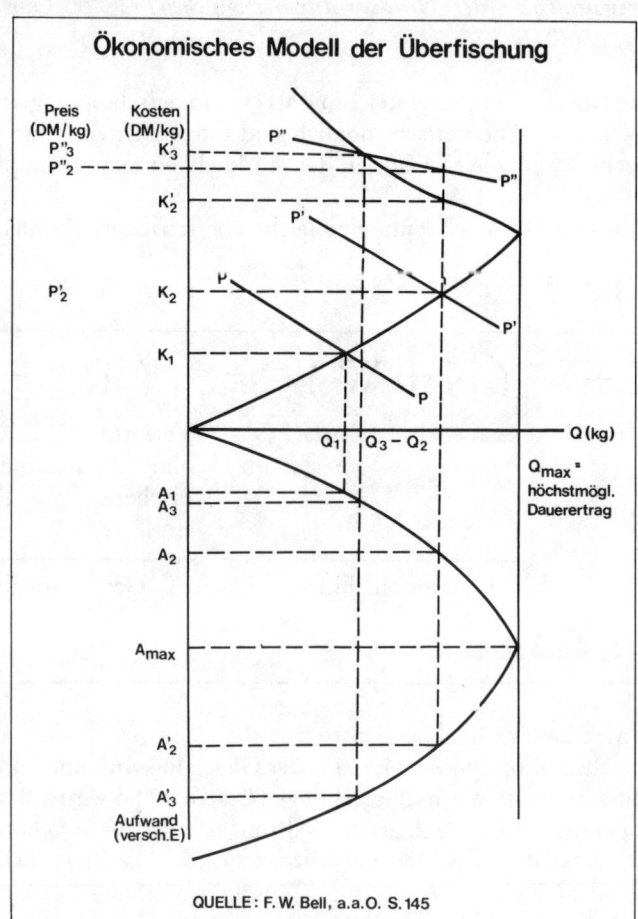

Ökonomisches Modell der Überfischung

QUELLE: F.W. Bell, a.a.O. S. 145

Das Modell – 1. Schritt: Die Aufwand-Kurve:

Der obere Teil der A-Kurve sagt aus: Um die Gesamtmenge Q_1 zu fangen, ist der Gesamtaufwand A_1 (= a_1 Schiffe oder b_1 Fischer oder c_1 Gesamtoperationskosten) nötig. Erhöht sich der Gesamtaufwand auf A_2, z.B. durch mehr Fangtage oder teurere (leistungsfähigere) Schiffe, ist mit dem größeren Fang Q_2 zu rechnen. Q_{max} ist der Grenzwert, nämlich der biologisch fundierte höchstmögliche Dauer-Ertrag. Steigert man den Gesamtaufwand über A_{max} hinaus (z.B. bis A'_2), dann wird *auf die Dauer* der Ertrag zurückgehen, da ein biologischer Substanzverlust des Bestandes eintreten wird. Aus diesem Grunde ist die A-Kurve in ihrem 2. Teil rückläufig.[5] Der höhere Aufwand A'_2 erbringt wieder nur die geringere Menge Q_2.

2. Schritt: Die Kosten-Kurve:
Mit zunehmender Gesamtfangmenge nimmt bekanntlich der Aufwand pro Mengen-Einheit zu. Entsprechend steigt die K-Kurve im ersten Teil mehr und mehr an, eben weil die Gesamtfangmenge langsamer ansteigt als der zugehörige Aufwand (vgl. A-Kurve!). Dem rückläufigen Teil der A-Kurve entspricht ein rückläufiger Teil der K-Kurve. Steigt der Aufwand über A max, gehen die Erträge Q wieder zurück, folglich steigen die Kosten pro Fangeinheit an.

3. Schritt: Die Preis-Kurve:
Unter der einschränkenden Voraussetzung, daß sich die Gesamtfangmenge preisbestimmend auf dem Markt auswirkt, wird mit steigenden Fangerträgen (Angebot) der Preis pro Einheit sinken (P-P). Die Preis-Kurve kann sich allerdings im Laufe der Zeit verschieben. In konkreten Fällen wurde (statistisch) nachgewiesen, daß sich die P-Kurve bei ansteigernder Bevölkerungszahl oder bei Vergrößerungen des Pro-Kopf-Einkommens nach „oben-rechts" vorschob (P"-P"). Dabei darf man allerdings nicht voreilig den statistischen Nachweis mit der kausalen Erklärung gleichsetzen.[6]

Auswertung des Modells:
Das Modell von F.W. Bell verdeutlicht die ökonomische Seite des Problems. Erhöht sich die Nachfrage, weil z.B. Ersatzgüter (Substitute) für die betreffende Fischart ebenfalls teurer geworden sind, dann tritt die neue Preis-Kurve P'-P' in Kraft. War bisher höchstens die Fangmenge Q_1 rentabel[7], so liegt bei den veränderten Preisen der Grenzwert bei Q_2. Es lohnt sich zu investieren: mehr Aufwand ($A_1 - A_2$), mehr Arbeit, mehr Fischer etc. Besonderes Interesse verdient für unser Problem der Fall, daß die Preis-Kurve P"-P" gültig wird. Die mit dem Aufwand A_2 eingebrachte Fangmenge Q_2 bringt dann bei dem höheren Preisniveau hohe Gewinne: $P"_2-P'_2$ — pro Gewichtseinheit. Wiederum können neue Investitionen (mehr Fangschiffe) vorgenommen werden. Die Fangmenge wird gesteigert, der Schwellenwert Q_{max} wird erreicht und — man verdient ja immer noch — es wird u.U. weiter investiert. Allerdings bei Überschreitung des dem biologisch fundierten höchstmöglichen Dauerertrag entsprechenden Aufwandes A_{max} gehen auf die Dauer die Fänge zurück. Beim Aufwand A'_2 wird z.B. die gleiche Menge Q_2 bei geringerem Verdienst eingebracht, die bei dem geringeren Aufwand A_2 einen höheren Verdienst gesichert hätte. Eine Aufwandssteigerung ist offenbar solange — freilich bei ständig geringer werdenden Verdienstspannen — möglich, bis beim Aufwand A'_3 und der Fangmenge Q_3 der volle Preis von den Gestehungskosten pro Einheit aufgezehrt wird.

Aus diesen Überlegungen am stark vereinfachten Modell folgt:
(1) Überfischung im biologischen Sinne tritt ein, wenn der höchstmögliche Dauerertrag überschritten wird. Ein dann noch gesteigerter Fischereiaufwand geht an die Substanz der Bestände.
(2) Überfischung im ökonomischen Sinne liegt vor, wenn eine Fangmenge Q durch einen unnötig hohen Aufwand eingebracht wird, wenn z.B. für das Fangergebnis Q_2 der Aufwand A'_2 (statt A_2) betrieben wird. Denn das heißt im Klartext, es wird gesamtwirtschaftlich (!) unnötiges Kapital (Arbeitskraft, Material) eingesetzt.
(3) Eine genauere, hier nicht vorgenommene Analyse zeigt, daß der optimale ökonomische Ertrag (Netto-Einnahmen) stets bei einer unter Q_{max} liegenden Fangmenge liegt. Dies einbeziehend kann man sagen: Wird der höchstmögliche Dauerertrag nicht abgefischt, kommt dies (theoretisch) einer Nichtausnutzung von Nahrungsressourcen gleich, was u.U. dem Bestand schaden kann (vgl. M 8!). Wird andererseits der ökonomisch optimale Fangertrag überschritten, so wird, auch wenn noch Gewinne erzielt werden, ökonomisch gesehen unnötiges Kapital eingesetzt. Die Grenzen der ökonomischen Überfischung und der biologischen Überfischung decken sich somit — theoretisch streng — nicht.
(4) Wenn die Fischbestände allen zugänglich sind (common property), wird *privat*wirtschaftlich noch rentabel bis zum Punkte $Q_3K'_3/P"_3$ gearbeitet werden können, auch wenn u.U. biologisch-ökologisch und *gesamt*wirtschaftlich überfischt wird. Aus diesem Grunde bezeichnet man den Wert Q_3 (bei $K'_3/P"_3$) als „open access equilibrium yield".

4. Kritische Anmerkungen zu beiden Aspekten

Jedes Modell, zumal bei starker Vereinfachung, verlangt eine kritische Bewertung der Voraussetzungen und Randbedingungen. Diese Diskussionsrunde soll dem Schüler verdeutlichen:
(1) Es sind zu unterscheiden der in quantifizierter Form präsentierte modellhafte Ansatz (Gleichung/graph. Darstellung) und die praktische quantitative Bestimmung der eingesetzten Einzelgrößen.

(2) Es sind lang- und kurzfristige Fluktuationen zu berücksichtigen, deren Zusammenhänge und Ursachen oft schwierig zu ermitteln und nicht in allen Teilen geklärt sind[8]:
- die Fruchtbarkeit der Bestände sowie die zur Entwicklung kommende junge Brut schwanken von Jahr zu Jahr,
- Klimaänderungen sind nicht auszuschließen[9],
- der Zustrom ozeanischen Wassers (z.B. in die westliche Nordsee) kann sich ändern[10] u.a.m.

(3) Die Einschränkung der Deduktionen auf einen einzelnen Fischbestand ist nicht unproblematisch.

(4) Die benutzten, scheinbar gut verständlichen Begriffe können Probleme übersehen lassen. Wird z.B. der Fischereiaufwand an der Zahl der eingesetzten Fischer gemessen, so tritt das Problem auf, wer zu den Fischern zählt, abgesehen davon, daß diese Zahl nur bei gleichzeitiger Berücksichtigung des Modernisierungsstandes des jeweiligen Fischereiwesens einigen Aufschluß gewährt.[11]

(5) Unbedingt zu erörtern ist die Einengung der gesamten Herleitung auf die vier Größen Fischereiaufwand, Fangmenge, Gestehungskosten und Preis pro Einheit. Die Problematik wird dem Schüler sofort einsichtig, wenn etwa bei der Diskussion des 2. Teilstückes der A- bzw. K-Kurve das aktuelle Thema der Arbeitslosigkeit und Arbeitsplatzbeschaffung einbezogen wird. Unter diesem Aspekt kann durchaus der Einsatz von A'_2 „sinnvoller" als der von A_2 erscheinen.

(6) Schließlich kann die Frage zumindest andiskutiert werden, ob sich eine Überfischung nicht letztlich selbst reguliert, „wenn der Fang, der mit den jeweils benutzten Hilfsmitteln getätigt wird, sich nicht mehr lohnt".[12]

5. Überfischung im Nordatlantik

Es dürfte vorteilhaft sein, die weitere Erörterung mit dem Blick auf einen von einer Überfischungsproblematik stark betroffenen Meeresraum zu führen. Dies begegnet der Gefahr, eine nur theoretisch geführte Diskussion u.U. in eine überlastete Aufzählung isolierter Situationen auslaufen zu lassen. Exemplarische Meeresräume für unser Problem sind z.B. der NO-Atlantik (incl. Nordsee), der NW-Atlantik, der NW- und NO-Pazifik. Ein nicht zu kleiner Ausschnitt des Weltmeeres bietet didaktisch den Vorteil, daß geographisch-ozeanographische Regelmäßigkeiten (z.B. Zonierungen) deutlicher hervortreten.

Diesem Unterrichtsabschnitt liegt folgende Gliederung zugrunde, wobei die eingeklammerten Teilabschnitte je nach der speziellen Unterrichtssituation ausführlicher oder gerafter behandelt oder eventuell auch ausgeklammert werden können:
1. Fischen und Überfischen im Nordatlantik (Auswerten einer Atlaskarte)
(2.) Natürliche Grundlagen der Fischerei (Je nach Vorkenntnissen eine zusammenfassende Wiederholung oder (gelenkte) Erarbeitung einiger grundlegender Sachverhalte)
3. Wer fischt im Nordatlantik? (Auswertung: Karte und Statistiken)
4. Maßnahmen zum Schutze eines Fischbestandes (Erörterung je eines biologisch und eines ökonomisch konzipierten Maßnahmenkataloges)
(5.) Ausblick: Seerechtliche Situation

Zu 1 (Fischen und Überfischen im N-Atlantik): Zur Auswertung eignet sich gut (z.B.) die Karte „Fischerei: Nutzung und Gefährdung der Fischbestände" im Alexander Weltatlas S. 100 (= **M 12**).

Zu 2 (Natürliche Grundlagen der Fischerei): Eine mögliche Aufschlüsselung bietet folgende Übersicht:

Natürliche Grundlagen der Fischerei

● Karte Alexander Weltatlas S. 100
Frage: Fischereiwirtschaflich wichtige Unterschiede

Anschlußstoffe:

● Nahrungskette/Nahrungsnetz
Primär- u. Sekundärproduktion

▶ Ökosystem Meer

● Voraussetzungen für die Primärproduktion

Gelöste Nährsalze   Licht
▼   ▼
Reiche Vorkommen   Obere Wasserschicht

- bei Zustrom vom Land
- bei Vertikaltransport der aus absinkenden Pflanzen u. Tierleichen durch Bakterien freigesetzten Nährstoffe

▶ Umweltschutz-Problematik

- Bevorzugte Regionen/Zonen
- Flache Meeresgebiete: Durchmischung bis auf den Grund
- Hohe Breiten: stark abgekühltes Wasser, tiefgreifende thermische Konvektion
- Auftriebwassergebiete bei küsten-parallelen bzw. ablandigen Winden
- Im Bereich von Strömungsdivergenzen
- An der Flanke großer Strömungen und im Bereich zw. zwei Strömungen

▶ Grundtatsachen der physik. Meeresgeographie, bes. Oberflächen- und Tiefenzirkulation

- Anwendung:
Interpretation der Karte Alexander-Weltatlas, S. 100 oben. – Vergleichende Kartenarbeit in Gruppen: Karte der Meeresströmungen, des Meeresbodenreliefs, der Klimaelemente u.a.

Zu 3 (Wer fischt im Nordatlanik ?):

M 13 Vor der Ostküste der USA operierende ausländische Fischereifahrzeuge (1975)

	Heck-trawler	Seiten-trawler	Andere Fangfahrzge.	Verarb.- u. Transp.-fahrzeuge	Versorg.-schiffe	Forschgs.-schiffe	Summe
Bulgarien	44			6			50
Kanada	6						6
Bundesrep.Dtld.	41			2	1	3	47
Frankreich	4					1	5
DDR	98	74		17	3	2	194
Island	11						11
Italien	37						37
Japan	104		54	4			162
Norwegen			1				1
Polen	199	58		34		2	293
Rumänien	7						7
UdSSR	778	161	265	112	22	9	1347
Spanien	88	31	60				179

Quelle: F.W. Bell a.a.O. S. 185.

M 14 Überfischung im Nordatlantik

ÜBERFISCHUNG IM NORDATLANTIK

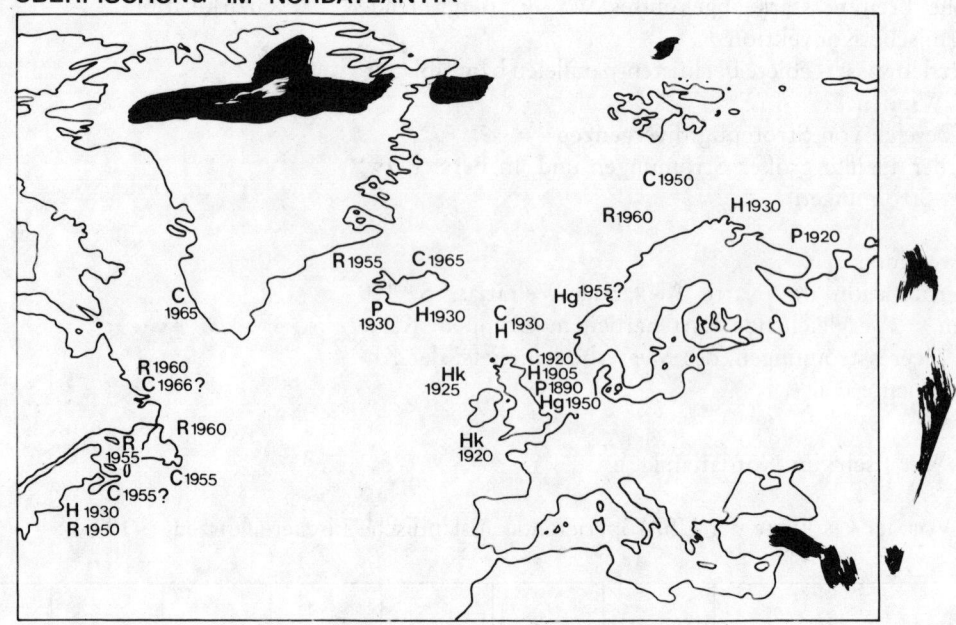

Die Jahresangaben bezeichnen den ungefähren Zeitpunkt, von dem an ein größerer Fangertrag nicht mehr zu erzielen war.

C = Kabeljau	P = Scholle	Hk = Dorsch
H = Schellfisch	R = Barsch	Hg = Hering

Quelle: FAO 1968; Wiedergabe nach F.W. Bell, a.a.O. S. 80.

M 15 Hauptfernfischereigebiete (1971)

	Fischereiflotten	Anteil am Fang im jeweilgen Gebiet
NW-Atlantik	14	49 %
Zentraler Ost-Atlantik	18	59 %
SO-Atlantik		40 %
NO-Pazifik	je 9	47 %
SW-Pazifik		

Nach Angaben bei J.V.R. Prescott: The Political Geography of the Oceans. S. 269.

(Anmerkung):Der NW-Pazifik und das Mittelmeer sind keine Fernfischereigebiete im modernen Sinne. Gleiches gilt heute für die einst traditionellen ostatlantischen „Fernfischerei"-Gebiete, die man eher zum Bereich der „Mittleren Fahrt" zurechnet. – Vgl. hierzu W. Ranke (1969), S. 269!)

Diese Materialien verdeutlichen die große Bedeutung der modernen Fernfischerei. Voraussetzung hierfür war die etwa Mitte der 50er Jahre einsetzende technische Revolution in der Hochseefischerei (Fabrikschiffe, Mutterschiffe, Zubringertrawler, modernste Fischortungsinstrumente, Frostfisch, Filettierung u.a.m.[13]). Auch im Nordatlantik tauchten Flotten früher unbeteiligter Länder auf, die u.U. den traditionellen, in heimatnahen Gewässern operierenden Flotten stark überlegen waren (vgl. Nachrichten in der europäischen und amerikanischen Presse!). Diese Tatsache ist nun mit dem lange geltenden, heute zwar partiell eingeschränkten Prinzip des freien Zugangs aller zu den Nahrungsressourcen des Meeres zu sehen. Von hier aus erschließt sich dem Schüler am konkreten Fall ein Zugang zum Verständnis des Überfischungsproblems, und der beim Modell von F.W. Bell angesprochene Trend zu einem immer größeren Fischereiaufwand wird anschaulich belegt.

Zu 4 (Maßnahmen zum Schutze eines Fischbestandes): Mit der Gegenüberstellung von zwei Maßnahmenkatalogen, der eine von einem Meeresökologen, der andere von einem Fischerei-Wirtschaftswissenschaftler aufgestellt, lassen sich noch einmal die im theoretischen Hauptteil der Unterrichtseinheit herausgearbeiteten Aspekte des Überfischungsproblems, nämlich der biologische (-ökonomische) und der (bio-)ökonomische Aspekt verdeutlichen.

M 16 „Maßnahmen zum Schutze eines Fischbestandes
1. Beschränkung der gesamten Fischerei durch
    a. Beschränkung der jährlichen Gesamtfangquote
    b. Begrenzung der Größe der Fischereiflotte
    c. Begrenzung der Länge der Fischereisaison
    d. Begrenzung von Typ und Größe der Netze und Geschirre
    e. Begrenzung der Gebiete, in denen Fischfang gestattet ist.

2. Schutz der Jungfische, damit möglichst alle Jungfische zu einer wirtschaftlich optimalen Größe anwachsen können durch
    a. Verbot des Anlandens zu kleiner Fische
    b. Ausschluß der Aufwuchsgebiete von der Fischerei
    c. Vorschreibung von Mindestgrößen für Maschenweiten und Angelhaken."

R.V. Tait, a.a.O. S. 269.

M 17 Katalog von Maßnahmen zur Verhinderung von Überfischung
Alternative A: Bisher meist angewandte Maßnahmen
1. Verfügte Ineffizienz: Technische Bestimmungen/Restriction on Gear
2. Begrenzung der Gesamtfänge

Alternative B: Begrenzung der Zulassung/Limited Entry
1. Direkte Kontrolle des Aufwandes (Zeitl. begrenzte Lizenz für Fischer, Fangschiffe, Tonnage u.a.)
2. Quotenzuteilung für das einzelne Fangschiff
3. Gebühr pro Gerät
4. Versteigerung der Fischereiberechtigung (Höchstangebot; vgl. Lizenzvergabe im Offshore-Erdöl-Geschäft!)

F.W. Bell, a.a.O. S. 148 ff.

Beide Kataloge werden zunächst offen diskutiert, sodann schließt sich eine vertiefende Erörterung an, die durch zwei grundsätzliche Kurzaussagen der beiden Autoren eingeleitet wird.

M 18 „Schutzmaßnahmen zur Erhaltung der Fischbestände wurden... immer geplant, um den Fischereibetrieben die Existenzgrundlage in Form von möglichst gleichmäßigen und guten Fängen zu gestatten. Der Schutz der Fischbestände im Sinne einer Naturschutzmaßnahme stand dabei nie oder allenfalls als Nebenargument zur Debatte."

R.V. Tait, a.a.O. S. 268

M 19 „Die beiden ersten Maßnahmen (Alternative A) halten grundsätzlich am Prinzip des allgemeinen Eigentums der Ressourcen fest, wonach jeder freien Zugang zu den Ressourcen hat. Hier liegt das Problem! (S. 152 f).... Die Fehlschläge bisheriger Fischerei-Regelungen sind direkte Folgen der Mißverständnisse über das eigentliche Ziel der Ausnutzung natürlicher Ressourcen, nämlich das ökonomische Wohl der Menschheit. Daher sollte eine Ressourcennutzung durch vernünftige Kriterien gelenkt werden und nicht durch (Gesamt-) Quoten oder aufgezwungene Ineffizienz. (S. 160).... Bei Überführung der Ressourcen aus dem „common property" in ein „quasi-private property" werden die Fischbestände geschont." (S. 173)

F.W. Bell, a.a.O.

Zu 5 (Ausblick Seerechtliche Situation): Die vorigen Aussagen von F.W. Bell (M 19) können überleiten zu der überaus schwierigen Teilthematik des Seerechts. Bei einer zeitlich sehr begrenzten Erörterung der Fischerei-/Überfischungsprobleme wird man höchstens den einen oder anderen konkreten „Fall", z.B. die „Kabeljau-

Kriege" zwischen Großbritannien und Island oder die Auseinandersetzungen zwischen der UdSSR und Norwegen wegen der Rechte in der Barentssee erörtern. Eine etwas größere Ausführlichkeit bietet sich bei einem (Halbjahres-)Kurs mit einer meeresgeographischen Thematik an, zumal wichtige Regelungen (internationale Konventionen) auch für andere Nutzungen des Weltmeeres von Bedeutung sind. Bei Anerkennung dieses Zwanges zur Beschränkung soll die folgende Aufzählung nur einiger seerechtlicher Regelungen, die die fischereiwirtschaftliche Nutzung des NO-Atlantik betreffen, den Rahmen verdeutlichen:

1. Die vier Konventionen von Genf, 1958
   - Convention on the High Seas
   - Convention on the Continental Shelf
   - Convention on the Territorial Sea and Contiguous Zone
   - Convention on Fishery and Conservation of the Living Resources of the High Seas
   Regelungen, u.a.: Die allgemeinen Rechte und speziellen Fischereirechte der Staaten in den einzelnen Zonen des Meeres
2. Die NO-atlantische Fischerei-Konvention (beschlossen: 1959, in Kraft getreten: 1966)
   Art. 7: Regelungen im Sinne des Katalogs von R.V. Tait (s.o. M 16)
3. Die Europäische Fischerei-Konvention (1964/1966)
   Unterscheidung: Innere u. äußere 6sm-Zone
4. Die gemeinsame Fischerei-Politik der EG (1970)
   (bes. wichtig: Common Structural Policy for the Fishing Industry)
   Zugang aller Mitglieder zu den Fischereigründen Ausnahme und Übergangsregelungen
5. Brüsseler Vertrag zum Beitritt neuer Mitgliedstaaten (1972)
   Bestimmungen für innere u. äußere 6sm-Zone
6. Komitee-Vorschläge für die Internationale Seerechtskonferenz (u.a. 1974, Caracas)
   12 sm: Nationale Gewässer, 200sm: Wirtschaftszone

Je nach der Einbindung der Unterrichtseinheit „Überfischung" in einen größeren meeresgeographischen Zusammenhang (etwa in einen Kurs „Nutzung des Meeres") können seerechtliche Fragen verschieden einbezogen werden. Im engeren Rahmen unserer Fragestellung bietet sich der Doppelaspekt (a) Schutzmaßnahmen zur Erhaltung der Bestände (conservation) und (b) Regulierung der Fangerlaubnis auf internationaler Ebene (allocation) an.[14] Die Unterscheidung dieser beiden Teilaspekte der einen Gesamtproblematik ist didaktisch empfehlenswert, denn erstens akzentuiert sie zwei sachlich verschiedene Fragestellungen (Wieviel darf abgefischt werden? — Wer darf abfischen, bzw. wer kontrolliert in den verschiedenen Meereszonen die Fischerei?) und zweitens liegen die Argumente der beteiligten Verhandlungspartner (Staaten) durchaus auf verschiedenen Ebenen, u.a. auch auf diesen beiden Ebenen.

III. Didaktische Ergänzungen

(1.) Die hier inhaltlich skizzierte und grob strukturierte Unterrichtseinheit
1. Problemstellung
2. Der biologische (-ökonomische) Aspekt der Überfischung — Die Gleichung von E.S. Russel —
3. Der (bio-) ökonomische Aspekt der Überfischung — Das Modell von F.W. Bell —
4. Kritische Bewertung beider Modelle: Voraussetzungen und Randbedingungen
5. Ein realer Fall: Nordatlantik

   a. Fischen und Überfischen im Nordatlantik
   (b.) Natürliche Grundlagen der Fischerei
   c. Wer fischt im Nordatlantik?
   d. Maßnahmen zum Schutze eines Fischbestandes
   (e.) Ausblick: Seerechtliche Regelungen

läßt sich je nach den unterrichtlichen Rahmenbedingungen, vor allem den Vorkenntnissen der Schüler, der Zeit und der geplanten Verknüpfung in größere thematische Zusammenhänge, unterschiedlich einsetzen. Eine mehr isolierte Kurzfassung und eine Langfassung, bei der das Thema Überfischung in einem übergreifenden Zusammenhang steht und die angedeuteten möglichen Querverbindungen vertiefend und ausweitend aufgegriffen werden, markieren gewissermaßen Eckpositionen.

Kurzfassung:

    1. Doppelstde.:   – Problemstellung   Auswertung der vorgelegten
                           – Biologischer Aspekt   Materialien (Gruppen und Plenum)

    2. Doppelstde.:
    3. Doppelstde.:   – Das (bio-)ökonomische Modell von F.W. Bell

    4. Doppelstde.:   – Überfischung im N-Atlantik: Auswertung der Materialien

Langfassung:

    Halbjahreskurs: Nutzung des Meeres
                          Regionaler Schwerpunkt: Nordatlantik

– Raumpotential (Natürliche Raumfaktoren u. Grundlagen)
    Raumgröße
    Relative Lagen
    Räumliche Konfiguration
    Ausstattung
– Eignungsraum-Nutzungsraum
    Verkehrsraum
    Versorgungsraum (Nahrung)   ⟶ Teilthema
    Versorgungsraum (Rohstoffe) ⟶ „Überfischung"
    Einflußraum

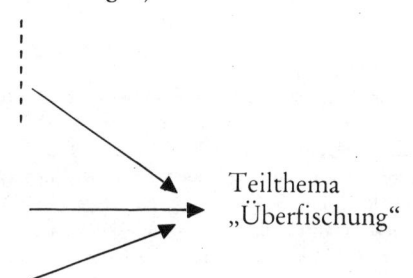

(2.) Lernziele für den Entwurf der Langfassung:
Der Schüler soll
a. Wissen von der Bedeutung des Meeres als wichtiger Nahrungsressource für die rasch wachsende Erdbevölkerung erwerben,
b. Wissen von der Gefährdung dieser begrenzten Ressource erwerben,
c. die Gefährdung der Ressource an Hand theoretischer Ansätze: Gleichung von Russel, Modell von Bell aspektbezogen (vorrangig ökologisch / vorrangig ökonomisch) analysieren können.
d. generelle Annahmen und mitbestimmende Voraussetzungen der beiden theoretischen Ansätze identifizieren können,
e. wichtige Fälle bei beiden Modellen unterscheiden und mögliche Entwicklungen andeuten können,
f. Maßnahmen zur Lösung des Überfischungsproblems benennen und unter ökologischen, ökonomischen und wirtschaftsgeographischen Gesichtspunkten beurteilen können,
g. die Vielfalt der Abhängigkeiten und Wechselwirkungen auf drei Ebenen beispielhaft erfassen können:
– auf der Ebene der natürlichen Faktoren (ozeanographische Grundtatsachen)
– auf der Ebene der ökologischen Wechselbeziehungen
– auf der Ebene der ökonomischen Motive und Maßnahmen,
h. Grenzen der beiden Modelle angeben und begründen können:
– natürliche Variationen der Faktoren: Strömung, Temperatur, Salinität, Fruchtbarkeit u.a.
– noch bestehende wissenschaftliche Lücken
– Einseitigkeit bestimmter Annahmen,
i. im bzw. am konkreten regionalen Fall allgemeine Zusammenhänge erkennen und die Entstehung des Problems und mögliche Handlungsweisen erörtern können,
j. Schwierigkeiten für umfassende (internationale) Lösungen des Überfischungsproblems angeben und beurteilen können.

(3). Im Sinne der in den Lernzielen angedeuteten Grenzen der beschriebenen Modelle sei, um Mißverständnissen vorzubeugen, ausdrücklich festgestellt: Die Entscheidung über die Möglichkeit oder Unmöglichkeit einer durchgehend quantifizierenden Anwendung der Gleichung von E.S. Russel und des Modells von F.W. Bell in der Praxis ist Sache der wissenschaftlichen Forschung, vor allem der Fischereiforschung, der Meeresbiologie und der Fischerei-Wirtschaftswissenschaft. Diese Frage stand hier nicht zur Debatte. Vielmehr dienten hier beide Ansätze als *heuristische* und, im Hinblick auf den ins Auge gefaßten Einsatz im Unterricht kann man sagen, als *didaktische* Hilfsmittel.

4. Im Vordergrund steht die Herausarbeitung allgemeiner Aussagen im Unterricht. Die Erörterung der Voraussetzungen, Randbedingungen und Grenzen von zwei Modellansätzen führt dann allerdings zu Beispielen aus einem begrenzten Teilraum des Weltmeeres. Diese regionale Einengung wird als ein *sachlich* empfehlungswertes komplementäres Prinzip zum unbestritten dominanten Prinzip der Problemorientierung anerkannt.

Anmerkungen

1. Bell, F.W. 1978, S. 19
2. Darauf sollen Umschreibung und Schreibweise „biologischer (-ökonomischer)" oder noch eindeutiger „biologisch-ökologischer (-ökonomischer) Aspekt" hinweisen.
3. Russel, E.S. 1942, zitiert nach Tait, R.V. 1971, S. 258. Meist angewandt auf den fischbaren Bestand, da erst eine gewisse Größe der Fische erreicht sein muß. Vgl. hierzu auch die jüngeren theoretischen Modelle von Beverton-Holt (Bell, F.W. 1978, S. 100ff)!
4. Bell, F.W. 1978, bes. S. 144 ff.
5. Die A-Kurve veranschaulicht im Grunde die Aussage des wirtschaftlichen Gesetzes vom abnehmenden Ertragszuwachs (vgl. Otremba, E. 1952, S. 89). Zudem sei vermerkt, daß der rückläufige Teil je nach der zugrunde gelegten Theorie der Dynamik der Fischbestände steiler oder flacher ausfällt. Der dargestellte Fall entspricht etwa dem sog. logistischen oder M.B. Schaefer-Modell (1954).
6. Bell, F.W. 1978, S. 53.
7. Rechts von Q_1 sind die Kosten größer als der erzielte Preis. In Wirklichkeit bleibt der ökonomisch vertretbare Q-Wert sogar etwas unterhalb von Q_1 (was hier nur qualitativ angedeutet werden soll).
8. Bartz, F. 1964, I, S. 65.
9. Bartz, F. 1964, I, S. 108.
10. Tait, R.V. 1971, S. 249.
11. Bartz, F. 1964, I. S. 116.
12. Bartz, F. 1964, I, S. 121.
13. Ranke, W. 1969, S. 269.
14. Sibthorp, M.M. 1975, S. 105 ff.

Literatur

BELL, F.W. (1978): Food from the Sea: The Economics and Politics of Ocean Fisheries. Boulder/Colorado.
FAO: Yearbook of Fishery Statistics. Versch. Jg.
FLEMMING, N.C. (Engl. Hrsg.), Meincke, J. (Dt. Hrsg.) (1977): Das Meer. Enzyklopädie der Meeresforschung und Meeresnutzung. Freiburg, Basel, Wien.
GRAHAM, M. (1956): Sea Fisheries. London.
OTREMBA, E. (1953): Allgemeine Agrar- und Industriegeographie. Erde und Weltwirtschaft, Bd. 3. Stuttgart.
PAYNE, R. (1968): Among wild whales. The New York Zoological Society Newsletter.
RANKE, W. (1969): Die Agglomerationsräume der atlantischen Fernfischereien. In: Petermanns Geogr. Mitt. 1969, S. 269-373.
RUSSEL, E.S.(1942): The Overfishing Problem. Cambridge.
SCHAEFER, M.B. (1954): Some aspects of the dynamics of populations important to the managment of commercial marine fisheries. In: Inter-American Tropical Tuna Bulletin 1, 27-56.
SIBTHORP, M.M. (ed.) (1975): The North Sea. Challenge and Opportunity. London.
Statistisches Bundesamt: Statistik des Auslandes. Internationale Monatszahlen. Sept. 1977.
TAIT, R.V. (1968/71): Meeresökologie. Das Meer als Umwelt. Stuttgart
UN: Statistical Yearbook 1976.
WILMOT, PH. D., Slingerland, A. (ed.) (1977): Technology Assessment and the Oceans. Guildford/Surrey.

Josef Härle, Weingarten

Unterrichtsthema: Das Meer als Energie- und Rohstoffquelle

A Einleitung

Verteuerung und zum Teil Verknappung von Energie und Rohstoffen angesichts eines steigenden Bedarfs und das Bewußtsein der Abhängigkeit von nicht immer zuverlässigen Lieferanten haben seit einigen Jahren in der Bundesrepublik Deutschland und vielen anderen Ländern Anlaß zum Nach- und Umdenken gegeben. Davon zeugen erste Sparbemühungen und vor allem die Suche nach „anderen" oder alternativen, „neuen" und sich regenerierenden Energieträgern und Rohstoffen. Dabei fiel und fällt der Blick auch aufs Meer. Ob jene 71% der Erdoberfläche, die dem Menschen bisher hauptsächlich als wichtiger Handelsweg und bescheidener Nahrungslieferant gedient haben, auch als Energie- und Rohstoffquelle bedeutsam werden können, und was sich daraus für den Geograhie-Unterricht ergibt, soll im folgenden gezeigt werden.

Die Ausführungen gliedern sich in zwei Teile; einen ersten mit allgemeinen didaktischen Überlegungen und einen zweiten, der Unterrichtsskizzen enthält.

B Allgemeine didaktische Überlegungen zum Thema: Das Meer als Energie- und Rohstoffquelle

I Zur unterrichtlichen Relevanz

1. Vorüberlegungen

Das grundsätzliche Nachdenken über die Bedeutsamkeit eines Themas für den Unterricht ist für das Fach Geographie in besonderem Maße angebracht. Mit Ausnahme von Berlin ist es ja in allen Bundesländern in einem oder mehreren Schuljahren oft nur mit einer Wochenstunde vertreten oder fehlt ganz. Sollen neue Themen eingebracht werden, müssen fast zwangsläufig bisherige gekürzt werden oder ausscheiden. Weil das Neue nicht von vornherein auch das Bessere ist, wird es seine Vorzüge zu belegen haben und vielleicht sogar Vorschläge unterbreiten müssen, was denn wegfallen könnte. Dazu gleich ein paar Hinweise. Gestrichen, zumindest gekürzt werden könnte, ja müßte all das, was einer überholten Geographie der „Inwertsetzung" verhaftet ist, also Moorkultivierung und Landgewinnung aus dem Watt in einer Zeit und einem Raum, wo es um die Erhaltung der letzten Feuchtgebirge geht, weitere Freizeitsiedlungen und Pisten in deutschen Gebirgen, Flurbereinigung und Straßenbau ohne Darstellung ihrer landschaftsschädigenden Folgen.

2. Bedeutung und Möglichkeiten des Themas

Aktualität. Energieversorgung, Energiepreise, Energiesparen und alternative Energieträger werden fast täglich in den Massenmedien angesprochen. In abgeschwächtem Maße und indirekt, da die fossilen Energieträger zugleich Rohstoffe sind, gilt dies auch für Rohstoffe. Immer häufiger richtet sich dabei der Blick aufs Meer.

Zukunftsrelevanz. Angesichts der höchstwahrscheinlich auch in den nächsten Jahrzehnten anhaltenden Verknappung und Verteuerung von Energie und Rohstoffen werden zumindest auf einigen Sektoren (Kohlenwasserstoffe, Stahlveredler) die großen Reserven im Meer und die Süßwassergewinnung aus ihm wichtig.

Ökonomische Bedeutung. Aus dem Meer stammen ca. 12% der Weltenergieerzeugung und 22% der Welterdölförderung.

Ökologische Bedeutung. Darstellung der bisherigen und künftigen Umweltbelastungen durch die Energie- und Rohstoffgewinnung aus dem Meer und der Möglichkeiten ihrer Reduzierung und Vermeidung.

Regionale und globale Bedeutung. Rund 95% des westeuropäischen Erdöls und 50% des Erdgases lagern im Meer, größtenteils in der Nordsse. Der Tiefseebergbau bietet besonders dem rohstoffarmen, aber technisch hochentwickelten Westeuropa und Japan Chancen, erfordert aber eine Abstimmung mit Entwicklungs- und Rohstoffexportländern.

Bedeutung für den Schüler. Das Meer und große Projekte sind für sehr viele Schüler interessant. Die Beschäftigung mit der oft sehr schwierigen und zumeist mit Umweltbelastungen verbundenen Energie- und Rohstoffgewinnung aus dem Meer sollte sie zu einem sparsamen Umgang mit diesen Gütern veranlassen und nach umweltfreundlichen Lösungen suchen lassen.

Bedeutung für das Fach. Die für die Geographie typische Zusammenschau verschiedener raumwirksamer Faktoren wie Tektonik, Relief, Klima, wirtschaftlich-technischer Entwicklungsstand, Märkte und politisch-rechtliche Vereinbarungen kann gut gezeigt werden.

Schwierigkeiten und Gefahren des Themas

Fehlen eigener Anschauung. Schüler und zumeist auch Lehrer können nur selten auf eigene Anschauung zurückgreifen oder gar das Objekt „vor Ort" studieren.

Beschaffung von Informationen und Medien. Abgesehen von der Erdölgewinnung aus der Nordsee und dem Gezeitenkraftwerk an der Rance sind neueste Informationen oft schwierig zu bekommen, und es kostet Zeit, Medien zu finden oder herzustellen.

Dominanz des Technischen. Die meist aufwendige Technik der Energie- und Rohstoffgewinnung aus dem Meer kann leicht bedeutsamere geographische Aspekte in den Hintergrund drängen.

Dominanz des Künftigen. Die Nutzung der Meeresmineralien und -wasserkräfte steht großenteils noch in den Anfängen und kann dazu verführen, sich nur mit Projekten mit letztlich ungewissen Realisierungsmöglichkeiten zu beschäftigen.

II Einordnung des Themas

Es bestehen mehrere Möglichkeiten.
1. Teilaspekt eines in verschiedenen Klassenstufen ansiedelbaren übergreifenden Themas „Meer".
2. Vereinfachte Behandlung bei der Grunddaseinsfunktion „Sich versorgen", was dann meist eine Fixierung auf die 6. Klasse bedeutet.
3. Behandlung in den Klassen 8 bzw. 9 im Rahmen von Energie- und Rohstofffragen und
4. im selben Zusammenhang in einem Kurs der reformierten Oberstufe.

Natürlich kann auch aus aktuellem Anlaß, etwa einer Erfolgs- oder Katastrophenmeldung, auf Energie und Rohstoffe aus dem Meer eingegangen werden.

C Unterrichtsskizzen

I Das Meer als sich erneuernde Energiequelle (6. Klasse)

1. Vorbemerkungen

Von einer Grundkenntnis der Gezeiten und der Elektrizitätsgewinnung aus Wasserkraft wird ausgegangen. Der Einstieg soll an die derzeit bedeutendste, allerdings fossile Energiequelle aus dem Meer erinnern. Vom Gezeitenkraftwerk an der Rance könnte der eine oder andere Schüler schon gehört oder gelesen haben, so daß unter Umständen mit Vorkenntnissen zu rechnen ist. Bei Wellenkraftwerken wurde auf die Kenntnis des Funktionierens verzichtet.

2. Ziele

Grobziel: Kenntnis der entscheidenden natürlichen Voraussetzungen, Begreifen des Funktionierens von Gezeiten- und Meereswärmekraftwerken und Wissen um einige Probleme der Meeresenergie.

Fernziele:
1. Wissen, daß der für Gezeitenkraftwerke nötige Tidenhub von 6 m nur an wenigen Stellen auf der Erde vorhanden ist und drei dieser Stellen angeben können.
2. Das Funktionsprinzip eines Gezeitenkraftwerks kennen.
3. Die Hauptprobleme - nicht ständige Verfügbarkeit und früher Verschleiß - von Gezeitenkraftwerken kennen.
4. Die natürlichen Voraussetzungen von Wellenkraftwerken – exponierte Steilküsten mit beständiger starker Brandung – kennen.
5. Den Großraum möglicher Meereswärmenutzung – Tropen – und die Hauptursache seiner Einengung – kühle Meeresströmungen – kennen.
6. Die Funktionsweise eines Meereswärmekraftwerks verstehen.
7. Das große Potential und die Hauptprobleme – großer Aufwand, geringer Ertrag, Festsetzen von Organismen – der Meereswärmenutzung kennen.
8. Die Gefährdung von Korallenriffen als eine mögliche Umweltbelastung durch Meereswärmekraftwerke begründen können.
9. Erkennen, daß an deutschen Küsten keine der genannten Formen der Meeresenergienutzung möglich ist.
10. Die Notwendigkeit des Energiesparens einsehen.

3. Verlaufs-Skizzierung

Einstieg
Dia oder Bild mit Graphik und Slogan der Esso-AG: „Weil unser Ölverbrauch so hoch ist, müssen wir immer tiefer ins Meer".

Frage:
Wieviel Erdöl kommt wohl aus dem Meer? (Ein Zehntel, Sechstel...)
Antwort:
Fast ein Viertel der gesamten Erdölförderung (1978 22%, 672 von 3 056 Mio t) und dazu noch etwa ein Zehntel der gesamten Erdgasförderung.
Von den Erdölvorräten liegt vermutlich fast die Hälfte unter dem Meeresboden, so daß sich die gesamten Vorräte stark vergrößern. Trotzdem dürfte in 4-6 Jahrzehnten das meiste Erdöl verbraucht sein.

Thema-Frage:
Kann denn das Meer nicht auf andere Weise Energie liefern, Energie, die möglichst nie zu Ende geht, die sich immer wieder erneuert, – **das Meer als sich erneuernde Energiequelle?** (Anschreiben des Themas an der Tafel)
Festhalten der Antworten an der Tafel, gegebenenfalls Nachhilfe durch Impulse wie Wellenbewegungen, Richtungspfeile, Hinweis auf trockengefallene Strände, Temperaturkurve, evt. auch Dias mit Brandung und Strömungen.
Gezeiten, Wellen/Brandung, Meeresströmungen, Meereswärme

a) Gezeiten.

Sie lassen sich umso besser zur Energiegewinnung nutzen, je größer der Tidenhub ist.

Frage:
Wo liegen im Kärtchen (Diercke-Atlas, Alt, S. 53 II, Klett, Geographie 7/8 S. 46) die günstigsten Plätze (Standorte) für Gezeitenkraftwerke?
Antwort:
Bei Bristol und bei St. Malo, weil dort der Tidenhub am größten ist.

An der Rance-Mündung wurde 1967 ein großes (240 000 kW Leistung) Kraftwerk gebaut, dessen Lage wir jetzt von der Luft und auf einer Skizze sehen.

Frage:
Kann sich jemand vorstellen, wie das Gezeitenkraftwerk funkioniert?
Verwenden eventueller (Vor)kenntnisse für die Erarbeitung einer Tafelskizze, die das Kraftwerk bei Flut zeigt.

Abb. 1   Lageskizze   Abb. 2   Funktionsweise e. Gezeitenkraftwerks

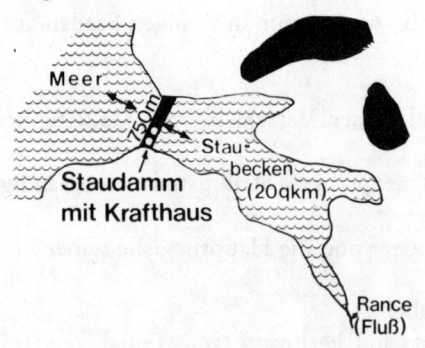

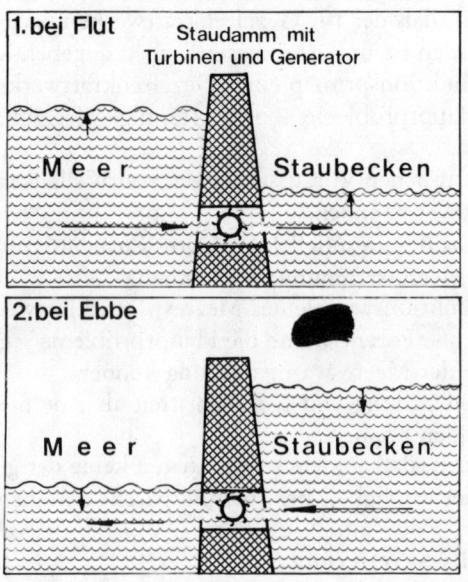

Die Situation bei Ebbe zeichnen die Schüler selbst auf ein Blatt Papier, einer oder mehrere können es auch an der Tafel versuchen. Lehrer ermuntert, ergänzt, verbessert.
Große Gezeitenunterschiede gibt es nicht nur im Kanal und in der Irischen See, sondern an verschiedenen Stellen der Welt, wie z.B. in Nordwestaustralien, in Südargentinien, in der Fundy Bai nördlich von New York, im Weißen und Ochotskischen Meer. (Küsten werden auf der Weltkarte gezeigt oder Schüler beschriften die in einem Hektogramm schon hervorgehobenen Küstenabschnitte.)
An diesen Stellen könnte ein Drittel des zur Zeit in der Welt verbrauchten Stromes gewonnen werden.

Frage:
Weshalb gibt es aber dann außer dem Werk an der Rance nur ein zweites kleines Gezeitenkraftwerk bei Murmansk?
Antwort:
Zu abgelegene Standorte, vielleicht zu teuer, eventuell schlechte Erfahrungen mit bisherigen Gezeitenkraftwerken.
Kosten nicht entscheidend, aber abseitige Lage und frühe Verschleißerscheinungen durch aggressives Salzwasser.

b) **Wellenenergie**

Dia, gegebenenfalls (Tafel)zeichnung: Brandung an Steilküste, um neuen Aspekt der Meeresnutzung anzuzeigen.

Norwegen setzt auf Wellenenergie
In Norwegen soll 1980/81 die erste Versuchsanlage den Betrieb aufnehmen, die aus Meereswellen Energie gewinnt... Eine Küstenstrecke von 250 Kilometer würde genügen, um aus dem Meer eine gleich hohe Energiemenge zu gewinnen, wie sie heute die Kraftwerke erzeugen.
aus: Schwäbische Zeitung vom 14.9.1979

Neuartiges Wellenkraftwerk in Japan
Der 5-kW-Prototyp[1] eines neuartigen Wellenkraftwerks für die Erzeugung von Strom aus der Wellenenergie des Meeres hat in Japan seine Bewährungsprobe bestanden.
Zur Zeit wird der Bau von 50- bis 100-kw-Wellenkraftwerken geplant.
aus: Frankfurter Allgemeine Zeitung vom 20.4.1977

Frage:
Weshalb befassen sich Norwegen und Japan mit der Wellenkraft, wie die beiden Zeitungsartikel belegen, und nicht ihre Nachbarn Schweden und Korea?

Antwort:
(Anhand von Weltkarte an der Wand oder im Atlas): Lage am offenen Ozean entscheidend.
Weitere Naturfaktoren wie Steilküste, beständige und starke Brandung durch Verweis auf eigene Erfahrungen, Dias und Impulse.

Frage:
Welche etwa auf derselben geographischen Breite wie die japanischen Hauptinseln und Norwegen liegenden Staaten (Südhalbkugel nicht vergessen) könnten auch Wellenenergie nutzen?

c) Meereswärme

Die größte im Meerwasser steckende Energiequelle sieht man nicht, aber man kann sie fühlen und im Klimadiagramm veranschaulichen – die Meereswärme, genauer die Möglichkeit, Temperaturunterschiede zwischen warmem Oberflächenwasser und kaltem Tiefenwasser zur Energiegewinnung zu nutzen. Obwohl dies nur in tropischen Meeren möglich ist, könnte theoretisch eine Energiemenge, die 60 Mrd t Steinkohle entspricht, gewonnen werden. (Der Energieverbrauch auf der ganzen Welt entspricht zur Zeit etwa 9 Mrd t Steinkohlen.)

Frage:
Versuche anhand einer Karte, die Klimazonen und Meeresströme zeigt, herauszufinden, weshalb nicht alle tropischen Meeresgebiete (siehe Kärtchen) für eine Nutzung in Frage kommen.

Abb. 3

DURCHSCHNITTLICHE TEMPERATURUNTERSCHIEDE DES WASSERS AN DER OBERFLÄCHE UND IN 900 m TIEFE (in C°)

nicht nutzbar — zu flach oder <20
nutzbar gerade noch — 20-22
gut — >22

QUELLE: Der Spiegel 3/1979 S.143

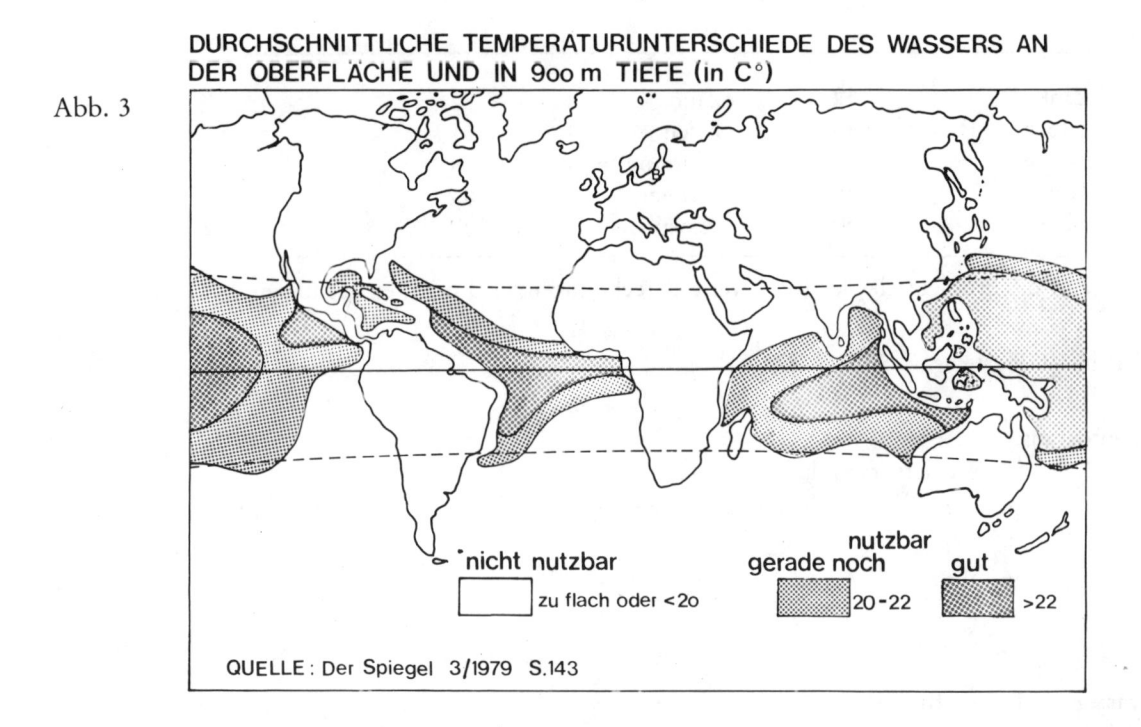

Ein Versuchskraftwerk bei den Hawaii-Inseln hat die Probezeit bestanden und gewinnt auf folgende Weise Strom:

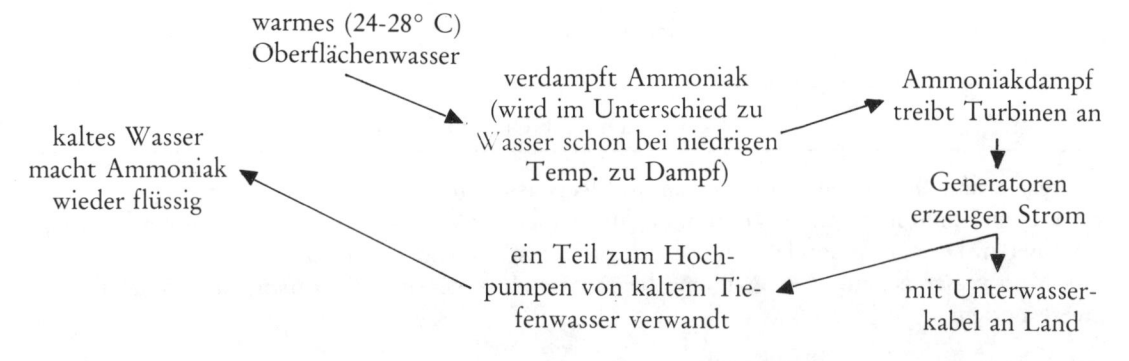

warmes (24-28° C) Oberflächenwasser → verdampft Ammoniak (wird im Unterschied zu Wasser schon bei niedrigen Temp. zu Dampf) → Ammoniakdampf treibt Turbinen an → Generatoren erzeugen Strom → mit Unterwasserkabel an Land

ein Teil zum Hochpumpen von kaltem Tiefenwasser verwandt → kaltes Wasser macht Ammoniak wieder flüssig

Das Modell (Dia oder Bild) eines Meereswärmekraftwerks von 100 000 kW zeigt ein riesiges, einschließlich des Rohrschaftes, mit dem das kalte Tiefenwasser heraufgeholt wird, 450 m hohes Gebilde.
Nicht nur der Bau solcher Kraftwerke ist teuer, sie müssen auch ständig von sich festsetzenden Tieren und Pflanzen befreit werden und dem Salzwasser widerstehen. Der Energiegewinn ist nicht groß: nur 2-3% der gesamten Energie im warmen Wasser können in Strom umgewandelt werden.

Frage:
Korallentierchen brauchen Wasser von ständig mindestens 21° C. Was könnte geschehen, wenn ein großes Meereswärmekraftwerk neben ein Korallenriff gebaut wird?

Frage:
Hat die Bundesrepublik Deutschland auch die Möglichkeit, aus Gezeiten, Wellen und Temperaturunterschieden Strom zu erzeugen? (Sieh dir nochmals das Kärtchen vom Anfang an)
Weshalb ist Energiesparen wichtig? Auf welche Weise sparst Du Energie?

II Rohstoffquelle Meer (11., 12. Klasse)

Einstieg

Reichweite[1] von Bodenschätzen (einschließlich wahrscheinlicher Reserven) bei wachsendem Verbrauch in Jahren

Zink	32	Zinn	52
Silber	40	Eisen	61
Nickel	42	Aluminium	79
Kupfer	49	Mangan	83
Blei	50	Phosphat	127

Auf die Problematik der Reichweite-Berechnungen wird nicht eingegangen.

Quelle: Zeitschr. f. Wirtschg. 7, 1979 S. 223)

Folgerungen daraus: Sparen
Wiederverwendung (Recycling)
Verstärkte Suche auf dem Land und Erschließung der **Rohstoffquelle Meer**

Thema

1. Meerwasser als Rohstoffquelle

Dia Meersalzgewinnung	Salz (NaCl; 1/3 der Weltsalzgewinnung von 1977 172 Mio t)
Aus Meerwasser werden gewonnen:	Magnesium Chlor Brom Versuche mit Uran in Japan.

Insgesamt sind 48 Billionen t Mineralien im Meerwasser enthalten.
Aber: zumeist nur in äußerster Verdünnung und daher nur unter sehr hohem Energie- und Kostenaufwand zu extrahieren. Dies gilt besonders für die sich rasch erschöpfenden Bodenschätze.
Das Meerwasser ist zur Zeit erst eine begrenzte Hilfe gegen Rohstoffsorgen − Wie steht es mit dem **Meeresboden?**

2. Meeresboden als Rohstoffquelle

a) Küsten und Schelfe

anhand von Dias oder Zeichnungen:

Gewinnung von Baumaterialien (Sand, Kies, (Korallen) Kalk)
und einem Mineral (Zinn, Diamanten) aus einer Seifenlagerstätte und dadurch mögliche Umweltschäden an Landschaft, Flora, Fauna, u.U. größere Flutgefahr.

Vorkommen und Förderung mineralischer Rohstoffe an Küsten und Schelfen

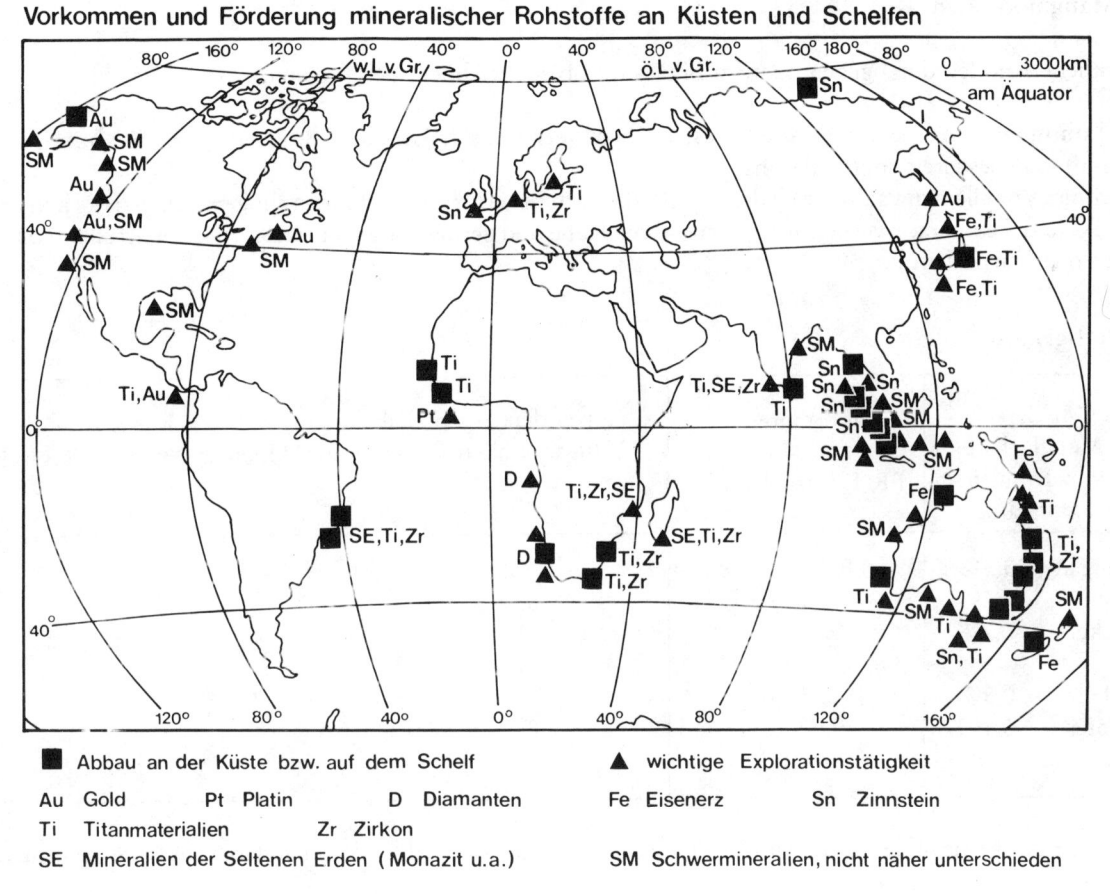

■ Abbau an der Küste bzw. auf dem Schelf   ▲ wichtige Explorationstätigkeit

Au Gold   Pt Platin   D Diamanten   Fe Eisenerz   Sn Zinnstein
Ti Titanmaterialien   Zr Zirkon
SE Mineralien der Seltenen Erden (Monazit u.a.)   SM Schwermineralien, nicht näher unterschieden

QUELLE: W. Scott, Paderborn 1972, S. 21 (leicht verändert)

Abb. 4

Information:
Zirkon stammt ganz, Monazit überwiegend, Titan zur Hälfte aus dem Meer.

Fragen:
Weshalb sind an Küsten Anreicherungen von Mineralien häufig?
Weshalb finden sich an Küsten fast nur Mineralien mit hohem spezifischem Gewicht?
Decken sich die Schwerpunkte der Förderung von Erdöl und Erdgas aus dem Meer – sie bestreiten über 95% des Wertes der ganzen Bergbauproduktion aus dem Meer – mit den im Kärtchen gezeigten Mineralvorkommen?

b) Tieferer Meeresboden

Frage nach dem Meeresbodenrelief und Zeichnung eines Profils mit den geomorphologischen Großeinheiten unter Heranziehung des Vorwissens und gegebenenfalls von Atlaskarten oder Dias mit Meeresbodenrelief. Einziehung der vorkommenden Bodenschätze und allmähliche Ergänzung.

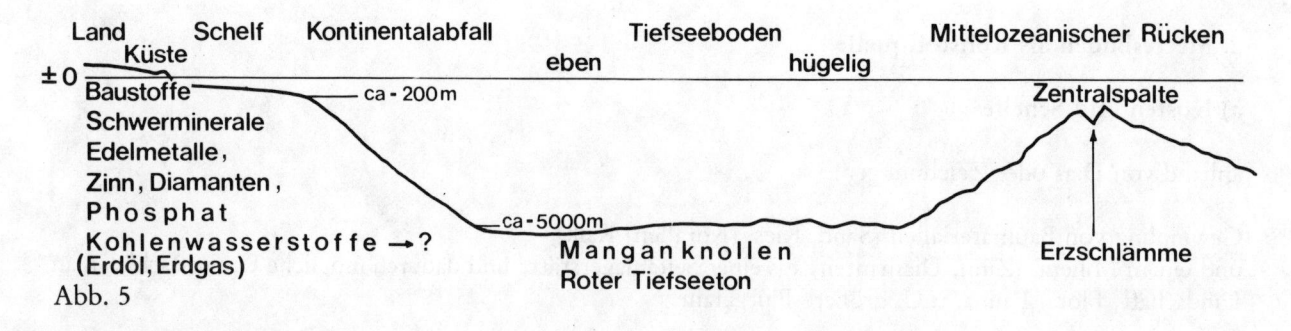

```
Land      Schelf   Kontinentalabfall        Tiefseeboden              Mittelozeanischer Rücken
   Küste                             eben              hügelig
±0 ─────┐
   Baustoffe    ── ca-200m                                          Zentralspalte
   Schwerminerale
   Edelmetalle,
   Zinn, Diamanten,
   Phosphat              ── ca-5000m
   Kohlenwasserstoffe →?        Manganknollen              Erzschlämme
   (Erdöl, Erdgas)              Roter Tiefseeton
Abb. 5
```

a) Manganknollen

Wirkliche Knollen durchgeben oder im Bild zeigen bzw. zeichnen, beschreiben.

Vorkommen: Zeigen eines Verbreitungskärtchens (etwa aus J. Ulrich, GR 12, 1979, S. 500 bzw. Hektogramm) und Beschreibung/Erklärung.
Ergebnis: Vor allem in Pazifik, weil dort die für die Bildung wichtigen Voraussetzungen – langfristig konstante Druck- und Temperaturverhältnisse, tektonische Ruhe und geringe Sedimentation – besser erfüllt sind als im Indik oder gar Atlantik.

Metallgehalte

Mittlerer Metallgehalt von Knollen a.d. Pazifik		Importanteil der BR Deutschland	Außer den in der Tabelle aufgeführten Metallen enthalten Manganknollen noch weitere 23 Elemente und 14 Verbindungen.
Mangan	33,3%	100%	
Eisen	17,7%	93% (Fe-Erz)	
Nickel	0,7%	100%	
Kobalt	0,5%	100%	
Kupfer	0,45%	99%	
Blei	0,18%	87%	

Vorteile des Manganknollenabbaus für die Bundesrepublik Deutschland und andere rohstoffarme Industrieländer:
- geringere Importanhängigkeit, eventuell Selbstversorgung bei wichtigen Metallen.
- langfristige Versorgungssicherheit angesichts gewaltiger Reserven. (Die für Nickel betragen z.B. auch bei der niedrigsten Schätzung das Hundertfache der heutigen Weltförderung.)
- Devisenersparnis angesichts der hohen Erdöl-Ausgaben.
- Entwicklung und Export neuer Techniken.

Schwierigkeiten des Manganknollen-Bergbaus (aufgrund der Zeitungsmeldung)

Meeresbergbau erst in den neunziger Jahren rentabel

San Franzisko, 7. August (vwd). Das hochgesteckte Ziel einiger multinationaler Bergbaugesellschaften, schon bis zum Jahre 1985 die riesigen Manganknollen-Vorräte vom Meeresboden kommerziell ausbauen zu können, wird in der letzten Zeit von fast allen Experten als zu ehrgeizig eingeschätzt. Wirtschaftliche und insbesondere auch politische Hindernisse sind wohl doch nicht so schnell zu überwinden, wie führende Konzerne, etwa Kennecott Coppers, US Steel, Lockheed Aircraft und Inco Ltd. angenommen hatten. Bis jetzt haben diese Gesellschaften große Beträge in die Versuchs- und Explorationsarbeiten auf diesem Gebiet gesteckt. Bevor jedoch an kommerzielle Ausbeutung der Meeresknollen zu denken ist, sind nach Ansicht von Experten noch etliche weitere Milliarden Dollar erforderlich.

So stellen sich als Haupthindernis für die baldige kommerzielle Förderung dieser Bodenschätze die hohen Anfangsinvestitionen dar, die nur dann rentabel sind, wenn auch die Absatzpreise für Nickel, Mangan, Kupfer und Kobalt ausreichend hoch sind.

Aber auch wenn man auf Dauer mit einem Preisauftrieb in diesem Bereich aufgrund der natürlichen Verknappung der Metalle durch ständigen Abbau in herkömmlicher Weise rechnet, so entschließen sich kapitalkräftige Unternehmen zu solch immensen Investitionen nur, falls Klarheit über die politischen und rechtlichen Verhältnisse in diesem Bereich herrscht. Und dies ist gerade ein Punkt, der wohl in nächster Zeit nicht zu lösen sein wird. Die Auffassungen der UN-Mitgliedsländer zu der Regelung der Nutzungsrechte der Meeresbodenschätze, die auf der UN-Seekonferenz diskutiert wurden, sind nicht so leicht unter einen Hut zu bringen. So streben die Entwicklungsländer die Gründung einer UN-Meeresboden-Behörde an, die nicht nur die Ausbeutung dieser Bodenschätze kontrollieren, sondern auch die Gewinne aus dem Knollen-Geschäft verteilen soll. Und in einer UN-Behörde hätten die Entwicklungsländer das Sagen.
Frankfurter Allgemeine Zeitung 8.8.1978

Frage:
Wodurch wird der Meeresbergbau verzögert?

Umweltbelastungen

Ein dichtes Netz von Sprengungen dient zur genauen Erkundung einer Manganknollen-Lagerstätte. Bei der Förderung mittels einer Art Riesenstaubsauger wird alles, was nicht niet- und nagelfest ist, mitgerissen und dadurch das ungemein empfindliche Leben auf dem Tiefsee-Meeresboden auf ausgedehnten Flächen weitgehend oder völlig zerstört. (Ein Unternehmen braucht bei 5-10 kg Knollen pro qm als Mindestmenge und 25 Jahren Betriebsdauer etwa 150 000 qkm.)

Frage:
Ist ein solcher Meeresbergbau überhaupt zu rechtfertigen? Wie ließen sich die Umweltbelastungen verringern?

Roter Tiefseeton und Phosphatlager

Das fast unentbehrliche Leichtmetall Aluminium und Phosphate, die mit Stickstoff, Kali und Kalk zu den Grunddüngemitteln gehören, sind Hauptbestandteile zweier weiterer mineralreicher Meeresablagerungen, nämlich des Roten Tiefseetons und der Apatitknollen oder -krusten.

Vorkommen von Phosphaten und Rotem Tiefseeton

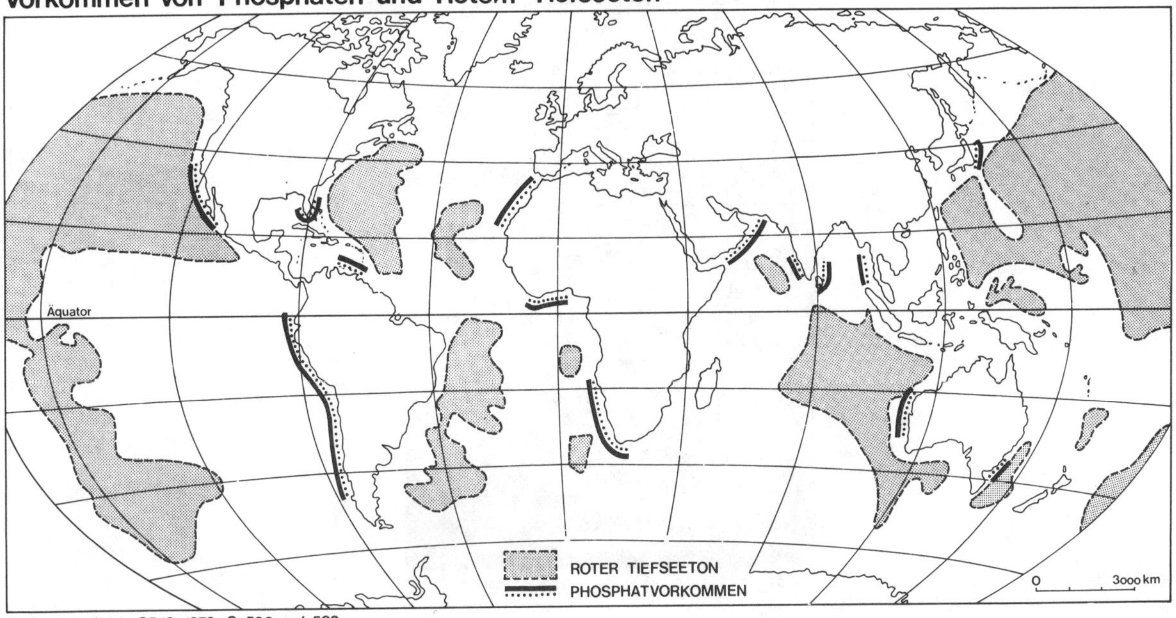

QUELLE: J. Ulrich, GR 12, 1979, S. 500 und 502

Abb. 6

Der **Rote Tiefseeton** bedeckt, oft über 200 m mächtig, 102 Mio qkm Meeresflächen und enthält ca 9% Aluminium, 6,5% Eisen, 1,25% Mangan und einige weitere Mineralien. An eine Nutzung der unvorstellbar großen Reserven ist noch nicht zu denken.

Frage:
Erklärung der Verbreitung anhand von Klima- und Reliefkarten.

Phosphatlager in Form von Apatitknollen oder -krusten finden sind im Schelf und oberen Kontinentalabfall.

Bis in etwa 400 m Tiefe werden sie auf ca. 300 Mrd t geschätzt. Eine Gewinnung ist noch nicht erfolgt, wäre aber schon jetzt möglich.

Frage:
Auf welche Erscheinung könnte die im Kärtchen sehr häufig mit den Phosphatlagern auftretende Punkt-Signatur hinweisen?

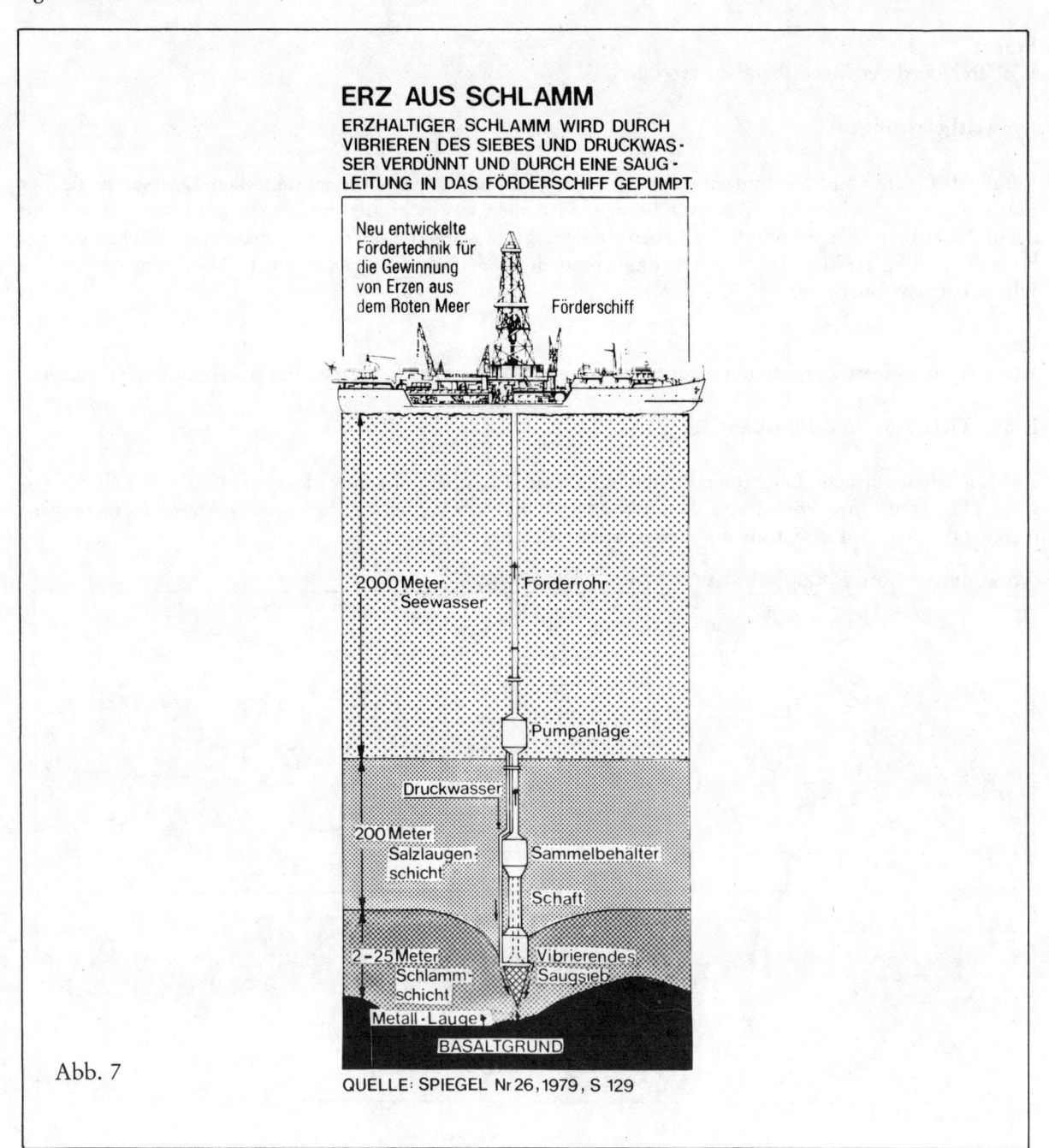

Abb. 7

Erzschlämme
Im Mai 1979 förderten Ingenieure des deutschen Unternehmens Preussag auf dem Versuchsschiff „Sedco 445" im Roten Meer zwischen Dschidda und Port Sudan erstmals braunen, erzreichen Schlamm aus der 2200 m tief gelegenen Zentralspalte.
Erklärung der Fördertechnik und der Entstehung der Lagerstätte anhand nebenstehenden Schaubildes.
Aus der tektonisch aktiven Zentralspalte des kleinen mittelozeanischen Rückens im Roten Meer treten heiße metallhaltige Laugen aus und beim Zusammentreffen mit dem kühlen, chemisch anders zusammengesetzten Meerwasser wird der Metallgehalt ausgefällt.
Die Lagerstätte besitzt bei Metallgehalten von 2-6% Zink, ca. 1% Kupfer und 0,01% Silber Vorräte von etwa 2-5 Mio t Zink, 0,5 Mio t Kupfer und 9000 t Silber. Im Unterschied zu anderen Lagerstätten werden hier aus dem Untergrund ständig neue Metalle nachgeliefert, sie regeneriert sich also. Vieles spricht dafür, daß in den Zentralspalten der anderen, mit etwa 60 000 km Länge die Ozeane durchziehenden mittelozeanischen Rücken sich auch Erzschlämme befinden, die sich erneuern. Ungeahnte Möglichkeiten – zunächst muß aber für den aus dem Roten Meer geförderten Erzschlamm erst noch ein Verfahren gefunden werden, wie die verschiedenen Metalle extrahiert werden können.

Auch bei den Erzschlämmen stoßen sich also, wie sehr oft, wenn es um die Gewinnung von Bodenschätzen und Energie aus dem Meer geht, große, ja gigantische Möglichkeiten an mitunter simplen wirtschaftlich-technischen Realitäten.
Das braucht kein Nachteil zu sein, denn dadurch bleiben dem schon jetzt gefährdeten Meer vorerst weitere ökologische Belastungen erspart und es besteht die Hoffnung, daß bei einer später möglichen und notwendigen Nutzung ein dann stärkeres Umweltbewußtsein die Schäden möglichst gering hält.

Literaturangaben

HÄRLE, J.: Streit um die Meere. Aktuelle Unterrichtsmaterialien. Beihefter zu GR 9, 1978
KORTUM, G.: Meeresgeographie in Forschung und Unterricht. GR 12, 1979, S. 482-491
NOLZEN, H.: Alternative Energiequellen. Aktuelle Unterrichtsmaterialien. Beihefter zu GR 11, 1979
SCHOTT, F.: Das Weltmeer als Wirtschaftsraum. Reihe Fragenkreise, Schöningh-Verlag, Paderborn 1972
STEINERT, H.: Unser Planet Wasser. Verlag A. Fromm. Osnabrück 1972
SUMMERER, O.: Manganknollen-Förderung. In: Bild der Wissenschaft, H. 8, 1978, S. 48-60
ULRICH, J.: Erforschung und Nutzung des Meeresbodens, GR 12, 1979, S. 498-505

Barbara Kreibich, München/Hagen

Regionalwirtschaftliche Wirkungen großer Verkehrseinrichtungen und wie man sie mißt

Dieses Referat berichtete über eine Fallstudie über den Flughafen Frankfurt Main, an der ich in einem Münchner Consulting-Büro mitarbeitete. Es handelte sich um einen Auftrag der Flughafen AG Frankfurt. Der Auftrag enthielt
- eine Befragung der Flughafenbeschäftigten zu Haushaltsstruktur, Haushaltseinkommen, Einkommensverwendung und Kaufkraftströmen
- eine Arbeitsstättenbefragung im Rhein-Main-Gebiet zur Flughafenbezogenheit der Betriebe
- eine Analyse der auf Gewerbesteuer, Einkommenssteuer u.s.w. zurückgehenden regionalwirtschaftlichen Effekte des Flughafens.

Zusätzlich wurde von uns ein Versuch gemacht, eine Einkommensmultiplikatorrechnung durchzuführen, um die Ergebnisse in ein Gesamtbild zusammenzufassen. Die folgende Darstellung wird ihr Grundkonzept erläutern, ihre praktischen Schwierigkeiten erörtern und zum Schluß die Übertragungsmöglichkeiten auf andere punktuelle und große Verkehrseinrichtungen wie Häfen und Bahnhöfe prüfen.

Den Geographielehrer der Sekundarstufe I könnten in diesem Referat Zahlenangaben und Wirkungsschemata zum Einkommenseffekt des Frankfurter Flughafens interessieren, da der Frankfurter Flughafen in manchen Schulbüchern als Beispiel einer großen Verkehrseinrichtung dargestellt wird. So mag z.B. die Tatsache interessieren, daß über 30 000 Flughafenbeschäftigten fast ebensoviele Auftragsbeschäftigte gegenüberstehen, die von den Investitionen und Betriebskosten des Flughafens profitieren. Dazu kommen noch einmal Folgeeinkommensbeschäftigte in der gleichen Größenordnung, d.h. Erwerbstätige in Handel und Dienstleistungen, die aus den Konsumausgaben der Flughafen- und Auftragsbeschäftigten bezahlt werden.
Für den Geographieunterricht in der Sekundarstufe II könnte dieser Zusammenhang u.U. auch in detaillierter Form geeignet sein. Der vorgestellte Berechnungsansatz läßt sich auch auf Berechnungen des Einkommens- und Beschäftigteneffekts von z.B. Industriebetrieben übertragen.

Die gesamten Ausführungen werden sich auf der Stufe der Analyse und der Messung von Wirkungen bewegen. Eine Beurteilung des Pro und Contra aktueller Ausbauabsichten von Flugplätzen allein danach ist nicht möglich, da für diese komplexere Frage auch viele andere Faktoren (z.B. Fluglärm, Baubeschränkungen, Planungsziele, Lage im Flugsicherungsnetz) eine Rolle spielen. Wie diese komplexere Beurteilungsfrage im Unterricht behandelt werden kann, haben wir im RCFP-Projekt „Im Flughafenstreit dreht sich der Wind" vorgeführt.

1. Konzept einer Einkommensmultiplikatorberechnung

Verkehrseinrichtungen sind Einrichtungen des Dienstleistungsbereichs. Wollte man ihre regionalwirtschaftlichen Effekte mit dem recht groben Instrument der **Bruttosozialproduktrechnung** messen, so ergäbe sich sicher, daß der Beitrag zum Bruttosozialprodukt gering ist. Das kommt daher, daß sie sozusagen wenig „exportieren". Nur Leistungen, die außerhalb der Region verkauft werden, die also Kaufkraft angezogen haben (wir könnten hier z.B. an Fahrscheine denken) würden in einer Berechnung der regionalen Primäreffekte zu Buch schlagen.
Ein differenzierteres Instrument als die Berechnung des Bruttosozialprodukts wäre eine **Input-Output-Analyse** für die Region Frankfurt. Sie würde vor allem die Fühlungsvorteile, speziell die Lieferbeziehungen im Zusammenhang mit dem Flughafen betonen. Als zu aufwendig und trotz des hohen Aufwands doch nicht vollständig in der Erfassung aller Effekte (z.B. sind Vorteile durch Geschäftsflugreisen und Luftfracht schwer zu erfassen) schied diese Methode von vornherein aus.
Unser Zugang zum Problem war schließlich ein **mikroökonomischer** Ansatz, der bereits im Jahre 1938 von dem Dänen **Børge Barfod** vorgeschlagen und an einem Beispiel vorgeführt worden war. Diese Methode ist

informativ durch ihre übersichtliche Klarheit. Dabei werden die Einkommenseffekte einer einzelnen autonomen Wirtschaftseinheit in einer Region betrachtet und anschließend in Beschäftigungseffekte umgerechnet.

1.1 Darstellung der Wirkungskette

Man muß zunächst die Vielzahl von 284 Betrieben (1978) auf dem Flughafen Frankfurt als **eine Wirtschaftseinheit** höherer Ordnung betrachten. Nach dem Umsatzanteil haben darunter die Luftverkehrsgesellschaften (vor allem die Deutsche Lufthansa) das größte Gewicht. Es folgen der Flughafenbetreiber, d.h. die **Flughafen Frankfurt Main AG und schließlich die sonstigen Betriebe wie Geschäfte, Reinigungen, Tankstellen, Behörden.**

Diesem „Großbetrieb" mit 30 281 Beschäftigten (1978) ist für die Untersuchung eine **Region** zuzuordnen. Nach unserer Abgrenzung (vgl. Abb. 1) wohnen in ihr 70,9 % der Flughafenbeschäftigten.

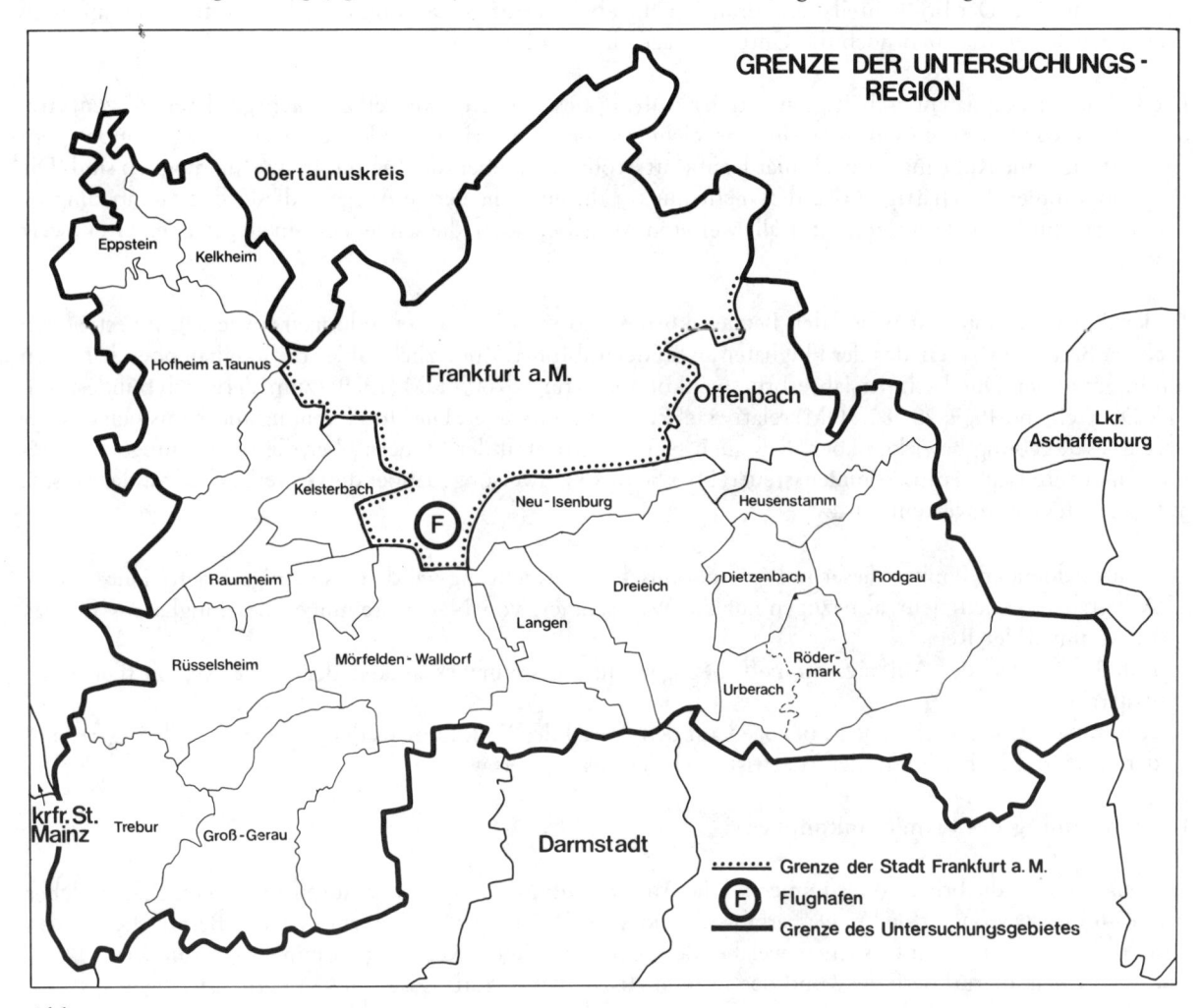

Abb. 1

Die **Bruttolohnsumme**, die an diese Flughafenbeschäftigten insgesamt bezahlt wird, wollen wir uns aufgeteilt denken in den Vorjahresbetrag (z.B. 1977: 1,07 Mrd DM) und den Betrag, der 1978 zusätzlich durch Neueinstellungen hinzukam (1978: 110 Mio DM). Im Durchschnitt der letzten Jahre waren etwa 1000 bis 3000 Neueinstellungen jährlich üblich. An dieser Stelle wird der **Arbeitsmarkt** für die Wirkungskette wichtig. Wiederum wird außerdem die Regionsgrenze eine Rolle spielen, da nur solche Neueinstellungen voll als Einkommenszuwachs für die Region anzusehen sind, die z.B.
– Arbeitslose wiederbeschäftigen oder
– Neuzuzügler in die Region aufnehmen.

Flughafenhotels und Cateringbetriebe holen sich beispielsweise Arbeitskräfte für relativ unattraktive Niedriglohnarbeitsplätze auf dem Flughafen Frankfurt gelegentlich sogar aus Nordhessen. Auch höherqualifizierte Arbeitskräfte der Lufthansa sind sicher aus einem großen Einzugsbereich hierher gekommen. Daneben gilt aber auch die Beobachtung, daß der Flughafen Frankfurt auf dem angespannten Frankfurter Arbeitsmarkt in Konkurrenz zu anderen Betrieben steht, so daß Neueinstellungen z.T. Abwerbungen darstellen und für die Einkommenseffektberechnung der Region nicht positiv zu Buch schlagen können.

Der **Auftragssumme** von 2.32 Mrd DM (1978) entsprechen etwa 22094 errechnete Auftragsbeschäftigte. Selbstverständlich leben diese Erwerbstätigen meist nicht nur von Aufträgen des Flughafens, so daß sich diese Summe eigentlich auf wesentlich mehr Personen anteilsmäßig verteilt. Auch hier spielt wieder die Regionsgrenze eine Rolle. Etwa die Hälfte der Auftragssumme fließt von vornherein über diese Regionsgrenze nach außen in einen weiten Bereich Hessens, ja der ganzen Bundesrepublik Deutschland. Die in der Region verbleibenden 50% der Auftragssumme werden auch nicht zu 100% **lohnwirksam**, da z.B. Materialkosten anfallen, die z.T. durch Importe bestritten werden, oder z.B. Unteraufträge an Betriebe außerhalb der Region vergeben werden. Große Beträge dieser Auftragssumme gehen laufend in das Bauhaupt- und Bauausbaugewerbe, sowie in die Elektroindustrie. Der Lohnanteil dieser Branchen liegt bei etwa 35%. Der Lohnanteil der Auftragssumme muß aber höher liegen, da auch noch die Unteraufträge einen Lohnanteil beitragen.

Die Löhne der Flughafenbeschäftigten und der Auftragsbeschäftigten werden zu einem gewissen Prozentsatz, den wir als **Konsumausgabenkoeffizient** bezeichnet haben, kurzfristig wieder ausgegeben. Die Regionsgrenze spielt hier eine Rolle insofern, als hier Kaufkraftströme auch über die Regionsgrenze hin möglich sind. Die Folgeeinkommensbeschäftigten werden nicht nur für die einmalige erste Ausgabe dieser flughafenbedingten Löhne errechnet, sondern iterativ für alle weiteren Ausgabezyklen, die schließlich einem gewissen Grenzwert zusteuern.

In der Auftragssumme ist neben den Betriebskosten und sonstigen Aufwendungen sowie den Investitionen auch der Betrag enthalten, den der Flughafen an **Steuern** abführt. Zusätzlich zahlen die Flughafenbeschäftigten mit ihrem hohen Durchschnittsjahresbruttoeinkommen von 42 700.- DM (1979) (zum Vergleich Bundesrepublik Deutschland 1979: 28 580.- DM) relativ viel Einkommenssteuer. Die Umverteilungsmechanismen unserer Steuergesetzgebung bewirken aber, daß auch hier ein Großteil der Steuern über die Berechnungsweise des Gemeindeanteils an der Einkommenssteuer, über Schlüsselzuweisungen, über die Gewerbesteuerumlage u.s.w. auf ganz Hessen umverteilt wird.

Die entscheidenden Punkte dieser mikroökonomischen Betrachtung werden also einige Koeffizienten sein:
a. Arbeitsmarktkoeffizient a, bezogen auf die Wirksamkeit von Neueinstellungen des Flughafens für das Einkommen der Region
b. Lohnkoeffizient der Auftragssumme l, bezogen auf die Lohnwirksamkeit der in die Region fließenden Aufträge
c. Konsumausgabenkoeffizient k, bezogen auf den Anteil des Einkommens der Flughafenbeschäftigten und der Auftragsbeschäftigten, der kurzfristig wieder ausgegeben wird.

1.2 Errechnung des Primäreinkommens

Es ist also jeweils die Bruttolohnsumme und die Auftragssumme insgesamt daraufhin zu untersuchen, welcher Anteil in der Region verbleibt. Das ergibt die „lokalen Zahlungen". Weiterhin ist der Betrag der lokalen Zahlungen daraufhin zu untersuchen, welcher Betrag hiervon für die Region einkommenswirksam wird, d.h. es sind der Arbeitsmarktkoeffizient und der Lohnkoeffizient der Auftragssumme zu berücksichtigen. Das Primäreinkommen läßt sich dann nach einer einfachen Gleichung errechnen:

$PE = a \cdot L_r + l \cdot A_r;$

PE = Primäreinkommen

a = Arbeitsmarktkoeffizient

L_r = lokale Zahlungen der Bruttolohnsumme

l = Lohnkoeffizient der Auftragssumme

A_r = die in die Region fließende Auftragssumme

Das Primäreinkommen ist meist niedriger als die lokalen Zahlungen.

3.3 Grenzwertbetrachtung für die Errechnung des Folgeeinkommens und des Gesamtmultiplikators

Der Konsumausgabenkoeffizient gibt an, wieviel Prozent des Einkommens wieder ausgegeben wird. (Schreibweise z.B. 43% = 0,43)

$FE_1 = PE \cdot k$; $FE_2 = FE_1 \cdot k$ usw.

$FE = PE (k + K^2 + k^3 + \ldots k^n)$;

Wenn $n \to \infty$ geht, ergibt sich

$FE = PE \cdot \dfrac{k}{(1-k)}$;

FE = Folgeeinkommen
PE = Primäreinkommen
k = Konsumausgabenkoeffizient

Das Elementareinkommen o ist schließlich die Summe aus dem Primäreinkommen und dem Folgeeinkommen (Abb. 2). Wenn man dieses Elementareinkommen in Verhältnis setzt zu den lokalen Zahlungen, erhält man den Multiplikatoreffekt. $M = \dfrac{e}{Z}$

Multiplikatoreffekt des Primäreinkommens in der Region

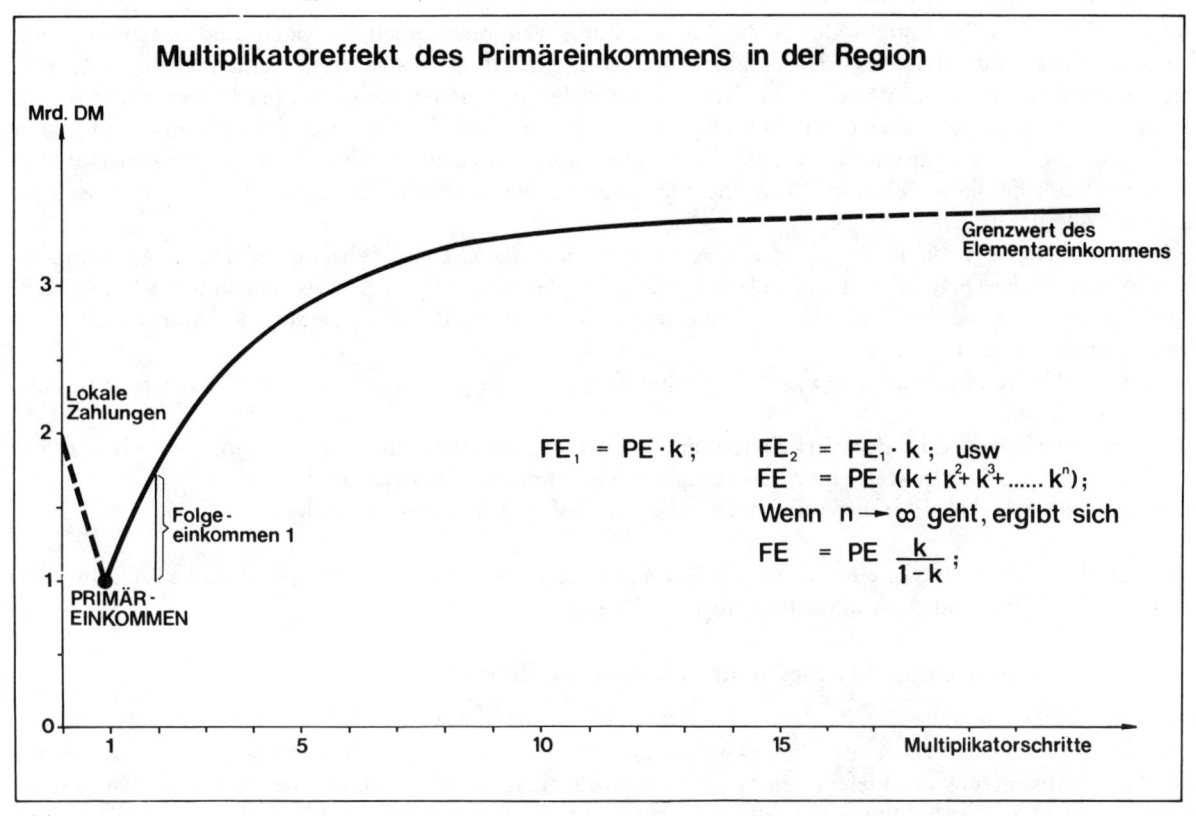

$FE_1 = PE \cdot k$; $FE_2 = FE_1 \cdot k$; usw
$FE = PE (k + k^2 + k^3 + \ldots k^n)$;
Wenn $n \to \infty$ geht, ergibt sich
$FE = PE \dfrac{k}{1-k}$;

Abb. 2

2. Praktische Probleme der Messung regionalwirtschaftlicher Wirkungen nach dem mikroökonomischen Ansatz von B. Barfod

Zur Bestimmung der wichtigsten Kenngrößen für den mikroökonomischen Ansatz sind folgende Fragen empirisch zu klären:
- Kriterien der Regionsabgrenzung
- Bruttolohnsumme und Auftragssumme als Ausgangsdaten
- Koeffizientenabschätzung (Arbeitsmarktkoeffizient a, Lohnkoeffizient der Auftragssumme l, Konsumausgabenkoeffizient k)
- Kaufkraftströme über die Regionsgrenze

Einige dieser Daten sind vorliegenden, veröffentlichten Statistiken durchaus zu entnehmen, für andere Daten konnten wir Zusatzerhebungen (Haushaltsbefragung der Flughafenbeschäftigten, Arbeitsstättenerhebung) heranziehen.

2.1 Kriterien der Regionsabgrenzung

Im lokalen Sprachgebrauch gibt es den Terminus der sog. „Flughafengemeinden"; im Frankfurter Raum ist man sich weitgehend darüber einig, daß hierzu zumindest gehören;
- Frankfurt als Flughafenstandortgemeinde
- Neu-Isenburg als Standort einiger Flughafeneinrichtungen
- Kelsterbach, wo mehr als 1/3 aller Erwerbspersonen auf dem Flughafen beschäftigt sind
- Mörfelden-Walldorf, wo fast 1/4 aller Erwerbspersonen auf dem Flughafen beschäftigt sind
- Dreieich und Raunheim, ebenfalls in unmittelbarer Flughafennähe.

Man kann nach einem Vorschlag von B. Barfod den **Anteil der Flughafenbeschäftigten, die aus** einer bestimmten Gemeinde kommen, an allen 30 000 Flughafenbeschäftigten (b) multiplizieren mit dem **Anteil** der Flughafenbeschäftigten an der Wohnbevölkerung (oder an den Erwerbspersonen) **in** dieser Gemeinde (e), um ein Dichtemaß, das er „geographischen Koeffizienten g" nennt, zu errechnen:

$$g = b \cdot e$$

Die obengenannten „Flughafengemeinden" erreichten hohe geographische Koeffizienten g (z.B. Kelsterbach 104, Frankfurt 34, Raunheim 11). Etwa 51% aller Flughafenbeschäftigten wohnten in diesen Gemeinden. Schrittweise wurden nun weitere Gemeinden im Umkreis nach der Höhe ihrer g-Werte einbezogen. Bis zu einem g-Wert von 0,5 kommt durch die Einbeziehung weiterer Gemeinden noch eine bemerkenswerte Steigerung des erfaßten Anteils der Flughafenbeschäftigten auf 71% zustande. Außerhalb dieser Grenze streuen die Flughafenbeschäftigten sehr dispers über viele Gemeinden. Einen vergleichbaren Wert für die regionale Verteilung der Auftragssumme zu errechnen, wäre sinnvoll. Leider wurde die letzte Erhebung dieser Art bereits 1961 – 1962 durchgeführt. Falls ihre Grundtendenz noch gilt, fließen allein 46% der Auftragssumme in die Stadt Frankfurt. Die Umlandsgemeinden hatten damals nur sehr kleine Anteile der Auftragssumme (0,4 bis 1%) zu verbuchen.

Die praktischen Möglichkeiten der Regionsabgrenzung sind also nicht ganz befriedigend. Die Flughafenregion kann zwar nach der Dichte der Flughafenbeschäftigten vergleichbar mit der empirischen Untersuchung von B. Barfod abgegrenzt werden (vgl. Abb. 1), die regionale Streuung der Auftragssumme kann jedoch nicht berücksichtigt werden.

J. Frerich (1974) empfiehlt allgemein, ein der Zielsetzung der Untersuchung entsprechendes Abgrenzungskriterium zu wählen:
- ein unmittelbares, d.h. der **verkehrlichen Zielsetzung** entsprechendes Kriterium, wie z.B. das des Zeitvorsprungs im Umkreis einer höherrangigen Verkehrsanschlußstelle oder
- ein mittelbares, d.h. der **regionalwirtschaftlichen Zielsetzung** entsprechendes Kriterium.

Dieses müßte m.E. auf die Einkommens- und Kaufkraftströme bezogen sein, zumindest auf die Einkommensstreuung der Lohn- und Auftragssumme über die Region.

2.2 Bruttolohnsumme und Auftragssumme als Ausgangsdaten

Die Bruttolohnsumme aller 284 Betriebe auf dem Flughafen wird jährlich in einer flughafeneigenen Arbeitsstättenerhebung erfaßt und veröffentlicht[1]. Die Auftragssumme wurde das letztemal im Jahr 1961/62 durch eine detaillierte Auswertung der Lieferanten-Kontokorrentbuchhaltung erfaßt[2]. Unter der Annahme, daß gewisse grobe anteilsmäßige Verteilungen der Auftragssumme auf Lufthansa, FAG, HBG (Hydrantenbetriebsgesellschaft) u.a. Betriebe weiterhin gelten, ließ sich ausgehend von jährlichen Geschäftsberichten der größten Auftraggeber die Auftragssumme 1978 grob abschätzen.

2.3 Koeffizientenabschätzung

Arbeitsmarktkoeffizient a:

23,6% der Flughafenbeschäftigten gaben in der Haushaltsbefragung an, auf den Flughafen als Arbeitsplatz angewiesen zu sein. Es sind dies z.B.
- Beschäftigte in Niedriglohnberufen, die keinen besseren Arbeitsplatz finden und
- Beschäftigte in ausschließlich auf den Flugverkehr bezogenen Berufen, wie z.B. das hochbezahlte fliegende Personal der Luftverkehrsgesellschaften.

---

[1] Flughafen AG: Betriebe und Beschäftigte auf dem Flughafen Frankfurt (jährlich)
[2] Deutsches Institut für Luftverkehrsstatistik e.V.: Der Flughafen Frankfurt (Main) u. seine wirtschaftl. Bedeutung für die Umgebung. Feb. 1965

Nachträglich erschiene es sinnvoll, eine Kurzbefragung der neueingestellten Arbeitskräfte durchzuführen, um deren Herkunft nach Region und Vorarbeitsplatz, Qualifikationsniveau, bisherigem Lohn, eventueller Arbeitslosigkeit u.a. zu klären. Ohne solche Kenntnisse bleiben sonstige Schätzungen, z.B. des Zuzuganteils auf dem Arbeitsmarkt in Frankfurt (etwa 18%), oder des Vermittlungsanteils bei Arbeitslosen der flughafenrelevanten Berufsgruppen über das Arbeitsamt (etwa 8%) noch immer zu unbestimmt im Vergleich mit der in der Haushaltsbefragung ermittelten Größe von 23,6% Angewiesenheit der Flughafenbeschäftigten auf den Flughafen als Arbeitsmarkt. Bei der derzeitigen Kenntnislage war dieses $a = 0,24$ der relativ beste Schätzwert für den Arbeitsmarktkoeffizienten. Dies würde einen angespannten Arbeitsmarkt beschreiben, auf dem der Flughafen bei Neueinstellungen vor allem konkurrierend eintritt. Nur 24% der Bruttolohnsumme stellen einen echten Zuwachs des Elementareinkommens Frankfurts durch den Flughafen dar.

Lohnkoeffizient der Auftragssumme l:

Dieser Koeffizient läßt sich nur durch eine Input-Output-Analyse genau errechnen. In einem mikroökonomischen Ansatz muß man diese Größe ausgehend vom Lohnanteil am Umsatz flughafenrelevanter Branchen und von der Anzahl der in der Region verbleibenden Unteraufträge abschätzen. Der Lohnanteil am Umsatz einiger flughafenrelevanten Branchen ist z.B.
- Industrie 27,3%
  Flughafen 26,8%
  Bauhauptgewerbe 38,3%
- Elektrotechnik und Feinmechanik 33,2%.

Wenn man von durchschnittlich zwei Unteraufträgen in der Region als Annahme ausgeht und den Lohnanteil am Umsatz für die Industrie insgesamt (27%) als Berechnungsbasis wählt, ergibt sich ein Lohnkoeffizient der Auftragssumme von etwa 61% bzw. $l = 0,61$.
(Berechnung bei zwei Unteraufträgen:
$l_1 + l_2 + l_3 = 0,27 + 0,27 \cdot 0,73 + 0,27 \cdot 0,73 \cdot 0,73 = 0,61$)

Eine neuerliche Analyse der Auftragsvergabe könnte auch hier zu wesentlich genaueren Schätzwerten führen, wenn z.B. der relative Anteil der auftragsnehmenden Branchen genau bekannt wäre.

Konsumausgabenkoeffizient k:

Dieser Koeffizient kann im Gegensatz zu den beiden bisher behandelten Koeffizienten empirisch genau ermittelt werden. Dies ist wichtig, da er die Größe des Multiplikatoreffekts stark bestimmt.
Der Ausgabenanteil am Einkommen wird in der amtlichen Statistik im Rahmen der „laufenden Wirtschaftsrechnung"[3] für drei Haushaltstypen jährlich erfaßt und im Rahmen der „Verbrauchsstichprobe" in größeren Abständen (1973, 1978) für diverse Haushaltsstrukturen verfeinert. Die Haushaltsbefragung der Flughafenbeschäftigten, die wir vornahmen, ermöglichte es, die Haushaltsstruktur der Flughafenbeschäftigten zu bestimmen.

Der ähnlichste Haushaltstyp der „laufenden Wirtschaftsrechnung" hat im Jahr 1978 72,9% des Haushaltsnettoeinkommens kurzfristig wieder ausgegeben, d.h. nicht gespart. Gleiches gilt für die Haushaltsstruktur der Durchschnittsbevölkerung des Umlandverbands Frankfurt, die wir als Schätzwert für die unbekannte Haushaltsstruktur der Auftragsbeschäftigten einsetzen können.
Der Konsumausgabenkoeffizient $k = 0,73$ dürfte demnach recht genau sein.

2.4 Kaufkraftströme über die Regionsgrenzen

Nach der „laufenden Wirtschaftsrechnung" ist die Verteilung der Ausgaben und Konsumbereiche[4] (Lebensmittel, Kleidung usw.) für diverse Haushaltsstrukturen bekannt. In der von uns durchgeführten zusätzlichen Haushaltsbefragung wurde erhoben, wo die Ausgaben für diese Konsumbereiche hauptsächlich im Rhein-Main-Gebiet und darüber hinaus getätigt werden.

Dabei zeigte sich, daß bei der von uns gewählten Regionsabgrenzung der Kaufkraftexport von etwa 7% durch Konsumausgaben der Flughafenbeschäftigten, die innerhalb der Region wohnen aber außerhalb der Region

3 Statistisches Jahrbuch 1979 für die BR Deutschland, S. 436-437, Tab. 20.1
4 a.a.O. S. 438, 439, Tab. 20.2

Ausgaben tätigen, durch den Kaufkraftimport ausgeglichen wird, der auf die Einkäufe der Flughafenbeschäftigten von jenseits der Regionsgrenze in Frankfurt zurückgeht. Die von uns gewählte Regionsgrenze entsprach daher den vorliegenden Einkommens- und Kaufkraftströmen.

Die Kaufkraftströme der Auftragsbeschäftigten bzw. der Durchschnittsbevölkerung des Umlandverbandes Frankfurt, sind nicht bekannt. Der Kaufkraftimport von Auftragsbeschäftigten jenseits der Regionsgrenze dürfte aber nicht allzu hoch sein, da die über Frankfurt hinausgehenden Aufträge weit über Hessen und die sonstigen Bundesländer streuen und somit kaum wieder nach Frankfurt zurückfließen werden.

2.5 Zusammenfassung der Vorschläge zur Verbesserung der empirischen Basis des mikroökonomischen Ansatzes

Die bislang grob ohne großen Kostenaufwand geschätzten Größen ließen sich durch eine neuerliche Analyse der Auftragsvergabe nach
- Auftragssumme,
- regionaler Streuung der Aufträge,
- auftragnehmender Branche,
- Hauptabnehmer und evtl. Unterabnehmer,

und durch eine Befragung der neueingestellten Arbeitskräfte nach
- Herkunftsort,
- bisherigem Lohn- u. Qualifikationsniveau,
- bisheriger Berufsgruppe,
- Arbeitslosigkeit,
- Art der Vermittlung

bereits wesentlich verbessern.

2.6 Zusammenfassung der Multiplikatorberechnung für den Flughafen Frankfurt Main nach den Daten und Koeffizientenschätzungen für 1979

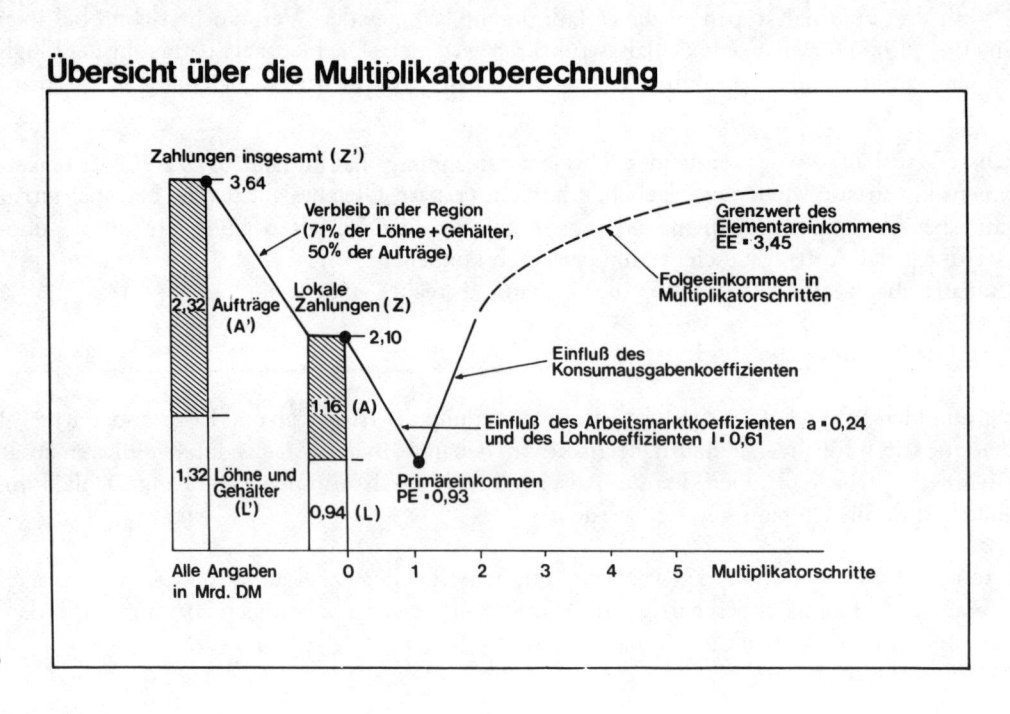

Abb. 3

Lokale Zahlungen (Z)

Löhne u. Gehälter (brutto) (L') + Auftr. Summe (A') = Z

$$1{,}32 \text{ Mrd DM} + 2{,}32 \text{ Mrd DM} = \frac{3{,}64 \text{ Mrd DM}}{= Z'}$$

davon im Untersuchungsgebiet:

$$0{,}95 \text{ Mrd DM} + 1{,}16 \text{ Mrd DM} = \frac{2{,}10 \text{ Mrd DM}}{= Z}$$

davon werden im Untersuchungsgebiet wirksam:

24%	61%
Arbeitsmarktkoeffizient	Lohnkoeffizient der Auftragssumme
a = 0,24	l = 0,61

Primäreinkommen i.d. Region durch die Flughafenbetriebe

$$a \cdot L + l \cdot A = PE$$
$$0{,}24 \cdot 0{,}94 + 0{,}61 \cdot 1{,}16 = 0{,}93 \text{ Mrd DM}$$

Der erste Multiplikator M^1 mit verringernder Tendenz ist

$$M^1 = \frac{PE}{Z} = \frac{0{,}93}{2{,}10} = 0{,}44$$

Vom Primäreinkommen wird 73% durch Konsumausgaben verbraucht, d.h. Konsumausgabenkoeffizient k = 0,73

Folgeeinkommen in der Region (Grenzwert nach mehreren Ausgabezyklen)

$$FE = PE \cdot \frac{0{,}73}{(1 - 0{,}73)} = 2{,}52 \text{ (Mrd DM)}$$

Elementareinkommen in der Region durch den Flughafen insgesamt

$$e = PE + FE = 0{,}93 + 2{,}52 = 3{,}45 \text{ (Mrd DM)}$$

Der zweite Multiplikator M^2 mit vermehrender Tendenz ist

$$M_2 = \frac{PE + FE}{PE} = \frac{3{,}45}{0{,}93} = 3{,}71$$

Der Gesamtmultiplikator M ist:
$$M = M_1 \cdot M_2 = 0{,}44 \cdot 3{,}71 = 1{,}63$$

Das bedeutet, daß jede DM, die am Flughafen Frankfurt Main zusätzlich (oder weniger) verdient wird, einen zusätzlichen (oder geringeren) Einkommenseffekt in der abgegrenzten Untersuchungsregion von DM 1,63 bewirkt.

3. Erweiterung der Aussagen der Einkommenseffektberechnung in Aussagen über Beschäftigungseffekte und über flughafenbezogene Betriebe

Es ist kein allzugroßes Problem, abschließend die Einkommenseffekte durch Division durch die jährlichen Durchschnittsverdienste in Beschäftigte umzurechnen. Allerdings ist bei der Errechnung der Folgeeinkommensbeschäftigten ein Lohnkoeffizient der Kaufkraft (im Handels- u. Dienstleistungsbereich) in Rechnung zu stellen, der etwa 25% betragen dürfte.

> **Untersuchungsregion 1979 Gesamtbeschäftigtenzahl: 62956**
>
> Flughafenbeschäftigte: 21862
> in 11,5% der Haushalte ist noch ein weiteres Haushaltsmitglied auf dem Flughafen beschäftigt
> Auftragsbeschäftigte: 22094
> Folgeeinkommensbeschäftigte: mindestens 19000

Über die auftragnehmenden Arbeitsstätten und über die Arbeitsstätten, die von Flughafenbeschäftigten als Kunden profitieren, ist einiges aus der von uns durchgeführten Arbeitsstättenerhebung bekannt:

Auftragnehmende Betriebe:
Branche: Verkehr- und Nachrichtenwesen, Baugewerbe, Beratung und Bildung
Betriebsgröße: vor allem Großbetriebe ab 500 000 DM Jahresumsatz
Standorte: Kelsterbach, Mörfelden-Walldorf, Frankfurt, Neu-Isenburg, Königstein, Bad Homburg
Flughafenbezogener Umsatzanteil: 4,1 bis 7,1% im Durchschnitt

Arbeitsstätten mit Flughafenbeschäftigten als Kunden:
Branche: Gaststätten, Hotels, Reinigung, Handel, Beratung und Bildung, Baugewerbe
Betriebsgrößen: Mittelbetriebe mit 250 000 DM bis 1 Mio DM Jahresumsatz
Standorte: Frankfurt Süd, Dietzenbach, Neu-Isenburg, Offenbach, Kelsterbach und Mörfelden-Walldorf
Flughafenbezogener Umsatzanteil: 2,9 bis 4,3%

4. Erweiterung der Betrachtung durch Einbeziehen der von verkehrlichen Möglichkeiten des Flughafens profitierenden Betriebe

Man mag nun auch nach jenen Betrieben fragen, die von den verkehrlichen Möglichkeiten des Flughafens profitieren z.B.
- Betriebe mit hoher Luftfrachtintensität
- Betriebe mit hoher Geschäftsflugreisetätigkeit.

Uns scheint es geraten, diese auf die verkehrlichen Vorteile bezogenen regionalwirtschaftlichen Effekte als eigenen Nutzenbereich zu untersuchen und mit der auf Finanzströmen basierenden Einkommensmultiplikatorrechnung nach Möglichkeit nicht zu vermischen.
Nach J. Frerich (1974) müßte hierfür bereits die Regionsgrenze anders bestimmt werden: als derjenige Einzugsbereich, für den durch die Anschlußstelle eines anderen oder höherrangigen Verkehrsmittels ein relevanter Zeitvorsprung entsteht. J. Frerich (1974) und C. Pirath (1938) haben hierfür Abgrenzungskriterien nach dem Zeit- und Kostenvorsprung angegeben. Solche Grenzen können jedoch auch nur Näherungswerte sein.

Im Falle Frankfurts spielt das Phänomen des „Trucking" eine wichtige Rolle. Dabei wird ein Teil der Luftfracht, die nach dem Lagekriterium über das Luftfrachtzentrum Frankfurt gehen müßte, aus Abfertigungs- und sonstigen Vorteilen zu anderen Flughäfen, vor allem im Ausland, gefahren.

Die untersuchten Wirkungen sind gänzlich andere als jene bei auftragsnehmenden und von Kundenströmen profitierenden Betrieben. „Es handelt sich prinzipiell nicht um Outputsteigerungen, sondern um Faktoreinsparungen und ... Faktorvermehrung, um Verbesserung der Faktorkombination sowie um die räumliche Ausdehnung der Absatzbereiche" (Frerich 1974, S. 119). Die Bedeutung der Flughafennähe als Standortfaktor ist nur schwer einzuschätzen. In vielen Branchen rangierte sie in unserer Arbeitsstättenbefragung erst an 6. Stelle (nach Nähe zum Arbeitsmarkt, persönliche Gründe, Grundstück/Mietpreis, Verkehrsverbindungen und Nähe zu Lieferanten).

J. Frerich und andere Kritiker vorliegender Analysen regionalwirtschaftlicher Wirkungen von Verkehrseinrichtungen schlagen daher vor, begrenzte Hypothesen zu testen, die z.B. auf der Basis einer interregionalen Input-Output-Analyse als wahrscheinlich auftretende und empirisch vorfindbare Wirkungen ermittelt wurden. Viele der für ihn für den Beispielsbereich „**Autobahneinzugsbereich**" gewonnenen Thesen dürften für alle weiteren Verkehrseinrichtungen von Bedeutung sein.

Seine These „Innerhalb des Einzugsbereichs der ... (Verkehrseinrichtung) kommt es zu wachsender Betriebsgröße und Spezialisierung. Außerdem nimmt tendenziell die Unternehmenskonzentration zu" (Frerich 1974, S. 181) können wir anhand der Arbeitsstättenbefragung vorerst bestätigen. Die Betriebsgröße korreliert tatsächlich stark mit der Nutzung der Luftfrachtmöglichkeiten und der Geschäftsflugreisemöglichkeiten.

Zusammenfassend scheint uns in all jenen Fällen, in denen eine Input-Output-Analyse aus Kostengesichtspunkten oder aus Gründen der mangelnden Verständlichkeit in der Schule nicht behandelt werden kann, folgende Methodenkombination zur Messung regionalwirtschaftlicher Wirkungen großer Verkehrseinrichtungen empfehlenswert zu sein:
1. ein mikroökonomischer Betrachtungsansatz nach B. Barfod zur Berechnung des Einkommensmultiplikators
2. der Test von begrenzten Hypothesen, ausgehend von dem theoretisch angeleiteten Hypothesenkatalog von J. Frerich (1974, S. 179-183) für sonstige regionalwirtschaftliche Wirkungen, insbesondere solche, die auf Zeit- und Kostenersparnisse durch höherrangige oder andere Verkehrseinrichtungen zurückgeführt werden können.

Literatur

BARFOD, B.: Local Economic Effects of a Large Scale Industrial Undertaking. Copenhagen, London 1938

Roland Berger Forschungsinstitut: Wirtschaftsfaktor Flughafen Frankfurt/Main, Vertiefungsstudie. Berichtsband, Tabellenband, Kurzfassung. München 1980

Deutsches Institut für Luftverkehrsstatistik e.V.: Der Flughafen Frankfurt (Main) und seine wirtschaftliche Bedeutung für die nähere Umgebung. Feb. 1965

FRERICH, J.: Die regionalen Wachstums- und Struktureffekte von Autobahnen in Industrieländern. Verkehrswissenschaftliche Forschungen Band 28, Berlin 1974

HOFMEISTER, A.: Input-Output-Analyse und Multiplikatortheorie als Hilfsmittel der Regionalforschung, dargestellt an der militärischen Nachfrage in der Stadt Thun. Struktur- und regionalwirtschaftliche Studien St. Gallen, Bd. VIII, Zürich 1976

ORTMANN, Fr.: Überlegungen zur regionalwirtschaftlichen Anwendbarkeit des Multiplikatorkonzepts. Kieler Studien Nr. 122, Tübingen 1973, S.32-36, S. 56-57 (Kritische Auseinandersetzung mit dem Konzept Barfods)

PIRATH, C.: Zeit- und Kostenvorsprung der Reichsautobahnen für die Raumüberwindung mittels Kraftwagen. In: Raumforschung und Raumordnung, 2. Jg., 1938, H.6, S. 252-260

Raumwissenschaftliches Curriculum-Forschungsprojekt: Im Flughafenstreit dreht sich der Wind. Braunschweig 1977 (Autoren S. FRANZ, G. HACKER, B. KREIBICH)

RÖSSGER, E.; HAUCKE, HÜNERMANN, JADE: Die Bedeutung eines Flughafens für die Wirtschaft in seiner Umgebung. Forschungsberichte des Landes NRW, Nr. 2082, Köln, Opladen 1970

RUDZINSKI, J.E.: Die wirtschaftlichen Auswirkungen eines Flughafens auf die Gemeinde und wie man sie mißt. – In: Airport Forum, Heft 1, 1971

Die Stadtregion Bremen
und der Küstenraum an der Niederweser

Dieter Porschen, Bremen

Strukturprobleme an der Küste: Der Industriestandort Bremen

1. Arbeitsmarktpolitische Situation des Landes Bremen

Strukturprobleme des Industriestandortes Bremen bedeuten in erster Linie **arbeitsmarktpolitische Probleme**. Die Wirtschaftskrise 1974 und 1975 erhöhte die Arbeitslosenquote im Bundesgebiet zunächst schneller als in Bremen. Zu dieser Zeit verzeichnete der in Bremen bedeutsame Schiffbau noch eine günstige Entwicklung. Ab Anfang 1977 veränderte sich aber die Situation zuungunsten Bremens. Seitdem liegt die Arbeitslosenquote im Lande Bremen um gut 1 %-Punkt über der Arbeitslosenquote des Bundesgebietes. Das bedeutet, daß rund 2.700 der 12.000 Arbeitslosen des Landes Bremen nicht arbeitslos wären, wenn die durchschnittliche Arbeitslosenquote der Bundesrepublik Deutschland in Bremen realisiert würde.

Die ungünstige Arbeitsmarktsituation hat ihre Entsprechung für den Bereich der Industrie in einem deutlich stärker ausgeprägten Beschäftigtenrückgang als im Bundesgebiet. Von 1971 bis 1979 gingen in Bremen 19 % aller Arbeitsplätze in der Industrie verloren, während die entsprechende Ziffer im Bundesgebiet „nur" bei 13 % lag. Hierbei waren die Arbeiter in der Industrie von dem Beschäftigungsrückgang wesentlich stärker betroffen als die Angestellten. In Bremen nahm die Zahl der Arbeiter in der Industrie innerhalb von neun Jahren um gut ein Fünftel ab, während die Zahl der Angestellten „nur" um ein Zehntel zurückging. Insgesamt gingen rund 20.000 Arbeitsplätze in **neun** Jahren verloren.

Wieviel **individuelle Betroffenheit** hinter der hohen bremischen Arbeitslosigkeit und dem massiven Verlust von Arbeitsplätzen steht, ist kaum zu ermessen. Aber auch für die Industriebeschäftigten, die weiterhin ihren Job haben, wirkte sich die Arbeitsmarktsituation ungünstig aus. Ihre **Lohnposition** verschlechterte sich. 1971 verdient ein durchschnittlicher bremischer Industriebeschäftigter 6 % mehr als sein rechnerischer Durchschnittskollege im Bundesgebiet. 1978 schrumpfte dieser Abstand auf nunmehr nur noch 4 %. Für ein industrielles Ballungsgebiet wie Bremen ein erstaunlich niedriger Unterschied.

Vergleichsweise hohe Arbeitslosigkeit, ein ausgeprägter Beschäftigungsrückgang und eine Verschlechterung der Reallohnposition kennzeichnen die Strukturprobleme des Industriestandortes Bremen aus der Sicht der betroffenen Arbeitnehmer.

Die bisherige Nennung der Probleme von der Arbeitslosigkeit bis hin zur verschlechterten Lohnposition rechtfertigt noch nicht, von einem Strukturproblem zu sprechen. Den Industriestandort Bremen mit dem Prädikat „Strukturproblem" zu versehen, setzt die **Klärung der Ursachen** voraus. Bei den Ursachen der ungünstigen Arbeitsmarktsituation sind in der Tat grundlegende und längerfristig wirkende Zusammenhänge anzuführen.

2. Die strukturellen Ursachen

Die bremischen Industriearbeitsplätze sind in großem Maße **instabil**. Instabil in dem Sinne, daß die wichtigsten bremischen Branchen eine im Bundesvergleich unterdurchschnittliche Wachstumsrate der Beschäftigtenzahlen aufwiesen. Schrumpfungsbranchen sind in Bremen überdurchschnittlich vertreten, Wachstumsbranchen unterdurchschnittlich. Dieses Problem hat sich erst im Laufe der Zeit herausgebildet. 1970 waren im Lande Bremen noch 55 % aller Industriebeschäftigten in Wachstumsbranchen tätig. 1976 waren nur noch 40 % in Wachstumsbranchen tätig. Die Schrumpfungsbranchen überwiegen heute.

In einer etwas anderen Terminologie – nämlich der des Jahreswirtschaftsberichts der Bundesregierung – kann man sagen, daß in Bremen **Problembranchen** stark vertreten sind. Im Jahreswirtschaftsbericht 1979 der Bundesregierung werden die Branchen

- Stahl
- Luft- und Raumfahrtindustrie
- Schiffbau
- Fischverarbeitung

als Problembranchen genannt. Im Lande Bremen beträgt der Anteil dieser Branchen an der gesamten Industriebeschäftigung rund 38 %. Im Bundesgebiet beträgt die Quote nur 6 %. Hinzu kommen Branchen wie die Unterhaltungselektronik, die ebenfalls mit Schwierigkeiten zu kämpfen haben.

Konkret: Früher war der Schiffbau eine Wachstumsbranche. Die Stahlindustrie expandierte nachhaltig und die Unterhaltungselektronik verzeichnete einen Boom. Diese Entwicklung kehrte sich in der Gegenwart um. Der Schiffbau befindet sich in einer weltweiten Krise. Die Stahlindustrie ist mit erhöhten Kapazitäten vor allem in den jungen Industrienationen konfrontiert und die Unterhaltungselektronik bemüht sich, mit der Konkurrenz aus Fernost Schritt zu halten.

Zu Recht besteht die Frage, warum sich diese Branchen nicht rechtzeitig auf zukunftsträchtige Produkte hin orientiert haben. Um die niedrige Anpassungsflexibilität der bremischen Wirtschaft zu erläutern, muß auf die **geringe Entscheidungszentralität** des Industriestandortes Bremen hingewiesen werden. Positiv für die Entwicklung einer Wirtschaftsregion ist es, wenn möglichst viele Entscheidungszentren also Hauptniederlassungen von Mehrbetriebsunternehmen dort angesiedelt sind. Bei den Entscheidungszentren sind im Normalfall die Verwaltungs- und Forschungszentren mit hochqualifizierten Arbeitsplätzen konzentriert. Darüber hinaus aber bedeutet ein Entscheidungszentrum vor Ort, daß wegen der Entscheidungsnähe zunächst die Probleme vor der eigenen Haustür gelöst werden. Bremens Probleme aber werden nicht vor der eigenen Haustür gelöst. Bremen ist nur in sehr geringem Umfange wirtschaftliches Entscheidungszentrum. Ein Drittel der stadtbremischen Beschäftigten war in Zweigniederlassungen von Unternehmen tätig. Die Hauptsitze bremischer Firmen konzentrieren sich auf Hamburg, Düsseldorf, Duisburg und Frankfurt. In diesen Entscheidungszentren, in denen für die Region Bremen bedeutsame Entscheidungen getroffen werden, befinden sich demgegenüber keine Niederlassungen bremischer Unternehmen mit lokal relevanter Beschäftigtenzahl. Bremen ist als **peripheres Wirtschaftszentrum** zu charakterisieren. Bremen beeinfluß kaum die bundesdeutschen Ballungszentren, sondern wird weitgehend einseitig von diesen Ballungszentren aus beeinflußt. Und in dieser Hinsicht ist eine Verschlechterung der Situation zu verzeichnen. Eine der großen Kaffeeröstereien der Hansestadt, die Kaffee HAG AG wird seit neuester Zeit von den USA aus verwaltet. Das größte Elektrounternehmen der Stadt Bremen, die Firma Nordmende, wird von Frankreich aus gemanagt und als aktuelles Beispiel der Kranhersteller Kocks. Dieses Unternehmen wurde im April 1980 vom Salzgitter-Konzern übernommen.

Ausgehend von der These, daß Unternehmensprobleme um so eher und schneller angegangen werden, je unmittelbarer sie das Entscheidungszentrum tangieren, bedeutet die geringe Entscheidungszentralität, daß die Anpassungsfähigkeit eines peripheren Raumes wie Bremen tendenziell niedriger ist als die vergleichbarer Großstädte mit stärker ausgeprägten Entscheidungszentren.

In dieser Situation ist die öffentliche Hand zu verstärktem Handeln aufgerufen. Wie beschränkt hier allerdings die Möglichkeiten sind, wird deutlich, wenn man das Haushaltsvolumen des hiesigen Senators für Wirtschaft betrachtet. Das gesamte Haushaltsvolumen beträgt pro Jahr rund **50 Mio. DM**. Zum Vergleich: Die bremischen Bühnen ehalten pro Jahr die Hälfte alldessen, was zur Lösung der Strukturprobleme aufgewandt wird, als Subvention. In die Theater fließen jährlich **25 Mio DM**. Anders ausgedrückt: Jeder Theaterbesuch wird mit rund 57 DM unterstützt, jeder Erwerbstätige mit 16 DM. Ein kulturpolitisch sinnvoller Schritt, der aber in Relation zu den wirtschaftspolitischen Problemen des Raumes Bremen einen anderen Stellenwert erhält. In der derzeitigen Situation des Industriestandortes Bremen ist Mark nicht mehr gleich Mark. Die sinnvolle Verwendung ist entscheidend.

Wie beschränkt die Möglichkeiten des Landes und der Stadt Bremen sind, die ungünstige Situation des Industriestandortes zu verbessern, ergibt sich auch aus einem allgemeinen Zusammenhang, der die wirtschaftspolitischen Eingriffsmöglichkeiten beschränkt. Es handelt sich hierbei um die grundlegende Frage des Sinns oder des Unsinns wirtschaftlichen Wachstums. In Bremen sind wir mit der Situation konfrontiert, daß der Unsinn eher gesehen wird als der Sinn des Wachstums. Die Gewöhnung an die relativ hohen Wachstumsraten in der Vergangenheit war der erste Schritt zum Verfall der Wertschätzung des Wachstums. Publikationen wie die Studien des Club of Rome griffen dieses Unbehagen auf und gaben ihm neue Nahrung. Wachstumsprobleme wurden in der jüngeren Vergangenheit zu Glaubensbekenntnissen. Auf die Frage nach dem Sinn wirtschaftlichen Wachstums gab es nur zwei sich gegenseitig ausschließende Antworten: Ja, wir brauchen

Wachstum, und zwar möglichst hohes Wachstum, um damit unsere ökonomischen Aufgaben erfüllen zu können. Oder: Nein, wir brauchen kein weiteres Wachstum. Weiteres Wachstum ist sogar gefährlich, denn es führt zu ökologischen Problemen. Wir vergeben unsere Chance, uns als Menschen selbst zu verwirklichen. In dieser Polarisierung der Antworten liegt eine Gefahr. Die geschilderten Positionen lassen uns nur die Wahl zwischen zwei Übeln: Ohne Wachstum in die ökonomische Krise – mit Wachstum in die ökologische Krise. Dieses „Wachstumsdilemma" spielt in Bremen eine große Rolle, wie z.B. den Ergebnissen der hiesigen Landtagswahl zu entnehmen ist.

Das Problem ist, daß das angebliche Dilemma zwischen Ökonomie und Ökologie in Wahrheit ein Scheindilemma ist. Es handelt sich um einen grundlegenden Irrtum vieler Ökologen. Wer die ökologische Krise als zwingende Wachstumsfolge an die Wand malt, übersieht die Risiken, die sich aus nachlassender Produktivität für die Belastung unserer Umwelt und den Raubbau an unseren herkömmlichen Rohstoff- und Energiereserven ergeben. Andererseits verkennt er völlig die Chancen eines umweltfreundlichen und rohstoffbewußten Wachstums innerhalb eines sicheren ökologischen Ordnungsrahmens.

Der Schlüssel für eine sinnvollere Wachstumsdiskussion muß bei der Bewältigung der anstehenden Probleme liegen. Probleme die zu lösen sind, sind u.a. folgende
– Partnerschaft mit den Entwicklungsländern
– Bewältigung des weltweiten Strukturwandels
– der Schutz und die Verbesserung unserer natürlichen Umwelt
– die Sicherung unserer Energieversorgung
– die Humanisierung der Arbeitswelt.

Ziel ist damit nicht das Wachstum an sich, sondern die Bewältigung solcher Probleme. Wirtschaftliches Wachstum geht damit notwendigerweise Hand in Hand. Wer diese Probleme für wichtig hält und dafür ist, sie zu lösen, der ist auch für wirtschaftliches Wachstum.

3. Situation wichtiger Industriebranchen

Ich möchte nun aber nach dieser Übersicht der generellen Probleme des Industriestandortes Bremen konkret über einzelne Branchen informieren. Strukturbestimmend für Bremen sind die Branchen
– Schiffbau
– Stahlindustrie
– Luft- und Raumfahrtindustrie
– Automobilbau
– Nahrungs- und Genußmittelindustrie
– Elektroindustrie
– Fischwirtschaft und der
– Maschinenbau

Ordnet man diesen Branchen konkrete Unternehmen zu, so tauchen folgende bekannte Namen auf:
– AG Weser, Bremer Vulkan im Schiffbau
– die Klöckner-Werke im Stahlbereich
– VFW-Fokker bei der Luft- und Raumfahrtindustrie
– Daimler-Benz bei der Automobilindustrie
– Jacobs oder Beck im Nahrungs- und Genußmittelbereich.
– Nordmende im Elektrobereich

Zunächst zum **Schiffbau**: Mehr als jede andere Branche ist der Schiffbau von den Veränderungen auf dem Weltmarkt abhängig. Die für den Schiffbau in Bremen bestimmende Situation auf dem Weltschiffbaumarkt ist folgendermaßen zu kennzeichnen. Bis 1972 war ein hohes, aber kontinuierliches Wachstum bei der Schiffbauproduktion zu verzeichnen. Ab 1972 entwickelte sich die Nachfrage boomartig. Nach der weltweiten Rezession 1973 und infolge der Ölkrise kam es zur stärksten Abflachung der Nachfrage im weltweiten Schiffbau in der Nachkriegszeit. Gleichzeitig aber waren die Kapazitäten in den wichtigsten Schiffbaunationen drastisch erhöht worden. Die japanischen Werften beispielsweise steigerten ihre Schiffbaukapazitäten in 16 Jahren um das Neunfache. Beinahe bescheiden hatten die deutschen Schiffbauer ihre Kapazitäten in den letzten

16 Jahren verdoppelt. Durch den massiven Nachfragerückgang infolge der Ölkrise und der Weltwirtschaftsrezession kam es zu riesigen Überkapazitäten im Schiffahrts- und Schiffbaubereich.

Hiervon sind auch der deutsche und der bremische Schiffbau betroffen. Mitte 1975 betrug der weltweite Auftragsbestand etwa 100 Mio. BRT. Hiervon entfielen rund 6 Mio. BRT auf die Bundesrepublik Deutschland und rund 2 Mio BRT auf das Land Bremen. Dies bedeutete damals den dritten Platz in der Weltschiffbaurangliste hinter Japan und Schweden. Ende 1979 betrug das Auftragsvolumen nur noch etwa 17 Mio. BRT. Der deutsche Schiffbau verfügt augenblicklich über Bestellungen von weniger als 1 Mio. BRT. Die deutschen Werften fielen damit auf den 9. Platz der Weltrangliste zurück.

Für die Bundesrepublik Deutschland und für Bremen wird die Krise dadurch verschärft, daß weltweit ein Subventionswettlauf unter den Schiffbaunationen eingesetzt hat. Frankreich gewährt beispielsweise Produktionsbeihilfen bis zu einem Viertel des Auftragswertes. Italien gewährt als Krisenmaßnahme Produktionshilfen in Form von Zuschüssen zum Ausgleich des Preisunterschiedes bis 30 % der Vertragspreise. Schweden subventioniert die verstaatlichten Werften durch Verlustübernahme: mehr als eine Mrd. DM im Jahre 1977.

Diese Situation stellt eine erhebliche Hypothek für den Arbeitsmarkt des Landes Bremen dar. Der Beschäftigtenstand im Schiffbau betrug im Jahre 1975 etwa 21.000 und ging bis Anfang 1980 um ein Drittel auf rund 14.000 zurück.

Nun aber zur nächsten wirtschaftlich bedeutsamen Branche in Bremen, der Luft- und Raumfahrtindustrie und damit praktisch zum Unternehmen VFW-Fokker. Das Luft- und Raumfahrtunternehmen VFW-Fokker mit seinen technologisch und wirtschaftlich zukunftsweisenden Produkten nimmt im bremischen Wirtschaftsraum eine Schlüsselposition ein. Etwa 10.000 Arbeitnehmer werden in Bremen und im niedersächsischen Umland von diesem Unternehmen beschäftigt. Die Schlüsselposition dieses Produktionszweiges für Bremen liegt in der Bedeutung der Anwesenheit der Luft- und Raumfahrtindustrie für die allgemeinen Standortqualitäten des Wirtschaftsraumes Bremen.

Die bisherigen Probleme der bremischen Luft- und Raumfahrtindustrie beruhen darauf, daß sich in der Vergangenheit in Norddeutschland eine Tendenz zur Spezialisierung auf den bisher wenig profitablen und risikoreichen zivilen Flugzeugmarkt zeigte, während sich in Süddeutschland das sichere und lukrative militärische Geschäft konzentrierte. Indessen läßt der Auftrieb für den Airbus, der die Schallmauer auf dem Weltmarkt durchbrochen hat, auf ein expansives ziviles Geschäft hoffen.

Die Fischwirtschaft ist weniger für Bremen als für Bremerhaven strukturbestimmende Branche. Die Schwierigkeiten, mit denen diese Branche derzeit zu kämpfen hat, sind auf die Überfischung und die grundlegenden Veränderungen des internationalen Seerechts zurückzuführen. Die Verknappung der Fischbestände, besonders in der Nordsee und im Atlantik, und damit verbunden die weltweit erkennbare Tendenz zur Errichtung von 200-Seemeilen-Fischereizonen, hat für die deutsche und bremische Fischwirtschaft Probleme heraufbeschworen. Die Fangmöglichkeiten der deutschen Hochseefischerei vor Drittländern wurden schon in den letzten Jahren stark reduziert. Vor Island darf überhaupt nicht mehr gefischt werden. Die bremischen Fischer waren aber nicht nur mit fehlenden Fängen vor Island konfrontiert, sondern auch mit geringer ausgefallenen norwegischen Quoten und den um die Hälfte verringerten Quoten vor den Küsten Nord-Amerikas. Dies sind die wesentlichen Ursachen für den Rückgang der angelandeten Mengen im Frischfischbereich im letzten Jahr.

Die Arbeitsplätze in der Fischwirtschaft, in Bremerhaven sind ein Viertel aller Industriebeschäftigten in diesem Wirtschaftszweig tätig, sind mittelfristig dadurch gefährdet, daß sich die Fischverarbeitung der Veränderung der Fangquoten folgend tendenziell in die Hauptfangnationen verlagert und die übrigen Länder und damit auch die Bundesrepublik in verstärktem Maße Fertigwaren importieren.

Ein Wort noch zur Nahrungs- und Genußmittelindustrie. Hier ist die Situation zu verzeichnen, daß die Nahrungs- und Genußmittelindustrie insgesamt eine Branche mit niedriger Einkommenselastizität ist. Das bedeutet konkret, daß Einkommenssteigerungen nicht zu ausgeprägten Nachfragesteigerungen dieser Produkte führen. Hiervon war und ist die Nahrungs- und Genußmittelindustrie betroffen. Die Berlin-Präferenz und verstärkte Rationalisierungsmaßnahmen verringerten die Beschäftigtenzahl in Bremen von 24.000 im Jahre 1971 auf 9.500 im Jahre 1979.

Was kann man gegen die Probleme, mit denen am Industriestandort Bremen zu kämpfen ist, tun? Die Lösung wird einerseits mit dem Wirtschaftsstrukturprogramm allein auf bremischer Ebene versucht und zum anderen mit dem Strukturprogramm Norddeutschland auf norddeutscher Ebene.

Ein wichtiger Punkt, um die Standortqualität der Region Bremen zu verbessern, ist die Ansiedlungspolitik. Zu den traditionellen und wirkungsvollsten Instrumenten der Ansiedlungspolitik gehört die Bereitstellung ausreichender Flächen für ansiedlungsinteressierte Betriebe. Flächenerschließungsprogramme müssen Programme der Vorratshaltung sein. In einer Situation, in der viele Gemeinden mit wirtschaftlichen Problemen zu kämpfen haben, kann ein Ansiedlungsinteressent in der Regel nicht mit der Aussicht auf ein gutes Grundstück gelockt werden. Notwendig ist ein konkretes Angebot. Daß eine solche Politik erfolgreich ist, zeigt der Standort Bremerhaven. Obwohl Bremerhaven sehr stark monostrukturiert ist und 75 % aller Industriearbeitsplätze im Schiffbaubereich und in der Fischverarbeitung zu finden sind, gelingt es Bremerhaven in neuester Zeit, eine niedrigere Arbeitslosenquote zu realisieren als Bremen. Dies ist der Erfolg einer konsequenten Industrieansiedlungspolitik. Bremerhaven wies rechtzeitig Industriegelände in ausreichender Menge und Qualität aus. In Bremen ist die Situation anders. Ausgewiesene Industrieflächen, die für ansiedlungswillige Interessenten zur Verfügung stehen, sind praktisch nicht vorhanden. Insgesamt stehen derzeit nur rund 20 **Hektar** zur Verfügung. Der Bedarf an Industrieflächen liegt dagegen in den nächsten 10 Jahren bei rund **1.300 Hektar.**

Die Ansiedlungspolitik ist das eine Bein einer zukunftsorientierten Wirtschaftsstrukturpolitik. Das zweite Bein einer Wirtschaftsstrukturpolitik ist die Infrastruktur. Förderung der Infrastruktur in dem Sinne, daß die Förderung der Infrastruktur Vorrang gegenüber der direkten unternehmensbezogenen Finanzierungshilfe erhält. Ein Standort mit vergleichsweise ungünstiger Infrastruktur kann diese Nachteile durch Finanzierungshilfen nicht ausgleichen. Hinzu kommt, daß Infrastrukturvorleistungen im allgemeinen nicht nur von den geförderten Betrieben in Anspruch genommen werden, sondern im günstigsten Fall von der gesamten ansässigen Bevölkerung. Finanzierungshilfen in Form von unternehmensbezogenen Zuschüssen haben darüber hinaus den Nachteil erheblicher Mitnahmeeffekte von Investoren. „Mitnahmeeffekte" bedeutet, daß staatliche Hilfen in Anspruch genommen werden, ohne daß dadurch die Investitionspläne der Unternehmen tatsächlich beeinflußt werden. Unternehmensbezogene Hilfen werden häufig von den Unternehmen mitgenommen, ohne daß es zu tatsächlichen zusätzlichen Investitionen und zusätzlichen Arbeitsplätzen kommt. Die bremische Wirtschaftsstrukturpolitik räumt der Infrastrukturausstattung des Bremer Raums Vorrang ein. Infrastrukturausstattung darf hierbei nicht eng interpretiert werden. Hierzu gehören auch attraktivitätssteigernde Maßnahmen wie etwa im Bereich der Ausstattung mit Sportstätten, mit Freizeiteinrichtungen und mit attraktiven Einzelhandelsgeschäften. Die Attraktivität wird in zunehmenden Maße Bestimmungsfaktor für Ansiedlungsvorhaben. Und gerade diese attraktivitätssteigernden Maßnahmen sind nicht nur ein Argument für die ansiedlungswilligen Unternehmen, sondern auch ein Vorteil für die bremische Bevölkerung.

Andererseits kann auf Finanzierungshilfen nicht vollständig verzichtet werden, da andere Kommunen dieses Instrument ebenfalls nutzen und Bremen in der Situation des Bürgermeisterwettbewerbes vergleichbare Leistungen bieten muß. Um aber nicht durch direkte Finanzierungshilfen Vermögensbildungen in Arbeitgeberhand zu betreiben, stattet Bremen Wirtschaftshilfen zunehmend mit dem Rückflußprinzip aus. In Abhängigkeit von dem Erfolg der Unternehmen müssen unternehmensbezogene Hilfen zurückgezahlt werden. Dies ist eine Veränderung der subventionspolitischen Landschaft in der Bundesrepublik, die von Bremen initiiert wurde. Bundesweit erstmalig kam es zur Anwendung des Rückflußprinzips bei den Werfthilfen, die die Bundesregierung gemeinsam mit den norddeutschen Küstenländern an die Werften leistet. Die Werften müssen diese Hilfen in Abhängigkeit vom wirtschaftlichen Erfolg und unter Anrechnung strukturverbessernder Investitionen zurückzahlen.

Die bisherigen Aussagen beziehen sich überwiegend auf rein bremische Maßnahmen. Zu berücksichtigen ist aber, daß die norddeutschen Küstenländer in ihrer Gesamtheit von einer Strukturkrise betroffen sind. Das wirtschaftliche Wachstum bleibt hinter der gesamtwirtschaftlichen Entwicklung der Bundesrepublik Deutschland zurück. Die Ausstattung mit Forschungseinrichtungen und Technologiezentren ist unterdurchschnittlich. Insgesamt können wir von einem Süd-Nord-Gefälle innerhalb der Bundesrepublik Deutschland sprechen. Aus diesem Grund wird das Strukturprogramm Bremen durch einen Strukturplan Küste ergänzt. Im Rahmen des Strukturplans Küste werden gemeinsam mit der Bundesregierung Maßnahmen zur Verbesserung der Wirtschaftsstruktur konzipiert. Der Strukturplan Küste muß Probleme von Flächen- und Stadtstaaten differenziert angehen. Da in der Küstenregion die Fähigkeit der Zentren, die Entwicklung des Gesamtraumes

positiv zu beeinflussen, ständig geringer geworden ist, müssen die entwicklungsfähigen Zentren an der Küste besonders gefördert werden. Im Rahmen des Strukturplans Küste sind für den Unterweserraum folgende Aktivitäten vorgesehen:
- Die Erschließung von Gelände am seeschifftiefen Wasser soll die vorhandenen Betriebe stärken und – wie die rein bremischen Maßnahmen – die Ansiedlung neuer Industriebetriebe, die einen direkten Zugang zum Wasser benötigen, ermöglichen. Technologisch hochwertige Produktionsstätten sollen in ausgedehnte Grünflächen und Schutzräume eingebettet werden. Der angestrebte Technologiekomplex soll ein Modellbeispiel dafür liefern, daß Ökonomie und Umwelt sinnvoll miteinander korrespondieren können.
- Qualitatives Wachstum setzt eine vernünftige räumliche Ordnung gerade im Einzugsbereich großer Ballungszentren voraus. Benötigt wird eine zielgerichtete Verkehrsinfrastruktur.

- Zunehmende Freizeit bei weiter voranschreitender Arbeitszeitverkürzung einerseits und zunehmende Kommunikationsbedürfnisse andererseits verlangen für das Ziel des qualitativen Wachstums die Bereitstellung leistungsfähiger Freizeit- und Kommunikationseinrichtungen, die das Defizit Bremens im überregionalen Dienstleistungsbereich ausgleichen.
- Diese Programme müssen umweltpolitisch abgesichert werden. Darüber hinaus muß im Rahmen des vorsorgenden Umweltschutzes die Gewässerqualität der Weser verbessert werden.

Wir meinen durch ein solches Programm einen Kompromiß zwischen Ökologie und Ökonomie anzustreben. Ein Vorrang der Ökologie ist dabei in einem Ballungszentrum wie Bremen nur beschränkt realisierbar. Bremen ist keine Ökozelle. Andererseits aber kann auch die Ökonomie keinen einseitigen Vorrang genießen. Eine unbegrenzte und qualitativ undifferenzierte Ansiedlung von Industriebetrieben widerspräche den Zielen des bremischen Wirtschaftsstrukturprogramms.

Uwe Riedel, Bremen

Sozioökonomische Determinanten der Stadtentwicklung, dargestellt am Beispiel Bremer Wohnquartiere, oder: Das Wohnumfeld als aktuelles Planungsobjekt

Aktuelle Großstadtkritik gipfelt in Äußerungen wie „Isolation des modernen Menschen", „Vereinsamung in der Großstadt" oder „Kommunikationsarmut in den Stadtrandsiedlungen"; die Kritiker können sich dabei auf so bekannte Apologeten wie A. MITSCHERLICH berufen, der schon vor Jahren die „Unwirtlichkeit" unserer Städte geißelte. Diese Unwirtlichkeit wird letztendlich dafür verantwortlich gemacht, daß seit Beginn der 70er Jahre sämtliche Großstädte Bevölkerungsverluste durch zunehmende Abwanderungen zu verzeichnen haben. Konservative Großstadtkritiker sprechen dabei leichtfertig von „Stadtflucht" – in Wirklichkeit handelt es sich dabei lediglich um eine strukturelle Erweiterung des Stadtgebietes.

Angesichts der Bevölkerungsverluste der Verdichtungskerne und deren unerwünschten Folgen (Segregationsprozesse, Infrastrukturunterauslastung, politischer Machtverlust) **wird nun im Rahmen kommunalpolitischer Planungen gefordert, die innerstädtischen Wohnquartiere zu erhalten und aufzuwerten.**

In meinem Vortrag will ich diese Planungskonzeption der „Wohnumfeldverbesserung" kritisch hinterfragen:
- einerseits geht es mir dabei um eine realistische, vorurteilsfreie Einschätzung der Bedeutung des Wohnquartiers, des Wohnumfeldes für den Stadtbewohner;
- andererseits um eine Analyse des entsprechenden Planungsverlaufes (bei der Neu- oder Umgestaltung eines Wohnquartiers), d. h. um eine Überprüfung der Planungsvorgaben, der Ziele und schließlich des Entscheidungsprozesses auf seiten der Planer und zuständigen Politiker.

Ein solche Untersuchung hat natürlich vor dem Hintergrund unseres historisch gewachsenen Wirtschaftssystems und unserer gegenwärtigen gesellschaftspolitischen Bedingungen zu geschehen. Ich will das hier kurz anreißen:
Jahrtausendelang (wie heute vielleicht nur noch in einigen Dörfern) lebte der Mensch ständig innerhalb einer größeren Gemeinschaft, und zwar im unmittelbaren und gleichbleibenden Kontakt, einer sog. face-to-face Beziehung (SCHULZ, 1978). Diese Gemeinschaft war eine gemeinsam besitzende, produzierende, verteilende und konsumierende Gruppe in wirtschaftlicher „Souveränität" und Autarkie, aber auch – und das darf nicht einfach vergessen werden! – mit verbindlichen Rollensystemen und Rollenzwängen (SCHUBERT, 1977).

Diese Situation gibt es in unseren Großstädten quasi nicht mehr: viele Funktionen, die ursprünglich durch die unmittelbaren Kontakte geleistet worden sind, werden heute durch gesellschaftliche Institutionen übernommen (z.B. Kinderbetreuung, Altenpflege); moderne Technologien und Massenkommunikationsmittel erlauben das Aufrechterhalten von sozialen Kontakten über große Distanzen hinweg; statt größerer Gemeinschaft dominiert die Klein- oder Kernfamilie; Beziehungen betreffen nicht mehr die „ganze Person", sondern finden nur in bestimmten Segmenten statt; Merkmal von Urbanität ist die Anonymität mit angeblicher Freiheit von Rollenzwängen (SCHULZ, 1978). Es ist das ein Charakteristikum der historisch gewachsenen, sich differenzierenden Gesellschaft.

Es wird einleuchten, daß diese Entwicklung das Verhalten der Stadtbewohner entscheidend beeinflußt hat. Ich will im folgenden aus dem Gesamtspektrum dieser Einflußfaktoren die mir am wichtigsten erscheinenden 4 in Thesenform darstellen und jeweils kurz erläutern.

These 1: Für die Wahrnehmung und Pflege von sozialen Kontakten besitzt die unmittelbare Nähe immer weniger Bedeutung.

Da menschliche Existenz ohne ein minimales Ausmaß von sozialem Kontakt nicht möglich ist, müssen Sozialkontakte zu den primären Lebensnotwendigkeiten zählen. Sie sind im wesentlichen bestimmt durch die eigene Familie (Ehepartner und Kinder), durch die Verwandtschaft (Eltern und Geschwister), durch die Berufsausübung und die Nachbarschaft.

Nach SCHULZ (1978) erfüllt jede der genannten Kontaktgruppen eine andere Funktion: Nachbarn benötigt man am ehesten für plötzlich auftauchende Probleme, die Verwandten für längerfristige Verpflichtungen, während Freunde für die verschiedensten Angelegenheiten in Anspruch genommen werden (also beide zuvor genannten Positionen abdecken können!). Berücksichtigt man, daß Freundschaften/Bekanntschaften in der Regel auf der Basis anderer Gemeinsamkeiten als der des gemeinsamen Wohnhauses oder Häuserblocks und daher „am dritten Ort" geschlossen werden, wird deutlich, daß für die Wahrnehmung und Pflege von sozialen Kontakten die unmittelbare Nähe immer weniger Bedeutung besitzt:

– die moderne Technologie (Autos, Telefon) erlaubt rasche Kommunikation auch über längere Distanzen,
– das Informationsbedürfnis befriedigen die Massenmedien.

These 2: Rationalisierung in allen Bereichen der Grunddaseinsaktivitäten verhindert Interagieren.

Der Zwang zu stetigem Wirtschaftswachstum sowie der damit verbundene technische Fortschritt haben auf allen Gebieten des täglichen Lebens zu Rationalisierungen, zu so rigorosen Einsparungen beim Personal geführt, daß **Selbstbedienung** geradezu ein Zeichen unserer Zeit geworden ist:
 beim Einkaufen, beim Essen, beim Tanken, in Banken, Post und Bibliotheken usw. usw. (jeder kennt sicher Beispiele aus eigener Erfahrung!).

D. h. anders ausgedrückt: aus ökonomischen Gründen wird der Mensch gezwungen, ohne direkten Kontakt mit anderen Menschen eine Funktion auszuüben; dadurch kann und soll er sich ausschließlich auf eine Sache konzentrieren:

das Konsumieren des jeweiligen Gutes. Unterstützt wird diese Entwicklung durch die rigorosen Funktionstrennungen in allen Lebensbereichen: wenn der Mensch nämlich nur eine Funktion, z.B. Einkaufen, an einer Stelle und ohne „störenden, ablenkenden" Kontakt mit anderen ausüben kann, so tut er dies mit für den jeweiligen Unternehmer maximalem Effekt!
Da der Mensch immer weniger auf Mitmenschen angewiesen ist, verlernt er langsam, aber sicher das **Interagieren**.

These 3: Das Zusammenleben vieler Menschen auf engem Raum führt zu „urban stress".

Auf den ersten Blick mag es als Widerspruch erscheinen: auf der einen Seite sind wir „urban" genug, die Fülle, Reichhaltigkeit, Lebendigkeit des städtischen Lebens einschließlich seines Gewoges auf Marktplätzen, in Fußgängerzonen, beim Schlußverkauf, im Fußballstadion zu genießen – andererseits leiden wir in der Stadt unter Überfüllung, Verkehrsdichte, Staus, Schlangen, eben unter „urban stress".

Die Erklärung liegt in folgendem:
– bei Einrichtungen oder Veranstaltungen, die wir um ihrer selbst willen aufsuchen, wird die gleichzeitige Anwesenheit vieler Menschen nicht nur toleriert, sondern gewünscht, um in der Anonymität (scheinbar) die Freiheit von Rollenzwängen zu finden;
– bei Einrichtungen, die nicht um ihrer selbst willen, sondern z.B. nur gezwungenermaßen – ohne unsere freie Entscheidung! – aufgesucht oder wahrgenommen werden, empfinden wir die Verletzung und Überschneidung unserer „body buffer zone", unserer Intim- bzw. persönlichen Distanz, als Problem. Wir reagieren mit entsprechenden nichtsprachlichen Abwehrmechanismen: z.B. im überfüllten Fahrstuhl oder in der Straßenbahn durch Vermeidung von Blickkontakten, durch Immobilisierung – und empfinden dies als „stress".

These 4: Gesetzliche Regelungen und Verordnungen sowie gesellschaftliche Normen minimieren den Freiraum für individuelles Verhalten und machen den Menschen letztlich unmündig.

Bewußtseinsindustrie und Warenästhetik setzen dem Menschen ständig neue Normen, deren Erfüllung ihn in fortdauernder Hetze hält; vereinfacht ausgedrückt: er muß im Berufsleben erfolgreich sein, um so viel Geld zu verdienen, daß er sich das leisten kann, was ihm die Werbung „vorschreibt" (Beispiel: Mode); es ist dies das „Problem" des Setzens und Erfüllens von Status-Symbolen.

Daneben gibt es die **gesetzlichen Regelungen und Verordnungen**; mit ihnen hat der Staat dem Menschen Verantwortung abgenommen, ihm andererseits aber dadurch den Spielraum für eigenverantwortliches Handeln und Entscheiden total eingeengt.

Beispiel: das Verkehrssystem schreibt uns vor, wann wir wo wie schnell fahren dürfen, ob und wo wir halten dürfen usw. Die Folge davon ist, daß wir inzwischen gelernt haben, daraus „Rechtsansprüche" abzuleiten – ob im Bereich der Verkehrsteilnahme, im Bildungsbereich oder im Sozialwesen, überall! **Diese Entwicklung führt konsequent zur „Situationsunfähigkeit", zur Unfähigkeit, sich in einer bestimmten Situation individuell, ohne vorgegebene Muster zu verhalten.**

Fazit:
diese 4 dargestellten Einflußfaktoren haben im einzelnen oder insgesamt dazu geführt, daß
1. der Stadtbewohner in seiner **Wohnung** den einzigen Freiraum für individuelles Verhalten ohne soziale Kontrolle sieht – als einen Ausgleich für die Rollenerwartungen, die er „draußen" aufgrund stets neuer Gesetze, Regelungen und Normen ständig zu erfüllen hat (das erklärt gleichzeitig, weshalb es gerade innerhalb der Wohnungen zu Gewaltausbrüchen, Aggressionen usw. kommt);
2. die **Nachbarschaft im Wohnquartier** (aufgrund neuer Technologien und Massenkommunikationsmittel) für die Wahrnehmung von sozialen Kontakten nur noch untergeordnete Bedeutung hat;
3. (zwischenmenschliches) Interagieren im **Wohnquartier** (aufgrund von Rationalisierungen auf der einen und „urban stress" auf der anderen Seite) erst unnötig und letztlich dann auch unerwünscht geworden ist.

D.h. zusammenfassend: das **Wohnquartier** muß für den Bewohner eine gesicherte Anonymität der Kontakte gewährleisten, da „Privatleben" als Ausgleich in einer durch die Arbeitswelt geprägten Lebenssituation gesucht wird. Die **Wohnung** stellt geradezu den „Hort der Privatheit" dar; hier muß die territoriale Abgrenzung sichergestellt und keineswegs aufgehoben werden!

Das ist die Situation, wie wir sie gegenwärtig in allen unseren Großstädten vorfinden. Wie aber reagieren Politik und Planung – die ja den gleichen Einflußfaktoren unseres Gesellschafts- und Wirtschaftssystems ausgesetzt sind oder sie zumindest kennen müßten! – bei der Umgestaltung oder Neugestaltung der Wohnquartiere auf diese Entwicklung?

These 5: Politik und Planung organisieren und regeln perfekt und detailliert mit jeweiligen Einzelprogrammen alle Einzelbereiche der Grunddaseinsaktivitäten des Stadtbewohners – aber ohne jeweilige Einbindung in den Gesamtzusammenhang, in die Totalität des menschlichen (Zusammen-) Lebens.

Unsere Verfassung sagt aus, daß die BRD ein demokratischer und **sozialer** Bundesstaat ist. Dieses **bewußte Bekenntnis zur Sozialstaatlichkeit** hat dazu geführt, daß immer mehr Aufgaben, die sich für „private" Institutionen/Gruppen – finanziell! – nicht mehr lohnen, dem Staat übertragen werden: Kinderbetreuung, Altenpflege, Gesundheitsvorsorge usw. Um solche Aufgaben perfekt zu erledigen, hat sich der Staat – sprich: die Bürokratie – dazu der Hilfe von Spezialisten versichert, die sich akribisch ihren Spezialaufgaben gewidmet haben.

Das **Ergebnis** dieser Entwicklung ist für den Bereich der Stadtplanung – etwas überspitzt oder pointiert dargestellt! – folgendes:

Entsprechend der Einzelerkenntnisse der Spezialisten ordnet die traditionelle Planung die Bürger in „Schubkästen" ein:
– Kinder spielen,
– Hausfrauen machen den Haushalt
  oder kaufen ein,
– ältere Menschen pflegen der Ruhe, etc.;

und deswegen ordnet die Planung diesen Menschen nur für sie bestimmte Räume zu (und alles schön voneinander getrennt):
– Kindern Kinderspielplätze,
– Hausfrauen die Wohnung und den Einkaufsbereich,
– älteren Menschen die Ruhezonen.

Die erwerbstätige Bevölkerung wird nach Tages- und Wochenzeiten unterteilt:
– tagsüber wird gearbeitet,

– abends/nachts wird gewohnt,
– am Wochenende wird erholt;
diese Aufgliederung mußte sich der Planungslogik folgend räumlich auswirken:
– es gibt spezielle Gewerbegebiete,
– spezielle Wohnsiedlungen,
– spezielle Naherholungsgebiete;
und in jedem dieser städtischen Räume kann man nur eine, die vorgeplante Aktivität ausüben:

im Wohngebiet eben nur wohnen, nicht aber auch arbeiten oder sich erholen! Will der Mensch also mehrere Aktivitäten wahrnehmen, so muß er die Gegend wechseln, d.h. Verkehrsteilnehmer werden, und das hält ihn ganz schön in Atem (oder moderner ausgedrückt: das streßt ganz schön!!).

Konsequenterweise setzt sich die Funktionstrennung der Stadt auch in der modernen Wohnung fort; hier hat jede Wohnfunktion ihre eigene „Schublade":
– in der Küche wird nur gekocht,
– die Schlafzimmer sind nur zum Schlafen da,
– die Kinderzimmer nur für Kinder, etc.
– und die Wohnung selbst ist als eigenes „Schubkästchen" wiederum streng von den übrigen getrennt.

Diese mittlerweile in allen Lebensbereichen zu findende **Funktionstrennung wird** nun auch noch **durch die Planungsorganisation zementiert:**
– eine Behörde ist für die Freizeit der Menschen zuständig,
– eine andere für das Wohnen
– und eine dritte für die Bildung usw.

Die Folge davon wiederum ist, daß von den Fachleuten stets nur **Teillösungsvorschläge** vorgelegt werden; diese erhalten – aufgrund der ihnen zugrunde liegenden zwingenden Notwendigkeiten (der sog. „**normativen Kraft des Faktischen**"!) – automatisch einen hohen Bedeutungs-Stellenwert und werden damit auch durchgesetzt.

Nun wird man zu Recht einwenden: **der Mensch und das menschliche Leben sind komplex; Planung und Politik** können aber aus Gründen der Handhabbarkeit nur jeweils Teilbereiche bearbeiten; d.h. der Mensch und das menschliche Leben müssen dafür aufgesplittet werden. Das ist richtig und nicht zu bestreiten; **was** aber **gefordert werden** muß, weil es bisher total vernachlässigt wird, ist die jeweils **kontextuelle Analyse**, d.h. die Erklärung und Betrachtung von Einzelerscheinungen auf der Grundlage und vor dem Hintergrund eines Gesamtzusammenhanges.

Die Bedeutung dieser Forderung mag am Beispiel der Spezialisierung von Ärzten deutlich werden: der früher übliche Hausarzt konnte auf der Basis seiner Kenntnis der Gesamtperson seines Patienten ein Einzelsymptom entsprechend analysieren und behandeln; der heute übliche Spezialarzt sieht nur noch das Einzelsymptom und analysiert dieses aufgrund (und nur innerhalb) seines **Spezial**wissens und im Vergleich zu anderen ähnlichen ihm bekannten medizinischen „Fällen" – aber eben nicht mehr vor dem Hintergrund der Gesamtpersönlichkeit des Patienten.

Wieder auf die Stadtplanung bezogen, heißt das: es sind Wohnquartiere entstanden, die vom Baulichen her alles, was man sich vorstellen kann, für die Bewohner aufzuweisen haben – und alles schön voneinander getrennt, damit sich nichts gegenseitig stört! Warum, so fragt man sich, warum wird das Wohnquartier dann aber nicht so genutzt, wie es sich der Planer/der Architekt vorgestellt – und aufgezeichnet – hat?

These 6: Die Kommunikation zwischen dem Planer einer Wohnung oder eines Wohnquartiers und dem Nutzer/Bewohner ist gestört.

Man hat Menschen in moderne Bauten „umgesetzt", die von renommierten und prämierten Architekten stammen. Die Bauten verfielen rasch, weil die Menschen, die sie bewohnen sollten, (aufgrund ihrer bisherigen Wohnerfahrung) mit dem rein baulichen Wohnangebot nichts anfangen konnten, also sich die Bauten nicht, zumindest nicht in der vom Architekten intendierten Weise, aneignen konnten. D. h. also, daß **die Häuser, das Wohnquartier gebaute Bedeutungen darstellen,** die aber

- von den „Nutzern" nicht unbedingt in der vom Architekten oder Planer intendierten Bedeutung erkannt werden bzw.
- deswegen nicht akzeptiert werden, weil die Nutzer die daran geknüpften Erwartungen oder Ansprüche an ihr Verhalten zu erfüllen nicht bereit sind (nicht in ihrem Wohnquartier und erst recht nicht in ihrer Wohnung!).

Woran liegt das? Es liegt daran, daß die Planer oder Architekten, also diejenigen, die Konzepte entwerfen, Wettbewerbe gewinnen, Modelle herstellen, Entwürfe anfertigen – also den Grundstein für das legen, was dann entsteht und die Art/Form, wie es entsteht –, quasi unterstellen, die Nutzer wären zu jeder Stunde jeden Tages bereit zu kommunizieren, zu interagieren, voller Toleranz und guter Laune, mit viel Zeit und ohne Sorgen! Und dazu scheint stets die Sonne! Was ich damit sagen will ist, daß eher für den Sonntag, den sonnigen Sonntag, geplant wird als für den Alltag – für den Alltag, an dem der Stadtbewohner im allgemeinen gestreßt von der Arbeit, den Vorgesetzten und Kollegen, dazu strapaziert von der Heimfahrt nach Hause kommt und dann erst einmal (auch in der Familie) nichts anderes als seine Ruhe will, die Möglichkeiten zum Abschalten – und nicht sofort Kontakt mit den Nachbarn oder ein Miteinander mit der ganzen Familie in einem Raum!

Die Kommunikation zwischen Planer und Nutzer ist also gestört. D.h. im einzelnen:
1. Der Planer, der doch auf den Nutzer seiner Planungen hören sollte, um das für diesen Nutzer Richtige zu planen, hat **aufgehört, zuzuhören** und schreibt stattdessen dem Nutzer – totalitär – seine Bedürfnisse vor (weil er als Fachmann/Spezialist angeblich am besten weiß, was Bürger wollen oder brauchen).
2. Der Spezialist/der Planer/der Politiker ist mittlerweile gewohnt, in einer Sprache zu sprechen, die nur noch andere Spezialisten/Planer/Politiker, aber nicht mehr die Bürger verstehen. Die Planung wird so für die Bürger **unverständlich** und – in der abstrakten Form, in der sie gewöhnlich dargestellt wird – auch **unvorstellbar** und damit letztlich **undurchschaubar**. So wird der Bürger anfällig für Manipulation und die Übernahme von Denkklischees.
3. Die gesetzlich geregelte **Mitsprache des Bürgers am Planungsprozeß bedeutet für den Spezialisten/Planer/Politiker eine Störung** im Verlaufe seines Arbeitsprozesses: der sonst so reibungslos ablaufende burokratische Verwaltungsakt erfahrt Unterbrechungen. Der Bürger spürt aber genau, daß seine Mitsprache nur dann und nur insoweit akzeptiert wird, als sie sich im Rahmen der vorgegebenen bzw. gewünschten „Richtung" bewegt – ansonsten ist seine Mitwirkung unerwünscht!

Damit wird deutlich, daß die gestörte Kommunikation zwischen Planer und Nutzer letztlich dazu geführt hat, daß der Bürger das Gefühl hat,
- daß gegen, statt für ihn geplant wird und
- daß die Planung bzw. Politik nur noch um ihrer selbst willen abläuft (wie ein gutgeschmiertes Rad, daß sich nicht mehr bremsen läßt!).

These 7: **Fachmann für die Wohnung und den angrenzenden Wohnbereich ist der Bewohner** – nicht aber der Wissenschaftler oder der Planer oder der Politiker; diese haben sich vielmehr als Serviceleute für die Umsetzung oder Realisierung der Wünsche der Bürger zu verstehen!

Wohnung und Wohnquartier haben für ihre Bewohner also höchste, wenn auch unterschiedliche Bedeutung:
- für diejenigen, die eine Erholung vom „urban stress" benötigen, sind sie die einzigen Freiräume für mögliches individuelles Verhalten;

- für die, denen der technische Fortschritt die meisten Kommunikations- bzw. Kontaktmöglichkeiten weitgehend eingeschränkt hat, sind sie die Räume, die die totale Isolation der Stadtbewohner verhindern helfen können.

Es ist also der Bewohner, der am besten weiß, wie seine Wohnung, sein Wohnquartier aussehen muß, damit er sich wohlfühlen kann. Die Wertschätzung des Wohnquartiers beruht dabei auf diffusen, gefühlsmäßigen Anmutungsqualitäten, in denen bauliche, persönliche und sozial-kulturelle Bedingungsmomente unter Einschluß der jeweils beim einzelnen unterschiedlichen zeitlichen Gewöhnungsprozesse zusammenwirken.

Das Dilemma, in dem wir uns heutzutage befinden, resultiert folglich daraus, daß die Diskrepanz zwischen dem, was Planer und Politiker dem Bürger „verordnen", ihm vorsetzen, ihm vorschreiben zum Nutzen, zum Sich(gefälligst) – Wohlfühlen und dem, was der Bürger damit anfangen kann und will, immer größer geworden ist!

Die Folge ist, daß aus diesem Unbehagen heraus erst einzelne, inzwischen aber immer mehr Bürger gegen „verordnete" Planung vorgehen und versuchen, die „Sache", die ja nur ihre ureigenste sein kann, selbst in die Hand zu nehmen. Sie ziehen z.B. in alte Häuser, deren Räume in der Nutzung nicht vorherbestimmt, sondern beliebig verwendbar sind.

In dieser Bewegung sehe ich eine **Chance für die in unseren Ballungsräumen notwendige Gestaltung der Stadt**: in vielen kleinen regionalen Einheiten wird zusammen mit allen entscheidungsrelevanten Gremien/Institutionen und unter Einbeziehung der lokalen Fachleute (nämlich der dortigen Bewohner) qualitativ das geändert, was schlecht ist, was die Bürger stört, was verbessert werden muß – was längerfristig die Chance für kommunikatives Miteinander in sich birgt, was das Wohnquartier lebenswert macht.

Wenn man den Bürger hier in seinem ureigensten Lebensbereich mitsprechen, mitwirken, mitgestalten läßt, wird man ihm wieder **Verantwortung zurückgeben** müssen. Dadurch, daß er lernt, seine „Sache wieder in die eigene Hand zu nehmen", wird er bereit werden, **Mitverantwortung für das Ganze** zu **tragen** – und das heißt letztlich auch: finanziell! Auf diese Art und Weise kann der in allen politischen Proklamationen geforderte „sich selbst verwirklichende Mensch" vielleicht doch noch Realität werden! Denn ich stimme mit H.-E. RICHTER überein, wenn er fordert: **„Das Grundmuster unserer menschlichen Verhältnisse ist die Einheit von Selbstverantwortung der einzelnen und gemeinsamer Verantwortung in einer letztlich unteilbaren menschlichen Gemeinschaft"**.

Die **Wohnquartiere** könnten so die „Keimzellen" für eine „Stadtgestaltung von unten her" (von den Bedürfnissen der Bewohner her) werden. Das wäre dann ein **dezentrales Planungs-Organisations-Modell!** Hierin müßten natürlich kommunale Planungskompetenzen verlagert werden — während nur noch die gesamtstädtischen, die überlokalen Belange von der zentralen Planungsbürokratie „verwaltet" werden sollten! Die **Planer und Politiker** hätten hier in den Wohnquartieren die Bürger über rechtliche, technische, finanzielle etc. Möglichkeiten der Realisierung ihrer Gestaltungsvorstellungen zu beraten; sie **werden dann endlich ausschließlich für den Bürger (und nicht mehr um ihrer selbst willen!) da sein.**

Literatur

FUNKE, H.: Ströme von Beton — Berge von Vorschriften. Warum unsere Städte kaum noch zu retten sind; DIE ZEIT, Nr. 16, 11.4.80, S. 40
MITSCHERLICH, A.: Die Unwirtlichkeit unserer Städte; Frankfurt/M., 1965
SCHUBERT, H.: Soziologie städtischer Wohnquartiere; campus Forschung, Frankfurt/M., 1977
SCHULZ, W.: Sozialkontakte in der Großstadt; Institut für Stadtforschung, Wien 1978
RICHTER, H.-E.: Lernziel: Verantwortung für den Nächsten, DIE ZEIT, Nr. 12, 14.3.80, S. 16
ROMMEL, M.: Die unregierbare Stadt. Kommunalpolitik — erstarrt im Netz der Justiz; DIE ZEIT, Nr. 18, 25.4.80, S. 16

Wolfgang Taubmann, Bremen

Universitäts- und Stadtentwicklung am Beispiel von Bremen

Neue Universitäten, dies gilt zumal für die bremische, finden in der Bevölkerung im Regelfall keine ungeteilte Begeisterung, weil Vor- und Nachteile einer Universität für ihren Standortraum je nach Interessen und Schichtzugehörigkeit unterschiedlich eingeschätzt werden (vgl. TIMMERMANN 1979, S. 77). Nicht wenige Kaufleute der Hansestadt – so war zu hören – sollen seinerzeit durchaus die ernsthafte Meinung vertreten haben, die einfließenden Finanzmittel seien besser für die Vertiefung der Unterweser anzulegen als für die Errichtung einer neuen Universität.

Auch eine Kosten-Nutzen-Analyse für den kommunalen Finanzhaushalt, sofern sie überhaupt exakt zu führen ist, bringt kurz- und mittelfristig kaum eindeutige Ergebnisse, denn ein Aufrechnen der „costs" und „benefits" von Großinvestitionen im Bildungssektor ist unter vielen Perspektiven zu führen. Die ökonomischen und regionalpolitischen Auswirkungen von Neugründungen werden oft erst nach Jahren sichtbar, während sich die Vorleistungen, die eine Gemeinde zu erbringen hat, schon sehr schnell im kommunalen Finanzhaushalt niederschlagen. Da müssen Grundstücke gekauft und erschlossen werden, für die zu erwartende Kern- und Mantelbevölkerung der Universität fallen eventuell zusätzliche Infrastruktureinrichtungen an, den Studenten sind ermäßigte Tarife einzuräumen und neue Bus- oder Straßenbahnlinien zur Universität sind oft nicht auslastbar und damit defizitär.

Wenn auch die Gemeinden die unmittelbaren Folgekosten weitgehend selbst zu tragen haben, so ist doch sicher, daß die Investitions- und Betriebskosten einer Universität erhebliche überregionale Finanztransfers in die Standortregion auslösen.

Seit 1970 wird der **Hochschulneubau** als Gemeinschaftsaufgabe von Bund und Ländern betrieben; dies hätte für Bremen bei veranschlagten 600 Millionen Investitionskosten bis 1980 einen Bundeszuschuß von 50 % und damit gegenüber früheren Abkommen eine Verschlechterung bedeutet. Deshalb haben sich die Länder Berlin, Hamburg, Hessen, Niedersachsen und Nordrhein-Westfalen bereiterklärt, einen einmaligen Investitionszuschuß von rund 96 Millionen DM zu leisten.

Auch die laufenden Betriebskosten wurden bis Jahresende 1980 von den genannten Ländern bezuschußt und zwar so, daß die ersten 40 Millionen jährlich von Bremen selbst, die nächsten 40 Millionen von den ursprünglich 5 – zuletzt nur noch 4 – Ländern und die darüber hinausgehenden Kosten bis 120 Millionen jährlich je zur Hälfte von Bremen und den genannten Ländern getragen wurden.

Versucht man die **Bedeutung** einer Universität für die Entwicklung einer Stadt und Region zu erfassen, so bieten sich vielfältige Bezüge an (vgl. dazu auch Fürst 1979, S. 51 ff):

1. Eine Neugründung hat ganz erhebliche Auswirkungen auf die städtische Baustruktur und -entwicklung.
2. Die Universität als Bildungs- und Forschungseinrichtung benötigt Ressourcen, Personal- und Sachmittel, Dienstleistungen und Anlagen, sie löst damit unmittelbare und mittelbare Beschäftigungs- und Nachfrageeffekte für den lokalen und regionalen Wirtschaftskreislauf aus.
3. Die Universität bietet Studienplätze an, die von den Studenten der Region nachgefragt werden. Die Studierenden treten ebenfalls als Konsumenten, Wohnungssuchende usw. auf – sie erhöhen also die Nachfrage nach Gütern und Dienstleistungen der Region.
4. Die Universität bietet qualifizierte Absolventen für den regionalen Arbeitsmarkt an und leistet schließlich
5. Informations- und Innovationstransfers und löst damit sicher innovative und soziokulturelle Effekte in der Stadt und Region aus.

Die Freie Hansestadt Bremen besaß zwar bereits 1610 eine wissenschaftliche Hochschule mit den 4 klassischen Fakultäten Theologie, Medizin, Philosophie und Jurisprudenz, doch verlor sie nach der Gründung der Universität Göttingen im Jahre 1736 an Bedeutung und schloß schließlich 1810, als Bremen dem Kaiserreich Napoleons eingegliedert wurde, ihre Pforten (vgl. DINSE 1977, S. 180).

Sehen wir von den frühen Nachkriegsgründungen wie Mainz (1946), Saarbrücken (1947) oder FU Berlin (1948) ab, so gehört die Universität Bremen, deren Gründung bereits 1964 durch die Bremische Bürgerschaft beschlossen worden war, eigentlich in die Gründungsphase bis zur Mitte der 60er Jahre, wie z.B. Bielefeld (1967), Bochum (1961), Dortmund (1962), Düsseldorf (1965), Konstanz (1964), Regensburg (1962) oder Ulm (1967) (vgl. BECKER 1975, S. 208 und MAYR 1979, S. 26ff).

Allerdings konnte Bremen im Gegensatz zu den genannten Neugründungen erst im Wintersemester 1971/72 den Lehrbetrieb beginnen, obwohl die neuere Gründungsgeschichte letztlich bis 1948 zurückreicht; denn damals schon hatte die Bürgerschaft die Errichtung einer internationalen Universität in Bremen vorgesehen. Als zu Beginn der 60er Jahre der Universitätsplan von W. Rothe vorgelegt wurde, dauerte es nochmals mehr als ein Jahrzehnt, bis schließlich wegen veränderter Konzeptionen zur Struktur der Universität über drei Gründungsausschüsse und ein erneutes Universitätserrichtungsgesetz vom 8. September 1970 der Betrieb endlich in Gang gebracht werden konnte.

Daß der **Makrostandort** der Universität in bezug auf die Bildungsnachfrage dringend nötig und gut gewählt war, wiewohl auch im Fall Bremens kaum ein hochschulplanerisches Gesamtkonzept für den nordwestdeutschen Raum vorgelegen hatte, ist an zwei Indikatoren nachweisbar:

1. Die Region war vor der Gründung mit Studienplätzen deutlich unterversorgt, 1960 z.B. entfielen in Bremen nur 51,3 Studienanfänger auf 100 Abiturienten, im Bundesdurchschnitt dagegen 80,7 (Rothe 1961, S. 20). Mit Ausnahme des Altkreises Wesermünde und Bremerhaven, welche als Randzonen zur Universität Hamburg gehörten, bzw. des auf Göttingen ausgerichteten Altkreises Verden, war der gesamte Unterweserraum keiner der traditionellen Nachbaruniversitäten zugeordnet (vgl. WORTMANN 1970, Abb. 2).

2. Inzwischen hat die Universität Bremen einen zwar räumlich noch kleinen aber stabilen Einzugsbereich entwickelt: Von den aus Bremen stammenden Studierenden waren 1975 ca. 41 % an der bremischen Universität eingeschrieben; von den Studenten aus Bremerhaven 22 %, von den Studierenden der alten Landkreise Osterholz, Verden und Grafschaft Hoya 32, 19 bzw. 17 %. Auch neueste Untersuchungen zeigen sehr deutlich, daß der relativ eng begrenzte Einzugsbereich – vgl. auch Abb. 1 – die Universität als „regionale Einrichtung" ausweist (vgl. Projektgruppe Studienortwahl..., Zwischenbericht 3, 1971, S. 8). Im WS 78/79 studierten von den 11.444 Studenten mit ständigem Wohnsitz im Land Bremen 43,3 % an der heimischen Universität (vgl. Wissenschaftsrat. Empf. z. 10. Rahmenplan..., 1980, Anhang zu Band 1).

Das Bildungsverhalten der bremischen Abiturienten scheint allerdings auch schichtspezifisch regionalisiert zu sein. So deuten Ergebnisse einer Befragung bremischer Abiturienten an, daß die Abiturienten aus dem traditionellen Bildungsbürgertum weniger geneigt oder durch finanzielle Restriktionen gezwungen sind, in der Hansestadt auch ein Studium aufzunehmen. Jedenfalls haben die Väter solcher Abiturienten, die ihren Studienort außerhalb Bremens wählen, einen „signifikant höheren Bildungsabschluß" als die Väter der Abiturienten, welche in Bremen selbst studieren wollen. Der Anteil von Vätern mit Abitur und höherem Abschluß betrug im ersten Fall 47, im letzteren 26 % (Projektgruppe Studienortwahl..., Zwischenbericht 1, 1980, S. 67 und schriftl. Mitt.).

Die Studentenzahlen sind in den letzten sechs Jahren durchschnittlich um 16 % gestiegen:

WS									
71/72	72/73	73/74	74/75	75/76	76/77	77/78	78/79	79/80	80/81
400	1356	3103	3592	4077	5057	6019	6717	7408	7947

Neben z.B. Bochum, Osnabrück und Oldenburg gehört Bremen zu den Neugründungen, die im Gegensatz etwa zu Augsburg, Bielefeld, Konstanz oder Regensburg zu rund 100 % ausgelastet sind (vgl. KREYENBERG 1979, S. 69/70).

Der **Mikrostandort** der Universität und damit ihre baulich-funktionalen Auswirkungen auf die Stadtstruktur und -entwicklung Bremens sind sehr viel stärker diskutiert worden als der Makrostandort.

Schon in der Frühphase der Gründungsgeschichte, als noch das Konzept der isolierten Campus-Universität dominierte, wurde der Mikrostandort durch den Ankauf eines 285 ha großen Geländes zwischen Stadtwald, Kleingärten, Eisenbahn und Autobahn im Blockland im Nordosten der Stadt in den Jahren 1963 und 1964 ohne große Alternativdiskussion festgeschrieben (vgl. HERLYN 1976 und 1977).

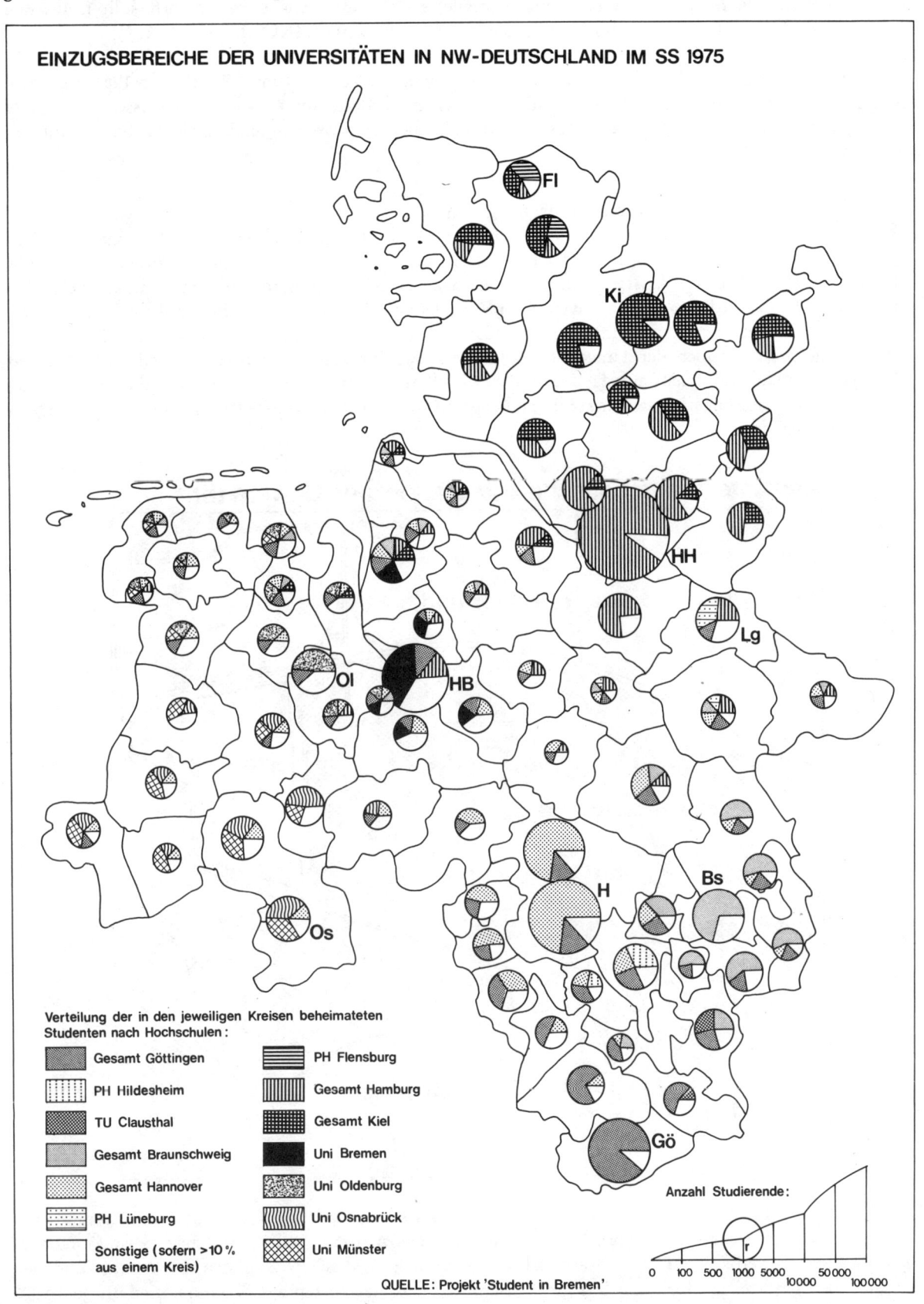

Abb. 1

1968 führte der Einbezug von Assistenten und Studenten in den Gründungsprozeß zur „Politisierung der Hochschulplanung" in Bremen und zur Aufhebung des Campus-Konzeptes. Ziel war nur eine „stadtverflochtene" Hochschule im Rahmen eines „urbanen Entwicklungsbandes" (Verflechung Universität – Stadt, 1969). Hochschule und Stadt sollten über die Mitnutzung universitärer Infrastruktur eng miteinander verbunden werden, und vor allem die Bewohner weniger privilegierter Viertel wie etwa Findorff sollten aus den Einrichtungen der Hochschule erhebliche Vorteile ziehen (vgl. dazu THROLL 1974, S. 137).

Die neue Konzeption der Mitnutzung und multifunktionalen Verflechtung führte zwar 1969 zu einem Beschluß des Gründungssenates, Pläne zur städtebaulichen Verflechtung entwickeln zu lassen, doch erste Ansätze, Wohnkomplexe von Norden, Westen und Süden her keilförmig an die Universität heranzuführen, wurden nicht verwirklicht.

Inzwischen haben sich wichtige Veränderungen ergeben:
1. Die ursprünglich geplante Konzentrierung aller Lehr- und Forschungseinheiten des Landes Bremen auf dem Universitätsgelände wurden aufgegeben; neben der Universität wurden die vorhandenen Fachhochschuleinrichtungen in der Bremer Neustadt und in Bremerhaven ausgebaut, außerdem die Studienplatzzielzahlen reduziert. Damit wurden ca. 120 ha universitärer Vorbehaltsflächen für andere städtebauliche Nutzung frei.
2. Die noch auf optimistischen Bevölkerungsprognosen aus der Mitte der 60er Jahre basierenden Planung der sog. Hollerstadt nördlich der Universität mit ca. 20.000 Einwohnern wurde wegen der rückläufigen Bevölkerungszahlen Bremens aufgegeben, andere Großbauvorhaben wurden ebenfalls reduziert. Anstelle neuer Stadterweiterungen traten die städtebauliche und soziale Erneuerung bestehender Wohnquartiere in den Vordergrund.

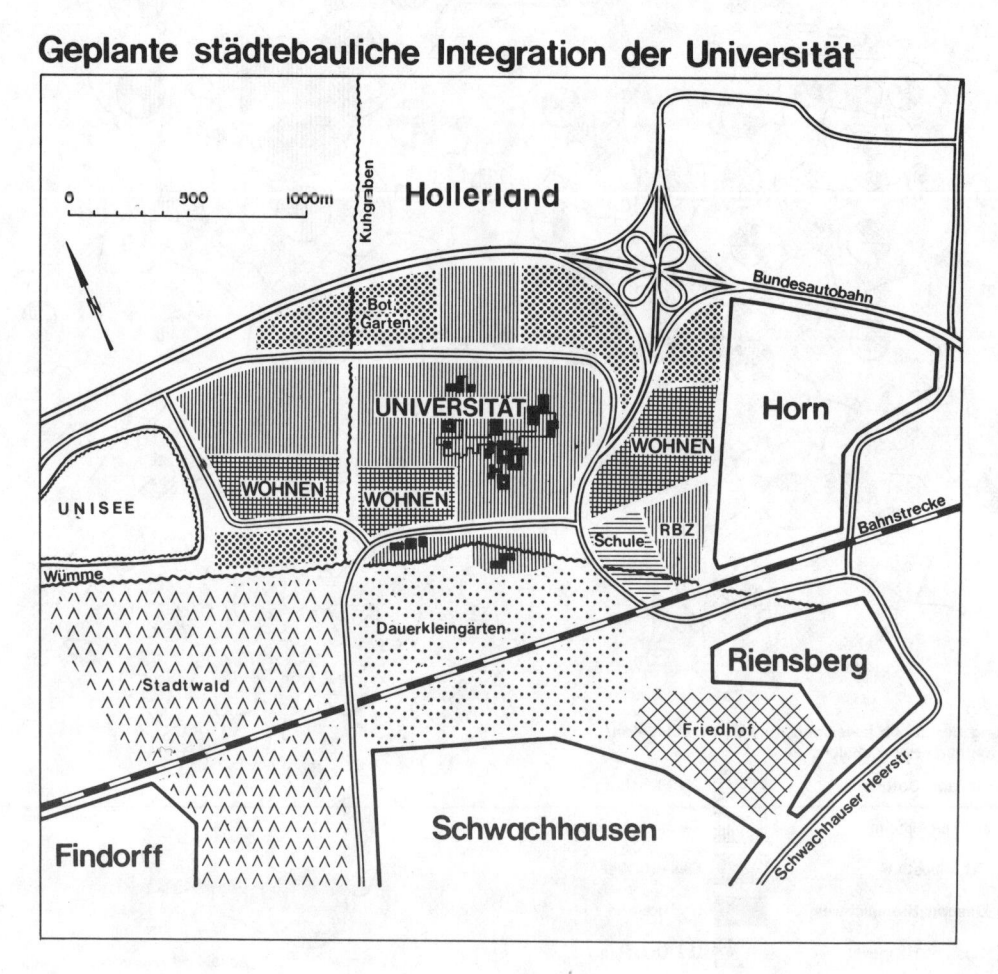

Abb. 2

Damit stellt sich die **baulich-funktionale Verflechtung** zwischen Stadt und Universität unter veränderten Wachstumsbedingungen wesentlich bescheidener dar. Grundgedanke eines 1975 ausgeschriebenen städtebaulichen Ideenwettbewerbs Uni-Ost war es nur noch, auf den Bauflächen zwischen Universität und den angrenzenden Stadtteilen Horn und Schwachhausen drei relativ eigenständige Wohnquartiere für je 2-3000

Einwohner zu errichten (vgl. Abb. 2). Infrastruktureinrichtungen der unmittelbaren Daseinsvorsorge (z.B. Marktplatz mit Ladengruppe) sollten durch die Universitätsangehörigen mitgenutzt und umgekehrt Universitätseinrichtungen durch die neue Wohnbevölkerung in Anspruch genommen werden (Städtebaulicher Ideenwettbewerb Uni-Ost, Bremen, November 1975).

Die lange diskutierte Verflechtungsplanung wird also weitgehend auf die wohnbauliche Nutzung ehemaliger universitärer Reserveflächen reduziert. Bislang aber ist noch kein Spatenstich erfolgt, eine Realisierung nicht in Sicht. Die Universität findet sich immer noch in räumlich isolierter Lage – ein 1-km breiter Ödlandstreifen, Bahn, Autobahnzubringer und Kleingärten trennen sie von dem übrigen Stadtkörper – und wird immer noch nicht zureichend durch den öffentlichen Personennahverkehr an die Stadt angebunden.

Erheblichen Einfluß aber hat der Mikrostandort der Universität auf die Wohnstandortwahl der Universitätsangehörigen und damit auf die sozialen Kontakte und Kommunikationsmöglichkeiten zwischen Hochschulbevölkerung und Stadtbevölkerung im Wohnbereich. (vgl. etwa BECKER/HEINEMANN–KNOCH/WEEBER 1976, S. 121ff).

Um Abhängigkeiten zwischen der sozioökonomischen bzw. Baustruktur und der **Wohnstandortverteilung der Universitätsangehörigen** aufzuspüren, wurden zunächst Hochschullehrer, Dienstleister und Studenten in ihrer räumlichen Verteilung auf Ortsteilbasis erfaßt und die jeweiligen Dichtewerte mit den genannten stadtstrukturellen Daten korreliert (vgl. dazu Projekt „Student in Bremen" 1976/78).

Auf Daten- und Rechenprobleme sowie Fragen der möglichen ökologischen Verfälschung kann hier nicht eingegangen werden. Die Ergebnisse stellen sich in Kürze wie folgt dar:

Von den Hochschullehrern wohnten im Wintersemester 1976/77 78,5 % in Bremen; sie konzentrieren sich außerordentlich markant auf den vom Stadtkern ausgehenden Nordostsektor, der sich auch in soziostrukturellen Analysen als der statushöchste Wohnsektor herauskristalliert (Abb. 3). Damit ergeben sich korrelativ signifikante Zusammenhänge zwischen den Merkmalen des hohen Sozialstatus und der Hochschullehrerdichte, umgekehrt signifikant negative Korrelationen zwischen dem Hochschullehrer- und Arbeiteranteil (vgl. Abb. 4).

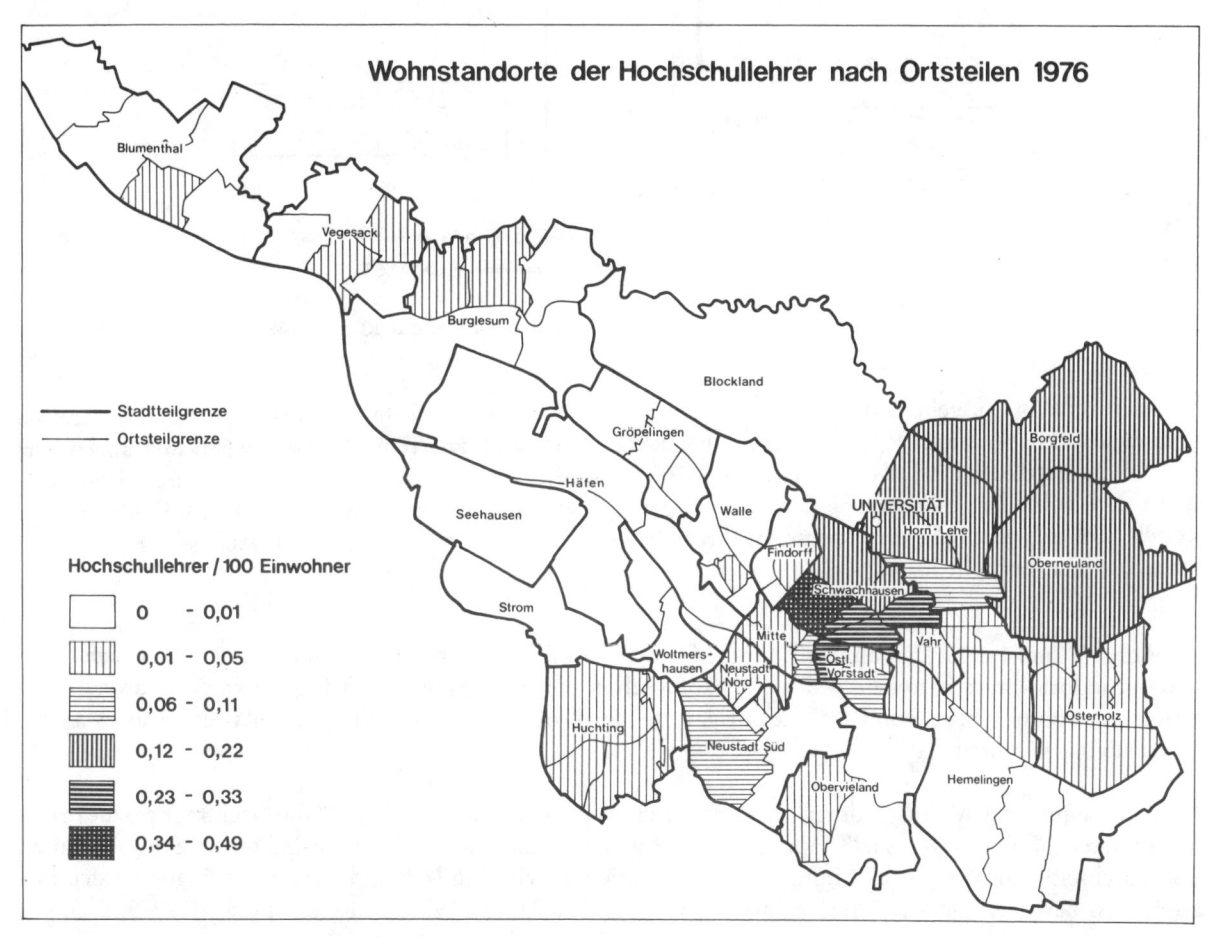

Abb. 3

Zusammenhang zwischen den Wohnstandorten der Hochschullehrer und sozioökonomischer bzw. Stadt- und Baustruktur

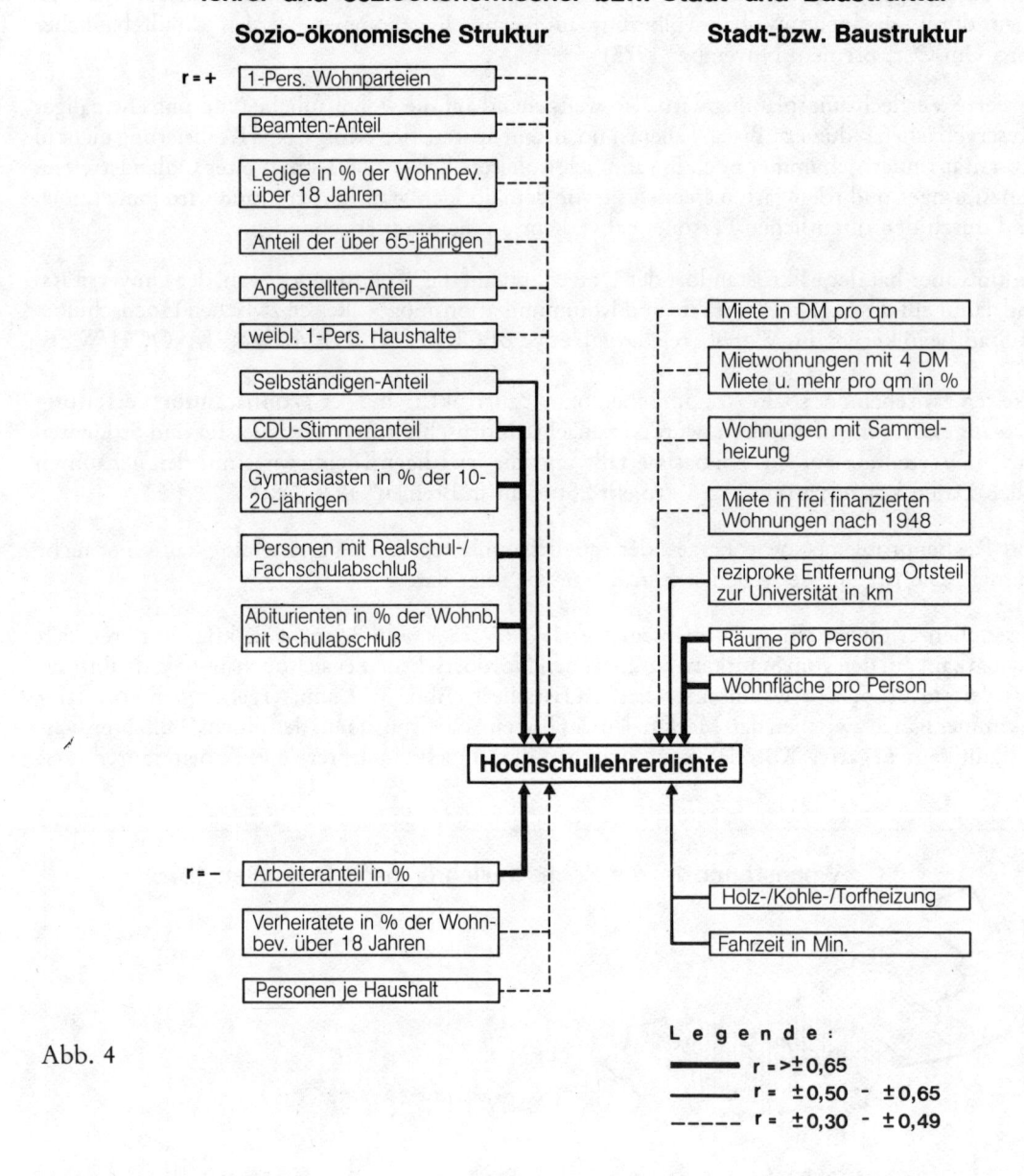

Sozio-ökonomische Struktur   Stadt-bzw. Baustruktur

r = +
- 1-Pers. Wohnparteien
- Beamten-Anteil
- Ledige in % der Wohnbev. über 18 Jahren
- Anteil der über 65-jährigen
- Angestellten-Anteil
- weibl. 1-Pers. Haushalte
- Selbständigen-Anteil
- CDU-Stimmenanteil
- Gymnasiasten in % der 10- 20-jährigen
- Personen mit Realschul-/ Fachschulabschluß
- Abiturienten in % der Wohnb. mit Schulabschluß

- Miete in DM pro qm
- Mietwohnungen mit 4 DM Miete u. mehr pro qm in %
- Wohnungen mit Sammelheizung
- Miete in frei finanzierten Wohnungen nach 1948
- reziproke Entfernung Ortsteil zur Universität in km
- Räume pro Person
- Wohnfläche pro Person

Hochschullehrerdichte

r = −
- Arbeiteranteil in %
- Verheiratete in % der Wohnbev. über 18 Jahren
- Personen je Haushalt

- Holz-/Kohle-/Torfheizung
- Fahrzeit in Min.

Abb. 4

Legende:
— r = > ±0,65
— r = ±0,50 - ±0,65
----- r = ±0,30 - ±0,49

Wenn wir davon ausgehen, daß Hochschullehrer weitgehend freie Wohnstandortentscheidungen treffen können, dann haben sie sich vornehmlich an den bevorzugten Wohnvierteln orientiert, wenn auch angemerkt werden muß, daß der Einfluß der räumlichen Nähe zur Universität als Arbeitsstandort eine zusätzliche Rolle spielt. Die auffällige Aussparung der westlich der Universität gelegenen Stadtteile wie z.B. Findorff zeigt jedoch, daß sich jedenfalls die Hochschullehrer die Aufwertungsziele der Verflechtungsphase der 70er Jahre nicht zu eigen gemacht haben.

Ähnliches Wohnstandortverhalten gilt für die Dienstleistungsbeschäftigten der Universität, wenn auch deren Wohnstandorte breiter streuen, weil sie ja häufig schon vor Aufnahme ihrer Tätigkeit an der Universität in Bremen gewohnt haben. Rund 1/5 hat übrigens seinen Wohnsitz aufgrund des Arbeitsverhältnisses an der Universität gewechselt.

Eine Konsequnz des Wohnstandortverhaltens der Hochschulbediensteten ist, daß die Nachfrage gerade in den bevorzugten Wohnanlagen zu Knappheitskosten geführt hat, die u.a. in Horn-Lehe und Schwachhausen überdurchschnittliche Miet- und Immobilienpreisanstiege bewirkt und damit die Lebensbedingungen der dort ansässigen Bevölkerung eher verschlechtert haben (vgl. HERLYN 1977, S. 40 und FÜRST 1979, S. 57).

Zusammenhang zwischen den Wohnstandorten der Studenten und sozioökonomischer bzw. Stadt- und Baustruktur

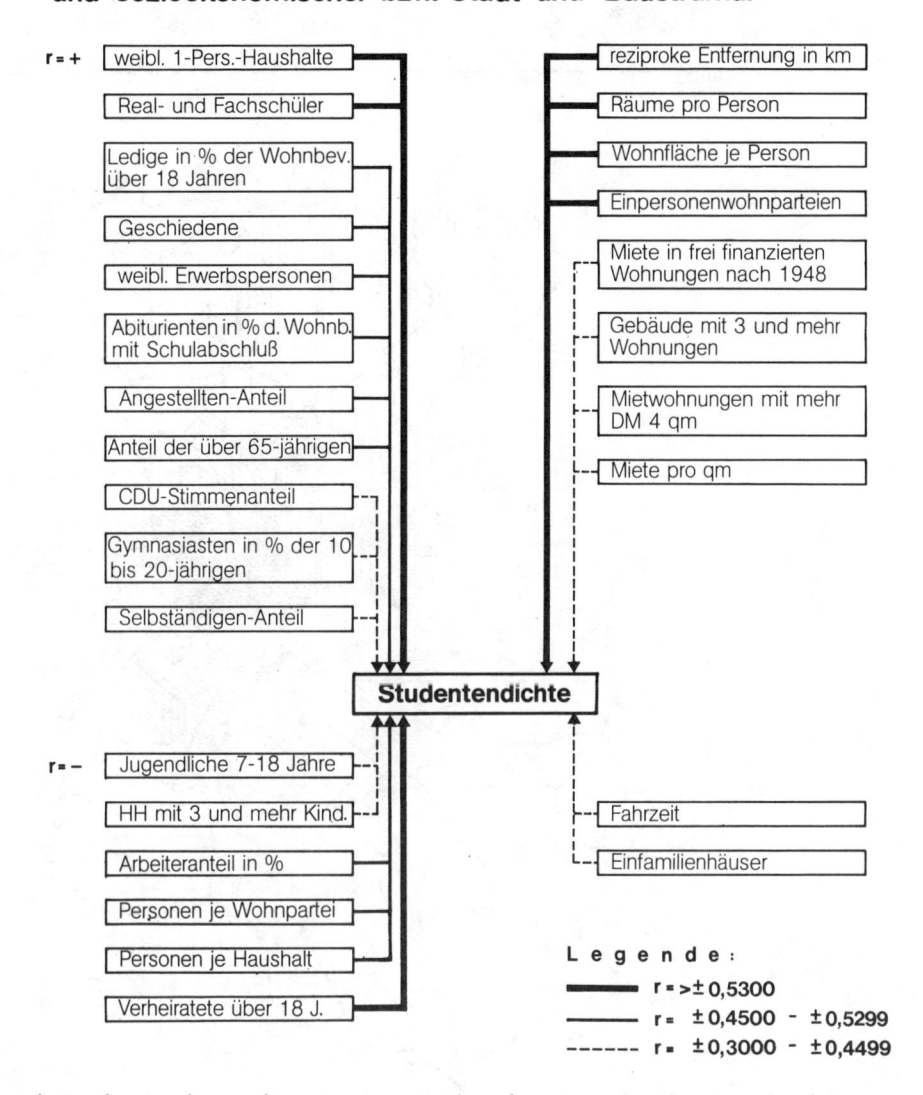

r = +
- weibl. 1-Pers.-Haushalte
- Real- und Fachschüler
- Ledige in % der Wohnbev. über 18 Jahren
- Geschiedene
- weibl. Erwerbspersonen
- Abiturienten in % d. Wohnb. mit Schulabschluß
- Angestellten-Anteil
- Anteil der über 65-jährigen
- CDU-Stimmenanteil
- Gymnasiasten in % der 10 bis 20-jährigen
- Selbständigen-Anteil

- reziproke Entfernung in km
- Räume pro Person
- Wohnfläche je Person
- Einpersonenwohnparteien
- Miete in frei finanzierten Wohnungen nach 1948
- Gebäude mit 3 und mehr Wohnungen
- Mietwohnungen mit mehr DM 4 qm
- Miete pro qm

→ **Studentendichte**

r = −
- Jugendliche 7-18 Jahre
- HH mit 3 und mehr Kind.
- Arbeiteranteil in %
- Personen je Wohnpartei
- Personen je Haushalt
- Verheiratete über 18 J.

- Fahrzeit
- Einfamilienhäuser

Legende:
— r = > ±0,5300
— r = ±0,4500 − ±0,5299
------ r = ±0,3000 − ±0,4499

Abb. 5

Die Wohnstandorte der Studenten konzentrieren sich auf zwei Stadtteile: einmal auf die universitätsnahen Quartiere und zum anderen auf die Stadtmitte (v.a. Steintor) bzw. östliche Vorstadt. Diese doppelte Ausrichtung spiegelt sich auch deutlich in den korrelativen Beziehungen zwischen den sozioökonomischen bzw. baustrukturellen städtischen Daten und dem Anteil der Studenten je 100 Einwohner (vgl. Abb. 5). Vor allem die Möglichkeit, Zimmer in den kernnahen überalterten Ortsteilen mit hohem Anteil von 1-Personen-Haushalten zu mieten, ist klar nachweisbar. Die Bevorzugung der Stadtmitte und der östlichen Vorstadt hält unvermindert an, sowohl im WS 1975/76 wie 1979/80 wohnten jeweils rund ein Viertel aller in Bremen ansässigen Studenten der Universität in diesen Quartieren (vgl. auch Abb. 6 und 7).

Inzwischen hat sich auch eine „subkulturelle Infrastruktur" in Form von Bücher- und Kinderläden, Werkstätten, Druckereien und Alternativläden herausgebildet, die vor allem im Ostertor und Steintor auf die Wohnstandortwahl einen selbstverstärkenden Effekt ausübt (DINSE 1979, S. 67).

Letztgenannte Erscheinung ist bereits dem Bereich der Auswirkungen von Universität und Universitätsangehörigen auf die **soziostrukturellen und politischen Werthaltungen** einer Region zuzuordnen. Ein Einflußpotential, das sicher noch weniger quantitativ faßbar ist als andere, aber vor dem Hintergrund des Reformanspruchs der Universität, „Stätte kritischer Bewußtseinsbildung gegenüber gesellschaftlichen, politischen und ökonomischen Prozessen..." zu sein, nicht zu unterschätzen ist und in viele Bereiche des städtischen Lebens wie Stadtsanierung, Wohnumweltgestaltung, Verkehrsführung oder Industrieansiedlung hineinwirkt und seiner Tendenz nach „konterproduktiv" ist. Der relativ hohe studentische Anteil an der Wohnbevölkerung in den genannten Quartieren (z.B. Ostertor 6 %) verstärkte auch das Protestpotential gegenüber Stadtentwick-

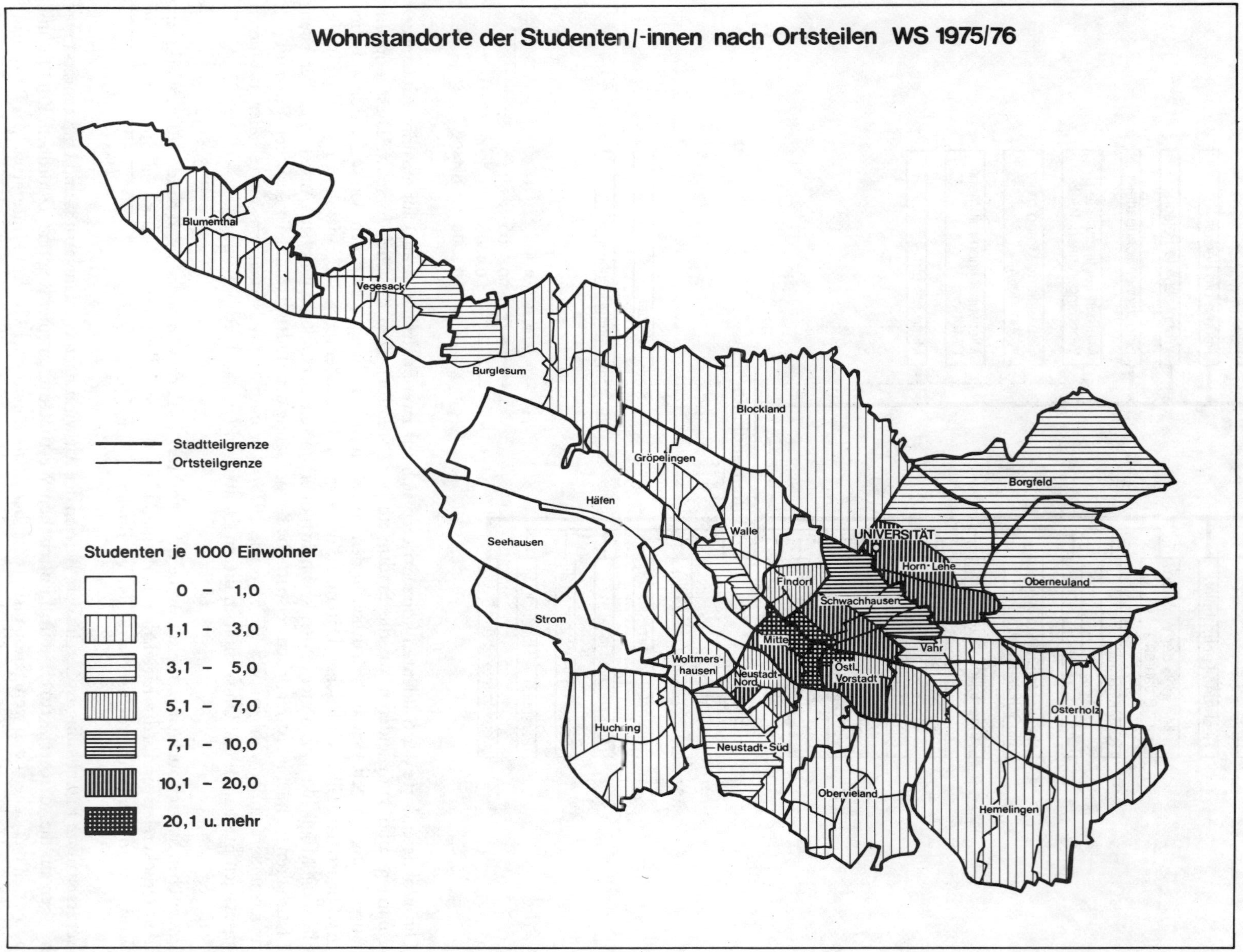

Abb. 6: Wohnstandorte der Studenten/-innen nach Ortsteilen WS 1975/76

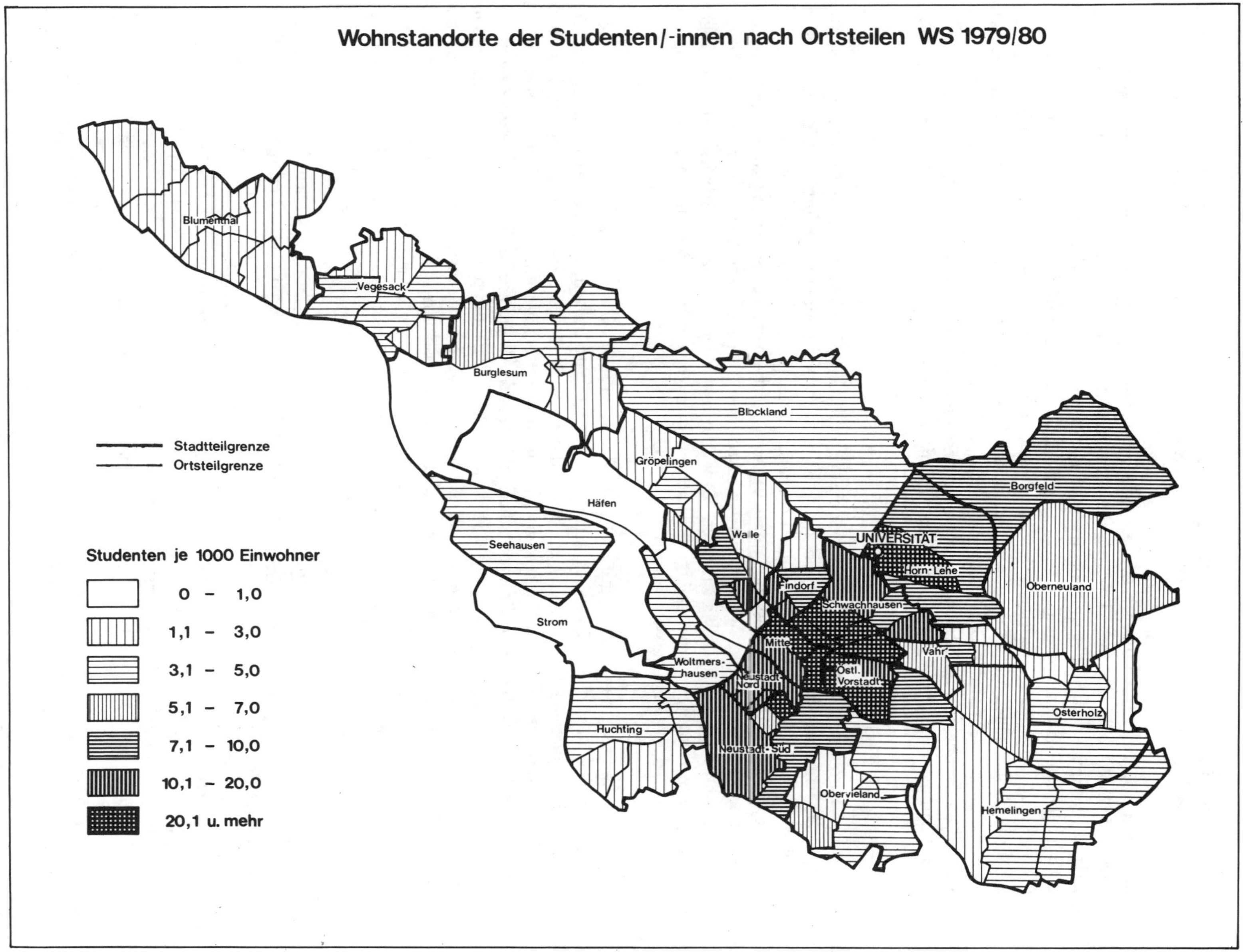

Abb. 7

lungszielen, die quartierbezogene Interessen zu verletzen schienen; nicht selten waren lokale Konflikte die Folge. Andererseits führt gerade dieser Effekt zu zunehmender Distanz weiter Teile der Bevölkerung gegenüber der Universität oder zu wachsenden Vorurteilen gegenüber Lehrbetrieb und Einflußnahme von Universitätsangehörigen.

Nicht zu unterschätzen ist das **Dienstleistungsangebot** der Universität an die Region, da es durch die Verbesserung der haushaltsnahen Infrastruktur den Wohn- und Bildungswert des Standortraumes erhöht.

Zu nennen sind z.B. der Hochschulsport, der seit 1972 für die Bevölkerung angeboten wird, oder die Nutzung der Universitätsbibliothek, die von 44 % außeruniversitären Besuchern in Anspruch genommen wird, die Benutzung der Freiraumanlage oder universitärer Räume für politische und Weiterbildungsveranstaltungen. Seit einem Jahr bietet die Universität als Dienstleistung für die Bevölkerung der Region eine humangenetische Beratungsstelle als Teil einer präventiven Medizin an; seit 1976 werden weitgefächerte Weiterbildungs- und Fortbildungsveranstaltungen für Lehrer und andere Berufstätige angeboten. Die staatliche Verwaltung macht sich das Forschungspotential der Universität für ausgewählte Fragestellungen (z.B. Arbeitsplatzsituation) zunutze, und die Kooperationsstelle zwischen Universität und Arbeiterkammer verpflichtet sich seit 1971, „die Arbeiterkammer durch Forschung und Lehre bei der Wahrnehmung und Förderung der Arbeitnehmerinteressen" zu stützen.

Auf gesichertes Terrain begeben wir uns, wenn wir die durch die Universität ausgelösten **Beschäftigungs- und Nachfrageeffekte** analysieren. Als ein Betrieb, der Wissenschaft und Lehre produziert, stellt die Universität gegenwärtig für rund 1500 Arbeitnehmer (ohne Lehrbeauftragte und Hilfskräfte) qualifizierte Arbeitsplätze zur Verfügung, davon 470 für Professoren und wissenschaftliche Mitarbeiter und 91 für Angestellte und Beamte des höheren Dienstes. Die Wissenschaftler rekrutieren sich zu knapp 90 % überregional, während umgekehrt die rund 1000 sonstigen Bediensteten vornehmlich aus dem regionalen Arbeitsmarkt abgezogen wurden. Da diese aber ihrerseits Arbeitsplätze freimachten, kann von einem zusätzlichen Arbeitsplatzangebot gesprochen werden, das die Universität auslöst.

Die von dem Einkommen der Beschäftigten ausgehenden Nachfragewirkungen auf private und öffentliche Dienstleistungen sind nur schwer abzuschätzen. Zunächst ist festzuhalten, daß die Personalausgaben der Universität gut 50 Millionen (1977) ausmachten, das sind rund 72 % des Gsamthaushalts. Davon sind ca. 35 % Steuern und Sozialversicherungen abzuziehen, die teilweise aus der Region abfließen. Von den ca. 36 Millionen Nettoeinkommen (1977) verblieben in Bremen zunächst 73 %; der Abfluß nach außen wurde zum Erhebungszeitpunkt vor allem durch die Hochschullehrer verursacht, die damals nur zu 62 % in Bremen wohnten. Die Verschiebung zwischen dem Einkommens- und Beschäftigtenanteil zugunsten Bremens ergibt sich aus Besoldungsstufe und Familienstand der in Bremen ansässigen Hochschullehrer. Mit zunehmender Ansässigkeitsdauer wird sich wahrscheinlich der Anteil der in Bremen Wohnenden auf rund 80 % erhöhen. Für 1980 ist dann vermutlich ein in Bremen verbleibender Betrag von rund 45 Millionen zu erwarten (Personalausgaben 1980: ca. 76 Millionen DM).

Die aus der Beschäftigung resultierenden Einkommen der Universitätsangehörigen stehen einer Mantelbevölkerung der ersten Stufe (d.h. Ehefrauen, -männer und Kinder) von 2400 Personen zur Verfügung, die ebenfalls zu knapp 80 % in Bremen ansässig sind (nach Unterlagen der SKP).

Rechnen wir die Studierenden zur Kernbevölkerung hinzu, im Wintersemester 1979/80 7.337, von denen ca. 16 % mit nichtstudentischen Partnern verheiratet waren, so steht einer Kernbevölkerung von ca. 8.840 Personen eine Mantelbevölkerung der ersten Stufe von etwa 5.100 Menschen gegenüber. Die durch den Beschäftigungseffekt der Universität getragene Kern- und Mantelbevölkerung der ersten Stufe macht also insgesamt rund 14.500 Personen aus, hat aber auf die Bevölkerungsentwicklung der Stadt Bremen nur geringen Einfluß gehabt. Zwar stieg die Zahl der Zuzüge 1971, dem Jahr der Eröffnung der Universität, kurzfristig an, sank dann aber unter den Stand von 1970 ab.

Die von den rund 7.340 Studenten induzierte Nachfrage umfaßt ein Volumen von immerhin ca. 53 Millionen, legt man die Ergebnisse unserer Erhebung im Wintersemester 1976/77 zugrunde und geht man davon aus, daß die in Bremen ansässigen Studenten ganzjährig, die anderen, soweit sie in Bremen während des Semesters wohnen, 8 Monate im Jahr anwesend sind (vgl. dazu auch Giese 1980, S. 9 f und 9. Sozialerhebung des DSW 1980).

Das durch die Universität ausgelöste Nachfragevolumen der Hochschulangehörigen macht also etwa 90 Millionen DM aus. In welchem Umfang diese Nachfrage weitere Beschäftigung und damit eine Mantelbevölkerung der 2. und der weiteren Stufen auslöst, muß unbeantwortet bleiben.

Einige Ausgaben sind ohne Bschäftigtenwirkung (z.B. Mieten, Darlehenstilgung), bei anderen ist zu fragen, ob die Anbieter in der Stadt und Region die Nachfrage mit gegebener Kapazität auffangen oder ob sie z.B. ihren Personalbestand erweitern müssen. Bei einer Stadt von der Größenordnung und der Angebotsstruktur Bremens wird man davon ausgehen können, daß nur wenige Engpaßsituationen zu beseitigen sind und daß neue Anbieter kaum ins Gewicht fallen. Zu nennen wären etwa Kopiergeschäfte, einige Lebensmitteleinzelhändler, Buchläden oder Gaststätten.

Nach einem z.B. von Ganser genannten Beschäftigungsmultiplikator von 2,3, der aus den Konsumausgaben der Hochschulbeschäftigten und Studenten sowie den Betriebsausgaben der Universität resultiert, würden für Bremen weitere 3.500 Arbeitsplätze geschaffen worden sein. M.E. ist ein solcher Multiplikator nur anwendbar auf kleinere Universitätsstädte, wo Kapazitätserweiterungen zur Engpaßbeseitigung nötig sind (vgl. MAIER/v. WAHL/WEBER 1979, S. 128).

Neben den Personalausgaben der Universität haben wir auch die **laufenden Sachausgaben** für ein Jahr (Rechnungsjahr 1975) nach ihrem regionalen Verbleib untersucht (vgl. Projekt „Student in Bremen"). Die Bauausgaben als temporärer Ausgabenschub schaffen keine dauerhaften Arbeitsplätze, die Einkommenseffekte sind deshalb nicht näher analysiert worden.

Die Ausgabenströme sind anhand von Postleitzahlbezirken nach 13 Regionen gegliedert worden (Bremen-Stadt, Bremen-Umland – ca. 30 km Radius um die Stadtmitte, Hamburg, Nordwest-Niedersachsen, Südost-Niedersachsen, Schleswig-Holstein, Berlin, Nordrhein-Westfalen, Rheinland-Pfalz und Saarland, Hessen, Baden-Württemberg, Bayern, Ausland).

Von den laufenden Sachausgaben des Jahres 1975 (knapp 8 Millionen wurden erfaßt) verblieben 37,6 % in Bremen. Auffällig ist, daß das Bremer Umland, Nordwest-Niedersachsen und Schleswig-Holstein kaum Sachausgaben der Universität auf sich lenken können, während Hamburg, Hessen, Nordrhein-Westfalen, Baden-Württemberg und Bayern die größten Anteile aufweisen (vgl. dazu Abb. 8-11). Verteilt man die Ausgaben nach Produktions- und Handelsbetrieben, so ergibt sich folgendes Bild: Sachausgaben sind zwar nur zu 38 % an Händler gegangen, dann aber überwiegend an Händler in Bremen (71 % aller Ausgaben), dagegen fließen die Ausgaben, die direkt an Produzenten vergeben werden, zu 83 % aus Bremen ab und zwar schwerpunktmäßig in die schon oben genannten Räume.

Regionale Verteilung der Sachausgaben der Universität Bremen in v.H. (Rechnungsjahr 1975)

	Produktionsbetriebe	Handelsbetriebe	Gesamt
Bremen	17,4	70,6	37,6
Bremen-Umland	0,6	1,3	0,9
NW-Niedersachsen	0,5	1,4	0,8
Hamburg	26,2	12,2	20,9
SO-Niedersachsen	6,3	2,2	4,7
Schlesw.-Holstein	0,8	0,3	0,6
Nordrh.-Westf.	10,7	5,5	8,7
Hessen	16,0	3,4	11,2
Berlin	1,3	0,4	0,9
Rheinl.-Pfalz	0,3	–	0,2
Baden-Württemberg	8,0	1,9	5,7
Bayern	10,2	0,8	6,7
Ausland	1,7	–	1,1
	100,0	100,0	100,0
N (in 1000 DM)	4.867	2.992	7.859

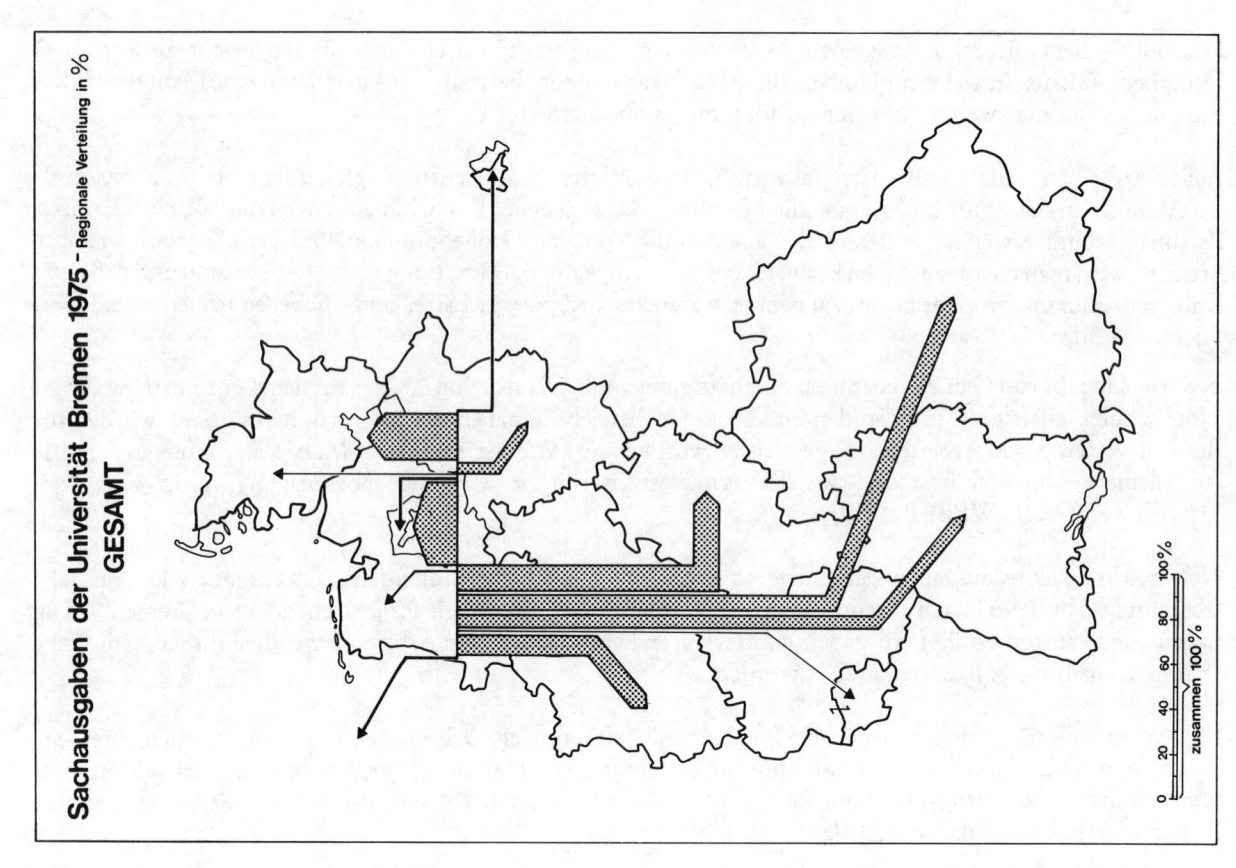

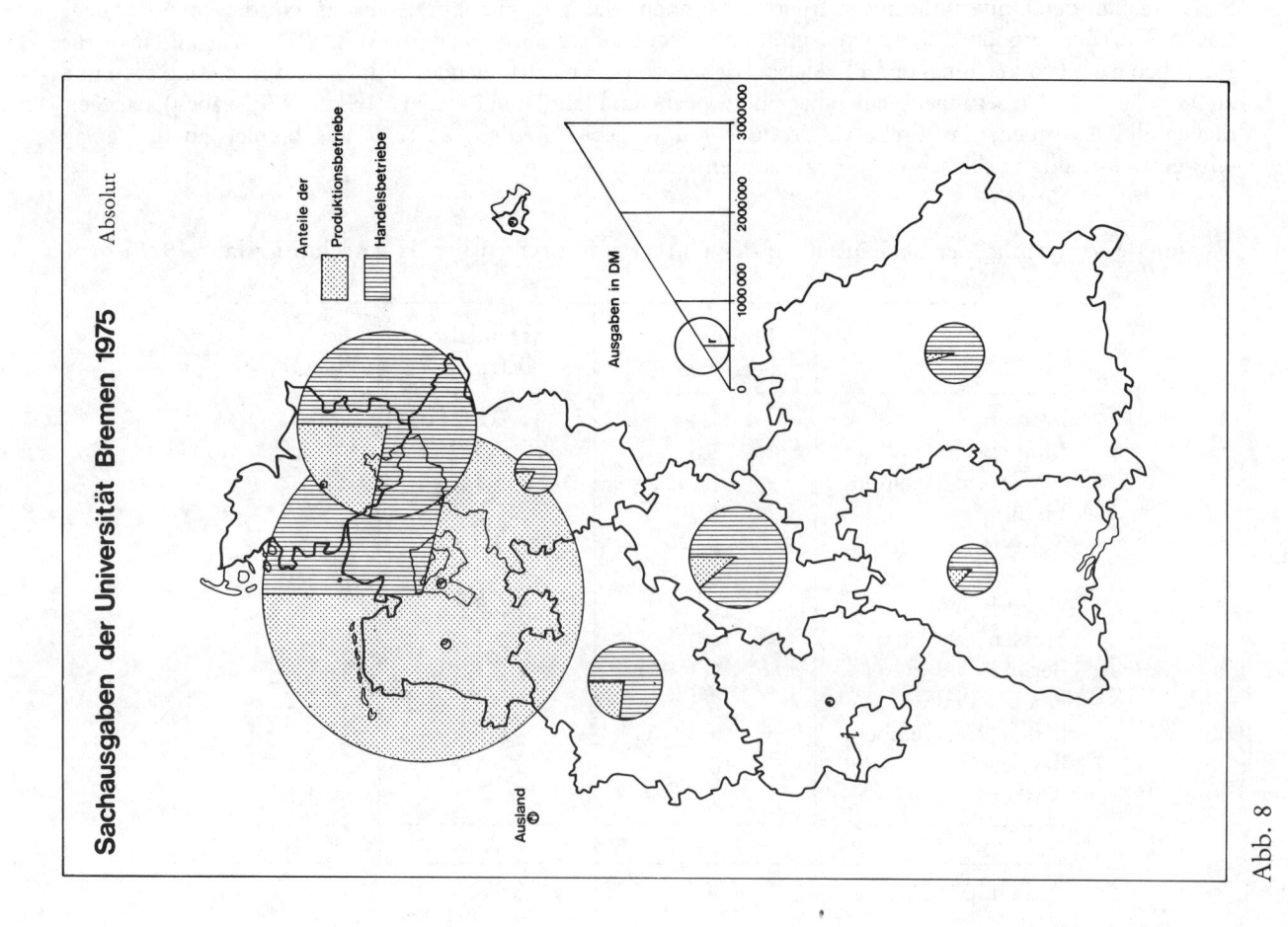

Sachausgaben der Universität Bremen 1975 – Regionale Verteilung in %
GESAMT

Abb. 9

Sachausgaben der Universität Bremen 1975

Absolut

Anteile der
Produktionsbetriebe
Handelsbetriebe

Ausgaben in DM

Ausland

Abb. 8

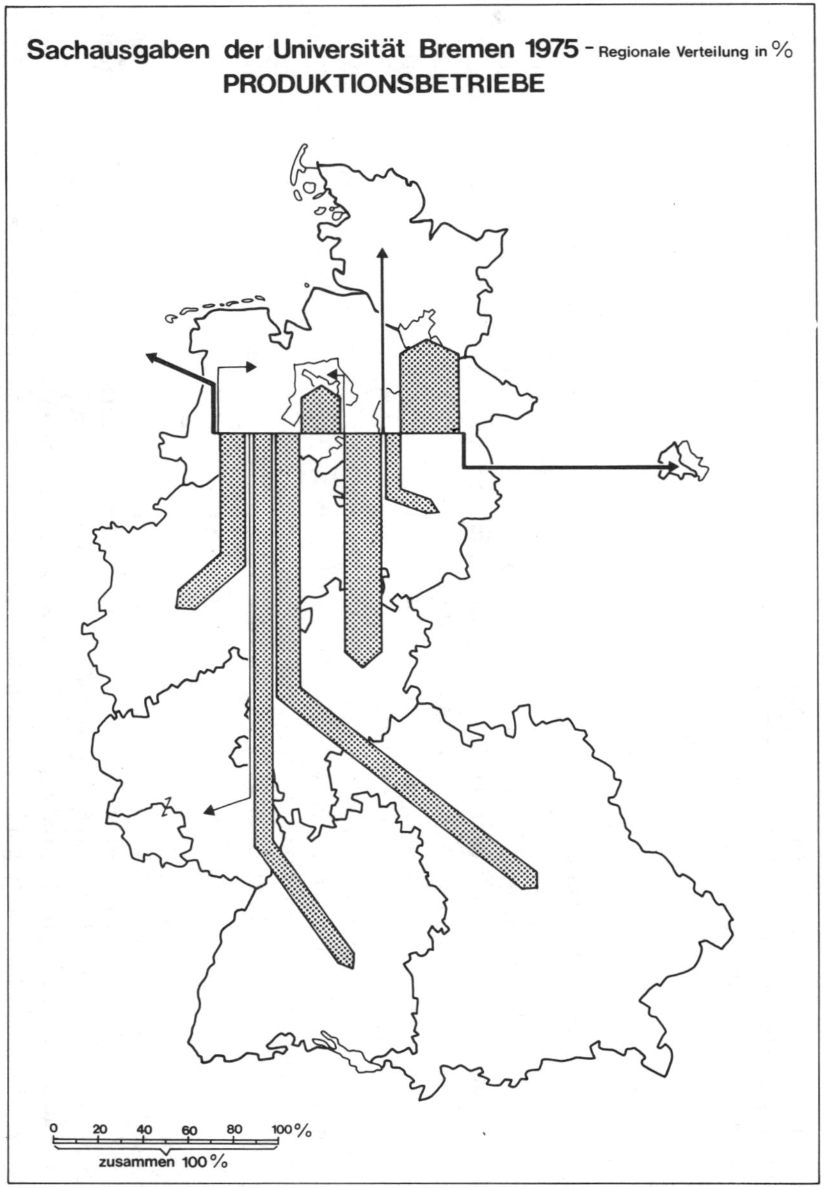

Sachausgaben der Universität Bremen 1975 - Regionale Verteilung in %
PRODUKTIONSBETRIEBE

Abb. 10

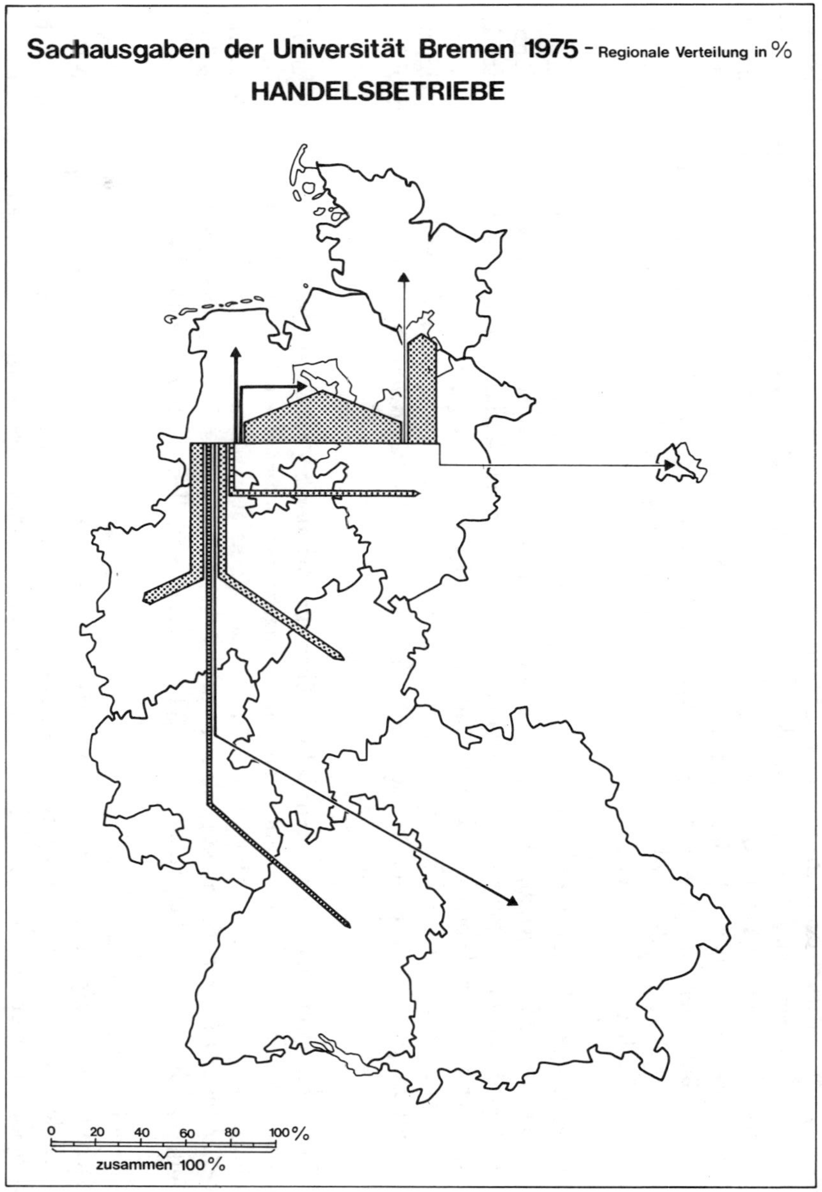

Sachausgaben der Universität Bremen 1975 - Regionale Verteilung in %
HANDELSBETRIEBE

Abb. 11

Eine Untergliederung der Sachausgaben zeigt tendenziell: Je spezialisierter ein Gerät, umso weniger wird es in Bremen selbst bezogen. Z.B. werden physikalische Geräte (Datensichtgeräte, Analyserechner, optische Geräte usw.), die immerhin ein Drittel aller Sachausgaben ausmachten, nur zu 5 % in Bremen gekauft; das Umland und Nordwest-Niedersachen fallen fast gänzlich aus. Dagegen werden Hamburg, Nordrhein-Westfalen, Hessen, Baden-Würtemberg und Bayern deutlich bevorzugt. Umgekehrt werden Geräte und Verbrauchsmaterialien aus dem allgemeinen Büro- und Verwaltungsbereich ganz überwiegend in Bremen gekauft, fallen aber nur mit 12 % der Sachausgaben ins Gewicht.

Vergleicht man die für Bremen gewonnenen Ergebnisse mit Untersuchungen, die für die Universitäten Kaiserslautern, Saarbrücken, Aachen, Gießen und Stuttgart vorliegen, so kann man zwar wegen der unterschiedlichen Regionsabgrenzung nur tendenzielle Aussagen machen, auffällig ist aber, daß Bremen in bezug auf die in der Stadt verbleibenden Sachausgaben an der unteren Skala rangiert — vergleichbar mit Gießen oder Saarbrücken, daß aber von keinem anderen Standort so wenig Sachmittel in das nahe und weitere Umland (Region Bremen, Nordwest-Niedersachsen) fließen (vgl. dazu KÜPPERS/SONNTAG 1977; BRÖSSE/EMDE 1977; LEIB 1977; BECKER 1976).

Nimmt man den oben genannten Befund über die Art der Sachausgaben hinzu, so läßt sich generell formulieren: Bremen ist zwar aufgrund seiner Angebotsstruktur in der Lage, einen erheblichen Teil des allgemeinen Bürobedarfs, der Büromaschinen oder der Werkstattausrüstung vornehmlich über Handelsbetriebe zu beschaffen, für spezialisierte elektronische, feinmechanische und optische Geräte fällt aber die Stadt aufgrund ihrer industriellen Struktur weitgehend aus —, vor allem auch im Vergleich zu Hamburg.

Hätte Bremen ein weitergespanntes Produktionsspektrum aufzuweisen, könnte auch ein höherer Anteil der Sachausgaben regional wirksam werden; dafür sprechen schon die Vergabekriterien, die besagen, daß bei Preisgleichheit der am nächsten gelegene Händler oder Produzent zu bevorzugen ist. Damit spiegelt die regionale Inzidenz der Hochschulausgaben einen wesentlichen Aspekt der strukturellen wirtschaftlichen Schwäche der Hansestadt.

Bremens randliche Lage im nationalen Städtevergleich und die geringe Siedlungsdichte des Umlandes begrenzen die Wachstumsmöglichkeiten der Agglomeration. Bremen ist der einzige Verdichtungsraum, der nahezu inselhaft innerhalb einer weitgehend ländlich geprägten Großregion liegt.

Bei unterdurchschnittlichem Besatz ist die bremische Industrie nach wie vor durch Hafenabhängigkeit, z.B. Schiffbau, Hüttenindustrie, Nahrungsmittel, und durch das Vorherrschen von Problembranchen — z.B. Schiffbau, Unterhaltungselektronik, Hüttenindustrie, Luft- und Raumfahrt — geprägt (vgl. TAUBMANN 1980).

Unter dem Aspekt der wirtschaftlichen Strukturschwäche der Bremer Region und mit Blick auf die defizitären oberzentralen Funktionen der Stadt muß die Universität auch als „**Ausbildungsbetrieb**" gewürdigt werden, der durch das Angebot qualifizierter Absolventen den regionalen Arbeitsmarkt und damit das Entwicklungspotential des Standortraumes verbessern soll. Selbstverständlich sind solche Wirkungen bislang kaum zu quantifizieren, doch muß angesichts der nur kurz angerissenen Probleme Bremens und seines Umlandes gefragt werden, ob es richtig war, vornehmlich geisteswissenschaftliche Studienplätze (61 % aller Studienplätze) mit Schwerpunkt in der Lehrerausbildung (41 % aller Studienplätze) anzubieten. Diese relativ einseitige geistes- und sozialwissenschaftliche Fächerstruktur war seinerzeit durch den Reformansatz und durch euphorische Vorstellungen über die Expansion des Bildungswesens verursacht worden. Unter dem Aspekt der regionalwirtschaftlichen Innovationen wäre es nötiger gewesen, technisch-naturwissenschaftliche Fächer vorrangig auszubauen. Bisher verlassen jedenfalls überwiegend Absolventen die Universität, die auf den öffentlichen Dienst verwiesen sind und dort zunehmend Kapazitätsengpässe vorfinden, zumal im Bereich der Lehrerbildung der Arbeitsmarkt in anderen Bundesländern — vor allem den süddeutschen — nur sehr eingeschränkt zur Verfügung steht.

Gegensteuernde Ausbaumaßnahmen werden deshalb seit längerem diskutiert und sind teilweise schon realisiert worden. So hat der Studiengang Produktionstechnik für die nächste Ausbaustufe der Universität absoluten Vorrang, um die Unterversorgung der Region mit wissenschaftlich-technischen Ausbildungskapazitäten abzubauen (Zielzahl 720 Studienplätze). Daneben wird vielleicht ein geowissenschaftlicher Studiengang mit meereskundlichem Schwerpunkt entstehen, der in Zusammenarbeit mit dem Institut für Meeresforschung in Bremerhaven Absolventen für das Aufgabenfeld „Meeresnutzung und Meeresschutz" anbieten soll, nicht zuletzt mit Blick auf das neu errichtete Polarinstitut in Bremerhaven (vgl. Daten und Thesen zur Entwicklung der Universität Bremen, Januar 1980).

Industrienahe Grundlagenforschung an privaten oder universitären Forschungseinrichtungen, wie sie etwa kennzeichnend ist für die Verdichtungsräume Hannover oder München, fehlt in Bremen bislang weitgehend, nicht zuletzt begründet durch die bis zu Beginn der 70er Jahre völlig unzureichende wissenschaftliche Infrastruktur, durch mangelnde Forschungsförderung und wegen der bislang eher gesellschaftskritisch orientierten Grundhaltung der Universität. Erste Kontakte sind vor allem im Studiengang Elektrotechnik geknüpft, der mit Wirtschafts- und Industrieunternehmen der Region (Krupp-Atlas, Erno u.a.) zusammenarbeitet (vgl. Daten und Thesen ..., a.a.O.)

In außeruniversitären Forschungsinstituten sind im Lande Bremen derzeit erst ca. 90 Personen beschäftigt; Großforschungseinrichtungen oder Forschungsinstitute der Max-Planck-Gesellschaft fehlen völlig.

Ob und inwieweit die geplante Abrundung des universitären Angebotes zu einer Verbesserung des technologisch-naturwissenschaftlichen Infrastrukturpotentials der Region und damit zu einer Erhöhung ihrer Entwicklungschancen beiträgt, kann gegenwärtig noch nicht beurteilt werden.

Literatur- und Quellenverzeichnis

BECKER, R.: Die regionale Verteilung der Betriebsausgaben einer Universität. Zur Bedeutung einer Universität als regionaler Wirtschaftsfaktor. In: Zur Rolle einer Universität in Stadt und Region. München 1976, S. 9-59 (= Texte und Daten zur Hochschulplanung 21)

BECKER, R./M. HEINEMANN-KNOCH/R. WEEBER: Zum konsumtiven, kommunikativen und räumlichen Verhalten von Hochschulangehörigen. Analyse der Aktivitäten der Hochschulbevölkerung in Stuttgart. In: Zur Rolle einer Universität in Stadt und Region. München 1976, S. 119-186 (= Texte und Daten zur Hochschulplanung 21)

BECKER, W.: Hochschulstandorte und Regionalisierungskonzept. In: Lohmar, U. u. G.E. Ortner (Hrsg.): Der doppelte Flaschenhals. Hannover 1975, S. 201-219

BRÖSSE, U. / J. EMDE: Die regionalwirtschaftlichen Auswirkungen der Ausgaben der Technischen Hochschule Aachen. In: Informationen zur Raumentwicklung H. 3/4, 1977, S. 283-303.

DIETRICH, J./V. KROEKER/A. WEYMANN: Zwischenbericht 1: „Repräsentativbefragung des Abiturientenjahrgangs 1979". Bremen 1980 (Projektgruppe Studienortwahl Bremer Abiturienten)

DIETERICH, J./A. WEYMANN: Zwischenbericht 3: Studienanfängerbefragung aus der Universität Bremen, WS 1979/80. MS. Bremen 1981 (Projektgruppe Studienortwahl Bremer Abiturienten)

DINSE, J.: Hochschulen im Lande Bremen. In: Statistische Monatsberichte. Heft 8/1977, S. 180-191

FÜRST, D.: Die Universität als Wirtschaftsfaktor in einer Region. In: Konstanzer Blätter für Hochschulfragen. 1979, H. 4, S. 51-59

GIESE, E.: Die wirtschaftliche Bedeutung der Studenten der Justus-Liebig-Universität Gießen für die Stadt und Hochschulregion Gießen. Gießen 1980 (= Werkstattpapiere 8)

HERLYN, S.: Planung einer neuen Universität. Beispiel: Universität Bremen. In: Stadtbauwelt 50, 1976, S. 92-94

HERLYN, S.: Verflechtungsreport November 1976. Bemühungen zur städtebaulichen Integration der Universität Bremen. Ein kommunalpolitischer Erfahrungsbericht. Bremen 1977

KATH, G.: Das soziale Bild der Studentenschaft in der Bundesrepublik Deutschland. Ergebnisse der 9. Sozialerhebung des Deutschen Studentenwerks im Sommersemester 1979. Frankfurt a.M. 1980

KREYENBERG, J.: Regionalisierung der Universitäten. In: Konstanzer Blätter für Hochschulfragen, 1979, H. 1, S. 65-76

KÜPPERS, G./J. SONNTAG: Empirische Analysen zu den regionalen Effekten des Hochschulbaus am Beispiel Saarbrücken, Kaiserslautern, Mannheim und Heidelberg. In: Informationen zur Raumentwicklung, H. 3/4, 1977, S. 253-265

LEIB, J.: Der kommunal- und regionalwirtschaftliche Einfluß einer Universität am Beispiel Gießen und Mittel-Osthessen. In: Informationen zur Raumentwicklung H. 3/4, 1977, S. 267-281

MAIER, J./D. v. WAHL/J. WEBER: Zur Raumwirksamkeit der Universität Bremen. Bayreuth 1979 (= Arbeitsmaterialien zur Raumordnung und Raumplanung, H. 2)

MAYR, A.: Universität und Stadt. Ein stadt-, wirtschafts- und sozialgeographischer Vergleich alter und neuer Hochschulstandorte in der Bundesrepublik Deutschland. Paderborn 1979 (= Münstersche Geographische Arbeiten, H. 1)

Der Rektor der Universität Bremen, Der Senator für Wissenschaft und Kunst (Hrsg.): Daten und Thesen zur Entwicklung der Universität Bremen. Bremen 1980

ROTHE, H.W.: Über die Gründung einer Universität zu Bremen. Bremen 1961

Der Senator für das Bauwesen (Hrsg.): Städtebaulicher Ideenwettbewerb Uni-Ost. Bremen 1975

TAUBMANN, W.: Bremen − Entwicklung und Struktur der Stadtregion. In: Geographische Rundschau 5/1980, S. 206-218

THROLL, M.: Hochschulplanung und Stadtentwicklung als politischer Konflikt. In: Stadtbauwelt 1974, H. 42, S. 136-147

TIMMERMANN, M.: Die Universität als ökonomischer Faktor in der Region. In: Konstanzer Blätter für Hochschulfragen 1979, S. 77-92

Verflechtung Universität − Stadt. Kurzfassung des Gutachtens zur Universitätsneugründung des soziologischen Forschungsinstituts Göttingen, Bremen 1969

Wissenschaftsrat. Empfehlungen zum 10. Rahmenplan für den Hochschulbau 1981-84. Köln 1980. Anhang zu Bd. 1 (Statist. Unterlagen)

WORTMANN, W.: Standortfragen einer Universität. a.O. 1970 (= Schriftenreihe der Nordwestdeutschen Universitätsgesellschaft, H. 43)

Projekt „Student in Bremen", 1976/78
Zu danken ist in diesem Zusammenhang v.a. folgenden studentischen Teilnehmern für ihre Beiträge: A. Leisner, J. Krivec, Chr. Weber und G. Wiegand.

Hans-Christoph Hoffmann, Bremen

Die Entwicklung der bremischen Vorstädte in der 2. Hälfte des 19. Jahrhunderts

Die größte Überraschung für den Fremden, der unvorbereitet in die Wohngebiete östlich der Altstadt kommt, ist, daß Bremen seine Entwicklung von der vorindustriellen Handelsstadt von 1850 mit rund 25.000 Einwohnern innerhalb der Umwallung bis zur modernen Großstadt mit über 200.000 Einwohnern innerhalb eines mehrfach erweiterten Stadtgebietes hat vollziehen können, ohne daß sein Stadtbild von dem zu dieser Zeit in Großstädten allgemein üblichen Massengeschoßwohnungsbau bestimmt worden wäre. Vielmehr wurde das Bild der Vorstadtgebiete und weitgehend auch das der Vororte bestimmt von dem Typ des traufenständigen Reihenhauses, das in einer ganz speziellen Ausbildung in seiner Blütezeit zwischen etwa 1855 und 1905 als das „Bremer Haus" bezeichnet wurde und auch noch wird. Über die Ursachen dieser Sonderentwicklung, wie auch über die Vor- und Nachteile in Vergangenheit und Gegenwart, gehen die Meinungen zum Teil weit auseinander.

Das Bremer Haus

Bei dem in Bremen in der zweiten Hälfte des vorigen Jahrhunderts am weitest verbreiteten Haushalt handelt es sich um ein Einfamilienreihenhaus mit bestimmten Besonderheiten, die dieses Haus gegenüber anderen Reihenhaustypen in Bremen wie auch gegenüber solchen in anderen Städten, zum Beispiel in Bonn, abgrenzen. Diese Besonderheiten sind die lange Zeit aufrecht erhaltene Funktionstrennung innerhalb des Hauses und die Ausbildung des Kellergeschosses zu einem straßenseitig halb aus der Erde herausragenden Souterrain, das zum abgesenkten Garten hin als Vollgeschoß auftritt.

Das normale Haus hat drei Achsen, wobei zwei Achsen motivisch zusammengefaßt sein können; im Durchschnitt ist es 7 bis 8 m breit, doch gibt es Ausbildungen bis herunter auf 6 m und nach oben bis auf 14 m. Es besteht ferner aus dem Souterrain, zwei Vollgeschossen und einem zumeist voll ausgebauten Dachgeschoß. Im Mittel hat das Haus einschließlich der Küche neun Wohnräume.

Im Souterrain liegen die Wirtschaftsräume, also die Küche mit Vorratskammern, Torfkeller (Brennstoffkeller), Waschküche und ein Gartenzimmer. Die Küche befindet sich immer straßenseitig neben einem Dienstboteneingang, zu dem von außen einige Stufen herabführen. Das Souterrain liegt zwischen 1 bis 1,5 m unter dem Straßenniveau. Waschküche und Gartenzimmer liegen auf der Rückseite auf der Höhe des Gartenniveaus, das gegenüber der Straßenseite also tiefer liegt. Diese fast durchweg vorhandene Höhendifferenz zwischen Straße und Garten ist darauf zurückzuführen, daß die Häuser in den meist sumpfigen Gelände, das auch nach der Eindeichung noch grundwasserfeucht blieb, flach gegründet wurden. Diese Situation erinnert an die Londoner Wohnvorstädte des vorigen Jahrhunderts, bei denen bei Anlage eines ganzen Straßenblocks vom inneren Gelände gerade so viel abgehoben wurden, um eine um ein volles Geschoß erhöhte Straße zu erhalten, wobei dort die Straßen durch den Bau der Kellergewölbe für die später zu errichtenden Häuser zusammengehalten wurden.

Das Erdgeschoß oder Hochparterre lag gegenüber der Straße um einige Stufen erhöht. Es hatte zwei hintereinanderliegende Räume und ein weiteres Zimmer hinter der meist sehr steilen Treppe, vor der ein kleines Vestibül lag.

Die Raumfolge im Obergeschoß entsprach der des Hochparterres, wobei über dem Vestibül ein weiteres kleines Zimmer angeordnet war. Ein Bad gab es ursprünglich natürlich nicht. Im Dachgeschoß, wenn es ausgebaut war, lagen Kinderzimmer und die Dienstbotenräume, deren Unterteilung allerdings nicht immer denen der unteren Geschosse folgte.

Die aus dieser Aufteilung ablesbare klare, um nicht zu sagen simple Funktionsteilung ist im Grunde abhängig von der Bewirtschaftung des Hauses durch Hilfspersonal; damit weist sich dieses Haus als ein in seiner Grunddisposition „gutbürgerliches" Haus aus, dessen Übernahme durch sozial niedriger gestellte Schichten nicht problemlos blieb und das in dem Moment, als es mit dem Hauspersonal nicht mehr ganz so einfach ging wie noch während des ganzen 19. Jahrhunderts, durch die Verlegung der Küche in das Erdgeschoß Veränderungen erfuhr, die das Ende der bremischen Variante des Reihenhausgedankens bedeuteten. Diese Veränderungen traten auf zwischen 1905 und 1910 und gingen einher mit einer Differenzierung des Wohnungsbaues in den Mietwohnungsbau verschiedenen sozialen Standards, den einfachen Einfamilienreihenhausbau und den gehobenen Einfamilien- oder Doppelhausbau.

Dieser Standardtyp des „Bremer Hauses" wurde den verschiedensten sozialen Bedürfnissen angepaßt. hauptsächlich aber denen der höheren oder vermeintlich höheren Schichten, und zwar so vielfältig, daß es nicht immer leicht fällt, zwischen den extremsten Ausbildungen noch den gemeinsamen Nenner zu erkennen. Dabei spielt die Entwicklung des Wohnens im Sinne bürgerlicher Kommodität eine große Rolle. Sie vollzog sich durch die Einführung neuer Technologien und die Durchsetzung von Wohnansprüchen in Schüben und erfaßte dabei auch bereits bestehende Häuser, die durch Umbauten den gestiegenen Wohnansprüchen angepaßt wurden. Dies trifft bsonders zu für das größere Haus mit einem Vierzimmergrundriß und mit sehr großer Treppenanlage. Diese Variante des Bremer Hauses war fast immer voll dreigeschossig und wies pro Etage Nettowohnflächen von 100 qm und mehr auf.

Endlich gab es noch eine Sonderform, die vor allem in den ersten Jahren der Entwicklung des Bremer Hauses verbreitet war: das Haus mit Mitteleingang und vier Zimmern pro Etage sowie einer, zumeist im Halbrund geführten Treppe mit weitem Treppenauge.

Dieser zuletzt genannte Haustyp bietet Gelegenheit, das Thema „Ableitung", „Vorformen" wenigstens anzureißen: Im Bereich des bürgerlichen Wohnens gab es im frühen 19. Jahrhundert in Bremen, noch aus dem 18. herübergenommen, den schmaltiefen Haustyp mit seitlich gesetztem Hauseingang und an der Seite liegender Treppe. Es gab ferner, ebenfalls aus dem 18. Jahrhundert kommend, das breitere bis zu fünfachsige Haus mit Mitteleingang. Dieser breitere Haustyp, allerdings nur mit drei Achsen, wurde der tragende Typ an der in den zwanziger und dreißiger Jahren gebauten Wallstraße und war dann auch besonders verbreitet, wo Häuser der entsprechenden sozialen Klasse errichtet wurden, wie an der Contrescarpe. Für die auffallende Typprägung des Bremer Hauses dürften schließlich von entscheidender Bedeutung die verschiedenen Projekte für Reihenhausbebauungen sowohl für minderbemittelte Schichten wie auch für gehobenes Bürgertum sein. Dieser Fragestellung wurde jüngst von Klaus Schwarz nachgegangen.

Das Bremer Haus im Stadtbild

Das klassische Bremer Haus findet man nicht im Bereich der Altstadt oder der alten Neustadt, nicht in den Dörfern des ehemals bremischen Landgebietes und auch nicht in den seinerzeit nicht zu Bremen gehörigen Gemeinden wie einerseits Hemelingen, andererseits Lesum oder Blumenthal. Das schließt nicht aus, daß es überall dort, zumal in den dichter besiedelten Industriegemeinden, wie zum Beispiel in Hemelingen, Reihenhausbebauung gegeben hat, aber eben nicht in der für das bremische Haus typischen Ausbildung. Wir finden das klassische Bremer Haus in den nach 1848 systematisch erschlossenen Vorstadtgebieten, wo es eine zumeist lockere ältere Bebauung ablöst. Das Verbreitungsgebiet läßt sich also etwa mit dem sogenannten Schröder-Ring, das ist von kleineren Abweichungen abgesehen die Linie Stader Straße/Kirchbachstraße/und Schwachhauser Ring im Osten und dem Waller Ring im Westen, umgrenzen; im Bereich der Neustadt umfaßt es die Hohentorneustadt, die Südervorstadt und die Buntentorvorstadt. In diesen Gebieten also wurde das Stadtbild von dem klassischen Bremer Haus beherrscht, was das Vorhandensein anderer, zumal einfacherer Reihenhausbebauungen nicht ganz ausschloß. Heute finden wir das klassische Bremer Haus in ungestörten Stadtbereichen nur noch nach Osten bis zur Stader Straße, im vorderen Schwachhausen und in den neustädtischen Vorstadtbereichen, kaum mehr jedoch in den vom Krieg fast vollständig zerstörten westlichen Stadtteilen.

Die vieltausendfache Wiederholung eines Hauses, das von seiner inneren Disposition her trotz vielfacher Varianten sehr einheitlich angelegt war, mußte zwangsläufig zu einem sehr gleichartigen, mitunter monotonen Stadtbild führen. Dies um so mehr, als sich die bremischen Baumeister nicht gerade in phantasiereichen Ergüssen ergingen und jede Extravaganz, jede offensichtliche Verteuerung vermieden.

Diese Phantasielosigkeit, verbunden mit technischen Mängeln bei der Baudurchführung und mit serienmäßiger Herstellung von Gestaltungselementen, wurde bereits von den Zeitgenossen hart gerügt: „Mauern von

Halbsteindicke, welche aus einem Material bestehen, das man mit einem hölzernen Hammer auseinander pochen kann, werden von draußen mit Verzierungen bekleistert, denen die Figuren antiker Prachtbauten zum Muster dienten." (Hierzu muß ich bemerken, daß ich in all den Jahren, in denen ich mit Bremer Häusern zu tun habe, noch nie ein Haus angetroffen habe, dessen Außenmauern unter ein Stein stark sind, meist haben wir an den Außenmauern eineinhalb bis zwei Steine als Mauerstärke, während die Trennmauern zwischen den Häusern ein Stein stark sind.) Ein anderes Zitat ist: „Was bei den Bauunternehmern der gute Geschmack vorstellt, dreht sich um weiter nichts als darum, daß sie zu erforschen suchen, durch welche äußeren, wenig Kosten verursachenden Verzierungen sich ihre Häuser wohl den meisten empfehlen möchten." Und ein drittes Zitat: „Der jetzige hoffärtige Fassadenflitter von Steinguß würdige Kunst und Handwerk herab, und mache dieses zu einem Anhängsel des Fabrikwesens." Alle drei Zitate entstammen bremischen Zeitungen der sechziger Jahre des vorigen Jahrhunderts und nicht, wie man meinen möchte, der Kritik am gegenwärtigen Bauen. Wenn man die Artikel analysiert, richtet sich die Kritik vor allem gegen die Ärmlichkeit der Motive und des Materials. Die Verwendung von Sandstein war zum Beispiel an diesen Häusern auf die Vortreppe beschränkt, dagegen waren nicht nur die Gliederungselemente schablonisiert, auch Karyatiden oder Schmuckmedaillons waren Katalogware und aus Steinguß (Zement), in Einzelfällen auch einmal aus Terrakotta angefertigt.

Tatsächlich dominierte bis zum Ende des Jahrhunderts bei der Gestaltung der Fassaden ein latenter Klassizismus. Darunter fallen auch Romantizismen und Fassaden, bei denen das Formengut großer Renaissancearchitekturen auf knappe 7 m zusammengedrängt wurde, wobei durch die Überlagerung der Formen und ihrer Funktionen oft recht witzige Architekturzitate entstanden. Die Mehrzahl der Straßen zeigt dabei eine flächige lineare Struktur, für die die Einheitlichkeit des Materials – meistens Putzfassaden, später auch Klinkerfronten (Verblender) in Verbindung mit Gußsteinornamenten – und die rhythmische Wiederholung der die enge Parzellenstruktur aufzeichnenden Eingänge typisch ist.

Eine weitverbreitete Besonderheit des Bremer Hauses waren die Freisitze vor dem Haus. Ursprünglich offen, in der Art norddeutscher – Stichwort „Danziger" – Beischläge neben dem Hauseingang gelegen, bürgerte es sich seit den achtziger Jahren ein, diese ganz oder teilweise zu verglasen. In diesem Zustand, bei allem Reiz des Filigranwerks der Eisen-Glas-Konstruktion, nicht unbedingt praktisch – im Sommer zu heiß, im Winter zu kalt – bereiteten sie dem Straßenerker den Weg. In der Innenstadt mußten die in den Straßenraum hineinreichenden Rokoko-Utluchten dem Verkehr weichen; hier in den Vorstädten, wo sie durch die gesetzlich vorgeschriebenen Vorgärten vom Straßenraum abgesetzt waren, entwickelten sich diese Utluchten durch ein oder zwei Geschosse reichend, wieder zu einem nicht uninteressanten Gliederungselement des Straßenraums.

Von diesen bescheidenen Besonderheiten abgesehen, gab es in dem Bereich der Vorstädte mit dem Bremer Haus keine pompösen historistischen Straßenbilder. Da, wo ausgesprochen historistische Formen auftraten, handelte es sich nicht um Bremer Häuser, sondern um freistehende Villen oder um aneinandergereihte Großbauten sehr reicher Kaufleute, wie an einigen Abschnitten der Kohlhökerstraße. Der Historismus blieb weitgehend auf die City beschränkt, nur an wenigen Stellen der Contrescarpe oder am Bahnhofsplatz entstanden reichere, durch Turmaufsätze, Erker, große Figurennischen belebte Straßenprospekte, für die sich dann auch akademisch ausgebildete Architekten benennen lassen. Die aufwendigsten, heute noch erhaltenen Straßenbilder mit dem Bremer Haus sind die seit der Mitte der sechziger Jahre bis in die siebziger Jahre hinein durch den Baumeister Lüder Rutenberg angelegten Straßen Am Dobben und die Mathildenstraße. Gerade in der Mathildenstraße finden sich Häuser, die sowohl durch Risalitbildungen als durch die stärkere Reliefierung der Fensterumrahmungen hervorgehoben sind und eine stärkere Plastizität aufweisen, die sich dann natürlich auch der ganzen Straße mitteilt. Hier gibt es auch Figurenschmuck und einen ornamentalen Reichtum, der das Nahen der großen Gründerwelle ahnen läßt.

Ursachen der Sonderstellung Bremens bei der Anlage der Wohnvorstädte in der zweiten Hälfte des vorigen Jahrhunderts

Um 1850 gab es in der Altstadt von Bremen rund 25.000 Einwohner; das Grundeigentum hatte einen Steuerwert von 57 Millionen Mark. In den Vorstädten lebten dagegen nur 16.450 Einwohner, und der Steuerwert lag bei 23,45 Millionen Mark. Innerhalb von nur 12 Jahren hatten die Vorstädte die innere Stadt überrundet: 1862 hatten die Häuser in den Vorstädten einen Steuerwert von 74,5 Millionen Mark bei einer Bevölkerung von fast 30.000 Einwohnern, wohingegen sich in der Altstadt der Steuerwert des Grundeigentums nur auf 66,5 Millionen Mark erhöhte, während die Zahl der Einwohner auf etwa 17.500 abnahm. 1875 hatte dann die östliche Vorstadt allein die innere Stadt überrundet mit 30.000 Bewohnern gegenüber nur noch 12.000 in der inneren Stadt und einem Steuerwert von fast 160 Millionen Mark.

Der Ausbau der bremischen Vorstädte schritt also zügig voran, ohne jedoch solche Ausmaße anzunehmen, wie wir sie aus der Entwicklung anderer deutscher Großstädte kennen. Dennoch fragt man sich, wie es möglich war, daß Bremen, wirtschaftlich immerhin eine prosperierende Stadt, dem Trend zur Zusammenballung der neu zuströmenden Bevölkerung, und gerade auch der sozial schwachen Schichten entgehen konnte und bei der Anlage seiner Vorstädte über Jahrzehnte hinweg am Einfamilienhaus – zumindest ideell – festhalten konnte. Bei der Beantwortung dieser Frage vermögen rechtliche und wirtschaftliche Aspekte einige Hinweise zu geben. Allerdings muß hinzugefügt werden, daß diese Hinweise noch keine Antwort geben können auf die tatsächlichen Gründe dafür, daß Bremen über Jahrzehnte hinweg und mitunter auch gegen jede Vernunft einseitig an dieser Bauform festgehalten hat.

Der baurechtliche Aspekt ist am besten greifbar. Im Jahre 1841 wurde in Bremen eine Bauordnung, ein Baupolizeirecht geschaffen, in welchem ausführlich die Anlegung neuer Straßen geregelt wurde. Die Kernvorschrift in dem diesbezüglichen Abschnitt besagte, daß Gebäude mit mehr als einer Wohnung an einer befahrenen Straße liegen müssen, und daß die Anlage von Gängen und Höfen, die nur für Fußgänger eingerichtet sind, generell untersagt wird.

Auf der Grundlage dieser Bauordnung reichte 1849 Lüder Rutenberg, einer der tüchtigsten Bauunternehmer und Architekten dieser Epoche in Bremen, einen Bauentwurf ein, der hinter einer Dreihäuserfront einen Anbau mit paarweise zu einem Mittelflur angeordneten Zweiraumwohnungen und Gemeinschaftsaborte vorsah. Bei zweigeschossiger Bauweise wären in diesem Hinterhaus also 16 Zweiraumwohnungen entstanden, durch Ausbau von Souterrain und Dach jedoch wahrscheinlich 32. Ich habe ermittelt, daß, diese Bauweise fortgesetzt, eine Bevölkerungsdichte von 1.300 bis 1.700 Einwohner pro Hektar erreicht würde. Dabei bin ich davon ausgegangen, daß nur die in Bremen tatsächlich erreichten Bauhöhen mit Souterrain, zwei Vollgeschossen und einem Dachgeschoß ausgenutzt worden wären. Der Entwurf war mit dem Baupolizeirecht von 1841 konform, jedoch erkannten die Baupolizeibehörde und der Senat, welche Folgen es haben würde, wenn das Verbot der Gänge und Höfe durch ein solches Miethaus durchbrochen würde, und der Senat erließ noch im selben Jahr eine Ergänzung zur Bauordnung, die folgenden Wortlaut hatte: „Wohngebäude zu mehreren Wohnungen einzurichten ist zwar unverwehrt, doch darf diese Einrichtung nicht in solcher Weise getroffen werden, daß daraus Anlagen hervorgehen, welche denjenigen gleichzustellen sind, die durch das Verbot des Bebauens der Gänge und Höfe verhindert werden sollen. In dieser Rücksicht ist die Errichtung der sogenannten Familienhäuser, daß heißt, solcher Wohngebäude, in denen eine Anzahl kleinerer Wohnungen in der Weise vereinigt werden sollten, daß aus dieser Vereinigung die gleichen Nachteile hervortreten, die mit den Wohnungen in Gängen und Höfen verbunden sind, nicht zu gestatten." – Durch weitere Präzisierungen der Bauordnung wurde der Bau bewohnter Hinterhäuser in der Folgezeit gänzlich unterbunden, jeder Wohnbau mußte wenigstens an einer 30 Fuß breiten Straße gelegen sein.

Die Bauordnung unterband also den Bau von bewohnten Hinterhäusern, was für die städtebauliche Entwicklung der Vorstädte insofern von Bedeutung war, als die Grundstückzuschnitte entsprechend klein gehalten wurden, und damit die Tiefe der Blockbebauung; die Bauordnung unterband aber nicht den Bau von Mehrfamilienhäusern, wie er zum Beispiel ab 1888 durch die Jutespinnerei und -weberei in Bremen getätigt wurde, wobei interessanterweise in der äußeren Erscheinung am Einfamilienreihenhaus festgehalten wurde, oder wie er in den an das stadtbremische Überseehafengebiet von Bremerhaven anschließenden preußischen Stadtteilen von Bremerhaven schon sehr früh üblich wurde. Das Festhalten am Einfamilienhaus – wenn auch oft genug nur formal – mußte demnach auch andere Ursachen haben.

Begünstigend für das Festhalten am Einfamilienhaus wirkten sich auch die wirtschaftsgeographischen und wirtschaftspolitischen Verhältnisse aus, unter denen die Entstehung der bremischen Vorstädte standen. Die Entstehung der Vorstädte hing ursächlich zusammen mit der Umstrukturierung der Innenstadt – wir können das an der Abnahme der Wohnbevölkerung in diesen Bezirken ablesen – mit einer sichtbaren Steigerung der Wohnansprüche des Mittelstandes in der zweiten Hälfte des vorigen Jahrhunderts, der aus den beengten Verhältnissen der Altstadt in die Weiträumigkeit der Vorstadt drängte und vor allem mit der Steigerung der Wohnbevölkerung insgesamt.

Nach der oben zitierten Statistik hatte Bremen 1849 insgesamt 43.478 Einwohner, 1862 dann 66.938 und 1875 123.410. Diese Zahlen machen deutlich, daß bei aller stetigen Zunahme der Bevölkerung von einer Bevölkerungsexplosion in einem Umfang, wie wir ihn sonst immer vernehmen, nicht die Rede sein kann. Dieses für die zweite Hälfte des vorigen Jahrhunderts also eher mäßige Wachstum hatte wiederum seine Ursache in der wirtschaftspolitischen Lage der Stadt: Bremen stand außerhalb des norddeutschen Zollvereines, und selbst nach der Gründung des Deutschen Reiches dauerte es bis 1888, bis die Stadt vollständig in den deutschen Wirtschaftsverband integriert wurde. Eine Folge davon war, daß sich in Bremen vornehmlich nur hafenorientiertes Gewerbe – Handel und Dienstleistungsbetriebe – niederließen, und daß sich die verarbeitende Industrie – Werften, Eisenverarbeitung, Wolle, Silberwaren, Tabakverarbeitung – nicht oder doch nur in beschränktem Umfang in Bremen niederließ, sondern in den der Stadt vorgelagerten hannoveranisch-preußischen Ortschaften, von denen aus sie den (nord-)deutschen Binnenmarkt zollfrei erreichen konnte.

Es kam also schon damals zu einer räumlichen Entflechtung, als deren eine Folge der in anderen Städten vorhandene Wachstumsdruck fehlte, mithin der Druck auf den Grundstücks-, Bau- und Wohnungsmarkt. Es ist nicht uninteressant zu wissen, daß es bei den Industriesiedlungen außerhalb Bremens immer wieder zum Bau von Mehrfamilienhäusern, teilweise durch eben diese Industrien veranlaßt, kam.

Auch diese Verhältnisse haben aber noch keinen entscheidenden Einfluß darauf, ob Ein- oder Mehfamilienhäuser – dann eben entsprechend weniger und innerhalb eines begrenzteren Bereiches – gebaut wurden. Vielmehr bedeutet dies zunächst nur, daß die wirtschaftlichen Verhältnissen nicht im Gegensatz standen zu den Bauvorschriften, daß sie sich vielmehr gegenseitig unterstützen.

Anders verhält es sich mit dem System der Hausfinanzierung, das auf dem spezifisch bremischen „Handfesten"-Recht beruhte, das ebenso einfach wie in seinen Möglichkeiten beschränkt war. Auf das Recht im einzelnen kann ich dabei nicht eingehen, wohl aber auf die umgebenden und nachfolgenden Zusammenhänge.

Die Bevölkerung in Bremen war nicht wohlhabender als irgendwo anders, sie war zu einer Eigentumsbildung im allgemeinen nicht fähig. Die scheinbar breite Eigentumsbildung durch das Einfamilienhaus geht vielmehr zurück auf freies Kapital, das nach Anlageobjekten suchte. Dieses kam aus dem Handel, der gerade im dritten Viertel des 19. Jahrhunderts große Gewinne machte. Im Prinzip blieb das dort gewonnene Geld zwar auch weiterhin als aktives Kapital im Geschäft stecken, doch war es dort natürlich den Gefahren des Handelns und der Wirtschaft ausgesetzt. Es mußte also der Kaufmann, zumal für seine Angehörigen, eine Familiensicherung schaffen für den Fall des Bankrotts oder des eigenen Ablebens.

Für diese Familiensicherung wurde daher Kapital aus dem Geschäft herausgezogen und gut verzinsbar angelegt. Die sicherste Anlageform war und ist aber das Immobil. Es geschah dies in Bremen in der Form der sogenannten „Handfesten", das sind auf ein Immobil eingetragene Beleihungen, die nur verzinst, aber nicht getilgt wurden. Sie wurden im ganzen abgelöst, oder was öfter der Fall war, gekündigt wegen Nichteinhaltung der Zinstermine, das heißt jeder konnte sein Haus so hoch durch Handfesten beleihen lassen, wie er dafür Geldgeber fand. So kam es, daß es reihenweise Hauseigentümer gab, die ohne Eigenkapital Hausbesitzer wurden, praktisch aber im eigenen Haus gegen Mietzins wohnten und sofern sie nicht durch glückliche Umstände zu Vermögen kamen, auch niemals die Belastung ablösen konnten, es änderten sich nur die Geldgeber. Neben der Handfesten-Verzinsung hatten die scheinbaren Hausbesitzer ferner Lasten aus Grundsteuer, Deich- und Feuerversicherungsbeiträgen zu tragen und die Kosten für die Hausunterhaltung. Sie standen sich dadurch vielfach schlechter als Wohnungsmieter.

Nun darf man nicht annehmen, es hätten nur die Ärmsten in solchen hochbelasteten Häusern quasi zur Miete gewohnt. Das Bedürfnis, ja die Notwendigkeit für das Geschäft möglichst viel Kapital liquide zu haben, war vielmehr so groß, daß auch die Reichsten unter den Bremern ihre Häuser über die Handfesten finanzierten und lieber solcher Art aufgenommenes Kapital verzinsten als dem eigenen Geschäftsumlauf zu entziehen.

Für die Vermittlung der Handfesten gab es keine Banken. Die ersten bremischen Geldinstitute, die von H.H. Meyer, dem Gründer des Norddeutschen Lloyd ins Leben gerufene „Bremer Bank" sowie die Sparkasse in Bremen befaßten sich nur sehr gelegentlich mit der Finanzierung solcher Immobilien. Einzelne Vermittler (Geldnegozianten) vermochten dagegen in der Regel nicht Mittel in so großem Umfang zusammenzubringen, um große Objekte, etwa ganze Straßenzüge finanzieren zu können. Man beschränkte sich deshalb zumeist auf die Finanzierung einzelner Häuser, und es blieb dem Geschick und dem Vermögen des Bauunternehmers überlassen, zu versuchen, durch Verkäufe eine ganze Straßenreihe finanziert zu bekommen. Das war allerdings nicht selten der Fall; wer mit geübtem Auge durch das Ostertorviertel oder die östliche Vorstadt geht, wird nicht selten einheitlich konzipierten und offensichtlich auch gebauten Hausgruppen bis zu 15 Häusern begegnen.

Wenn sich keine Kapitalvermittler fanden, um wirklich große Objekte finanzieren zu helfen, so lag dies sicher nicht an der Unfähigkeit bremischer Geldmakler, sondern daran, daß der Druck auf dem Baumarkt gering war und der Boden vergleichsweise so preiswert auf den Markt kam, daß er noch durch die bescheidene Ausnutzung, die das Einfamilienhaus bietet, finanziert werden konnte und schließlich, daß sich das Bauen in der Breite bei dem meist sumpfigen Baugrund preisgünstiger gestaltete. Daß gerade das letztere allerdings kein entscheidendes Motiv für das Festhalten am Einfamilienreihenhaus darstellt, beweisen die Bauvorgänge in Hamburg und Berlin, zwei Städten mit sehr schlechten Baugrundverhältnissen.

Dieses Finanzierungsverhältnis führte aber weiter dazu, daß größere Häuser gebaut wurden, als man eigentlich gebraucht hätte. Das liegt daran, daß bei den ganz kleinen Häuschen, wie sie zu tausenden benötigt worden wären, im Einzelfall nicht genug hoch zu verzinsendes Kapital untergebracht werden konnte, weshalb die Geldgeber die Förderung größerer Objekte bevorzugten. Allerdings gibt es auch Anzeichen dafür, daß das ganz kleine Einfamilienreihenhaus mit zwei Stuben, Küche und ein bis zwei Dachkammern auch bei denen, für die diese Häuser hätten gebaut werden müssen, nicht als vollwertig angesehen wurde, daß man also lieber eine höhere Belastung auf sich nahm, um in einem großen Haus zu wohnen. Dies führte dazu, daß ein, manchmal sogar zwei Mieter bzw. Mietparteien mit in das Haus hineingenommen wurden, was bei einem Einfamilienhaus bestimmt nicht ideal ist, um so mehr als die heute üblichen Formen der Installationstechnik mit der Möglichkeit stärkerer Wohnungstrennungen vor 120 Jahren noch nahezu unbekannt waren. Aber auch hier bietet die Statistik ein wertvolles Korrigens, wobei ich mich, um den Zahlenwerken keinen zu breiten Raum einzuräumen, auf Angaben über das Ostertorviertel beschränke.

Von 100 Privatgebäuden waren im Jahr 1865 in diesem Stadtteil 55 nur mit einer Haushaltung bewohnt, 26 mit zwei Haushaltungen und 19 mit drei und mehr. Unter den 45 Häusern mit mehr als einer Haushaltung gab es, wie ich festgestellt habe, eine nicht zu vernachlässigende Anzahl von Mehrfamilienhaushaltungen (Großeltern, unverheiratete Familienangehörige). Sie sind statistisch vielfach als eigene Haushaltungen geführt. In 88 Häusern wohnten 5 bis 10 Personen, wobei auf jede Person 1,05 Wohnraum kam; nur 3,13 Parteien wohnten ausschließlich im Souterrain (in Hamburg und Berlin lag dieser Anteil immer bei etwa 10 %). Zu den 5 bis 10 Hausbewohnern zählten auch das Hauspersonal sowie die Untermieter, wobei die Vermietung eines gutmöblierten Zimmers an sogenannte „Chambre garnisten" in etwa 10 % der Haushaltungen verbreitet war – es war dies früher bekanntlich eine ganz normale Einnahmequelle – dagegen betrug in diesem Stadtteil der Anteil an Schlafstellen nur 5,8 bei 100 Familienhaushaltungen (in den Arbeitervierteln des Westens lag er dagegen bei 12,3 von 100).

Bei allen Schattenseiten, die das Finanzierungssystem bei genauer Betrachtung bietet, wird man aus diesen Statistiken und aus der Kenntis der Häuser selbst den Schluß ziehen dürfen, daß es sich in Bremen auch für sozial Schwächere noch annehmbar wohnen ließ, zumal im Vergleich mit anderen Großstädten dieser Zeit in Deutschland, aber auch im Ausland.

Natürlich hätten mit diesem Finanzierungssystem aber auch Mehrfamilienhäuser gebaut werden können und ganz sicher wäre das in vielen Fällen auch sinnvoller gewesen, denn dieses System des Scheinbesitzers führte in den Arbeitervierteln zu einer nichtabreißenden Kette von Handfesten-Kündigungen, Zwangsräumungen und Versteigerungen und dabei nur allzu oft auch zu großen Verlusten bei nachrangigen Handfesten-Gebern.

Um so stärker kristallisiert sich heraus, daß das Baurecht, die wirtschaftspolitische Lage und das Finanzierungssystem zwar mehr oder weniger ineinandergreifend ein System geschaffen, ein Klima bereitet haben, welches das Einfamilienhaus begünstigte, daß diese Faktoren aber letztlich nicht ausschlaggebend sein konnten. Jede einzelne dieser Voraussetzungen, aber auch alle zusammen hätten ohne weiteres auch einen gemäßigten Geschoßwohnungsbau zugelassen – gemäßigt deshalb, weil das Baurecht, wie beschrieben, Auswüchse wie in Hamburg und Berlin nicht zuließ. Die Frage, wie es also zu dem Festhalten am Einfamilienhaus in Bremen kam, halte ich daher noch nicht für beantwortet. Ein – hypothetischer – Versuch einer Antwort sei aber doch erlaubt:

Politische Mitbestimmung und Geschäftsfähigkeit waren in Bremen zu lange an den Wohnsitz in der Stadt gebunden – und er konnte bei der Bauart mittelalterlicher und nachmittelalterlicher Häuser nur das Wohn- und Geschäftshaus sein –, als daß das selbständige Wohnen der Familie schnell aufzugeben gewesen wäre. Als nach Jahrhunderten die erste innerstädtische Stadterweiterung möglich war, es war dies die Anlage der Straße „Am Wall", baute sich mancher, der die Verbindung von Wohn- und Geschäftshaus zum Zwecke der

Erreichung eines gehobeneren Wohnkomforts aufgeben wollte, dort sein neues Familienhaus. Die Bauherren gaben damit den Ton an für den großen Auszug aus der Stadt, der in den 1840iger Jahren einsetzte, und für den Wohnstil des Stadtbürgers, der aus der Enge der Altstadt in die Vorstadt flieht. Die geschlossenen Reihenbebauungen in der Vorstadt, entstanden noch vor den Reformen des Stadtrechtes, greifen ja deutlich diesen Haustyp vom Wall auf, transponieren ihn dabei aber ins Kleinere, Mittelbürgerliche. Das reicht hin bis zu dem Bemühen, die Eigenständigkeit des Hauses in der Reihe durch die keinesfalls sehr praktische Ausbildung nebeneinandergerichteter Walmdächer zu unterstreichen. Das Aufgreifen des Grundrißtypes mit dem nicht mehr achsialen Eingang und die Einführung des Traufendaches für das Haus in der Reihe stellen dann nur noch notwendige Rationalisierungen dar, wobei die Quellen hierfür durchaus von den Bemühungen um die Entwicklung einfachster Reihenhäuser beeinflußt sein können.

Mir scheint also hier das Bürgertum eine sachlich in gewisser Weise sicher überholte Wohnform – das Alleinwohnen im Haus – tradiert zu haben, wobei es diese Wohnform mit zeitgemäßen Vorstellungen von Wohnkomfort und städtischer Hygiene durch das Wohnen im Grünen verband, sie ideologisch durch die Verbindung von bürgerlichem (gleich geschäftlichem) Renommee mit Hausbesitz überhöhte und schließlich durch den von ihm getragenen bürgerlich-liberalen Senat und Bürgerkonvent die rechtlichen und wirtschaftlichen Voraussetzungen für diesen Haustyp schuf. Es entsprach durchaus den gesellschaftlichen Kräfteverhältnissen in der zweiten Hälfte des 19. Jahrhunderts, daß solche Normen des öffentlichen Verhaltens auch dann nach unten übertragen wurden, und Gesellschaftsschichten oder Klassen aufgezwungen wurden, für die diese Normen ungeeignet waren. Daß diese Problematik sehr wohl erkannt war, zeigen die wenigen Beispiele von durch die Industrie geförderten Mehrfamilienhäusern (im Gewand von Einfamilienhäusern!), deren Erbauung gerade mit dem Hinweis auf die geringere Belastung und den dadurch höheren sozialen Nutzen für den Arbeiter begründet wurden.

Das Bremer Haus heute

Der Streit darüber, ob das Bremer Haus als dasjenige Haus, das das Bild der Großstadt Bremens in den Wohnbereichen zunehmend prägte, sozialer war als die gleichzeitigen Behausungen anderer Großstädte, ist akademisch: Das Haus erlebte in den vergangenen Jahren eine solche Renaissance, daß es kaum mehr möglich ist, solche Häuser zu wirtschaftlich vertretbaren Preisen zu kaufen. Es werden Liebhaberpreise gezahlt. Die Häuser werden dabei, wie früher, sowohl als Einfamilienhäuser genutzt, wie auch als Mehrfamilienhäuser, wobei die einzelnen Wohnungen jetzt meist abgetrennt hergestellt sind. Als besondere Vorzüge werden dabei genannt die citynahe Lage, verbunden mit demjenigen Maß an Privatsphäre, die einem Einfamilienreihenhaus eigen ist, und der den meisten Häusern eigene sehr schöne Raumzuschnitt. Als alternatives Angebot zu modernen Wohnformen hat das Bremer Haus somit seinen festen Platz auf dem Wohnungsmarkt gewonnen.

Nun hat dieses Haus aber nicht nur das optische Bild der Vorstädte geprägt, sondern durch die Kleinmaßstäblichkeit der Parzellen, der Baublöcke und des Straßennetzes, die sich alle drei aus dem Baurecht und dem Finanzierungswesen ergeben haben, auch die Stadtplanung. Eindrucksvoll wird die Besonderheit der bremischen Bebauung verdeutlicht am Vergleich zweier Pläne gleichen Maßstabs verschiedener Städte: Ein Ausschnitt aus dem Plan von Berlin-Kreuzberg im Vergleich mit einem solchen des Ostertor-/Steintorviertels mit dem Dobben, als der Hauptstraße des Gebietes, zeigt wie viel kleinteiliger die Bebauung in Bremen ist, wie der ganze Maßstab gegenüber dem Berliner Beispiel verändert erscheint. Man ist geneigt, zu glauben, das bremische Kartenblatt sei im halben Maßstab dargestellt. Diese, der Stadt Bremen eigene Maßstäblichkeit wird für das heutige Stadtplanungswesen besonders dann problematisch, wenn es sich als notwendig erweist, diesen spezifisch bremischen Maßstab mit den heute üblichen internationalen Maßstäben zur Deckung zu bringen. Dieses war die Problematik, an der letztlich die Vollendung des Tangentenvierecks um die Innenstadt, nämlich der Durchbruch vom Rembertikreisel zur Weser, die sogenannte Mozarttrasse, gescheitert ist. Nachdem die Stadtplanung lange Zeit das Konzept verfolgt hatte, dieses Problem durch eine Umstrukturierung der Stadt zu lösen – Ansätze hierfür sind am Rembertiring und an der Ernst-Glässel-Straße zu erkennen – sucht sie jetzt die Übereinstimmung mit der überlieferten Stadtstruktur, so daß auch von dieser Seite die Erhaltung des Bremer Hauses gestützt wird.

Willy Manschke, Bremen

Probleme des innerstädtischen Verkehrs am Beispiel Bremen

Dieser Beitrag handelt von innerstädtischen Verkehrsproblemen allgemein und insbesondere davon, wie Bremen versucht, dieser Probleme Herr zu werden.

Besucher einer Großstadt erleben als ersten Eindruck nicht so sehr ihre architektonischen Schönheiten, als vielmehr einen brausenden Verkehr, der sich für sie nach eigenartigen und nicht nachvollziehbaren Gesetzen in sinnloser Hast abwickelt.

Den Verkehrsplaner beschäftigen nun die mit dem Verkehr zusammenhängenden Probleme. Dabei planen sie nicht in irgendeiner Art Verkehr zu machen, ich meine damit ihn willkürlich zu erzeugen, sondern sie denken darüber nach, wie sich unnötiger Verkehr vermeiden und der unvermeidbare sich möglichst unschädlich ableiten läßt.

Um die Verkehrsbeziehungen zu erkennen und vorhersagen zu können, ob eine neue Verkehrseinrichtung auch angenommen wird, braucht der Verkehrsplaner als Ausgangsbasis eine Stromverkehrszählung. Hierbei werden alle Verkehrsteilnehmer nach ihrem Woher und Wohin befragt. Vornehmlich natürlich Autofahrer, aber auch Straßenbahnbenutzer und Radfahrer. Die Stadt wird dabei in Zählbezirke aufgeteilt. Je mehr Bezirke erfaßt werden, um so genauer ist natürlich das Ergebnis der Verkehrsbeziehungen. Im Jahre 1954 wurden die Beziehungen zwischen 20 Bezirken und 1976 zwischen 112 Bezirken ermittelt. Das ergibt eine große Zahlenmenge, die nur noch mit Hilfe des Computers ausgewertet werden kann. Das Ergebnis in Plänen verdeutlicht ergibt die Ihnen sicher bekannten Graphiken.

Nach dem Prinzip, daß der Verkehrsteilnehmer seinen Weg durch die Stadt nicht nach der Kürze des Weges, sondern nach der Kürze der Reisedauer auswählt, kann man anhand des Stadtplanes den Reiseweg nachvollziehen.

Dies mag über die theoretischen Grundlagen der Verkehrsplanung genügen.
In der Verkehrsplanung lassen sich 3 Phasen unterscheiden, die sich allerdings nicht eindeutig voneinander trennen lassen. Sie gehen vielmehr fließend ineinander über.

Diese drei Phasen sind:
1. Die Beseitigung der Kriegsschäden
2. Die Anpassung an den Bedarf
3. Die Drosselung der Verkehrsbelästigungen

Die erste Phase kann heute als abgeschlossen angesehen werden, während die beiden letzten noch ihrer endgültigen Lösung bedürfen. Die Beseitigung der Kriegsschäden – Bremen war zu 90 % zerstört – erforderte große Anstrengungen.

Da die Vorkriegsstraßenführung nicht den Verkehrsbedürfnissen entsprochen hatte, sollte beim Wiederaufbau die einmalige Chance zur durchgreifenden Verbesserung des Verkehrsnetzes wahrgenommen werden. Das bedeutete auch Änderung der vorhandenen Bebauungspläne. Bei dem mühsamen Weg zur Erlangung eines neuen gültigen Bebauungsplanes wurden die Planer von dem beginnenden Wirtschaftsaufschwung überholt. Viele bauwillige Grundstückseigentümer mußten oft lange warten, bis sie erfuhren, ob und wie sie ihr Grundstück wieder bebauen durften. Es ergaben sich interessante Gespräche über Bürokratie und Behördentrott; aber das gemeinsame Interesse von Bürger und Verwaltung, die Stadt noch schöner auszubauen als vorher, überwand alle Schwierigkeiten.

Allmählich kam der Wirtschaftsaufschwung in Fahrt. Der Güteraustausch schwoll an und nach dem Slogan „Wohlstand für Alle" war ein gewisses finanzielles Polster in der Bevölkerung vorhanden, das dem Wunsch nach Besitz eines Automobils zur Verwirklichung verhalf. Die Industrie war in kürzester Zeit in der Lage, mit ihrer Autoproduktion nachzukommen. So ergoß sich eine ständig anwachsende Flut von Kraftfahrzeugen über das Straßennetz. Es mußte dem Bedarf angepaßt werden, wenn nicht gleichzeitig die Unfälle auf den für den Pferdewagenverkehr ausgerichteten Straßen Überhand nehmen sollten.

Mit welchem Bedarf sollte man damals rechnen?
Wann und bei welcher Höhe würde die Flut stillstehen?
Im Jahre 1950 besaß jeder 31. Bremer ein Auto; vor dem Krieg war es jeder 17.

Nach regem Gedankenaustausch kamen viele Planer zu dem Schluß, daß bei anhaltender Konjunktur etwa jeder zehnte Bremer ein Auto besitzen würde. Auf diesen Sättigungsgrad wurden dann viele Straßenplanungen ausgerichtet. Weil das Bauen dann aber doch nicht so schnell erfolgte, konnten die Planungen dem ständig wachsenden Bedarf angepaßt werden. So daß heute – wo auf 2,6 Bremer ein Kraftfahrzeug kommt – der Verkehr noch einigermaßen zügig abgewickelt werden kann.

Wie ich bereits sagte, wuchs die Anzahl der Kraftfahrzeuge schneller als das Straßennetz. Es war deshalb vordringlich geboten zu überlegen, wie die vorhandenen Straßen und die öffentlichen Nahverkehrsmittel besser genutzt werden könnten. Die Verkehrstechnik, das heißt die Regelung des Verkehrs mit Schildern, Fahrbahnmarkierungen, Einbahnstraßen, Ampelanlagen, grünen Wellen usw. nahm einen großen Aufschwung. Mit dem Verkehrsingenieur entstand ein neuer Berufszweig.

Auch in Bremen bediente man sich frühzeitig dieser Technik. Ein besonders unangenehmes Problem war der Verkehr auf den schmalen Straßen zwischen Wall und Weser in der City. Ein starker Verkehrsstrom wälzte sich als Durchgangsverkehr vom Herdentor über Sögestraße und Marktplatz zur großen Weserbrücke. Gekreuzt wurde er von einem beinahe ebenso großen Strom entlang Faulen- und Obernstraße zum Ostertor.

Die Hauptanziehungspunkte: Marktplatz – Söge- und Obernstraße – als Einkaufsstraßen mit ihren schmalen Fußwegen waren für Fußgänger kaum noch zumutbar. Um Bremens schönen Marktplatz in Ruhe ansehen zu können, mußte man schon spät abends kommen. Kurz und gut, hier mußte etwas zur Verkehrsentlastung geschehen.

Die Aufgabe, die es zu lösen galt, hieß nun: wie kann der Durchgangsverkehrs aus der City herausgehalten, der Ziel- und Einkaufsverkehr aber erhalten werden; und wie wird vagabundierender Zielverkehr unterbunden? Großartige Straßen- oder Tunnelbauten am Marktpkatz verboten sich wegen der Gefährdung historischer Bauten von selbst.

Das Problem wurde mit Hilfe der Verkehrstechnik auf wirklich geniale Weise ohne großen finanziellen Aufwand gelöst.

Es wurde ein unsichtbares Kreuz, dessen Arme mit verkehrsregelnden Maßnahmen zu unüberschreitbaren Sperren wurden, über die City gelegt. Auf diese Art wurden Zellen geschaffen, in die man jeweils an einer Stelle ein- und einer anderen ausfahren durfte. Dadurch war der Zielverkehr geordnet, weil die Zellen nicht miteinander direkt verbunden waren. Der Durchgangsverkehr wurde auf die Cityrandstraßen, die in der Lage waren, diesen Mehrverkehr aufzunehmen, verlegt.

Schlagartig waren der Markt und die Haupteinkaufsstraßen von dem lästigen Individualverkehr frei. Die Sögestraße konnte in voller Breite dem Fußgänger zur Verfügung gestellt werden. Ebenso der Liebfrauenkirchhof, der mit seinem Blumenmarkt ein reizvoller städtebaulicher Anziehungspunkt ist.

Diese Zellenlösung hat internationals Aufsehen erregt. Zum Beispiel hat Göteborg, das etwa die gleiche Einwohnerzahl wie Bremen hat, das Konzept voll übernommen.

Eine weitere Möglichkeit, mit verkehrsregelnden Maßnahmen lästigen Individualverkehr zur Innenstadt zu vermeiden, ist die Abschaffung von Dauerparkplätzen in der City. Leider ist das nicht so einfach. Die Bauordnungen verlangen vom Gundstückseigentümer die Schaffung von Parkplätzen; und wenn es auf dem eigenen Grundstück nicht möglich ist, eine Ablösesumme zum Bau von Hochgaragen. In diesen Garagen dann keine Dauerparkplätze auszuweisen, ist nicht einfach zu machen. Auch die Überwachung der Kurzparkplätze am Straßenrand erfordert einen hohen Personalaufwand, abgesehen von dem Unwillen, den ein Strafzettel bei den Betroffenen auslöst. Das Instrument „Dauerparkplätze abbauen" kann deshalb nur behutsam angewendet werden.

Die Möglichkeit, den Verkehrsfluß mit diesen „kleinen Mitteln" — klein nur im Hinblick auf die Finanzierung — zu verbessern, ist inzwischen beinahe bis zum Letzten ausgeschöpft, so daß weiter Ausschau gehalten werden muß, wie der lästige Individualverkehr gebändigt werden kann.

Jede Stadt hat ein öffentliches Verkehrsmittel, das noch besser ausgelastet werden könnte, denn die Leistungsfähigkeit der Schiene ist im Vergleich zur Straße unvergleichlich höher. Das öffentliche Verkehrsmittel muß ohnehin auf jeden Fall von der Stadt vorgehalten werden, weil viele Bevölkerungsgruppen auf es angewiesen sind. Alle unter 18, viele über 70 Jahre und alle, die keinen Führerschein besitzen. Grob gesagt, befördert die Straßenbahn die drei A-Gruppen: Auszubildende, Alte und Ausländer; wünschenswert wäre es, wenn alle Berufstätigen hinzukämen. Leider ist das Straßenbahnfahren in der Berufsspitze nicht so angenehm, wie es oft dargestellt wird.

Den PKW-Fahrer zum Straßenbahnbenutzer umzuwandeln, ist deshalb nicht ganz einfach. Was hat Bremen nun unternommen, um auf diesem Weg voranzukommen? Ein öffentliches Verkehrsmittel ist attraktiv, wenn es auf kurzem Wege von überall leicht zu erreichen ist. Das bedeutet, es muß viele Haltestellen haben. Dann soll es noch pünktlich, schnell und bequem sein. Erfüllt eine U-Bahn diese Bedingungen? Sie hat gegenüber der Straßenbahn verhältnismäßig weite Haltestellenabstände, die nur durch Überwindung von Höhenunterschieden erreicht werden können. Sie erschließt nur einen schmalen Streifen des Stadtgebietes links und rechts ihrer Linie. In Bremen könnte das Fassungsvermögen dieses Verkehrsmittels auf Grund der niedrigen Bebauung des Einzugsgebietes nicht annähernd ausgenutzt werden. Aber gerade auf die volle Auslastung des Verkehrsmittels kommt es an. Für Bremen lohnt sich deshalb der finanzielle Aufwand für eine U-Bahn nicht. Dasselbe gilt für eine Unterpflasterbahn, das ist eine Straßenbahn, die in langen Abschnitten in einem Tunnel fährt. Das hätte zwar die Behinderung der Straßenbahn durch den Individualverkehr ausgeschlossen. Andererseits aber dem Individualverkehr Straßenfläche freigemacht, wodurch die Hoffnung, ein Umsteigen auf die Straßenbahn zu erreichen, in Frage gestellt worden wäre.
Ganz abgesehen davon, daß das Tunnelfahren nicht unbedingt ein besonderes städtebauliches Erlebnis ist. Ich kann das Für und Wider zu diesen schwierigen Fragen hier nur kurz streifen. Als Ergebnis aller Überlegungen hat es Bremen für seine Verhältnisse als richtig angesehen, eine „Stadtbahn" zu bauen. Das heißt, das heutige Straßenbahnnetz wird beibehalten, die Straßenbahn verkehrt bis auf wenige Ausnahmen oberirdisch. Dabei werden einige Außenstrecken verlängert. Die Gleiszone wird so weit wie möglich auf einen besonderen Bahnkörper verlegt und dort, wo es sich nicht anders lösen läßt, abgenagelt.

An Ampelkreuzungen verschafft sich die Straßenbahn vermittels einer Elektronik grünes Licht. Der Fahrzeugpark wird modernisiert. Da die Straßenbahn nicht in der Lage ist, aus den Beförderungsentgelten ihre Umwandlung zur Stadtbahn selbst zu finanzieren, hat die Stadt entsprechende Subventionsverträge abgeschlossen, ohne die privat-wirtschaftliche Verwaltung der Straßenbahn als AG aufzuheben. Das Konzept hat sich bewährt. Der bisherige Fahrgastschwund ist inzwischen zum Stillstand gekommen; auf einer Linie sind sogar Benutzerzuwächse zu verzeichnen.

Natürlich ist der Um- und Ausbau von Straßen, um dem Bedarf gerecht zu werden, nicht vernachlässigt worden. Zum Beispiel wurde im Breitenweg durch eine zweite Ebene zusätzlicher Verkehrsraum geschaffen. Ebenso in der Oldenburger Straße, die als Ortsdurchfahrt der B 75 sehr stark belastet ist.

Heute lassen sich derartige Straßenbauten kaum noch verwirklichen. Insbesondere gegen völlig neue Straßen richtet sich verständlicherweise der Groll der Bevölkerung. Es gibt nämlich immer Betroffene. Wenn keine Anwohner gestört werden, wird auf jeden Fall die Natur nachteilig verändert. Nicht auf Ablehnung stoßen Erschließungsstraßen für neue Wohngebiete, denn der Wunsch nach familiengerechten Wohnungen ist ungebrochen. Bei der Anlage der Wohn- und Wohnsammelstraßen hat Bremen frühzeitig auf die Bedürfnisse der Anlieger Rücksicht genommen. In großem Umfange wurde auch bei Einfamilienreihenhäusern von sogenannten Wohnwegen, die nur dem Fußgänger vorbehalten sind, Gebrauch gemacht. Um ein Befahren wirksam zu verhindern, haben die Wege am Anfang eine Sperre aus Klappfählen, die in Notfällen von Polizei und Feuerwehr umgelegt werden können.

Um die Erschließungskosten gering zu halten, wird der 4,50 m breite öffentliche Grund – die Breite ist erforderlich, um die notwendigen Ver- und Entsorgungsleitungen unterbringen zu können – nur 2,5 m breit gepflastert. Die Restfläche können die Anlieger als Vorgarten nutzen.

Auf den übrigen Straßen hat Bremen bislang an dem Prinzip Trennung der Verkehrsarten festgehalten. Das heißt, jeder Verkehrsteilnehmer bekommt im Straßenraum eine besondere Verkehrsfläche zugewiesen, die durch unterschiedliche Pflasterung kenntlich gemacht ist. Das schafft übersichtliche und klare Verhältnisse. Auf die entgegengesetzte Auffassung, nämlich Mischung der Verkehrsarten und Aufhebung der Trennungen sei manchmal besser, komme ich später noch zu sprechen.

Wenn auch die Hauptverkehrsstraßen heute in der Lage sind, den Verkehr zu bewältigen, so leiden doch ihre Anwohner stark unter den Auswirkungen des Verkehrs. Besonders leiden die der City vorgelagerten Stadtteile unter dem von außerhalb kommenden Durchgangsverkehr. Besonders in City-Nähe werden die Wohnstraßen von Fremdparkern überschwemmt. Hiergegen ist jetzt eine Änderung der Straßenverkehrsordnung in Vorbereitung, die den Anliegern gegenüber den Fremdparkern Vorteile verschaffen soll.

Den Durchgangsverkehr möchten die Anlieger am liebsten untersagen. Auf keinen Fall soll aber eine Verbesserung im Straßenquerschnitt geschehen, die evtl. noch mehr Verkehr auf die Straße ziehen könnte.

Dieser Wunsch ist allzu verständlich. Wirksam helfen kann man aber nur durch den Bau von Ersatzstraßen. Wie schwer es ist, eine neue Straße durch die Stadt zu bauen, habe ich schon angedeutet. Außer den Nachteilen für die unmittelbar Betroffenen werden noch viele Ablehnungsgründe ins Feld geführt: „Neue Straßen erzeugen neuen Verkehr". Dabei wird übersehen, daß der Verkehr nicht durch die Straße sondern durch den hohen Lebensstandard erzeugt wird. „Straßen, die weit in die Außenbezirke gebaut werden, reizen dazu, aus der Stadt abzuwandern". Dadurch werden die Umlandgemeinden wohlhabend und der Stadt bleibt die Verkehrsmisere, weil der Arbeitsplatz ja in der Stadtmitte bleibt. An dem Einwand ist etwas Wahres. Früher halfen sich die Städte durch Eingemeindungen. Das geht heute nicht mehr. Die Städte bluten also allmählich aus. Ob das durch nicht zu bauende Verkehrsanlagen unterbunden werden kann, bezweifle ist. Vielleicht ist es möglich, daß durch gesetzliche Regelung die Stadt in die Lage versetzt wird, von der Umlandgemeinde für jeden in der Stadt beschädigten Arbeitnehmer eine Ausgleichsabgabe zu verlangen. Möglicherweise läßt sich auf diese Weise die Abwanderung stoppen. Ein weiterer Einwand lautet: „Straßenbau erledigt sich durch die Energiekrise von selbst". Bislang hat die Kraftstoffverteuerung keinen sichtbaren Rückgang des Autoverkehrs gebracht. Bei welchem Benzinpreis das eintritt, und wann überhaupt kein Betriebsstoff mehr vorhanden sein wird, vermag noch niemand zu sagen. Deshalb kann der Zustand mit jährlich 15.000 Verkehrstoten im heutigen Verkehrsnetz nicht auf unbestimmte Zeit aufrecht erhalten werden. Merkwürdig ist es schon, daß beim Sterben so vieler unschuldiger Menschen das Engagement der großen Masse verhältnismäßig gering ist, während das Sterben von 15.000 Bäumen pro Jahr, was natürlich auch sehr bedauerlich ist, große Protestkundgebungen auslöst.

Wie gesagt, bleibt zur Entlastung bewohnter Hauptverkehrsstraßen nur der Bau neuer Straßen übrig. Diese Straßen sollten dann allerdings so geführt werden, daß von ihnen keine neuen Belastungen ausgehen; wenn erforderlich, müssen sie unterirdisch gebaut werden. Das neue Immissionsschutzgesetz bietet hierzu die Möglichkeit. Leider fehlen in diesem Gesetz immer noch die Immissionsgrenzwerte für die unzumutbare Lärmbelästigung, eine der unangenehmsten Begleiterscheinungen der Straßen.

Bremen hat frühzeitig Ersatzstraßen für stark belastete Verkehrsstraßen vorgesehen. Am Beispiel der Verkehrsplanung für den Bremer Westen möchte ich auf das Problem näher eingehen. Dies Stadtgebiet leidet unter besonders starkem und auch schwerem Verkehr. Obwohl die Blocklandautobahn sehr viel Verkehr auf sich zieht, bleibt auf der Gröpelinger-/Waller-/Utbremer Straße ein äußerst starker Verkehrsstrom. Durch die Oslebshauser Landstraße schickt der Hafen seinen Schwerverkehr zur Autobahnauffahrt Industriehafen.

Durch zwei Ersatzstraßen soll hier Abhilfe geschaffen werden. Einmal soll eine Querspange, die unter der Weser hindurchgeführt werden soll, den Hafenverkehr auf kürzestem Wege zu den Autobahnen links und rechts der Weser ableiten und zum anderen die überlastete Stephanibrücke vom Verkehrsdruck befreien. Die Querspange verläuft weitgehend durch freies Gelände. Eingriffe in die unberührte Natur lassen sich leider nicht vermeiden. Eine neue Straße in Nähe der Bahnlinie Bremen-Bremerhaven sollte der Gröpelinger Heerstraße Entlastung bringen.

Planung von Hauptverkehrsstraßen

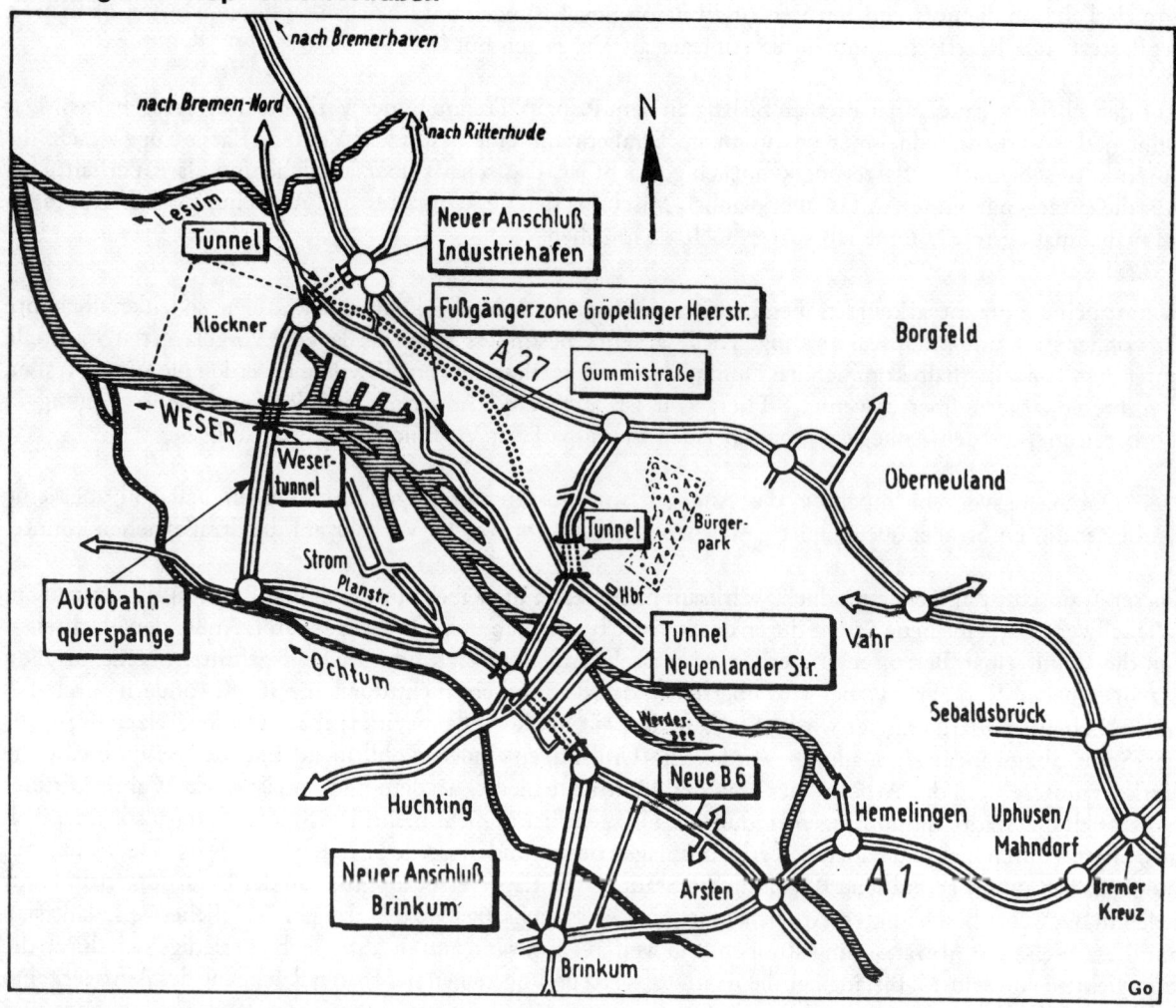

Wegen der vielen Neubetroffenen wird die Gummitrasse – wie sie hier in Bremen genannt wird – wenig Realisierungschancen haben.

Es ist deshalb die Autobahn mehr zur Entlastung herangezogen worden. Die Querspange und der Ausbau des Zubringers Freihafen schaffen hierfür die Voraussetzungen. Zusätzlich soll in die Gröpelinger Heerstraße eine Sperre eingebaut werden, um die Verkehrsumlenkung zu erzwingen.

Aber nicht nur die Anwohner der Hauptverkehrsstraßen drückt der Verkehr. Auch in den Wohnstraßen soll und muß eine Verkehrsberuhigung eintreten. Das läßt sich durch Schikanen, die in die Fahrbahn gebaut werden, erreichen. Von „Holperschwellen" halte ich nicht viel, sie sind zu schnell überwunden, mehr schon von senkrechten Hindernissen, die zum Slalomfahren zwingen. Angeregt durch die guten Erfahrungen in Fußgängerzonen, in denen Ladefahrzeuge Schritt fahren und sich so vom Geschoß zum harmlosen Mitpassanten wandeln, möchte man diesen Effekt auch auf Wohnstraßen übertragen und durch Fehlenlassen der Bordsteine und entsprechende Beschilderung den Fußgängerstraßenstatus erreichen. Ob sich das bewährt, bleibt abzuwarten, weil in den normalen Wohnstraßen die Übermacht der Fußgänger wie in den Einkaufsstraßen fehlt.

Heinz Hollmann, Delmenhorst

Raumordnung in der Stadtregion Bremen

I. Stadtregion und Ordnungsraum

1. Das Thema ist in gewisser Weise widersprüchlich, denn der Begriff der „Stadtregion" ist keine raumordnerische Kategorie, sondern ein von der amtlichen Raumordnung nicht anerkannter und deshalb nicht angewandter Ausdruck aus der vergleichenden Stadtforschung. Die „Stadtregion" soll die verwaltungsmäßig mehr oder weniger historisch zufällig abgegrenzten Städte durch einheitlich für alle natürlichen Stadtgebilde geltenden sozioökonomischen Schwellenwerte erst einmal miteinander vergleichbar machen.

Dennoch gibt es bestimmte Zusammenhänge zwischen der wissenschaftlichen Konzeption der Stadtregion und der amtlichen Raumordnung. Die Minister-Konferenz für Raumordnung hatte bereits am 29.11.1968 eine Entschließung über Fragen der Verdichtungsräume gefaßt. In dieser Entschließung wurde festgelegt, daß die Gemeinden an der Grenze der „Verdichtungsräume" mindestens 600 Einwohner plus Arbeitsplätze je qkm Gemeindefläche aufweisen sollen. Eine gleiche Einwohner-Arbeitsplatzdichte wird aber ebenfalls von der wissenschaftlichen Geburtsstätte der „Stadtregion", der Akademie für Raumforschung und Landesplanung in Hannover, über ihren Vordenker, Professor Olaf Boustedt, für die Abgrenzung des „Kerngebiets" einer Stadtregion verlangt. Die Gemeinden an der Grenze des Kerngebietes der Stadtregion sollen gleichfalls eine Einwohner-Arbeitsplatz-Dichte von 600 mindestens aufweisen. Insofern sind der „Verdichtungsraum" in der Raumordnung und das „Kerngebiet" der Stadtregion praktisch deckungsgleich. Alle Ziele der Raumordnung und Landesplanung, die für den „Verdichtungsraum" und sein Randgebiet gelten, gelten also auch für das „Kerngebiet" der Stadtregion einschließlich ihrer Umlandzone.

2. Die Konzeption der Stadtregion, wie sie einmal in der Akademie für Raumforschung und Landesplanung entwickelt und nach der Volkszählung von 1970 neu gefaßt wurde, weist als nächste räumliche Gliederung die an das Kerngebiet angrenzende „verstädterte Zone" auf, für die seit der Volkszählung 1970 eine Dichte zwischen 250 und 600 Einwohnern plus Arbeitsplätzen je qkm gefordert wird. Hierin sollen die Funktionen der Bauleitplanung „Wohnen" und „Arbeiten" ihre Repräsentation finden. Bis zur Volkszählung 1970 war stattdessen eine Kernpendlerquote von 30 % der Erwerbspersonen aus den zugehörigen verstädterten Gemeinden des Umlandes verlangt worden; dieser Stellenwert hatte aber zu einer Aufblähung der „verstädterten Zone" geführt, die allgemein nicht als gerechtfertigt angesehen wurde. Eine ähnliche Zone wurde bei den Gebietskategorien der Raumordnung gar nicht erst ins Auge gefaßt.
3. Die im Jahre 1968 verabschiedete Entschließung über die „Fragen der Verdichtungsräume", die – wie gesagt – dem „Kerngebiet" der Stadtregionen entsprechen, enthält aber bereits einen wichtigen Hinweis auch auf die an die Verdichtungsräume angrenzenden Randgebiete. Es heißt am Ende der Entschließung über die „Fragen der Verdichtungsräume" wörtlich:
„Die Randgebiete bilden zusammen mit dem Verdichtungsraum einen **Ordnungsraum** besonderer Art, in dem für die weiter zu erwartende Verdichtung eine planerische Gesamtkonzeption zu entwickeln ist."

Tatsächlich setzte in allen Verdichtungsräumen in der Zeit nach der Volkszählung 1970 die sogenannte „Umlandwanderung" ein, die zum Bevölkerungsverlust in allen Kernstädten führte, aber zu einem entsprechenden Anwachsen der Bevölkerungszahl in den Umlandgemeinden des Randgebietes der Kernstädte, so daß die Zahl der Einwohner im „Ordnungsraum" (Verdichtungsraum einschließlich Randgebiete) gleichblieb und zunächst sogar noch anwuchs.

Auch die Stadtregionskonzeption kennt eine „Randzone", die zusammen mit der „verstädterten Zone" als „Umlandzone" bezeichnet wird. Den äußeren Rand der „Umlandzone" in der Stadtregion und damit die Stadtregion als Ganzes bildeten bei der Volkszählung 1970 jene Gemeinden, die mindestens 25 % ihrer Erwerbspersonen täglich in das Kerngebiet der Stadtregion entsandten.

Die Bundesforschungsanstalt für Landeskunde und Raumordnung in Bad Godesberg hatte nach der Volkszählung 1970 die Aufgabe von der Ministerkonferenz für Raumordnung erhalten, die Abgrenzung der

24 Verdichtungsräume von 1968 fortzuschreiben; es gelang ihr aber nicht, die Zustimmung aller Bundesländer zu ihren Vorschlägen zu erhalten. Nur über die Ausdehnung der Ordnungsräume (Verdichtungsräume einschließlich ihrer Randgebiete) haben sich inzwischen alle Bundesländer im Rahmen der Minister-Konferenz für Raumordnung geeinigt. Und siehe da! Der Ordnungsraum Bremen deckte sich fast auf die Gemeinde genau mit den Ausmaßen der Stadtregion Bremen zur Zeit der Volkszählung 1970. Geographisch ausgedrückt wird in beiden Fällen (Ordnungsraum wie Stadtregion) ein Gebiet erfaßt, das sich auf etwa 20 km Wegentfernung bzw. auf 30 Min. Zeitentfernung rund um die Stadtmitte von Bremen erstreckt. Diese Werte werden auch als zumutbare Pendlerentfernung bezeichnet.

4. Oben wurde bereits aus der Entschließung der Minister-Konferenz für Raumordnung über die „Fragen der Verdichtungsräume" aus dem Jahre 1968 zitiert, daß eine planerische Gesamtkonzeption für die „Ordnungsräume" (Verdichtungsraum mit Randgebiet) zu entwickeln sei. Dies geschah aber erst neun Jahre später in der Entschließung der Minister-Konferenz für Raumordnung über die „Gestaltung der Ordnungsräume (Verdichtungsräume und ihre Randgebiete)" vom 31.10.1977. Da nun feststeht, daß die „Stadtregion Bremen" praktisch deckungsgleich ist mit dem „Ordnungsraum Bremen", können wir die Entschließung von 1977 über die „Gestaltung der Ordnungsräume" zur Grundlage oder besser zum Leitbild unseres Themas „Raumordnung in der Stadtregion Bremen" machen.

II. Das Leitbild der Raumordnung in der Stadtregion

1. Die Gleichsetzung von „Stadtregion" und „Ordnungsraum" erlaubt es uns, aus der Entschließung der Minister-Konferenz für Raumordnung über die „Gestaltung der Ordnungsräume" von 1977 ein raumordnerisches **Leitbild** abzuleiten:
„Einer ringförmigen Ausbreitung des Verdichtungsraumes (hier: Kerngebiete der Stadtregion) ist eine Entwicklung von Schwerpunkten in der Tiefe des Ordnungsraumes (hier: der Stadtregion) vorzuziehen, um die verkehrs- und versorgungsmäßige Integration des Gesamtraumes durch Anlehnung der Schwerpunkte an vorhandenen Hauptverkehrslinien zu erleichtern und um die Freihaltung von dem Verdichtungsraum (hier: Kerngebiet der Stadtregion) zugeordneten Naherholungsgebieten zu ermöglichen. Entlastungsorte sollen dabei an den Hauptverkehrslinien in einer für die Erhaltung kommunaler Eigenständigkeit hinreichend großen Entfernung zum Verdichtungsraum (hier: Kerngebiet der Stadtregion) ausgewiesen werden."

Bei dieser Konzeption werden auch in größerer Entfernung vom Verdichtungsraum (hier: Kerngebiet der Stadtregion) Entwicklungsimpulse wirksam, die eine raumordnerisch gewünschte Umstrukturierung und eine Stärkung der Wirtschaftskraft zur Folge haben.

Im Umland der Stadtregion Bremen sind solche Schwerpunkte bzw. Entlastungsorte in 15 bzw. 20 km Entfernung von der Stadtmitte Bremens bereits vorhanden. Es handelt sich um folgende Mittelzentren:
im Westen – die Stadt Delmenhorst (75.000 E.)
im Norden – die Stadt Osterholz-Scharmbeck (25.000 E.)
im Osten – die Stadt Achim (25.000 E.) und
im Süden – die Stadt Syke (20.000 E.)

Sie erfüllen ihre Entlastungsaufgabe für die Kernstadt Bremen mehr als ihrem gemeinsamen Oberzentrum lieb ist, denn die Bevölkerungsverluste Bremens durch die Umlandwanderung bringen größtenteils Gewinne an Bevölkerung für die genannten vier Mittelzentren in der Stadtregion Bremen (vgl. dazu Abb. 8 in GR 5/80, S. 216).

2. Die gemeinsamen Raumordnungsvorstellungen der vier norddeutschen Länder von 1975 nennen auch die Planungselemente, die für die Raumordnung in den Ordnungsräumen (hier: Stadtregion) nötig sind:
„Die in Ordnungsräumen stattfindenden Entwicklungen bedürfen der Steuerung durch planerische Gesamtkonzeptionen, die aus den regionalen Besonderheiten zu entwickeln sind.

Als Planungselemente kommen für diese Räume besonders
Siedlungsachsen,
schienengebundene öffentliche Personen- Nahverkehrslinien,
zentrale Orte in ausgeprägter Funktionsteilung und
Achsenzwischenräume

in Frage. Zur Steuerung des Siedlungsprozesses in den größeren Ordnungsräumen (hier: Stadtregion) ist den Schwerpunkten besonderes Gewicht beizumessen, die an den Rändern liegen".

Die vier genannten Mittelzentren sind tatsächlich räumliche Schwerpunkte, die am Rande der Stadtregion Bremen liegen. Ihre Betreuung liegt dem Senat der Stadt Bremen bereits seit langem besonders am Herzen, da sie zum engeren Wirtschaftsraum der Stadt gehören.

3. Die Entschließung der Minister-Konferenz für Raumordnung über die „Gestaltung der Ordnungsräume" (hier: Stadtregionen) sagt in ihrer landesplanerischen Gesamtkonzeption zur Steuerung der Siedlungsstruktur:
„Einer ringförmigen Ausbreitung der Siedlungsflächen um den Verdichtungskern (hier: Stadt Bremen) soll entgegengewirkt werden. Zwischen den Siedlungen sollen ausreichend Freiräume erhalten bleiben. An den Ordnungsräumen (hier: Stadtregionen) ist das Schwergewicht der künftigen Entwicklung auf die qualitative Verbesserung der Lebens-, Arbeits- und Umweltbedingungen zu legen. Die Siedlungsentwicklung soll sich deshalb vorrangig an Siedlungsachsen ausrichten, die durch eine dichte Folge von Siedlungen im Verlauf leistungsfähiger Verkehrseinrichtungen des öffentlichen Nahverkehrs gekennzeichnet sind. Die Siedlungsachsen sollen radial vom Verdichtungskern (hier: Stadt Bremen) zu den Randgebieten des Ordnungsraumes (hier: der Stadtregion Bremen) ausstrahlen. Zugleich soll durch Siedlungsachsen eine möglichst hohe Auslastung der Kapazitäten im öffentlichen Personennahverkehr erreicht werden. ... einer Entleerung der Kernstädte (hier: Stadt Bremen) ist entgegenzuwirken."

Das Leitbild der hier angesprochenen Siedlungsstruktur entspricht dem von Schumacher bereits 1930 für den Hamburger Raum konzipierten Entwicklungsmodell. Es ist mit einem Muster der gespreizten Hand zu vergleichen. Die Siedlungsachsen entsprechen den Fingern, die dazwischen liegenden Räume den Freiräumen. In der Stadtregion Bremen haben wir vier Siedlungsachsen, die von Bremen radial nach Delmenhorst, Osterholz-Scharmbeck, Achim und Syke führen. Auf diesen Siedlungsachsen sollen perlenstrangähnlich weitere Siedlungen liegen, die den Nahverkehr mit Haltepunkten auf den Siedlungsachsen erst lohnend machen. In den Achsenzwischenräumen sind die dortigen Naherholungsgebiete zu erhalten, womit sie von der Kernstadt und den Siedlungen auf den Siedlungsachsen leicht und schnell zu erreichen sind.

Interessant ist, daß hier bereits an die durch die Umlandwanderung drohende Entleerung der Kernstädte gedacht ist. Die Stadt Bremen befindet sich dabei in einem echten Zwiespalt; auf der einen Seite begrüßt sie die enge wirtschaftliche Verflechtung mit den Schwerpunkten in der Umlandzone der Stadtregion (allein 50.000 Pendler kommen täglich aus dem Umland nach Bremen), auf der anderen Seite bedauert Bremen den Bevölkerungsverlust durch die Umlandwanderung. Wenn diese Erscheinung auch bei allen Großstädten der Bundesrepublik zu beobachten ist, so befindet sich Bremen doch in einem echten raumordnerischen Zielkonflikt.

III. Teil: Bremische Spezialitäten der Raumordnung

1. Im Entwurf des Landesraumordnungsprogramms von 1979 wird das vorerwähnte Problem ebenfalls angesprochen:
„Aus bremischer Sicht wird davon ausgegangen, daß (bei der gemeinsamen Landesplanung mit Niedersachsen) die Aufstellung und Verwirklichung von Achsenkonzeptionen angestrebt wird, um die Siedlungsentwicklung von den Kernen der Verdichtungsräume Bremen und Bremerhaven ausgehend strahlenförmig in die Tiefe des Raumes zu lenken und um eine ungeordnete flächenhafte Ausbreitung der Verdichtungsräume (hier: Kerngebiete der Stadtregionen) mit den negativen Zersiedlungswirkungen zu verhindern." Die Vermeidung von Zersiedlungen aber ist für jeden Raumordner Ehrensache!

2. In der Grundsatzempfehlung der Hauptkommission der gemeinsamen Landesplanung Bremen/Niedersachsen von 1972, die zur Zeit wegen der Neufassung des Niedersächsischen Landesraumordnungsprogramms überarbeitet wird, heißt es zu zwei bremischen Problemen wie folgt:
„3.3. Die **Wasserstraßen** sind zu sichern und funktionsfähig zu halten. Die seewärtigen Zufahrten zu den Häfen an der Unterweser und unteren Hunte sind vor allem durch einen den Bedürfnissen entsprechenden Fahrwasserausbau zu nutzen."

„3.4. Der Flughafen Bremen ist als Kontinentalflughafen für den regelmäßigen, wetterunabhängigen Linienverkehr auszubauen und gut an das Verkehrsnetz anzuschließen. Darüber hinaus ist der Entwicklung im Luftverkehr Rechnung zu tragen und erforderlichenfalls ein interkontinentaler Flughafen vorzusehen. Die zunehmende Bedeutung des Klein-Luftverkehrs erfordert an geeigneten Stellen die Anlage von Landeplätzen".

3. Dieser Ausblick über die Grenzen der Stadtregion Bremen hinaus soll andeuten, daß man Raumordnung schlecht im kleinen Rahmen betreiben kann, wenn auch die derzeitige Niedersächsische Landesregierung meint, durch Beseitigung der Großraumverbände Hannover und Braunschweig eine größere Bürgernähe in der Raumplanung erreichen zu können.

Der wirtschaftliche und soziale Wandel, der sich seit dem Ende der 60er Jahre vollzogen hat, sowie das wachsende Gewicht ökologischer Probleme sind nicht ohne Auswirkungen auf den Agglomerationsprozeß geblieben. Gleichzeitig wurde bundesweit eine Verwaltungsgebietsreform durchgeführt, die eine erhebliche Veränderung der regionalstatistischen Datensituation zur Folge hatte. Diese Gegebenheiten lassen die einfache Fortschreibung des bisherigen Stadtregionsmodells nicht mehr zu. Es muß vielmehr nach einer eingehenden wissenschaftlichen Analyse des jüngsten Agglomerationsprozesses ein neues Modell für die Abgrenzung und innere Differenzierung von Agglomerationsräumen entwickelt werden, das sowohl als Prozeßanalyseninstrument als auch als Raumdiagnoseinstrument dienen kann.

Der mit dieser Aufgabe betraute Arbeitskreis der Akademie für Raumforschung und Landesplanung soll versuchen, das neue Modell möglichst auch so zu konzipieren, daß es einen Beitrag zur Ausweisung von planungsbezogenen Problemräumen liefern kann. Schließlich wird zu prüfen sein, inwieweit auch ausländische Erfahrungen, insbesondere aus dem Bereich der EG, bei den Überlegungen zur Methodik, Indikatorauswahl und Schwellenwertbildung mit einfließen können. So wird z.B. diskutiert, ob — ähnlich wie in vielen ausländischen Staaten — das Gebiet der morphologischen Agglomeration, also der mehr oder weniger zusammenhängend bebaute Raum, das besonders problemreiche Gebiet einer Agglomeration, als eine eigene „Zone" ausgewiesen werden sollte. — Das neue Modell soll erstmals nach Vorliegen von Daten aus dem nächsten großen Zählungswerk der amtlichen Statistik erprobt werden.

Heinz Brandt, Bremerhaven

Rahmenbedingungen des ökonomischen Standortes Bremerhaven – Geographische, historische, infrastrukturelle und soziologische Aspekte

Der Versuch, die wirtschaftsprägenden Kräfte des Standortes Bremerhaven zu beschreiben, wird von mancherlei Vorbehalten begleitet. Nicht zuletzt sind es persönliche. Denn wer zu den in der Kommunalpolitik Handelnden gehört, erliegt leicht der Versuchung, komplexe Sachverhalte nach griffigen Formeln zu ordnen und deshalb Abhängigkeiten des wirtschaftlichen Verhaltens falsch zu deuten. So gründet sich denn auch der Mut, den Versuch dennoch zu wagen, zum einen auf die Absicht, eigene Aktivitäten „vorgegebenen Stoffen gegenüber"[1] zu überprüfen, weil „unbedingte Tätigkeit, von welcher Art sie immer sei, zuletzt bankerott macht" (Goethe). Zum anderen könnte die Beschreibung eines an der Peripherie der Bundesrepublik gelegenen Standorts die Chance eröffnen, wenn nicht Bedeutungsvolles, so doch zumindest Neues mitzuteilen.

Die Stadt Bremerhaven bildet zusammen mit der Stadt Bremen das Bundesland Bremen, den Zwei-Städte-Staat „Freie Hansestadt Bremen"[2]. Bremerhaven liegt gut 60 km nördlich der Hansestadt, von dieser getrennt durch niedersächsisches Staatsgebiet. Das Stadtgebiet umfaßt 79,62 km^2. Die größte Ausdehnung des am rechten Weserufer bandförmig angeordneten Siedlungskörpers beträgt von SO nach NW 13,5 km, in Ost-West-Richtung 6,5 km. Am 1.1.1980 wurden 137.019 Einwohner gezählt, zuzüglich etwa 5.000 in Bremerhaven wohnender amerikanischer Staatsbürger, d.h. amerikanischer Soldaten und deren Familienangehörigen, Nachlaß der 1945 als Nachschubhafen für die US-Streitkräfte gebildeten amerikanischen Enklave Bremen innerhalb des britischen Besatzungsgebietes.

Die Gemeindegrenze ist im Westen die Weser, deren Mündungstrichter im Süden der Stadt etwa 1,5 km und im Norden – unter Einbeziehung der Wattflächen – bereits 7,5 km Breite erreicht. Im übrigen markiert der niedersächsische Landkreis Cuxhaven die Stadtgrenze. Die Stadt Bremerhaven ihrerseits umklammert den stadtbremischen Überseehafen. Dieses Gebiet mit einer Größe von 9,1 km^2, einer Längenausdehnung Nord-Süd von gut 6 km und einer größten Ost-West-Ausdehnung von knapp 2,5 km, ist ein Bestandteil der Gemeinde Bremen, hat jedoch keine Wohnbevölkerung.

Unmittelbare niedersächsische Nachbarn Bremerhavens sind die Einheitsgemeinden Langen, Schiffdorf und Loxstedt des Landkreises Cuxhaven mit zusammen mehr als 40.000 Einwohnern. Einige Ortsteile dieser Gemeinden tragen im Verhältnis zu Bremerhaven ausgesprochenen Vorortcharakter. Eine die Gemeinde-, Kreis- und Landesgrenzen vernachlässigende natürliche Betrachtung ergibt daher für die städtische Agglomeration Bremerhaven zwischen 170.000 und 180.000 Bewohner.

Bremerhaven ist Oberzentrum seines niedersächsischen Umlandes. Mittelzentren als Stufe zwischen dem Oberzentrum und den Grund- und Nebenzentren des Landkreises haben sich nicht entwickelt. Bis zum 1.8.1977 war Bremerhaven auch Sitz des vormaligen Landkreises Wesermünde, also Kreisstadt für einen Landkreis eines anderen Bundeslandes, eine in der Bundesrepublik einmalige Situation. Obwohl Bremerhaven von Bremen, der Landkreis von Hannover aus regiert wird, hat die Landesgrenze im Bewußtsein der Bevölkerung keine Bedeutung: Für die Bremerhavener ist das Umland „der Landkreis", für die Landkreisbewohner ist Bremerhaven „die Stadt", obgleich Cuxhaven seit 1977 Kreisstadt des Groß-Kreises geworden ist[3]. Beweis für die enge Verbindung der Stadt mit ihrem Umland ist die hohe Einpendler-Quote: Etwa 1/5 der in Bremerhaven tätigen rd. 70.000 Erwerbspersonen wohnt im Umland und arbeitet in der Stadt.

Vorgängerstädte der heutigen Stadt Bremerhaven sind die drei ehemaligen Städte Bremerhaven, Lehe und Geestemünde. Die Unterweserstadt wurde daher früher zu Recht auch als „dreiteilige Großstadt"[4], „Drei-Städte-Stadt" oder als „Tripolis an der Unterweser"[5] bezeichnet. Das alte Bremerhaven erhielt am 18.10.1851 eine städtische Verfassung, Geestemünde bekam das Stadtrecht am 1.1.1913, Lehe erst am 1.4.1920. Lehe und Geestemünde wurden am 18.10.1924 zur preußischen Stadt „Wesermünde" vereinigt. Das „bremische"

Bremerhaven folgte am 1.11.1939, nachdem zuvor am 30.3. 1938 das stadtbremische Überseehafengebiet aus der damaligen Stadt Bremerhaven herausgenommen und in die Stadt Bremen eingegliedert worden war.

Am 7.2.1947 wurde die „Drei-Städte-Stadt" Wesermünde Bestandteil des Landes Bremen und am 10.3.1947 in „Bremerhaven" umbenannt. Seit nunmehr 33 Jahren gibt es also den Zwei-Städte-Staat Freie Hansestadt Bremen, bestehend aus der Stadt Bremen und dem stadtbremischen Überseehafengebiet in Bremerhaven sowie der Stadt Bremerhaven als Nachfolgerin der preußischen Stadt Wesermünde.

Der Fischereihafen in Bremerhaven gehört nicht zum stadtbremischen Überseehafengebiet, sondern ist Bestandteil der Stadt Bremerhaven, freilich mit einigen Besonderheiten. Dieser im Süden der Stadt gelegene Hafen ist etwa 7 km² groß. Er umfaßt auch den ursprünglichen Geestemünder – später Wesermünder – Seehafen, wurde aber in seinen heutigen wesentlichen Bestandteilen 1891-1896 bzw. 1921-1925 vom preußischen Staat erbaut. Da es sich um einen Landeshafen handelte, fiel er nach dem Zusammenbruch Preußens 1945 dem Land Bremen zu, das ihn durch eine landeseigene Gesellschaft, die Fischereihafenbetriebsgesellschaft (FBG), verwalten und bewirtschaften läßt[6]. Die Stadt Bremerhaven ordnet ihre kommunalen Angelegenheiten ohne unmittelbare Einwirkung der Bremischen Bürgerschaft (dem Landesparlament – ohne die Bremerhavener Abgeordneten als „Stadtbürgerschaft" Stadtparlament für Bremen) und senatorischer Behörden in eigener Verantwortung, mit einem hohen Maß an Selbständigkeit. Die Stadt hat eine eigene Verfassung und bezeichnet sich nicht zu Unrecht als die „freieste Gemeinde" in der Bundesrepublik, während sie andere als die „eigenwilligste" ansehen mögen. Dagegen ist im Fischereihafen ein höchst merkwürdiges Nebeneinander von Zuständigkeiten der Kommune Bremerhaven, senatorischer Behörden des Landes Bremen sowie der FGB festzustellen, eine Art „bremisch-assyrisch-babylonischer Verwirrung", die jedem Verwaltungsjuristen schlaflose Nächte bereiten könnte, sonst aber durchaus kaum jemanden ernsthaft belästigt.

Welches waren die Bedingungen für die Entstehung des Hafens und der Stadt Bremerhaven? Burchard Scheper leitet seine zur 150jährigen Wiederkehr der Gründung Bremerhavens 1977 erschienene „Jüngere Geschichte der Stadt Bremerhaven" mit der zutreffenden Feststellung ein: „Wer auch immer aus Interesse oder gar Engagement sich mit der Geschichte der vereinigten Unterweserorte beschäftigt, wird bald erfahren, daß die Geschichte dieses Ortes nur aus den hiesigen besonderen naturräumlichen Bedingungen und der Geschichtslandschaft dieser Region sichtbar und verständlich wird."[7]

Links und rechts des Flußlaufs der Weser erstrecken sich Marschen und Geesten bis zu dem südlich anschließenden Lößgebiet der Linie Bramsche-Minden-Hannover-Braunschweig-Helmstedt[8]. Der Elbe-Weser-Winkel nordwestlich der Linie Bremen-Hamburg wird durch die „Stader Geest"[9] geprägt, die geologisch durch die SSW und NNO verlaufende Talebene der Flüsse Hamme und Oste in eine östliche und westliche Hälfte geteilt wird. Die westliche Hälfte der Geest erreicht mit der „Hohen Lieth" im Nordwesten bei Cuxhaven die Nordseeküste und erstreckt sich mit ihren südlichen Ausläufern bis zum Mündungsgebiet der Geeste. Dies begünstigte die Siedlungstätigkeit im Norden des Stadtgebietes des heutigen Bremerhaven, des früheren Lehe. Im übrigen finden wir zur Weser, Nordsee und Elbe hin die der Geest vorgelagerten Marschen, wie z.B. das Land Wursten nördlich Bremerhaven, das Land Hadeln südlich Cuxhaven und das Land Kehdingen nordwestlich Stade[10].

Der Siedlungskörper Bremerhavens befindet sich nun, sieht man von dem erwähnten Nordbereich ab, überwiegend in der tief liegenden, nicht überflutungssicheren Wesermarsch (die auf der linken Seite der Weser dem dortigen Landkreis seinen Namen gegeben hat). Eine geschlossene Bebauung setzte deshalb Deichbauten längs der Weser und Geeste voraus, und zwar nicht geringen Ausmaßes. Das mittlere Tidehochwasser erreicht bei Bremerhaven zur Zeit immerhin 1,61 m über NN, so daß die Deichhöhe bei Bremerhaven gegenwärtig 8,00 m über NN beträgt. Hauptstraßen der Stadt, wie z.B. die Bürgermeister-Smidt-Straße und die Hafenstraße, liegen bei etwa 2,50 m über NN, würden mithin bei einem Deichbruch überflutet werden[11].

Bekanntlich setzte der Deichbau erst um 1000 nach Christus ein. Bis dahin war an dem Küstenstreifen „durch die zerstörende und aufbauende Kraft des Meeres alles in ständigem Wechsel"[12]. Dies galt noch Anfang des 19. Jahrhunderts für das Gebiet des heutigen Stadtzentrums, den Standort des Deutschen Schiffahrtsmuseums im Alten Hafen. Diese Flächen lagen bis 1827 im Außendeichgelände und wurden bei jeder hohen Flut vom Meer überschwemmt[13]. Die Lage am Meer brachte also einige Probleme mit sich.

Allerdings sind auch geographische Vorteile zu nennen. Da ist einmal die Lage an zwei schiffbaren Flüssen, von denen die Geeste das breite für das Anladen von Gütern ungünstige Wattgebiet durchbricht und diesen

Nachteil aufhebt. In dem Mündungsdelta der Geeste gab es trotz des engen Fahrwassers immerhin ziemlich sichere Liegeplätze mit vergleichsweise guten Voraussetzungen für das Ein- und Aussegeln der Schiffe und Schutz vor den gefährlichen Nordweststürmen[14]. Das gute und tiefe Fahrwasser der Weser[15] lag gewissermaßen vor der Haustür. Anders als in Bremen fror die Weser im Winter nur selten zu. Dennoch kam es über Jahrhunderte hinweg nicht zu einer erfolgreichen urbanen Entwicklung. Als Bremerhaven gegründet wurde, gab es am Zusammenfluß von Geeste und Weser nur den unbedeutenden Marktflecken Lehe sowie die beiden Bauerndörfer Geestendorf und Wulsdorf mit zusammen höchstens 3.000 Einwohnern[16].

Für dieses Defizit an Urbanität gibt es eine Reihe von Gründen. Mit dem Deichbau veränderte sich die Blickrichtung der Bevölkerung vom Meer aufs Land. Es standen jetzt größere und ertragreiche landwirtschaftliche Flächen zur Verfügung, so daß die Landwirtschaft forciert betrieben werden konnte[17]. Außerdem muß eine weitere naturräumliche Gegebenheit des Elbe-Weser-Raumes erwähnt werden: In der Nacheiszeit kam es zu großflächigen Vermoorungen, insbesondere in der Talebene zwischen Bremen und Bremervörde. So entstanden z.B. das Teufelsmoor und das Moorgebiet östlich von Gnarrenburg. Die Siedlungen nordwestlich der Linie Bremen-Stade befanden sich deshalb in einer gewissen Insellage mit relativ wenig Übergängen ins Binnenland[18]. Noch schlechter war die Situation am linken Weserufer[19], wo die Landverbindung im Winter praktisch abbrach. Zudem konnte das linke Weserufer von Lehe aus in neuerer Zeit nur noch zu Schiff erreicht werden, was übrigens noch heute der Fall ist: „Die letzte Brücke vor Amerika" – wie man in Bremerhaven zu sagen pflegt – findet sich noch heute in Bremen, 65 km landeinwärts.

Die Bautätigkeit wurde und wird durch den schlechten Untergrund beeinträchtigt. Er ist weich und wasserreich und besteht aus blauem Marschton (Klei) mit einer durchschnittlichen Mächtigkeit von 18 m und eingestreuten Moorlagen. Hochbauten erforderten – und verlangen auch heute noch – die für Bremerhaven typischen Pfahlgründungen, die nicht zuletzt den Bau von Wohnungen und gewerblichen Einrichtungen empfindlich verteuern.

Bilanziert man die mit „Meer und Fluß, Marsch, Moor und Geest" zu beschreibenden naturräumlichen Bedingungen, so mag es verwundern, daß sich im Raum Lehe allenfalls frühmittelalterliche vorstädtische Entwicklungen vermuten lassen, die jedoch nicht zur Entfaltung kamen[20], so daß die Unterweser für lange Zeit ein geschichtsloses Bauernland[21] blieb.

Zu bedenken ist jedoch, daß die deutsche Nordseeküste erst mit dem Engagement Schwedens und Dänemarks während des 30jährigen Krieges aus einer ausgesprochenen Randlage in den Interessenbereich europäischer Mächte eintrat. Erst danach wurde die Wesermündung militärisch und handelspolitisch interessant. Nachdem die Geestemündung zuvor lediglich als Nothafen für bremische Schiffe diente, förderten die Schweden den Gedanken einer Stadtgründung an der Unterweser entscheidend. 1672 begann die schwedische Krone mit dem Bau ihrer Festungs- und Handelsstadt „Carlsstadt" – benannt nach Carl XI – an dem Platz, an dem 1827 die bremische Flagge wehen sollte. Der schwedische Versuch einer Stadtgründung war bereits um 1700 endgültig gescheitert. Aber von diesem Zeitpunkt an war zweierlei klar: Zum ersten die militärische Bedeutung dieses Platzes, von dem aus feindlichen Schiffen der Weg weseraufwärts versperrt werden konnte[22], und zum zweiten sein verkehrs- und handelspolitischer Wert.

Hinderlich für eine frühere Urbanisierung war auch die Einstellung der Bevölkerung z.B. gegenüber der Benutzung der Geeste als Ankerplatz und Handelsstraße. Die Leher Bürger betrachteten Fremde mit großer Skepsis und wollten „mangerlei Volk" und „allerhand Takeltüg" von sich fernhalten, um ihre alten Rechte und Gewohnheiten zu bewahren[23]. Noch 1848 – 20 Jahre nach der Gründung Bremerhavens – äußerten die Leher Gevollmächtigten gegenüber der Königlichen Landdrostei die Befürchtung, der Flecken werde infolge der Gründung Bremerhavens „seine Wohlhabenheit verlieren und der ärmste Ort des ganzen Königreichs werden". Den Kolonisten in Bremerhaven widmeten sie die markigen Worte: „Ein ordentlicher Mensch bleibt in der Heimat und findet auch dort stets sein Fortkommen!"[24]

Insoweit waren die Leher würdige Untertanen ihrer hannoverschen Regierung, die auf die 1798 erfolgte Anregung des Celler Advokaten Heinrich Wegner, bei der Carlsstadt einen Hafen zu gründen, erwidern ließ: Die monarchische Verfassung und der phlegmatische zu neuen Unternehmungen und zur „Mechanik und Chemie" nicht geneigte „Nationalgeist" des hannoverschen Volkes mache das Land ... nicht geeignet, am Handel teilzunehmen; übrigens gebe solche Sinnesart „stillen Frieden der Seele, dies höchste Gut der Menschen", und mache zwar nicht reich und unternehmend, schaffe aber „ruhige Bürger und liebenswürdige Menschen, keine Bewindheber und keine Nabobs"[25].

Und so war es nicht nur den Lehern, sondern auch den Bremern recht. Denn gerade diesen war keinesfalls daran gelegen, die wirtschaftliche Entwicklung des Unterweserraumes zu fördern. Ganz im Gegenteil[26]. Bremen ging es bis in das 19. Jahrhundert hinein vor allem um die Aufrechterhaltung seines „Dominium Visurgis"[27], der seit Anfang des 15. Jahrhunderts bis 1654 behaupteten Schutz-Herrschaft über Bederkesa und „Bremerlehe" (= Lehe)[28]. Der Erreichung dieses weniger macht- als handelspolitischen Ziels diente auch die Gründung Bremerhavens.

Die Erwähnung Bremens rechtfertigt einen kurzen Exkurs. Bremens frühe Entwicklung zu einer bedeutenden Stadt folgte aus seiner Lage am Kreuzungspunkt wichtiger Land- und Wasserstraßen. Von dem Geestrücken bei Achim trat ein schmaler Dünenzug bis an die Weser heran und gestattete so einen letzten bequemen Übergang. Da auch auf dem linken Weserufer die Geest bei Delmenhorst die Weser berührte, ergab sich der Anschluß an die alten Handelsstraßen nach Osnabrück und Oldenburg. Die Flutwelle des Meeres trug Seeschiffe bis Bremen hinauf. Hier konnte auf Flußschiffe umgeladen werden. Dies alles waren natürliche Vorteile, obwohl der Hafen selbst nur ein relativ kleines Hinterland besitzt und das Flußsystem der Weser und ihrer Nebenflüsse mit Elbe und Rhein nicht verglichen werden kann.

Diese geographischen Nachteile traten solange zurück, als noch Seeschiffe Bremen erreichen konnten. Dies wiederum war eine Frage der Schiffbarkeit des Flusses und der Entwicklung der Schiffsgrößen. Deshalb konnte Bremen auch den Verlust von Bederkesa und „Bremerlehe" 1654 verschmerzen, solange niemand anders dort einen Hafenplatz anlegte. Lehe blieb Stapelplatz für bremische Waren nach und aus dem Land Wursten und dem Amte Bederkesa. Außerdem wurden von Lehe und Geestendorf aus von bremischen Wachtschiffen die Aufsicht über die Flußmündungen geführt, die Schiffpapiere geprüft und das Tonnen- und Bakengeld erhoben[29]. Die Vorteile Bremens waren zugleich die Nachteile der Unterweserorte: Solange Seeschiffe ohne besondere Schwierigkeiten das bremische Territorium erreichen konnten, blieb die Unterweser für den Handel bedeutungslos![30]

Damit nähern wir uns dem für die Wirtschaft an der Unterweser mit weitem Abstand bedeutungsvollstem Jahr, dem Jahr 1827, dem Gründungsjahr der „Seestadt" Bremerhaven. Als die Stadt fast traditionslos, wahrlich „auf der grünen Wiese", ganz im Sinne der Lösung einer technischen Aufgabe entstand, mochte es scheinen, als habe es sich in erster Linie um eine gewollte staatliche Gründung gehandelt, sozusagen um einen voraussetzungslosen politischen Kraftakt. Georg Bessels Bemerkung, „andere Städte sind gewachsen, Bremerhaven ist gemacht", könnte in diese Richtung deuten[31]. In Wirklichkeit war die Gründung kein „Akt aus wilder Wurzel"[32]. Seit 1795 gab es bereits nachweisbare Überlegungen Bremens, durch Landerwerb und den Bau eines Hafens „an der Unterweser das Heft wieder in die Hand zu bekommen"[33]. 1817 kaufte die Hannoversche Regierung entgegen ihrer sonstigen Zurückhaltung Ländereien an der Carlsstadt und ließ dort bescheidene Hafenanlagen errichten[34]. So dürftig diese Anlagen sich auch darstellen mochten, sie waren für Lehe nicht ganz nutzlos[35], und sie dürften Bremens Aufmerksamkeit kaum entgangen sein. Handeln mußte Bremen jedoch aus anderen Gründen. Anfang des 19. Jahrhunderts war die Versandung der Weser soweit fortgeschritten, daß die Fahrwassertiefe oberhalb von Vegesack bei Ebbe nur noch 1 1/2 m betrug. Das bremische Gebiet konnte von Seeschiffen nicht mehr erreicht werden[36]. Bremen war vom Seehafen zur Landstadt geworden[37]. Die Funktion des Seehafens hatte das oldenburgische Brake übernommen, wo die Waren auf Leichter zum Weitertransport nach Bremen umgeladen werden mußten[38]. Die Hafenverhältnisse in Bremen waren schlechthin trostlos[39].

Hinzu kam der Versuch Oldenburgs, Bremens Seehafenstellung auch sonst zu liquidieren. Zwar war der seit dem 17. Jahrhundert von Oldenburg erhobene Elsflether Zoll nach mühsamen Anstrengungen Bremens am 7.5.1820 aufgehoben worden, aber zu anderen fortdauernden Belästigungen trat im Jahre 1824 eine geheime Consularinstruktion des Großherzogs von Oldenburg, in den Schiffspapieren künftig nicht mehr Bremen als Bestimmungsort anzugeben, sondern den „Port of Brake". Dieses Vorgehen Oldenburgs zwang Bremen zu Gegenmaßnahmen[40], um seine Existenz zu verteidigen.

Für Schiffahrt und Handel hatten sich die politischen Rahmen-Bedingungen zwischenzeitlich günstig entwickelt. 1813 wurde die Kontinentalsperre aufgehoben; 1814 hatte der britisch-amerikanische Krieg mit dem Frieden von Gent sein Ende gefunden; 1815 begann die Loslösung der spanischen und portugiesischen Kolonien von ihren Mutterländern; 1825 kam es zu einem Handelsvertrag der Hansestädte mit Großbritannien über die gegenseitige Gleichstellung bei Schiffahrtsabgaben und über die Einfuhr nach Großbritannien auf hanseatischen Schiffen. Kurzum: Bremens Chancen, vom europäischen Handel zum „neuhanseatischen Fernhandel"[41] überzugehen, waren sehr gut.

Seit der Entstehung der Vereinigten Staaten hatte sich Bremen bereits am transatlantischen Handel beteiligt, der immer bedeutungsvoller wurde, so zum Beispiel das seit 1813 ständig steigende Auswanderergeschäft, von dem seit 1817 auch bremische Reeder profitierten[42]. Alles in allem bekam der Küstenraum mit dem Seeverkehr ein größeres Gewicht als früher[43], so daß die in das Industriezeitalter fallende neue Stadtgründungswelle auch die Standorte in den großen Flußmündungen mit erfaßte: Schiffahrt, Handel, Küstengewerbe und Badebetrieb ließen dort Städte wachsen, wo bis zum Spätmittelalter auffällige Leerzonen festzustellen waren[44].

Auch die Bedingungen für die Weserschiffahrt verbesserten sich. Die Weserschiffahrts-Akte vom 10.9.23, die nach dem Ausgleich mit Oldenburg am 1.5.1824 in Kraft trat, stellte die Schiffahrt von Hannoversch-Münden bis zum offenen Meer grundsätzlich von Zöllen frei, wenn auch die für die Strecke von Bremen bis Hannoversch-Münden geltenden Zölle erst am 1.1.1857 aufgehoben wurden[45]. Bis dahin gab es an der Oberweser immerhin noch 11 Haupt-Zollstellen und 13 Nebenstellen[46]. Anfang des 19. Jahrhunderts erhielten die Segelschiffe dampfgetriebene Konkurrenz. Am 6. Mai 1817 unternahm der auf einer Vegesacker Werft gebaute Raddampfer „Weser" seine erste Fahrt auf dem Fluß und deutete damit die Verkehrsrevolution an, die etwa ab 1840 voll wirksam wurde. Schon 30 Jahre nach der ersten Fahrt der „Weser" eröffnete am 19.6.1847 der Dampfer „Washington" mit seinem Eintreffen in Bremerhaven den ersten Passagier-Liniendienst zwischen den USA und dem europäischen Festland. Die „Washington" vermaß 1.800 Registertonnen, während die Durchschnittsschiffsgrößen um 1830 noch bei ungefähr 300 Registertonnen lagen. 1858 präsentierte der Norddeutsche Lloyd mit seinem Dampfer „Bremen" bereits ein Schiff von 3.000 Registertonnen. Die Schiffsgrößen hatten sich mithin in 30 Jahren in etwa verzehnfacht.

Gewiß ließ sich diese Entwicklung um 1827 noch nicht voraussehen, auch nicht von dem bremischen Bürgermeister Johann Smidt, als er nach zähen Verhandlungen am 11.1.1827 in Hannover den Staatsvertrag über den Erwerb des Hafengeländes für den Bremer Hafen unterzeichnete. Hannover trat 88,7 ha an Bremen ab. Der Kaufpreis betrug 73.658 Taler 17 Groschen und 1 Pfennig. Hierfür sollte – wie es im Artikel I des Staatsvertrages heißt – „ein Haven angelegt werden, welcher geeignet ist, Seeschiffe von wenigstens 120 Lasten (dies waren stolze 180 Registertonnen!) einzunehmen". All dies war zunächst gewiß nicht überwältigend. Doch sollte Smidts Sohn Heinrich recht haben, der 1832 auf die Frage „Was haben wir mit dem Bremerhaven gewollt und erreicht?" antwortete: „Wir wollen Bremen eine Zukunft schaffen."[47].

Johann Smidt hatte dem aus den Niederlanden stammenden Hafenbaudirektor Johannes Jacobus van Ronzelen[48] wegen möglicher hannoverscher Konkurrenzprojekte empfohlen, „nicht die Spur einer Eifersucht Bremens auf irgendeine hannoversche Hafenanlage blicken zu lassen, sondern sich nach dem Grundsatz zu äußern, daß jegliche Erleichterung der Schiffahrt und des Handels auf der Weser, die dem Allgemeinen zugute käme, bremischerseits gern gesehen und gefördert werde, indem man Handel und Schiffahrt der Weseruferstaaten immer als ein zusammenhängendes Ganzes betrachtet habe und betrachten werde und müsse, weil es der Wahrheit gemäß sei"[49].

Zunächst ging es aber darum, die eigenen Hafenbauten voranzutreiben, mit denen man am 1.7.1827 begonnen hatte. Schon am 12.9.1830 wurde der Hafenbetrieb eröffnet, und zwar von dem amerikanischen Kapitän Hillert mit dem Schiff „Draper". Hillert erschien schon vor der an sich geplanten offiziellen Eröffnung, um sich als erstes Schiff im neuen Hafen das Privileg der immerwährenden Befreiung von Hafengebühren zu sichern, worauf die geplante offizielle Feier übrigens schlicht entfiel[50]. 1830 benutzten ganze 18 Schiffe den Hafen, 1831 waren es von 1095 für Bremen bestimmten Schiffen erst 95, aber ab 1835 stand fest, daß der Hafen gut angenommen wurde[51]. Dies war für Hannover Veranlassung, seinerseits aktiv zu werden. Am 10.6.1845 erließ König Ernst August eine Anordnung zur Gründung eines Schiffsliegeplatzes an der Geestemündung, an deren südlichem Ufer. Der neue Ort erhielt am 10.6.1848 Hafenrechte verliehen und den Namen „Geestemünde"; bis 1850 gehörte er noch zu Geestendorf, um dann selbständig zu werden. Erst 1888 wurden beide Gemeinden zusammengelegt[52].

Wenn man die Gründung dieses zweiten Hafens neben Bremerhaven auch als „Folge der deutschen Vielstaaterei"[53] bezeichnen kann, so entwickelten sich doch beide zusammen vorerst recht kräftig. Schon 1850 lief etwa die Hälfte aller nach der Weser kommenden Schiffe Bremerhaven an, 1872 waren es schon über 73 %. Weitere 12 % nutzten den Geestemünder Hafen, so daß sich 45 Jahre nach der Gründung Bremerhavens fast 9/10 des gesamten Schiffsverkehrs auf der Weser nach den beiden neuen Unterweserorten orientierte. Eine wahrhaft erstaunliche Entwicklung! Wegen des nach wie vor schlechten Fahrwassers der Weser gelangten nur noch kleine Schiffe bis Bremen; 1862 lag ihre Durchschnittsgröße bei 35 Registertonnen, um sich bis 1874 unbedeutend auf 47 Registertonnen zu erhöhen. In den gleichen Jahren wurde Bremerhaven von Schiffen mit achtfacher bzw. zehnfacher Durchschnittsgröße angelaufen.

In den Jahren 1847-1852, 1860-1868 und 1870-1871 wurden die Hafenanlagen in Bremerhaven mehrfach ausgebaut und mit neuen Schleusen versehen. Von Hannvover und — nach 1866 — von Preußen wurden weitere 88 ha Land hinzuerworben, so daß sich das bremische Gebiet zwischen 1827 und 1869 praktisch verdoppelte. Auch die Einwohnerzahlen der Unterweserorte stiegen an. Bremerhaven war 1827 mit 19 Einwohnern angefangen und erreichte 1875 deren 12.468, Geestemünde und Geestendorf stiegen von 1.200 in 1827 auf über 10.000 im Jahre 1875, während Lehe im gleichen Zeitraum von 1.600 auf 8.072 Einwohner zunahm. Die neu hinzuströmenden Einwohner stammten überwiegend aus der Region an der Unterweser. Sie waren das, was man „kleine Leute" nennen kann, überzählige Bauern, Handwerker und Tagelöhner. Später kamen „fußkranke" Auswanderer, Angehörige der Handels- und Kriegsmarine und vielleicht auch gelegentlich Menschen dazu, die das Leben an der Küste und in einer typischen Hafenstadt reizte. Doch dominierte der niederdeutsche Charakter stets. Stadt und bäuerliches Umland lebten sich nicht auseinander.

Anfang der 70er Jahre des vorigen Jahrhunderts richtete sich das bremische Interesse zunehmend auf ein Projekt, das der Gründung Bremerhavens nahezu ebenbürtig zur Seite gestellt werden kann, auf die sogenannte „Unterweserkorrektion", also auf den Versuch, die Fahrwasserverhältnisse der Weser bis Bremen entscheidend zu verbessern. Noch 1877 konnten nur Schiffe mit einem Tiefgang unter 2 m bei Ausnutzung der Flut nach Bremen kommen, obwohl die ersten Lloyddampfer schon 1858 einen Tiefgang von 7 m hatten[54]. Nur 5 % der für Bremen bestimmten Schiffsladung konnte Bremen noch unmittelbar auf dem Wasserwege erreichen, 95 % mußten in Bremerhaven oder auf der Unterweser umgeladen werden[55]. Außerdem erwies sich die Trennung des Hafens und der Hafenfunktionen in Bremerhaven von den Geschäftssitzen in Bremen als überaus störend[56]. Die reine Vorhafenfunktion Bremerhavens war immer schwieriger aufrecht zu erhalten. 1878 erhielt daher der Oberbaurat Ludwig Franzius einen Planungsauftrag des Senats für die Weserkorrektion. Franzius legte 1881 den zunächst utopisch anmutenden Plan vor, das Fahrwasser der Weser so zu vertiefen, daß Schiffe mit einem Tiefgang bis zu 5 m Bremen erreichen konnten. 1883 begannen die ersten Arbeiten im „Alleingang" Bremens, also ohne finanzielle Beteiligung der Reichsbehörden und der beiden Anliegerstaaten Preußen und Oldenburg. Insbesondere die Reichsbehörden lehnten eine Mitfinanzierung ab, „weil Bremen keine Seestadt sei, sondern es erst werden wolle"[57]. Die von Bremen allein zu tragenden Investitionskosten beliefen sich auf rund 30 Millionen Goldmark[58]. Immerhin bekam Bremen durch Reichsgesetz vom 5.4.1886 das Recht zugebilligt, eine Schiffahrtsabgabe von einer Mark je Tonne Ladung zu erheben. Die Korrektion wurde in den Jahren 1887 bis 1895 ausgeführt. Bereits am 21. September 1892 erreichte der Lloyddampfer „Hannover" mit voller Ladung aus Amerika als erstes Schiff im neue Fahrwasser mit der Tide den neuen Bremer Freihafen[59], der Schiffe bis zu 6 m Tiefgang aufnehmen konnte und 1893 auf 8 m vertieft wurde[60]. Nach der ersten Korrektion folgten 1913-1916 der 7 m-Ausbau, 1921-1924 der erweiterte 7 m-Ausbau, 1925-1928 der 8 m-Ausbau und 1953-1958 der sogenannte 8,70 m-Ausbau[61]. 1973 begannen die Arbeiten für den 9 m-Ausbau, wobei mit der Angabe „9 Meter" die Wassertiefe unter SKN (= Seekartennull) gemeint ist, während die früheren Angaben sich auf die zulässigen Wassertiefen unter Ausnutzung der Tide bezogen. Zur Zeit können Schiffe mit einem Tiefgang von 10,50 m — unter enger Anlehnung an den Hochwasserscheitel bis 11,0 m —, mit einer Breite von 25-30 m, einer Länge bis zu 215 m und mit rd. 30.000 tdw in der Tidefahrt bis Bremen gelangen. Für Brake ergeben sich Schiffsgrößen von rd. 40.000 tdw und für Nordenham von 60-65.000 tdw[62]. Dabei ist zu berücksichtigen, daß die Außenweser seit 1928 eine Tiefe von 10 m unter SKN hatte, die von 1968-1971 auf 12 m unter SKN gebracht worden ist.

Es liegt auf der Hand, daß die Unterweserkorrektion und ihre Fortsetzung bedeutsame Auswirkungen auf die Seehäfen Bremerhaven und Geestemünde haben mußten. Seit den Tagen von Franzius wird daher immer wieder die Frage „Bremen **oder** Bremerhaven" diskutiert. Während die eine Seite jedwede weitere Investition zur Korrektion der Unterweser und in Bremen als „Geldverschwendung" bezeichnet, argumentieren andere, nur die Häfen in Bremen-Stadt seien Garant für eine weitere positive Umschlagsentwicklung[63]. Die Wahrheit liegt — wie so oft — in der Mitte. Für die Wettbewerbstätigkeit der bremischen Häfen bringen beide geographisch getrennten Umschlagplätze je einen spezifischen Vorteil ein: Bremen die Lage als südlichster deutscher Seehafen und Bremerhaven die unmittelbare Seenähe. Nur beide Vorteile zusammen ergeben einen der bedeutensten Universalhäfen Europas. Beide Standorte befinden sich wegen ihrer engen Verflechtung und ihrer Funktionsteilung in einer echten Schicksalsgemeinschaft[64], so daß sie zu Recht als eine Wirtschafts- und Verwaltungseinheit geführt werden. Diese heute wohl unbestrittene Meinung konnte sich Ende des 19. Jahrhunderts noch nicht durchsetzen, zumal die Seenähe Bremerhavens den Frachtverkehr nicht daran hinderte, sich nach der Weserkorrektion bis zur Mitte der 60iger Jahre unseres Jahrhunderts überwiegend auf

Bremen zu konzentrieren. Schon 1883 äußerten daher die Vertreter Bremerhavens, Geestemündes, Lehes und Geestendorfs in einer gemeinsamen Denkschrift an den Reichskanzler Fürst Bismarck die Auffassung, sowohl das Mißlingen der Unterweserkorrektion als auch deren Gelingen müßten „die durch unsere Orte gebildete hoffnungsvolle Niederlassung an der Wesermündung ebenso wie die Häfen auf oldenburgischer Seite in den Grundlagen ihres Bestandes bedrohen"[65]. Bremen hatte schon zuvor ähnlich kleine Münze ausgegeben, als in einer 1872 erschienenen Schrift behauptet wurde, man habe sich mit der Gründung Bremerhavens „einen Krebs in den Nacken gesetzt, der in nicht zu langer Zeit fressend und unter Umständen vielleicht verzehrend einwirken wird"[66].

Zunächst schien die Entwicklung des Hafenumschlags den Vertretern der Unterweserorte recht zu geben. Dies galt insbesondere für Geestemünde. Es erlebte in seinem Seehafen 1894 mit 1.045 Schiffsankünften einen letzten Höhepunkt, da Preußen auf den weiteren Ausbau des Handelshafens verzichtete. Bis 1913 hatten sich die Schiffsankünfte halbiert, um wenige Jahre nach dem Ende des 1. Weltkrieges ganz aufzuhören. Daran hatte auch der 1875 in Betrieb genommene erste deutsche Spezialhafen für Petroleum nichts geändert. Der Geestemünder Wilhelm Anton Riedemann und der Bremer Franz Ernst Schütte machten Geestemünde und Bremerhaven in den 70iger Jahren zum größten Petroleumumschlagsplatz Europas. Und am 14.9.1885 verließ mit dem Segler „Andromeda" das erste überseeische Tankschiff den Hafen von Geestemünde. Aber bereits 1891 verlegte Riedemann seinen Wohnsitz nach Hamburg, dem bald darauf führenden Ölhafen, wo Riedemann als Mitbegründer der Deutsch-Amerikanischen Petroleumgesellschaft, der späteren „Esso", 1920 verstarb[67].

So mag es denn auch nicht verwundern, wenn Geestemünde am 6.1.1919 anläßlich gemeinsamer Beratungen der Repräsentanten der drei Unterweserorte über einen Zusammenschluß der Gemeinden und den Anschluß an Bremen dies mit der Begründung ablehnte, Bremen habe „Bremerhaven bisher stark vernachlässigt, die Weser immer mehr vertieft und (dies hing nun mit dem aktuellen Vorgang der Ausrufung einer sozialistischen Republik in Bremen zusammen!) ist zu radikal"[68]. Dabei hatte sich Geestemündes Wirtschaft längst von Bremerhaven emanzipiert, dem sie zweifellos ihre Existenz verdankte. Über heftige Konkurrenz in verschiedenen Bereichen war es inzwischen zu vernünftigen Funktionsteilungen gekommen[69]. Dies galt insbesondere für die Fischerei, den Fischhandel und die fischverarbeitende Industrie, bestimmende Elemente der wirtschaftlichen und städtischen Physiognomie Geestemündes seit der Eröffnung des Fischereihafens am 1.11.1896[70]. Seit 1867 hatten sich Geestemünder Kaufleute bereits darum bemüht, den Seefischhandel ins Binnenland zu organisieren. 1875 fuhren schon 60 Fischereifahrzeuge auf Geestemünder Rechnung[71], das seit 1882 auch von britischen Fischfahrzeugen versorgt wurde. Am 7.2.1885 lief die „Sagitta" des Geestemünder Kaufmanns Friedrich Busse als erster deutscher Fischdampfer aus Geestemünde aus. Seit dem 13.6.1888 wurden Fischauktionen veranstaltet[72]. Dies alles führte dazu, daß Preußen zwischen 1891 und 1896 den Fischereihafen anlegen ließ, von dem aus am 11.5.1897 der erste Fischsonderzug abgefertigt wurde. 1897 waren 36, 1914 93 Fischdampfer in Geestemünde stationiert. Nach seiner Erweiterung in den Jahren 1921-1925 entwickelte sich der Wesermünder Fischereihafen – Geestemünde war ja am 18.10.1924 mit Lehe zu „Wesermünde" vereinigt worden – zum größten Fischereihafen des Kontinents. Damit hatte Preußen der Stadt Geestemünde für den Verlust des Handelshafens einen ausreichenden „wirtschaftlichen Ersatz"[72a] gegeben.

Trotz aller Schwierigkeiten und mancher Rückschläge sind Fischerei und Fischindustrie auch in dem größeren Bremerhaven von heute nach wie vor bedeutungsvoll: Etwa 10 % der Gesamtbeschäftigten, 25 % aller Industriearbeiter leben vom Fisch.

Neben der Fischerei hatte sich Geestemünde zum bedeutenden Werftstandort entwickelt. Die Werften von Rickmers, Seebeck und Tecklenborg zählten zu den größten und leistungsfähigsten deutschen Schiffbaubetrieben. Selbst nach der überraschenden Schließung der Tecklenborg-Werft am 24.9.1928 und der Schließung der Rickmers-Werft zwischen 1924 und 1937 blieb Wesermünde ein außerordentlich bedeutsamer Schiffbauplatz.

Daneben florierten Reederei und Handel (wie z.B. der Holzhandel), Banken, Handwerk und die Bauwirtschaft, so daß sich die Einwohnerzahl Geestemündes von 1875 bis zum Zusammenschluß mit Lehe 1924 kontinuierlich von etwa 10.000 auf 32.300 erhöhte. Die Unterweserkorrektion hatte zwar den Handelshafen vernichtet, nicht jedoch die Stadt und ihre Wirtschaftskraft ernstlich in Frage gestellt.

Dies gilt genauso für Bremerhaven, wenn auch aus anderen Gründen. Nach dem Bau des Kaiserhafens I 1872-1876 verödete der Alte Hafen zunehmend, so daß er ab 1892 in Konkurrenz zu Geestemünde als Fischereihafen genutzt wurde und sich sehr gut entwickelte. 1905 erwarb Bremen von Preußen 587 ha Land, um den Überseehafen erneut an die Entwicklung der Schiffahrt anzupassen. Hiergegen protestierte Lehe, das seine Einwohnerzahl zwar von 1875 bis 1905 von 8.072 auf 31.800 hatte erhöhen können, aber ohne nennenswerte eigene Industrie im wesentlichen nach wie vor Arbeiterwohnstadt[73] für Bremerhaven war. Erst 1908 siedelte sich in Lehe durch Übernahme eines kleineren Betriebes mit der Unterweser-Werft ein größerer Schiffbaubetrieb an. Aufgrund der Vorstellungen Lehes mußte Bremen im Staatsvertrag von 1905 beim Erwerb des neuen Erweiterungsgeländes harte Bedingungen akzeptieren. Es mußte seinen Fischereihafen auf das schmale Landstück zwischen dem Alten Hafen und dem Weserdeich beschränken und durfte ihn nicht mehr durch öffentliche Mittel fördern. Und es durfte in dem neuen Hafengebiet keine Industrie ansiedeln, ausgenommen Werften, jedoch diese nur im Zollinlandsgebiet[74]. Diese Ausschlußklauseln nutzten in der Folgezeit weder Lehe noch Geestemünde.

Der Fischereihafen Bremerhaven wurde in wirtschaftlich unvernünftigem Konkurrenzkampf mit Wesermünde weiter betrieben, bis er am 1.10.1935 endgültig zum Erliegen kam[75]. Außerdem verstärkte die Fischereiklausel die Konkurrenz der Elbe, wo besonders in Cuxhaven die Hochseefischerei einen großen Aufschwung nahm[76].

Die Industrieausschlußklausel hatte wesentlich unangenehmere Folgen. Denn die mit Bremen verhandelnden Industrien gingen nicht etwa nach Lehe oder nach Geestemünde, sondern nach Hamburg und aufs linke Weserufer. So entstand auf der Nordenhamer Seite ein ausgedehntes Industrieband. In Bremerhaven gibt es deshalb – auch wegen der Inanspruchnahme der Flächen am seeschifftiefen Wasser für die Umschlagsanlagen der Häfen – heute erst Anfänge einer an Ein- und Ausfuhr über See gebundenen Industrie[77]. Inzwischen stehen im Industriegebiet Speckenbüttel (in Hafennähe) sowie im südlichen Fischereihafen erschlossene Flächen zur Verfügung und werden teilweise bereits genutzt. Wegen des südlich des Fischereihafens gelegenen Vorratsgeländes der „Großen Luneplate", die zum Bereich der niedersächsischen Gemeinde Loxstedt gehört, ist Bremen auf ein gedeihliches Zusammenwirken mit Niedersachsen angewiesen. Dies wird sich nur dann einstellen, wenn die Ermahnung Bürgermeister Smidts aus dem Jahre 1825 beherzigt wird: „Vereinzelt werden Hannover und Bremen, was die Natur ihnen darbot, immer nur höchst unvollkommen erreichen können. Verbunden werden sie... die Aufgabe ihres industriellen Lebens genügend zu lösen im Stande seyn"[78]. Dieser Gedanke wurde in einem Staatsvertrag zwischen Bremen und Preußen im Jahre 1930 wieder aufgenommen. Man wollte handeln, „als ob Landesgrenzen nicht vorhanden wären". Leider konnte dieser Vertrag nicht mehr voll zum Zuge kommen[78a]. Bremen und Niedersachsen sind aufgerufen, in seinem Geiste zu handeln.

Die durch die Industrieausschlußklausel von 1905 entstandene Situation erinnert an die bremischen Verhältnisse bis zum Zollanschluß 1888. Bis 1888 mußte die bremische Wirtschaft für die Ausfuhr ins Reichsgebiet Zoll entrichten und wählte daher preußische und oldenburgische Standorte für die Ansiedung von Industrien. Dem unbestreitbaren Elan Bremens in seiner Hafen- und Handelspolitik stand ein minder großes Verständnis für die Industrie gegenüber. Die Folgen dieser inzwischen überwundenen Einstellung und der trennenden Landesgrenzen sind in Bremerhaven sichtbar geblieben.

Wenn auch durch die Unterweserkorrektion das Frachtaufkommen in Bremerhaven ständig zurückging und zwischen den beiden Weltkriegen verhältnismäßig bedeutungslos war, so blieb Bremerhaven doch der optimale Standort für die großen Passagierschiffe. Im Passagier- und Auswanderergeschäft hatte der am 20.2.1857 in Bremen gegründete Norddeutsche Lloyd (NDL) unter den bremischen Reedereien bald eine dominierende Stellung erreicht, die sich fast bis zum absoluten Monopol ausweitete. Die großen Schiffe des NDL blieben in Bremerhaven, dessen Häfen kaum schnell genug für die Ansprüche der Reederei ausgebaut werden konnten. So sah sich der NDL 1890 gezwungen, die Anlegestelle für seine Schnelldampfer bis 1897 nach Nordenham zu verlegen. Abgesehen von dieser Unterbrechung profitierte Bremerhaven ständig von dem durch den NDL vermittelten Geschäft.

1832-1851 wanderten von Bremen/Bremerhaven 360.000 Menschen nach den USA aus, 1852-1880 waren es 1,2 Millionen, 1881-1814 3,8 Millionen, darunter 1 Million Deutsche. Während somit in einem Zeitraum von wenig mehr als 80 Jahren 5,4 Millionen Auswanderer über Bremen/Bremerhaven in die USA gingen, waren es im gleichen Zeitraum nur 350.000 Personen für andere Zielländer[79]. Das große Auswanderergeschäft hörte nach dem 1. Weltkrieg auf. Von 1920-1933 verließen nur noch 290.000 Auswanderer Bremen/Bremerhaven in Richtung USA, bis 1939 nur noch weitere 25.000. Nach 1945 setzte eine letzte Welle der Auswanderung ein. Bis 1958 waren es noch einmal 500-600.000 Auswanderer – überwiegend DP's mit den Zielländern USA, Kanada und Australien. Von 1958-1972 schrumpfte ihre Zahl auf 35.000, um danach praktisch ganz aufzuhören[80].

Neben seiner Stellung als Auswandererhafen wurde Bremerhaven mit seiner 1923-1926 erbauten Columbuskaje zum bedeutendsten Ausgangs- und Zielhafen für den atlantischen Passagierverkehr[81]. Nach 1945 gab es noch einmal eine Renaissance, bis die Schiffs-Liniendienste dem Luftverkehr weichen mußten. Immerhin hat das Passagieraufkommen durch Kreuzreiseschiffe, die Fähre Bremerhaven-Harwich und den beliebten Helgoland-Dienst in den letzten Jahren wieder Auftrieb erhalten, ohne jedoch an seine frühere Bedeutung anknüpfen zu können.

Bereits 1863 hatte sich der NDL im Überseehafen einen eigenen Reparaturbetrieb geschaffen, der sich zu einer der größten Werften Bremerhavens entwickelte. Seit der Fusion des NDL mit der Hapag firmiert die Werft als „Hapag-Lloyd-Werft". Sie konnte in den letzten Monaten mit den spektakulären Umbau des zur Zeit größten Passagierschiffes der Welt, der „Norway" (ex „France"), Furore machen. Der „Lloyd" war für Bremerhaven lange Zeit mit Abstand der bedeutendste Arbeitgeber der Stadt. 1913 beschäftige er 24.000 Bedienstete, davon 6.000 Dockarbeiter, Stauer und Küper im Hafengebiet. Sie kamen, ebenso wie die 14.000 Bediensteten an Bord der Seeschiffe, überwiegend aus den Unterweserorten[81a]).

Die Enge des Stadtgebietes erlaubte in Bremerhaven selbst keine Ansiedlung von Industriebetrieben und hielt die Einwohnerzahl in Grenzen. Hatte sich die Bevölkerung von 1875 bis 1905 noch von 12.458 auf 22.920 erhöht, konnten bis zum Zusammenschluß mit Wesermünde 1939 nur noch etwa 4.000 weitere Einwohner hinzugewonnen werden. Obwohl Bremerhaven Jahrzehnte nach seiner Gründung weniger eine Stadt mit einem Hafen, als ein Hafen mit einer kleinen Ansiedlung blieb[82], eben nur Vorhafen von Bremen, entwickelte sich in der zweiten Hälfte des 19. Jahrhunderts aus den eigenständigen Initiativen der Bürger ein städtisches Leben[83]. Bremerhaven wurde zur urbanen Mitte und zum Kulturzentrum der Unterweserorte[84]. Als das alte Bremerhaven 1944 zu 97 % durch Bomben zerstört wurde, gab es Pläne einer Stadtverlegung[85]. Aber die City wurde an der gleichen Stelle und nach dem gleichen rechteckigen Straßenschema von 1827 wieder aufgebaut und in den letzten 10 Jahren infrastrukturell so ausgestattet, daß sie erneut urbanes Zentrum geworden ist.

Als die Unterweserorte 1939 vereinigt wurden, hatten sie zusammen rund 113.000 Einwohner. Nach dem Ende des 2. Weltkrieges konnte die Stadt ihre Einwohnerzahl bis 1972 auf fast 144.000 erhöhen. In den letzten 8 Jahren gingen etwa 8.000 Einwohner verloren. Entsprechend erhöhte sich die Einwohnerzahl der Umlandgemeinden.

Obwohl Bremerhaven nach dem 2. Weltkrieg in seinem fast unzerstörten Überseehafen den Nachschubverkehr der Amerikaner an sich binden konnte und andere traditionelle Verkehre – wie z.B. den bedeutenden Bananenumschlag – zurückgewann, betrug sein Anteil am Gesamtumschlag der bremischen Häfen 1953 nur 9,7 %. Dieser Anteil stieg bis 1972 auf 34,1 %, lag 1979 bei 42 % und könnte Mitte der 80iger Jahre den Umschlag in der Stadt Bremen überholen[85]. Dieser überraschende Aufstieg erinnert an die Entwicklung vor der Unterweserkorrektion und ist auf einen ähnlichen Strukturwandel in der Seeschiffahrt zurückzuführen, wie ihn die Schiffahrt im vorigen Jahrhundert schon einmal erlebte. Die stetigen Zunahmen des Seetransportvolumens, das sich von 1950-1960 und von 1960-1970 jeweils verdoppelte und in den letzten 8 Jahren um 38 % stieg, führte zu einem eindeutigen Trend zu immer größeren Schiffseinheiten mit einem Bedürfnis nach schnellem Kajeumschlag und kurzen Revierfahrten. Lag die Durchschnittsgröße der Schiffe der Welthandelsflotte 1960 noch bei 7.500 tdw, bewegte sie sich 1979 schon bei 20.000 tdw[87]. Entsprechend veränderten sich die Tiefgänge. Da einer weiteren Vertiefung der Unterweser natürliche Grenzen gesetzt sind, kann Bremerhaven nunmehr den Vorteil der unmittelbaren Seenähe – wie schon 1827 – erneut ausspielen. An die Stelle der Passagierschiffe früherer Zeiten sind heute die Container-Schiffe getreten[87], während die Regelfrachtschiffe weiterhin die Stadt Bremen anlaufen.

Bremen wiederum hat es verstanden, durch vorausschauende Investitionen im bremischen Überseehafengebiet in Bremerhaven die Konkurrenzfähigkeit seiner Hafengruppen insgesamt zu erhalten. Von 1953 bis 1977 investierte es an der Unterweser etwa 750 Millionen DM[88] für moderne Container-, Roll-on/Roll-off- sowie Lash-Verkehre und den Autoumschlag. Sichtbares Zeichen dafür ist der am 1.4.1971 in Betrieb genommene Container-Terminal mit seiner 1,5 km langen Kaje an der offenen See, die bis 1983 auf 2,2 km verlängert wird und dann mit 1,5 Millionen Quadratmeter Aufstellfläche der größte geschlossene Terminal seiner Art in Europa ist.

Die Wirtschaft Bremerhavens wird geprägt durch Schiffahrt und Hafen, Fischerei und Schiffbau. Allein 75 % der Industriebeschäftigten arbeiten im Schiffbau und der Fischindustrie. Dies liefert das Schlüsselwort für die

Physiognomie des ökonomischen Standortes. Es lautet „Hafenabhängigkeit". In Bremerhaven ist der Anteil der Hafenwirtschaft an der Gesamtwirtschaft höher als anderswo. Als Maßstab für die Hafenabhängigkeit soll die Beschäftigung dienen. Und als „hafenabhängig" sollen diejenigen Beschäftigten gelten, die ihren Arbeitsplatz in dem Augenblick verlieren würden, in dem der Hafen nicht mehr existiert, d.h. der Anschluß an eine schiffbare Wasserstraße entweder verlorengeht oder nicht mehr genutzt werden kann. Bei den Betriebsstätten der Beschäftigten unterscheiden wir „hafengebundene" und „hafenbegünstigte". „Hafengebundene" Betriebsstätten sind z.B. Schiffahrt und Hafenwesen, Ein- und Ausfuhrhandel, Schiffbau, Hochsee- und Küstenfischerei. „Hafenbegünstigte" Betriebsstätten sind die Zulieferbetriebe des Schiffbaus (soweit sie nicht ausschließlich für diese tätig sind), Holzverarbeitung, Bundesbahn, Bundespost, Banken, Gaststätten und andere. Als dritte Kategorie kommen Arbeitsstätten in Betracht, die hafengebundene und hafenbegünstigte Betriebe versorgen, die also indirekt durch den Hafen ihre Existenzgrundlage finden (z.B. Baugewerbe, Einzelhandel u.ä.)[89].

Der Bremer Ausschuß für Wirtschaftsforschung, die Prognos AG und der Tübinger Professor Gerhard Isenberg haben im Rahmen verschiedener Untersuchungen für die Bezugsjahre 1958, 1959, 1961 und 1970 die Hafenabhängigkeit der Wirtschaft in Bremen und Bremerhaven untersucht. Wenn die Ergebnisse aus den verschiedensten Gründen auch nicht miteinander verglichen werden können, so mag doch mitgeteilt werden, daß für die Bremerhavener Wirtschaft die Hafenabhängigkeit mit Werten zwischen 39 % und 51,7 %, für die Bremer Wirtschaft (also die Wirtschaft der Stadt Bremen) mit Werten zwischen 29 % und 42 % festgestellt wurde. Bei jeder Untersuchung übertraf die Hafenabhängigkeit Bremerhavens die der Stadt Bremen deutlich, mindestens jedoch um 10 Prozentpunkte[90]. Da neuere Untersuchungen nicht vorliegen, würde ich aus meiner beruflichen Erfahrung den gegenwärtigen Grad der Hafenabhängigkeit der Bremerhavener Wirtschaft auf 40 bis 45 % schätzen, und zwar eher höher als niedriger. Nach Isenberg[91] ist die Wirtschaft in Bremen hafenabhängiger als in Hamburg, etwa im Sinne der Auffassung, daß Hamburg einen Hafen „hat", während Bremen ein Hafen „ist". In Bremerhaven — so könnte hinzugefügt werden — „hat der Hafen eine Stadt". Wortmann[91a] zitiert den in Bremerhaven aufgewachsenen bedeutenden Architekten Hans Scharoun, der 1964 seine Heimatstadt trefflich mit der dort „ständig" erlebbaren „Relation zwischen Wohnen und Arbeit, zwischen Hafen und Stadt — also zwischen Wirtschaftsbau und Lebensbau" charakterisierte und dies als für ihn von „großer und nachhaltiger Wirkung" bezeichnete. So ist Bremerhaven in der Tat.

Und so schließt sich denn der Kreis. Die naturräumlichen Gegebenheiten, die Entwicklung der Technik, menschliche Entscheidungen, das Zusammenspiel und die Rivalitäten unterschiedlicher politischer Einheiten konnten als geschichtsbildende oder geschichtsverhindernde Faktoren[92], als Rahmenbedingungen der ökonomischen Existenz einer Stadt, verdeutlich werden. Bremerhaven hat den Urbanisierungsprozeß noch nicht abschließen können. Das ist Chance und Verpflichtung zugleich.

Literaturverzeichnis

BEHRENS, G.: Geschichte der Stadt Geestemünde, Wesermünde 1928
BESSEL, G.: Geschichte Bremerhavens, Bremerhaven 1927
BRINKMANN, O.: „150 Jahre Hafenanlagen in Bremerhaven" in „Portrait der bremischen Seehäfen 1976/77", Sonderdruck aus Jahrbuch der Hafenbautechnischen Gesellschaft Bd. 35, Berlin 1977
DANNEMANN, G.: Die Hafenabhängigkeit der Bremischen Wirtschaft, Bremen 1978
DYK, van, O.: „Der Strukturwandel in der Seeschiffahrt und seine Auswirkungen auf die Häfen". In „Festvorträge 1979 Hochschule Bremerhaven", Bremerhaven 1979
FLÜGEL und MÜLLER: „Die Entwicklung der Zufahrtswege zu den bremischen Häfen 1960-1976". In „Portrait der bremischen Seehäfen 1976/77", Sonderdruck Jahrbuch der Hafenbautechnischen Gesellschaft Bd. 35, Berlin 1977
GABCKE, H.: 150 Jahre Bremerhaven, Bremerhaven 1976
HERBIG, R.: Wirtschaft, Arbeit, Streik, Aussperrung an der Unterweser, Wolframs-Eschenbach 1979
HÖFLE, H. Chr.: „Die Geologie des Elbe-Weser-Winkels". In „Führer zu vor- und frühgeschichtlichen Denkmälern" Bd. 29, Mainz 1976
ISENBERG, G.: Existenzgrundlagen der Stadt Bremerhaven, Tübingen 1971 (ungedr.)
MEYER, L.: Einführung in die Geologie Niedersachsens, Clausthal-Zellerfeld 1973
RATHERT, K.: „Gute Nachbarschaft zu Bremerhaven". In „Landkreis Wesermünde", Oldenburg 1973
SCHEPER, B.: „Über Urbanisierungsprozesse im Raum Bremerhaven und im Küstengebiet" in „Niedersächsisches Jahrbuch für Landesgeschichte" Bd. 51 — Sonderdruck

SCHEPER, B.: Die Niederlande und der Unterweserraum, Bonn 1971
SCHMID, C.: Politik muß menschlich sein, München 1980
SCHNALL, U.: „Auswanderung Bremen – USA". In: „Führer des Deutschen Schiffahrtsmuseums" Nr. 4, Bremerhaven 1976
SCHRÖDER, H.: Geschichte der Stadt Lehe, Wesermünde 1928
SCHWARZWÄLDER, H.: Geschichte der Freien Hansestadt Bremen, Bd. II, Bremen 1976
STÖLTING, W.: Bremerhaven und die USA, Bremerhaven 1966
STOOB, H.: Zur Städtebildung in Mitteleuropa im industriellen Zeitalter, Köln 1978
STÜRTZ, E.: Die Sturmflut 1962, Bremerhaven 1963
WORTMANN, W.: „150 Jahre Bremerhaven", Sonderdruck aus Mitteilungen der Deutschen Akademie für Städtebau und Landesplanung, Hannover 1977
Festschrift „25 Jahre BLG Bremerhaven", Bremen 1978

Verweise, Anmerkungen

1	Carlo Schmid definiert Politik als „Aktivität ihr vorgegebenen Stoffen gegenüber" (aaO S. 60)
2	Artt. 64, 143 Landesverfassung
3	Rathert S. 20 ff
4	Bessel S. 2
5	Scheper, Geschichte S. 93
6	Vorgängerin war die 1896 gegründete Fischereihafen-Betriebsgenossenschaft, vgl. dazu Gabcke S. 62
7	Scheper, Urbanisierung S. 1 ff
8	Meyer S. 74 ff
9	Meyer aaO
10	vgl. zum ganzen Höfle S. 30 ff
11	Stürtz S. 63
12	Bessel S. 20
13	Bessel S. 2
14	Stoob S. 322; Bessel S. 7-10
15	Bessel S. 208
16	Bessel S. 458
17	Scheper, Urbanisierung S. 12
18	Scheper, Urbanisierung S. 2
19	Bessel S. 107
20	Scheper, Urbanisierung S. 10
21	Bessel S. 24
22	Bessel S. 3
23	Schröder S. 154
24	Schröder S. 204
25	Bessel S. 105
26	Schröder S. 152
27	Scheper, Urbanisierung S. 4
28	Bessel S. 38
29	Schröder S. 460/461
30	Bessel S. 13, 70/71
31	Bessel S. 1 und 5
32	Schwarzwälder S. 121
33	Stoob S. 323
34	Bessel S. 134-136
35	Scheper, Urbanisierung S. 18
36	Bessel S. 132
37	Bessel S. 138
38	Behrens S. 6; Scheper, Urbanisierung S. 18; Schwarzwälder S. 79
39	Behrens S. 18
40	Scheper, Urbanisierung S. 18/19
41	Stoob S. 335
42	Schwarzwälder S. 71 ff
43	Stoob S. 334 und 337
44	Stoob wie Verweis 43; Scheper, Urbanisierung S. 5
45	Schwarzwälder S. 77, 223
46	Schwarzwälder S. 77; Bessel S. 129
47	Bessel S. 114/115
48	vgl. hierzu Scheper „Die Niederlande und der Unterweserraum"
49	zitiert nach Rathert wie Verweis 3

50	Gabcke S. 5
51	Schwarzwälder S. 132/133
52	Scheper, Geschichte S. 89/90
53	Behrens S. 72
54	Gabcke S. 53
55	Schwarzwälder S. 339
56	Scheper, Geschichte S. 87
57	Schwarzwälder S. 351
58	Gabcke S. 53
59	Gabcke S. 53
60	Schwarzwälder S. 353
61	Flügel/Müller S. 38
62	Flügel/Müller S. 38/39
63	Brinkmann S. 35
64	Isenberg S. 18
65	Scheper, Geschichte S. 87
66	zitiert nach Gabcke S. 53
67	vgl. Gabcke S. 53
68	Schröder S. 547/548
69	Scheper, Geschichte S. 88
70	Scheper, Geschichte S. 84
71	wie Verweis 70
72	Schwarzwälder S. 356; Gabcke S. 51
72a	Wortmann S. 11
73	Behrens S. 118
74	Schröder S. 239/240
75	Gabcke S. 65
76	Bessel S. 527
77	Wortmann S. 14/15
78	zitiert nach Behrens S. 18
78a	Wortmann S. 18
79	Schnall S. 17-20 (Verf. R. Patemann)
80	Schnall S. 19 (Verf. R. Patemann)
81	Stölting S. 47
81a	Wortmann S. 7
82	Bessel S. 275
83	Scheper, Urbanisierung S. 20
84	Scheper, Urbanisierung S. 21
85	Scheper, Urbanisierung S. 23
86	Brinkmann S. 35
87	van Dyk S. 206/207
87a	Wortmann S. 14
88	Festschrift BLG S. 1
89	zur Terminologie vgl. Dannemann S. 2/3
90	Dannemann S. 10-12, 50-53
91	vgl. dort S. 47
91a	vgl. dort S. 22
92	Scheper, Urbanisierung S. 23

Gerd Turowski, Bremen

Die Gemeinsame Landesplanung Bremen/Niedersachsen

Mit der langen Geschichte und den vielen Traditionen der Freien Hansestadt Bremen kann auch die Landesplanung – eine von vielen Aufgaben staatlicher Daseinsvorsorge – ein wenig mithalten.

Bevor im weiteren die wichtigsten Meilensteine der Gründung und Weiterentwicklung der grenzüberschreitenden Landesplanung im Unterweserraum, ihre Organisation, ihre Inhalte und Rechtsgrundlagen beschrieben werden, sind einige Bemerkungen zur Entstehung der Landesplanung in Deutschland zu machen, soweit dies zum besseren Verständnis der raumordnungspolitischen Situation Bremens beitragen kann.

Der konkrete Anstoß für ein überörtliches, regionales Planen und Handeln wurde ausgelöst durch die Industrialisierung und das Bevölkerungswachstum der großen Städte zu Beginn dieses Jahrhunderts. Das Auseinanderlaufen von Siedlungsstruktur und kommunalen Verwaltungsgrenzen führte zu den bekannten Stadt-Umland-Problemen, die von der einzelnen Gemeinde nicht mehr allein gelöst werden konnten. So kam es 1912 zur Gründung des Zweckverbandes Groß-Berlin (1920 durch Bildung der Einheitsgemeinde Groß-Berlin aufgelöst) und 1920 zur Gründung des Siedlungsverbandes Ruhrkohlenbezirk (inzwischen ohne Planungskompetenz).

Von besonderer Problematik ist seit je her die Situation der Hansestädte Hamburg und Bremen, da hier die kommunalen Grenzen durch Landesgrenzen überlagert werden. Durch Institutionalisierung einer grenzüberschreitenden Zusammenarbeit aufgrund von Staatsverträgen erhofften sich die betroffenen Länder bessere Voraussetzungen zur Lösung der anstehenden Probleme.

Am 21. Juni 1930 – also vor fast genau 50 Jahren – wurde zwischen den Ländern Bremen und Preußen ein Staatsvertrag mit dem Ziel geschlossen, „das Wirtschaftsgebiet an der Unterweser einheitlich zu erschließen und in verständnisvoller Gemeinschaftsarbeit nach einheitlichen Gesichtspunkten zu entfalten, zur Förderung des Handels- und des Weltverkehrs jeden Belangen der gesamten deutschen Wirtschaft schädlichen Wettbewerb zu vermeiden und Verwaltungsunzuträglichkeiten zu beseitigen" .... " als ob Landesgrenzen nicht vorhanden wären".

Die mit diesem Vertrag beabsichtigten Wirkungen konnten sich jedoch wegen der folgenden nationalsozialistischen Herrschaft sowie des zweiten Weltkrieges nicht mehr entfalten.

Obwohl die Materie Raumordnung nach dem zweiten Weltkrieg Eingang in die Verfassung gefunden hatte, wollte aufgrund der leidvollen Vergangenheit niemand etwas von einer derartigen zentralistischen, staatlichen Hoheitsaufgabe wissen. Auch das Bundesverfassungsgericht konnte 1954 mit dem Rechtsgutachten, in dem Raumordnung als die zusammenfassende, übergeordnete und überörtliche Planung und Ordnung des Raumes festgestellt wurde, nicht dazu beitragen, der Raumordnung die in der damaligen Aufbauphase dringend erforderliche gesellschaftspolitische Bedeutung einzuräumen. Noch im Jahr 1955 erklärte der damalige Bundeswirtschaftsminister Erhard, daß Marktwirtschaft und Raumordnung nicht miteinander vereinbar seien.

Mit dem weiteren, räumlich ungesteuerten starken Wirtschaftswachstum wurden jedoch Mängel in der Raum- und Siedlungsstruktur sichtbar, die in zunehmendem Maße politisch nicht mehr zu vertreten waren. So entwickelte sich eine intensive Gesetzgebung im Bereich der Raumordnung und Landesplanung, deren Höhepunkt sicher 1965 mit der Verkündung des Raumordnungsgesetzes gewesen ist, und als Folge davon eine konsequente inhaltliche Ausfüllung der Aufgabe Landesplanung durch die Länder.

In diese Phase – genauer gesagt deutlich vor dem Erlaß des Raumordnungsgesetzes und des Niedersächsischen Gesetzes über Raumordnung und Landesplanung und damit auch vor der Aufstellung des Landes-Raumordnungsprogramms Niedersachsen – fielen die Bemühungen der Länder Bremen und Niedersachsen, zu einer engen Zusammenarbeit im Geiste des Staatsvertrages von 1930 zu kommen.

Am 9. April 1963 wurde dann aufgrund gleichlautender Beschlüsse der beiden Landesregierungen über eine enge Zusammenarbeit auf dem Gebiet der Raumordnung und Landesplanung die sogenannte „Gemeinsame Landesplanung Bremen/Niedersachsen" ins Leben gerufen. Dabei sollte das übergeordnete Ziel verfolgt werden, den norddeutschen Verdichtungs- oder Schwerpunktraum Bremen/Unterweser zu einem Raum hoher Lebensqualität zu entwickeln, d.h. zu einem leistungstarken Wirtschaftsraum mit großen Wohn- und Freizeitwerten.

Von dem Spitzengremium der Gemeinsamen Landesplanung, der sogenannten „Hauptkommission" und den sie vorbereitenden Landesplanungsdienststellen beider Länder sowie eigens gebildeter „Fachausschüsse" für „Verkehr", „Landschaft und Erholung", „Wasserwirtschaft und Landeskultur" sowie „Schulplanung" sollte im einzelnen
– der gemeinsam interessierende Raum festgelegt,
– Vorschläge für seine Entwicklung erarbeitet,
– Vorschläge geeigneter Maßnahmen zur Verwirklichung der gemeinsamen Raumordnungsvorstellungen gemacht und
– ständig alle wesentlichen raumrelevanten Maßnahmen abgestimmt werden.

Es ist seit je her unbestritten, daß mit der Existenz und der Höhe von Finanzmitteln unmittelbar auch das Interesse und das Engagement der Gemeinden für staatliche raumordnerische Zielsetzungen zusammenhängt. Aus diesem Grund ist die Gemeinsame Landesplanung seit dem Jahr 1965 mit einem Aufbaufonds ausgestattet, dessen Mittel als Initialzündung zielgerichtet zur Verwirklichung der gemeinsamen Raumordnungsvorstellungen einzusetzen sind. Bisher sind rund 100 Mio DM an Finanzhilfen zur Verfügung gestellt worden.

Zur Organisation

Nach den ersten 10 Jahren der gemeinsamen Landesplanungsarbeit – der Niedersächsische Minister des Innern und der Senator für das Bauwesen der Freien Hansestadt Bremen haben im Jahre 1973 dazu eine umfangreiche Darstellung herausgegeben – zeichnete sich immer dringlicher das Erfordernis ab, die Gemeinsame Landesplanung durch organisatorische Maßnahmen wirksamer und überschaubarer zu gestalten. Dies galt vor allem für das Spitzengremium – die Hauptkommission –, die durch eine viel zu große Mitgliederzahl zunehmend in ihrem Aktions- und Entscheidungsraum eingeengt worden ist, sowie für die inzwischen stark verselbständigten Fachausschüsse, deren Steuerung nach übergeordneten Zielsetzungen bzw. Aufgabenstellungen in gleichem Maße erschwert worden ist.

Darüber hinaus war das Anliegen des Landes Bremen zu prüfen, ob und in welcher Form Parlamentarier an der Gemeinsamen Landesplanung beteiligt werden können. Im Hinblick darauf, daß seit langem ein Trend zur Parlamentarisierung der Landesplanung in anderen Bundesländern zu erkennen war und daß insbesondere auch durch die Neufassung des Niedersächsischen Gesetzes über Raumordnung und Landesplanung eine unmittelbare Beteiligung des Parlaments an der Festsetzung von raumordnerischen Zielen eingeführt worden war, erschien der bremische Wunsch berechtigt.

In Verhandlungen zwischen den obersten Landesplanungsbehörden der Länder Bremen und Niedersachsen über die organisatorische Weiterentwicklung der Gemeinsamen Landesplanung Bremen/Niedersachsen wurde ein Organisationsschema entwickelt mit dem Ziel
– die Arbeit effizienter und überschaubarer zu gestalten,
– Parlamentarier beider Länder an der Zusammenarbeit zu beteiligen und
– den Landkreisen und kreisfreien Städten Mitwirkungsmöglichkeiten zu geben.

Gerade die letzte Forderung war von besonderer Bedeutung, da die Landkreise und kreisfreien Städte durch das novellierte niedersächsische Landesplanungsrecht an Stelle der Regierungs- und Verwaltungsbezirke zu Trägern der Regionalplanung bestimmt worden waren.

Dem gemeinsam erarbeiteten Organisationsschema stimmten die niedersächsische Landesregierung am 3. Februar 1976 und der Senat der Freien Hansestadt Bremen am 1. März 1976 zu. Aufgrund dieser Beschlüsse ist die Gemeinsame Landesplanung Bremen/Niedersachsen wie folgt organisatorisch geregelt:

Ständige Gremien, die die Aufgaben der Gemeinsamen Landesplanung für den gesamten Planungsraum wahrnehmen, sind der **Gemeinsame Planungsrat**, der **Koordinierungs- und Bewilligungsausschuß** und die **Regionale Arbeitsgemeinschaft**.

An die Stelle der bisherigen Fachausschüsse treten ad hoc-Arbeitskreise, sobald eine dringliche Aufgabenstellung einer schnellen und qualifizierten Lösung bedarf.

Organisationsschema:

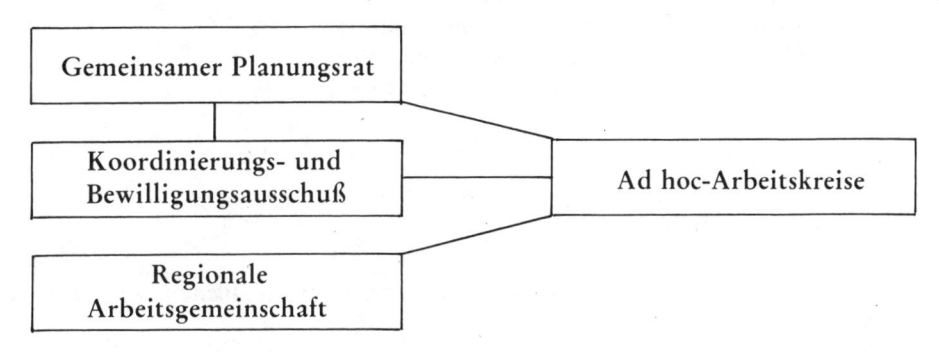

```
          ┌─────────────────────────┐
          │  Gemeinsamer Planungsrat │
          └─────────────────────────┘
                      │
    ┌─────────────────────────┐         ┌───────────────────┐
    │   Koordinierungs- und   │─────────│ Ad hoc-Arbeitskreise │
    │   Bewilligungsausschuß  │         └───────────────────┘
    └─────────────────────────┘
                      │
          ┌─────────────────────────┐
          │        Regionale        │
          │   Arbeitsgemeinschaft   │
          └─────────────────────────┘
```

Aufgaben und Besetzung der Gremien

Gemeinsamer Planungsrat

Dieses Gremium soll im wesentlichen Empfehlungen allgemeiner Art und Stellungnahmen zu Grundsatzfragen mit raumordnerischem Bezug geben, den Rahmen für die räumliche und sektorale Aufteilung der Mittel aus dem Aufbaufonds setzen sowie Empfehlungen zur Aufstellung und Fortschreibung sämtlicher (auch Bremer) Raumordnungsprogramme im Planungsraum geben.

Beschlüsse des Planungsrates werden einstimmig gefaßt. Landesinterne Meinungsverschiedenheiten können daher nur in einer niedersächsischen bzw. bremischen Vorbesprechung ausgetragen werden, die mit einem einstimmigen Votum enden muß und der damit erhebliche politische Bedeutung zukommt.

Besetzung des Gemeinsamen Planungsrates:

Niedersachsen:
- Minister des Innern (Staatssekretär)
- Minister der Finanzen (ein leitender Beamter)
- 1 Fachressort (je nach Erfordernis ein leitender Beamter)
- 3 Landtagsabgeordnete
- 1 Regierungspräsident o.V.i.A.

Bremen:
- Senator für das Bauwesen (Senatsdirektor)
- Senator für Finanzen (ein leitender Beamter)
- Senator für Inneres (ein leitender Beamter)
- 3 Mitglieder der Bürgerschaft
- 1 Vertreter des Magistrats der Stadt Bremerhaven

Koordinierungs- und Bewilligungsausschuß

Die wesentliche Tätigkeit dieses Gremiums besteht in der Entscheidung über Anträge auf Bewilligung von Finanzierungshilfen aus dem Aufbaufonds. Durch ihn erfolgt auch die Einsetzung von ad hoc-Arbeitskreisen zur Klärung raumbedeutsamer Fragen.

Besetzung des Koordinierungs- und Bewilligungsausschusses:

Niedersachsen:
- Minister des Innern (Staatssekretär)
- Minister des Innern (ein leitender Beamter)
- Minister der Finanzen (ein leitender Beamter)
- 1 Regierungspräsident o.V.i.A.

Bremen:
- Senator für das Bauwesen (Senatsdirektor)
- Senator für Finanzen (ein leitender Beamter)
- Senator für Inneres (ein leitender Beamter)
- 1 Vertreter des Magistrats der Stadt Bremerhaven

Regionale Arbeitsgemeinschaft

In diesem Gremium sollen sämtliche für die regionale Entwicklung des Planungsraumes wesentlichen Fragen behandelt werden.

Besetzung der Regionalen Arbeitsgemeinschaft:

Niedersachsen:
- die zum gemeinsamen Planungsraum gehörenden Landkreise und kreisfreien Städte (jeweils ein leitender Beamter)
- die zum Planungsraum gehörenden Regierungspräsidenten

Bremen:
- Stadt Bremen: Senator für das Bauwesen, Stadtplanungsamt, Senator für Inneres (jeweils ein leitender Beamter)
- Stadt Bremerhaven: 1 Vertreter des Magistrats
- Land Bremen: Senator für das Bauwesen (ein leitender Beamter)

ad hoc-Arbeitskreise

Ad hoc-Arbeitskreise werden zur Untersuchung fachlicher Probleme oder strittiger Fragen vom Koordinierungs- und Bewilligungsausschuß (auch wenn eines der anderen Gremien die Bildung eines solchen Ausschusses fordert) eingesetzt und nach Erledigung der Aufgaben aufgelöst.

Die Ausschüsse arbeiten mit kleiner Besetzung (ca. 6 bis 8 Mitglieder). Den Vorsitz übernimmt das fachlich zuständige Ressort, den stellvertretenden Vorsitz ein Landesplaner.

Zu den Inhalten:

Ausgangspunkt der inhaltlichen Ausgestaltung der Gemeinsamen Landesplanung war zunächst einmal die Erarbeitung einer Planungsgrundlage in Form eines raumordnerischen Leitbildes. Diese Aufgabe wurde erfüllt durch die „Empfehlungen der Hauptkommission zur Entwicklung des gesamten Untersuchungsraumes vom 16. Mai 1963", durch weitere ergänzende Empfehlungen sowie durch ihre z.Z. noch gültige Fassung vom 26. Oktober 1972.

In diesen Empfehlungen sind die gemeinsamen Raumordnungsvorstellungen zur Entwicklung der Raum- und Siedlungsstruktur, des Zentrale-Orte-Systems, der Schwerpunkte für Wohn- und Arbeitsstätten, der großräumigen Erholungsgebiete, der Verkehrsachsen sowie zu weiteren raumbedeutsamen Fachbereichen dargestellt.

Diese Empfehlungen sind in der Folgezeit nahezu vollständig in die niedersächsischen Raumordnungsprogramme aufgenommen worden und haben von daher Zweifel an der weiteren Notwendigkeit der planerischkreativen Arbeit der Gemeinsamen Landesplanung aufkommen lassen. Inzwischen hat sich jedoch die Auffassung durchgesetzt, daß über die niedersächsischen Raumordnungsprogramme hinauf für den Verflechtungsraum der Städte Bremen und Bremerhaven verfeinerte landesplanerische Aussagen für die weitere raumordnerische Zusammenarbeit zwischen Bremen und Niedersachsen sehr hilfreich sein können. Deshalb werden zur Zeit unter dem Arbeitsthema „Grundsatzempfehlung" gemeinsame Zielvorstellungen für ein räumliches Ordnungskonzept und für wesentliche raumbedeutsame Fachbereiche, wie z.B. Landespflege und Wasserwirtschaft, entwickelt. Wesentliches raumordnerisches Ziel wird es dabei sein, die Siedlungsentwicklung von den Kernen der Verdichtungsräume Bremerhaven und insbesondere Bremen achsenförmig in die Tiefe des Raumes zu lenken und damit eine ungeordnete flächenhafte Ausbreitung der Siedlungsflächen mit den negativen Zersiedlungswirkungen zu verhindern und ausreichende Freiräume zu sichern.

Ein zentrales Anliegen der Gemeinsamen Landesplanung ist seit ihrer Gründung die Sicherung und Entwicklung von Erholungsgebieten. Dieses geschieht durch die Erstellung von Richtlinien auf der Grundlage von Landschaftsplanungen und der damit verbundenen zielgerichteten finanziellen Förderung einer breiten Palette erholungswirksamer Maßnahmen.

In diesem Zusammenhang ist von Interesse, daß aufgrund der besonderen Probleme, die die Errichtung von Wochenendhäusern für den freien Zugang und die Benutzbarkeit von Natur und Landschaft für die Allgemeinheit mit sich bringt, eine „Richtlinie für Standorte des Freizeitwohnens" erarbeitet und beschlossen worden ist.

Obwohl die Arbeiten an der Grundsatzempfehlung und an der Fortschreibung der Richtlinien für die Erholungsgebiete auch weiterhin als dringlich eingestuft werden, zeichnet sich seit einiger Zeit insgesamt eine Verschiebung der Aufgabenschwerpunkte ab. Die Erstellung langfristiger und anspruchsvoller Planungskonzepte tritt aufgrund der erreichten hohen Planungsdichte, aufgrund des Absinkens der Investitionstätigkeit der öffentlichen Hand, der Wirtschaft sowie der einzelnen Bürger und letztlich auch aufgrund des Bevölkerungsrückganges deutlich zurück zugunsten der intensiven Auseinandersetzung mit aktuellen Einzelproblemen. Gerade für den einzelnen Bürger wirkt sich diese Entwicklung positiv aus. Einzelplanungen, wie z.B. die Errichtung eines Verbrauchermarktes, oder die Trassierung einer neuen Bundesfernstraße, die für den Bürger „hautnahe" Probleme mit sich bringen, können jetzt mit größerem Aufwand betrieben werden und damit ein größeres Maß an Qualifikation, Transparenz und vor allem Bügernähe erreichen.

Zu den Rechtsgrundlagen

Nach wie vor werden der Gemeinsamen Landesplanung in der öffentlichen Diskussion keine Rechtsgrundlagen zugestanden. Die Argumentation geht davon aus, die länderübergreifende Zusammenarbeit im Unterweserraum sei eine relativ unverbindliche Vereinbarung der beiden Landesregierungen, die jederzeit von einem der Partner aufgelöst werden kann.

Mit dem im Jahr 1965 verabschiedeten Raumordnungsgesetz müssen derartige Auffassungen zurückgewiesen werden. Der § 5 ROG „Raumordnung in den Ländern" enthält die Regelung:
„Ist eine Regionalplanung über die Grenzen eines Landes erforderlich, so treffen die beteiligten Länder die notwendigen Maßnahmen im gegenseitigen Einvernehmen."

Nach Auffassung der Kommentare zum Raumordnungsgesetz sind damit die Länder zu einer länderübergreifenden Regionalplanung verpflichtet, die entsprechenden Regelungen bleiben allerdings der freien Entschließung der Länder überlassen. Einige Kommentatoren weisen sogar auf ein mögliches Eingreifen des Bundes gegenüber solchen Ländern hin, die sich einer Zusammenarbeit auf dem Gebiet der Regionalplanung mit benachbarten Ländern sperren.

Gestützt wird die Notwendigkeit länderübergreifender Regionalplanung auch durch das bereits zitierte Rechtsgutachten des Bundesverfassungsgerichts mit der Feststellung, daß Raumordnung nicht an der Grenze der Länder haltmachen kann, weil siedlungsstrukturelle, wirtschaftliche, verkehrsbezogene und kulturelle Entwicklungen in ihrem Wirkungsbereich nicht durch Hoheitsgrenzen beschränkt werden.

Zusammenfassend läßt sich also folgendes feststellen: da über das materielle Erfordernis einer raumordnerischen Zusammenarbeit im Unterweserraum keine objektiven Zweifel bestehen, kann die Gemeinsame Landesplanung Bremen/Niedersachsen ihre Existenzberechtigung und -notwendigkeit auch in rechtlicher Hinsicht im Bundesrecht nachweisen.

Peter Singer, Hannover

Raumordnung und Landesentwicklung in der Unterweserregion
– Kurzfassung –

Als Unterweserregion bezeichnet man den Bereich der Städte Bremen und Bremerhaven mit ihrem jeweiligen Umland. Kernstädte und Umland stehen in enger wechselseitiger Verflechtung. Die Städte sind Standorte vielfältiger Versorgungs-, Einkaufs-, Arbeits- und kultureller Einrichtungen und damit Anziehungspunkt für die Bewohner der ganzen Region. Das Umland wiederum gewinnt für die Stadtbevölkerung immer stärkere Bedeutung als Wohn- und Freizeitraum. Mit diesen Beziehungen entstehen Verkehrsströme und räumliche Ansprüche, die einer Koordination bedürfen, um Interessenkonflikte und Fehlentwicklungen zu vermeiden.

Aus Lage und innerer Struktur ergeben sich Nachteile und Vorteile für die Entwicklung der Unterweserregion. Nachteilig wirkt sich die Randlage zu den großen Wirtschafts- und Verbrauchszentren der Europäischen Gemeinschaft aus. Ein begrenzter Bestand – oft vom Hafenbetrieb und wassergebundener Industrie einseitig bestimmter – gewerblicher Arbeitsmöglichkeiten und im Umland eine oft vorherrschende landwirtschaftliche Struktur behindern die Entwicklung einer vielseitigen und krisenunabhängigen Wirtschaft. Dagegen stehen als in Zukunft stärker zu nutzende Vorteile die trotz vieler Erschwernisse für die gesamte Bundesrepublik unverzichtbare Funktion der Unterweserhäfen als Vermittler zwischen Übersee und Binnenland, die unumstrittene Rolle Bremens und Bremerhavens als wichtigste übergeordnete zentrale Orte für die Region, die an der Küste und auf der Geest eine hervorragende Bedeutung für kurz- und langfristige Erholung besitzt. Darüberhinaus weist die Region freien Raum auf, der Wohnmöglichkeiten und gewerbliche Entwicklungen zuläßt.

Hier setzen die Aufgaben von Raumordnung und Landesentwicklung ein. Die Region stellt sich aufgrund von Lage und Struktur als zusammengehöriger Raum dar, doch werden die Städte Bremen und Bremerhaven von ihrem Umland durch Landesgrenzen getrennt. Das bedeutet für Raumordnung und Landesentwicklung unterschiedliche staatliche und kommunale Zuständigkeiten, die allerdings durch enge Abstimmung der Interessen unter Beachtung großräumiger Gesichtspunkte zu einem einheitlichen Entwicklungskonzept für die ganze Region zusammengeführt werden können. Beispiel dafür ist die Zusammenarbeit im Rahmen der grenzüberschreitenden Gemeinsamen Landesplanung Bremen/Niedersachsen (vgl. den Beitrag von G. Turowski).

Auf niedersächsischer Seite werden die Instrumente der Raumordnung und Landesplanung weiterentwickelt. Das Landes-Raumordnungsprogramm Niedersachsen wird z.Zt. neu gefaßt. Der vom Minister des Innern erarbeitete Entwurf befindet sich in einem umfassenden Abstimmungsverfahren, an dem die Träger öffentlicher Belange, alle Kommunen sowie auch das Land Bremen beteiligt sind. Das Programm enthält in Teil I die Grundsätze und allgemeinen Ziele der angestrebten räumlichen Ordnung. Sie werden vom Niedersächsischen Landtag als Gesetz verabschiedet. Teil II enthält die daraus abgeleiteten Ziele der Raumordnung, die zwar konkreter gefaßt sind, ohne daß der Rahmencharakter des Programms verlorengeht. Dieser Teil wird vom Niedersächsischen Kabinett verabschiedet.

Das Programm legt den niedersächsischen Teil der Unterweserregion als Ordnungsraum fest, in dem vorrangig Entwicklungsmaßnahmen durchzuführen sind, die neben der Sicherung und dem Ausbau von Arbeits-, Versorgungs- und Erholungsmöglichkeiten vor allem zur Beseitigung von Stadt-Umland-Problemen beitragen. Dazu gehören die Festlegung von überregionalen Verkehrslinien, wie der Küstenautobahn, ebenso wie Ziele zum weiteren Ausbau der Unterweserhäfen. Die westliche Wesermündung, der rechte Weserarm bei Brake und die Wümmeniederung bei Fischerhude werden als Feuchtgebiete gekennzeichnet.

Die Niedersächsische Landesregierung verfolgt konsequent das Ziel, staatliche Eingriffe auch auf dem Gebiet der Raumordnung auf die Setzung eines Rahmens zu beschränken, der zwar übergeordnetes Interesse sichert, gleichzeitig aber den Freiraum für eigenverantwortliche Entscheidungen der Kreise und Gemeinden erweitert.

Die Konkretisirung der für die gemeindliche Bauleitplanung und für viele Fachplanungen verbindlichen Ziele der Raumordnung wird in den Regionalen Raumordnungsprogrammen der Landkreise erfolgen, die im Gebiet der gemeinsamen Landesplanung ebenfalls mit dem Nachbarland Bremen abgestimmt werden.

Damit sind die Voraussetzungen für eine koordinierte und geordnete Weiterentwicklung in der Unterweserregion über die Landesgrenzen hinweg geschaffen. Das gleiche gilt für die räumlich noch weiterreichende Zusammenarbeit der vier norddeutschen Länder, die im Rahmen einer ständigen Konferenz Norddeutschland zu gemeinsamen Raumordnungsvorstellungen geführt haben.

Neben den Instrumenten der Raumordnung hat sich das Land Niedersachsen in der Entwicklungsplanung ein wichtiges Mittel zur Durchführung von Maßnahmen geschaffen. Sie vereinigt den Raumbezug mit dem der Zeit und der voraussichtlich notwendigen Mittel. Dabei beschränkt sie sich auf die Aufgaben, die das Land in eigener Zuständigkeit bzw. in Zusammenarbeit mit dem Bund erfüllt. Die jährlich fortzuschreibende fünfjährige mittelfristige Finanz- und Aufgabenplanung werden vom Finanzminister und der Staatskanzlei – Planungsstab – in enger Zusammenarbeit mit allen Ressorts erarbeitet.

Die Entwicklungsplanung stellt den politischen Willen der Landesregierung dar. Sie trägt mit der Abstimmung über den Einsatz der begrenzten Landesmittel entscheidend dazu bei, die finanziellen Voraussetzungen für die Verwirklichung von räumlichen Zielen und Entwicklungen in allen Lebensbereichen zu schaffen und zu sichern. Für den niedersächsischen Teil der Unterweserregion enthält die Landesentwicklungsplanung eine Fülle einzelner Maßnahmen und ihre Kosten. Küstenschutz, Verbesserung von Verkehrsverbindungen, Ausbau von Häfen, Förderung der Landwirtschaft, des Fremdenverkehrs und der Industrieansiedlung gehören dazu.

Die gegenwärtige Finanznot der öffentlichen Hände und die Stagnation in einigen Lebensbereichen führen die vorgesehenen Ziele einer allgemeinen Strukturverbesserung allerdings nunmehr auf die veränderten Möglichkeiten zurück. Es ist notwendig, die Erwartungen zu überprüfen und gegebenenfalls Prioritäten anders als bisher zu setzen. Noch ist dieser Prozeß im Gange. Es läßt sich aber bereits jetzt unschwer erkennen, daß Gebieten mit Strukturschwächen wie der Unterweserregion eine besondere Aufmerksamkeit gelten muß, damit sich positiv abzeichnende Entwicklungen nicht plötzlich unterbrochen werden.

Raumordnung und Landesentwicklungsplanung stellen sich damit neue und für die Zukunft wichtige Aufgaben. Die Zusammenarbeit zwischen Bremen und Niedersachsen wird sich nach Jahren bewährter Praxis unter den veränderten Bedingungen erneut als zuverlässig, dauerhaft und aufgeschlossen erweisen müssen.

Zur Didaktik der Geographie

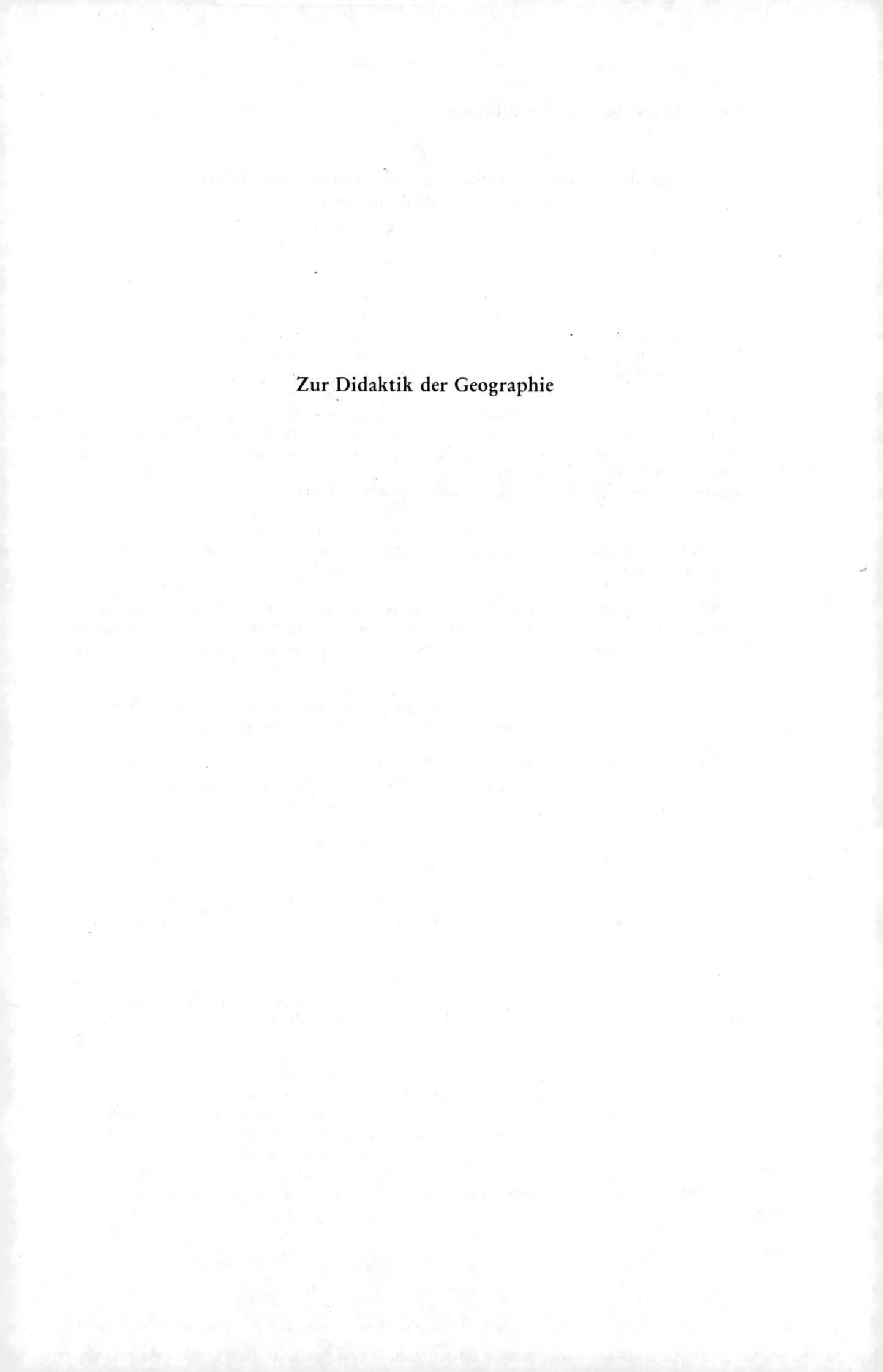

Horst von Hassel, Senator für Bildung

Rede vor dem 17. Deutschen Schulgeographentag 1980
Ziele Bremer Bildungspolitik:
Forderungen an den Geographieunterricht

Ich freue mich sehr, daß der 17. Deutsche Schulgeographentag in Bremen stattfindet, daß Bremen damit zum dritten Mal Tagungsort der Geographen ist und daß wie 1895 beim 11. Deutschen Geographentag und 1938 beim Niederdeutschen Geographentag diese Region thematischer Rahmen ist. So begrüße ich Sie herzlich in diesem Land zweier Hafenstädte.

Seehäfen weisen immer über den eigenen Standort, über ihre Region, über das Land, dem sie angehören, hinaus. Für Seehäfen ist ein weltweiter Blick lebensnotwendig. Seehäfen leben immer aus der Verbindung zwischen dem eigenen Land und fremden Ländern. Ich sage dies mit einer bestimmten Absicht, nämlich bezogen auf das Thema, zu dem ich sprechen soll und will:
„Ziele Bremer Bildungspolitik: Forderungen an den Geographieunterricht".

Bremen ist das kleinste Land der Bundesrepublik Deutschland. Es kann keine Bildungspolitik betreiben, ohne über seine Grenzen hinwegzusehen, und zwar sowohl in andere Länder der Bundesrepublik als auch in andere Länder Europas und der Welt.

Wenn es früher eher möglich war, Verantwortung auf das eigene unmittelbare Gebiet zu beschränken, so kann sich heute kein Mündiger mehr gerechtfertigt für sein Leben darauf zurückziehen, sondern er muß die vielfältigen Abhängigkeiten annehmen, die für jeden von uns den unmittelbaren Lebensraum charakterisieren und in die wir weltweit eingebunden sind.

Dabei ist in einer Demokratie gesellschaftliche Verantwortung nicht aufteilbar. Von jedem ist ein gleiches Maß an Mündigkeit gefordert, das ihn unter anderem auch instandsetzt, Verantwortung zu delegieren.

Dem einzelnen muß deshalb nicht nur prinzipiell der Zugang zu allen gesellschaftlichen Verantwortungsbereichen offenstehen, sondern die Schule als Institution dieser Gesellschaft hat ihm die dazu notwendigen Kenntnisse und Fähigkeiten zu vermitteln. Dazu gehört auch die Kenntnis des jeweils anderen mit anderen individuellen Interessen und die Fähigkeit, ihn zu verstehen, sich mit ihm auseinanderzusetzen und mit ihm zusammenzuarbeiten. Nicht nur der Zugang zur gesellschaftlich notwendigen Allgemeinbildung für **alle**, sondern – soweit dies geht – der **gemeinsame** Zugang ist deshalb sinnvoll und erstrebenswert.

Solche bildungspolitischen Vorstellungen führen zur Forderung von schulischen Verbundsystemen wie denen der Gesamtschule und der Schulzentren, weil diese Ziele hier nach unserer Meinung am besten verwirklicht werden können.

Die Geographie, die Erdkunde, ist nicht nur ein Spezialfach neben anderen Fächern, sondern in hohem Maß ein **allgemeinbildendes** Fach. Und nur um diesen Aspekt geht es mir hier. Gegenstand der Geographie ist diese Welt als der uns zugewiesene Raum. Die politische Dimension erhält das Fach, wenn sein Gegenstand in Beziehung zu uns, zum Menschen gesetzt wird, wenn er als **Lebensraum** dargestellt und untersucht wird.

Bremer Lehrer haben maßgeblich mit zu dieser Neuorientierung im bundesweiten Rahmen beigetragen. Erlauben Sie mir hier diese Bemerkung auch als ein persönliches Wort der Anerkennung der Leistung der daran beteiligten Lehrer und Ihres Verbandes: Soviel mir bekannt ist, ist es kaum einem anderen Schulfach gelungen, in jahrelangen Klärungsprozessen ihrem Fach eine so überzeugende zeitnahe didaktische Kontur zu verleihen. Als Ganzes ist Ihrem Verband damit offenbar ein Wurf geglückt. Möchten Sie die Kraft haben, auch hierbei nicht stehenzubleiben, sondern Ihr Konzept für lebendige Weiterentwicklungen offenzuhalten. Hoffentlich können Sie hierzu aus Ihrer Jahrestagung im Lande Bremen einige Anregungen mitnehmen. Dies wünsche ich Ihnen.

Bremen hat im Schulgesetz von 1975 die Leitlinien der schulischen Weiterentwicklung angegeben. Die einzelnen Unterrichtsfächer sollen ihrerseits nicht im Widerspruch zu den Leitlinien stehen. Daß die inhaltliche Entwicklung der Fächer allerdings nicht „Bremen-hausgemacht" sein darf, sondern die fachdidaktische Entwicklung in anderen Ländern aufnehmen muß, versteht sich. Laufende Abstimmungen, auch bei Jahrestagungen wie der heutigen, sind in diesem Zusammenhang unerläßlich.

In Bremen ist nicht nur der einheitliche didaktische Ansatz Grundlage der Lernplanung, sondern die Bedeutung der Erdkunde als allgemeinbildendes Fach zeigt sich darin, daß – mit Ausnahme der Klasse 9 – Erdkunde als Lernbereich in allen Jahrgangsstufen vertreten ist, auch wenn im Sachunterricht der Grundschule und in Welt/Umwelt der Orientierungsstufe und Hauptschule der Name Erdkunde nicht ausdrücklich erscheint.

Auch hier in Übereinstimmung mit der inhaltlichen Weiterentwicklung der bremischen Schule steht der Mensch im Zentrum mit seiner Aufgabe, sein Dasein zu bewältigen (soweit dies in Kategorien des Raumes faßbar ist). Bremer Lehrer haben ja maßgeblich zur Neuorientierung des Faches Erdkunde im bundesweiten Rahmen beigetragen.

Um die Lesbarkeit, die Transparenz der Unterrichtsinhalte (auch für Eltern und Schüler und für die unterschiedlichen Schularten) zu erleichtern, wird für alle Fächer und Schularten ein einheitliches Darstellungsmuster gewählt. Um die Annäherung der Konzeption in den verschiedenen Schulgattungen der unterschiedlichen Lehrergruppen zu erleichtern, sind in den Lehrplanausschüssen der Klassen 5 bis 10 Lehrer der verschiedenen Schulgattungen und Fachleiter der Lehrerbildung vertreten. Kontinuität durch einzelne Lehrer ist gewährleistet. Mit dieser Arbeit erfolgt gleichzeitig eine Annäherung der unterschiedlichen Lehrergruppen.

Um innerhalb einer stärker horizontalisierten Schule zugleich deutlich Schwerpunkte (auch für Wahlentscheidungen der Schüler) zu schaffen, kann der Schüler z.B. in der Gymnasialen Oberstufe wählen zwischen keiner Erdkunde; Erdkunde als Fachschwerpunkt in der Gemeinschaftskunde; Erdkunde als Grundfach; Erdkunde als Leistungsfach. Um inhaltliche Zusammenhänge im engeren Sinne zu schaffen, sollten Grundbereiche nicht zu früh endgültig abgegolten sein. So erscheint in der Klasse 1 das Thema: „Menschen orientieren sich im Raum – wie man sich im Wohngebiet zurechtfindet; wie man sich auf einem einfachen Plan zurechtfindet", und im NGO-Kurshalbjahr 12: „Stadtgeographie" (mit den Unterthemen topographische Lage, frühe Stadt- bzw. Siedlungsentwicklung, Städtewachstum, Problemfeld City, Sanierung, Regionalisierungsprozeß nach dem Kriege, Stadtentwicklungsplanung).

Ein Ziel Bremer Bildungspolitik ist es auch, gemeinsame Lernbestände für alle Jugendlichen zu schaffen (ein Kern von Wissen und Fertigkeiten). Leitender Gesichtspunkt: was muß im Grunde jeder heranwachsende Staatsbürger zur Bewältigung seiner späteren Aufgabe als Person, im Beruf und in der Gesellschaft können bzw. wissen. In Geographie wie in den übrigen Fächern muß daneben ausgewiesen sein: was muß der Schüler außerdem wissen, um etwa die Studierfähigkeit zu erwerben bzw. um eine weiterführende berufliche Ausbildung besuchen und bestehen zu können. Die bereits in Entwurfsfassungen an die Schulen gegebenen Lehrpläne für die Klassen 7 und 8 versuchen, diesem Ziele nahezukommen.

Wir wollen in Bremen aber auch die Schule, soweit es möglich ist, aus ihrer Isolierung herausführen. Besonders geeignete Institute und Betriebe sind hier aufzuschließen, Museen einzubeziehen. Dies ist eine deutliche Perspektive bremischer Schulentwicklung. Auch an dieser Stelle sind Fachleiter am Wissenschaftlichen Institut für Schulpraxis beteiligt. Schulisches Lernen in Bremen hat mehr als einen Lernort.

Trotz der umfassenden Präsenz der Inhalte des Faches Geographie habe ich eine Sorge. Ich möchte sie an einem Beispiel darlegen:

Ein renommiertes wissenschaftliches Institut der Volksrepublik Polen fragte im Zusammenhang mit einer geographischen Facharbeit an, wann ein Schüler während seines Schuldurchganges von 9 bzw. 13 Jahren etwas über Polen erfahre. Unsere Antwort war: Ein Schüler **kann** in den verschiedenen Zusammenhängen etwas über Polen erfahren – sicher ist das jedoch nicht. Ich frage: Könnte oder müßte nicht Schülern an einem oder zwei Beispielen klargemacht werden: Dies ist ein **Land**, in dem diese Menschen wohnen, diese Menschen haben **insgesamt** ein bestimmtes Potential an räumlich-wirtschaftlichen Gestaltungsmöglichkeiten, sie haben verschiedene Probleme und bestimmte Problemlösungen – sie haben von ihren Möglichkeiten so und so Gebrauch gemacht, sie so und so genutzt. Dies ist keine Rückkehr zur alten Länderkunde. Dies ist vielmehr die

Frage, ob solche Beispiele nicht zu einer konkreten Völkerverständigung beitragen. Ich stelle diese Frage als Politiker, nicht als Didaktiker.

Wenn ich als wesentlichen Gegenstand der Erdkunde den Lebensraum begreife, dann gehören ökologische, ökonomische, kulturhistorische, soziologische, ethnographische, geschichtliche und politische Fragestellungen zentral in den Geographieunterricht, denn sie richten sich immer auf bestimmte Räume der Erde. Und alle Räume sind begrenzt. Sie lassen sich weder beliebig ausdehnen noch unbegrenzt nutzen. Das heißt, die **Endlichkeit** dieser Welt **muß** wesentlich mit in ökologische, ökonomische, kulturhistorische, soziologische und politische Antworten einbezogen werden.

Die Menschen sind heute an die Grenze einer unbedachten Ausbeutung der Schätze dieser Erde gekommen. Die meisten unserer Ansprüche sind aus der Vorstellung einer Welt ohne Grenzen entstanden. Die jetzige Situation bedeutet, daß der Mensch – wenn er überleben will – von den Grenzen unserer Erde ausgehend denken und handeln muß.

Die Zerstörung unserer Wälder und der tropischen Regenwälder, die Verschmutzung des Wassers und der Luft, der Kampf um das Erdöl, die wachsende Weltbevölkerung und der geringere Zuwachs der Nahrungsmittelproduktion sind nahezu unlösbare Probleme. Die Geographie muß diese Probleme aufnehmen, sie muß Abhängigkeiten aufzeigen und Entscheidungsräume erarbeiten und auf Lösungswege oder Lösungsmöglichkeiten hinweisen.

Selbstverständlich ist es nicht Aufgabe dieses Faches allein, sich dieser Fragen anzunehmen, aber insbesondere dieses Fach muß es unter dem Gesichtspunkt der Endlichkeit, der Begrenztheit und Eigenart geographischer Räume tun.

Zunehmend zeigt sich ein Spannungsverhältnis im Bereich politischen Handelns:
Einerseits richtet sich das politische Interesse wieder auf die unmittelbare Umgebung. Bürgerinitiativen bilden sich zum Beispiel, um die Zerstörung einer Landschaft zu verhindern. Andererseits sind existentielle Fragen des Fortbestandes der Menschheit nur international, weitab von den unmittelbar Betroffenen zu lösen. Die Geographie muß grundlegende Kenntnisse für das ganze Feld raumbezogenen Handelns vermitteln. Denn nur ein allgemeines Problembewußtsein macht Lösungen möglich. Auch die Geographie hat das Lernziel Solidarität.

Ziel Bremer Bildungspolitik ist eine Schule, die am besten die Voraussetzungen dafür schafft, in der unmittelbaren Region, im eigenen Land und über das eigene Land hinaus verantwortlich denken, sprechen und handeln zu können, und zwar solidarisch mit denen, die sich in gleicher Weise verantwortlich fühlen, und mit denen, denen geholfen werden muß.
Daß wir hier in der Bundesrepublik Deutschland wohlbegütert in einem freien Land leben, ist uns zu selbstverständlich. Wir sind in der Welt eine bevorzugte Ausnahme. Gerade deshalb haben wir die unabweisbare Pflicht, mitzuhelfen, daß die menschenunwürdigen Verhältnisse in anderen Ländern sich ändern können oder ändern, und darüber nachzudenken, wie Verschwendung bei uns aufhören kann.

Die Probleme dieser Erde lassen sich jedoch mit einem Mittel nicht lösen, mit dem des Krieges. Wir müssen alles daran setzen, Kriege zu verhindern. Eine Forderung an die Geographie ist deshalb, aufzuzeigen, wie wir mit dem von der Natur Gegebenen, mit den Schätzen dieses Planeten umgehen sollen, wie wir haushalten müssen, um den kriegerischen Kampf untereinander zu vermeiden. Geographie ist Unterricht zum Frieden. Gustav Heinemann hat 1969 aus Anlaß der Erinnerung an den Kriegsausbruch 1939 u.a. gesagt: „...wir brauchen eine Friedensordnung. Deshalb brauchen wir neue Ordnungen und neue Gewohnheiten, neue Spielregeln und neue Verhaltensweisen. Als neue Gewohnheit gilt es einzuüben, einen Konflikt auch mit den Augen des Gegners zu beurteilen. Zu den neuen Spielregeln muß die Bereitschaft zum Kompromiß gehören, die eine Selbstbehauptung um jeden Preis mit der Entschlossenheit vertauscht, eine von Generation zu Generation vererbte Feindseligkeit durch einen neuen Anfang auf beiden Seiten zu ersetzen. Zu den neuen Verhaltensweisen wäre auch zu rechnen, an der Angst und Trauer, an dem Stolz und der Empfindlichkeit des Gegners teilzunehmen. Der Krieg ist kein Naturgesetz, sondern Ergebnis menschlichen Handelns. Deshalb gilt es, diesem Handeln auf die Spur zu kommen. Wir müssen der Geißel neuer Kriege entschlossen begegnen."

Ich wünsche insbesondere in diesem Sinne dem Geographentag einen guten Erfolg.

Gerhard Bahrenberg

Schwierigkeiten mit der Geographie an der Hochschule

I

Die Ausbildung zukünftiger Lehrer eines Schulfaches steht, zumindest solange sie an einer auch der Forschung verpflichteten Hochschule betrieben wird, immer in einem wenigstens zweidimensionalen Spannungsfeld. Entlang der ersten, „inhaltlichen" Dimension geht es um das Verhältnis zwischen den fachlichen Inhalten des Schulfaches einerseits und denen der Hochschuldisziplin andererseits. Kurz gesagt stellt sich hier die Frage, von welcher der beiden Seiten in welchem Maß die Ausbildungsinhalte bestimmt werden. Diese Frage ist grundsätzlich als eine offene, immer wieder neu zu stellende und zu beantwortende anzusehen. Zu ihrer Beantwortung bedarf es einer engen Kooperation zwischen Lehrern und Hochschullehrern.

Die zweite Dimension betrifft das (fach)wissenschaftliche Niveau der Ausbildung. Bis zu welchem Grad ist das Studium (fach)wissenschaftlich zu vertiefen? Sollen die Studenten zu potentiellen Nachwuchswissenschaftlern erzogen werden, oder reicht es aus, wenn ihr Kenntnisstand und ihre methodischen Fähigkeiten denen ihrer späteren Schüler entsprechen? Ist es erstrebenswert, die Studenten noch, wenn auch nur exemplarisch, an die jeweilige Forschungsfront heranzuführen oder sie gar aktiv an der Forschung zu beteiligen?

In beiden Dimensionen haben sich in den letzten Jahren in der Geographie einschneidende Veränderungen vollzogen, die nach meinem Eindruck zu einer gewissen Orientierungslosigkeit mit je individuellen Lösungsversuchen geführt haben. Diese Tatsache ist zwar nicht ausschließlich negativ zu bewerten. Wer wollte schon gegen Pluralität und experimentierfreudige Offenheit nach dem Motto „Laßt tausend Blumen blühen" Einwände erheben. Sie bringt aber auch Gefahren mit sich. Einmal können sich aus den individuellen Lösungsversuchen durch gleichsam zufällige Kumulation längerfristig unerwünschte Entwicklungen ergeben. Zum anderen besteht, zumindest für die Geographie, die Gefahr einer vollkommenen Profillosigkeit des Faches.

Ich möchte nun nicht meine persönliche Lösung der beiden Probleme vorstellen, sondern die in unserem Fach gegenwärtig sichtbaren Entwicklungstendenzen einschließlich ihrer längerfristigen Folgen skizzieren. Das Ziel ist dabei, die vorhandenen Optionen aufzudecken, um sich begründet für eine entscheiden zu können. Ich konzentriere mich in meinen Ausführungen auf die inhaltliche Frage. Sie scheint in besonderem Maß für die Geographie relevant zu sein, während das Problem eines angemessenen (fach)wissenschaftlichen Niveaus der Ausbildung alle Unterrichtsfächer in ähnlicher Weise betrifft. Beide Dimensionen sind allerdings nicht unabhängig voneinander. Es ist z.B. kaum denkbar, alle Theorien und Arbeitsweisen einer wissenschaftlichen Disziplin so zu elementarisieren, daß sie nichts an Gehalt verlieren.

II

Hinsichtlich der Fachinhalte ist es auf den ersten Blick im letzten Jahrzehnt zu einer glücklichen Einigung bzw. Harmonisierung der Interessen von Schule und Universität gekommen. Etwa gleichzeitig und sich gegenseitig bedingend und verstärkend ist in beiden Bildungsbereichen die starke Stellung der Länderkunde sowie einiger anderer traditioneller Zweige der Geographie (genannt seien die historisch-genetische Siedlungsforschung und die Geomorphologie) geschwächt worden. In der Humangeographie haben stattdessen regionalwissenschaftliche, dem Ideal einer empirisch-analytischen sozialwissenschaftlichen Spezialdisziplin verpflichtete Ansätze samt ihrer angewandten, auf die Lösung gesellschaftlicher Probleme im Bereich der Raumordnungspolitik, der Stadt-, Regional- und Landesplanung gerichteten Zweige ein stärkeres Gewicht bekommen. Und es sei dankbar festgestellt, daß diese auch in der Hochschulgeographie wenigstens in Ansätzen sichtbare Umorientierung durch das entscheidende Engagement der Schulgeographie außerordentlich gefördert und vorangetrieben wurde.

In der physischen Geographie hat sich die Entwicklung wohl stetiger, langsamer und ohne die Schärfe in der disziplinpolitischen Auseinandersetzung vollzogen, und zwar im Sinne einer allmählichen Hinwendung zu den exakteren geowissenschaftlichen Nachbardisziplinen, einschließlich der Geoökologie, die aber in der Forschungspraxis wohl kaum den Stellenwert erreicht hat, der ihr in den verschiedenen Versuchen zur Aufgabenbeschreibung der physischen Geographie und seitens der Schulgeographie (Lehrpläne) gerne beigemessen wird. Doch wenn die Geographie nur aus der physischen Geographie bestünde, ließe sich wahrscheinlich relativ leicht eine Einigung im Hinblick auf die Ausbildungsinhalte der Lehramtsstudiengänge erzielen, die man als „geowissenschaftliches Grundstudium" zusammenfassen könnte.

Trotz der reformerischen Bemühungen ist die Situation in der Geographie, insbesondere in der Humangeographie, äußerst problematisch. Ich glaube nämlich, die Reform ist steckengeblieben bzw. verläuft sich im Sande. Sie hat zumindest nicht zu einer einheitlichen Konzeption im Sinne einer gemeinsamen Basis für die Humangeographie geführt. Es soll nicht verkannt werden, daß in den letzten Jahren ganz beträchtliche Fortschritte innerhalb der regionalwissenschaftlich orientierten und angewandten Humangeographie gemacht wurden. Doch deren Vertreter befinden sich ohne Zweifel am Rande des fachlichen Spektrums oder sind de facto in die entsprechenden Nachbardisziplinen abgewandert. Ein gutes Beispiel dafür sind die Geographen in der Bundesforschungsanstalt für Landeskunde und Raumordnung.

Die Frage, warum die Reform scheiterte, ist nicht leicht zu beantworten. Ich möchte sie auch hier nicht vertiefen, sondern nur zwei mögliche Gründe andeuten. Einmal beruhte der Ende der 60er Jahre laut werdende Ruf nach einer Veränderung der Fragestellungen der Geographie u.a. und wohl nicht zuletzt auf dem Wunsch nach einer soliden Konkurrenzfähigkeit von Geographen mit den Absolventen aus Nachbardisziplinen auf dem Arbeitsmarkt. Der dem raschen Anstieg der Studentenzahlen folgende rapide Ausbau der Hochschulen, vor allem im Bereich der Lehrerbildung, und die Ausweitung der Planungsinstitutionen auf allen staatlichen Ebenen brachten der Geographie gleichsam automatisch zahlreiche neue Stellen. Von einer Krise der Geographie konnte keine Rede mehr sein – wenigstens nicht im Hinblick auf die Beschäftigungsmöglichkeiten. Entsprechend erlahmte auch das Bemühen, die innerfachliche Diskussion mit gleicher Intensität wie bisher fortzusetzen, um dem Fach ein scharfes, unverwechselbares Profil zu geben. Angesichts der zu erwartenden und bereits erfolgten Stellenverknappung werden wir an dieser Hypothek noch schwer zu tragen haben.

Zum zweiten setzte Anfang der siebziger Jahre, also gerade, als die Geographie auf dem Wege zu einer ihre Fragestellung einengenden Disziplin im Sinne des „von weniger Dingen mehr Wissen" war, die bekannte Tendenzwende ein. Sie zeigte sich u.a. in einer zunehmend kritischeren Haltung gegenüber isolierenden und spezialisierten Fragen und Antwortversuchen sowie gegenüber leicht verächtlich sogenannten technokratischen Problemlösungen. Stattdessen wurde nach Sinngebung verlangt. Ganzheitliches Empfinden, Fühlen und Denken wurden wieder modern. Die Notwendigkeit nach einer ganzheitlichen Sicht der Welt war aber von der traditionellen Geographie schon immer behauptet worden, wenn auch die Einlösung der entsprechenden Forderung kaum gelang, ja noch nicht einmal ernsthaft in Angriff genommen wurde. Kein Wunder, daß die traditionellen Geographen, die sich während der Reformjahre bemerkenswert ruhig oder defensiv verhalten hatten, mit dem neuen Wind im Rücken wieder die Offensive antraten; zwar kaum in Form von Publikationen in den Fachzeitschriften, jedoch nicht weniger wirksam im kleinen Kreis der heimatlichen Institute. Die Länderkunde erhielt wieder kräftigen Zulauf, für neu ausgeschriebene Hochschullehrerstellen wurden regionale Schwerpunkte wieder verpflichtend, die Notwendigkeit der fachlichen Breite, die in der Geographie schon immer den Charakter völliger Beliebigkeit hatte, wurde wieder betont.

So stellt sich die universitäre Geographie heute als ein schier unübersehbares, durch keinerlei inneren Zusammenhalt verbundenes Konglomerat jeweils individueller inhaltlicher Akzentsetzungen dar. Jeder Hochschullehrer hat seine eigene Vorstellung von Geographie, die er den Studenten vermittelt. Die Einigung auf einen verbindlichen, inhaltlich bestimmten Minimalkanon von Grundveranstaltungen z.B. scheint schlechterdings ausgeschlossen.

In diesem Konglomerat befindet sich ein in sich zwar einheitlicher, aber insgesamt relativ bedeutungsloser und mit den übrigen Teilen unverbundener regionalwissenschaftlicher Schwerpunkt, den man auch kurz bezeichnen könnte als „räumliche Aspekte gesellschaftlicher Entwicklung".

Diese Beschreibung trifft wohl nicht nur beim Blick auf die gesamte Geographie zu, sie gilt auch für einzelne Geographen und Lehrbücher. Als (zufällig ausgewähltes) Beispiel sei die kürzlich erschienene Länderkunde „Die Beneluxstaaten" von HAMBLOCH (1977) erwähnt. Sie folgt weitgehend den Leitlinien üblicher länderkundlicher Darstellungen und enthält eine Unmenge mühsam und sorgfältig zusammengetragener Details, von allerdings gelegentlich schwindelerregender Trivialität und Irrelevanz. Eine Kostprobe aus dem Abschnitt „Die freilebende Tierwelt": „Aus der Reihe der großen Säugetiere sei an erster Stelle das Reh

(Capreolus capreolus) genannt. Es bevorzugt lichte Wälder und braucht vor allem Unterholz als Deckung. Wenn eine Landschaft daher mit kleineren, aber dichten Gehölzen durchsetzt ist, kommen Rehe auch durchaus in das Offenland und nah an menschliche Siedlungen heran. Die zentralen Teile der Niederlande und die Wälder südlich von Sambre und Maas sind die wichtigsten Verbreitungsgebiete, ferner das Kempenland beiderseits der Grenze. Offene, weite Ebenen, in denen höchstens Baumstreifen als Windschutz stehen, werden dagegen gemieden (Flandern, Seeland, Holland und Friedland)" (S. 85). Nachdem drei Viertel des Buches im besten Fall aus einer lose verbundenen Sammlung von Informationen aus allen Gebieten der traditionellen allgemeinen Geographie bestehen, widmet sich der Verfasser im letzten Viertel den zentralen Orten und ihren Bereichen sowie der politischen Aufgabe der Raumordnung, also Themen, die dem regionalwissenschaftlichen Ansatz in der Geographie zugerechnet werden können.

Das alles dient nach Meinung des Autors dazu, das „Wesen der Beneluxstaaten" zu erhellen, und man fragt nach der Bedeutung des Begriffs „Wesen", wenn z.B. die Verbreitung der Rehe und einige Aspekte der Raumordnungspolitik zur Wesenserhellung beitragen, aber nicht Bereiche wie Rechtspolitik, Wirtschaftspolitik, Sozialpolitik, Außen- und Verteidigungspolitik, um nur einige zu nennen.

Soweit zur Situation der Hochschulgeographie. Für die Schulgeographie fühle ich mich nicht in gleicher Weise kompetent. Trotzdem sollen einige Aussagen gewagt sein. Mir scheint, die Schulgeographie hat insgesamt den Weg zu „Raumordnung und Raumplanung" einerseits, zu „Ökologie, Umwelt- und Landschaftsschutz" andererseits konsequenter beschritten, und zwar durchaus erfolgreich. Sie hat dadurch wohl wenigstens teilweise ihre „Existenzberechtigung" als Schulfach nachweisen können. Die befürchtete starke Reduzierung in den Stundenplänen ist jedenfalls nicht eingetreten. Doch bleibt auch für die Schulgeographie festzustellen, daß der die Fachinhalte betreffende Konsolidierungsprozeß keineswegs abgeschlossen ist und daß sich noch umfängliche Bestandteile des traditionellen Konglomerats in Lehrplänen, Schulbüchern und in der täglichen Unterrichtspraxis finden.

III

Bevor ich auf mögliche bzw. wünschenswerte Entwicklungen der Fachinhalte eingehe, möchte ich kurz auf die Dimension des wissenschaftlichen Niveaus der Ausbildung zu sprechen kommen. Die Universitäten haben in dem letzten Jahrzehnt einen tiefgreifenden Wandel mitgemacht, von elitären, der Ausbildung des wissenschaftlichen Nachwuchses verpflichteten Hochschulen zu berufsausbildenden Massenschulen für alle Arten höher qualifizierter Berufe. Begleitet war dieser Wandel von einer Akzentverschiebung von der Forschung zur Lehre sowie einer stärkeren Durchstrukturierung und vor allem Straffung des Studiums. Die Folge ist und wird sein: eine Auslagerung der Forschung aus der Universität in andere private oder öffentliche Einrichtungen, und zwar nicht nur der naturwissenschaftlichen, sondern auch der sozialwissenschaftlichen Forschung, zumindest der politiknahen, anwendungsorientierten. Beispiele sind Institute wie Batelle, Datum, Dorsch, Infas, Intraplan, Planco, Prognos, das Institut für Landes- und Stadtentwicklungsforschung des Landes NRW usw.. Die Universitäten werden größtenteils zu höheren Lehranstalten, zu Obergymnasien. Ob es zukünftig zu einer Zweiteilung kommen wird in Ausbildungsuniversitäten hier, Forschungsuniversitäten dort, wie BARTELS (1978) angesichts der notwendigen Konzentration der Forschungsmittel vermutet, erscheint mir zweifelhaft, zumindest bei einer mittelfristigen Perspektive. Voraussetzung dafür wäre jedenfalls die annähernd gleiche gesellschaftliche Anerkennung von Forschung und Lehre. Eine andere Alternative wäre der vollständige Rückzug der i.w.S. technologisch relevanten Grundlagen- und angewandten Forschung aus den Universitäten, an denen dann nur noch in den Geisteswissenschaften Forschung betrieben würde.

Im Augenblick (und in naher Zukunft) wird in der Geographie eine dritte Alternative praktiziert (werden): Einige Hochschullehrer eines Instituts spezialisieren sich auf die Lehre und „fertigen die Massen ab", einige andere betonen die Forschung und versuchen Nischen zu finden, in denen man mit eng begrenztem Zeit-, Finanz- und Personalbudget noch produktive Arbeit leisten kann, und bemühen sich um den wissenschaftlichen Nachwuchs. Es ist allerdings mehr als fraglich, ob diese dritte Alternative längere Zeit Bestand haben kann, denn diese Nischenforschung wird auf die Dauer recht teuer.

Der Rückzug der Forschung aus den Universitäten kommt den Wünschen der Studenten sehr entgegen. In ihrer großen Mehrheit möchten die Studenten ihre Ausbildung zwar gerne mit dem prestigefördernden Etikett „wissenschaftlich" versehen lassen, im übrigen aber möglichst stromlinienförmig, ohne großen zeitlichen und intellektuellen Aufwand das Studium hinter sich bringen – aus verständlichen und respektablen Gründen: Sie wollen schließlich nicht Wissenschaftler, sondern Lehrer werden.

Ein Lehramtsstudium, das im Zeichen eines berufsqualifizierenden Abschlusses steht, wird aber kaum „wissenschaftlich" sein können, wenn darunter die gelegentliche Beteiligung an Forschungsarbeiten verstanden wird. Dies gilt zumindest für die Fächer, die sich anspruchsvoller Forschungstechniken und formaler Modellkonstruktionen bedienen. Allein für deren Beherrschung ist nämlich ein relativ großer Zeitaufwand notwendig, der angesichts von Regelstudienzeiten von kaum einem Studenten aufgebracht werden kann[1]. Andererseits haben die Studenten durchaus das Bedürfnis, während des Studiums auch fachlich etwas zu lernen, d.h. vor allem, sie möchten nach dem Studium über mehr (fachspezifisches oder allgemeines) Wissen von der Welt verfügen als vorher.

Diese studentischen Bedürfnisse haben ohne Zweifel starken Einfluß auf den Hochschulunterricht. Welcher Hochschullehrer kann es sich schon leisten, ohne dauernde Mißerfolgserlebnisse an ihnen vorbei zu unterrichten?

IV

Die wenigstens partiell notwendige Anpassung an die Bedürfnisse der Studenten hat im Fall der Geographie besonders nachhaltige Konsequenzen. Welches Fach könnte diese Bedürfnisse besser befriedigen als die traditionelle Geographie? Wo lernt man so leicht und so schnell eine Unmenge höchst interessanter Dinge aus den verschiedensten Objektbereichen, ohne auch nur einmal Gefahr zu laufen, etwas nicht verstanden zu haben? Wo kann man, unter geschickter Anleitung natürlich, sich die Welt erschließen mit der einzigen Voraussetzung, sehenden Auges durch die Landschaft laufen zu können? Wo bekommt man so schnell eine Ahnung davon, daß alles mit einem zusammenhängt, und ein Gefühl dafür, wie alles mit allem zusammenhängt? In der Geographie oder, anders ausgedrückt, in einer allgemeinbildenden Volkshochschuldisziplin, einer „folk science", wie HARD (1979) sie nennt und als disziplinäres Programm anbietet[2]. Sein Vorschlag verdient es, ernsthaft diskutiert zu werden. Die Geographie als folk science hätte die Aufgabe, zwischen den zunehmend spezialisierten Einzelwissenschaften einerseits und dem elementaren menschlichen Bedürfnis nach unmittelbarer Orientierung, nach direktem Zugriff zur Erhellung der ohne Umstände und komplizierte technische Hilfsmittel sichtbaren (Um)Welt zu vermitteln. Auch die Topographie hätte in diesem Rahmen ihren Platz. Geographie als Didaktik der Einzelwissenschaften, als Disziplin, die die noch rohen Erkenntnisse der Einzelwissenschaften behaut, sie aufbereitet, um sie als Bausteine den Interessierten zur Verfügung zu stellen oder selbst zu einem Weltbild zusammenzusetzen: Wer erkennt darin nicht die Aufgaben der klassischen allgemeinen Geographie und der sie integrierenden Länderkunde wieder. Und ein methodisches Hilfsmittel zur Unterscheidung von wichtigem und unwichtigem einzelwissenschaftlichen Wissen wäre auch gleich zur Hand, ein uns allen bekanntes Kriterium: Relevant ist, was räumlich differenziert ist, was sich von Ort zu Ort verändert.

Diese Lösung hätte unbestreitbar den Vorteil der historischen Kontinuität: Geographie würde sein, was sie ist und immer schon war. Und sie könnte auf eine brauchbare (?) methodologische Konzeption zurückgreifen, das „System der Geographie", wie es in den 50er Jahren vor allem von BOBEK und SCHMITHÜSEN entwickelt und dargestellt wurde (vgl. insbesondere ihre Arbeit von 1949, aber auch die anderen Beiträge in dem von STORKEBAUM (1967) herausgegebenen Sammelband).

Der Vorschlag HARDs, der übrigens z.T. gut mit Vermutungen von BARTELS (1978) über die zukünftige Entwicklung des Faches in Einklang zu bringen ist, hätte noch weitere Vorteile: Er fügte sich bruchlos in den gegenwärtigen gesellschaftlichen Trend zum Einfachen, Überschaubaren und Unkomplizierten ein; seine Chancen, auch außerhalb der Geographie akzeptiert zu werden, stünden nicht schlecht. Vor allem würde er die Disziplin, im Unterschied zu anderen Vorschlägen, nicht überfordern. Die Geographen könnten das, was sie schon immer taten, weiterhin betreiben, aber, im Unterschied zu früher, mit einem guten Gewissen. Sie müßten sich nur dazu bekennen und nicht etwas anderes sein wollen, als sie sind.

Schließlich: Die Beziehungen zwischen Schulfach und Hochschuldisziplin wären recht unproblematisch. Die Inhalte wären im wesentlichen die gleichen, die Studenten müßten halt von allem etwas mehr lernen als die Schüler. Allerdings dürften die Hochschullehrer nicht zu intensiv einzelwissenschaftliche Hobbys betreiben, wie das in der Vergangenheit leider nicht unüblich war.

Vielmehr sollte die individuelle Spezialisierung auf bestimmte Länder (Regionen, Kontinente) incl. der Vertrautheit mit Land und Leuten gefördert werden. Schöne neue, alte (Geographen)Welt.

Einige Nachteile des Vorschlags „Geographie als folk science" dürfen jedoch nicht übersehen werden. Die Realisierung hängt wesentlich davon ab, bis zu welchem Grad sie von den Hochschullehrern getragen wird.

Gerade die jüngeren Hochschullehrer verstehen sich aber vielfach als Mitglieder einer, wenn auch jeweils anderen Einzelwissenschaft. Sie würden der Vorstellung, „Didaktiker mehrerer Einzelwissenschaften" zu sein, kaum zustimmen, mag auch ihr Bewußtsein „objektiv falsch" sein.

Entscheidender und m.E. die Realisierung des HARDschen Vorschlags verhindernd erscheint mir aber folgender Einwand: An der Schule werden die bisherigen Fächer vertreten bleiben, und einige weitere werden möglicherweise noch hinzukommen. Sie vermitteln ja für ihren Bereich die jeweiligen elementaren Kenntnisse. Die Geographie stünde vor einem ihrer alten Probleme: Diejenigen Perspektiven zu erarbeiten und ihre Notwendigkeit zum Selbst- und Weltverständnis der Gesellschaft gegenüber zu begründen, unter denen sie die Auswahl relevanter Erkenntnisse der Einzelwissenschaften und deren Integration vornimmt. Dieses „Legitimationsproblem" konnte die klassische Geographie jedenfalls nicht lösen, und es ist mehr als fraglich, ob die methodologische Konzeption der Landschafts- und Länderkunde dazu heute oder in Zukunft geeignet wäre. Hier liegt vielmehr eine hermeneutische Aufgabe, die bislang kaum in Angriff genommen wurde.
Eine Lösung wäre wohl leicht denkbar für die physische Geographie, da die Geowissenschaften an der Schule nicht vertreten sind; für die Humangeographie ist jedoch keine in Sicht.

So bleibt für die sozialwissenschaftliche Geographie an der Hochschule nur eine Möglichkeit: Fortschreiten auf dem Weg zu einer speziellen, analytisch-empirischen Sozialwissenschaft mit einer Konzentration auf Fragen der räumlichen Organisation menschlicher Aktivitäten und ihrer planerischen Gestaltung. Ein Teil der Hochschulgeographen wird sich dabei vornehmlich der Vermittlung an Lehramtsstudenten, aber auch an Studenten neuer Berufe, z.B. des von BARTELS 1979 erwähnten Sozialadvokaten, der Bürgerinitiativen, planungsbetroffene Bürger usw. beraten könnte, widmen. Ein kleinerer Teil wird in oder außerhalb der Universität forschen. Eine derartige Spezialdisziplin würde ohne Zweifel weniger Stellen für Geographen an der Hochschule anbieten, als heute vorhanden sind. Die Raumordnungspolitik ist nicht zufällig einer unserer unbedeutenderen Politikbereiche.

Ein entsprechendes Unterrichtsfach wäre auch kaum längerfristig eigenständig, sondern sinnvoll nur als Teil eines umfangreicheren sozialwissenschaftlichen Aufgabenfeldes mit gegenüber heute reduzierter Stundenzahl denkbar.[3]
Verbunden mit dieser m.E. wahrscheinlichen Entwicklung wäre eine Spaltung der Geographie in eine geowissenschaftliche „folk science" mit einem entsprechenden geowissenschaftlichen Unterrichtsfach und in eine regionalwissenschaftliche Teildisziplin der Sozialwissenschaften, die an der Schule in einem Fach „Sozialkunde" o.ä. vertreten sein könnte[4].

Die Konsequenzen für die Ausbildungsgänge der zukünftigen Lehrer der beiden, nun getrennt zu sehenden Schulfächer seien abschließend kurz angedeutet: Der Lehrer für Geowissenschaften benötigte allgemeine Grundkenntnisse der Physik, Chemie und Biologie sowie vertiefte Kenntnisse der Geowissenschaften. Dieser Bereich ist insgesamt relativ unproblematisch, wenn auch noch keine Erfahrungen mit einem derartigen Studiengang vorliegen.
Die Bezugsfächer des regionalwissenschaftlichen Feldes wären andere: Wirtschaftswissenschaften, Soziologie, eventuell Psychologie, Politologie, Geschichte, Jura. Da in der Sozialkunde nur zu einem geringen Teil spezifische Probleme der räumlichen Gestaltung des Lebensraumes thematisiert werden könnten, würden diese Inhalte auch im Studium zugunsten von Ökonomie, Soziologie usw. an Gewicht verlieren.

Dieses Konzept ist natürlich ein anderes als die „folk science" von HARD. Es entspricht auch kaum der heutigen, äußerst vielfältigen und facettenreichen Realität der Geographie an Schule und Hochschule, läge aber m.E. in der Richtung einer sinnvollen Weiterentwicklung dieser Realität.

Anmerkungen

1 Vielfach wird den Studenten allerdings die Illusion vermittelt, an der Forschung zu partizipieren, wenn sie nämlich in Projekten oder Praktika als „Datenknechte" eingesetzt werden.
2 Es war für mich 1978 überraschend zu sehen, wie positiv selbst ansonsten sehr kritische Studenten die o.g. Länderkunde „Die Beneluxstaaten" einschätzten. Auf meine Rückfrage erfolgte eine sehr einfache Antwort: Die Studenten wußten nach dem Lesen beträchtlich mehr über die Beneluxstaaten.
3 Unter diesem Gesichtspunkt ist es außerordentlich zu bedauern, daß die wenigen Versuche zur Konstituierung eines interdisziplinären Schulfachs „Sozialkunde", „Gemeinschaftskunde", „Politische Bildung" o.ä. ohne die Möglichkeit einer längeren Erprobung wieder abgebrochen wurden. Teilweise scheiterten diese Versuche an ihrer entschiedenen und einseitigen, jedenfalls nicht konsensfähigen gesellschaftskritischen Grundkonzeption (hessische Rahmenrichtlinien, Universität Bremen), zum Teil waren die fachegoistischen Widerstände nicht zu überwinden (Gemeinschaftskunde).
4 Zur Klarstellung sei noch einmal ausdrücklich betont, daß der von HARD für die Geographie eingeführte Begriff „folk science" keineswegs in einem abwertenden Sinn gemeint ist. Was unter geowissenschaftlicher „folk science" zu verstehen ist, kann vielleicht an dem Buch von WEISCHET (1977) „Die ökologische Benachteiligung der Tropen" verdeutlicht werden. Das Buch enthält keine originären Forschungen des Autors, sondern faßt die Ergebnisse zahlreicher naturwissenschaftlicher Untersuchungen zusammen, um die Probleme des Nährstoffgehalts innertropischer Böden zu erläutern. Es erfüllt m.E. die Vermittlerfunktion einer „Didaktik der Geowissenschaften" in idealer Weise, und zwar auf einem relativ hohen Niveau. Kein zukünftiger Lehrer brauchte sich darüber hinaus mit den zugrundeliegenden Einzelforschungen zu beschäftigen.

Literatur

BARTELS, D. (1978): Geographie: Einige Gedanken zum Thema Fachwissenschaft und Schule. In: ERNST, E. u. HOFFMANN, G. (Hrsg.): Geographie für die Schule. Ein Lernbereich in der Diskussion. Braunschweig: Westermann, S. 40-45.

BOBEK, H. u. SCHMITHÜSEN, J. (1949): Die Landschaft im logischen System der Geographie. In: Erdkunde 3, S. 112-120.

HAMBLOCH, H. (1977): Die Beneluxstaaten. Eine geographische Länderkunde. Darmstadt: Wissenschaftliche Buchgesellschaft (= Wissenschaftliche Länderkunden 13).

HARD, G. (1979): Die Disziplin der Weißwäscher. Über Genese und Funktion des Opportunismus in der Geographie. In: SEDLACEK, P. (Hrsg.): Zur Situation der deutschen Geographie zehn Jahre nach Kiel. Osnabrück: Selbstverlag des Fachbereiches 2 der Universität Osnabrück (= Osnabrücker Studien zur Geographie 2), S. 11-44.

STORKEBAUM, W. (Hrsg.) (1967): Zum Gegenstand und zur Methode der Geographie. Darmstadt: Wissenschaftliche Buchgesellschaft.

WEISCHET, W. (1977): Die ökologische Benachteiligung der Tropen. Stuttgart: Teubner.

Otmar Werle, Frankfurt

Zehn Jahre Geographie im Sachunterricht – Bilanz und Perspektiven

Zu Beginn seien einige Daten zur Chronologie unseres Themas ins Gedächtnis zurückgerufen:

Am Anfang stehen zwei Kongresse im Jahre 1969, bei denen das in den 60er Jahren aufgestaute Unbehagen in zwei ganz verschiedenen Bereichen zum ersten Male öffentlich artikuliert und in bundesweitem Rahmen diskutiert wurde:
... der Kieler Geographentag, der ein deutlich gewandeltes Selbstverständnis der Geographie als Fachwissenschaft offenbarte
... der Frankfurter Grundschulkongreß, dem die Initialzündung für die Reform der Grundschule zukommt.

Von den Entwicklungen, die daraufhin teilweise recht stürmisch einsetzten, blieb der grundlegende Geographieunterricht im Primarbereich zunächst ausgespart. Noch 1973, also vier Jahre später, konnte BESCH mit Fug und Recht von einem vergessenen Bereich sprechen. Doch bahnte sich noch im gleichen Jahr insofern eine Wende an, als KROSS mit einem Vortrag auf dem Kasseler Geographentag die Grundschulgeographie sozusagen hoffähig machte.

Ein Jahr später erschien das erste Primarstufen-Beiheft zur Geographischen Rundschau, herausgegeben von einer Bremer Arbeitsgruppe – die Grundschulgeographie hat also hier am Ort eine gute Tradition.

Als ein Jahr des „Durchbruchs" kann 1976 angesehen werden, als neben einem weiteren Primarstufen-Beiheft die deutsche Übersetzung von E. BARKERs „Geography and Younger Children" und H. SAUTERs umfangreiches Buch „Der Erdkundeunterricht in der Grundschule" erschienen, dazu zahlreiche weitere Publikationen.

Es folgten dann 1978/79 Sammelbände, z.B. von ENGELHARDT, POLLEX und WAGNER, die die teilweise recht verstreut erschienenen Literaturtitel nunmehr besser verfügbar machten.

Wenn auch inzwischen die Geographie in der Grundschule längst kein vergessener Bereich mehr ist, so lassen manche Beobachtungen doch auch weniger positive Schlüsse auf den Stellenwert zu, der ihr im Rahmen der Geographiedidaktik zugemessen wird. Dazu nur zwei Beispiele: In ihrer Bilanz über zehn Jahre des neuen Geographieunterrichts, die HAUBRICH und SCHULTZE auf dem Göttinger Geographentag im vergangenen Jahre vortrugen, wurden die Probleme des grundlegenden Erdkundeunterrichts ebensowenig diskutiert wie in dem kurz zuvor erschienenen Aufsatz von SCHULTZE „Kritische Zeitgeschichte der Geographie".

Ich habe nun im folgenden versucht, eine Analyse des Situationsfeldes „Grundschulgeographie" in acht Thesen zusammenzufassen. Sie sollen als Grundlage einer ausführlichen Diskussion dienen. Sie sind in ihrer Reihenfolge nicht rangmäßig gewichtet und erheben auch nicht den Anspruch auf Vollständigkeit.

These 1: Für die grundschuldidaktisch-geographische Literatur ist inhaltliche Vielfalt bezeichnender als konzeptionelle Eindeutigkeit

Ich stelle diese These, die einer Formulierung von KROSS aus dem Jahre 1976 (S. 9) entspricht, ganz bewußt an den Anfang. Denn grundsätzlich ist dieses Problem, das in vielen der übrigen Thesen aspekthaft immer wieder auftritt, bis heute ungelöst geblieben. Wenn KROSS zu diesem Zeitpunkt noch auf die Daseinsgrundfunktionen und damit auf die Sozialgeographie als Ordnungs- und Auswahlprinzip auch für grundschulgeographische Ziele und Inhalte hoffen durfte, müssen wir heute feststellen, daß damit kein konsensfähiges Gerüst aufgebaut werden konnte. Es überwiegen zwar die Themenkreise aus dem Umfeld der Daseinsgrundfunktionen, doch findet sich in der Literatur auch weiterhin ein breites Spektrum von Unterrichtsmodellen aus dem gesamten Bereich der Kulturgeographie. Nachdrücklich sei hier SCHULTZEs Feststellung (1979, S. 7) unterstrichen, daß es sich noch lange nicht um Sozialgeographie handeln muß, wenn in einer Überschrift Wörter wie Wohnen, Arbeiten und Sich-Versorgen auftauchen.

Die Vielfalt der Themen, nicht zuletzt unter Berufung der jeweiligen Autoren auf die lerntheoretischen Thesen von BRUNER, wird mit Modellen aus dem populären und griffigen Themenkreis von Geoökologie-Umweltschutz fortgesetzt, auch wenn geographische Fragestellungen dabei manchmal nur randlich angesiedelt sind. Des weiteren werden Unterrichtsbeispiele angeboten, die fachwissenschaftlich-theoretische Modelle schülergerecht aufarbeiten, z.B. „Zentralität", dazu kommen Beispiele aus allen allgemeingeographischen Disziplinen, aus dem Bereich der Medien und Verfahren (z.B. „thematische Karte" oder „Erkundung").

Als gemeinsamer Nenner für die didaktische Leitlinie läßt sich allenfalls die Aussage herauslesen, daß fast alle der angebotenen Unterrichtsmodelle einen deutlichen Bezug zum Menschen herstellen; ein Konsens jedoch, der nur auf dieser weiten und vagen Formulierung geschaffen werden kann, ist letztlich unbrauchbar.

These 1 könnte demnach in die Forderung einmünden, stärker als bisher durch Betonung von Gemeinsamkeiten an einem konsensfähigen Raster für grundschulgeographische Ziele und Inhalte zu arbeiten und dabei die Chance der Offenheit gegenüber mehreren denkbaren Konzepten nicht durch rigide Festlegung auf ein Konzept zu vertun. Eine wesentliche Forderung an dieses Raster möchte ich gleich anschließen: Die Prinzipien der Erarbeitung müßten offen dargelegt und in ihrer Terminologie so verfaßt sein, daß sie über den „Zirkel der Eingeweihten" hinaus auch von dem Schulpraktiker akzeptiert werden, der den gewünschten Innovationsprozeß am stärksten mittragen muß. Vielleicht können wir hier von der vielgeschmähten Heimatkunde doch noch einiges lernen.

These 2: Probleme bei der Bestimmung der curricularen Position der Geographie im Grundschulbereich resultieren auch aus der kontroversen Diskussion um den Sachunterricht

Die curriculare Orientierung des Sachunterrichts zu Beginn der 70er Jahre bestand zu einem beträchtlichen Teil darin, grundsätzliche Gegenpositionen zu allen Bereichen des bis dahin betriebenen Heimatkundeunterrichts aufzubauen. Nicht Entwicklung, sondern Bruch war die Devise. Nach zehn Jahren ist nun eine erste Bilanz möglich, mit einem Saldo jedoch, der durch deutliche Defizite beim Aufbau einer neuen, tragfähigen didaktischen Struktur bestimmt ist. Es war bisher nicht möglich, ein auch nur annäherndes Einvernehmen über die Funktion dieses zentralen Bereichs des Grundschulunterrichts herzustellen; dafür sind die Standpunkte zu konträr und ohne gemeinsame Ausgangsbasis: auf der einen Seite Curricula, die sich der Wissenschaftsorientierung verschrieben haben, auf der anderen Seite integrierend-mehrperspektivische Konzepte. Beide Richtungen zeichnen sich durch einen hohen theoretischen Diskussionsstand aus.

Auf der notwendigerweise pragmatischeren Ebene der Lehrpläne und Richtlinien wurden diese beiden Curriculumkonzeptionen weniger wirksam als andere Konzeptionen, die in sich jedoch ebenfalls nicht widerspruchsfrei sind. Es fällt auf: Einerseits lautet die Bezeichnung des Faches in den Lehrplänen mit Ausnahme von Bayern und Berlin inzwischen einheitlich „Sachunterricht". Andererseits ist bei der Untergliederung eine Bezeichnungsunsicherheit, die als Symptom einer didaktischen Unbestimmtheit gedeutet werden könnte (SÜSS, 1978, S. 44), nicht zu übersehen; wir finden Begriffe wie Lernbereiche, fachliche Bereiche, Aspekte, Lernfelder, Erfahrungsbereiche oder auch die Namen von Schulfächern der Sekundarstufen. Und weiter: Einerseits wird die Forderung aufgestellt, den Umweltbezug des Schülers als Konstruktionsprinzip für die Entfaltung von Lernsituationen zu berücksichtigen — andererseits erfolgt eine stark auf einzelne Fächer bezogene Gliederung der Inhalte (SÜSS, 1978, S. 53).

Es ist daher verständlich, wenn SCHWARTZ (1977, S. 13) eine Reihe von Befunden aus der Krankengeschichte des Sachunterrichts auflistet; darin unter anderen:
- fragwürdige und falsche Interpretation ausländischer Forschungsergebnisse
- falsch verstandene Wissenschaftsorientierung
- Stoffüberfülle und Leistungsdruck

Es ist wichtig, bei jeder Diskussion um die Perspektiven geographischer Grundschularbeit diesen Rahmen, der durch die Integration der Geographie in das „Mehrfächerfach" Sachunterricht vorgegeben ist, immer mit zu bedenken. Und noch ein weiterer wichtiger Aspekt ist angesichts der in der Theorie teilweise sehr anspruchsvollen Curriculumdiskussion mit zu bedenken: die unterrichtlich-konkrete Ermittlung der Grenzen des Realisierbaren, oder, anders ausgedrückt, die gleichberechtigte Berücksichtigung der unterrichtspraktischen Dimension. Diese Forderung provoziert These 3.

These 3: Unsere Kenntnis von der schulischen Alltagspraxis ist defizitär

Darauf hat vor allen Dingen SCHREIER (1978), selbst mit der Schulpraxis eng vertraut, in einem Aufsatz in der Geographischen Rundschau hingewiesen; noch deutlicher tat dies DAUM (1980) in seinem Aufsatz über das Innovationsproblem in der Geographiedidaktik.

Über die theoretische Diskussion um Konzepte, Lernziele, Inhalte und Verfahren ist die Schulwirklichkeit, soweit sie unser Fach betrifft, sehr weit aus dem Blickfeld geraten. Wir wissen viel zu wenig von dem, was im geographischen Bereich des Sachunterrichts tatsächlich geschieht, inwieweit die didaktischen Theorien von den Lehrern des Sachunterrichts aufgenommen und verarbeitet werden, ob die Unterrichtsmodelle, die in der Literatur angeboten werden, inselhafte Singularitäten sind oder innovatorische Sprengkraft besitzen, ob sich der geographische Anfangsunterricht in der Vermittlung einiger instrumentaler und topographischer Grundkenntnisse erschöpft oder ob gar noch Heimatkunde getrieben wird.

KELLERSOHN (1977), der sich auf zahlreiche Gespräche mit Grundschullehrern beruft, kommt jedenfalls zu dem Ergebnis, daß die Rezeption der neuen Denkanstöße in der Praxis bisher gering geblieben und eine Umsetzung durch das Gros der Lehrer in der täglichen Praxis – worin sich ja Erfolg oder Mißerfolg eines Reformbestrebens erst dokumentieren – zur Zeit noch mehr als zweifelhaft sei.

DAUM (1980, S. 66) sieht den Hauptgrund dieses Mißstandes darin, daß die Innovationsprozesse nicht konsequent aus der Perspektive des im Alltag handelnden Lehrers entwickelt und analysiert worden seien, so daß der Lehrer seine Funktion im Innovationsprozeß nicht genügend kennengelernt habe.

Undenkbar ist jedoch das Gelingen einer Reform, wenn didaktische Theorie und schulische Praxis ohne ständige Rückkoppelung miteinander funktionieren sollen. Eine wichtige Aufgabe der nahen Zukunft müßte es sein, unsere Kenntnis von der Schulpraxis – und zwar ganz besonders auch von der durchschnittlich-alltäglichen – auf breiter Basis zu erweitern. Es soll damit kein schnöder Pragmatismus gefordert werden, der sich bedenkenlos an Bestehendes anhängt; vielmehr gilt es, bei der theoretischen Diskussion und den aus ihr abgeleiteten Postulaten die Grenzen der Realisierbarkeit mit zu bedenken. Die „Sedimente der Unterrichtsarbeit", die uns in der Literatur begegnen, entstammen größtenteils nicht der alltäglichen Praxis, sie sind vielmehr durchweg Musterbeispiele, die als Modelle ihren Wert haben, aber nicht verallgemeinert werden dürfen.

Ich bin jedenfalls ENGELHARDTs (1978, S. 9) pauschaler Feststellung gegenüber skeptisch, daß die „neue Erdkunde" rasch Eingang in den Unterricht und vielfach auch hinreichend Anerkennung gefunden habe. Die Richtigkeit dieser Behauptung könnte jedoch nur durch eine Reihe weiterer Untersuchungen der Art nachgewiesen werden, wie sie SCHREIER im Kasseler Raum durchgeführt hat. Dazu kommt, daß der Begriff „neue Erdkunde", so optimistisch er auch klingt, erst einmal auf elf verschiedene Weisen je nach Bundesland definiert werden müßte – und damit sind wir bei These 4.

These 4: Lehrpläne und Sachunterrichtsbücher sind keine ausreichenden Hilfen für den Lehrer

Auf der Suche nach den neuen Wegen der Geographie im Primarbereich sind in den vergangenen Jahren auch immer wieder die Lehrpläne der einzelnen Bundesländer mit einbezogen worden (so z.B. BAYER, 1978; BESCH, 1977; SAUTER, 1976). Schon allein die kommentarlose Kompilation der Ausführungen zum Sachunterricht und darin zur Geographie könnte die Unsicherheit und Konzeptionslosigkeit in diesem zentralen Lernbereich der Grundschule deutlich machen, die sich bis in einzelne Begriffe hinein verfolgen läßt. Ich möchte dafür nur ein Beispiel aus jüngster Zeit geben: Sowohl der hessische als auch der rheinland-pfälzische Lehrplanentwurf gliedern den Sachunterricht unter dem Terminus „Erfahrungsbereiche". Während jedoch der hessische Plan für die Gesellschaftslehre der Grundschule fünf Erfahrungsbereiche ausgliedert, sind es im Plan des Nachbarlandes zur gleichen Thematik deren 14.

Hat es also der linksrheinische Lehrer mit weitaus erfahreneren Grundschülern zu tun, wird etwa in Rheinland-Pfalz 3 mal mehr gelernt – oder ist ganz einfach der Rhein eine linguistische Grenze für die Interpretation des Begriffs „Erfahrungsbereiche"?
Nun könnte eingewendet werden, daß sich der Lehrer mit dem Plan **seines** Bundeslandes auseinanderzusetzen habe und sich nicht auch noch durch föderalistische Bildungsgrenzen verwirren lassen dürfe. Doch auch dann

ist der rheinland-pfälzische Plan nicht sehr hilfreich, wenn etwa der geographische Aspekt recht willkürlich durch die drei Erfahrungsbereiche „Boden", „Landschaft" und „Raum" abgedeckt wird, worin sachliche Fehler und didaktische Rückschritte zusätzliche Verwirrung bringen. Andere Lehrpläne mögen allerdings sinnvoller gestaltet sein.

Nicht geklärt ist die Frage, und damit verweise ich zurück auf These 3, inwieweit Richtlinien und Lehrpläne innovatorisch-verändernd wirken, zumal dann, wenn sie innerhalb eines Jahrzehnts auch noch mehrfach geändert werden. Vielleicht ist hier sogar der oft beklagte „Modernisierungsrückstand" der Institution Schule ein eher hilfreicher und stabilisierender Faktor (SCHWARTZ 1977, S. 15), wenn es gilt, das schon vor 100 Jahren von Gustav Friedrich DINTER beklagte „beständige Wogen und Wallen und Treiben in der pädagogischen Welt" in der alltäglichen Praxis wieder etwas zu beruhigen. Zum Glück „funktioniert" Schule auch dann, wenn die Lehrpläne nicht so ernst genommen werden, wie sie sich bisweilen geben.

Noch schwieriger wird es für den Lehrer, wenn er seine Informationen über Sachunterricht aus den Schulbüchern bezieht, die zur Realisierung der Lehrpläne dienen sollen. Zum einen besteht die Gefahr, daß er durch fragwürdige Interpretationen und Informationen fehlgeleitet wird, zum anderen ist gerade für den geographischen Aspekt ein gravierenes Problem zu berücksichtigen, nämlich der unvermeidbare Mangel an lokal oder auch regional bezogenen Inhalten. Es bleibt somit, von wenigen Ausnahmen abgesehen, bei allgemeinen Themen mit stark instrumentaler Lernzielintention.

Für Geographie und Geschichte stellen sich die Probleme gleichermaßen: Unterrichtsziele und -inhalte finden ihren Bezugsraum zu einem bedeutenden Anteil in der unmittelbaren Umwelt des Schülers. Darin hat auch die Abwendung von der Heimatkunde keine grundsätzliche Änderung gebracht. Die Konsequenz daraus ist eindeutig und sollte auch post-heimatkundlich noch verwirklicht werden: Sammlung und Aufarbeitung von schulstandortbezogenem Unterrichtsmaterial, etwa im Sinne der nordrhein-westfälischen Standortpläne. Der Idealfall dürfte dann vorliegen, wenn Schule und Hochschule dieses Vorhaben kooperativ angehen, z.B. im Rahmen der institutionellen Lehrerfort- und weiterbildung, im Referendariat oder auch in nicht institutionellen Arbeitskreisen; Beispiele dafür sind vorhanden.

Eine erste Bilanz der Ergebnisse von zehn Jahren Sachunterricht bzw. Geographie im Sachunterricht kann in folgenden beiden Aussagen zusammengefaßt werden:
1. Für den grundlegenden Geographieunterricht innerhalb des Sachunterrichts haben bisher weder die Diskussion um das neue Fach Sachunterricht noch die geographisch-fachdidaktische Diskussion eine allgemein anerkannte positionelle Klärung erbringen können.
2. Bei der zukünftigen Diskussion der offenen Probleme müssen alle Überlegungen stärker als bisher an den Realitäten der Praxis orientiert werden.

Die Konsequenzen aus dieser letzten Feststellung führen zu These 5:

These 5: Die didaktisch-theoretische Diskussion über Ziele und Inhalte der Grundschulgeographie innerhalb des Sachunterrichts muß durch theorieorientierte empirische Forschung ergänzt und erweitert werden

Dieser Forderung nach Empirie, von HAUBRICH (1977, S. 26) für die Sekundarstufe aufgestellt, sollten wir uns für die Primarstufe ohne Einschränkung anschließen, da dort das Defizit an empirischer Forschung besonders ausgeprägt und besonders schwerwiegend ist.
Ich möchte einige Bereiche aufzeigen, in denen mir empirische Untersuchungen zur Zeit vordringlich erscheinen.

Es ist wenig bekannt, welche Qualifikationen geographischer Art am Abschluß der Grundschule erreicht sind, wenn die Schüler auf weiterführende Schulen überwechseln und Geographie als eigenständiges Schulfach auftritt. Die „vorreformatorische" Schulerdkunde, strukturiert nach länderkundlich-flächendeckender Konzeption, konnte davon ausgehen, daß in der Heimatkunde generell die Grundlagen eines räumlichen Kontinuums geschaffen worden waren. Zumindest die „Lehrplansäule" Topographie folgte einer einheitlichen Leitlinie von der Grundschule bis in die verschiedenen Schul-Oberstufen hinein, wenn auch unter lernpsychologischen Prämissen, denen wir heute nicht mehr zustimmen können. Die gegenwärtige Situation ist nun dadurch gekennzeichnet, daß eine solche gemeinsame Basis für das Schulfach Erdkunde in Anbetracht der elfmal unterschiedliche Akzente setzenden Lehrpläne kaum mehr vorausgesetzt werden kann. Die Varianz des Vorwissens, der kognitiven wie instrumentalen geographischen Vorbildung, muß einfach sehr viel breiter gestreut sein; dies wäre eine erste Hypothese, die empirisch überprüft werden müßte, und zwar im Vergleich mehrerer Bundesländer. Möglicherweise ergäbe eine solche Untersuchung, daß der Hiatus zwischen Vorleistung der Grundschule und Anspruch der weiterführenden Schulen beträchtliche Ausmaße erreichen kann – was dann wiederum zu Konsequenzen für die Lehrplangestaltung führen müßte. Höchstwahrscheinlich läge in solchen Untersuchungen auch eine gewisse bildungspolitische Brisanz; so hat zum Beispiel eine mit 264 Schülern des Trierer Raumes unmittelbar zu Beginn des 5. Schuljahres durchgeführte Untersuchung in der vorläufigen Auswertung deutliche Hinweise dafür erbracht, daß die Schüler der gymnasialen Klassen mit einigen geographischen Kategorien wesentlich besser vertraut waren als ihre Mitschüler aus den Hauptschulklassen, obwohl sie aus den gleichen Grundschulklassen kamen.

Die Frage nach den Differenzen zwischen den einzelnen Schularten, nach der Bestimmung und Begründung unterschiedlicher Ziele und Inhalte, die SCHULTZE (1979, S. 8) zu den ungelösten Problemen der gegenwärtigen Schulgeographie zählt, müßten trotz der gesellschaftspolitischen Tabuisierung einmal angegangen werden. Dies geschieht am sinnvollsten dort, wo noch am ehesten homogene Lernvoraussetzungen vorliegen, also in der Grundschule.

Eine zentrale geographische Kategorie ist angesprochen, wenn wir nach der Funktion des Raumes und nach dem Aufbau von Raumvorstellungen beim Grundschüler fragen. Gerade hier aber ist der Mangel an empirischen Untersuchungen besonders drückend, denn über die bekannten Arbeiten etwa von STÜCKRATH, SPERLING und auch ENGELHARDT hinaus ist die geographische Forschung bisher nicht viel weitergekommen.

Dabei ist, wie BIRKENHAUER beim Geographentag in Göttingen ausführte, der Aufbau eines geographischen Raumkontinuums nach wie vor eine wesentliche und unverzichtbare Bildungsaufgabe unseres Faches. Ihr Ziel ist die strukturierte Vorstellung von der Welt, der Aufbau geschieht vom Nahraum aus.
Ohne daß wir über die geographische Raumerfahrung des „Ich", also des einzelnen Schülers, genauer informiert wären als zur Zeit der Heimatkunde, hat die Schulpraxis bisher weitgehend darüber entschieden, daß die ersten geographischen Bildungsinhalte weiterhin dem Nahraum entnommen werden, daß also eine zumindest formale Identität des Raumes als Brücke zwischen Heimatkunde und geographischem Sachunterricht bestehengeblieben ist. Die Antwort auf die Frage, wie ein Raum von Schülern wahrgenommen, gegliedert und bewertet wird, müßte eine entscheidende Wirkung auf die Bestimmung seiner didaktischen Funktion haben.

In der Heimatkunde wurde der Aufbau eines konzentrisch von Wohn- und Schulort ausgehenden Raumkontinuums mit möglichst vollzähligen inhaltlichen Elementen angestrebt; die Überbetonung singulären topographischen Wissens war darin grundgelegt. Diese Art von landeskundlicher Totalität wird, vergleichbar der Länderkunde, von der geographischen Grundschuldidaktik abgelehnt. Dennoch taucht dieses Problem, zumindest unterschwellig, immer wieder dann auf, wenn über die Größenordnung der im geographischen Sachunterricht zu behandelnden Raumausschnitte nachgedacht wird. Zitat: „Die unterrichtliche Behandlung eines Erdraumes hängt nicht unwesentlich von seiner Größe ab" (POLLEX, 1979 S. 15). Konsequenterweise wird dann auch die Dimension der zu behandelnden Raumausschnitte in kleinste Einheiten, bis zur Größenordnung von Geotopen (was immer das ist), heruntergefahren, um die Ausführlichkeit der Behandlung sicherzustellen.

Die Gegenposition, die nicht eine möglichst umfassende, auf den Totalitätsanspruch der Heimatkunde zurückweisende Raumbetrachtung anstrebt, wird durch ein zweites Zitat zur Funktion des Raumes im geographischen Sachunterricht in Form eines Postulates belegt: „Thematische Fragestellungen statt monographischer Raumbetrachtung" (ENGELHARDT, 1978, S. 9); oder durch ein weiteres: „Für den Schüler ist der Raum in der Vielfalt seiner Erscheinungsformen nicht an sich, sondern als Schauplatz menschlichen Handelns erlebnisträchtig und relevant" (KROSS, 1974, S. 14). Hier stellt sich weniger die auch in der Fachgeographie nicht unumstrittene Frage nach der Abgrenzung von Raumeinheiten, vielmehr geht es im Wesen dieser Aussagen um die Ermittlung von Auswahlkriterien zur Bestimmung des thematischen Potentials eines Raumes.

Zur Klärung könnten empirische Untersuchungen auch in der Frage nach dem curricularen Stellenwert von Themen aus fremden und fernen Räumen beitragen. Anregende Untersuchungen, wie sie E. WAGNER

(1958/59 und 1974) durchgeführt hat, sind leider nicht weiter verfolgt worden. Da nun der geographische Sachunterricht unter anderem mit der Forderung angetreten ist, die provinzielle Enge der Heimatkunde zu überwinden und einen weltoffenen Unterricht zu gestalten, und nachdem auch einige – wenige – Unterrichtsbeispiele zu dieser Thematik vorliegen, ist es m.E. längst überfällig, die grundlegenden Fragen dazu auch empirisch anzugehen: Sollen Fernthemen nur modellhaften Charakter haben? Sollten sie um der Kontrastwirkung zu Nahbeispielen oder um deren Ergänzung willen eingesetzt werden? Haben sie einen Eigenwert für die Interessenlage des Schülers? Ich denke da auch z.B. an unsere Gastarbeiterkinder.

Weitere Fragen, die bislang aus der Perspektive der Grundschulgeographie noch offen sind, sollen, ohne auf Vollständigkeit abheben zu wollen, wenigstens noch erwähnt werden: Ist es vertretbar, die motivationshaltigen Themen aus der physischen Geographie so rigoros zu beschneiden, und, z.T. damit zusammenhängend, die Frage: Dürfen wir einmal mit einem konsensfähigen Katalog geographischer Grundbegriffe rechnen, der beim Übergang in die weiterführenden Schulen verbindlich sein könnte?
Und weiter: wir brauchten belegbare Aussagen über Einstellungen und Wertungen der „Geographiekonsumenten" (HAUBRICH, 1977, S. 26), eine Art „mental map"-Geographie also, und ebenso gibt es in der lernpsychologisch fundierten Erforschung geographischer Arbeitsmittel in der Grundschule – von der Karte vielleicht einmal abgesehen – noch ein weites, nur wenig beackertes Arbeitsfeld.
Antworten auf alle diese Fragen sind notwendig, um die Forderungen in **These 6** erfüllen zu können:

These 6: Die Entwicklung theorieorientierter praxisnaher Konzepte und Modelle ist eine vordringliche Aufgabe der Geographie im Sachunterricht

Drei Kriterien, die mir neben anderen für eine angemessene Kennzeichnung des Begriffes „praxisnah" wichtig erscheinen, sollen kurz erläutert werden.
1. Ein **handlungsorientierter** Unterricht geht von den sozialen Bedürfnissen und Interessen des Grundschülers aus, von Seinsbereichen, die in seinem Handeln und Erleben eine Bedeutung haben. Das Kind gliedert und wertet den Raum zunächst nicht nach abstrakten fachlichen Kategorien, sondern nach den konkreten Aktionen, die es in diesem Raum ausführt. Es erfährt den Raum nicht aufgrund theoretischer räumlicher Konzepte, sondern durch unmittelbare handlungsrelevante Beziehungen.

Es erscheint jedoch der Nachweis möglich, daß durch Berücksichtigung des didaktischen Prinzips „handelnder Umgang" auch fachtheoretisch anspruchsvolle Modelle eine schülergerechte und fachwissenschaftlich einwandfreie unterrichtliche Behandlung erfahren können. DAUM und KLOTZ haben es für das räumliche Modell „Zentralität" nachgewiesen (1979, S. 66 ff).

Gerade in handlungsorientierten Konzepten läßt sich wohl die Forderung nach einer Wiedereinbeziehung des emotionalen oder des affektiven Bereichs gut verwirklichen. Ein nicht haltbares Verständnis von Wissenschaftsorientierung hatte zur Vernachlässigung beziehungsweise zur bewußten Vermeidung dieser Komponente des Lernens geführt, ausgelöst auch noch durch nicht realisierbare Globalforderungen in der Heimatkunde. Es kann aber gerade in der Grundschule nicht nur rein rational um „Sachen" gehen, sondern es geht vielmehr um „unsere Sachen".

2. Daher sollte der Grundschulunterricht **standortbezogen** sein, was nicht gleichgesetzt werden darf mit standortfixiert. Sachen, Menschen und Gesellschaft sind an einen konkreten Raum gebunden, stehen in einem sozialräumlichen Spannungsfeld. Dieses Gefüge der eigenen Umwelt zu erschließen, den Schüler darin handlungsfähig zu machen, gehört zu den zentralen Aufgaben des Sachunterrichts. Die Rückbesinnung auf die Bedeutung der „Nähesten Verhältnisse" ist weiterhin auch deshalb von Bedeutung, weil sich gerade im Nahraum das Prinzip der Anschauung in entsprechenden Verfahren gut realisieren läßt. Lehrgang, Schülerexkursion oder die von KROSS (1974) angebotene anspruchsvolle Form der „Erkundung" sind in ihrer didaktischen Bedeutung für das Lernen „konkret an Sachen" kaum umstritten. Leider steht jedoch die Anwendung dieser Verfahren in diametralem Gegensatz zu ihrer Bedeutung.

3. Praxisnahe Konzepte und Modelle sollen auch **wissenschaftsorientiert** sein. Die Forderung nach Wissenschaftsorientierung hat, wie schon erwähnt, allerhand Unheil angerichtet, da der Begriff eine bisweilen extreme Auslegung erfahren hat. Wie kann die im Strukturplan des Deutschen Bildungsrats 1970 verwendete Formel vom „wissenschaftsorientierten Sachunterricht" für die Grundschule präzisiert und anwendbar gemacht werden? Etwa im Sinne von KÖCK (1978), der unter Wissenschaftsorientierung die Übernahme und

schulgerechte Anwendung methodologisch-konzeptionell neuer Ansätze der geographischen Wissenschaft verstanden haben will? Oder im Sinne von KELLERSOHN (1977), der den Begriff für die Grundschulsituation inhaltlich noch stärker reduziert und fordert, daß alle in der Grundschule vermittelten Inhalte und Verfahrensweisen nicht im Widerspruch zum jeweiligen wissenschaftlichen Erkenntnisstand stehen? Vielleicht mag dieser Anspruch an die Verantwortung des Lehrens und Lernens trivial erscheinen, er hat aber seine Berechtigung überall dort, wo eine Absetzung des Sachunterrichts gegenüber irrationalen und ideologischen Begründungen der Heimatkunde notwendig ist, vor allem auch dort, wo unter Berufung auf Kindgemäßheit die Elementarisierung bis zur Verfälschung getrieben wird oder eine sachfremde Verniedlichung den Erkenntnisprozeß eher stört als fördert. Denken wir dabei nur an das Regentröpfchen, das aus seinem Leben erzählen soll!

Es ist zu hoffen, daß ein vereinfachtes Verständnis von Wissenschaftsorientierung seinen Niederschlag auch in den Lernzielformulierungen findet. Die Verbalakrobatik, mit der versucht wurde (und leider noch wird), auch einfache und selbstverständliche Ziele hochzustilisieren – SCHULTZE (1977) spricht von „Lernzielphraseologie" und „elendem sprachlichem Wulst" – zeigt eindeutig in die Richtung eines nicht nur für die Grundschule unbrauchbaren Verständnisses von Wissenschaft.

Konzepte und Modelle also, die beim Handlungsraum des Schülers ansetzen, einen konkret-erlebnishaften Zugang zu fachwissenschaftlichen Kategorien im handelnden Umgang gestatten, sachlich jeweils auf dem neuesten Stand wissenschaftlicher Ergebnisse sind, nach Medien und Verfahren konzipiert wurden, die auf der Höhe lernpsychologischer Erkenntnisse und technischer Innovationen stehen, können zu Bausteinen eines neuen Lehrgangs für den grundlegenden Erdkundeunterricht werden. Es gibt gute Beispiele dieser Art, weitere müßten noch erarbeitet werden.

These 7: Die institutionellen Rahmenbedingungen für den geographischen Anfangsunterricht sind verbesserungsbedürftig

Es soll und kann hier nicht darum gehen, die institutionellen Defizite des Schulwesens im weitesten Sinne zu analysieren, zumal von Seiten der Geographie hier kaum Verbesserungsmöglichkeiten in Gang gesetzt werden können. Wir sollten uns an dieser Stelle nur mit einigen Mängeln befassen, an deren Behebung das Fach Geographie interessiert ist und seine Vertreter mit Aussicht auf Erfolg mitarbeiten können.

Unzureichend auf regionaler wie überregionaler Ebene erscheint mir das Medienangebot für den geographischen Aspekt des Sachunterrichts. Der Einfallsreichtum der Themenskala eines zentralen Medieninstitutes wie des FWU in München spricht da für sich: In dem eben ausgelieferten neuesten Katalog erscheinen zwei Abschnitte zum geographischen Bereich, „Naturlandschaften, Kulturlandschaften" und „Orientierung im geographischen Raum". Der erste Bereich wird allein durch den Themenkreis „Verkehrserschließung" abgedeckt; es erscheinen 15 Titel, darunter 6mal das Thema „Schiffshebewerk und Schiffsschleuse", zusätzlich vier Themen mit dem Inhalt „Hafen" und viermal das Thema „Alpenübergang". Die „Orientierung..." ist überhaupt nur mit drei Titeln vertreten.

Die neuere Entwicklung des geographischen Sachunterrichts, immerhin schon beinahe ein Jahrzehnt alt, scheint an dieser Institution vorübergegangen zu sein.

Anregungen von Schule und Hochschule könnten hier einiges in Bewegung bringen. Noch günstiger erscheinen die Möglichkeiten auf regionaler Ebene, etwa bei der Zusammenarbeit mit den Landesbildstellen. Durch ihren bildungspolitischen Auftrag sind diese Institutionen zur Zusammenarbeit nicht nur verpflichtet, sondern in den meisten Fällen wohl auch bereit. Die Initiative zur Inwertsetzung des reichhaltigen Materials für die Grundschule und ihre jeweils landesspezifisch angelegten Lehrpläne müßten jedoch auch hier von außen kommen, wiederum am besten von engagierten Vertretern von Schule und Hochschule.

Daß Privatinitiative zu guten Ergebnissen führen kann, beweisen einige Veröffentlichungen in jüngster Zeit. Nachteilig im Hinblick auf innovatorische Wirkung ist jedoch ihre regional begrenzte Reichweite. Es sollte auf diesem Sektor viel mehr noch als bisher gearbeitet werden, denn es fehlt in der Primarstufe mehr als in jeder anderen Schulstufe an geographischem Arbeitsmaterial, eben wegen des regionalen Zuschnitts und der daraus resultierenden Unattraktivität für Schulbuchverlage – während die Grundschullehrer dringend solches Material brauchen, bisher aber mehr als in jedem anderen Fach im Stich gelassen wurden. Auf diese Weise könnten dann auch neue Überlegungen zur Gestaltung des geographischen Anfangsunterrichts konzeptionell wie inhaltlich auf einer pragmatischen und realisierbaren Ebene dem Grundschullehrer angeboten werden.

Lassen Sie mich kurz noch einen zweiten Bereich ansprechen: die Lehrerausbildung für das Fach Sachunterricht. Von der Curriculumkonzeption und vom Schulrecht her existiert dieses Fach, das seiner Bedeutung nach als drittes Kernfach der Grundschule mit Deutsch und Mathematik interpretiert werden muß. Ein Vergleich für die Ausbildungsgänge in der ersten Phase der Lehrerausbildung macht jedoch deutlich, daß bislang eine überzeugende Lösung für dieses Ausbildungsproblem noch nicht gefunden worden ist. Wichtig wäre einmal eine Übersicht über die Praxis der Ausbildung in allen Bundesländern, schon um eine Argumentationshilfe in den Ländern zu haben, in denen es noch keine Studienmöglichkeit für das Fach Sachunterricht gibt.

Im Rahmen der universitären Möglichkeiten sind pragmatisch angelegte Interimslösungen denkbar, die allerdings neben einem gewissen Engagement für die Sache auch die Lösung organisatorischer und rechtlicher Fragen erfordern. Gespräche in interdiziplinären Arbeitsgruppen, die sich mit Fragen fächerübergreifender Ausbildungsprobleme befassen, zeigen eines immer wieder ganz deutlich:
Die Geographie erweist sich dank der breiten Palette ihrer Arbeitsbereiche als der am besten geeignete Partner für eine Kooperation im Sachunterricht. Diese Position sollte sie nutzen.

These 8: Ausländische Entwicklungen sollten bei der Diskussion um die Geographie im Sachunterricht mitbedacht werden

Unterschiede in den Erziehungszielen, in der Schulorganisation und nicht zuletzt in der personellen und materiellen Ausstattung der Grundschulen erschweren zwar die Übernahme ausländischer Entwicklungen, doch können einzelne Aspekte zur Bereicherung und Anregung unserer Überlegungen ebenso herangezogen werden wie zur Gestaltung spezifischer Unterrichtssituation und zur Unterrichtsplanung.
In diesem Sinne interpretiert KROSS (1976) z.B. E. BARKERs schon erwähntes Buch „Geography and Younger Children". BARKER (1976) gibt überzeugende Beispiele dafür, wie Motivation, Kreativität und Aktivität der Schüler in einem nicht rigide festgelegten Unterrichtskonzept geweckt und gesteigert werden können. Sein Buch ist pragmatisch ausgerichtet, es berücksichtigt in hohem Maße die Interessen der Schüler, so daß Geographie auch Spaß macht. Dabei geht der Blick für grundlegende Fragestellungen fachinhaltlicher wie fachdidaktischer und lernpsychologischer Art nie verloren.

Es wäre sicher sehr fruchtbar, wenn nun einige Jahre nach Erscheinen dieses Buches die Entwicklung „vor Ort" in England studiert werden könnte, etwa in dem Rahmen, wie im Jahr 1979 eine Tagung des Hochschulverbandes für Geographie und ihre Didaktik in Paris stattfand. Dabei war Gelegenheit, die didaktische Konzeption der „activités d'éveil" kennenzulernen, den Grundschulbereich, der unserem Sachunterricht in etwa entspricht.

Der Lehrgang für Geographie, in Frankreich traditionell mit Geschichte gekoppelt, versucht eine typologische, nicht räumliche Strukturierung der Umwelt. In den „études du milieu" wird vom ersten Schuljahr an gefordert, fortschreitend von der eigenen Lebensumwelt andere Lebensgemeinschaften zu untersuchen, etwa das Zusammenleben in einer Stadt oder in einer Landgemeinde, das Leben im Gebirge usw. Auf deutsche Verhältnisse übertragen: Bestimmte Daseinsgrundfunktionen geben das bestimmende Gliederungsprinzip für die Untersuchung bekannter und fremder Räume ab. In auffallendem Gegensatz zur deutschen Grundschulgeographie steht dabei der unkomplizierte Umgang der Franzosen mit Themen des physisch-geographischen Bereichs. Am Ende der Grundschulzeit sollen Kenntnisse über ganz Frankreich einschließlich der überseeischen Gebiete vorhanden sein, die sich in einem Schema – sehr verkürzt – folgendermaßen darstellen lassen:

Regionen / Themen	Paris	Alpen	Mittelmeer	Rhonetal	Massif Central
Industrie					
Ländl. Leben					
Tourismus					

Versucht man eine Klassifizierung nach geographischen Kategorien, so wäre in der Vertikalen eine Art Landeskunde abzulesen, in der Horizontalen dagegen eine Übersicht über wesentliche Teildisziplinen der allgemeinen Geographie, dargelegt an verschiedenen Raumbeispielen. Dabei müssen längst nicht alle Felder besetzt sein. Dieser Ansatz erscheint mir auch für die Gestaltung künftiger Lehrpläne bei uns bedenkenswert.

Ich fasse zusammen.

1. Die hoffnungsvolle bis euphorische Grundstimmung in der Anfangsphase der Reform des geographischen Unterrichts muß nunmehr einer gewissen Skepsis Platz machen, die Reform ist ins Stocken geraten. Die Ursachen, die SCHULTZE (1979) dafür anführt, gelten für alle Schulstufen. Es sind externe Gründe, z.B. die allgemeine Reformmüdigkeit der Gegenwart oder politische und ministerialbürokratische Restriktionen, es sind aber auch interne Gründe, also ungelöste fachdidaktische Probleme. Ungelöst ist die Frage nach der Lernzielorientierung, ungelöst ist auch die Frage nach einem „Suchinstrument" für grundschulgeographische Inhalte. Die Daseinsgrundfunktionen allein sind mit dieser Aufgabe überfordert. Als zusätzliche Schwierigkeit kommt in der Primarstufe die unterschiedlich enge Vergesellschaftung der Geographie mit den übrigen im Sachunterricht vertretenen Fächern hinzu.

2. Stärker als zur Zeit der Heimatkunde, so scheint mir, haben in den vergangenen zehn Jahren die Vorstellungen von dem, was sein sollte, den Blick auf das verstellt, was tatsächlich ist. Notwendig erscheint die Herstellung engerer wechselseitiger Beziehungen zwischen didaktischer Theorie und schulpraktischer Wirklichkeit. Deshalb sollten empirisch abgesicherte Kenntnisse aus unserem bundesdeutschen Schulalltag, gelegentlich auch die Ergebnisse ausländischer Entwicklungen, stärker als bisher bei der Bestimmung und Realisierung von Zielvorstellungen mitbedacht werden.

3. Die Aufgabe dieser Ausführungen hier sehe ich darin, einen möglichst weitreichenden Erfahrungsaustausch über Probleme, Aufgaben und Ziele grundschulgeographischer Arbeit zu initiieren oder zu provozieren. Darum ist einiges recht plakativ dargestellt worden; die Probleme stellen sich in den einzelnen Bundesländern oft differenzierter, als hier vorgetragen werden konnte.

Die Aussprache sollte also auf solche Divergenzen hinweisen, die vielleicht zu einem fruchtbaren Ansatz für Weiterentwicklungen werden könnten. Ein breites Meinungsbild über Funktion und Inhalte der Grundschulgeographie könnte außerdem dazu dienen, eine Plattform für ein konsensfähiges zukünftiges Curriculum zu schaffen, zumindest aber weitere Bausteine dazu zu liefern.

Literaturverzeichnis

BARKER, E.: Geographie in der Grundschule. Stuttgart 1976

BAYER, W.: Erdkunde im Sachunterricht. In: Gertraud E. Heuß (Hrsg.): Lernbereich Sachunterricht, Donauwörth 1978, S. 159-199

BESCH, H.W.: Geographie in der Primarstufe – ein vergessener Bereich! In: GR 4, 1973, S. 149-150.

BESCH, H.W.: Geographisches Basiskönnen in der Primarstufe. In: Frankfurter Beiträge zur Didaktik der Geographie. Bd. 1, 1977, S. 229-239.

CASSUBE, G.; J. ENGEL; G. HOFFMANN; P. OTTO: Beiträge der Geographie zum Sachunterricht in der Primarstufe. BGR 1/1974.

DAUM, E.: Das Innovationsproblem in der Geographiedidaktik. In: Geographie und ihre Didaktik. H. 2, 1980, S. 54-70.

DAUM, E. und KLOTZ, S.: Zentralität als handlungsorientiertes räumliches Konzept. In: Praxis Geographie, 2/1979, S. 66-72.

ENGELHARDT, W.: Erdkunde in der Grundschule. Bad Heilbrunn 1978.
ENGELHARDT, W.: Zur Entwicklung des kindlichen Raumerfassungsvermögens und der Einführung in das Kartenverständnis. In: Engelhardt-Glöckel (Hrsg.): Einführung in das Kartenverständnis. Bad Heilbrunn 1973, S. 103-113.
HAUBRICH, H.: Thesen zur geographiedidaktischen Forschung. In: GR 1/1979, S. 26-28.
HEUSS, Gertraud E. (Hrsg.): Lernbereich Sachunterricht. Donauwörth 1978.
KELLERSOHN, H.: Geographie in der Grundschule – Erwartungen und Wirklichkeit. In: Sachunterricht und Mathematik in der Grundschule, 6/1977, S. 281-286.
KÖCK, H.: Wissenschaftsorientierter Geographieunterricht: zum Beispiel durch Modellbildung. In: Geographie und ihre Didaktik. H. 2, 1978, S. 43-77
KROSS, E.: Die Erkundung im Nahraum. In: BGR 1/1974, S. 26-31.
KROSS, E.: Sozialgeographie im Sachunterricht der Grundschule. In: Deutscher Geographentag Kassel 1973, Tagungsberichte und wissenschaftl. Abhandlungen. Wiesbaden 1974, S. 140-148.
KROSS, E.: Geographische Aspekte im Sachunterricht der Grundschule – ein vergleichender Überblick über deutsche und englische Verhältnisse. In: Barker, E.: Geographie in der Grundschule. Stuttgart 1976, S. 5-14.
POLLEX, W.: Die Geographie in der Grundschule. In: Pollex, W. (Hrsg.): Grundschulgeographie, Braunschweig 1979, S. 6-24.
SAUTER, H.: Der Erdkundeunterricht in der Grundschule. Donauwörth 1976.
SCHREIER, H.: Geographie im Sachunterricht der Grundschule. In: GR 2/1978, S. 47-53.
SCHULTZE, A.: Kritische Zeitgeschichte der Schulgeographie. In: GR 31/1979, S. 2-9.
SCHWARTZ, E.: Von der Heimatkunde zum Sachunterricht. Braunschweig 1977.
SPERLING, W.: Kind und Landschaft. Der Erdkundeunterricht. Stuttgart 1965, H. 5.
STÜCKRATH, F.: Kind und Raum. München 1955.
SÜSS, W.: Die gegenwärtige Situation des Sachunterrichts in der Grundschule. In: Gertraud E. Heuß (Hrsg.): Lehrbereich Sachunterricht. Donauwörth 1978, S. 42-69.
WAGNER, E.: Geographischer Sachunterricht, Unterrichtsbeispiele für die Grundschule. Köln 1979
WAGNER, E.: Inhalt und Wirklichkeitsbezug des außerschulisch erworbenen erdkundlichen Wissens der Volksschüler. In: Pädagogische Rundschau 13, 1958/59, S. 17-25.
WAGNER, E.: Umwelterfahrung von Grundschülern. Untersuchungen über außerschulische Bedingungen für das geographische Verständnis in der Primarstufe. BGR 1/1974, S. 4-9.

Johan van Westrhenen, Amsterdam

Stadtgeographie für die Primarstufe –
Ein Curriculumprojekt, in dem geographische Begriffsstrukturen
für eine systematische Organisation von Lerninhalten angewendet werden.

1. Einleitung

„Darf ich bekanntmachen: Siebe de Vries, 11 Jahre. Er liebt Schwimmen, Lesen und Fernsehen. Erst kürzlich ist er umgezogen. Zuerst wohnte er auf einem Bauernhof in Friesland. Sein Vater ist Landwirt. Er konnte nicht genug Geld verdienen, um davon zu leben. Dann sind Siebe und sein Vater umgezogen nach Amersfoort, einer Stadt in der Provinz Utrecht. Herr De Vries konnte dort eine Halbtagsstelle in einer Fabrik bekommen".

So fängt die Einleitung in einer Unterrichtseinheit für Grundschüler (acht- bis zwölfjährige) an, die durch das Geographische und Planologische Institut der Freien Universität Amsterdam entwickelt worden ist, in Zusammenarbeit mit der Stiftung Lehrplanentwicklung in Enschede.

Das Lehrplanprojekt, woraus diese Einleitung entnommen worden ist, bezieht sich auf drei Unterrichtslerneinheiten, die bestimmt sind für drei aufeinanderfolgende Schuljahre der Grundschule in den Niederlanden. Alle Unterrichtseinheiten beziehen sich auf die Stadt und werden in etwa vier bis fünf Wochen durchgearbeitet. Dieses Thema ist gewählt worden, weil fast alle Schüler die Stadt aus eigener Erfahrung kennen. Die meisten Schüler werden in einer Stadt wohnen. Von den übrigen darf erwartet werden, daß sie regelmäßig in die Stadt kommen. Der Schüler hat Erfahrungen gesammelt mit dem Phänomen Stadt und verfügt deshalb über eine bestimmte vorwissenschaftliche Kenntnis der Stadt.

In der ersten Unterrichtseinheit kommen zwei Sachen zur Sprache. Zunächst müssen die Schüler lernen, wie man mit der Karte umgeht. Wichtig dabei ist, daß sie die Karte zu betrachten lernen als Wiedergabe bestimmter Gebiete, von denen jedes unterschiedliche Eigenschaften besitzt. Anschließend müssen sie eine Ansiedlung als Stadt klassifizieren können. Mit anderen Worten: sie müssen lernen, was der Unterschied ist zwischen einer Stadt und einer Nicht-Stadt. Dieser Unterschied ergibt sich zum größten Teil aus der Art der Aktivitäten, die durch die Leute betrieben werden. Um diesen Unterschied zu erläutern, wird als Beispiel einer Nicht-Stadt ein kleines Fischerdorf in Indien gewählt.

In der zweiten Unterrichtseinheit ist das Gebiet, worauf der Unterricht sich bezieht, ein Stadtviertel. Briefkästen, Schulen und Geschäfte sind die Elemente, die gewählt wurden, um einige Aspekte von Dienstleistungen auf der Ebene des Wohnviertels zu erläutern. Eine weitere Darlegung über diese Unterrichtseinheit wird im Verlauf dieses Beitrages gegeben werden. In der dritten Unterrichtseinheit schließlich ist die Stadt als Ganzes Gegenstand der Betrachtung. Fabriken sind jetzt die Elemente, die gewählt sind, um zu erläutern, daß in einer Stadt Teilgebiete zu unterscheiden sind, in diesem Fall also ein Industriegebiet in einer Stadt. Die Frage, die beantwortet werden muß, ist: Wie kommt es, daß die Aktivitäten, die in diesen lokalisierten Elementen ausgeübt werden, dort zusammen vorhanden sind. Dabei geht es nicht so sehr um die Frequenz der verschiedenen Elemente in einer Stadt, sondern um das Modell der räumlichen Streuung oder Verteilung.

2. Lehrplanentwicklung

Die vorliegenden Unterrichtseinheiten sind entwickelt worden, um bestimmte Aspekte der Lehrplanentwicklung für das Schulfach Geographie näher zu untersuchen.

Die Lehrplanentwicklung wird oft gesehen als ein zyklischer Prozeß, wobei verschiedenartige Entscheidungen getroffen werden. Der deutsche Unterrichtsphilosoph Robinsohn bemerkt diesbezüglich: „Unter den zahlreichen Entscheidungen, die im Erziehungsprozeß zu treffen sind, ist keine wichtiger als über das **Was**, über die **Inhalte**, durch die gebildet wird" (1971, S. 44). Eines der Kriterien die angelegt werden, ist derart, daß die darauf gegründete Entscheidung zu einer Auswahl von Inhalten führt, die auf Situationen zugespitzt sind, **womit der Schüler jetzt oder in der Zukunft konfrontiert werden soll.** Der Lernprozeß, der durch die auf diese Weise selektierten Lerninhalte in Gang gesetzt wird, dient ebenfalls zur Aneignung von Qualifikationen, um die genannten ‚Lebenssituationen zu bewältigen'. Dies stellt aber spezifische Anforderungen an die Strukturierung der den Schülern präsentierten Information. Robinsohn mißt in seiner Ansicht den verschiedenen Wissenschaften eine wichtige Funktion bei, weil diese mittels Begriffsstrukturen die Wirklichkeit systematisch beobachten und interpretieren. Zu den Wissenschaften, die die gesellschaftliche Wirklichkeit erschließen können, gehören sicherlich auch die geographischen Wissenenschaften.

3. Die Bedeutung der Fachwissenschaftlichen Strukturen für die Lehrplanentwicklung

Der Zweck dieses Projekts ist zu erforschen, was die Bedeutung der fachwissenschaftlichen Strukturen sein kann für das Lernen von Begriffen, die auf die gesellschaftliche Wirklichkeit Bezug haben. Der theoretische Ausgangspunkt liegt in einer Lehrplanbetrachtung verankert, die umschrieben werden kann als der Wissenschaftsstrukturlehrplan. Das wichtigste Kennzeichen hiervon ist, daß man sich zur Strukturierung von Lehrinhalten auf die logische Struktur einer Disziplin stützt. Dabei wird vorausgesetzt, daß es eine Übereinstimmung gibt zwischen der individuellen Kenntnisaneignung in dem Lernprozeß und der Art und Weise wie wissenschaftliche Begriffsstrukturen als ein gesellschaftliches Produkt zustande gekommen sind. In einem solchen Lehrplan bieten die Begriffsstrukturen nur den Organisationsrahmen für den zu wählenden Lehrstoff. Er bestimmt keineswegs, welche ersetzbaren konkreten Lehrinhalte den Schülern angeboten werden. Eine der wichtigsten Möglichkeiten ist, daß eine systematische, inhaltliche Sequenz aufgebaut werden kann. Dieses Letzte nun fehlt gerade in der Schulgeographie, die vor allem von Fakten bestimmt wird und als solche wenig Möglichkeiten bietet zu mehr komplexen Denkvorgängen. Der beschreibende Charakter der Geographie ist Ursache dafür, daß der Schüler nur in beschränktem Maße ein Instrumentarium bekommt, das ihm hilft, von der geographischen Optik her die vielen Phänomene, womit er täglich in seiner Umgebung konfrontiert wird, zu ordnen.

Geographische Kenntnisse der Umgebung sind in vorwissenschaftlicher Form bei jedem vorhanden. Die Fähigkeit, sich in einer fremden Umgebung orientieren zu können oder die Tatsache, daß man bestimmte Geschäfte im Zentrum einer Stadt suchen wird, können als Beispiel dienen. Die Art dieser Kenntnis ist aber intuitiv. Man ist sich dieser Kenntnis nicht bewußt. Wenn ein bestimmtes Problem auftaucht, dann hat die Interpretation der Information gewöhnlich auch den Charakter eines Suchprozesses. Man weiß etwa, in welcher Richtung die Lösung gesucht werden muß, ohne daß man diese sofort angeben kann.

Eine der Ausgangspositionen dieses Lehrplanprojektes ist, daß die Interpretation der Umgebungsphänomene durch den Geographieunterricht beeinflußt werden kann. Indem man gut strukturierten Lehrstoff bietet, kann der Schüler sich eine Reihe von im Zusammenhang stehenden geographischen Regeln oder Prinzipien aneignen. Indem diese Regeln gebraucht werden um Informationen zu interpretieren, bekommt die Lösung des Problems einen mehr zielgerichteten Charakter. Indem der Schüler bewußt von diesen Prinzipien Gebrauch macht, um Probleme zu lösen, bedeutet dies auch, daß er einen mehr wissenschaftlichen geographischen Bezugsrahmen benutzt, um Probleme, die in seiner Umgebung auftauchen, zu lösen.

Die Funktion des geographischen Kenntnisganzen für die Strukturierung der für die Schüler relevanten Information ist also das wichtigste Ziel der Forschung, die von den Unterrichtsgeographen der Freien Universität in Amsterdam durchgeführt wird. Es braucht uns auch nicht zu wundern, daß eine der Zielsetzungen des oben angeführten Projektes sich auf die Beeinflussung des geographischen Bezugsrahmens von Kindern richtet, welcher bei der Interpretation einer städtischen Umgebung funktioniert. Um die Anwendung hiervon in dem Unterrichtsangebot zu erläutern, ist es erforderlich, zunächst die Frage zu beantworten, was eigentlich geographische Begriffe sind, und wie diese für die Strukturierung des Lehrstoffes benutzt werden können.

3.1 Objekte, Begriffe und Begriffsstrukturen

Einer der ersten Schritte in einer Forschung ist das Erkennen von Elementen oder Objekten. In den geographischen Wissenschaften können diese Objekte, abhängig von dem Maßstab und dem Analysenniveau, einer Untersuchung verschiedenartig sein, wie z.B. Betriebe, Wohngebiete, Städte, Teile der Erdoberfläche usw. Solche Objekte werden von dem Wissenschaftler ‚identifiziert' und werden als Träger der Eigenschaften betrachtet. Mit einem bestimmten Ziel werden diese Objekte aufgrund einer oder mehrerer Eigenschaften, die miteinander in Übereinstimmung sind oder deren Wert innerhalb bestimmter Grenzen liegt, in einer Klasse oder Menge zusammengebracht. Im allgemeinen findet die Gruppierung (oder Verteilung) der Objekte in Teilmengen statt, die darauf wieder in Klassen einer höheren Ordnung zusammengefügt werden.

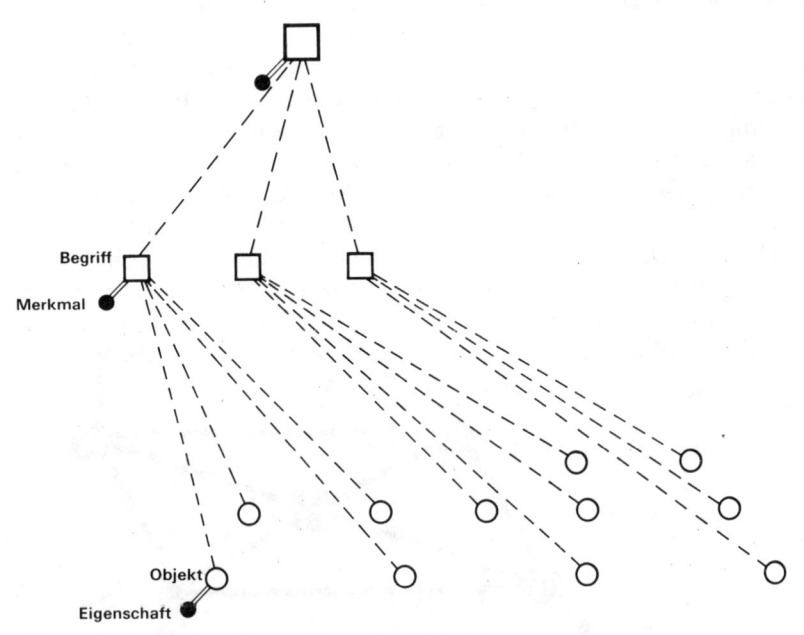

Abb. 1   Eine Begriffsstruktur in der Form einer Klassifikation

Einer solchen Teilmenge wird das Etikett ‚Begriff' aufgeklebt. Die gemeinschaftlichen Eigenschaften, kraft welcher die Objekte in einer Klasse zusammengefügt werden, werden die ‚Begriffsmerkmale' genannt. So können z.B. die Objekte Bremen, Hamburg, Husen, Atteln, Lichtenau, Paderborn und Berlin zusammengefügt werden in die Klassen: Großstadt, Stadt und Dorf. Das geschieht aufgrund z.B. der Eigenschaft: Die Einwohnerzahl. Diese drei Teilmengen können wieder zusammengefügt werden in die Klasse ‚Ansiedlung', welche wieder eine höhere Ordnung ist.

Das Ziel der Klassifizierung ist aber nicht so sehr ausschließlich, Objekte zu gruppieren (oder zu verteilen), sondern vielmehr, die gleichen Objekte aufgrund verschiedener Eigenschaften in mehrere Klassen zu unterteilen.

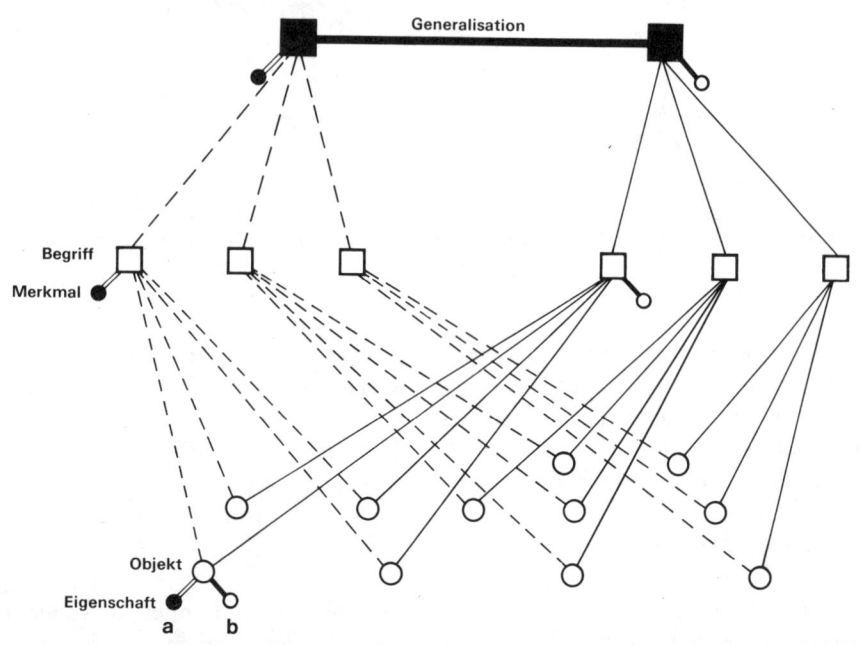

Abb. 2   Eine Generalisierung als Resultat der Verbindung zwischen zwei Klassifikationen

Durch solche ‚Begriffspyramiden' kann Tatsachenmaterial auf eine solche Art und Weise systematisiert werden, daß wichtige ‚Zwischenbeziehungen' erscheinen, die über die Beziehungen innerhalb einer Klassifizierung als logisches System hinausragen. Mit Hilfe dieser Generalisierung können Phänomene erklärt und vorhergesagt werden. Angenommen, wir bedecken die Erdoberfläche mit einem Koordinatensystem, dann bilden Quadrate dieses System, faktisch also Teile der Erdoberfläche, die Objekte, die klassifiziert werden müssen. Bestimmte Teile der Erdoberfläche werden nun, aufgrund der durchschnittlichen Jahrestemperatur, drei Klassen zugeordnet, z.B. einer Klasse mit einer durchschnittlichen Jahrestemperatur von unter 10° C, einer Klasse mit einer durchschnittlichen Jahrestemperatur von 10-18° und einer Klasse mit einer durchschnittlichen Jahrestemperatur von über 18°. Die gleichen Objekte werden nun aufgrund einer anderen Eigenschaft, nämlich der Entfernung zum Äquator, aufs neue einer Anzahl Klassen zugeordnet. Die können z.B. sein: Eine Klasse von Objekten, deren Entfernung zum Äquator mehr als 7.000 km beträgt, eine Klasse mit einer Entfernung von 3.000-7.000 km und eine Klasse von Objekten mit einer Entfernung zum Äquator, die weniger als 3.000 km beträgt. Die Generalisierung, d.h. die Beziehung, die zwischen beiden Klassifizierungen besteht, kann wie folgt formuliert werden: In dem Maß, in dem die Entfernung zum Äquator abnimmt, nimmt die durchschnittliche Jahrestemperatur zu. Wie schon bemerkt, können mit Hilfe dieser Generalisierungen, die man auch ‚Gesetze' oder ‚Prinzipien' nennt, Phänomene erklärt oder vorhergesagt werden.

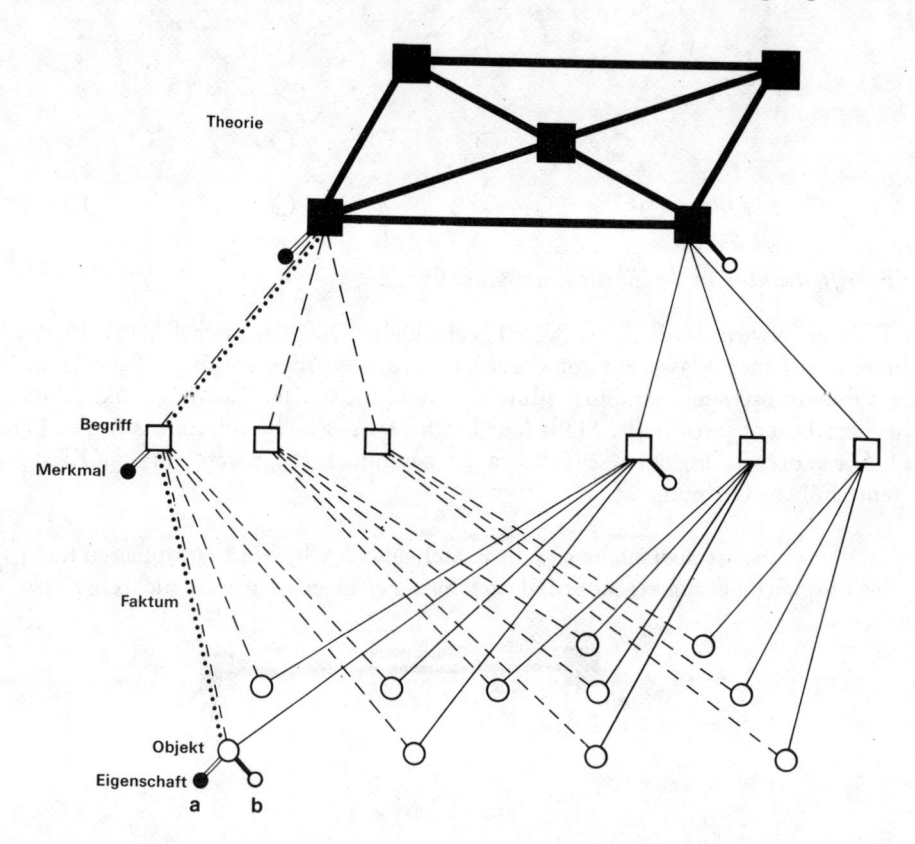

Abb. 3   Eine Begriffsstruktur in der Form eines zusammenhängenden Ganzen von Generalisierungen

Verschiedene Generalisierungen, die durch die Verbindung von Begriffsmerkmalen zustande kommen, können wieder ein zusammenhängendes Ganzes (ein System von Behauptungen oder ‚Gesetzen') oder eine Theorie bilden. Diese Theorien bilden neben den Klassifizierungen die zweite Kategorie der Begriffsstrukturen. Eine Darstellung einer solchen Theorie, die aus einer Reihe zusammenhängender Generalisierungen aufgebaut worden ist, ist z.B. die Theorie von Christaller über die zentralen Orte.

3.2 Fakten und Generalisierungen

Aus der Abb. 3 geht hervor, daß Objekte mit Begriffen verbunden sein können, daß aber auch Objekte mit anderen Objekten durch Beziehungen verbunden sein können. Diese Beziehungen können verschiedenartig sein. Jede Verbindung eines Objektes mit einem anderen oder eines Objektes mit einem Begriff bildet eine

Behauptung. Ein Beispiel einer Behauptung, in dem ein Objekt mit einem anderen verbunden wird, ist: „Einwohner von Amsterdam (= Objekt) ziehen um nach Purmerend (= Objekt)". Die Behauptungen, wobei ein Objekt mittels einer Beziehung mit einem Begriff oder mit einem anderen Objekt verbunden wird, nennt man **Fakten**.

Auch Begriffe können durch Beziehungen verbunden sein und in einer Behauptung ausgedrückt werden. Ein Beispiel, wo Begriffsmerkmale mittels einer Beziehung verbunden werden, ist: „Je nachdem die Entfernung zum Äquator abnimmt, nimmt die jährliche Durchschnittstemperatur zu". Derartige Behautpungen nennt man **Generalisierungen**.

Wie schon bemerkt wurde, werden die Beziehungen zwischen Begriffsmerkmalen zweier Klassifizierungen auch Regeln, Prinzipien oder Gesetze genannt. Diese letzte Kategorie spielt eine wichtige Rolle beim ‚Erklären' der Phänomene.

3.3 Beschreiben und Erklären

Beschreiben geschieht mit Hilfe von Behauptungen, in denen Eigenschaften angegeben werden, Objekte klassifiziert werden usw. Es sind immer einzelne Behauptungen, die zwar auf eine bestimmte Art zugeordnet sein können, zwischen denen aber sonst kein weiterer Zusammenhang besteht. Beim Beschreiben wird Gebrauch gemacht von Fakten und empirischen Generalisierungen.

Erklären. Ein wichtiges Kennzeichen des Erklärens ist nicht so sehr, daß es Kenntnis von Tatsachen vermittelt, sondern daß in den Fakten ein gesetzmäßiger Zusammenhang angezeigt wird. Eine Erklärung besteht also aus einer Anzahl verschiedenartiger Behauptungen, zwischen denen ein Zusammenhang existiert. Der Aufbau einer Erklärung ist wie folgt: Eine Anzahl Bedingungen, Fakten und eine oder mehrere Generalisierungen werden von einer logischen Schlußfolgerung gefolgt, die in Übereinstimmung mit dem ist, was erklärt werden muß.

3.4 Behauptungen als Resultat einer Handlung

Sowohl das Beschreiben wie auch das Erklären eines Phänomens kann als eine Reihe von Handlungen betrachtet werden, die der Forscher durchführen muß. Aus dem obenstehenden Paragraphen geht hervor, daß jede Verbindungen eines Objektes mit einem Begriff oder eines Begriffes mit einem anderen Begriff in einer Behauptung zum Ausdruck gebracht werden kann. So kann z.B. die Behauptung „Amsterdam ist eine Stadt" umschrieben werden als das Resultat einer Handlung oder einer Operation, die durchgeführt worden ist, nämlich die Klassifizierung eines Objektes. Auf diese Weise können alle Behauptungen, wie sie in Abb. 3 zu erkennen sind, umschrieben werden als das Resultat einer dazugehörenden Handlung.

Beschreiben	Terme	1.	Das Definieren eines Begriffs
	Fakten	2 a. b. d.	Das Geben einer Objekteigenschaft Das Klassifizieren von Objekten aufgrund einer oder mehrerer Eigenschaften Objekte miteinander in Zusammenhang bringen
	Generali- sierungen	3 a. b. c. d.	Das Geben eines Begriffsmerkmals Das Klassifizieren von Begriffen (Teilsammlungen) Das Vergleichen von Begriffen anhand von verschiedenen Merkmalen Begriffsmerkmale miteinander in Zusammenhang bringen
Erklären	Erklärung	4.	Das Erklären von Zusammenhängen zwischen Objekten mit Hilfe von Generalisierungen

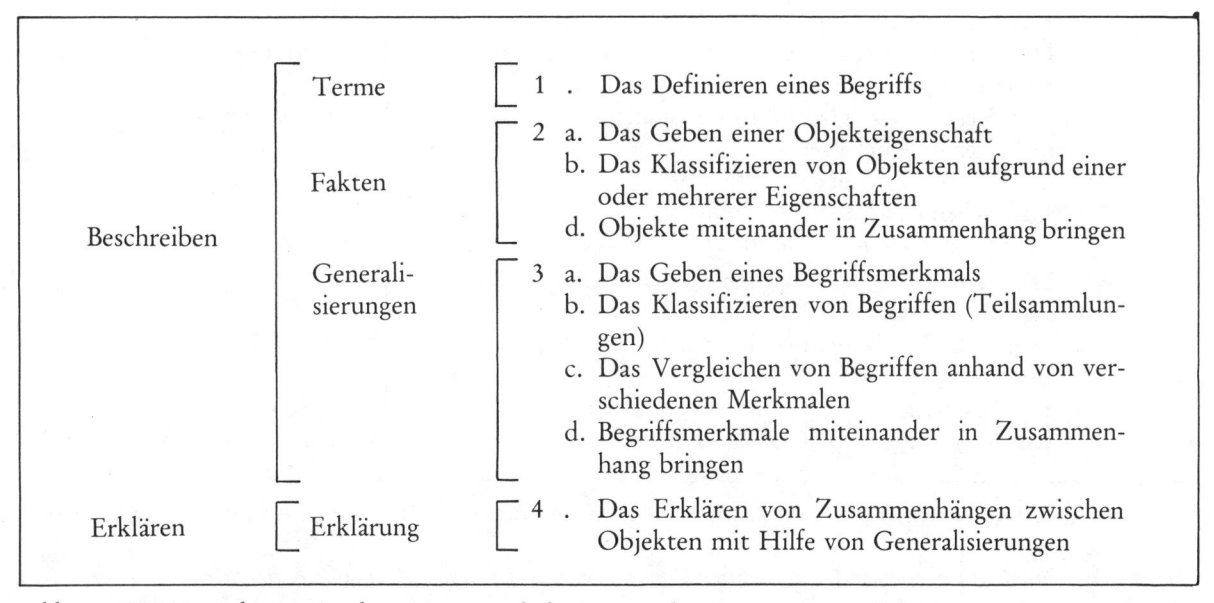

Abb. 4 Die Hauptkategorien kognitiven Verhaltens von Bloom

Im allgemeinen wird das Beschreiben dem Entdecken von Generalisierungen vorangehen, aufgrund dessen Phänomene erklärt werden können. Man kann das Beschreiben und Erklären deshalb als eine Reihe von hierarchisch geordneten Handlungen betrachten, die man durchführen muß. Zunächst verdienen die Objekte als die Träger der Eigenschaften identifiziert zu werden. Darauf können diese aufgrund der verschiedenen Eigenschaften mehreren Klassen zugeordnet werden. Erst danach kann der eventuelle Zusammenhang zwischen den Begriffsmerkmalen, die Generalisierung, festgestellt werden. Prinzipiell werden diese Schritte von den Forschern nacheinander durchgeführt. Für jeden nächsten Schritt ist Kenntnis der vorhergehenden Schritte Bedingung.

3.5 Der Zusammenhang zwischen dem Beschreiben bzw. dem Erklären und dem kognitiven Verhalten

Die Operationen, die durchgeführt werden müssen, um Phänomene zu beschreiben, bzw. zu erklären, können mit den verschiedenen Denkprozessen oder Formen von kognitivem Verhalten in Zusammenhang gebracht werden, wie diese sich beim Lernen im Unterricht zeigen. Obwohl es verschiedene Systeme gibt, Lehrprozesse zu klassifizieren, ist das System, welches beim Unterricht am meisten gebraucht wird, das System der sog. Taxonomie von Bloom. Diese Taxonomie ist aus einer Anzahl Hauptkategorien kognitiven Verhaltens aufgebaut, von denen eine Anzahl wieder in Subkategorien unterteilt ist:

Wissen

Verstehen   Übersetzen
               interpretieren
               extrapolieren

Anwendung

Analyse

Synthese   (Bloom, B.S. (ed.) Taxonomy
              of educational objectives.
              Handbook I. New York 1956).

Operationen	Kategorien kognitiven Verhaltens
1. Das Definieren eines Begriffes	Wissen
a. Das Geben einer Objekteigenschaft	Übersetzen
b. Das Klassifizieren von Objekten aufgrund einer oder mehrerer Eigenschaften	Übersetzen
c. Das Vergleichen von Objekten anhand einer oder mehrerer Eigenschaften	Interpretieren
d. Objekte mit einander in Zusammenhang bringen	Interpretieren
3. a. Das Geben eines Begriffsmerkmals	Übersetzen
b. Das Klassifizieren von Begriffen (Teilmengen)	Übersetzen
c. Das Vergleichen von Begriffen anhand von verschiedenen Merkmalen	Extrapolieren
d. Begriffsmerkmale miteinander in Zusammenhang bringen	Extrapolieren
4. Das Erklären von Zusammenhängen zwischen Objekten mit Hilfe von Generalisierungen	Anwendung oder Analyse oder Synthese

Abb. 5 Der Zusammenhang zwischen den Operationen und den Hauptkategorien kognitiven Verhaltens von Bloom

Dieser Zusammenhang zwischen den genannten Operationen und den verschiedenen Kategorien aus der Taxonomie Blooms ist in einer Untersuchung dargelegt.

Mit Hilfe dieser Taxonomie beabsichtigt man den (zu erwartenden) Lernprozeß, den der Schüler beim Beantworten einer an ihn gerichteten Frage durchläuft, zu klassifizieren. Die diesbezüglichen Kategorien sind kumulativer Art, was bedeutet, daß jede höhere Kategorie ebenfalls alle niedrigen Kategorien einschließt. Wie schon bemerkt wurde, ist die Taxonomie entwickelt worden aufgrund einer großen Anzahl Prüfungsfragen mit den dazugehörigen Antworten. Die Antwort auf eine Frage bildet eine Behauptung (das Beschreiben) oder eine Anzahl zusammenhängender Behauptungen, zwischen denen eine Beziehung existiert (das Erklären oder Vorhersagen von Phänomen). Es liegt nahe, daß die Behauptung, die die Antwort auf die Frage bildet, auch mit Hilfe der Operationen aus dem vorhergehenden Paragraphen benannt werden kann.

4. Die Objekte, die in den Geographischen Wissenschaften klassifiziert werden müssen

Auch in den geographischen Wissenschaften werden selbstverständlich auch Objekte unterschieden, die aufgrund bestimmter Eigenschaften oder Verbindungen klassifiziert werden. Bevor wir uns näher mit dem Klassifizieren beschäftigen, muß zunächst die Frage beantwortet werden, welches die Objekte sind, die klassifiziert werden müssen. Zweifellos ist dies eine Frage, die nicht eindeutig beantwortet werden kann.

Die Einheit der geographischen Wissenschaften zeigt sich nicht so sehr in dem materiellen Objekt, das studiert wird, sondern kommt zum Ausdruck in einer bestimmten Betrachtungsweise. Sie betrachtet die auf der Erdoberfläche anwesenden Phänomene, wenn diese Verbindungen mit anderen Phänomenen haben, entweder am selben Ort oder an den anderen Orten. Sich an dem gleichen Ort zu befinden oder nicht, ist dabei eine relevante Angabe. Die gewählten und studierten Objekte können sehr verschiedener Art sein, wie z.B. Teile der Erdoberfläche, menschliche Gruppierungen, Betriebe, Wege, Parzellen, aber auch komplexe Einheiten wie Dörfer, Städte, Länder oder sogar noch größere Einheiten. Die einmal gewählten Objekte werden aber aufgrund bestimmter Eigenschaften klassifiziert.

Viele Geographen haben die Problematik der Auswahl von Objekten erkannt und arbeiten deshalb mit sog. operationellen Einheiten, z.B. einem Koordinatensystem, dessen Quadrate die Objekte bilden. Für dieses Lehrplanprojekt ist aus verschiedenen Gründen der nicht recht zu übersetzende Begriff „Handelingsverband" als operationelle Einheit gewählt. Dieser Begriff wird definiert als örtlich lokalisierte Einrichtungen, wovon Menschen ein Teil sind und aus denen sie handeln und sich bewegen. Man kann dabei an Betriebe, Haushalte denken.

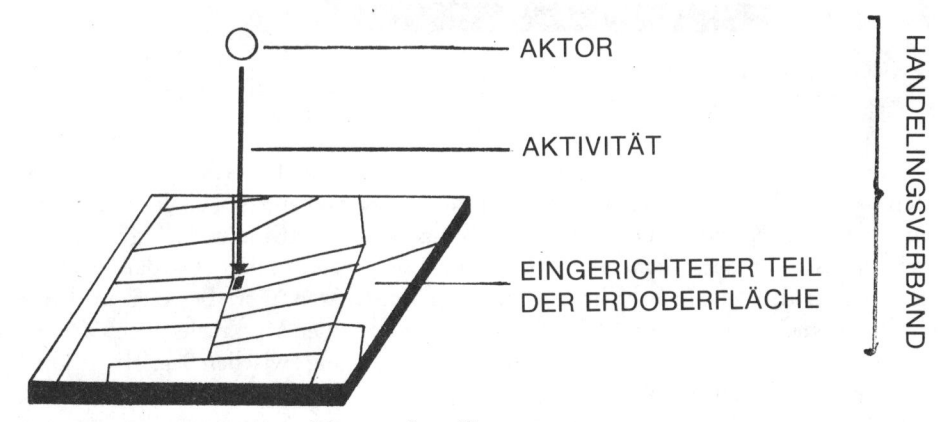

Abb. 6 Die Komponenten eines „Handelingsverband"

In dem so umschriebenen Begriff „Handelingsverband" (z.B. einer Schule) kann man drei Komponenten erkennen, nämlich die soziale Einheit oder die Akteure (Schüler und Lehrer), die Aktivitäten, die ausgeübt werden (den Unterrichtslehrprozeß) und das Stück Erdoberfläche, wo diese Aktivitäten ausgeübt werden und das dazu meistens eingerichtet ist (Schulgebäude, Schulhof und Sportfeld). Die gewählten Eigenschaften, aufgrund derer man diese Objekte klassifiziert, können sowohl auf die Akteure, wie auch auf die Aktivität oder auf den dazu eingerichteten Teil der Erdoberfläche (Artefakt) Bezug haben.

5. Die Klassifikationsmethoden in den Geographischen Wissenschaften

In den Geographischen Wissenschaften können die gewählten Objekte auf zweierlei Weise klassifiziert werden. Wie geht man nun bei den zwei Methoden vor? In der formalen Regionalisierungsmethode gruppiert man **gleichartige** Objekte oder „Handelingsverbanden" (z.B. agrarische Betriebe) aufgrund einer differenzierenden Eigenschaft (z.B. die Art der ausgeübten Aktivität). Man spricht von einer Klasse, wenn die Objekte oder „Handelingsverbanden" einen mehr oder weniger zusammengeschlossenen Teil der Erdoberfläche oder ein Areal bilden (z.B. ein Ackerbaugebiet). Mittels eines Beispiels aus der Unterrichtseinheit kann Vorgehendes erläutert werden. Auf einem Luftbild der Stadt Amersfoort können verschiedene homogene Gebiete unterschieden werden, z.B. Wohnviertel, Industriegebiete und Geschäftsviertel. Jetzt sehen wir das Wohnviertel, über das in dieser Unterrichtseinheit gesprochen wird. Die Elemente dieses Wohnviertels sind die Wohnhäuser und ihre Einwohner. Auch diese Elemente können nach mehreren Eigenschaften klassifiziert werden, z.B. nach der Eigenart des Einkommens der Familie und Geschoßfläche der Häuser.

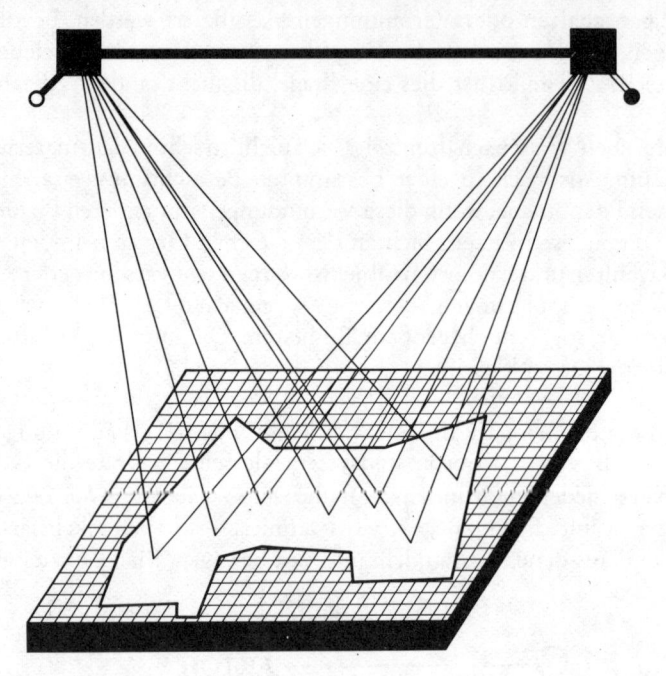

Abb. 7   Die formale Region

Das Obenstehende führt zu zwei Schlußfolgerungen. Die erste ist, daß die formale Region, die aus einer Menge von Elementen besteht, die einen mehr oder weniger zusammenhängenden Teil der Erdoberfläche umfassen, tatsächlich eine räumliche Klasse ist. Die zweite Schlußfolgerung ist, daß die areale Eigenschaft, aufgrund derer die Klasse gebildet ist, ein **Begriffsmerkmal** ist. Wenn sich nun herausstellt, daß zwei areale Merkmale zusammentreffen oder daß sie einen mehr oder weniger konstanten Wert besitzen in demselben Teil der Erdoberfläche, dann wird vorausgesetzt, daß es zwischen diesen beiden Merkmalen einen Zusammenhang gibt, die sog. ‚areal association'. Weil es sich hier um einen Zusammenhang zwischen Begriffsmerkmalen handelt, ist also die Rede von einer Generalisierung. Das Anwendungsgebiet der gefundenen Generalisierungen beschränkt sich aber auf das betreffende Areal. Je kleiner dieses Areal ist, je beschränkter wird das Anwendungsgebiet der Generalisierung sein.

Die zweite Methode, die sog. funktionale Regionalisierungsmethode, richtet sich in bestimmten Hinsichten auf komplexere Objekte als die vorhergehende Methode. Jedes zu klassifizierende Objekt besteht aus zwei oder mehr **verschiedenartigen** „Handelingsverbanden", die in Bezug aufeinander komplementär sind (z.B. Hochöfen und Erzgruben; Geschäfte und Kunden). Dieses führt zu einer Überbrückung der Distanz zwischen diesen Objekten, was sich in der Bewegung von Gütern, Menschen usw. (räumliche Interaktion) äußert. Jedes Objekt bildet also ein räumliches System oder eine funktionale Region. Die Begrenzung einer solchen Region fällt zusammen mit den Grenzen des betreffenden Interaktionsfeldes der miteinander verbundenen Objekte oder „Handelingsverbanden". Die aufgrund verschiedener Eigenschaften zu bildende Klasse entsteht also aus einer Anzahl ähnlicher räumlicher Systeme oder funktionaler Regionen.

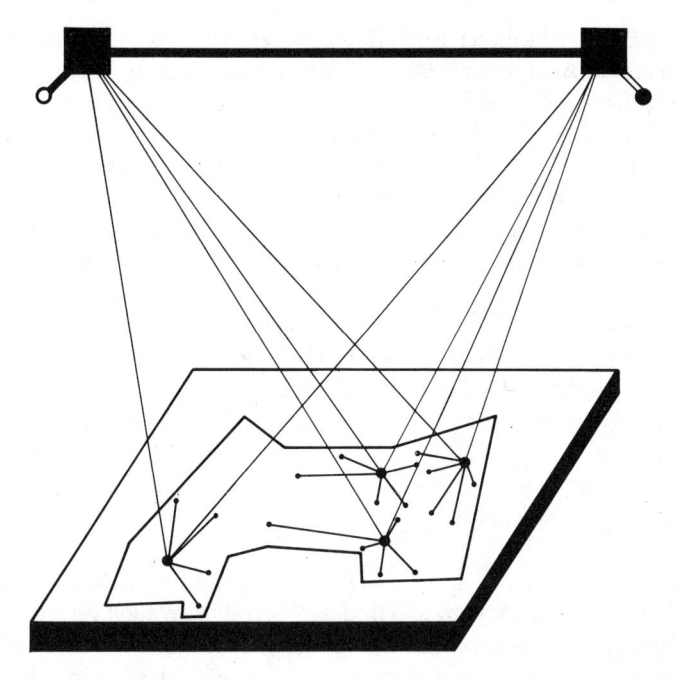

Abb. 8   Die funktionale Region

Wenn man z.B. einige Aspekte von Versorgungsgebieten einer Dienstleistung in einem Wohnviertel untersuchen möchte, weil man einen bestimmten Zusammenhang vermutet, dann bildet jede Leistung mit den in Frage kommenden Haushalten eine funktionale Region und ist als solches ein zu klassifizierendes **Objekt**. Dies im Gegensatz zu der formalen Region, wovon jede Konkretisierung schon an sich **eine Klasse** bildet. Abhängig von der Problemstellung werden diese Objekte nach bestimmten Eigenschaften der Leistungen und Haushalte und/oder nach den wechselseitigen Beziehungen, die als Interaktionsmerkmale betrachtet werden, klassifiziert.

Die Anwendung der funktionalen Regionalisierungsmethode hat zu einer Reihe geographischer Theorien von unterschiedlicher Bedeutung geführt (die Theorie wird hier als zusammenhängendes Ganzes von Generalisierungen betrachtet).

Das Anwendungsgebiet der durch diese Methode entstandenen Generalisierungen zieht bis zu ähnlichen funktionalen Regionen an verschiedenen Orten hin. Prinzipiell kann die Sammlung ähnlicher Regionen über mehrere Länder und sogar über größere Teile der Welt verbreitet sein, wo sich ähnliche Phänomene zeigen.

Die Generalisierungen sind also nicht, wie bei der vorhergehenden Methode, auf ein Areal beschränkt. Das Losgelöstsein aus einem bestimmten Gebiet, die Anwendung eines ausgebreiteten Arsenals von Techniken und die Tatsache, daß die relative Lage und die relative Distanz wichtige Variablen sind, hat dazu geführt, daß mehrere Geographen diese Methode höher einschätzen als die formale Regionalisierungsmethode.

6. Die Anwendung einer Begriffsstruktur in der Unterrichtseinheit „Der Weg im Wohnviertel" (s. Anhang 1)

In der Unterrichtseinheit ‚Der Weg im Wohnviertel' ist eine Minitheorie, die auf der funktionalen Regionalisierungsmethode basiert, angewendet worden. Sie betrifft einige Aspekte von Versorgungsgebieten bestimmter Dienstleistungen auf dem Niveau des Wohnviertels. Eine Anzahl Generalisierungen, die auf diese Theorie gegründet sind, werden in dieser Einheit gebraucht, um den Lehrstoff zu strukturieren. Es wird erwartet, daß die Kenntnis, die der Schüler sich aneignet, ihm einen Bezugsrahmen vermittelt, durch den er bestimmte Phänomene in seiner Wohnumgebung auf eine andere Weise interpretieren können wird.

Wenn man einen Schüler aber bestimmte Generalisierungen entdecken läßt, kann aufgrund des oben angeführten die Schlußfolgerung gezogen werden, daß es notwendig ist, ihn oder sie eine Reihe aufeinanderfolgender Operationen durchführen zu lassen. Das betrifft das Identifizieren der Dienstleistungen in dem Wohnviertel, das Klassifizieren dieser Objekte aufgrund bestimmter Eigenschaften und schließlich das Entdecken der Verbindung dazwischen, also die Generalisierung.

Die Information, die dem Schüler in dieser Einheit angeboten wird, ist zusammengetragen in dem Leusderkwartier, einem Wohnviertel in Amersfoort. Dieses Wohnviertel kann als repräsentativ gelten für Viertel in anderen Städten. Das betreffende Wohnviertel bildet also das Gebiet, worüber in dieser Einheit gesprochen wird. Selbstverständlich ist es nicht die Absicht, Kenntnisse über dieses spezielle Wohnviertel zu vermitteln. Das Ziel ist, indem man dieses Wohnviertel betrachtet, sich eine Anzahl Generalisierungen zu eigen zu machen, die auch in anderen ähnlichen Situationen angewendet werden können. Das „in Worte fassen" der Generalisierungen durch den Schüler ist auch nicht wichtig. Aus den ihm vorgelegten Prüfungsfragen muß hervorgehen, ob er die angeeignete Einsicht in einer neuen Situation anwenden kann.

Die gewählten Objekte in dem Wohnviertel sind Briefkästen, Schulen und Geschäfte. Deren Aufteilung im Wohnviertel wird in Zusammenhang gebracht mit der Distanz, die man von der Wohnung aus zurücklegen muß. Es darf angenommen werden, daß die Aktivitäten, die durch die gewählten „Handelingsverbanden" ausgeübt werden, bei dem Schüler bekannt sind. Im ersten Kapitel kommt die räumliche Streuung der Briefkästen in dem Wohnviertel zur Sprache. Anhand dieses Beispiels wird die Generalisierung entdeckt, daß je nachdem die Frequenz der Dienstleistung in einem Wohnviertel zunimmt, die Distanz, die von der Wohnung aus zurückgelegt werden muß, weniger wird.

Im zweiten Kapitel kommen die Schulen in dem Viertel an die Reihe. Schulen sind aber, im Gegensatz zu Briefkästen, mehr differenziert. Es zeigt sich, daß in dem Viertel dann auch verschiedene Typen von Schulen ansässig sind. Siebe, der Junge, um den es in der Einheit geht, muß aber nach dem Umzug zu einer Grundschule. Deshalb wird die Aufmerksamkeit in dem Kapitel weiter auf die vorhandenen Grundschulen gerichtet. Wichtig für die Anzahl der Schulen im Wohnviertel ist die Anzahl der Einwohner. Diese letzte Eigenschaft des Gebietes muß aber verfeinert werden, weil die Zahl der Einwohner an sich noch nicht allzuviel aussagt. Für die Schule ist jene verfeinerte Eigenschaft wichtig, die etwas aussagt über die Alterszusammensetzung der Bevölkerung im Wohnviertel. Hieraus kann die Anzahl der Kinder zwischen 6 und 12 Jahren hergeleitet werden. Eine Schule braucht aber eine Minimumanzahl Schüler. Die Mindestanzahl Schüler pro Schule wird bestimmt vom Erziehungsministerium. Aufgrund dieser festgelegten Eigenschaft einer Mindestzahl von 180 Schülern pro Schule, kann nun die Anzahl der Schulen, die in dem Wohnviertel sind, berechnet werden.

Im dritten Kapitel werden die in dem Wohnviertel vorhandenen Geschäfte betrachtet. Obwohl Geschäfte sich von Schulen unterscheiden, leisten auch sie bestimmte Dienste für die Bewohner des Viertels. Beide haben einen ‚Kundenbedarf'. Die Art und die Anzahl, die sie brauchen, ist aber unterschiedlich. Die Anzahl der Kunden, die ein Geschäft braucht, ist schwieriger zu bestimmen als bei einer Schule. Die Zahl ist abhängig von den Unkosten, die ein Geschäft hat. Das eine Geschäft hat höhere Unkosten als ein anderes, weil z.B. die Kaufware teurer ist als die des anderen Geschäftes. Ein solches Geschäft braucht also mehr Kunden als andere Geschäfte, wenn die durchschnittlichen Einnahmen pro Kunde die gleichen sind, oder braucht weniger Kunden, die dann aber mehr einkaufen müssen.

Im vierten Kapitel werden verschiedenartige Geschäfte aufgrund dieser Aspekte betrachtet, nämlich ein Bäcker, eine Drogerie und ein Blumenhändler. Die zwei Generalisierungen, die hieraus entnommen werden, sind:

— die Frequenz der verschiedenen Geschäftstypen in einem Wohnviertel ist abhängig von den durchschnittlichen Einnahmen pro Kunde und von dem Umsatz, der für ein Geschäft notwendig ist;
— je mehr Kunden man braucht, desto kleiner wird die Frequenz des Geschäftstyps sein.

Worauf wir nun zu sprechen kommen müssen, ist die Art und Weise, wie eine Begriffsstruktur zur Strukturierung des Lehrstoffes angewendet werden kann.

Wie schon ausgeführt, beruht die Sequenz des Lehrstoffes in dieser Unterrichtseinheit auf der Idee, daß eine Generalisierung erst entdeckt werden kann, nachdem bestimmte Operationen oder Handlungen vorausgegangen sind. Anhand der Aufgaben im ersten Kapitel aus ‚Der Weg im Wohnviertel' kann dies erläutert werden. Der Text im Anhang kann Ihnen dabei helfen. Das wichtigste Ziel dieses Kapitels ist die Aneignung der Einsicht, daß die Frequenz einer Dienstleistung in einem Wohnviertel Folgen hat für die Entfernung, die die Haushalte zurücklegen müssen, um diese Leistungen erreichen zu können. Es handelt sich also um die Generalisierung, daß je nachdem die Frequenz zunimmt, sich die zurücklegende Entfernung für die Haushalte verringert.

Aus der Einführung im ersten Kapitel geht hervor, daß Siebe die Umzugskarten auf die Post bringen muß. Dabei begegnet er dem Problem, daß er in einem ihm unbekannten Ortsteil einen Briefkasten suchen muß. Genau wie in einer wissenschaftlichen Untersuchung geht den durchzuführenden Handlungen eine Fragestellung voraus. Im ersten Auftrag wird diese Problemstellung ausgearbeitet. Die Aufgabe lautet, den Briefkasten und die Wohnung auf der Karte zu lokalisieren. Die Verbindung zwischen diesen zwei Objekten ist die Entfernung, die zwischen der Wohnung und dem Briefkasten zurückgelegt werden muß. Die Handlung, die der Schüler also durchführen muß, ist das Erkennen der Beziehung (Entfernung) zwischen zwei Objekten (Wohnung und Briefkasten). Dabei wird die Fertigkeit verlangt, mit Hilfe eines Maßstabes die Distanz zu berechnen.

Auf der Seite 250 oben taucht die nächste Frage auf, nämlich an welchen Stellen im Viertel noch mehr Briefkästen zu finden sind. Hier steht also die räumliche Streuung dieser Dienstleistung zur Debatte. In dem darauffolgenden Text und in der zweiten Aufgabe wird dies näher ausgearbeitet. Die Handlung, die nun von dem Schüler verlangt wird, wird umschrieben als das Vergleichen einer Verbindung zwischen Objekten, nämlich der Distanz von der Wohnung bis zu den verschiedenen Briefkästen im Wohnviertel.

Die Aufgabe 3 schließlich führt zu der Generalisierung, daß je nachdem die Frequenz der Objekte, die zusammen die Dienstleistung im Wohnviertel versorgen, zunimmt, die Entfernung, die zurückgelegt werden muß, abnimmt.

Im fünften Kapitel (siehe den Anhang) wird dies für verschiedene andere Leistungen wiederholt. Wir sind nun bei der Frage angelangt, welche Resultate nun diese Lektionen in den Schulen ergeben haben. Auf welche Weise kann nun festgestellt werden, inwieweit der Schüler angefangen hat, bei der Interpretation neuer Informationen einen mehr geographischen Bezugsrahmen zu gebrauchen.

Um zu entdecken, ob die Kenntnis, die die Schüler sich angeeignet haben, auch anwendbar sein würde für sie in neuen, für sie unbekannten Situationen, wurde ein Versuch gemacht, an welchem pro Schule zwei Parallelklassen teilnahmen.

Die eine Klasse, die mit der Unterrichtseinheit arbeitete, wurde in der Untersuchung als ‚Experimentgruppe' bezeichnet. Die andere Klasse, also ohne die Unterrichtseinheit, bildete die ‚Kontrollgruppe'.

Sowohl die Kontrollgruppe wie auch die Experimentgruppe haben denselben Anfangs- und Abschlußtest beantwortet. Anhand der Resultate dieses Tests konnte festgestellt werden, welchen Effekt der verarbeitete Unterrichtsstoff auf die Fähigkeit der Schüler, bestimmte Fragen zu lösen, hatte. Anhang 2

Die Fragen des Abschlußtestes wurden so zusammengestellt, daß sie nicht direkt Bezug haben auf den in der Einheit dargebotenen Lehrstoff. Die Lösung dieser Fragen verlangte dagegen das Anwenden bestimmter geographischer Generalisierungen in einer für den Schüler neuen – wenigstens nicht im Unterrichtsstoff begegneten – Situation. Indem Situationen unterschiedlicher Schwierigkeitsgrade und Niveaus gewählt wurden, wurde versucht, Einsicht in das Gebiet der angeeigneten Kenntnisse zu bekommen. Außerdem war es möglich festzustellen, inwieweit die Schüler aus der Experimentgruppe einen mehr geographischen Bezugsrahmen anwenden konnten bei der Beantwortung der Testfragen.

Weil der Text des ersten und fünften Kapitels aus der Einheit „Der Weg im Wohnviertel" abgedruckt wurde, werden nur die Fragen aus dem Abschlußtest besprochen, die sich auf diese Kapitel beziehen.

Wie schon ausgeführt, ist der größte Teil der Unterrichtseinheit der Aufteilung von Dienstleistungen in einem Stadtviertel gewidmet. Eine der Generalisierungen, die dabei im Mittelpunkt stehen, ist die Beziehung zwischen der **Art** der Dienstleistungen und der **Frequenz** der Streuung. Der Begriff Schwellenwert spielt dabei – implizit – eine wichtige Rolle. Die Folge dieser Distributionsfrequenz für die Haushalte, die diese Leistungen gebrauchen – Schüler oder Kunden – zeigt sich in der **Entfernung**, die zurückgelegt werden muß, um die Leistungen erreichen zu können. Je weniger Leistungen, um so größer die Entfernung, die zurückgelegt werden muß. Nacheinander werden nun die Resultate der Fragen, die auf diese Generalisierung Bezug haben, analysiert werden.

Aufgabe 1 (s. anliegenden Text im Anhang 2, Seite 250)

Aus der Beantwortung der ersten Frage aus dem Abschlußtest ging hervor, daß Schüler aus der Experimentgruppe viel öfter eine Antwort im Sinne von „Das Kleidungsgeschäft ist weiter entfernt" oder „es gibt viel mehr Bäcker" gaben.

Zusammenfassend zeigt sich, daß 57% der Schüler aus der Experimentgruppe eine Erklärung gibt, bei der ‚Entfernung' oder ‚Streuung' eine Rolle spielt. Von der Kontrollgruppe geben nur 10% eine ähnliche Antwort. Bei der letzten Gruppe werden oft Antworten gegeben wie: „Es ist fast überall so, daß Nellie viel schneller ist", oder „das Geschäft war zu". Auch erscheinen in der Kontrollgruppe relativ viele Antworten, die auf das Unbekannte in der Stadt bezug haben, wie z.B. „ich konnte den Weg nicht finden", was eine indirekte Angabe ist, daß Nellie schlauer ist als Saskia. Mit anderen Worten: Ein Teil der Schüler der Kontrollgruppe sucht die Erklärung sehr oft in den Eigenschaften des Kunden; die Kinder der Experimentgruppe vielmehr aber in der Beziehung zwischen Kunden und Geschäft, nämlich in der Entfernung.

In bezug auf die Möglichkeit, auf die Eigenschaften des Geschäftes zu verweisen (z.B. träge Abfertigung, dummer Ladengehilfe), ist kein großer Unterschied zwischen den beiden Gruppen. Für die Experimentgruppe war dies 8.3% und für die Kontrollgruppe 7.7%.

Aufgabe 5 (s. Seite 256)

Diese Aufgabe ist weniger verwandt mit dem in den Lektionen angebotenen Lehrstoff als Aufgabe 1. Es handelt sich in dieser Aufgabe darum, die Art der Leistung in Verbindung zu bringen mit der Notwendigkeit oder dem Bedürfnis, viele Kunden in der nächsten Umgebung zu haben.

Die Antworten waren wie folgt:

— markieren von Bank, Käsegroßhandlung oder Druckerei: 2 Punkte
— markieren von Möbelfabrik, Farbgeschäft oder Ersatzteilhandlung: 1 Punkt
— markieren von Gemüsehändler oder Lebensmittelgeschäft: 0 Punkte

Das Minimum war ein Punkt und das Maximum sechs Punkte.

Je nachdem die Totalsumme niedriger ist, desto besser wurde das Prinzip von dem Schüler verstanden. Auch jetzt zeigt sich ein bedeutender Unterschied zwischen den Schülern der Experimentgruppe und der Kontrollgruppe. Die erstere schafft eine Durchschnittsnote von 2.8; die Kontrollgruppe von 3.5.

Aufgabe 8.

In dieser Aufgabe wird der Schüler gebeten, die Streuung einiger Dienstleistungen in einem größeren Gebiet als in der Einheit gebraucht wurde, zu bestimmen. Aus den Resultaten geht hervor, daß dies ein schwieriger Schritt ist. Von den Schülern gönnten 45% sogar der Hauptstadt keinen Bäcker, während 42% der Schüler einen Bäcker in der Hauptstadt als ausreichend erachteten.

Nur 13% lassen mehr als einen Bäcker in der Hauptstadt wohnen. Zwar zeigt sich wieder ein deutlicher Unterschied zwischen der Experimentgruppe und der Kontrollgruppe.
Die genauen Zahlen sind wie folgt:

In der Hauptstadt	Exp.gruppe	Kontr.gruppe	Total
mehr als 1 Bäcker	20.6 %	1.3 %	12.9 %
ein Bäcker	39.2 %	46.1 %	41.9 %
kein Bäcker	40.2 %	52.5 %	45.2 %

Ein ähnlicher Effekt zeigt sich in Bezug auf kleinere Ortschaften. Das Hauptsteueramt und das Krankenhaus werden von denen, die diese Fragen beantworten, für 75% bzw. 61% in die Hauptstadt lokalisiert. Hier ist wenig Unterschied zwischen der Experimentgruppe und der Kontrollgruppe.

Beim größten Teil der nicht im Anhang aufgenommenen Fragen war das Resultat bedeutend in dem Sinne, daß die Schüler der Experimentgruppe die Fragen mehr aus dem geographischen Bezugsrahmen heraus beantworten als die Schüler der Kontrollgruppe.

Eine Schlußfolgerung hieraus wäre, daß die Unterrichtseinheit eine Anzahl Verschiebungen in der kognitiven Struktur des Schülers hervorgerufen hat in jene Richtung, die in den Zielsetzungen der Unterrichtseinheit niedergelegt sind. Als weitere Erläuterung könnte hierbei noch angeführt werden, daß die Schüler der Experimentgruppe bei einer Frage über die Lokalisierung einer neuen Schule sich weniger oft auf egozentrische Motive beziehen als die Schüler aus der Kontrollgruppe. Auch wird öfter auf die zentrale Lage verwiesen.

Das Ziel der Untersuchung, mit der wir uns hier beschäftigt haben, ist nicht so sehr, aus Schülern Geographen zu bilden, sondern vielmehr, den Schülern eine gewisse Anzahl geographischer Generalisierungen zu lehren, die sie befähigen, Phänomene in ihrer Umgebung sinnvoll zu interpretieren. Einsicht in die disziplinären Begriffsstrukturen kann dabei ein wichtiges Hilfsmittel sein, die dem Schüler gebotene Information solcherart zu strukturieren, daß er während des Lehrprozesses eine breite Skala kognitiver Prozesse durchlaufen kann.

Anhang 1

Vrije Universiteit Amsterdam
Geografisch en Planologisch Instituut
Vakgroep Ecumenologie en Onderwijsgeografie

De Weg in de Wijk
(Der Weg im Wohnviertel)

Kapitel 1

Darf ich bekanntmachen: Siebe de Vries, 11 Jahre. Er liebt Schwimmen, Lesen und Fernsehen.
Erst kürzlich ist er umgezogen. Zuerst wohnte er auf einem Bauernhof in Friesland. Sein Vater war Landwirt. Voriges Jahr hat Siebes Vater den Bauernhof verkauft. Er konnte nicht genug Geld verdienen, um davon zu leben.
Dann sind Siebe und sein Vater umgezogen nach Amersfoort, einer Stadt in der Provinz Utrecht. Herr de Vries konnte dort eine Halbtagsstelle in einer Fabrik bekommen.
Nun wohnt Siebe in einem Reihenhaus. Die Straße heißt Franklinstraße. Siebe wohnt Nummer 59.
Wenn man umziehen muß, bringt das viel Arbeit mit sich. Alle Möbel, die sie aus Friesland mitgenommen haben, müssen hier wieder aus dem Möbelwagen ausgeladen und ins Haus hineingetragen werden. Erst ganz spät abends sind sie fertig mit dem Auspacken.
Am nächsten Morgen überlegt sich Herr de Vries, Siebes Vater also, daß er die Umzugskarten noch verschicken muß. Er bittet Siebe, diese doch schnell in den Briefkasten zu stecken.
Das ist leichter gesagt als getan. Denn wie findet man so schnell einen Briefkasten, wenn man den Ortsteil, in dem man wohnt, gar nicht kennt.

Aufgabe 1

Karte 1 (vgl. Abb. 11 links) Stadtplan von dem Wohnviertel, wo Siebe wohnt. Dieses Viertel heißt „Leusderkwartier".

a. Suche die Franklinstraße und färbe das Haus, worin Siebe und sein Vater wohnen!
b. Male den Weg, den Siebe geht, um den Briefkasten zu suchen: Zunächst biegt er rechts in die Copernicusstraße ein, geht dann am Ende der Straße wieder nach rechts, nimmt dann die erste Straße links und biegt schließlich links in die Leusderstraße ein.
c. Genau vor der Nummer 178 an dem Leusderweg sieht er endlich einen Briefkasten. Markiere den Briefkasten auf der Karte.
d. Miß auf der Karte nach, wieviel cm das sind! Wieviel Meter hat Siebe in Wirklichkeit zurückgelegt?

Wird Siebe wohl den Briefkasten gefunden haben, der am nächsten ist? Diese Frage wird man nur beantworten können, wenn wir wissen, ob es noch mehrere Briefkästen in dem Stadtteil gibt, und wenn ja, wo denn die anderen Briefkästen stehen.

Derselbe Nachmittag um halb zwei. Der Vater ist zurück aus der Fabrik.

Vater: Und, hast du die Umzugskarten in den Briefkasten gesteckt?
Siebe: Ja, irgendwo an dem Leusderweg.
Vater: Wo ist das, der Leusderweg?
Siebe: Dorthin kommt du wenn du die Copernicusstraße hinuntergehst und dann

_____

_____

_____

_____

Vater: Ah, dort ist es. Dort bin ich, glaube ich, auch entlang gekommen, als ich zu meiner Arbeit radelte. Aber ich habe keinen Briefkasten gesehen.

Siebe: Dann bist du bestimmt aus der Daltonstraße gekommen und nach

_____ abgebogen.

Vater: **Gab es keinen Briefkasten mehr in der Nähe?**
Siebe: Wie kann ich das wissen, wenn ich nicht mal weiß

_____

_____

_____

Vater: Ach, wie dumm von mir. Aber dann werde ich es doch

_____ fragen, die müssen das wohl wissen.

Aufgabe 2

Schließlich wußte Herr de Vries, daß es noch vier weitere Briefkästen gibt, nämlich:
1. Ecke Daltonstraße/Franklinstraße
2. Ecke J.v.d. Heydenstraße/Stephensonstraße
3. Ecke Fahrenheitstraße/Bosweg
4. Ecke Lorenzstraße/Woestijgerweg

a. Zeichne diese vier Briefkästen auch auf die Karte 1! Vergiß nicht, die Angaben in die Legende einzutragen!
b. War der Weg, den Siebe gegangen ist, in Aufgabe 1 der kürzeste Weg zu dem Briefkasten auf dem Leusderweg? Wenn nein, welchen würdest du denn gegangen sein?

_____

_____

c. Beantworte nun die Frage: Ist Siebe zu dem Briefkasten gegangen, der am nächsten bei seiner Wohnung ist?

_____

d. Zu welchem Briefkasten wird Siebe gehen, wenn er wieder einen Brief zur Post bringen muß?

_____

Wieviel Briefkästen es in einem Wohnviertel geben muß, und wo diese genau stehen müssen, ist ein Problem der P.T.T. (d.i. Bundespost).
Es ist eigentlich komisch. Der Briefträger besorgt zwar die Briefe von Haus zu Haus, aber er holt keine Briefe ab.
Das würde auch viel zu viel Zeit in Anspruch nehmen. Überlege mal: der Briefträger steckt schnell etwas Post in den Briefkasten, aber um Briefe abzuholen, würde er erst klingeln müssen.
Für die Post würde es natürlich am einfachsten sein, wenn alle Leute ihre Briefe und Päckchen zum Postamt brächten. Dennoch gibt es fünf Briefkästen im Leusderkwartier, wo Siebe wohnt. Das ist nett von der Post. Sie ist damit ein Dienstleistungsbetrieb. Vielleicht könnten ihre Dienste noch ausgeweitet werden, z.B. indem die Briefe von Haus zu Haus abgeholt würden, aber dennoch! Man müßte nicht daran denken, daß man jeden Brief, den man schreibt, auch selber besorgen müßte.

Aufgabe 3

Betrachte Karte Nr. 1 noch einmal. Herr De Gier wohnt Bosweg 3. Rechne einmal nach, wieviel Zeit er brauchen würde, wenn er einen Brief zur Post bringen müßte, wenn es nur einen Briefkasten gäbe, und zwar bei der Postzweigstelle Leusderweg 178. Er läuft 100 Meter in einer Minute.
Das würde also _____ Minuten in Anspruch nehmen.

Wie lange aber muß Herr De Gier jetzt laufen, wo es fünf Briefkästen gibt?

_____ Minuten.

Beschreibe, welchen Dienst die Post den Menschen leistet, indem sie eine Anzahl Briefkästen aufgeteilt über den Bezirk aufstellt!

_____
_____
_____
_____

Kapitel 1 kurzgefaßt.

I. Eine Karte gebraucht man
   1. Um eine Sache aufzusuchen
   2. Entfernungen zu messen.

II. 1. Die Sachen sind auf einer Karte nicht genau gezeichnet, sondern als Symbole. Die Bedeutung der Symbole wird erklärt in der Legende.
   2. Entfernungen berechnet man mit Hilfe einer Skala: 1 Zentimeter auf der Karte ist in Wirklichkeit eine bestimmte Anzahl Meter.

III. Wenn man selbst zu Hause etwas nicht bekommen, herstellen oder tun kann, geht man dazu irgendwo anders hin.
   Jemand, er einem dann hilft, leistet damit einen Dienst. Man ist dann Kunde.
   So ist die Post ein Dienstleistungsbetrieb: sie verschickt und besorgt z.B. Briefe. Der Kunde bringt die Briefe zur Post. Die Post verleiht ihren Dienst durch Briefträger und Briefkästen.

IV. Jede Dienstleistung hat einen bestimmten Platz auf der Karte und wird als Symbol auf der Karte und in der Legende angegeben.

V. Auf einer Karte sieht man nur den Platz des Gebäudes (Postamt) oder Gegenstandes (Briefkasten), wo der Dienst geleistet wird, und den Ort, wo der Kunde wohnt (Wohnung). Den Dienstmann und die Kunden muß man sich dabei denken.

VI. Die Entfernung, die der Kunde zurücklegen muß, um zu dem Dienst(mann) zu kommen, kann man ausrechnen mit Hilfe der Skala.

Kapitel 5

Es gibt im Leusderkwartier vier Bäcker, zwei Drogerien und es gibt ein Blumengeschäft.
Müssen die Kunden zu dem einen Geschäft weiter laufen als zu dem anderen? Um das herauszufinden, spielen wir das folgende Spiel.

Spielregeln
Wir stellen uns vor, daß die Klasse (der Klassenraum) das Leusderkwartier sei.
1. Die Schüler sitzen oder stehen in Reihen und stellen jeder ein Geschäft oder einen Kunden dar.
2. Vier Schüler sind Bäcker, zwei sind Drogisten und einer ist Blumenhändler.
3. Die anderen Schüler, die Kunden also, bekommen jeder drei Karten. Eine davon muß zum Bäcker, die zweite zum Drogisten und die letzte zum Blumenhändler.
4. Jeder muß nun dafür sorgen, daß seine Karten so schnell wie möglich an die richtige Stelle gelangen: das „Bäcker"Kärtchen zum nächsten Bäcker, das „Drogisten"-Kärtchen zum nächsten Drogisten und das „Blumenhändler"-Kärtchen zum nächsten Blumenhändler.
5. Wie muß man das machen? Ein Kärtchen darf nur dem gegeben werden, der gerade vor einem, hinter einem oder genau neben einem sitzt.

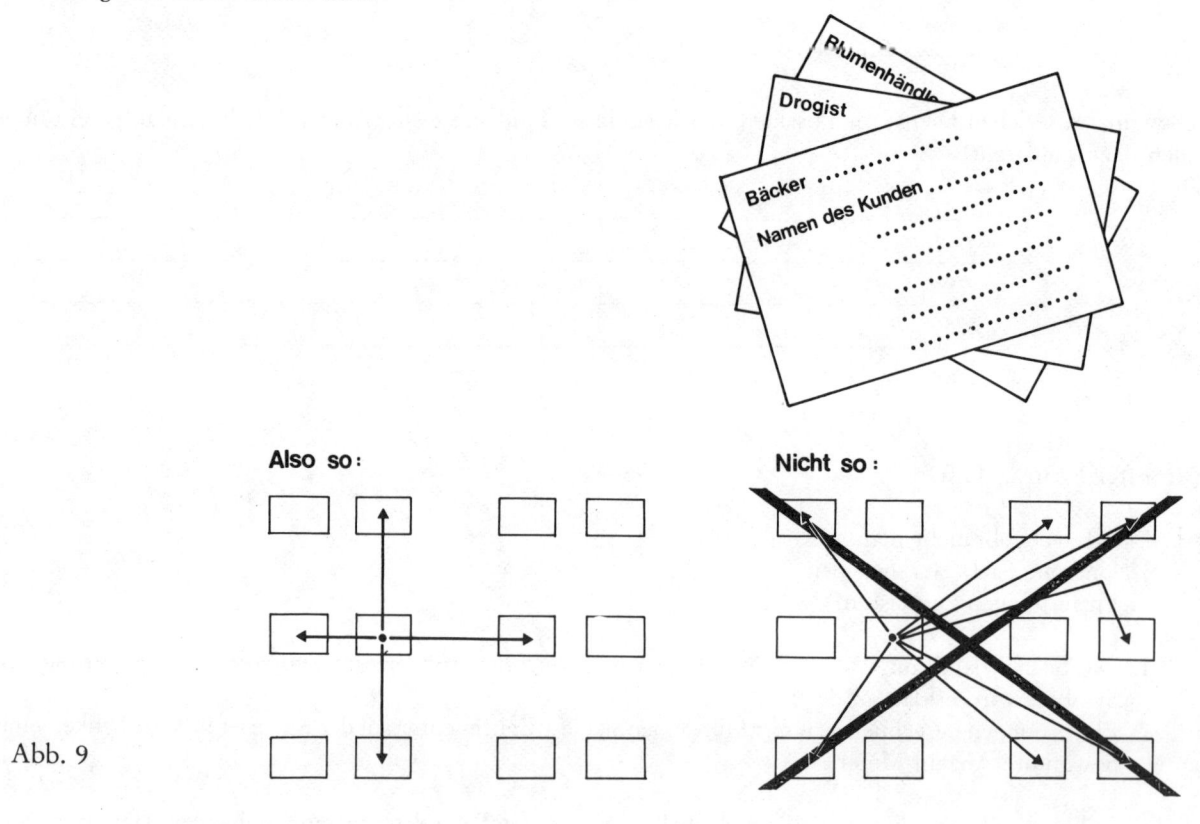

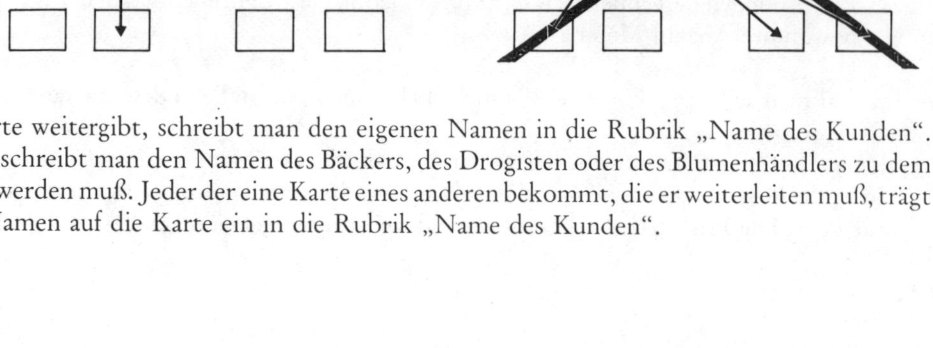

Abb. 9

6. Bevor man eine Karte weitergibt, schreibt man den eigenen Namen in die Rubrik „Name des Kunden". Oben auf die Karte schreibt man den Namen des Bäckers, des Drogisten oder des Blumenhändlers zu dem die Karte geschickt werden muß. Jeder der eine Karte eines anderen bekommt, die er weiterleiten muß, trägt seinen oder ihren Namen auf die Karte ein in die Rubrik „Name des Kunden".

7. Der Geschäftsmann, der eine Karte bekommt, die für ihn bestimmt ist, behält die Karte. Er schreibt seinen Namen nicht darauf.

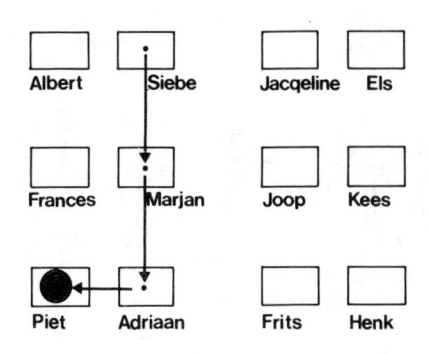

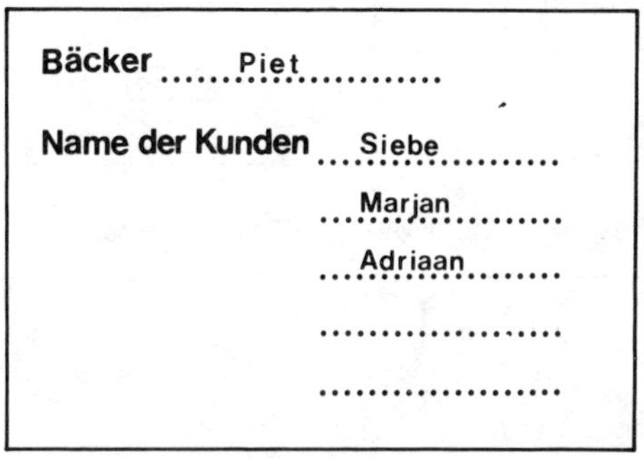

Abb. 10

Ein Beispiel:

Siebe will sein „Bäcker"-Kärtchen zum Bäcker schicken. Zunächst schreibt er seinen eigenen Namen darauf und den Namen des Bäckers, der am nächsten ist (Piet). Dann gibt er die Karte weiter an Marjan. Marjan schreibt ihren Namen unter den von Siebe, und gibt die Karte weiter an Adriaan. Auch er setzt seinen Namen auf die Karte und gibt sie dann weiter an Piet. Piet behält die Karte, denn er ist ja der Bäcker. Er braucht seinen Namen nicht aufzuschreiben.

Wohlgemerkt: Das Kärtchen muß auf dem kürzesten Weg zum Bäcker, also z.B. nicht via Jacqueline, Joop, Frits und Adriaan. An Albert und Frances vorbei darf er wohl, denn das ist genauso weit.
8. Wenn alle Kärtchen dort sind, wo sie hingehören, haben die Bäcker alle „Bäcker"-Kärtchen, die Drogerien alle „Drogist"-Kärtchen und hat der Blumenhändler alle „Blumenhändler"-Kärtchen. Nun zählen alle Ladenbesitzer ihre Kärtchen und die Namen, die auf ihren Kärtchen stehen. Wenn ein Name mehr als einmal erscheint, muß er jedesmal gezählt werden.
9. Dann teilt der Ladenbesitzer die Totalanzahl Namen durch die Anzahl Kärtchen die er bekommen hat. z.B.

Ein Bäcker hat 13 Namen gezählt. Er hat 7 Kärtchen. Er muß dividieren: $13 : 7 = \overline{1.86}$.

Aufgabe 19. 7

Die Ladenbesitzer haben alles ausgerechnet. Nun können die Ergebnisse auf unterstehende Tabelle eingetragen werden:

Geschäft	Durchschn. Anzahl Namen	Anzahl Kärtchen	Quotient
1. Bäcker			
2. Bäcker			
3. Bäcker			
4. Bäcker			
1. Drogerie			
2. Drogerie			
Blumenhändler			

Je mehr Namen auf einer Karte stehen, umsomehr Zwischenpersonen waren nötig, um deine Karte zum Laden zu bringen, also umso **weiter entfernt** ist der Laden.

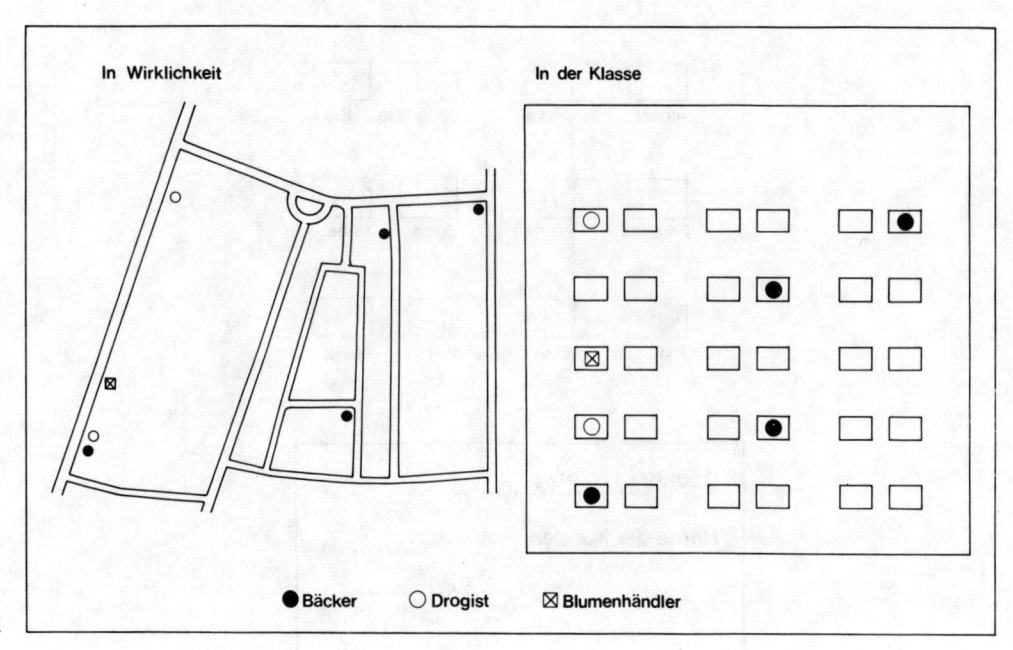

Abb. 11

Beantworte nun folgende Fragen:
a. Welches Geschäft ist im Durchschnitt am weitesten entfernt?
___

b. Welches Geschäft ist im Durchschnitt am nächsten?
___

c. Es gibt mehr Bäcker als Drogerien. Der Bäcker ist im allgemeinen näher/weiter entfernt als die Drogerie.
___

d. Je mehr Kärtchen ein Ladenbesitzer bekommt, desto mehr Kunden hat er. Je mehr Geschäfte es von einer Sorte gibt, umsomehr/umso weniger Kunden gibt es pro Geschäft.

Es ist leichter, wenn etwas, wo du hin mußt, in der Nähe ist. In Kapitel 1 haben wir gesehen, daß es mehr als einen Briefkasten gibt, damit die Leute dann nicht so weit gehen müssen.

In diesem Kapitel haben wir gelernt, daß ein Bäcker im allgemeinen näher ist als eine Drogerie, weil es mehrere Bäcker gibt.
Die Entfernung, die man gehen muß, um irgendwohin zu kommen, ist umso wichtiger, wenn man oft dorthin muß. Wenn man weit gehen muß, um zum Friseur zu gelangen, ist das weiter nicht schlimm: so oft geht man nicht zum Haarschneiden. Aber wenn der Gemüsehändler oder Bäcker weit entfernt sind, dann ist das weniger schön, denn zu denen muß man wenigstens ein Mal pro Woche gehen.

Es wäre also angenehm, wenn gerade ein Geschäft, wo man oft hingehen muß, in der Nähe ist. Aber dann müßte es auch viele von solchen Geschäften geben. Ist das auch so? Wir wollen das in der folgenden Aufgabe einmal betrachten.

Aufgabe 20.

Trage in die untenstehende Tabelle die Totalzahl einer Sorte von Geschäften ein, die du in dem Anzeigenteil einer Zeitung finden kannst.

Art des Geschäfts	Anzahl	Wie oft gehst du (oder jemand aus deiner Familie) dorthin		
		pro Woche	pro Monat	pro Jahr
Buchhandlung				
Bäcker				
Drogerie				
Friseur				
Bastlerladen/ Hobbygeschäft				
Zigarrengesch.				
Gemüsehändler				

Kapitel 5 kurzgefaßt

XIV Je größer die Zahl einer bestimmten Art von Geschäften, umso weniger Kunden pro Geschäft.

XV Je größer die Zahl einer bestimmten Art von Geschäften, umso mehr ist ein solches Geschäft in der Nähe des Kunden.

XVI Je öfter ein Kunde in einem bestimmten Geschäft einkauft, umso größer ist (meistens) die Zahl solcher Geschäfte.

Anhang 2

Aufgabe 1

Zwei Kinder machen Ferien in einer fremden Stadt. Sie müssen für ihre Eltern einkaufen. Sie müssen ein wenig suchen, denn sie kennen die Umgebung nicht. Nellie muß für ihre Mutter einen Bäcker suchen. Saskia braucht nur ein Bekleidungsgeschäft zu suchen, um nachzufragen, ob es dort auch Schals gibt. Nellie ist viel eher zurück. Als Saskia zurückkommt, fragt ihre Mutti sie: „Warum bist du soviel länger weggeblieben als Nellie? Mußtest du so lange warten in dem Geschäft?" Saskia sagt: „Nein, aber

_____

(Schreibe auf, was deiner Meinung nach Saskia sagt)

Vater sagt: Das hätte ich dir im voraus schon sagen können, daß Saskia länger wegbleiben würde, denn es ist fast überall so, daß

_____
_____

(Schreibe auf was der Vater über andere Ortschaften oder Gegenden sagt!

Aufgabe 2

Ein Drucker bekommt von zwei Geschäften den Auftrag, Reklameprospekte zu drucken, und zwar von einem Bäcker und von einer Firma, die Büroartikel, so wie Stempel, Packpapier, Schreibmaschinen verkauft. Beide müssen 500 Prospekte haben. Sie haben also beide gleich viele Kunden. Der Bäcker läßt seine Produkte von einem Nachbarjungen abholen, der sie auch verteilen darf. „Lassen Sie die Prospekte auch selber zustellen?" fragt der Drucker den Inhaber der Büroartikelfirma. „Nein", sagt der Inhaber, „Wir können sie besser durch die Post zustellen lassen, denn unsere Kunden . . . . . .

_____ (beende den Satz!)

Aufgabe 5

Das Bahnhofsviertel in Heemveld ist ein altes Wohnviertel; die Häuser sind schlecht, und wenn nur irgendwie möglich, ziehen die Menschen um in neuere Wohnviertel mit besseren und größeren Häusern. Auf diese Art und Weise gibt es in dem Bahnhofsviertel nur noch halb soviele Menschen wie vor 20 Jahren. Hier unten siehst Du eine Liste von Geschäften und Betriebsarten, welche in der Bahnhofsgegend waren. Von welchen Betrieben glaubst Du, daß einer oder mehrere verschwunden sind in den letzten 20 Jahren? Male den Kreis dahinter schwarz! (Wähle drei aus, nicht mehr und nicht weniger).

        Hauptbüro einer Bank   O
        Käsegroßhandlung   O
        Möbelfabrik   O
        Gemüsehändler   O
        Farben- und Tapetengeschäft   O
        Autoersatzteile-Geschäft   O
        Lebensmittelgeschäft   O
        Druckerei   O

Aufgabe 8

Auf der Karte, die zu dieser Aufgabe gehört, steht eine Anzahl größerer und kleinerer Ortschaften. Trage in die Karte ein, wo Du wenigstens einen Bäcker, ein Steueramt oder ein Kreiskrankenhaus finden kannst. Schreib auf die Karte einmal oder mehrere Male ein „B" für Bäcker, ein „St", wo das Steueramt sich befinden muß; einmal „+", wo das Kreiskrankenhaus sind befinden muß.

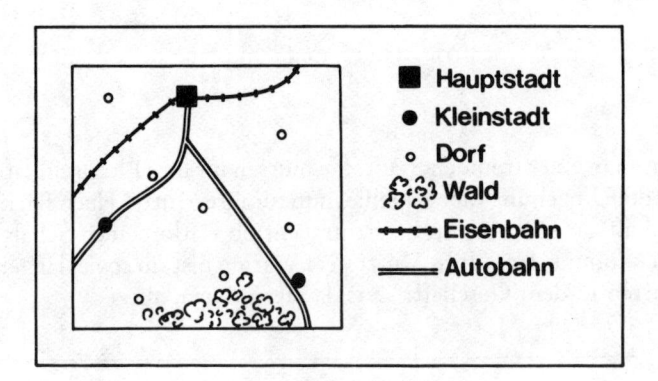

Abb. 12

Arnold Schultze, Lüneburg

Geographischer Unterricht in der Orientierungsstufe
Arbeitssitzung mit Diskussion und Diavortrag

I. **Verfahren**
Die Veranstaltung wird als „Seminar" geführt. Mehrere Materialien sind vervielfältigt; die Leitfragen sind schriftlich aufbereitet. Dadurch werden die Teilnehmer in die Lage versetzt, der Diskussion zu folgen und an ihr mitzuwirken. In die Diskussion sind ausführlichere „Statements" eingefügt, auf die sich vier der Teilnehmer vorbereitet haben. Als Sitzungsleiter steuere ich die Diskussion anhand des Materials und versuche in einem abschließenden Diavortrag, einige Überlegungen der Diskussion weiterzuführen und sie an Beispielen zu veranschaulichen (Beispiele für Kooperation und Kollision zwischen den beteiligten Fächern bei der Arbeit an integrierten Einheiten, Plädoyer für eine „weltweite Erlebnisgeographie" in den Klassen 5 und 6).

II. Die vervielfältigten **Arbeitsunterlagen** werden vorgestellt. Sie enthalten u.a. folgendes Material:
  1. Welt- und Umweltkunde in der Orientierungsstufe Niedersachsen (Richtlinien)
  2. Erdkunde in der Realschule Nordrhein-Westfalen (aus den Richtlinien)
  3. „Politik" in der Gesamtschule Hamburg (Planungsstand 1970)
  4. „Politik" in der Gesamtschule Hamburg (aus den Richtlinien 1976)
  5. Erdkunde in Hessen, Bayern, Berlin und Rheinland-Pfalz (aus den Richtlinien)
  6. R. Peltner, Ein sach- und kulturkundlicher Lehrgang für das fünfte und sechste Schuljahr, 1954 (gekürzt)

Da besonders viele Teilnehmer der Veranstaltung aus Niedersachsen und Nordrhein-Westfalen kommen, sollen vor allem die Papiere 1 und 2 berücksichtigt werden. Wegen deutlicher konzeptueller Unterschiede eignen sie sich für den Vergleich.

III. Für die Bearbeitung sind zwei Leitfragen ausgewählt und in schriftlicher Form aufbereitet. Erste Leitfrage:

Weltweite – ja oder nein?

Geographieunterricht in den Klassen 5 und 6, Varianten des Zuschnitts

  A. Länderkunde von Deutschland (Kl. 5) und Europa (Kl. 6) als Abschnitte eines länderkundlichen Durchgangs nach konzentrischen Kreisen („vom Nahen zum Fernen")
  B. Sozialgeographisch orientierte „Umwelt-Geographie" nach Daseinsgrundfunktionen Wohnen, Arbeiten, Sich-Versorgen, Sich-Erholen etc., Einzugsbereich der eigenen Schule u.ä. als Teil eines sozialgeographisch ausgerichteten Gesamtprogramms
  Regionaler Schwerpunkt: Nahraum/Erfahrungsbereich, weitere Beispiele aus Bundesland, Bundesrepublik, Mitteleuropa
  C. Thematische Geographie (einschließlich sozialgeographischer Themen)
  mit regionalem Schwerpunkt Deutschland/Europa
  D. Thematische Geographie weltweit (einschließlich sozialgeographischer Themen) Lebensbewältigung in einfach-extremen Situationen (große Städte, Meer, Hochgebirge, fremde Klimate, fremde Lebens- und Wirtschaftsformen etc.)
  Weltweite topographische Orientierung
  E. Serie verschiedener „wichtiger" Themen ohne erkennbares Prinzip der Auswahl und Anordnung, ohne Abstimmung mit der Geographie in den vorangegangenen Schuljahren (Sachunterricht der Klassen 3 und 4) und in den folgenden Schuljahren (Erdkunde in den Klassen 7/8 und 9/10)

Das Problem: Nachdem der länderkundliche Durchgang vom Nahen zum Fernen (Variante A) aufgegeben worden ist, hat man sich auf keine neue Linie einigen können. Die Meinungsverschiedenheiten nehmen sogar zu. Die Richtlinien „driften" auseinander. Einige Richtlinien folgen den Vorstellungen von Emil Hinrichs, Wilhelm Grotelüschen usw. und schreiben für die Klassen 5 und 6 einen weltweiten Ansatz vor (Variante D). Andere Richtlinien konzentrieren sich für diese Stufe auf Deutschland und Europa und sparen ferne Kontinente für die späteren Klassen auf (Variante C, in Bayern Variante B).

Frau B. Wilhelmi, Bonn, vertritt in ihrem Statement die Variante C. Sie ist Mitautorin der neuen Realschulrichtlinien in Nordrhein-Westfalen (Papier 2) und kann die dort getroffenen Entscheidungen erläutern: Man will die Arbeit in den Klassen 5 und 6 weitgehend auf Deutschland und Europa beschränken, um solidere Grundlagen legen zu können. Bei einem weltweiten Ansatz bestehe die Gefahr, daß vieles nicht gründlich bearbeitet wird und daß ein topographisches Durcheinander entsteht. Außerdem hält man die oft favorisierten Themen aus den Grenzräumen der Ökumene für ziemlich schwierig – schon wegen der klimatologischen Voraussetzungen.

U. Schröder, Clenze, plädiert dagegen sehr nachdrücklich für einen weltweiten Ansatz (Variante D). An Beispielen aus der Schulpraxis zeigt er die Möglichkeiten einer weltweiten Geographie. Diese Geographie „kommt an", gerade bei den Zehn-, Elf- und Zwölfjährigen, deren Interesse für die Ferne so wach ist wie nie vorher und nachher.

Andere Redner erweitern und vertiefen die Argumente. Problematisiert wird z.B. das Argument der „Schwierigkeit": Sind Themen aus Afrika wirklich schwieriger als Themen aus Deutschland (im Horizont der Schüler wohlgemerkt)? – Gewarnt wird vor deutschland- und europazentrierten Weltvorstellungen, denen der Unterricht durch frühen weltweiten Ansatz entgegenwirken müsse. – Vorgeschlagen wird eine geschickte Streuung der „Raumbeispiele" im Interesse globaler Orientierung. – Und immer wieder geht es um das Teilproblem der Topographie; für viele Vertreter unseres Faches steht es zur Zeit im Vordergrund des Interesses.

E. Kroß, Bochum, verweist auf die Ergebnisse der Vorurteilsforschung. Die Bekämpfung von Vorurteilen gegenüber fremden Menschen und Kulturen darf nicht zu weit hinausgeschoben werden; ältere Schüler neigen dazu, die Urteile der Erwachsenen einfach zu übernehmen. Am größten ist die Offenheit bei den Zehn-, Elfjährigen. Eine entprechende „Weltgeographie" hat auf dieser Stufe die besten Chancen.

IV. Zweite Leitfrage:	Integration – ja oder nein?
A.	Einzelfächer Erdkunde (E), Geschichte (G), Sozialkunde (S) und andere
B.	„Sammelfach" ohne Integration, ermöglicht epochalen Unterricht
C.	„Teilintegration" Integration dort, wo die Fächer sich überlappen, im übrigen facheigen
D.	„Vollintegration" z.B. unter politisch-sozialkundlicher Leitidee, entsprechende Reduzierung bei Erdkunde und Geschichte

Durch die Vorgaben der Differenzierung in vier Kategorien (A-D) wird eine bloße Pro-Contra-Diskussion vermieden. Die Teilnehmer befassen sich zunächst mit dem Fach bzw. Fachbereich „Welt- und Umweltkunde" (Papier 1) und stellen fest (die meisten offenbar mit Befriedigung),
- daß „Welt- und Umweltkunde" nicht in die Kategorie D fällt,
- daß die drei Einzelfächer Erdkunde, Geschichte und Sozialkunde nicht durch eine Vollintegration ausgelöscht sind und
- daß die Ziele und Inhalte des Fachbereichs nicht einer einzigen und einseitigen Leitidee unterworfen worden sind.

„Welt- und Umweltkunde" läßt sich am ehesten der Kategorie C zuordnen. Was die Richtlinien anbieten und festlegen, ist eine lockere Serie von Themenblöcken mit sehr unterschiedlichen Akzenten. Einige dieser Themenblöcke passen in die Einzelfächer; andere übergreifen bisherige Fachgrenzen ohne Zwang.

Frau R. Fricke-Finkelnburg, Göttingen, Mitautorin der Richtlinien, korrigiert Vermutungen über die Entstehung der Richtlinien und über das Zustandekommen einiger erstaunlicher Entscheidungen (z.B. über die Aufnahme des Themas „Nationalsozialismus"). Sie berichtet, daß anfangs ein wesentlich höherer Integrationsgrad angestrebt worden sei. Nach dem Regierungswechsel in Hannover sind die Kommissionen zum Teil neu zusammengesetzt worden. Die Integrationsbindungen wurden gelockert. Im Laufe der Jahre wurden die Anteile von Geschichte und Sozialkunde ausgedehnt; der Themenblock „Nationalsozialismus" z.B. ist erst in später Stunde eingefügt worden.

Daß der Anteil der (anfangs sehr starken) Erdkunde reduziert worden ist, läßt sich an einem Beispiel zeigen: Die vier großen Themenblöcke „In den Kältegebieten", „In der Wüste", „Im tropischen Regenwald" und „In der gemäßigten Zone" (in dieser oder ähnlicher Formulierung) sind zu einem einzigen Themenblock zusammengeschoben und thematisch auf den Aspekt „Versorgung mit Nahrung" eingeengt worden. Der Themenblock „Im Hochgebirge" ist ganz entfallen.

In einem „Sammel-" oder „Integrationsfach" kann die Erdkunde den „Besitzstand" von zwei Wochenstunden nicht wahren. Sie ist in Gefahr, verdrängt zu werden. Je mehr Integration, desto schwächer erfahrungsgemäß die Rolle der Erdkunde (siehe die Hamburger Pläne, Papiere 3 und 4). Mehrere Redner wenden sich deshalb nachdrücklich gegen jede Form der Fächerzusammenlegung. Man solle aus fachpolitischen Gründen die Integration nicht in Rechnung stellen und sich nicht mit diesem Thema befreunden.

Ganz in diesem Sinne darf man vermuten, daß hinter den Integrationsbemühungen der Kultusministerien auch die Absicht steht, auf elegante Weise eine Stundenreduzierung zu erreichen und Platz zu schaffen für neue Fächer wie Sozialkunde und Arbeitslehre. Man sieht es: Das Integrationsfach erhält nicht die volle Stundenzahl, die die Einzelfächer einbringen. (Es gibt also Argumente für Integration, die nicht offen gehandelt werden!)

Wie aber, wenn man von Erdkunde als einem Einstundenfach ausgehen muß? Dann fällt es leichter, einen Fachbereich wie „Welt- und Umweltkunde" zu akzeptieren. In einem Fachbereich mit 3 bzw. 4 Wochenstunden stecken mehr schulische Möglichkeiten (für größere Unternehmungen, Erkundungen und Projekte, für Vertiefung und Motivation) als in drei sehr kleinen, voneinander getrennten Einzelfächern. Hier wird endlich das Konzept des „epochalen Unterrichts" verwirklicht.

Die Idee der Integration reizt vor allem jene Lehrer, die in zwei der Einzelfächer qualifiziert sind. Sie sehen eine Chance, bei bestimmten Themen z.B. erdkundliche und geschichtliche Aspekte und Interessen stärker miteinander zu verknüpfen, als das bisher möglich war (z.B. bei dem Thema „Stadt").

Im übrigen aber gilt, daß Integrationsfächer den Lehrer überfordern. Ihm wird ein Fach bzw. ein Fachbereich mit ungeheurer inhaltlich-kategorialer und methodischer Breite zugemutet. Dafür kann niemand ausgebildet sein. Integrationsfächer leiden in aller Regel an mangelnder fachlicher Qualität.

Wegen der großen inhaltlichen Breite läßt sich das Integrationsfach nur sehr schwer horizontal und vertikal strukturieren. Auch für die Schüler und für die Öffentlichkeit macht das Integrationsfach den Eindruck eines riesigen „Sammelsuriums". Es besitzt kein Profil und hat entsprechend wenig Aussicht auf positive Einschätzung.

Die Kooperation mit Geschichte und Sozialkunde wird Rückwirkungen haben auf die Inhalte der Erdkunde. Jene geographischen Themen werden bevorzugt, die der Geschichte und Sozialkunde „zugekehrt" sind. Es besteht also die große Gefahr, daß naturgeographische Themen allmählich aus dem Blick geraten und daß auch die Fernthemen zu kurz kommen, eben weil sie weniger Möglichkeiten für die Verbindung mit Geschichte und Sozialkunde bieten. Die Sitzung endet mit einem Plädoyer für die „weltweite Erlebnisgeographie" in der Stufe der Klassen 5 und 6. Dieser Unterricht kann
- bei den Welt-Interessen der Schüler ansetzen, die Vorstellungen vertiefen und korrigieren,
- die Schüler für fremde Menschen und Kulturen öffnen,
- sehr viel leisten für die weltweite geographische (und topographische!) Orientierung und nicht zuletzt
- die Begeisterung der Schüler für das Fach Erdkunde fördern (wozu der „Zuckerrübenbauer in der Börde" gewiß nicht in der Lage ist).

Günter Kirchberg, Speyer

Lehrpläne für die Sekundarstufe I –
ein Kompromiß zwischen divergierenden Anschauungen?

1. Ausgangspunkt

In den letzten Jahren ist die „Lehrplanlandschaft" Geographie sehr vielfältig geworden, in ihrer schulartbezogenen Zersplitterung sogar unüberschaubar. Zwar wäre es übertrieben, zu sagen, daß es **den** Geographie-Unterricht in der Bundesrepublik nicht mehr gibt, sondern nur noch den Niedersächsischen, den Bremer, den Bayerischen, – aber schon der Hessische ist in einer Situation, die vieles unvergleichbar macht.

Dennoch gehen meine Ausführungen davon aus, daß es unter Geographen den von Haubrich (vgl. GR 12/1979) auf dem Göttinger Geographentag 1979 beschworenen Grundkonsens gibt. Geographie ist und war das Schulfach, das „Raumkompetenz" vermitteln will, das zur Orientierung in der gegenwärtigen und zukünftigen Welt befähigen soll, das räumliche Strukturen und Prozesse betrachtet, um zu verantwortungsbewußten Haltungen und Handlungen zu führen.

Solche übergeordneten Ziele geographischen Unterrichts finden leicht allgemeine Zustimmung, zumal sie durchaus dem Anliegen des früheren länderkundlichen Unterrichts nahekommen. Die Divergenzen beginnen bei der Frage, wie denn nun der Unterricht aufgebaut sein soll, der schrittweise zu diesen Zielen hinführt; es geht um das Problem der Stufung in einem Lehrplan, die mehr leisten muß, als nur eine Addition von Teilräumen und Teilthemen. Für den Schüler soll durchaus eine Abfolge mit Lehrgangscharakter ableitbar sein.

2. Lehrplanvergleich

An dieser Stelle ist es sinnvoll, einmal zwei Lehrplanbeispiele einander synoptisch gegenüberzustellen, ohne sie im Einzelnen analytisch zu betrachten oder gar zu werten. Die Beispiele seien aus Rheinland-Pfalz (für alle Schularten) und Bayern (Gymnasium), wobei die Lernzielbereiche „Sich orientieren/Topographie" und „Umgang mit geographischen Arbeitsmitteln" zunächst unberücksichtigt bleiben sollen (**Übersicht 1**).

Beide Lehrpläne wollen in der Orientierungsstufe grundlegende Einsichten in Mensch-Raum-Beziehungen erreichen. Rheinland-Pfalz konzentriert sich dabei auf die Daseinsgrundfunktion „Sich versorgen", weltweit werden Möglichkeiten und Schwierigkeiten der Versorgung betrachtet. Bayern greift dagegen zehn sog. „Leitthemen" heraus, die großteils Bereiche der allgemeinen Geographie repräsentieren. Sie werden vorwiegend auf deutsche (z.T. ausdrücklich nur bundesrepublikanische) Raumbeispiele bezogen, an einigen Stellen sind Ausblicke auf Europa vorgesehen.

In beiden Ländern treten in der Klasse 7 physisch-geographische Sachverhalte stärker in den Vordergrund, es geht übereinstimmend um die Planetennatur der Erde, um Landschaftsgürtel, um die Auseinandersetzung des Menschen mit Naturbedingungen. Rheinland-Pfalz bleibt bei der grundsätzlich weltweiten Sicht, während Bayern die Betrachtung auf ein Profil Nordeuropa – Afrika konzentriert.

In der Klasse 8 ist in Bayern die Thematik „Entwicklungsländer" vorgesehen mit der regionalen Zuordnung S-Amerika, Schwarzafrika und O-/SO-Asien. Ganz anders Rheinland-Pfalz, das nach der Klasse 7 (Raumwirksamkeit von Naturfaktoren in ihrer Bedeutung für den Menschen) jetzt in Kl. 8 kultur- und sozialgeographische Faktoren in ihrer Raumwirksamkeit aufgreift. Die Umgestaltung von Räumen durch den wirtschaftenden Menschen ist wiederum weltweit im Blick, d.h. sowohl in entwickelten wie auch in unterentwickelten Zonen.

Die Klasse 9 schließlich ist in Bayern im Gymnasium Abschlußklasse; ihr wird die Behandlung der Industrieländer zugeordnet, wobei auffällt, daß Großbritannien, Nordamerika, UdSSR und Japan verpflichtende Raumbeispiele sind, nicht aber die deutschen Staaten. Rheinland-Pfalz überschreibt die Klassen 9/10 mit „Auseinandersetzung mit Gegenwartsfragen und -aufgaben", wobei es in Kl. 9 um zukunftsorientierte Planungsaufgaben (darunter auch: Umweltschutz) geht, in Kl. 10 dann um Wirtschaftsordnungen und Gesellschaftssysteme und um weltweite Beziehungen und Abhängigkeiten. Auch hier wird an der globalen Sicht festgehalten, allerdings mit einer Schwerpunktsetzung auf Deutschland bzw. dem Nahraum in Kl. 9 und auf Europa in Kl. 10.

Bereits dieser flüchtige Überblick über diese beiden Lehrplanbeispiele zeigt, daß hier tiefgreifende Unterschiede vorliegen. Beide Pläne beantworten die Frage der Stufung offensichtlich völlig anders, und das gleich in zweifacher Hinsicht: sie gehen 1. von einer unterschiedlichen thematischen Abfolge aus und sie zeigen 2. zugleich ein völlig verschiedenes regionales Anordnungsprinzip. Andere Lehrpläne geben hier noch andere Antworten, so daß an dieser Stelle zunächst einmal festgestellt werden muß, daß die Lehrpläne eher ein Spiegelbild als einen Kompromiß der divergierenden Anschauungen darstellen.

3. Ursachen der Divergenzen

Es stellt sich nun die Frage nach den Ursachen für diese erstaunlich unterschiedlichen Ergebnisse der Lehrplanarbeit. Diese Situation nur aus dem Föderalismus zu erklären, wäre sicher zu einfach; zumal in manchen Bundesländern die Kluft sogar die Schularten trennt, ohne daß deutlich würde, hier handele es sich um eine notwendige schulartspezifische Profilbildung (z.B. in Nordrhein-Westfalen). Die Ursachen der Divergenzen liegen vielmehr zum einen in der fehlenden Grundlagenforschung für die Lehrplankonstruktion, zum anderen in den Rahmenbedingungen der Lehrplanarbeit.

Zu den **Grundlagen** zunächst gilt nach wie vor die Feststellung, daß es noch immer keine wissenschaftlich legitimierten Kriterien oder gar Verfahren gibt, wie Lernziele und -inhalte auszuwählen und im Sinne eines Lehrgangs anzuordnen sind. Das Fehlen einer allgemeinen Lehrplantheorie ist dabei vielleicht weniger gravierend als die spärlichen Erträge psychologischer Forschung für den geographischen Unterricht. Auch die bisherigen Ergebnisse der so hoffnungsvoll angelaufenen geographiedidaktischen Forschung enttäuschen, sie konnten der Lehrplanarbeit noch keine entscheidenden Impulse geben. Daß die Richtlinien in den Bundesländern so unterschiedlich ausfallen, daß nahezu jeder Lehrplan die Frage der thematischen und regionalen Stufung anders beantwortet, wird von daher verständlich. Man kann wohl davon ausgehen, daß beim derzeitigen Stand der Grundlagenforschung verschiedene alternative und gleichwertige Lehrplankonzepte möglich sind.

Freilich gibt es dazu eine ganze Reihe konkreter Ordnungsgesichtspunkte, etwa aus dem Bereich der Fachwissenschaft (z.B. die Struktur der Fachdisziplin, die Fachlogik, die thematischen Lehrplansäulen), aus dem Bereich der Psychologie (etwa aus der Lernpsychologie die Idee der Rampenstruktur und der Lernspirale) und aus dem Bereich der Fachdidaktik i.e.S.; auf diese Ansatzpunkte gehe ich in einem Beitrag in der Geogr. Rundschau, H.5, 1980, ausführlicher ein.
Dennoch muß jeder Lehrplanautor bekennen, daß dem von ihm Erarbeiteten nur der Charakter eines hypothetischen Konstrukts zukommt.

Umso mehr überrascht — und damit komme ich zu den **Rahmenbedingungen** der Lehrplanarbeit —, mit welcher Eile in manchen Bundesländern solche am Schreibtisch entstandenen Entwürfe direkt, ohne Evaluation, zu verbindlichen Richtlinien erklärt werden. Man übersieht offensichtlich im Reformeifer, daß den Entwürfen oft sowohl die theoretische Absicherung als auch die praktische Erprobung ihrer Schul-, Schüler- und Sachgemäßheit fehlt. Wenn dann den Lehrplankommissionen auch noch nur partielle Aufgaben für einzelne Klassenstufen übertragen werden, wie soll da ein Gesamtkonzept im Sinne eines Lehrgangs entstehen?

Hinzu kommen noch andere Vorgaben der Ministerien: durch die Stundentafeln, die sich oft rascher ändern als das Wetter und die unser Fach mehr und mehr in die Einstündigkeit treiben oder zu Pausen zwingen; durch Integrationszwang (Gesellschaftslehre, Welt- und Umweltkunde), z.T. sogar durch direkte fachdidaktische Auflagen.

Aber es reicht sicherlich nicht aus, diese Situation nur zu beklagen. Vielmehr müssen wir offensiv versuchen, mit einem überzeugenden Lehrplankonzept zu zeigen, was unser Fach im Fächerkanon der Schule zu leisten vermag und daß es dazu eines kontinuierlichen zweistündigen Unterrichts bedarf.

3. Die Problemfelder

Die vielfältigen Ursachen der Divergenzen zwischen den Lehrplänen können hier nur angedeutet werden. Im Zusammenhang mit dem gestellten Thema ist es wichtiger, einige Problemfelder herauszugreifen, die sich als Abweichungen in den Lehrplänen äußern und zu diskutieren, wo sie Kompromißmöglichkeiten bieten.

3.1 Das exemplarische Vorgehen und die Länderkunde

In der Anfangsphase der Neuorientierung waren die Diskussionen um das Exemplarische und um die Länderkunde beherrschende Themen. Zwar mündeten hier die divergierenden Auffassungen in einen von einer breiten Mehrheit getragenen Kompromiß, aber auch ein Jahrzehnt danach ergeben sich in der Umsetzung der Lehrpläne immer noch Probleme und Mißverständnisse.

Die heutigen Lehrpläne gehen insgesamt von einem **exemplarischen Ansatz** aus: Die Raumbeispiele sind Exempla für zu gewinnende übertragbare Einsichten. Sie sind allerdings nicht beliebig austauschbar und zwar umso weniger, je mehr es um das Erkennen von individuellen Raumstrukturen geht.
In der Unterrichtspraxis hat das manchmal dazu geführt, daß neben dem exemplarischen das orientierende Lernen vernachlässigt worden ist. Beides sind — von der Idee des Exemplarischen her — einander ergänzende, komplementäre Betrachtungsweisen. Die am exemplarischen Beispiel erkannten Raumphänomene bleiben „vereinzelt", wenn sie nicht im orientierenden Verfahren z.B. in ihrer weltweiten Verbreitung und regionalen Differenzierung eingebunden werden. Nur die Vernachlässigung des notwendigen orientierenden Verfahrens konnte den neuen Lehrplänen den unberechtigten Vorwurf der Tupfengeographie und den der Vernachlässigung der Topographie einbringen. In der Frage der Verbindung von exemplarischem und orientierendem Lernen gibt es keine Kompromisse; beide sind unverzichtbare Bestandteile des lernzielorientierten Vorgehens.

Auch die Frage der **Länderkunde** war anfangs recht umkämpft. Heute kann man davon ausgehen, daß Geographieunterricht nicht mehr gleichzusetzen ist mit Länderkunde. Aber er befaßt sich selbstverständlich auch mit Staaten, die ja wesentliche politische, wirtschaftliche und raumprägende Elemente unserer Welt sind. Die meisten Lehrpläne haben einen tragfähigen Kompromiß zwischen der Ablehnung der Länderkunde alter Art und der Notwendigkeit der Einbeziehung von Staaten gefunden. Es ist zu unterscheiden zwischen der topographischen und der thematischen Betrachtung. Der Forderung nach einer topographischen Berücksichtigung wird dadurch entsprochen, daß dem Schüler in **allen** Klassenstufen Staaten im Sinne der Orientierung begegnen. Er wird schrittweise mit einem immer dichter werdenden Netz von Ländern vertraut.
Die eigentliche Behandlung von Staatsräumen — nicht im Sinne einer enzyklopädischen Länderkunde, sondern unter vergleichenden und thematischen Aspekten — wird den höheren Klassen der Sekundarstufe I zugeordnet. Hier erst ist eine solche komplexe Betrachtung möglich, nachdem in früheren Klassen die Elemente dafür induktiv gewonnen wurden. Ein Lehrgang Geographie darf jedenfalls nicht auf der Stufe der Betrachtung von Teilstrukturen stehenbleiben, er muß auch zu komplexen Raumeinheiten wie z.B. Staatsräumen unterschiedlichster Prägung hinführen. Aber: es geht nicht um eine Länderkunde, sondern um komplexere Lernziele.

In zwei anderen Bereichen — und das zeigte auch der kurze Lehrplanvergleich — sind die Auffassungen sehr viel weiter auseinander, ich will deshalb auf diese Problemfelder näher eingehen: es ist die Frage der thematischen und die der regionalen Abfolge.

3.2 Die regionale Abfolge

Zunächst zur regionalen Abfolge, also zur Entscheidung, ob einzelnen Klassenstufen bestimmte Räume zugeordnet werden sollen und wenn ja, welche. Für die Festlegung solcher Hauptübungsräume spricht etwa das Argument, daß durch eine solche Schwerpunktbildung auch das Herstellen von Beziehungen erleichtert wird. Andererseits muß gesehen werden, daß auch ein ständig weltweites Vorgehen nicht die regionale Beliebigkeit zum Prinzip macht, sondern die schrittweise Vertiefung eben in allen Klassenstufen auf den gesamten Globus bezieht.
Aber hier scheinen durchaus Kompromisse zwischen dem bayerischen und dem rheinland-pfälzischen Vorgehen möglich, indem man z.B. die topographische Arbeit mit regionalen Schwerpunkten verbindlich macht, die thematische Orientierung aber weltweit anlegt. Entscheidend ist, daß im Lehrgang als ganzem alle Teilräume der Erde angemessen berücksichtigt werden.

Eine besondere Bedeutung kommt dabei natürlich Deutschland zu. Ich habe an anderer Stelle (Geogr. und Schule Jg. 1979, H.1) die These vertreten, daß dieser Raum in allen Klassenstufen Unterrichtsgegenstand sein sollte. Eine kontinuierliche Einbeziehung Deutschlands in einen überzeugend gestuften Lehrgang mit zunehmend komplexer Durchdringung ist die Voraussetzung für ein fundiertes Deutschland-Bild. Die in manchen Bundesländern angelegte Konzentration deutschlandbezogener Themen auf bestimmte Klassenstufen verhindert ein ständig wieder aufgreifendes, vertiefendes, erweiterndes Vorgehen. Das Beispiel Bayern/Gymnasium darf hier nicht Modell sein: Deutschland nur in den Klassen 5/6, dann nicht mehr, auch nicht bei den Industriestaaten in Kl. 9!

Zu einem anderen Aspekt der regionalen Abfolge. Nachdem in der Zeit der Neuorientierung vor 10 Jahren immer wieder betont worden war, daß das Prinzip „Vom Nahen zum Fernen" seine Gültigkeit verloren habe, stellt man in jüngeren Lehrplänen die Tendenz fest, in den Klassen 5 und 6 wieder zunächst in Deutschland zu verbleiben und erst dann das Betrachtungsfeld auszuweiten. Die Begründungen, die man dafür hört, sind die Forderung, der Schüler müsse zunächst einmal seinen Heimatraum, sein eigenes Land kennenlernen, und das Argument, die Orientierungsstufe dürfe nicht bereits alle „Rosinen" vorwegnehmen. Gelegentlich klingt auch noch die Schreckensnachricht durch: Die nehmen die Waldindianer am Amazonas durch und wissen noch nicht einmal, wo Bremen liegt!
Ich halte ein solches, nur mit Deutschland ansetzendes Konzept für einen falschen Kompromiß zwischen dem alten Vorgehen in konzentrischen Kreisen und einem thematisch gestuften Lehrplan, der vom Einfacheren zum Komplexeren vorgehen will. Es ist hier nicht die Zeit, um die Fülle von Argumenten auszubreiten, die den weltweiten Ansatz gerade in der Orientierungsstufe erforderlich machen. Hier muß die Behauptung genügen, daß wir in allen Klassenstufen den Schüler dort „abholen" müssen, wo er seinem Entwicklungsstand, seinen Interessen und seinem Vorwissen nach steht. Der weltweite Ansatz ist ja nicht der Versuch, dem Schüler alles auf der Welt zeigen zu wollen, sondern ihn die Vielfalt der Mensch-Raum-Beziehungen erkennen zu lassen; und das in einem Fach, das sich **Geographie** oder **Erd**kunde nennt. Offensichtlich wird bei der aufgezeigten Tendenz übersehen, daß die Alternative zum Vorgehen in konzentrischen Kreisen nie „Vom Fernen zum Nahen" hieß, auch nie „Nur die Ferne", sondern daß es darum geht, Fernes und Nahes ständig vergleichend zueinander in Beziehung zu setzen. Das ist es ja gerade, was „psychologische Nähe" schafft: Faszination des Fremden, Betroffenheit durch Andersartigkeit und damit durch Rückbezug auf die eigene Situation.

Natürlich muß der Schüler in der Orientierungsstufe auch Mensch-Raum-Beziehungen in Deutschland kennenlernen und nicht nur am Rand der Ökumene. Es ist mehr als nur ein Mittelweg, wenn deshalb vorgeschlagen wird, daß sich etwa die Hälfte der Raumbeispiele in den Klassen 5 und 6 auf Deutschland beziehen sollten, – nebenbei: auf **beide** Staaten in Deutschland.

3.3 Die thematische Abfolge

Diese Überlegungen zur regionalen Abfolge haben gezeigt, daß ein überzeugender Lehrplanaufbau **nur** mit einem regionalen Anordnungsprinzip nicht zu leisten ist. Nähe und Ferne sind distantielle, aber keine pädagogischen Kategorien, die Ansatzpunkte für eine lernlogische Stufung und Verknüpfung bieten.
Der lernzielorientierte Geographieunterricht versteht sich heute vorwiegend als thematischer Unterricht, womit wir bei dem Problem der thematischen Abfolge sind. Die Lehrplanarbeit muß versuchen, die Lernprozesse aufbauend zu gliedern und ausgehend vom Erkennen von einfacheren Strukturen hin zu immer komplexeren Einsichten und Zusammenhängen zu stufen. Es sind vor allem lernpsychologische Überlegungen, die als Ordnungsgesichtspunkt den der **zunehmenden Komplexität** liefern. Themen mit elementareren Raumphänomenen stehen wegen ihrer leichteren Durchschaubarkeit am Beginn, verflochtenere Beziehungen und abstraktere Betrachtungsweisen am Ende des Lehrgangs Geographie in der Sekundarstufe I.

Die Zentralbegriffe für diesen aufbauenden Lehrgangscharakter lauten „**Rampenstruktur**" und „**Lernspirale**". Der erste betont die Notwendigkeit von klar konturierten Schritten im Sinne von Lernetappen, der zweite stellt die Notwendigkeit des Wiederaufgreifens von Themen und Zielen in einer aufsteigenden Linie heraus. Beides sind sich ergänzende Aspekte, die ihre fachwissenschaftliche Absicherung durch das sog. „Säulenmodell" erfahren. Lehrplansäulen sind thematische Lernzielbereiche, die den Lehrgang als immer wieder **aufzugreifendes Themennetz durchziehen. So wird z.B. der Komplex „Verkehr" in allen Klassenstufen, unter jeweils wechselnder Zielsetzung angesprochen und vertieft werden, ohne daß es dabei für den Schüler zu einer ständigen Wiederholung des immer wieder gleichen Themas kommt. Trennschärfe** in der Horizontalen und **Kontinuität** in der Vertikalen, das sind die Kernprobleme der thematischen Stufung.

Ob hier der Lehrplan Bayern/Gymnasium eine optimale Lösung gefunden hat, möchte ich bezweifeln. Zwar sind die Klassenstufen durchaus trennscharf voneinander abgehoben, aber eine aufsteigende Lernspirale zunehmender Komplexität ist aus der Abfolge Deutschland – Landschaftsgürtel – Entwicklungsländer – Industrieländer nicht zu erkennen. Im Gegenteil, diese Anordnung erinnert sehr stark an die Fehler der alten Erdkunde, wobei an die Stelle des früheren länderkundlichen Durchgangs nur eine andere regionale Anordnung getreten ist. Die Gefahr der bloßen Addition von Teilräumen ist offensichtlich, – in meinen Augen ein unbefriedigender Kompromiß.

Andererseits muß gesagt werden, daß kein Lehrplan beim derzeitigen Stand der Grundlagenforschung für sich beanspruchen kann, er habe die Frage der thematischen Stufung allgemeingültig beantwortet. Denn eine nur thematisch orientierte Abfolge reicht ebenfalls nicht aus, um eine plausible Lehrplanstruktur zu begründen. Ist ein Thema wie z.B. „Steinkohlenbergbau" einfach oder komplex? Es läßt sicher in allen Klassen von der Primar- bis zur Studienstufe exemplarische Einsichten zu. Und für ein Raumbeispiel, etwa „Ruhrgebiet", gilt das Gleiche. Ich glaube, es wird deutlich, daß es die Alternative „regionale" **oder** „thematische" Abfolge gar nicht gibt, daß vielmehr die **Lernzielorientierung** kompromißlos das Herzstück auch für den Lehrplanaufbau sein muß: Was soll mit einem Thema, an einem Raumbeispiel erreicht werden, welche Funktion soll ihnen zukommen?

Damit wird auch deutlich, daß neben Themen und Räumen noch weitere Gesichtspunkte herangezogen werden müssen, um wirklich einen fortschreitenden und dennoch trennscharfen Lehrgang zu entwickeln. Einige Ansatzpunkte zeigt vielleicht die **Übersicht 2.** Sie teilt die sechs Schuljahre in drei Zweijahresblöcke, ordnet diesen Stufenschwerpunkte zu und zeigt thematische Lernzielbereiche auf. Zusätzlich jedoch werden den Stufen „vorherrschende Betrachtungsweisen" zugeordnet: Erst sie sind es, die sowohl einem Thema als auch einem Raumbeispiel eine lernzielorientierte Funktion geben können, hier in einem Dreischritt, der sich an die Betrachtungsweisen nach Bobek/Schmithüsen anlehnt.
Als weitere Achse, die den aufbauenden Charakter des Lehrgangs verstärkt, sind den Stufen „Raumtypen" zunehmender Komplexität zugeordnet. Aussagen zur regionalen Zuordnung könnten darüberhinaus die Profilierung der Stufen noch weiter akzentuieren.
Es ist jetzt nicht die Frage, ob diese Übersicht in dieser Form kompromißfähig ist, sondern sie will demonstrieren, daß eben mehr Gesichtspunkte Berücksichtigung finden müssen als nur Themen. Nur so kann ein Lehrplanaufbau die Klarheit gewinnen, die das alte Vorgehen vom Nahen zum Fernen und von Land zu Land scheinbar hatte.

4. Lehrplanarbeit als Zukunftsaufgabe

Sind die neuen Lehrpläne bereits ein Kompromiß zwischen divergierenden Anschauungen? Ich habe versucht, deutlich zu machen, daß sie eine ganze Fülle von Teilkompromissen einschließen und auch nicht alles Alte kurzerhand über Bord werfen.
Ein ganz zentraler Punkt scheint die Übereinkunft zu sein, daß bei der Auswahl und Anordnung von Lehrplanelementen sowohl regionale wie auch thematische Aspekte Berücksichtigung finden müssen; beide sind verschiedene, gegenseitig verschränkte Dimensionen des Raumkontinuums.

In GR 5/1980, S. 260, Abb. 1, habe ich versucht, diesen Sachverhalt graphisch darzustellen. Ein Würfel ermöglicht die gleichzeitige Erfassung der drei Dimensionen „Themenbereiche", „Regionen/Räume" und „Klassenstufen". So wird eine pädagogische Kontinuität sichtbar, – sicher nicht dadurch, daß immer alles betrachtet wird, sondern durch thematische und regionale Schwerpunktsetzung. Zugleich macht die Graphik augenfällig, daß es einen Kompromiß zwischen dem länderkundlichen und dem thematischen Vorgehen nicht gibt; schon der Ansatz ist völlig anders.

Vielleicht kann diese graphische Darstellung eines Ausschnittes aus dem „Auswahlkosmos" verdeutlichen, inmitten welcher Aufgaben wir stehen. Die Abfolge von Lernzielen im geographischen Unterricht darf nicht willkürlichen Gesichtspunkten folgen. Vielmehr bedarf diese Stufung einer schülergemäßen, logischen und wissenschaftsorientierten Absicherung. Dieses Problem ist auch fachpolitisch brisant: Ein zwingender, plausibler Lehrplanaufbau, der auch Außenstehende überzeugt, kann zur Existenzfrage des Schulfachs Geographie werden.

Trotz mancher Bemühungen in diese Richtung ist dieses Problem bisher offensichtlich noch nicht mehrheitsfähig gelöst. Freilich bleibt zu hoffen, daß es immer zu früh sein wird, um durch Kompromisse auf der Basis des kleinsten gemeinsamen Nenners zu jener Scheinharmonie zurückzukehren, die unser Fach jahrzehntelang beherrschte. Wir brauchen auch den Mut zum Dissens, die Fachdidaktik wird durch Kontroversen erst lebendig. Wir sind mitten in der Arbeit.

	Rheinland-Pfalz (HS, RS, Gymnasien)		Bayern (Gymnasien)	
	5/6: Grundlegende Einsichten in Mensch-Raum-Beziehungen		**5/6: Mensch-Raum-Beziehungen**	
5	Sich versorgen-I: Nutzung von Naturpotentials	Welt	Oberflächenformen Bergbau Stadt und Umland Verkehr Erholungsräume	Deutschland, Ausblick auf Europa
6	Sich versorgen-II: Rohstoff- u. Energiequellen Sich versorgen-III: Verkehr Reisen und sich erholen	Welt, Schwerpunkt Deutschland u. Europa	Landwirtschaft · Industrie Energiewirtschaft Menschen leben an der Küste Räumliche Auswirkungen staatlicher Entscheidungen	Deutschland, Ausblick auf Europa
	7/8: Analyse von raumprägenden und raumverändernden Faktoren		**7/9: Überblick über die räumliche Differenzierung der Erdoberfläche**	
7	Auseinandersetzung des Menschen mit Naturbedingungen	Welt	Die natürliche Differenzierung der Erdoberfläche	Afrika, Europa
8	Gestaltung von Räumen durch den wirtschaftenden Menschen	Welt	Entwicklungsländer	O- u. SO-Asien Schwarzafrika Südamerika
	9/10: Auseinandersetzung mit Gegenwartsfragen und -aufgaben			
9	Raumordnungs- u. Planungsaufgaben	Welt, Schwerpunkt Deutschland	Industrieländer	Großbritannien, Nordamerika, UdSSR, Japan
10	Gesellschaftsstrukturen und Wirtschaftspotentiale	Welt, Schwerpunkt Europa		

Übersicht 1: Lehrplanvergleich

Klasse	Stufenschwerpunkte	Lernzielbereiche		vorherrschende Betrachtungsweisen	Raumtypen
5	Stufe 1: Grundlegende Einsichten in Mensch-Raum-Beziehungen	Daseinsgrundfunktionen in ihrer Raumwirksamkeit		beobachtende und beschreibende Betrachtung; vorw. physiognomisch	überschaubare Einzelbilder und Fallbeispiele, dabei Raumtypen kontrastierender Art
6					
7	Stufe 2: Analyse von raumprägenden und raumverändernden Faktoren	Naturgeogr. Faktoren in ihrer Raumwirksamkeit		analytische und kausale Betrachtung; vorw. genetisch	Regionen unterschiedlicher Naturausstattung
8					Regionen unterschiedlichen Entwicklungsstandes
9	Stufe 3: Auseinandersetzung mit Gegenwartsfragen und -aufgaben	Wirtschaftsordnungen und Gesellschaftssysteme in ihrer Raumwirksamkeit		problem- und zukunftsorientierte Betrachtung; vorw. funktional	Regionen, Staaten, Großräume
10					

Umgang mit geographischen Arbeitsmitteln

Orientierungsraster und Ordnungssysteme (Topographie)

Übersicht 2: Gesamtkonzept eines Grundlehrplans Geographie Sekundarstufe I

267

Helmtraut Hendinger, Hamburg

Geographie in der gymnasialen Oberstufe unter den Bedingungen und Ansprüchen eines Abiturfaches

1. Stellung und Organisation der Geographie als Abiturfach

Um die heutige Stellung der Geographie als Abiturfach deutlich zu machen und zugleich die besonderen Probleme aufzuzeigen, ist es sinnvoll einen Blick zurück zu tun. Denn als die Kultusminister-Vereinbarung aus dem Jahre 1972 zur Neugestaltung der gymnasialen Oberstufe auch für das Fach Geographie (Erdkunde) einen Weg eröffnete, wieder abiturfähig zu werden, war die Tradition in den meisten Bundesländern inzwischen über zwanzig Jahre unterbrochen gewesen. Bis 1960/62 konnte sich zwar die Erdkunde noch als Oberstufenfach halten, sie war aber gewissemaßen ins zweite Glied verwiesen. Sie wurde bereits mit dem Vorabitur in der 12. Klasse des Gymnasiums abgeschlossen. Nur gelegentlich war es möglich, im Wirtschaftsgymnasium die Wirtschaftsgeographie bis zum Abitur zu führen (Hendinger 1961).

1962 erfolgte mit der Saarbrückener Rahmenvereinbarung die Integration des Faches Erdkunde in die Gemeinschaftskunde. Wie in den einzelnen Bundesländern diese Möglichkeit, im Rahmen der Gemeinschaftskunde geographische Inhalte im Unterricht zu realisieren, genutzt wurde, hing ganz wesentlich auch von der Lehrerbesetzung ab. Längst nicht überall waren die Möglichkeiten für die Geographie so günstig wie in Hamburg, wo als Modellversuch zwei Lehrer gleichzeitig gemeinsam den Unterricht in dem neugebackenen Fach Gemeinschaftskunde erteilten. Der Historiker übernahm die führende Rolle bei den historischen und verfassungspolitischen Themen des Lehrplans, der Geograph unterrichtete die Themen, in denen der geographische Denkansatz besser zum Zuge kam, nämlich Wirtschaft und Gesellschaft. Außerdem fielen große Teile der Behandlung der Weltmächte und der Entwicklungsländer dem Geographen zu. Schriftliches Prüfungsfach war damals auch die Gemeinschaftskunde nicht, obwohl sie mit 4 bis 5 Stunden in der Woche erteilt wurde. Dafür fiel ihr in Hamburg häufig die Rolle zu, die Abiturprüfung am Tage der mündlichen Prüfung durch ein Klassengespräch zu eröffnen. Auch hieran wirkte dann selbstverständlich der Geograph mit.

Doch eigentliche Geographie war das auch in Hamburg nur sehr selten, selbst wenn überzeugte Geographen in diesen gemeinsamen Unterricht einstiegen. Was allerdings durch diese neue Rolle der Geographie erreicht wurde, war eine größere Aufgeschlossenheit ihrer Vertreter gegenüber wirtschaftlichen und gesellschaftlichen Problemen. In gewisser Weise wurde hier durchaus der spätere Weg der Sozialgeographie in die Schule bereits vorbereitet, wie Veröffentlichungen in der Geographischen Rundschau und auch in selbständigen Publikationen aus diesem Jahrzehnt zeigen (Geipel 1960, Hendinger 1965, 1966, Fick 1967, Knübel 1963 u.a.).

Die Vereinbarung der Kultusminister zur Neuordnung der gymnasialen Oberstufe von 1972 (Entwurf v. 2.7.1971) traf dann auf eine Geographie im Umbruch. Die Reformbewegung der Geographie selbst hatte bereits auch die Oberstufe mit einbezogen und hatte in enger Kontaktaufnahme mit den treibenden Kräften der Oberstufenreform im Dezember 1971 in der Geographischen Rundschau ihre Vorstellungen zur zukünftigen Stellung der Geographie in der neugestalteten Oberstufe vorgelegt (GR 23 1971, S. 481-92). Doch noch fehlte das Wichtigste: Das organisatorische Fundament, das Auskunft über die Verortung des Faches Geographie gab. Die KMK-Vereinbarung eröffnete lediglich die Möglichkeit, Geographie in der Zukunft im gesellschaftswissenschaftlichen Aufgabenfeld auch als eigenes, selbständiges Fach einzubringen. Für den Regelfall enthielt die KMK-Vereinbarung lediglich den Hinweis, daß Geographie auch weiterhin als Bestandteil der Gemeinschaftskunde, für jeden Schüler auch in Zukunft verbindliches Unterrichtsfach, aufzufassen sei.

Was nun aus diesen in dem KMK-Papier ruhenden Möglichkeiten gemacht wurde, lag einzig und allein bei den Bundesländern und war damit durchaus auch persönlichen Zufälligkeiten und Meinungen preisgegeben, was Gemeinschaftskunde und in ihr die Geographie zum neuen Bildungskonzept und zur allgemeinen Studierfähigkeit beizutragen habe. Nur eines war klar, wenn Geographie in Zukunft abiturfähiges Fach werden sollte, dann mußten erst Grundlagen dafür geschaffen werden, was und wie hier unterrichtet werden sollte. Insbesondere galt das, wenn — wie in der Präambel der KMK-Vereinbarung nachzulesen ist — nicht nur Kenntnisse, sondern vor allem Anwendungsfähigkeit und Übertragbarkeit der Methoden und allgemeine Urteilsfähigkeit erreicht werden sollten. Eine Reihe tüchtiger, aktiver Geographen fühlte sich aufgerufen, an diesem Prozeß der Grundlagenfindung mitzuwirken. Großenteils waren sie in den Lehrplanausschüssen der Sekundarstufe II der einzelnen Bundesländer tätig, zum Teil leisteten sie ihren Beitrag zur Oberstufenreform aber auch als Lehrbuchverfasser speziell für die Sekundarstufe II. Hier sei nur beispielsweise auf Westermann-Colleg und SII-Arbeitsmaterialien (Klett) verwiesen, die durchaus bahnbrechend gewirkt haben. Ihnen und den Lehrplanautoren dürfte es nicht zuletzt zu danken sein, wenn sich die Geographie in einer ganzen Reihe von Bundesländern einen eigenständigen Platz im Kranz der Abiturfächer, in anderen aber doch im Rahmen der Gemeinschaftskunde eine durchaus beachtliche, angesehene Stellung erkämpft hat.

Wählen wir zunächst den Einstieg in unsere gemeinsame Betrachtung von den Zielsetzungen des gesellschaftswissenschaftlichen Aufgabenfeldes her, dann erscheint es allerdings nicht verwunderlich, wenn in einigen Bundesländern die Verzahnung der Geographie mit der Gemeinschaftskunde relativ eng blieb. Festzuhalten ist dabei auch, daß die inhaltlichen Aussagen der Saarbrückener Rahmenvereinbarungen durch die KMK-Vereinbarung zur Neugestaltung der Oberstufe aus dem Jahre 1972 keineswegs aufgehoben worden waren. Lediglich der organisatorische Rahmen war nunmehr ein anderer geworden und eröffnete daher neue Möglichkeiten der Realisierung. Auch vom pädagogisch-didaktischen Ansatz her erschien es sinnvoll, die beiden Fächer Geographie und Gemeinschaftskunde in dem engen Verbund zu belassen. Denn genau die Probleme, die mit Hilfe des Wissens und der Methoden der Gesellschaftswissenschaften im weitesten Sinne gelöst werden sollten, dem Schüler also die spätere Bewältigung aktueller Lebenssituationen ermöglichen konnten, erforderten die Zusammenarbeit mit Geographie und Geschichte. Nur so konnte das notwendige Raum- und Zeitverständnis bei der Aufarbeitung der Probleme eingebracht werden. Jedes der in die Gemeinschaftskunde eingebrachten Fächer (Geographie, Geschichte, Wirtschaftslehre, Soziologie, Recht u.a.) hatte durchaus eigene wissenschaftsorientierte Ansätze zur Aufschlüsselung und Erhellung wesentlicher Gegenwartsprobleme einzubringen. Das einzige, was gegen die Weiterführung des herkömmlichen integrativen Trägerfaches der gesellschaftsrelevanten Zielsetzungen der Schule sprach, war die mangelhafte Organisierbarkeit, die verhinderte, daß die verschiedenartigen Aspekte auch alle voll zum Tragen kamen. Man suchte daher aufgrund der zehnjährigen Erfahrungen mit den Saarbrückener Rahmenvereinbarungen nach neuen Formen. Dem entgegen kam der in der Oberstufenreform enthaltene Anspruch auf stärkere Individualisierung der Bildung. Es schien also durchaus einsichtig, daß je nach Begabung und Neigung eine Koppelung der politischen Bildung mit den Fächern Geographie oder Geschichte oder Wirtschaftslehre dem einzelnen den gesellschaftswissenschaftlich-gemeinschaftskundlichen Bildungsauftrag schmackhafter machen konnte. Die Individualisierung des Bildungskanons führte jedenfalls in einer Reihe von Bundesländern schließlich dazu, daß Geographie nicht nur als Prüffach, sondern auch als Leistungsfach im gesellschaftlichen Aufgabenfeld zugelassen wurde. Zum Teil wurde diese Entwicklung allerdings bedauerlicherweise damit erkauft, daß in der Praxis die Geographie inhaltlich mehr und mehr aus der Gemeinschaftskunde herausgedrängt worden ist, einfach, weil es nach Einführung des Prüf- und Leistungsfaches Geographie kaum noch Geogaphielehrer gab, die gleichzeitig auch Gemeinschaftskunde erteilten und auf diese Weise ihre Kollegen mit anderem Grundfach auch mit geographischen Aspekten konfrontierten. Dies sollte gesehen und hier auch einmal deutlich ausgesprochen werden! Denn nach wie vor gehört der geographisch-räumliche Aspekt unverzichtbar zur politisch-gesellschaftlichen Bildung eines jeden Schülers.

Wie es in der bundesweiten Bildungslandschaft derzeit um die geographische Bildung im gesellschaftswissenschaftlichen Aufgabenfeld bestellt ist, mag der folgende Hinweis verdeutlichen:

Der fächerübergreifende bzw. kooperative Ansatz — beides durchaus nicht dasselbe, zielt aber in dieselbe Richtung — findet sich in Niedersachsen, Hessen, Bremen, Berlin (Politische Weltkunde), Rheinland-Pfalz, Baden-Württemberg. Aufgrund der Präambel zum Fach Gemeinschaftskunde sind zwar auch andere Bundesländer in ihrem Ansatz der integrativen Durchführung verpflichtet, jedoch schlägt das bei Themenwahl und Inhalten nicht durch.

Geographie als selbständiges Leistungsfach gibt es in den meisten Bundesländern. Der Schüler kann damit größtenteils auch den Pflichtbereich im gesellschaftswissenschaftlichen Aufgabenfeld abdecken, hat aber zum Teil Auflagen aus dem Bereich der Gemeinschaftskunde zu erfüllen: z.B. sind in Hamburg im Leistungskurs Geographie Lernziele für alle vier Grundkurse in Gemeinschaftskunde ebenfalls verbindlich. Der Schüler erfüllt sie für zwei Bereiche innerhalb des Leistungskurses: nämlich Gesellschaft im Rahmen des Themas Stadtplanung — meist wird hier der Bereich Schichtung der Gesellschaft behandelt — und internationale Politik im Rahmen des Themas Entwicklungsländer oder Weltmächte USA – UdSSR. Für die zwei anderen Bereiche Wirtschaft und Grundlagen der Politik hat er zwei zweistündige Ergänzungskurse zu belegen, in denen ihm in verkürzter Form die Inhalte der Grundkurse Gemeinschaftskunde vermittelt werden. Zweifellos sind dabei die Kenntnisse im Themenbereich Wirtschaft für eine Reihe geographischer Themen unerläßlich, z.B. Industrialisierungsprozesse oder auch Entwicklungsländer.

Geographische Grundkurse wurden in einer ganzen Reihe von Bundesländern konzipiert. Häufig sind sie aber nur Bestandteil der gemeinschaftskundlichen Grundbildung, ohne zu einem besonderen eigenständigen Prüffach hinzuführen. Wann die Voraussetzungen für ein besonderes Prüffach Geographie (3. oder 4. Prüffach – schriftlich oder mündlich) gegeben sind, wird unterschiedlich gehandhabt. In Bremen beispielsweise berechtigt die Belegung von vier Grundkursen auch dann zum Prüffach Geographie, wenn darin zwei Gemeinschaftskundekurse mit einem geographischen Fachschwerpunkt enthalten sind. In anderen Bundesländern, so z.B. in Hamburg, sind zusätzlich zu vier Gemeinschaftskundegrundkursen mit insgesamt 12 Stunden in vier Semestern noch weitere 8 bis 12 Stunden Geographie zu belegen, jeweils pro Semester ein Kurs. Als Vorteil dieser Konstruktion ergab sich, daß hier ein eigenständiges Curriculum entwickelt werden kann, das noch dazu von den Grundkenntnissen aus der Gemeinschaftskunde profitiert. Allerdings bleibt auch hier die Geographie mit allen vier Kursen dem gesellschaftswissenschaftlichen Aufgabenfeld verpflichtet. Die naturgeographischen Gehalte erfahren ihren Sinn erst in ihrer Bedeutung und Ausnutzung für den Menschen!

In Bayern hingegen kann der Schüler die Geographie mit 4 x 2 Stunden als Prüffach stellvertretend für den Pflichtbereich im gesellschaftswissenschaftlichen Aufgabenfeld wählen. Es entfallen umfangreiche zusätzliche Auflagen aus dem speziellen gemeinschaftskundlichen Bereich über die vorgeschriebenen 16 Stunden im gemeinschaftskundlichen Bereich hinaus. Je zwei Kurse Geschichte und Sozialkunde sind bereits in den 16 Stunden enthalten.

Die Schwierigkeiten der praktischen Integration der verschiedenen anteilhabenden Fächer am Bereich der Gemeinschaftskunde haben nun in der letzten Zeit in Verbindung mit einer wiederum stärkeren Betonung der Notwendigkeit historischer Bildung dazu geführt, für eine Aufsplitterung und Aufgabe der Gemeinschaftskunde zu plädieren. Was das für die Existenz eines Prüf- und Leistungsfaches Geographie bedeuten würde, bleibt abzuwarten. Hier sei nur auf die Bemühungen des Schleswig-Holsteinischen Landesverbandes verwiesen, die Entwicklung zugunsten der Geographie als Bestandteil der Gemeinschaftskunde im Griff zu behalten! (Vgl. Geographie in der Schule, Heft 20/März 1980).

Auf diesem Hintergrund ist der Zuspruch der Schüler zum Fach Geographie zu sehen. Es spielt eben eine entscheidende Rolle, ob die im Fach Geographie belegten Stunden im Pflichtbereich der Gemeinschaftskunde von 16 Stunden anrechenbar sind oder ob die Kurse in Geographie zusätzlich belegt werden müssen. Aber auch das Image der Gemeinschaftskunde selbst spielt bei der Wahl von Geographiekursen und der Belegung der Geographie als Leistungs- oder Prüffach eine Rolle. Es hat sich z.B. gezeigt, daß gerade naturwissenschaftlich interessierte Schüler stärker der Geographie mit ihren an Sachkompetenz gebundenen Aussagen und den stärker logisch durchdringbaren Schlußfolgerungen zuneigen. Aber auch politideologische Trends machen sich mit wellenförmiger Zu- und Abnahme bei der Wahl der Geographiekurse bemerkbar. Zudem ist das Image der Geographie bei den Schülern häufig gerade so gut, wie das zuletzt abgeschlossene Abitur mit seinen Ergebnissen. Daß man im Fach Geographie nicht nur Wissen lernen, sondern auch Denkprozesse und logische Gedankenketten aufbauen muß, begreifen manche Schüler erst im Verlauf des Kursdurchgangs. Manche begreifen auch zu spät, daß Geographie einen erheblichen Leistungsanspruch stellt, wenn man vertieft in die Zusammenhänge eindringen will. Immerhin gilt für alle Bundesländer, daß Geographie heute aus dem Kanon der Abiturfächer nicht mehr wegzudenken ist. Es erscheint beinahe unvorstellbar, daß Ende der 50er Jahre einmal Geographie als nicht abiturfähig, als bloßes Faktenwissen eingestuft werden konnte (W. Flitner, 1960).

Wenn man die rasche Einbürgerung der Geographie als Abiturfach betrachtet, darf man allerdings nicht vergessen, daß die ersten Abiturienten 1974/1975 eine bessere Grundbildung in Geographie aus der Unter- und Mittelstufe mitbrachten als heute. Inzwischen ist die Kontinuität des Geographieunterrichts immer mehr durchlöchert worden, sind die Stundenzahlen immer mehr zusammengeschmolzen. Voraussetzung für ein konkurrenzfähiges Abiturfach sind aber ein gediegenes Grundwissen und ein kontinuierlich entwickeltes räumliches Denken und Vorstellungsvermögen, das eine problemorientierte Betrachtungsweise auf der Oberstufe überhaupt erst ermöglicht. Dafür reicht das Vorsemester bzw. die Vorstufe allein nicht aus!

2. Ansprüche an die Geographie als Abiturfach und Einlösung dieser Ansprüche durch den Aufbau fachspezifischer Curricula

Es darf wohl als bezeichnend für die deutsche Reformbewegung der 70er Jahre gelten, daß man sich zunächst allein der Organisation zugewandt hatte und hoffte, damit maßgebliche Weichen für eine Neugestaltung bereits gestellt zu haben. Doch daß dabei sinnvolle Curricula herauskommen sollten, war wohl keineswegs eine Selbstverständlichkeit. So erschienen 5 Jahre nach der KMK-Vereinbarung die „Empfehlungen zur Arbeit in der gymnasialen Oberstufe" (2.12.1977).

Dort werden, was man eigentlich schon 1972 erwartet hätte, die Ziele und Ansprüche der gymnasialen Oberstufe aufgrund der Erfahrungen mit der Reform in den einzelnen Bundesländern festgelegt.

Als wesentliche allgemeine Ziele sind zu nennen:
- Selbstverwirklichung in sozialer Verantwortung
- wissenschaftspropädeutische Grundbildung mit Vertiefung in Schwerpunktbereichen
- Vermittlung wichtiger inhaltlicher und methodischer Voraussetzungen für das Studium (Studierfähigkeit)
- Anwendbarkeit von Kenntnissen und Fähigkeiten in beruflichen und Lebenssituationen

Lernzielschwerpunkte sind dabei:
- selbständiges Lernen
- wissenschaftspropädeutisches Arbeiten
- Persönlichkeitsbildung

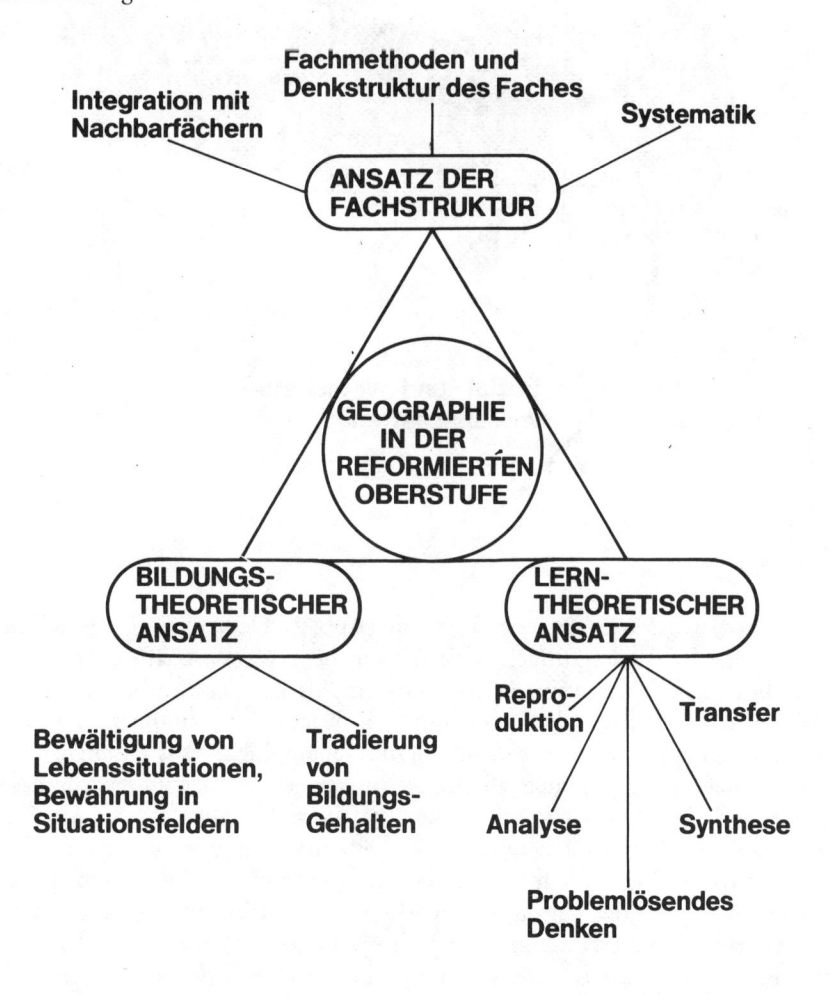

Abb. 1

Diesem dreifachen Ansatz (Abb. 1) ist also auch die Geographie der gymnasialen Oberstufe verpflichtet. Dem selbständigen Lernen entsprechen die Einflüsse des lerntheoretischen Ansatzes auf die Gestaltung der Geographie in Grund- und Leistungskursen und auf die damit verbundenen Prüfungsanforderungen. Das wissenschaftspropädeutische Arbeiten ist über den Ansatz der Fachstruktur zu realisieren. Dabei geht es einmal um die Fachmethoden und die Denkstruktur des Faches Geographie, zum anderen aber auch um ein Erkennen der besonderen Systematik dieses Faches und seiner vielfältigen Integration mit Nachbarfächern.

Ausgehend vom Einfluß der Fachstruktur auf das Abiturfach Geographie, erscheint es dementsprechend berechtigt, nun zunächst nach dem wissenschaftsmethodischen Standort der Geographie zu fragen. Von welchem methodischen Ansatz und von welchen methodischen Aspekten aus arbeitet sie Probleme, die gegenwärtige Situationsfelder bestimmen, auf? Vom Problemansatz aus läßt sich erkennen, daß bei der Aufarbeitung raumrelevanter Fragestellungen außer der Geographie häufig Naturwissenschaften und Technik

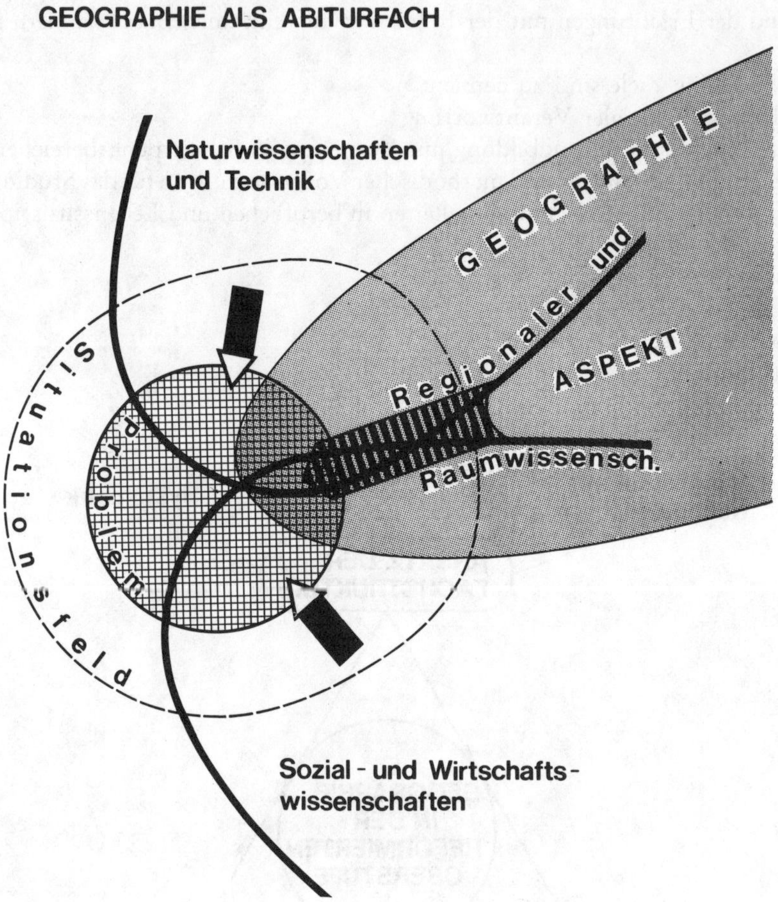

GEOGRAPHIE ALS ABITURFACH

Abb. 2

und die Wirtschafts- und Sozialwissenschaften beteiligt sind (Abb. 2). Doch deren Fragestellung ist nicht der räumliche Ansatz, sondern sie ist wiederum fachspezifisch für diese Wissenschaften. In gewissen Aspekten überschneiden sich Methoden und Zielsetzungen der Geographie bei der Bearbeitung des vorgegebenen Problems mit den Naturwissenschaften, aber auch mit den Wirtschafts- und Sozialwissenschaften. Die raumrelevante Blickrichtung jedoch ist allein spezifisch für die Geographie als Wissenschaft. Das gesellschaftswissenschaftliche Aufgabenfeld in der Schule allerdings ist seinerseits nicht an naturwissenschaftlichen Fragestellungen interessiert. Sie werden in das naturwissenschaftliche Aufgabenfeld verwiesen. Dennoch, dem eigentlich zu lösenden Problem wird mit solchen Verfahren der Ausklammerung bestimmter Aspekte Gewalt angetan, und erst recht gilt das im Hinblick auf raumrelevante Zusammenhänge bezüglich des Problems. Im Hinblick auf das übergeordnete Ziel der Bewältigung von Lebenssituationen muß betont werden, daß jede Systematisierung wissenschaftlicher Verfahrensweisen per se stets Gefahr läuft, am Problem vorbeizugehen. Vom Denkansatz des Problemlösens erscheint es somit durchaus begrüßenswert, wenn die Geographie innerhalb des gesellschaftswissenschaftlichen Aufgabenfeldes auch naturwissenschaftliche Verfahrensweisen einbringt und somit für die Komplexität vieler Probleme überhaupt erst einmal die Augen öffnet. Gerade der raumwissenschaftliche fächerübergreifende Ansatz der Geographie muß als ausgesprochen befruchtend hervorgehoben werden.

Wenn man vom Ansatz problemlösenden Denkens ausgeht, ergibt sich nun die Frage nach dem Anteil der allgemeinen Geographie und der regionalen Geographie am Curriculum. Sicher ist jedes aktuelle Problem real im Raum festzumachen und damit auch regionalgeographisch einzuordnen. Doch aus welchem Grunde bringen wir eben dieses Problem überhaupt in ein Curriculum ein? Doch sicher nicht wegen seiner regionalen Bindung oder sogar Einmaligkeit, sondern wegen der Übertragbarkeit von Denkprozessen und Lösungswegen.

AKTUELLE FACHDIDAKTISCHE VERTEILUNGSMATRIX DER SEK II 1980

I. PROBLEMORIENTIERTE ALLGEMEINE GEOGRAPHIE		II. REGIONALE GEOGRAPHIE
Naturgeographische Fragestellungen	**Wirtschafts- und Verkehrsgeographie**	Bundesrepublik [1,2,3] Deutschland u. DDR
Landschaftsökologie [2,3,4,5] Umweltprobleme [1,3,4] Landschaftsgürtel [2,5] Physische Geographie [1,5] Weltmeere [5]	Industriegeographie [1,2,3,5] Agrargeographie [1,3,5] Verkehrsgeographie [3,4] Welthandelsverflechtung [2,3,4,5] Wirtschaftszusammenschl. [5]	Weltmächte [1,3,5] USA - UdSSR
		Entwicklungsländer [1,2,3,4,5]
Sozial- und Bevölkerungsgeographie	**Angewandte Geographie**	Strukturanalyse [1] Funktionale Betrachtungsweise [4]
Bevölkerungsentwicklung und Tragfähigkeit [2,3,5] Wanderungsprozesse [1,3,4,5] Verstädterung [1,2,3,4,5] Freizeitverhalten [1]	Raumplanung und Raumordnung [1,2,3,4,5] Raumgliederung und Zentralität [3,5] Stadtplanung [1,2,3,4,5] Politische Geographie [1,2,3,5]	Inwertsetzung von Räumen [1,2,3,5]

1) BAY   2) BW   3) NRW   4) NS   5) HH

Abb. 3

Dem entspricht das Überwiegen der allgemeinen Geographie in den geographischen Curricula fast aller Bundesländer. In der beigegebenen Matrix (Abb. 3) wurden 5 Bundesländer (Bayern, Baden-Württemberg, Hamburg, Niedersachsen und Nordrhein-Westfalen) ausgewählt. In allen fünf Bundesländern sind vertreten als Themen:
Landschaftsökologie und/oder Umweltprobleme
Verstädterung
Raumplanung und Raumordnung
Stadtplanung

In der Regionalgeographie jedoch ist nur ein einziges Thema in allen fünf Bundesländern vertreten: Entwicklungsländer. Nicht einmal das Thema „Weltmächte" vermag ihnen den Rang streitig zu machen. Einen relativ starken Vorzug im regionalgeographischen Bereich erfährt das Thema: Inwertsetzung von Räumen. Zu beachten ist allerdings, daß gerade dieses Thema, obwohl nur in konkreter regionaler Bindung möglich, dennoch von der Art des wissenschaftlichen Vorgehens her eigentlich bereits zu einem allgemeingeographischen Thema wird, ähnlich wie man das früher bereits einmal von der Landschaftskunde behauptet hat.

Auffallend ist, daß in allen Bundesländern die problemorientierte Behandlung der allgemeinen Geographie bei weitem (bis zu zwei Dritteln und mehr) überwiegt. Dabei werden die Teilgebiete der allgemeinen Geographie wie naturgeogr. Fragestellungen, Wirtschafts- und Verkehrsgeographie, Sozial- und Bevölkerungsgeographie, aber auch die Angewandte Geographie etwa gleichmäßig berücksichtigt. Eine volle Vergleichbarkeit in der Anzahl der Themengebiete ist in den verschiedenen Bundesländern allerdings kaum gewährleistet, da die einzelnen Curricula der Sekundarstufe II sehr unterschiedlich aufgebaut sind. Wichtig ist jedoch, daß durchaus kein Gleichgewicht zwischen naturgeographischen Themenbereichen einerseits und kultur- sowie wirtschaftsgeographischen Themenkreisen andererseits besteht, im Gegenteil letztere deutlich überwiegen.

Inwiefern leisten nun beide fachmethodischen Ansätze, der allgemeingeographische sowohl als auch der regionalgeographische einen Beitrag zur allgemeinen Studierfähigkeit, vorausgesetzt daß man sie in angemessener Form auf die Schule überträgt?

Nehmen wir zunächst ein allgemeingeographisches Objekt (Abb. 4 a). Ein Teilproblem wird nach Haupt- und Nebenaspekten analysiert und deren Bedeutung für eine Lösungsmöglichkeit untersucht. Von diesem Teilproblem aus wird versucht, die Gültigkeit des Lösungsweges zu erweitern, bis man schließlich zur

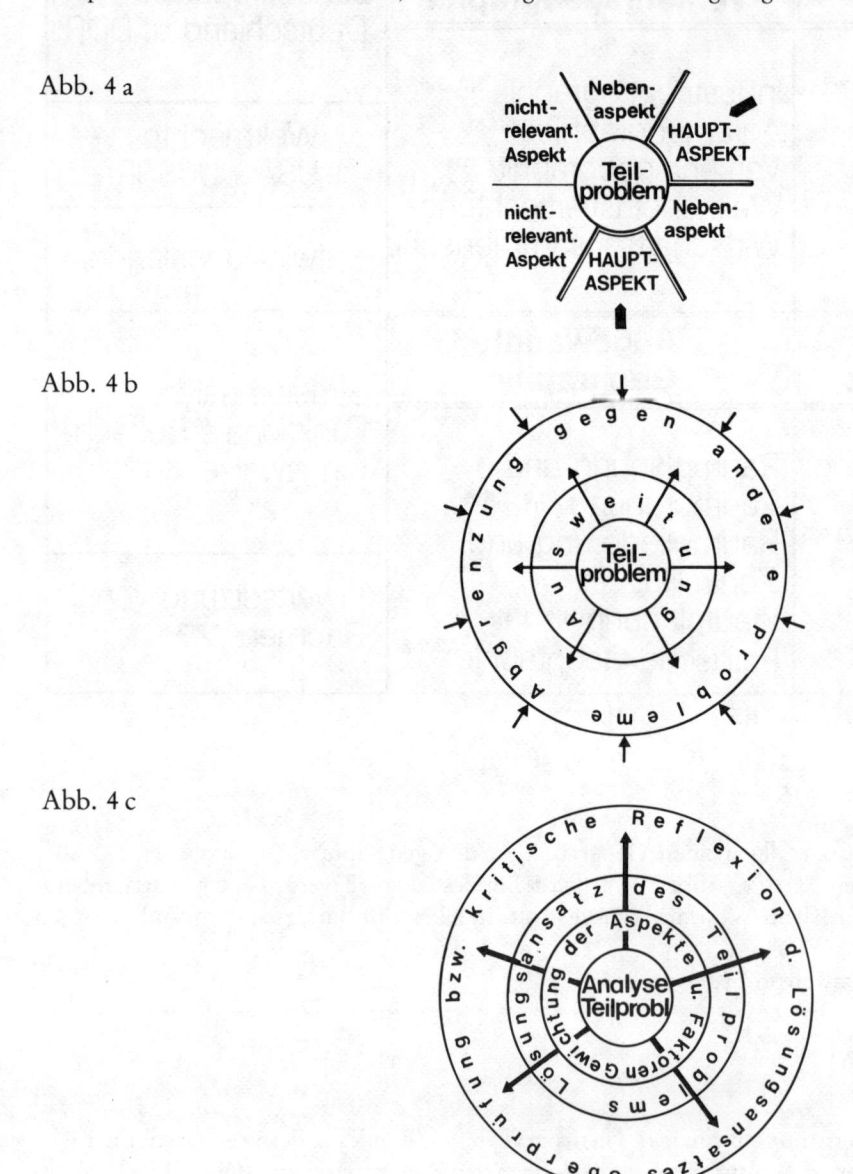

Abb. 4 a

Abb. 4 b

Abb. 4 c

EIGNUNG VON GEOGRAPHISCHEN OBJEKTEN FÜR DEN ERWERB DER STUDIERFÄHIGKEIT
Allgemeingeographisches Objekt

Abgrenzung gegenüber anders strukturierten Problemen gelangt (Abb. 4 b). Damit wendet man sich dem eigentlichen Lösungsansatz zu. Der Analyse folgt eine Gewichtung der Aspekte und Faktoren. Erst dann kann ein Lösungsansatz gefunden werden, der schließlich noch der Überprüfung bzw. kritischen Reflexion unterworfen werden muß (Abb. 4 c).

Wir dürfen feststellen, daß dadurch durchaus grundlegende Prinzipien problemlösenden Denkens vermittelt werden.

Wie ist es nun aber bei der Untersuchung eines regionalgeographischen Objekts? Nehmen wir als Beispiel die Untersuchung der Inwertsetzung eines Raumes. Zunächst muß es darum gehen, durch eine sektoral angelegte Strukturanalyse die notwendigen Daten zu gewinnen (Abb. 5a). Diese sind dann in ihrer wechselseitigen Verknüpfung zu gewichten (Abb. 5b) und zwar in bezug auf die geplante Inwertsetzung. Auch hierbei gilt es, Probleme in diesen regionalgeographischen Systemen aufzuspüren und aufzuarbeiten. Dazu aber muß das jeweilige Problem isoliert und gegebenenfalls auch auf wesentliche Aspekte hin vereinfacht werden. Eine Reduktion auf die vorrangigen Fakten wird erforderlich (Abb. 5c). Damit erreichen wir zugleich die Diskussionsebene der allgemeinen Geographie. So folgen als weitere Schritte die in Abb. 4a bis 4c wiedergegebenen Phasen und gegebenenfalls eine neue Hypothese zum reduzierten Problem (vgl. Abb. 5c) mit entsprechender Wiederholung der Phasen in Abb. 4a bis 4c.

Abb. 5 a

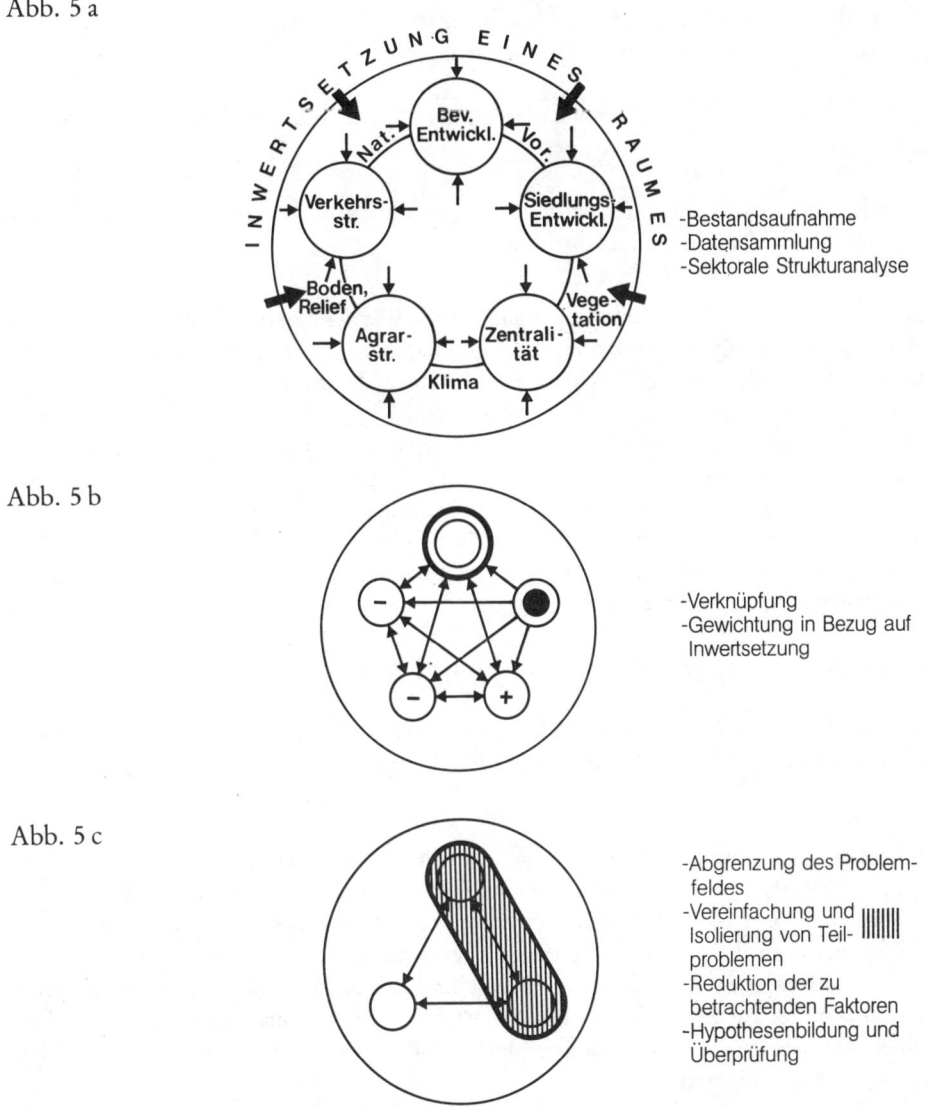

- Bestandsaufnahme
- Datensammlung
- Sektorale Strukturanalyse

Abb. 5 b

- Verknüpfung
- Gewichtung in Bezug auf Inwertsetzung

Abb. 5 c

- Abgrenzung des Problemfeldes
- Vereinfachung und Isolierung von Teilproblemen
- Reduktion der zu betrachtenden Faktoren
- Hypothesenbildung und Überprüfung

Regionalgeographisches Objekt

Aus den gezeigten Zusammenhängen ergeben sich nun jedoch Folgerungen für den Unterrichtsaufbau in einer gymnasialen Oberstufe, die auf Studierfähigkeit angelegt ist bzw. sein soll: regionalgeographische Objekte sind zunächst zum Erlernen wissenschaftsorientierten Vorgehens kaum geeignet. Sie können allenfalls am Ende eines geographischen Durchgangs stehen. Erfolgt dennoch der Einstieg über ein regional geographisches Gesamtthema, so besteht die Gefahr der Täuschung hinsichtlich des Erreichens wissenschaftspropädeutischer Zielsetzungen. Häufig zeigt sich das auf folgende Weise:

a) Man bleibt im Bereich der sektoralen „Strukturanalyse" stecken, kann allenfalls noch die Verknüpfungen und evtl. Gewichtungen aufzeigen, folglich wurde die Stufe des eigentlichen problemlösenden Denkens gar nicht erreicht und angesprochen oder gar geschult.

b) Man stößt bis zu einem Teilproblem vor und versucht dieses zu lösen, dann hat man aber beileibe nicht das gesamte regionalgeographische Objekt im Griff, sondern eben nur das herausgelöste Teilproblem, das man unter allgemeingeographischen Voraussetzungen und Methoden zielgerichtet untersucht. Dann erscheint es aber im Lernzusammenhang für den Schüler angemessener, von vornherein allgemeingeographische Objekte und die Lösung zugehöriger Teilprobleme zu behandeln.

Schließlich ist aber zu beachten:

c) Es gibt eine Größenordnung von regionalgeographischen Objekten, wo sich allgemeingeographische und regionalgraphische Probleme weitgehend zur Deckung bringen lassen. Solche Objekte befinden sich im Nahraum eines jeden Schülers. Beim Nahraum erscheint es durchaus sinnvoll, sich nach einer einleitenden Phase der Gesamtanalyse einem Teilproblem als einem möglichen Aspekt des Nahraums zuzuwenden. Dabei ergibt sich dann zugleich ein allgemeingeographisches Teilproblem wie z.B.

- die Frage neuer Industrieansiedlung in einem sanierungsbedürftigen Stadtteil

oder

- das Problem der Bevölkerungsentwicklung und der -wanderungen in einem sanierungsbedürftigen Stadtteil und deren Steuerungsmöglichkeiten

oder

- die Ermittlung der Umweltqualität in einem sanierungsbedürftigen, stark vom Verkehr belasteten Stadtteil und Überlegungen zur Minderung der Umweltgefährdung.

Auch im ländlichen Raum lassen sich leicht eine Reihe allgemeingeographischer Themenstellungen finden, die zugleich in der praktischen Durchführung von einem regional gebundenen Ansatz auszugehen haben, z.B.

- das Problem der Erhaltung des ökologischen Gleichgewichts in einem Erholungsraum

oder

- die Auswirkung der Flurbereinigung auf Landschafts- und Wirtschaftsstruktur.

Es wird deutlich, daß hier vom Analyseaspekt ausgehend eine Hinwendung zur Angewandten Geographie zu erfolgen hat, wodurch der kleinräumige regionalgeographische Ansatz eine wesentliche Verstärkung erfährt. Diese Tendenz läßt sich auch deutlich an den geographischen Curricula der Oberstufe, insbesondere an Lehrbüchern und Unterrichtsmaterialien nachweisen.

3. Probleme von Abiturarbeiten, Abiturbewertung und Abiturnormen

Das, was der Schüler in Grund- und Leistungskursen Geographie gelernt hat, soll schließlich im Abitur abprüfbar sein. Wenden wir uns zunächst dem formalen Aspekt der Vergleichbarkeit der Abiturleistungen in Geographie zu!

Es wurde schon eingangs darauf hingewiesen, daß Geographie nicht in allen Bundesländern auch als 3. und 4. Prüffach gewählt werden kann. Das hängt unmittelbar mit der Struktur und Zusammensetzung des Prüffaches Gemeinschaftskunde zusammen: Z.B. wird in Baden-Württemberg davon ausgegangen, daß der Prüfling in Gemeinschaftskunde anteilig in jedem der drei Gebiete einen vierstündigen bzw. zwei zweistündige Kurse belegt hat, d.h. in Geschichte, Geographie und Sozialkunde (Gemeinschaftskunde), dazu dann einen integrativen Kurs, in dem thematisch alle drei Fächer Anteile haben. So ist es in Baden-Württemberg zwar möglich, aufgrund dieser Anteile einen Teilbereich als Schwerpunktgebiet der Gemeinschaftskundeprüfung zu wählen, nicht aber allein Geographie als Prüffach anzumelden.

Auch in den Bundesländern, in denen das Prüffach Geographie zugelassen ist, können und müssen die Anforderungen je nachdem, ob die hinführenden Grundkurse drei- oder zweistündig angelegt sind, die tatsächlichen Anforderungen und Leistungen bis zu einem gewissen Grad differieren.

Da aber die von unseren Schülern in Grund- und Leistungskursen sowie in den Leistungs- und Prüffächern erzielten Ergebnisse ganz entscheidenden Einfluß auf ihr Gesamtabschneiden beim Abitur haben, erscheint es nun sehr wichtig, daß im Schulausschuß der KMK der Versuch unternommen wurde, wenigstens eine gewisse Angleichung der Prüfanforderungen in den Abiturprüfungen herbeizuführen. Im Hinblick auf das Endziel der Studierfähigkeit schien dieser Schritt, der bereits 1974 eingeleitet wurde, sogar dringend geboten. Leider war allerdings die erste Fassung dieser Empfehlungen, die gezielt an die Bundesländer zur Erprobung gegeben worden war, sehr mißverständlich in ihren Formulierungen und Ausführungen, hatte den Bogen der versuchten Normierung durch Vorgabe eines Punkterasters für die Bewertung anhand von bestimmten vorgegebenen Beispielen vielleicht auch in der Tat überspannt! Der Streit um die sogenannten „Normenbücher" 1975/76 war heiß und hart. Auf Lehrerseite glaubte man an einen beabsichtigten erheblichen Eingriff in die Freiheiten der Themenauswahl und in die Unterrichtsgestaltung des einzelnen Lehrers. Böse Zungen behaupteten sogar, es könne nur um die allgemeine Einführung des zentralen Abiturs gehen. Dagegen wehrte man sich vor allem in den norddeutschen Bundesländern ganz erheblich.

Die Erprobungen in den einzelnen Bundesländern führten dann dazu, auch in dem Ausschuß zu erkennen, daß es sich bei den Empfehlungen zur Vereinheitlichung der Prüfungsanforderungen in der Abiturprüfung in erster Linie um eine Vereinheitlichung der Forderungshöhe handeln mußte. Dies glaubte man sehr wohl durch die Festlegung von Anforderungsbereichen, getrennt nach inhaltsbezogenen Kenntnissen und Fähigkeiten und methodenbezogenen Kenntnissen und Fähigkeiten, erreichen zu können (vgl. Anlage 1). In der Fassung der EPA vom Oktober 1979 heißt es:
„Die im folgenden beschriebenen drei Anforderungsbreiche haben wichtige Funktionen für die
– Aufgabenstellung,
– Beschreibung der erwarteten Schülerleistung,
– Erfassung und Beurteilung von Prüfungsleistungen der Schüler.
Sie dienen als Hilfsmittel, um Aufgabenstellungen und Bewertung durchschaubarer und besser vergleichbar zu machen sowie eine ausgewogene Aufgabenstellung zu erleichtern."

Diesen Ausführungen kann von Seiten der Erprobungslehrer im Hinblick auf die Verwendbarkeit der EPA voll zugestimmt werden. Doch soll an dieser Stelle auch ganz deutlich festgehalten werden, was die EPA **nicht** leisten kann.
– eine Objektivierung in der Bewertung gestellter Aufgaben, denn Bewertung muß einfach den vollen unterrichtlichen Kontext mit berücksichtigen und das kann in der Regel im vollen Umfang nur der verantwortliche Fachlehrer;
– eine völlige Angleichung der Leistungsniveaus an allen Schulen und Bundesländern.

Meines Erachtens war das aber auch niemals beabsichtigt gewesen. Der Grad an Vereinheitlichung, der mit der zweiten Fassung vom Oktober 1979 angestrebt wird, aber erscheint nicht nur voll vertretbar, sondern ausdrücklich wünschenswert.

Wie sieht die Neufassung nun aus? Ich habe im folgenden versucht, Ihnen die wesentlichen Forderungen in der fachspezifischen Erläuterung für das Fach Geographie zusammenzustellen. Die drei Anforderungsbereiche „Kennen", „Verwenden" und „Urteilen" sollen nacheinander vorgestellt werden (vgl. Anlage 1).

Für die meisten von uns wird bereits hier deutlich, daß diese Kategorien dann selbstverständlich auch in unserem Unterricht in Grund- und Leistungskursen angemessen berücksichtigt werden müssen. In welchem Umfang das der Fall sein muß, richtet sich dann sicherlich nach dem Stellenwert innerhalb der Prüfung.

Allerdings wollen wir hier zuvor festhalten: auch wenn es keine Abiturprüfung gäbe, müßten diese Anforderungsebenen dennoch für unseren Unterricht steuernde Wirkung haben, solange jedenfalls mit der Oberstufe der Gymnasien die Studierfähigkeit angestrebt wird.

Es folgen nun einige Ausführungen zu den Aufgabenarten und zu dem Verfahren des Erstellens von Prüfungsaufgaben im gesellschaftswissenschaftlichen Aufgabenfeld.

Betrachten wir ein praktisches Beispiel: Industrialisierung der Region FOS (Abb. 6).
– Problemerörterung mit Material
– mehrgliedrige Aufgabenstellung – Eingrenzung, Akzentualisierung, Präzisierung, Hinführung bis zu einer Beurteilung (3. Arbeitsschritt)

Anlage 1

Auszug aus der „EPA" (Einheitliche Prüfungsanforderungen in der Abiturprüfung – Geographie) in der Fassung vom Okt. 1979

Beschreibung der Anforderungsbereiche

A Inhaltsbezogene Kenntnisse und Fähigkeiten   B Methodenbezogene Kenntnisse und Fähigkeiten

Anforderungsbereich I

Der Anforderungsbereich I umfaßt die Wiedergabe von Sachverhalten aus einem abgegrenztem Gebiet im gelernten Zusammenhang und die Beschreibung und Darstellung gelernter und geübter Arbeitstechniken in einem begrenzten Gebiet und einem wiederholenden Zusammenhang.

Dazu gehören u.a.:

Wiedergeben von
- Grundtatsachen,
- fachwissenschaftlichen Begriffen,
- Ereignissen,
- Prozessen,
- Strukturen und Ordnungen,
- Normen und Konventionen,
- Kategorien,
- Theorien, Klassifikationen, Modellen.

B Kennen von
- Darstellungsformen (z.B. Text, Karte, Bild, Graphik, Skizze, Statistik, Mathematisierende Formen),
- Arbeitstechniken und methodischen Schritten bei der Bearbeitung von Aufgaben.

Anforderungsbereich II

Der Anforderungsbereich II umfaßt das selbständige Erklären, Bearbeiten und Ordnen bekannter Sachverhalte und das selbständige Anwenden und Übertragen des Gelernten auf vergleichbare Sachverhalte.

Dazu gehören u.a.:

A Selbständiges Erklären und Anwenden des Verstandenen
- Erklären einfacher und komplexer Sachverhalte,
- Erarbeiten und Ordnen unter bestimmten Fragestellungen,
- Anwenden des Gelernten und Verstandenen in Zusammenhängen und auf Sachverhalte, die so im Unterricht nicht behandelt worden sind,
- Untersuchen bekannter Sachverhalte mit Hilfe neuer Fragestellungen,
- Verknüpfen erworbener Kenntnisse und gewonnener Einsichten mit neuen Sachverhalten und ihr Verarbeiten in neuen Zusammenhängen,
- Analysieren neuer Sachverhalte.

B Anwenden von sachadäquaten Methoden, Arbeitstechniken und Verfahrensweisen
- bei der Untersuchung von Sachverhalten,
- bei der Übertragung in andere Darstellungsformen,
- bei der Erschließung von Arbeitsmaterial,
- bei der selbständigen Auseinandersetzung mit neuen Fragestellungen.

Anforderungsbereich III

Der Anforderungsbereich III umfaßt das planmäßige Verarbeiten komplexer Gegebenheiten mit dem Ziel, zu selbständigen Begründungen, Folgerungen, Deutungen und Wertungen zu gelangen.

Dazu gehören u.a.:

A Problembezogenes Denken, Urteilen, Begründen
- Einbeziehen erworbener Kenntnisse und erlangter Einsichten bei der Begründung eines selbständigen Urteils,
- Erkennen von Bedeutung und Grenzen des Aussagewertes von Informationen,
- Reflektieren von Normen, Konventionen, Zielsetzungen und Theorien und Befragen dieser auf ihre Prämissen,
- Problematisieren von Sachverhalten durch selbständig entwickelte Fragestellungen,
- Entwickeln von Vorschlägen, Erörtern von Hypothesen und Überprüfen der Realisierbarkeit von Vorschlägen und Hypothesen im jeweiligen Bedingungsfeld.

B Beurteilen von Methoden
- Erörtern möglicher methodischer Schritte zur Lösung von Aufgaben,
- Begründen des eingeschlagenen Lösungsweges,
- Überprüfen von Methoden
  auf ihre Leistung für die Aufschließung von Sachverhalten und
  im Hinblick auf immanente Wertungen und Auswahlkriterien,
- Überprüfen von Darstellungsformen auf ihre Aussagekraft.

> Thema:
>
> Industrialisierung der Region FOS
>
> Arbeitshinweise:
> 1. Stellen Sie entscheidende Standortfaktoren für die Industrieansiedlung in der Region Fos zusammen.
> 2. Erarbeiten Sie anhand der Materialien Standortprobleme und machen Sie deutlich, welche Nutzungskonflikte sich ergeben.
> 3. Prüfen Sie, inwieweit die auftretenden Probleme durch die bisherigen Planungsmaßnahmen gelöst werden.
>
> Material:
> 1. Eine Ruhr auf Sand und Sumpf (Die Zeit, 16.3.1974 – Auszug)
> 2. Statistik
> 3. Täglich wird es 2.500 Tonnen SO_2 regnen (Merian)
> 4. Alter und neuer Diercke-Weltatlas

Abb. 6

Eine berechtigte Frage ist: Wo bleiben die Anforderungsbereiche?

Arbeitshinweis 1:
Kennen und Verwenden

Arbeitshinweis 2:
Verwenden unter Einsatz von Kenntnissen über Standortprobleme und -konflikte in anderen Regionen.

Arbeitshinweis 3:
Überprüfen, Urteilen auf ganz spezielle Situation bezogen, dabei durchaus Verwendung von Kenntnissen über Zusammenhänge und Entscheidungen in anderen Regionen.

Anlage 2

> Schriftliche Prüfung
>
> Aufgabenarten
>
> Die Aufgabenarten sind:
> - in der Regel Problemerörterung mit Material
>   Auswertung von Material (Text, Statistik, Karte, Bild u.a.), um mit seiner Hilfe vorgegebene **Sachverhalte und Probleme** selbständig darzulegen und zu **analysieren**; das **Material darf in dieser Zusammenstellung im Unterricht nicht verwendet worden sein**;
> - daneben auch Problemerörterung ohne Material
>   vorgegebene Sachverhalte und Probleme sind anhand einer **strukturierten Aufgabenstellung, die eine fachspezifische Bearbeitung erfordert,** selbständig darzulegen und zu analysieren.
>
> Die Aufgabenarten kennzeichnen unterschiedliche Zugänge zu fachspezifischen Sachverhalten und Problemstellungen. Sie bieten die Möglichkeit, Fähigkeiten des Schülers zur Analyse, zur Erörterung und zur begründeten Stellungnahme zu überprüfen.
>
> Verfahren zum Erstellen einer Prüfungsaufgabe
>
> Die Aufgabenstellung richtet sich nach den **Zielen und Inhalten, die in den Lehrplänen und Richtlinien der Länder ausgewiesen sind.**
>
> Sie muß so beschaffen sein, daß die Schüler in **allen drei Anforderungsbereichen** Fähigkeiten und Kenntnisse nachweisen können. Der Schwerpunkt der Aufgabenstellung liegt im **Anforderungsbereich II**.
>
> Die **Aufgabenstellung** soll in der Regel **mehrgliedrig** sein. Diese Gliederung erleichtert auch **Eingrenzung, Akzentuierung und Präzisierung, die Lösung der Aufgabe** und die Beurteilung der Schülerleistung. Eine schwerpunktmäßige Zuordnung von Teilaufgaben zu einem der Anforderungsbereiche ist möglich.

Es ist nun die Frage, welche Bewertungshinweise die Empfehlung gibt. Wichtig ist es aber festzuhalten, daß dies nur Hinweise sein können! Eine Reihe der hier angeführten Merkmale sind ohnehin für alle diejenigen von uns, die mit dem Abitur betraut sind, eine Selbstverständlichkeit. Im Grunde gilt das auch für die Aussagen über die Noten „ausreichend" und „sehr gut".

Die Problematik lag und liegt nach Urteil des Hamburger Erprobungsausschusses aber nun vor allem darin: Wo liegen Leistungen im Anforderungsbereich III vor? Hinzu kommt eine grundsätzliche Schwierigkeit: Wo ist der Verfahrensspielraum des Operators „Beurteilen"?

Dazu zwei Beispiele aus einer anderen Abituraufgabe: (Abgedruckt im Tagungsband des Mainzer Geographentages 1977, Wiesbaden 1978).

Thema: Die Umschichtung in der Bodennutzung und Besitzstruktur am oberen Mittelrhein (Abb. 7).

Abiturarbeit in der Studienstufe.
Leistungskurs Erdkunde

Abitur 1977

Kursthema: *Sonderkultur Weinbau*
Abschlußarbeit unter Abiturbedingungen: Rebflurbereinigung in Altenahr
(4 stündig)
Materialien: aus W. Wendling, Sozialbrache und Flurwüstung in der Weinbaulandschaft des Ahrtals, Bad Godesberg 1966.

Abiturarbeit
Thema: *Die Umschichtung in der Bodennutzung und Besitzstruktur am oberen Mittelrhein*

Arbeitsmaterial: Abb 1 Bodennutzung 1870/71
Abb. 2 Entwicklung der soziöökon. Struktur
Abb. 3 Reliefverhältnisse
Abb. 4 Bestand an Obstbäumen 1878
Abb. 5 Bestand an Obstbäumen 1965
Tab. 1 Bodennutzung 1879-1965
Tab. 2 Soziöökon. Struktur 1879-1965
2 Textauszüge
entnommen aus Erdkunde Bd XXVII, S. 34ff.

E. Dege, Weinbau, Obstbau und Sozialbranche am oberen Mittelrhein.
Hilfsmittel: Diercke-Atlas, Relief Rheinland-Pfalz (List-Verlag)

Arbeitshinweise:
1. Untersuchen Sie die speziellen ökologischen Bedingungen des Weinbaus am oberen Mittelrhein, insbesondere für Filsen und Osterspai. Vergleichen Sie die mit den ökologischen Ansprüchen des Obstbaus.
2. Erörtern Sie mögliche Zusammenhänge zwischen den vorliegenden Materialien über den Wechsel der Bodenkultur, über die ökologischen Voraussetzungen und den sozialen Strukturwandel in Osterspai und Filsen.
3. Deuten Sie die Kurven der Entwicklung der sozialen Struktur auf dem Hintergrund der verschiedenen Formen der Bodennutzung.
4. Prüfen Sie anhand des vorgelegten Materials, inwieweit die Entwicklung im Wein- und Obstbau in Osterspai und Filsen für den oberen Mittelrhein als typisch anzusprechen ist?
5. Beurteilen Sie anschließend die Möglichkeiten einer erneuten zukünftigen Ausweitung des Weinbaus aufgrund der ökologischen und sozialökonomischen Gegebenheiten in Osterspai und Filsen. Welche Aspekte würden Sie gegebenenfalls in einem Gutachten (im Rahmen der EG gesehen) besonders herausstellen?

Abb. 7

Wenden wir uns zunächst dem Arbeitshinweis 4 (Abb. 8) zu!

Hier liegt ein echtes Beurteilungsverfahren vor. Hingegen zeigte sich aufgrund der Bearbeitung, daß der Arbeitshinweis 5 (Abb. 9), der nach Meinung der Lehrkraft in erster Linie die Ebene III ansprechen sollte, im Grunde auch in seinem Anforderungsniveau schlicht umfahren werden konnte. Jedenfalls gelangte man zu dieser Auffassung, wenn man von der alten EPA-Formulierung ausging. Etwas anders stellt sich diese Kritik dar, wenn man die neue Fassung der EPA zurate zieht. Dort heißt es: „Der Anforderungsbereich III umfaßt das planmäßige Verarbeiten komplexer Gegebenheiten mit dem Ziel, zu selbständigen Begründungen, Folgerungen, Deutungen und Wertungen zu gelangen". Das aber erscheint auch beim Arbeitshinweis 5 (Abb. 9) durchaus leistbar – mit einer wesentlichen Einschränkung: Der Schüler muß wissen, daß es bei „Beurteilen" eben nicht darum geht, nur ein Urteil abzugeben, sondern es vielmehr stets notwendig ist, das Urteil hinreichend zu begründen. In diesem Moment aber erfüllt dieser Schüler dann auch die Anforderungen des Bereiches III.

Es bleibt nun noch die Frage zu klären, wie sich Grund- und Leistungskursfächer hinsichtlich der Anforderungen unterscheiden.

Dazu darf ich wieder aus der EPA zitieren:
„Die Anforderungen im Grund- und Leistungsfach unterscheiden sich vor allem im Hinblick auf die Komplexität des Stoffes, den Grad der Differenzierung und Abstraktion der Inhalte und Begriffe, im Anspruch an die Methodenbeherrschung und in der Selbständigkeit der Lösungen von Problemen. So ist bei der Aufgabenstellung im Grundkursfach darauf zu achten, daß der Komplexitätsgrad der Texte, Materialien oder Probleme geringer gehalten wird und erforderlichenfalls solche Arbeitsanweisungen gegeben werden, die eine Hilfe bei der Strukturierung der Arbeit leisten".

Vergleichen wir dieses Zitat mit einer Gegenüberstellung, die aus der Hamburger Ausschußarbeit erwachsen ist (Abb. 10)!

Grundkurs	Leistungskurs
1. Begrenzte Aufgabenstellung, die auf Anwendung von Grundkenntnissen und Orientierungswissen zielt; eine Bewertung und Beurteilung der Sachverhalte muß möglich sein.	1. Themenstellung und Material müssen wissenschaftspropädeutisches Arbeiten und selbständige Beurteilung von Sachverhalten ermöglichen.
2. Begrenztes, relativ leicht überschaubares Material, das aufeinander bezogen sein sollte.	2. Umfassenderes und schwierigeres Material, das vom Schüler gegebenenfalls auch geprüft und bewertet werden soll.
3. Die Anzahl der Arbeitsmittel wird häufig umfangreicher sein müssen, da z.B. Schemata oder Modelle als Interpretationshilfe im Grundkurs stärker benötigt werden.	3. Arbeitsmittel sollen hier vordringlich neue Sachzusammenhänge erschließen und weniger für Reproduktion und Interpretation Hilfe geben.
4. Spezielle Angaben zu den Arbeitsmitteln (Bestimmte Karten im Atlas etc.) können Hilfestellung für die Bearbeitung geben.	4. Spezielle Angaben zu den Arbeitsmitteln sollen möglichst nicht gegeben werden, da der Schüler Zielrichtung und zur Bearbeitung notwendige Arbeitsmittel selbst finden soll.
5. Vorgabe von fachspezifischen Methoden mit dem Ziel einer Eingrenzung der Problemlösung	5. Intensiver Einsatz fachspezifischer Methoden bei weitgehend selbständiger Problemanalyse und gegebenenfalls Lösung.

(EPA-Ausschuß, Hamburg 1977) Abb. 10

Es wird in der Folge nötig sein, die Konsequenzen aus dem hier skizzierten Rahmen der Geographie als Abiturfach zu diskutieren und zwar nicht nur hier auf dem Schulgeographentag, sondern überall in den Fachgruppen Geographie an den Gymnasien. Die Reform ist nicht etwa abgeschlossen, sondern ihre Auswirkungen auf die Unterrichtsgestaltung beginnen sich gerade erst durchzusetzen.

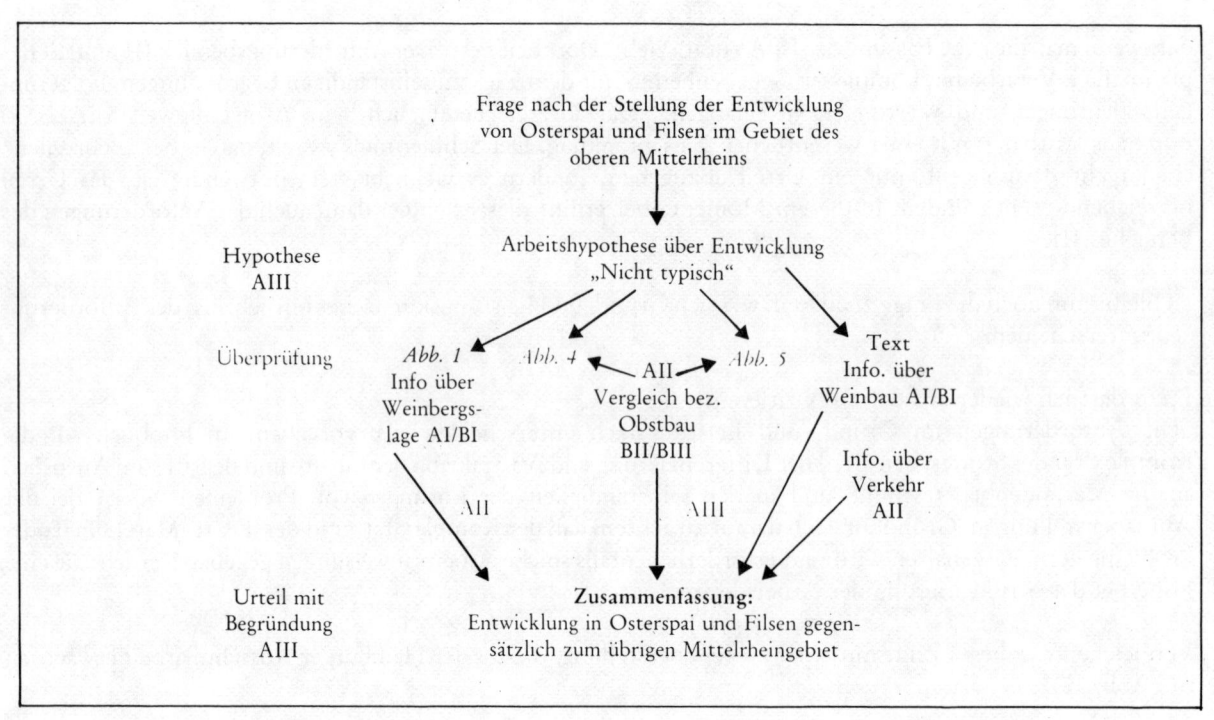

```
                    Frage nach der Stellung der Entwicklung
                    von Osterspai und Filsen im Gebiet des
                              oberen Mittelrheins
                                      ↓
                         Arbeitshypothese über Entwicklung
   Hypothese                      „Nicht typisch"
   AIII
                    ↙           ↙          ↘           ↘
   Überprüfung   Abb. 1      Abb. 4          Abb. 5      Text
                 Info über   ← AII →                     Info. über
                 Weinbergs-  Vergleich bez.              Weinbau AI/BI
                 lage AI/BI  Obstbau
                             BII/BIII
                                                Info. über
                                                Verkehr
                                                AII
                        AII           AIII
   Urteil mit    ↘         ↓            ↓         ↙
   Begründung          Zusammenfassung:
   AIII          Entwicklung in Osterspai und Filsen gegen-
                 sätzlich zum übrigen Mittelrheingebiet
```

Abb. 8 Analyse von Arbeitshinweis 4

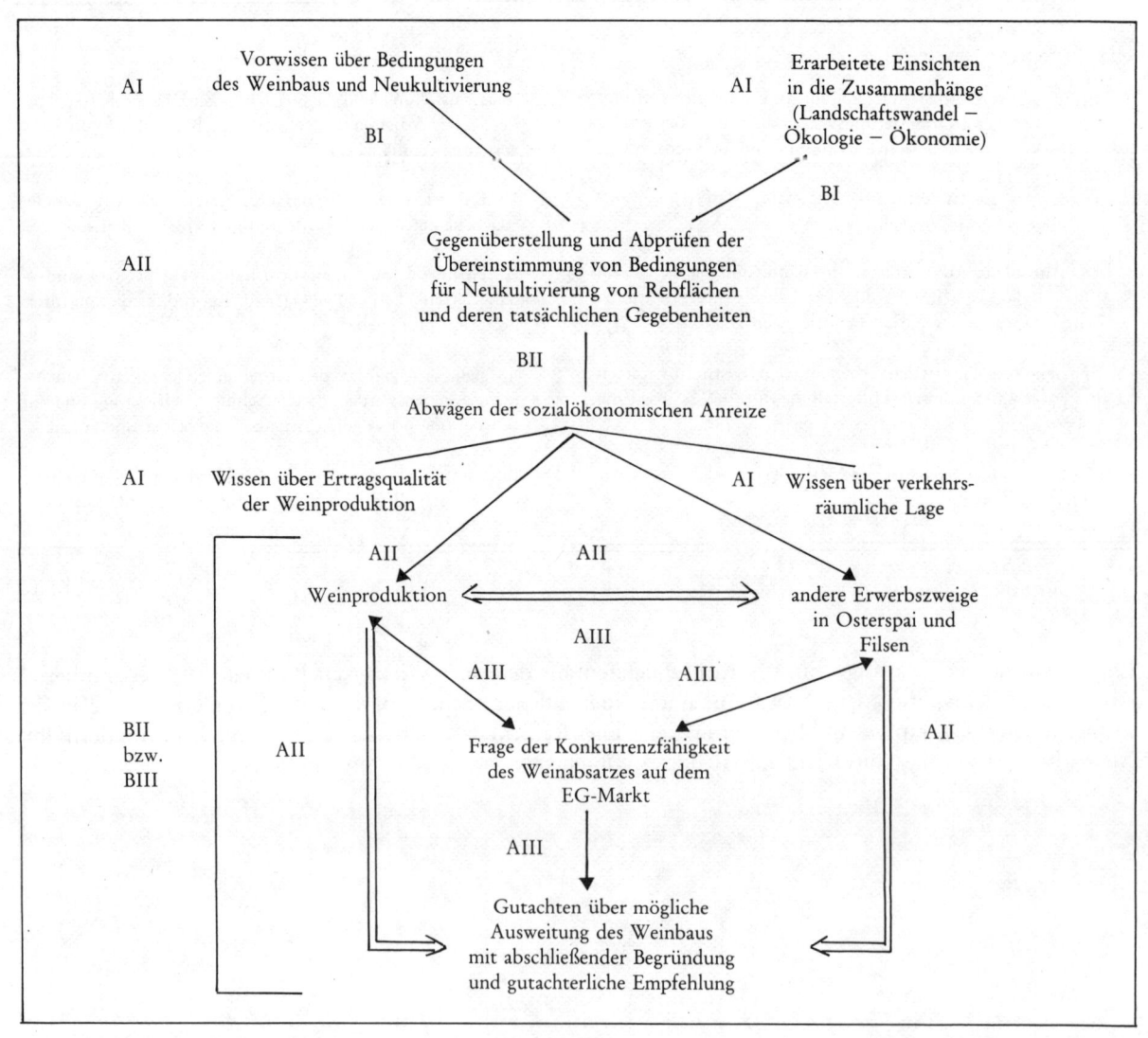

```
           Vorwissen über Bedingungen                Erarbeitete Einsichten
   AI      des Weinbaus und Neukultivierung    AI    in die Zusammenhänge
                                                     (Landschaftswandel –
                    BI                               Ökologie – Ökonomie)
                                                           BI
                      ↘                       ↙
   AII           Gegenüberstellung und Abprüfen der
                 Übereinstimmung von Bedingungen
                 für Neukultivierung von Rebflächen
                 und deren tatsächlichen Gegebenheiten
                              BII
                 Abwägen der sozialökonomischen Anreize
   AI   Wissen über Ertragsqualität      AI   Wissen über verkehrs-
        der Weinproduktion                    räumliche Lage
               AII              AII
              Weinproduktion ⇔ andere Erwerbszweige
                               in Osterspai und
                   AIII        Filsen
                AIII      AIII
   BII                                                    AII
   bzw.    AII   Frage der Konkurrenzfähigkeit
   BIII          des Weinabsatzes auf dem
                 EG-Markt
                       AIII
                 Gutachten über mögliche
                 Ausweitung des Weinbaus
                 mit abschließender Begründung
                 und gutachterliche Empfehlung
```

Abb. 9 Analyse von Arbeitshinweis 5

Literatur

BAUER, L.: Einführung in die Didaktik der Geographie. Darmstadt 1976

BAUER, L.: Lernzielkontrolle und Leistungsmessung in der Kollegstufe. In: Geographie für die Schule. Hrsg. E. Ernst und G. Hoffmann. Braunschweig 1978

Empfehlungen der Arbeitsgruppe „Lehrpläne" des Verbandes Deutscher Schulgeographen. Geographie in der Kollegstufe. GR 23/1971, S. 481-492.

FICK, K.E.: Die Arbeits- und Wirtschaftswelt als geographische Bildungsaufgabe. In: Westermanns Päd. Beiträge 1968, S. 658 ff.

FRIESE, H.W. (Hrsg.): Schriftliche Abiturprüfung in Geographie. Arbeitsmaterialien für die Kollegstufe. München 1979.

GEIPEL, R.: Erdkunde − Sozialgeographie − Sozialkunde. Frankfurt/Main 1960.

HENDINGER, H.: Geographie in der Reifeprüfung. GR 13/1961, S. 278 ff.

HENDINGER, H.: Erkundungsplan zum Thema „Gesellschaft". GR 17/1965, S. 97 ff.

HENDINGER, H.: Die Auswirkungen der industriellen Revolution auf die Kulturlandschaft. GR 18/1966, S. 5 ff.

HENDINGER, H.: Erfahrungen zu geographischen Grund- und Leistungskursen in der Kollegstufe. In: Verh. des Deutschen Geographentages, Bd. 39, Wiesbaden 1974.

HENDINGER, H.: Transfer und eigene Urteilsbildung als abiturbezogene Leistungsforderungen im Fach Geographie. In: Verh. des Deutschen Geographentages, Bd. 41, Wiesbaden 1978.

KISTLER, H. (Hrsg.): Der Erdkundeunterricht in der Kollegstufe. München 1973.

KNÜBEL, H.: Das Ruhrgebiet im Gemeinschaftskundeunterricht. GR 15/1963, S. 343

Lehrpläne und Rahmenrichtlinien zur Geographie in der gymnasialen Oberstufe für verschiedene Bundesländer

LÖSCHE, H.: Das Montandreieck Saarland-Lothringen-Luxemburg. Ein Thema der Gemeinschaftskunde. GR 14/1962, S. 280 ff.

Vereinbarung zur Neugestaltung der gymnasialen Oberstufe in der Sekundarstufe II vom 7.7.1972. Ständige Konferenz der Kultusminister der Länder in der Bundesrepublik Deutschland, Neuwied 1972.

Vereinbarung über die Anwendung einheitlicher Prüfungsanforderungen in der Abiturprüfung der neugestalteten gymnasialen Oberstufe. Beschluß der KMK vom 6.2.1975.

Einheitliche Prüfungsanforderungen im Fach Gemeinschaftskunde Beschluß der KMK vom 27.6.1975. Darmstadt 1975.

Entwurf Einheitliche Prüfungsanforderungen in der Abiturprüfung − Gemeinschaftskunde vom Okt. 1979.

Wolfgang Schurich, Hamburg

Entwicklung und gegenwärtige Situation von Geographieunterricht und Geographielehrerausbildung im berufsbildenden Schulwesen

Ich möchte Stellung nehmen zu Entwicklungen, die sich in den letzten etwa zwanzig Jahren in der Hochschul- und Schulgeographie allgemein und in Geographieunterricht und Lehrerausbildung im berufsbildenden Schulwesen im besonderen vollzogen haben. Diese Entwicklungen haben zu einem grundlegenden Wandel bei den Inhalten und Methoden unseres Faches geführt. Zusammen mit den auch in allen anderen Fächern eingeführten Rahmenrichtlinien und lernzielorientierten Lehrplänen für die Schule und einem grundlegend gewandelten Bildungssystem und -konzept hat dieser Fortschritt, zu dessen Standardvokabular das Wort „Problemlösung" gehört, eine Vielzahl von Problemen neu geschaffen, die dringend einer Lösung bedürfen. Wenngleich die Fachpresse seit Jahren den Eindruck erweckt, als gäbe es so gut wie keinen Widerspruch zur neuen Bildungskonzeption und zur „neuen Geographie" – der äußert sich eher schon in der allgemeinen Presse –, kann doch nicht übersehen werden, daß sich in der Lehrerschaft überall erheblicher Widerstand regt, der nicht etwa durch Überzeugung abgebaut wird, sondern der sich eher ständig verstärkt. Es trägt wohl auch kaum zur Lösung dieses Konflikts bei, wenn jemand Geographiestudenten in Sachen Didaktik folgendes erklärt: „‚Elementar', ‚fundamental', ‚anschauungsnah', ‚lebensnah' usw. ist (in den hausgemachten Theorien der Pseudo-Didaktiker) die Geographie, die der Betreffende kennt und liebt – und das ist meist die traditionelle, die er in seinem Studium kennen und lieben gelernt hat. ‚Abstrakt', ‚erlebnis- und anschauungsfern', dem Horizont des Kindes fremd ist immer die **andere** Geographie – die er **nicht** kennengelernt hat und die ihm **fremd** ist."[1]

Die neuen Richtlinien und Lehrpläne sind überwiegend in den Jahren 1973/74 in die Schulen gekommen, und an den Hochschulen hat es – zumeist schon vorher – erhebliche Veränderungen im Lehrangebot und bei den Studienplänen für die Lehrerausbildung gegeben. Nach rund sechs Jahren Arbeit mit den neuen Erkenntnissen und Entwicklungen in Lehrerausbildung und Schulunterricht müßte es erlaubt sein, die bisherigen Ergebnisse kritisch zu betrachten.

Es wäre zugleich aber auch angebracht, einmal zu prüfen, ob die in den vergangenen Jahren von so vielen Reformern gemachten Prognosen, daß Bedeutung und Stellenwert der Geographie in Öffentlichkeit und Schule durch die neue Geographie wieder stark zunehmen würden, sich inzwischen bewahrheitet haben oder ob zumindest deutliche Anzeichen dafür zu erkennen sind. Daß im Bereich des berufsbildenden Schulwesens genau das Gegenteil der optimistischen Vorhersagen eingetreten ist, kann hier schon festgestellt werden. Dort war der Bedeutungsverlust der Geographie, auf den ich später noch eingehen werde, in den letzten Jahren wie ein Erdrutsch. Wir sollten hier ernsthaft darüber diskutieren, ob wir selbst dafür mitverantwortlich sind oder ob die Schuld daran ausschließlich andere trifft, die eben „uneinsichtig", aber einflußreicher als wir sind. Eine solche Diskussion kann aber nicht losgelöst von der allgemeinen Entwicklung unseres Bildungswesens und der Entwicklung der Geographie in Hochschule und Schule geführt werden. Es scheint mir daher angebracht, diese zumindest in groben Zügen zu skizzieren in der Hoffnung, dabei Ansätze zu bieten für die Suche nach den Ursachen der nicht zu übersehenden Fehlentwicklungen.

Um zwei Fragen geht es vor allem:
1. Womit beschäftigen sich Geographen an Hochschule und Schule?
2. Muß Erdkundeunterricht an berufsbildenden Schulen grundsätzlich Unterricht in Wirtschaftsgeographie sein?

Die Frage 1.) ließ sich von den ersten abendländischen Geographen noch leicht beantworten. Es galt, die Erde zu entdecken und zu beschreiben, also „Geographie" im wörtlichen Sinne zu betreiben, und das war eine große Aufgabe. Im vorigen Jahrhundert genügte dies allein nicht mehr. Man erforschte die naturwissenschaftlich-kausalen Begründungszusammenhänge erdräumlicher Erscheinungen, wobei im Vordergrund stets die Natur, selten der Mensch stand. Über eine beziehungs-deterministische und eine ökologische Anpassungsvariante entwickelte man schließlich in den dreißiger Jahren dieses Jahrhunderts die „Landschafts-Konzeption", die den Menschen als aktiven Wandler der Naturlandschaft zur Kulturlandschaft sah und formale, genetische und funktionale Arbeitsweisen in sich vereinigte. Zentraler Gegenstand aller Betrachtungen blieb aber der Raum.[2]

Mit dieser Konzeption war auch der Weg frei für die Verfasser der umfangreichen länderkundlichen Werke, die nach dem länderkundlichen Schema alle Räume der Erde beschrieben und erklärten.

Hier ist nicht der Ort, die Vielzahl der um die Länderkunde verdienten Geographen zu nennen. Da aber das Wort „Länderkunde" inzwischen dermaßen diffamiert und in seiner Bedeutung verfälscht worden ist, sei hier wenigstens eine Definition aus berufener Feder gegeben. In der Festschrift für Theodor Kraus unter dem Thema. „Das System der geographischen Wissenschaft" schrieb J. Schmithüsen 1959 über die Länderkunde: „Aufgabe der Länderkunde ist es, die Erdoberfläche räumlich zu gliedern und das Individuelle der ‚Länder' aller Größenordnungen von der Örtlichkeit bis zur Gesamtgeosphäre zu erkennen und darzustellen (S. 9)." Das Ziel der Erdkunde ist es nach Schmithüsen, „die Erdoberfläche oder Geosphäre in ihrer räumlichen Differenzierung zu beschreiben" (S. 2).[3] Hier noch eine andere Definition: „Länderkunde ... bezeichnet den Zweig der Geographie, der die einzelnen Teilgebiete der Erdoberfläche im Zusammenhang aller geographischen Erscheinungen behandelt. Die Länderkunde berücksichtigt sowohl die physischen Erscheinungen als auch die im geographischen Zusammenhang stehenden Werke des Menschen. Das Prinzip der L. besteht darin, daß alle geographischen Erscheinungen im landschaftlichen Zusammenhang betrachtet werden. ... Sie setzt eine eingehende Kenntnis der Gesetzmäßigkeiten und Zusammenhänge voraus, wie sie die allgemeine Geographie untersucht."[4] A. KOLB pflegte dies in seinen Vorlesungen auf die Kurzformel „Warum hier gerade so?" zu bringen.

Länderkunde ist also eine auf den Raum bezogene Systematik, die nicht nur Fakten präsentiert, sondern zugleich deren Einordnung möglich macht, mit ihrer Hilfe kausale und funktionale Zusammenhänge aufdeckt und nach dominanten Faktoren ordnet.

In einer mündlichen 2. Lehramtsprüfung in Hamburg hat kürzlich ein Referendar den Begriff „Länderkunde" quasi als Synonym für „schlechten Erdkundeunterricht" gebraucht, nämlich als bloße Aneinanderreihung der Kunde von den Ländern, fortschreitend von A bis Z. Diese Auffassung ist heute sehr verbreitet. Sie ist m.E. jedoch falsch! Man sollte der Klarheit halber vielleicht besser von Raumkunde sprechen.

Nachdem man auch versucht hatte, eine Gliederung der Erde nach Kulturräumen vorzunehmen, entwickelte sich nach dem II. Weltkrieg die „Sozialgeographische Konzeption". Sie steht m.E. nicht im Gegensatz zu einer wie hier definierten Länderkunde[6]. Ich sehe darin vielmehr eine folgerichtige und zwangsläufige Fortentwicklung auf einem speziellen Gebiet der Allgemeinen Geographie – und Allgemeine Geographie ist doch die Grundlage aller Länderkunde – in der Erkenntnis, daß der Mensch infolge seines ständig wachsenden Potentials an geistigen und technischen Möglichkeiten in der Lage ist, natürliche Gegebenheiten grundlegend zu verändern. Solche Veränderungen werden bewirkt durch die Interessen und Bedürfnisse von menschlichen Gruppen und Gemeinschaften, die – im Kleinen wie im Großen – diese Interessen auf vielfältigste Weise auch durchzusetzen versuchen. Daß hierbei dennoch der Raum mit seinen jeweils dominanten Faktoren der zentrale Bezugspunkt bleibt, zeigt deutlich WÖHLKE in einem Aufsatz über die „Kulturlandschaft als Funktion von Veränderlichen. Überlegungen zur dynamischen Betrachtung in der Kulturgeographie". Landschaft wird als jeweils momentaner Zustand von Prozeßabläufen gesehen, die physikalischen, historischen, wirtschaftlichen, soziologischen u.a. Einflüssen in unterschiedlicher Kombination unterliegen. „Das sekundäre Milieu ist dem primären aufgelagert und mit diesem durch den Knoten der Bewertung/Inwertsetzung verbunden. ... Die so oft betonte zentrale Stellung der Geographie besteht nicht a priori. Sie ergibt sich erst, wenn die Geographie fächerübergreifend arbeitet!"[7] Dieses muß aber zwangsläufig unwissenschaftlich und dilettantisch werden, wenn sich der Geograph nicht der Forschungsmethoden und Ergebnisse der jeweils herangezogenen Nachbarwissenschaften auf ihrem neuesten Stand zu bedienen vermag; es führt zu einer starken Spezialisierung, die unterschiedlich gepaarte Doppelqualifikation erfordert. Es überrascht also nicht, wenn ein bewährter und angesehener Geograph wie E. WIRTH von sich sagt, er habe gar nicht in Geographie, sondern in Soziologie promoviert und elf Jahre lang als Dozent einer wirtschaftswissenschaftlichen Fakultät angehört[8]. Solche Beispiele sind heute an geographischen, insbesondere wirtschaftsgeographischen Instituten häufig. Wirth weist auch an gleicher Stelle darauf hin, daß eine sehr angesehene und dynamische Richtung der Geographie (D. BARTELS 1972) die Ansicht vertrete, Geographie des Menschen sei eine Sozialwissenschaft; von dort leite sie ihre wissenschaftstheoretische Basis wie ihre Forschungsmethoden her. –

Nun unterlag aber die naturwissenschaftliche Seite der Geographie in dem Bestreben, eine angewandte und gefragte Wissenschaft mit noch ungelösten Forschungsaufgaben zu sein, demselben Zwang zur Spezialisierung wie die „Geographie des Menschen". Hier wurden Koppelungen mit Naturwissenschaften, wie z.B. Biologie, Chemie, Bodenkunde, Physik, Meteorologie u.a., üblich.

Solche Spezialisierung hatte schon auf dem Würzburger Geographentag 1957 OTREMBA in einer Diskussion gefordert, da in der Praxis der öffentlichen Dienststellen und in der Wirtschaft derjenige, der von etwas alles wisse, demjenigen vorgezogen werde, der von allem etwas wisse[9]. Es sei betont: Er sprach **nicht** über Lehrer! Die Diskussion ging darum, was ein Berufsgeograph studieren und können müsse.

So schien die Trennung der Geographie in natur- und sozialwissenschaftliche Bereiche also vorprogrammiert und erschien vielen Geographen als zwangsläufige Entwicklung, so z.B. SCHÖLLER[10] schon 1957 und BARTELS 1968 bei einer Podiumsdiskussion auf dem Kasseler Schulgeographentag[11]. Bartels stellte dann 1972 in seinem Vortrag über „Geographie an Hochschule und Schule" beim Schulgeographentag in Ludwigshafen fest, daß sich geographische Forschung und Lehre nunmehr in drei Bereichen vollziehe, nämlich

1. im geomorphologischen Horizont (Spannungsfeld der endogenen und exogenen Kräfte in Räumen),
2. im geoökologischen Horizont (Regelkreise der Natur und Neugestaltung durch den Menschen),
3. im sozialräumlichen Horizont (Gesellschaftsanforderungen an Räume und Umgestaltung nach Vorstellung menschlicher Gruppen).

Er hob hervor, daß allen gemeinsam die räumliche (chorologische) Betrachtung sei.

Gibt es nun geographische Institute, in denen die eine Richtung mit der anderen nicht mehr kommuniziert? Nach Gesprächen mit „Insidern" habe ich den Eindruck gewonnen, daß die Frage mit „ja" beantwortet werden muß. Das stünde dann allerdings im Widerspruch zu einer Erkenntnis, die SCHÖLLER 1975[12] so formulierte: „Von außen her, in den Aufgaben der Praxis und in der Zusammenarbeit mit den Nachbarfächern wurde immer deutlicher, daß Geographie gerade als Ganzes, als integratives Fach gebraucht wird – bei uns und selbst dort, wo die Trennung schon erfolgt war, in den USA etwa, in den Niederlanden und selbst in den sozialistischen Ländern;" und er zitiert (S. 37) aus der sowjetischen Literatur SAUSKIN wie folgt: „Die schroffe Gegenüberstellung von Naturwissenschaften und Gesellschaftswissenschaften in den vergangenen Jahren hat die Entwicklung der sowjetischen Geographie künstlich aufgehalten". – Die Hauptrichtung der Geographie ... ist die größtmögliche Entwicklung der geographischen Synthese, die Lösung großer komplexer Probleme.

Die Angriffe auf die Länderkunde wertet SCHÖLLER als Kampf gegen die Einheit der Geographie, weil Länderkunde der Integrationskomplex von Natur und Kulturgeographie sei. Ohne die Notwendigkeit zur Spezialisierung zu verneinen, sieht er die Zukunft der Geographie eher in der Verklammerung ökologischer mit sozial-wirtschaftsgeographischen Arbeitsrichtungen zur Lösung neuer Probleme, z.B. auf dem Gebiet der Raum- und Umweltgestaltung. Dabei hebt er die Notwendigkeit einer auf diese Probleme bezogenen physischen Geographie ausdrücklich hervor. Eine Wiederentdeckung der Bedeutung naturgeographischer Fragestellungen hebt auch OTREMBA schon 1974 hervor[13] und weist besonders auf die Anteile der Biogeographie, Meteorologie und Bodenkunde für die Ökologie hin (S. 5). Die Frage, was ein Geograph haben und könnten sollte, beantwortet SCHÖLLER so: „Konkrete Landeskenntnis (das sollte man manchen modernen Schulgeographen mehrfarbig in den Lehrerkalender drucken – d. Verf. –), Fähigkeit zur Raumbewertung und Einsicht in die komplexen Zusammenhänge und Auswirkungen aller steuernden Eingriffe und Maßnahmen (S. 38)." – Auf seine Antwort zur Frage nach dem Bildungswert und den Bildungsgehalten der Geographie soll an späterer Stelle eingegangen werden.

So bleibt uns also noch die Frage nach der Stellung der Wirtschaftsgeographie im Gesamtbereich der Geographie. Sie hat sich seit etwa 100 Jahren – und institutionalisiert ab etwa 1910 – als ein Spezialgebiet innerhalb der Geographie entwickelt, das sich speziell mit dem wirtschaftenden Menschen und seinen Wirkungen auf den Raum befaßte. So ist es nicht verwunderlich, daß sich einer ihrer profilierten Vertreter, OTREMBA, noch 1974 beklagt, „daß die Hochschulvertreter der Wirtschaftsgeographie umgeschulte Vertreter der Allgemeinen Geographie sind, die aus Opportunität sich als Wirtschaftsgeographen erklären, ohne jemals Wirtschaftswissenschaften studiert zu haben[14]. Er fordert folglich für die Fachvertreter ein Doppelstudium der Geographie und der Wirtschaftswissenschaften, verhehlt aber nicht, daß dieses nur sehr wenige Hochschullehrer im Bereich Wirtschaftsgeographie mit Examina nachweisen können[15].

Daß er selbst beide Bereiche souverän beherrscht, habe ich als Student bei ihm erfahren können. Wenn man aber das harte Urteil über die Geographen als Wirtschaftsgeographen akzeptiert, muß man es dann nicht auch anwenden auf jene Dozenten, die als Wirtschafts- und Sozialwissenschaftler in geographische Institute gekommen sind, z.B. als Spezialisten für einen ganz bestimmten Bedarf, möglicherweise mit einer Nebenfachausbildung von 15-20 Wochenstunden „Wirtschaftsgeographie für Volkswirte und Diplom-Handelslehrer", in dem die „physisch-geographischen Grundlagen der Wirtschaftsgeographie" in einer zweistündigen Semestervorlesung gelegt wurden? Wenn eines Tages solche Dozenten selbst in die Situation kommen, Geographiestudenten zu prüfen – oder wenn so ausgebildete Lehrer allgemeinen Erdkundeunterricht erteilen müssen –, besteht dann nicht eine große Versuchung, das, was sie nicht können, für unwichtig und nicht fachrelevant zu erklären und das Schwergewicht auf die Bereiche zu verlegen, die sie im Hauptfach studiert haben und beherrschen? Dieses würde ganz automatisch zu einer allmählichen Trennung der Wirtschaftsgeographie von der Allgemeinen Geographie führen, allerdings aus völlig unwissenschaftlichen Motiven. Für den Erdkundeunterricht im berufsbildenden Schulwesen wäre dieser seit langem betehende Trend leicht nachzuweisen. In einem im Herbst 1978 mit Prof. SANDNER in Hamburg geführten Gespräch wurde auf meine diesbezügliche Frage durchaus eingeräumt, daß diese Gefahr auch an der Hochschule bestehe. Wieweit die nachprüfbare geographische Sachkompetenz von Studienreferandaren hierüber eventuell Rückschlüsse zuläßt, soll an späterer Stelle noch angesprochen werden. – Es soll hier nicht verkannt werden, daß Autodidaktik zu einer höheren Qualifikation führen kann als ein mit Examen abgeschlossenes Studium. Für den von Otremba als Alternative zum Doppelstudium empfohlenen autodidaktischen Erwerb der Doppelqualifikation gibt es natürlich an den Hochschulen – und ganz gewiß auch in den Schulen! – gute Beispiele. Nur gibt es die nicht nur bei Wirtschaftsgeographen, sondern auch bei allgemein ausgebildeten Geographen, die in ihren beruflichen Anforderungen mit Aufgaben aus dem wirtschafts- und sozialwissenschaftlichen Bereich konfrontiert werden. Aber es gibt auf diese Weise natürlich keinerlei Garantie dafür, daß solche erforderlichen Zusatzqualifikationen nachträglich auch tatsächlich erworben werden.

Über die Inhalte der Wirtschaftsgeographie braucht hier wohl nichts weiter gesagt zu werden. Natürlich haben sich auch hier im Laufe der Zeit Verschiebungen in den Schwerpunkten ergeben. Um die Gefahr der Oberflächlichkeit zu vermeiden, die sich aus Stoffülle und schnellem Wandel im Gestaltplan des Wirtschaftsraums der Erde und aus seiner gesellschaftlich höchst dynamischen Gefügeordnung ergibt, „bedarf es einer straffen Bindung an ein klar bestimmtes Forschungsobjekt, den Wirtschaftsraum der Erde, in den ständig und an allen Orten gesellschaftliche, persönliche, politische, ideologische, naturräumliche Faktoren mit örtlich wechselnder Dominanz hineinwirken, das Beziehungsgefüge und die Struktur laufend verändern."[16]

Abschließend kann über die Hochschulgeographie festgestellt werden, daß nicht nur Einigkeit über die zentrale Bedeutung des „Raumes" als Bezugspunkt aller Forschungen besteht, sondern daß auch die Notwendigkeit, dem Bürger ein überschaubares Weltbild als Ordnungsrahmen zur Einordnung der heute massenhaft auf ihn einprasselnden Informationen als Aufgabe – freilich nicht als Hauptaufgabe – verstanden wird. Die Schwierigkeiten dabei beklagt OTREMBA, wenn er schreibt: „Die Hochschule ist heute dazu verdammt, zwei Fächer in einem halben Studium zu bewältigen. Das schlägt zurück auf das Ansehen der Geographie, auf die Qualität der Geographie an der Schule und auf das Verständnis des Weltbildes in raumwirtschaftlicher Sicht und schadet der Orientierung des Staatsbürgers im politisch-gesellschaftlichen Weltbild, in dem ohne Sachkenntnis mit Schlagworten herumgefummelt wird."[17]

Ähnlich äußert sich auch Schöller, wenn er sagt: „Kein bewußt lebender, denkender Mensch kommt heute ohne geographische Orientierung und geographisches Weltverständnis aus".[18] Er warnt jedoch davor, trotz beträchtlicher Wandlungen der Auffassungen über Ziel und Aufgabe des Faches alle bisher erreichten und keineswegs ungültig gewordenen Positionen zu räumen, und er weist darauf hin, daß im gleichen Maße, wie die Geographie heute z.B. den Landschaftsbegriff freigibt, ihn andere Wissenschaften für sich okkupieren.[19]

Dies scheint ein kürzlich im NDR gesendetes Interview zu bestätigen, in dem es um die Neueinrichtung eines Instituts für Ökologie in Essen ging, wo Biologen, Chemiker, Architekten, Ingenieure – ja sogar ein Philosoph! – fächerübergreifend arbeiten sollen. Von einem Geographen war nicht die Rede.

Damit wäre die Entwicklung der Hochschulgeographie in groben Zügen skizziert, und wir können uns nun einer Betrachtung des Erdkundeunterrichts in der Schule zuwenden, um zu prüfen, wieweit er die jeweiligen Entwicklungen in der Hochschule nur reflektiert oder aber selbständige Wege gegangen ist bzw. geht.

Schulgeographie – offiziell als Erdkunde-Unterricht bezeichnet – war bis Anfang der siebziger Jahre weitgehend ein vereinfachtes Spiegelbild der jeweiligen Entwicklungen in der Hochschulgeographie. Das galt für allgemeinbildende wie für berufsbildende Schulen, obwohl bei letzteren – nicht zuletzt wegen der von vornherein entsprechend eingeengten Lehrerausbildung – vielfach eine Verengung auf rein wirtschaftsgeographische Fragestellungen bestand. An den damaligen Wirtschaftsoberschulen wurde, oft von Philologen, die Geographie im Hauptfach studiert hatten, Erdkunde zweistündig bis zum Abitur unterrichtet. In den Berufsfachschulen, vornehmlich den als „Handelsschulen" bezeichneten kaufmännischen Berufsfachschulen, wurde Erdkunde während der ganzen Schulzeit zweistündig unterrichtet. Ziel des Unterrichts war vorrangig die Vermittlung eines umfassenden Weltbildes auf der Grundlage einer länderkundlich angelegten Systematik, die kausale und funktionale Verknüpfungen einschloß. Eine Ausnahme bildeten von Anfang an gewisse Bereiche der Berufsschulen, in denen Wirtschaftsgeographie als spezieller Teil der jeweiligen Betriebslehre aufgefaßt wird, wie beispielsweise bei Spediteuren, Schiffahrts- und Reisebüro-Kaufleuten.

In den sechziger Jahren setzte ein grundlegender Wandel in unserem Schul- und Bildungswesen ein, der nach und nach bewirkte, daß die Zahl der erworbenen Bildungsabschlüsse von der „mittleren Reife" bis zu den Universitätsabschlüssen auf das Vierfache und darüber hinaus anstieg. Dies wurde nicht zuletzt durch die Einrichtung neuer Schularten, wie z.B. der Fachoberschule und der Berufsaufbauschule sowie verschiedener zusätzlicher Berufsfachschulen im berufsbildenden Schulwesen erreicht. Natürlich stiegen auch im allgemeinbildenden Schulwesen die Schülerzahlen im mittleren und höheren Bereich entsprechend an.

Mit der Bildungsexplosion kam die Lernziel- und Curriculum-Diskussion. Davon wurden auch die Schulgeographie und zwangsläufig bald auch die Hochschulgeographie erfaßt. Seit Ende der sechziger Jahre waren die Fachzeitschriften und die Geographentage Forum für diese Diskussion, wobei allerdings die Stimmen derer, die die allseitige Euphorie über die „neue Geographie" und die neue pädagogische Entwicklung ganz allgemein zu dämpfen versuchten, in der Minderzahl zu sein schienen. So wies SCHRETTENBRUNNER auf dem Geographentag 1973 in Kassel in einem Referat darauf hin, daß die Lernziele neuerer Veröffentlichungen offensichtlich zu hoch gegriffen seien und Lernzielkontrollen nach der praktischen Arbeit oft ein enttäuschendes Ergebnis zeigten, besonders was angestrebte Verhaltensänderungen betreffe. Er forderte daher ein Zurückgehen auf das Einfache, Feste und Praktikable.[20] Der Tagungsbericht hebt hervor, daß die Referate die Lernzieleuphorie erheblich abgebaut und Integrationsschwierigkeiten herausgestellt hätten.

Die Lernzieldiskussion kam zu einem vorläufigen Abschluß mit der Herausgabe der neuen „Richtlinien und Lehrpläne" in den einzelnen Bundesländern, die in Hamburg am 1.2.74 verbindlich wurden. Die berufsbildenden Schulen wurden davon ausgenommen. Für ihre Schularten wurden in Anpassung an ihre individuelle Situation jeweils besondere Lehrpläne erstellt. Zum Teil ist diese Lehrplanerstellung noch im Gange. Im Gegensatz zu der Vielfalt von formalen und inhaltlichen Konzeptionen dieser Lehrpläne – nur zwei, nämlich der für die Handelsschule (1976) und der für das Vorsemester des Wirtschaftsgymnasiums (1978) enthalten die üblichen Lernzielkataloge – wurden die Erdkunde-Lehrpläne an den allgemeinbildenden Schulen in Hamburg von Ausschüssen mit einer einheitlichen Stammbesetzung nach einheitlichen Kriterien durchgängig für die Klassen 1-10 aller Schularten entwickelt, wobei Unterschiede in den Schularten jeweils nur in der Intensität der Stoffbehandlung, in der Auswahl der Einzelthemen und im methodischen Ansatz bestehen sollen. In ihrem Aufbau basieren die letzteren auf den Empfehlungen des Verbandes Deutscher Schulgeographen vom 17./18. Nov. 1972 (GR 3-73), die in überarbeiteter Form als „Empfehlungen zu Richtlinien und Lehrplänen für Geographie im Sekundarbereich I (Klassen 5-10)" in GR 8-75, S. 350-356 veröffentlicht worden sind.

Entscheidende Neuerung in diesen Lehrplänen ist, daß sie sich an einer Lernzielhierarchie orientieren und den Stoff nicht mehr in herkömmlicher Weise vom Nahen zum Fernen, von Land zu Land fortschreitend als ganzheitliche Betrachtung einzelner in sich geschlossener Räume nach länderkundlicher Systematik präsentieren. Stattdessen werden an dem Lernzielkatalog orientierte globale und kleinräumige Betrachtungen an exemplarischen Stoffen angestellt, die letztlich auch – und besser – über ein einfaches topographisches Grobraster zu einem „Kontinuum der Erdoberfläche" im Bewußtsein der Schüler führen soll[21]. Über den Erfolg muß noch einiges gesagt werden.

Das Prinzip des exemplarischen Lernens war schon vor der Lernzieldiskussion bekannt und ist häufig kritisiert worden[22]. Ziel des neuen lernzielorientierten Unterrichts ist das Erreichen von „Verhaltensdispositionen" – man kann wohl auch Befähigungen sagen –, die den Schüler in die Lage versetzen sollen, das Gelernte nicht nur zu kennen und zu wissen, sondern „zur Daseinsbewältigung" anwenden zu können. Die Lernziele sollen „operationalisierbar" sein, d.h. man muß überprüfen können, ob sie auch erreicht wurden.

In Anbetracht der Tatsache, daß in Entwürfen für Lehrproben heute teilweise wilde Vergewaltigung der deutschen Sprache betrieben wird und unter Referendaren Listen im Umlauf sind, die an die hundert Verben zur Beschreibung von Lernzielen enthalten, möchte ich auf die knappe, aber präzise Erläuterung von insgesamt nur 11 solcher Verben hinweisen, die G. HOFFMANN als Anlage zu den oben genannten Richtlinien gibt. Sie bauen im Sinne der Lernzielebenen aufeinander auf und lassen die Beschreibung jedes geographischen Fachlernziels zu. (GR 8-75).

Die Lernziele fügen sich zu einem ganzheitlichen Bildungsziel, das sicherlich erstrebenswert ist. Es zielt auf ein Weltbild ab, wie es auch Geographen angestrebt haben, die ihre Lernziele nicht ausdrücklich formuliert haben. Als Voraussetzung für kontinuierlichen Lernerfolg fordert auch der Verband Dt. Schulgeogr. „ein umfangreiches Arbeitswissen, dessen Grundbegriffe, Grundeinsichten und Arbeitsweisen bei wachsenden Anforderungen immer wieder aufgenommen und verknüpft werden"... und ... „die Sicherung eines verfügbaren topographischen Wissens und die Fähigkeit zur Orientierung auf der Erde mit Hilfe der geographischen Medien... Globale Orientierungsraster und Ordnungssysteme müssen in der Vorstellung der Schüler den Zusammenhang des geographischen Kontinuums sichern."[23] Was solche Ordnungssysteme sind, wird im Anschluß an den Artikel (ohne Verfasserangabe) so erläutert: „(z.B. Vergleichs- und Bezugssysteme, Orientierung im Gradnetz, im topographischen Grundgerüst, in der Gliederung der Erde unter physisch-geographischen und anthropo-geographischen Gesichtspunkten, ermitteln von Grenzen und Grenzräumen und Einzugsbereichen."[24]

Die Forderung nach solchem Grundlagenwissen wird in allen Hamburger Lehrplänen erhoben. Daß die Hochschulen dieses Wissen bei ihren Studenten stets − leider stillschweigend − vorausgesetzt haben, ist bekannt.

Diese Forderung steht aber nicht im Einklang mit der heute unter Pädagogen und Didaktikern weit verbreiteten Abwertung von Wissen und konkreten Kenntnissen. So schreibt A. SCHULTZE in einem Aufsatz über ‚Operationalisierung des geographischen Unterrichts': „Können, Verhalten, Qualifikationen sind Kernbegriffe, nicht dagegen Wissen, Kennen, Kennenlernen."[25] Zwar verwahrt er sich gegen den naheliegenden Vorwurf, hier gegen den Erwerb von Wissen zu polemisieren, doch wertet er schon zwei Seiten weiter den herkömmlichen Erdkundeunterricht völlig ab, indem er ihm unterstellt, fast ausschließlich Information zu bieten und in seinen Aufgaben lediglich Reproduktion zu verlangen. Darin dürften mit Recht all jene Geographielehrer eine Verunglimpfung ihrer jahrzehntelang geleisteten Unterrichtsarbeit sehen, die sich redlich bemüht haben, den jeweiligen Forschungsstand der Geographie als Wissenschaft − wenn auch vereinfacht − in die Schule zu tragen. Um deutlich zu machen, warum, habe ich mich im ersten Teil meiner Ausführungen so relativ ausführlich mit der Entwicklung der Geographie von ihren Anfängen bis heute beschäftigt.

Daß „Wissen und Kennen" letztlich doch abgewertet werden sollen, wird auch aus folgenden Zeilen bei SCHULTZE deutlich: „Ist es nicht eine Zumutung, vielleicht sogar ein Stück autoritären Lehrverhaltens, wenn der Lernende zunächst die Information einfach hinnehmen soll, obwohl deren Sinn und Zweck erst in der Operation sichtbar wird? Könnte man nicht gleich mit der Aufgabe starten, die ganze Einheit als Operation aufziehen? Die Information müßte nebenbei, als Fußnote gewissermaßen, geboten werden und hätte damit auch optisch den richtigen Stellenwert. Sie wäre Mittel zum Zweck; man bedient sich ihrer, wenn und soweit es die Aufgabe verlangt."[26] Dem letzten Satz will ja niemand widersprechen und auch nicht Schultzes Hinweis, daß Können gemeint sei als höhere Form des Wissens: Wissen anwenden können (S. 223). Das geht aus jeder Lernzielhierarchie hervor. Aber „Können" setzt „Kennen und Wissen" voraus, und das kann nicht als verfügbar betrachtet werden, wenn es selbst im groben Überblick erst aus Atlanten, Statistiken, Klimadiagrammen, Zusammenschau bietenden Lehrbüchern usw. zusammengetragen werden muß. Wer könnte denn z.B. über die kürzlich politisch aktuelle Problematik diskutieren, die jedem Hamburger ins Bewußtsein gebracht wurde, als die sowjetische Getreideflotte mit 15 Schiffen wie eine Armada im Mittelalter vor den Toren Hamburgs ankerte? Ich brauche hier nicht aufzuzählen, was man alles wissen und kennen muß, um darüber einigermaßen sachkompetent mitreden zu können. Niemand wird im gegebenen Augenblick den großen Koffer mit all den Informationsquellen, auf die er sich da stützen will, bei sich haben, so daß er sich in kühnem Gedankenschwunge an die Verknüpfung, die Herausarbeitung der Zusammenhänge und sodann an Vorschläge für Problemlösungen machen kann. Er stünde ein bißchen so da, wie ein Chemiker, der das Periodensystem und die Grundformeln nicht im Kopf hat, oder wie ein Anglist, der den englischen Grundwortschatz und die Basis-Grammatik nicht beherrscht. Es besteht kein Zweifel daran: Können und

Anwenden liegen auf höherer Lernzielebene. Aber die größeren Schwierigkeiten scheinen oftmals bei der Aneignung von Kenntnis und Wissen zu bestehen. Eben darum ist dieser Bereich wohl auch so unbeliebt. Seine Notwendigkeit wird in den neuen Lehrplänen nicht bestritten. Ihn attraktiv zu machen — wenngleich er immer mit Mühe und Arbeit verbunden bleiben wird — und dem Schüler zu helfen, diese Aufgabe zu bewältigen, ist unter anderem ein Ziel des Geographieunterrichts.

Wenn nun die Väter und Verfechter der neuen Pädagogik, deren grundlegende Neuerungen ja auf alle Fächer Anwendung finden, behaupten, die Schüler erwürben auf dem neuen Wege ein allemal ausreichendes Wissen und darüber hinaus erhebliche Qualifikationen, die man ihnen früher nicht vermittelt habe, dann müßte man die Richtigkeit dieser Behauptungen nunmehr an praktischen Ergebnissen prüfen. Nach sechs Jahren Arbeit mit dem neuen Weg sollte das möglich sein.

Eine solche Untersuchung auf wissenschaftlich fundierter Basis ist ein sehr aufwendiges Unternehmen und fällt in den Aufgabenbereich der Forschung. Ich kann hier nur einen subjektiven Eindruck wiedergeben, der sich auf auffällige Beispiele anderer und auf eigene Erfahrungen stützt. Dieser Eindruck spricht nicht dafür, daß die in den lernzielorientierten Lehrplänen formulierten Ziele erreicht werden. Dafür seien einige Beispiele angeführt: In einem ganzseitigen Artikel, den Karl E. FICK am 4.10.78 in Nr. 218 der „Frankfurter Allgemeinen Zeitung" unter dem Titel „Erdkunde mangelhaft" veröffentlichte, wird im Vorspann berichtet, daß ein Frankfurter Reisebüro die Bewerbungen von neun Realschulabsolventinnen, die den Beruf des Reisebüro-Kaufmanns erlernen wollten, abwies, weil man festgestellt hatte, daß ihr Allgemeinwissen ganz erhebliche Lücken aufwies und sie unter anderem weder wußten, daß Köln am Rhein liegt, noch wie die hessische Hauptstadt heißt. In dem Erdkunde umfassenden Fach „Gesellschaftslehre" hatten sie die Note „gut". Den Wahrheitsgehalt des Beispiels kann ich nicht nachprüfen, doch halte ich es aufgrund eigener Erfahrungen für sehr glaubhaft. — Ein Schüler meiner Vorsemesterklasse im Wirtschaftsgymnasium (Kl. 11) ließ die Donau in der Nähe Moskaus westlich des Urals entspringen und in die östliche Ostsee münden. Bei einem anderen mündete sie in den Ärmelkanal. — Ein Studienreferandar mit Staatsexamen im Fach Geographie zeichnete in einer Weltskizze Hawaii in die Karibik und Neuseeland nördlich von Australien in die Nähe des Äquators. Ein anderer zeichnete gar — nach Vorbereitung! — Kap Horn in die Subtropen. Gefragt, warum denn dann von dort von so vielen Weststürmen berichtet werde, entschied er sich nach langem Überlegen für ca. 75° Südbreite. Kapstadt verlegte er auf 50°, und bei Asien gab er ganz auf, da er keine auch nur näherungsweise brauchbare Vorstellung davon zu Papier bringen konnte. Was würde er wohl tun, wenn er das von ihm selbst gewählte Thema „Verteilung der großen Eisenerz-Lagerstätten auf der Erde"[27] einmal ohne Wandkarte und Atlanten, aber mit Tafel, unterrichten müßte? Ein dritter schließlich, mit Staatsexamen in Geographie als Doppelwahlfach, weigerte sich völlig, eine solche — auch nur grobe — Faustskizze anzufertigen und wollte lieber darüber diskutieren. Begründung: 1. sei es völlig unmöglich, so etwas in weniger als einer Stunde zu schaffen, und 2. seien solche Fertigkeiten auch völlig unsinnig. Schließlich habe man ja Atlanten. —

Ein ähnlicher Versuch, den ich mit Abiturienten von vielen verschiedenen Hamburger Gymnasien unternahm, die z.T. Wirtschaftswissenschaften studieren, z.T. eine Berufsschulklasse für Kaufleute im Groß- und Außenhandel besuchen, ergab ähnlich deprimierende Ergebnisse, und so war es auch bei Schülern, die mit der „mittleren Reife" ins Wirtschaftsgymnasium eintraten. Über eine halbwegs brauchbare Raumvorstellung und wenigstens ein Minimum an topographischem Grundwissen verfügten nur ganz wenige. Dies bedeutet jedoch nicht, daß das Gelingen solcher Skizzen einschließlich einer Großgliederung der Räume nach geomorphologischen Gesichtspunkten von besonderem Talent zum Zeichnen abhängig ist. Das beweisen die überwiegend ausgezeichneten Ergebnisse, die die Schüler nach Anleitung und Unterricht über die übergeordneten Zusammenhänge erzielten.

Um auf SCHULTZE zurückzukommen: Bei dieser Aufgabe ging es keineswegs nur um die Feststellung von Kennen und Wissen als Bestandteilen der untersten Lernzielebene, sondern um den „Zusammenhang des geographischen Kontinuums in der Vorstellung des Schülers", wie es der Verband Dt. Schulgeogr. ausgedrückt hat. Das bewußte Einbringen der Kontinente ins Gradnetz, die Einzeichnung der vorherrschenden Windgürtel und der davon abhängigen Meeresströmungen, die Gliederung der Landmassen nach dem Relief und die daraus resultierenden großen Stromsysteme, die Zuordnung bestimmter markanter Punkte (auch Städte) zu bestimmten Breitenkreisen, das alles kann man nur im Gedächtnis behalten, wenn man sich der kausalen Zusammenhänge bewußt geworden ist; und das bedeutet dann mindestens „Können als höhere Form des Wissens", wie Schultze es verstanden haben will. Freilich fehlt dann noch das ganze funktionale Beziehungsgefüge. Aber mir geht es ja auch nicht um den Kern des Unterrichts, sondern nur um die Voraussetzung für die weiteren Stufen, um den Ordnungs- und Bezugsrahmen, und den sollte der Geographie-Schüler – und erst recht der Lehrer – im Kopf haben wie der Chemiker seine Grundformeln und der Neusprachler seine Vokabeln.

Das 1970 von SCHULTZE in einem Aufsatz mit dem Titel „Allgemeine Geographie statt Länderkunde" vorgestellte Konzept (in GR 1-70), das inzwischen zu dem im Klett-Verlag erschienenen Erdkunde-Lehrwerk „Geographie" weiterentwickelt wurde, sollte dagegen durchaus die Zustimmung auch weniger fortschrittlich eingestellter Erdkundelehrer finden. Er stellt darin ja die Notwendigkeit des Erwerbs von Wissen auf dem Gebiet der Allgemeinen Geographie – und darin auch der Physischen Geographie – als Grundlage jeden klassischen Geographiestudiums deutlich heraus. Widerspruch kommt da aber von den Sozialgeographen. Bei der schon erwähnten Podiumsdiskussion beim Schulgeographentag '68 hatte K. GANSER ausdrücklich betont, daß eine solide physisch-geographische Ausbildung nicht nötig sei, um vernünftige Antropogeographie betreiben zu können. Er sagte: „Die Sozialgeographie verkennt die Bedeutung physischer Raumstrukturen keineswegs. Sie ist jedoch nur insoweit an physischen Faktoren interessiert, soweit sie in das Bewertungssystem sozialer Gruppen eingehen"[28]. Bei KNÜBEL, der sich ja sehr für einen an „Daseinsgrundfunktionen" orientierten Unterricht einsetzt, liest sich das so: „Weniger die Natur als die von Menschen geschaffenen Erscheinungen interessieren heute. Menschliche Gruppen stehen im Mittelpunkt der Betrachtungen mit ihrer Arbeit, ihren Sorgen und Problemen. Die Geographie sollte in der Grundschule mit sozialgeographischen Fragen beginnen"[29]. Im selben Heft der GR findet sich ein Artikel von N. WEIN über „Die Austrocknung der südlichen Oberrhein-Niederung/Änderungen im Landschaftshaushalt aufgrund anthropogener Eingriffe". – Hier seien auch die Strömungen des Landschaftshaushalts im Sahel durch anthropogene Eingriffe, die jahrelang ein Thema nicht nur in den Klassenzimmern waren, erwähnt. Ich erinnere mich noch gut an die Diskussion in Werner HÖFERSs Frühschoppen, wo ein Ökologe versiert, aber völlig erfolglos versuchte, eine Schar von Journalisten, die (frei nach OTREMBA) „ohne Sachkenntnis mit Schlagworten herumfummelten", über wesentliche Ursachen der Katastrophe aufzuklären. Man ließ ihn kaum zu Wort kommen.

Die Natur hat vieles viel besser im Griff als der Mensch. Warum sollen wir sie nicht studieren? Und sei es nur, um von ihr zu lernen.

Damit sind wir bei der eingangs gestellten Frage, ob Erdkundeunterricht an berufsbildenden Schulen notwendigerweise Unterricht in Wirtschaftsgeographie ist.

Ich frage mich, ob die Verfechter einer so schwerpunktmäßig betriebenen Sozialgeographie in der Schule wirklich noch so fortschrittlich sind, wie sie zu sein meinen. Das Fach Biologie, das es bis 1978 in der Stundentafel des Wirtschaftsgymnasiums nie gab, ist inzwischen nicht nur eingeführt worden, sondern hat sogar einen weitaus höheren Stellenwert bekommen als Erdkunde. Chemie ist neben Wirtschaftslehre, Englisch und Mathematik sogar zum Leistungskurs-Fach geworden, obwohl es bis dahin als „Technologie" ein Schattendasein fristete. Natur interessiert wenig? Gewiß – in diesen Naturwissenschaften wird stark in die Natur eingegriffen. Aber eben dazu muß man sie genau kennen.

Liegt es nun wieder an Planern, die nicht den Durchblick, aber die Macht haben, wenn reine Naturwissenschaften an Wirtschaftsschulen einen so großen Bedeutungszuwachs im Fächerkanon erhalten und Erdkunde ihn im gleichen Maße verliert? Oder liegt es vielleicht daran, daß das, was immer stärker in den Vordergrund unseres Unterrichts gestellt wird, mehr und mehr an den Erfordernissen in den berufsbildenden Schulen vorbeigeht, weil es zu immer mehr Überschneidungen mit den Inhalten anderer Fächer kommt, während die verfügbare Stundenzahl durch die notwendige Aufnahme ganz neuer Fächer (z.B. ADV) zunehmend knapper wird? In fast allen berufsbildenden Schulen ist Wirtschafts- und Soziallehre Hauptfach! Politik (bzw. Gemeinschaftskunde) wird von der Stundenzahl her fast wie ein Hauptfach behandelt. Beide Fächer fußen auf den Wissenschaften, mit deren Methoden und Erkenntnissen die Sozialgeographie zunehmend arbeitet. Und sie werden von Lehrern vertreten, die die Wirtschaftswissenschaft im Hauptfach und Sozialwissenschaft mit Schwerpunkt Soziologie oder Politik immer häufiger als Doppelwahlfach fundiert studiert haben. Von daher ist es eigentlich gar nicht so verwunderlich, daß die Stundentafel-Gestalter, da die Erdkunde sich vor allem hinsichtlich der Lernziele ohnehin stark diesen Fächern angenähert hat, hier eine Chance sehen, ein gut Teil des Stoffes diesen Fächern zu übertragen und damit Stunden für andere Fächer zu gewinnen.

Sollen wir also wieder mehr das betonen, was früher Geographen von Wirtschafts- und Sozialwissenschaftlern unterschied? Für die berufsbildenden Schulen möchte ich dieses uneingeschränkt bejahen, und zwar aus folgenden Gründen:

1. Die überwiegende Mehrzahl aller Schüler, die heute an berufsbildenden Schulen Erdkundeunterricht haben, streben einen allgemeinen Bildungsabschluß an, d.h. „mittlere Reife" an Handelsschule und Berufsaufbauschule, uneingeschränkte Hochschulreife an Abendwirtschafts- und Wirtschaftsgymnasium. Da die meisten von ihnen keineswegs kaufmännische Berufe ergreifen bzw. Wirtschaftswissenschaften studieren, scheint mir die allgemeine Grundbildung durch die starke Profil-Betonung ohnehin schon zu stark eingeschränkt zu sein.

2. Die wirtschafts- und sozialwissenschaftliche Problematik und Betrachtungsweise ist an diesen Schulen stärker und qualifizierter repräsentiert als an vergleichbaren allgemeinbildenden Schulen, da dort die wirtschaftlichen Aspekte zumeist von Lehrern vertreten werden, die sich entsprechende Qualifikationen autodidaktisch aneignen mußten. Daher wäre eine stärkere Einbeziehung wirtschaftsgeographischer Themen dort viel wichtiger.

3. Alle zitierten Autoren, ausgenommen diejenigen, die ganz überwiegend auf Sozialgeographie abzielen, erachten allgemeingeographische und topographische Grundkenntnisse für wichtig. Da diese jedoch bei der überwiegenden Zahl der in die berufsbildenden Schulen eintretenden Schüler nicht vorhanden sind, sollten sie daher vorrangig vermittelt werden. Dies wird auch von LERCH/KRUCK[30] bestätigt. Solche Grundlagenkenntnis in einem Vierteljahr zu vermitteln, wie sie es vorschlagen, halte ich, wie die beiden selbst auch, für völlig ausgeschlossen. Ihre als Lösung gedachte Forderung, den Unterricht folglich stundenmäßig wieder zu verdoppeln, ist – zumindest für Hamburg – gegenwärtig utopisch.

4. In Anbetracht der großen Bedeutung, die man heute auch in der Öffentlichkeit Fragen der Umweltgestaltung und Ökologie beizumessen bereit ist, sollte man gerade Stadt-Schüler wieder lehren, ihre Umwelt – auch die natürliche – bewußt zu sehen, anstatt sie mit überlangen und überspezialisierten Projektstudien zu Pseudowissenschaftlern erziehen zu wollen. (Es ist vorgekommen, daß von einem Jahr Gesamtunterricht 4 und mehr Monate auf Stadtteilsanierungsstudien in Hamburg-Ottensen verwendet wurden.) Das Interesse der Jugend an der Natur erwacht gegenwärtig von selbst. Aber gute Geographen könnten diesen Prozeß durch sachkompetente Hilfe und Überweisung sehr fördern.

Hiermit waren wir zuguterletzt bei den Geographielehrern selbst. Welcher Diplom-Handelslehrer, der mit abgeschlossenem Geographiestudium in die Schule kommt, getraut sich schon, mit einer Klasse an die Elbe, in den Hafen, an die Küste oder auch ins Gebirge zu gehen und die Fragen so zu beantworten, wie sie sich aufdrängen, also auch die nach Steinen, Pflanzen, Bodenformen, Gezeiten, Sturmflutschichtung usw. usw. Man kann ihm nicht verübeln, daß er sich davor scheut, denn erstens hat er das nicht studiert, und zweitens hat sich ihm vermutlich in den meisten Fällen auch kein Professor auf Exkursionen in gleicher Weise gestellt. Früher war solche Vielseitigkeit bei vielen Geographieprofessoren üblich. Sie konnten nicht immer die umfangreichsten Werkeverzeichnisse eigener wissenschaftlicher Publikationen vorweisen, obwohl es auch unter denen, die das doch konnten, hervorragende Allround-Lehrer gab und auch noch gibt: Lehrer, die ihre Studenten erst das Sehen, dann das Verstehen lehren. Zu Prof. Wilhelm BRÜNGERs Geburtstag kommen noch heute Jahr für Jahr ganze Busladungen mit ehemaligen Studenten, die ein gut Teil dessen, was sie von Geographie verstehen, auf seinen Exkursionen gelernt haben. Damals sagte man noch nach der Vorlesung an, wo es am Wochenende hinging. – Wenn es solche Exkursionen heute kaum noch gibt, liegt das sicherlich nicht nur am Spezialistentum. Die Überlastung der Professoren im Massenbetrieb der Universität läßt eine so vielseitige Unterweisung wohl auch kaum noch zu.

Man möge mir die kleine Reminiszenz verzeihen. Sie sollte nur überleiten zu meiner letzten Forderung, nämlich der nach einem gewissen Umdenken in der sich ohnehin schon ständig erneuernden Geographielehrerausbildung für die berufsbildenden Schulen. Es besteht kein Grund dazu, daß Erdkundelehrer für berufsbildende Schulen kürzer und schlechter ausgebildet werden als solche für das Lehramt an Gymnasien, vor allem auf dem Gebiet der Allgemeinen Geographie. Über Wirtschaft wissen sie ohnehin mehr. – In Hamburg ist dies in jüngster Zeit durch das sog. Doppelwahlfach-Studium[31] erreicht worden. Allerdings gab es bisher offenbar keine durch Prüfung abgesicherte Gewähr dafür, daß der Student die Inhalte der Pflichtvorlesungen im allgemeingeographischen Bereich, den sogenannten Eckvorlesungen, auch tatsächlich beherrscht[32]. – Bei anderen Hochschulen, über deren Absolventen ich mir ein Urteil erlauben kann, scheint es mir eher, als habe sich die völlige Trennung vom Lehrbetrieb der naturwissenschaftlichen Bereiche der Geographie schon vollzogen, was die Referendare auch weitgehend bestätigen. Es mutet jedenfalls seltsam an, wenn ein Geographie-Referendar auf die Bitte, mal ein paar Vorlesungs- und Seminarthemen seines Studiums zu nennen, antwortet, außer der „Theorie von den zentralen Orten" falle ihm im Augenblick nichts ein.

Es ist heute, insbesondere am Wirtschafts- und Abendwirtschaftsgymnasium, aber auch in Fachklassen der Berufsschule, keineswegs gewährleistet, daß nicht Schüler, die auf der Mittel-, ggf. auch Oberstufe ihrer Herkunftsschulen einen fundierten Geographieunterricht erhalten haben, auf dem Gebiet der Allgemeinen und speziell Physischen Geographie sowie im „geographischen Kontinuum" ihrer Weltvorstellung mehr wissen als manche Lehrer. Dieses halte ich jedoch in der Geographie für ebensowenig vertretbar wie im Bereich der Fremdsprachen und anderer wissenschaftlicher Fächer. Da es einen halbwegs standardisierten Kenntnis- und Könnensstand in unserem Fach für den „mittleren Bildungsabschluß" – und erst recht für das Abitur – trotz teilstandardisierter Lehrpläne heute weniger gibt als je zuvor, muß sich m.E. etwas im Hochschulstudium ändern. Dieser Schritt ist in manchen Hochschulen in einzelnen Fachbereichen – z.B. Mathematik und Chemie – schon getan worden.

Die Hochschule muß – z.B. über eine Prüfung, deren Bestehen Voraussetzung zur Zulassung für das Hauptstudium wäre, – sicherstellen, daß der Student den Schulstoff eines anspruchsvollen Oberstufenunterrichts ohne extreme Spezialisierung auf allen Ebenen der Allgemeinen Geographie beherrscht. Erst dann scheint mir die Spezialisierung und die von WIRTH[33] geforderte Teilhabe am Forschungsprozeß sinnvoll zu sein. Wer mit fundierten Schulkenntnissen sein Studium aufnimmt, der ist dann sehr im Vorteil; aber das sollte das Normale sein! Ob ein solches Repetitorium, das für viele leider völliges Neuland sein wird, als Bestandteil des Geographie-Studiums oder eher wie ein nachzuholendes „Latinum" als Zusatzstudium angesehen wird, ist ein Organisationsproblem der Universität.

Ich möchte hier nicht falsch verstanden werden: Die Geographischen Institute sollen keineswegs zu Nachhilfeschulen für Elementarwissen degradiert werden. Ich wende mich auch nicht gegen die von WIRTH 1975 gegenüber dem Verband Deutscher Schulgeographen herausgestellte Auffassung, daß es nicht primäre Aufgabe der Universität sei, den Erdkundelehrern das heute in der Schule benötigte Wissen zu vermitteln.[33] Aber es muß doch sichergestellt sein, daß die Lehrer es nicht erst in der Schule erwerben müssen, wo sie dafür bezahlt werden, daß sie Erdkunde **lehren**. Die Studienseminare können diese Aufgabe in anderthalb Jahren auch nicht erfüllen. Aber sie sollen die Sachkompetenz der Referendare beurteilen und müssen sich ständig gegen den Vorwurf wehren, daß diese ja bereits im Ersten Staatsexamen unter Beweis gestellt worden sei. –

Ziehen wir ein Fazit: Der Optimismus über einen erheblichen Bedeutungszuwachs der Geographie im Fächerkanon der Schule durch neue Unterrichtswege und Inhalte scheint nach wie vor vorhanden zu sein. Man sollte auch bessere Ergebnisse als früher erwarten können. In den berufsbildenden Schulen ist davon jedoch nichts zu spüren. Da sie erst mit Klasse 10 (WG mit Kl. 11) beginnen, bauen sie auf dem bis dahin weitgehend abgeschlossenen Erdkundeunterricht der allgemeinbildenden Schulen auf. Was die Schüler als Eingangsvoraussetzungen mitbringen, ist überwiegend sehr dürftig. Im Vorsemester des Wirtschaftsgymnasiums werden die Inhalte der Lehrbücher für Klasse 7 und 8 nicht einmal beherrscht, in den Handelsschulen kann man getrost noch niedriger anfangen. Nur spezielle Berufsschulklassen bilden Sonderfälle. Topographische Kenntnisse sind auf der ganzen Linie mangelhaft. – Worauf das zurückzuführen ist, vermag ich nicht zu sagen. Es sollte aber dringend nach objektiven Kriterien und in genügender Breite untersucht werden, denn eine Erfolgsbilanz für den Erdkundeunterricht der Realschulen und Hauptschulen ist dieses nicht. Auf den Mittelbau der Gymnasien, woher im Schnitt wohl etwa 25 % der WG-Schüler kommen, fällt ein etwas besseres Licht, wenngleich die Tests zu Kenntnissen in Topographie auch das Gymnasium in keinem guten Licht erscheinen lassen.

Es sei hier noch angemerkt, daß E.-E. HANS im Oktober 1978 in einer Untersuchung über das Fach „Weltkunde", worin Erdkunde in der Orientierungsstufe enthalten ist, zu dem Ergebnis kam, daß das allzu exemplarische Unterrichten kein strukturiertes und geordnetes Grundwissen für die Weiterführung des Faches als Erdkunde in der Sekundarstufe I hervorbringe.[34]

Vielleicht hatte WARNECKE doch das richtige Gespür, als er schon in einem 1957 gehaltenen Vortrag über „Die Erdkundlichen Lehrpläne an den Höheren Schulen der Bundesrepublik" auf dem Würzburger Geographentag warnte: „Der Mut zur Lücke ist da! Fallen wir jetzt nicht in den Fehler und schaffen zu viele Lücken, sonst sieht der Schüler keine Zusammenhänge mehr. Es ist zu bedenken, daß wir an dem äußersten Rand dessen angekommen sind, was wir als Schulgeographie noch vertreten können".[35]

Lücken sind auch in den Stundentafeln der berufsbildenden Schulen entstanden. Der verbindliche Erdkundeunterricht ist in Hamburg am Wirtschaftsgymnasium vom 1.4.70 bis heute um 83 %, jedoch erst seit Juli 1978 um 75 % reduziert worden. Im Wahlbereich spielt er kaum noch eine Rolle. Dagegen sind Religion und

Philosophie in den Wahlpflichtbereich neu aufgenommen worden. In der Handelsschule ist Erdkunde um 50 % zugunsten anderer Fächer gestrichen worden, zweistündig besteht es noch in der Berufsaufbauschule wo es künftig auch ganz gestrichen wird. Ansonsten ist das Fach als „Wirtschaftsgeographie" (zweistündig über 3 Jahre) nur noch im Blockunterricht der Berufsschulen für Schiffahrts- und Reiseverkehrskaufleute sowie für Spediteure verteten. Einziger Lichtblick ist die Neuaufnahme als Wahlpflichtfach im Blockunterricht der Groß- und Außenhandelskaufleute mit 4 Wochenstunden. Die Kurse werden gern gewählt.

Die Stundenkürzungen bringen natürlich auch eine erhebliche Verminderung des Lehrerbedarfs mit sich, und so besteht nun das Kuriosum, daß zu dem Zeitpunkt, an dem in Hamburg die ersten nach einem endlich breit angelegten Studienplan ausgebildeten Erdkundelehrer für berufsbildende Schulen von der Universität kommen, ein Bedarf in den Schulen (fast) nicht mehr besteht. – Lehramtsaspiranten mit guten Noten aus der Ersten und Zweiten Staatsprüfung werden – man kann es kaum glauben – für Lehraufgaben bei Auszubildenden des Frisörhandwerks umgeschult!

Auf eine solche Entwicklung hat schon beim Geographentag 1977 in Mainz E. WIRTH in seinem Festvortrag zum Thema „Gedanken zur Zukunft der Geographie" hingewiesen.[36] Er stützte sich dabei auf Prognosen der Bund-Länder-Kommission, die voraussagten, daß 1980 in den Realschulen und Gymnasien kein Bedarf an Erdkundelehrern mehr bestehen werde. Im berufsbildenden Schulwesen ist diese Situation nun eingetreten. Auf WIRTHs sehr klare Stellungnahme zu dem bereits angesprochenen Problem, daß auch hochqualifizierte Bewerber möglicherweise bald keinen Eingang in Planstellen an Schule – und Hochschule – mehr finden werden, kann hier aus Zeitgründen nicht näher eingegangen werden.

Angesichts der fatalen Lage fällt es schwer, umfassender ausgebildete und gebildete und weniger spezialisierte Erdkundelehrer auch für berufsbildende Schulen zu fordern. Dennoch muß das sein. Vielleicht schlägt das Pendel der Entwicklung ja eines Tages zurück, wie das in der Geschichte der Schulentwicklung so üblich ist.

Hier sollte kein Plädoyer gegen die Spezialisierung der Geographie als Wissenschaft gehalten werden. Sie braucht diese zwangsläufig zur Erfüllung der ihr in der heutigen Zeit gestellten Aufgaben. Aber es sollte ein Plädoyer sein für den ganzheitlich gebildeten und ausgebildeten Schullehrer für Erdkunde. Denn die Schule sollte nicht versuchen, zu einer Mini-Universität für Pseudowissenschaftler zu werden. Ihre Aufgabe war und ist es, die Grundlagen zu legen, auf deren Fundamenten die Spezialausbildung in den angestrebten Berufen und das Universitätsstudium aufbauen können.

In diesem Sinne äußerte sich nach einer Meldung des „Hamburger Abendblatts" vom 1.4.80 auch der Vorsitzende des „Vereins zur Förderung des mathematischen und naturwissenschaftlichen Unterrichts", E. BAURMANN, der der Meldung zufolge die Schulen aufforderte, wieder „solide Grundkenntnisse statt Pseudowissenschaft" zu vermitteln. Die Lehrer seien an dieser Entwicklung nicht unschuldig, denn sie hätten an der „Bildungseuphorie" besonders der Oberstufe mitgewirkt. – Die dort praktizierten Methoden haben längst auch auf niedrigere Schulstufen übergegriffen, und man hat manchmal den Eindruck, als sei nur in der Grundschule die Welt noch einigermaßen in Ordnung.

Vielleicht sollten sich Schulgeographen und Fachdidaktiker der Geographie einmal fragen, ob sie sich nicht eines Tages auch solchen Vorwürfen ausgesetzt sehen könnten.

---

1 G. Hard in: Bartels/Hard: Lotsenbuch für das Studium der Geographie als Lehrfach, 1974, S. 215
2 Historische Übersicht der Geographie-Entwicklung in Anlehnung an P. Schöller: Rückblick auf Ziele und Konzeptionen der Geographie; Geogr. Rundschau (G.R.) 2-77, S. 34-38
3 Beide Zitate nach W. Grotelüschen: „Heimatkunde im Verhältnis zur Erdkunde" in: J. Engel: Von der Erdkunde zur raumwissenschaftlichen Bildung, S. 25; Bad Heilbronn 1976
4 E. Neef: Das Gesicht der Erde, Ffm 1962, S. 684
5 H. Lerch/G. Kruck: Überlegungen zur Neuorientierung des Geographieunterrichts im berufsbildenden Schulwesen; in: Wirtschaft und Erziehung, 9-78, S. 251
6 vgl. dazu die ausführlichen Darlegungen von Bartels und anderen bei der Podiumsdiskussion auf dem Schulgeographentag 68 in Kassel; abgedruckt in GR 1-69, S. 26-33
7 W. Wöhlke in: GR 8-69, S. 308
8 E. Wirth: Das Grund- und Hauptstudium der Geographie an Universitäten; in: GR 11-75, S. 482

9 Verhandlungsband zum Dt. Geographentag 1957 in Würzburg; S. 549
10 GR 2-77; S. 37
11. Belegt in GR 1-69; S. 32
12 in: GR 2-77; S. 37
13 E. Otremba: Wirtschaftsgeographie an berufsbildenden Schulen; GR Beiheft 3, 8-74; S. 1
14 Otremba 1974, a.a.O., S. 3
15 Otremba, S. 5
16 Otremba 1974, a.a.O., S.5
17 Otremba 1974, a.a.O., S. 1 u. 2
18 Schöller 1975, a.a.O., S. 34
19 Schöller 1975, a.a.O. S. 35 u. 36
20 Tagungsbericht in: GR 10-83, S. 384
21 vgl. dazu Verb. Dt. Schulgeographen in GR 8-75, S. 352
22 z.B. von L. Bauer: Thesen zum exemplarischen Unterricht, in: GR 1959, S. 305 und A. Schultze: Das exemplarische Prinzip im Rahmen der didaktischen Prinzipien des Erdkundeunterrichts; in: Die Deutsche Schule, 1959, S. 492
23 a.a.O., S. 350
24 GR 8-75, S. 366
25 A. Schultze: Neue Inhalte – Neue Methoden? – Operationalisierung des geographischen Unterrichts; in: J. Engel, Herausg.: Von der Erdkunde zur raumwissenschaftlichen Bildung; Bad Heilbrunn 1976, S. 223
26 A. Schultze: a.a.O., S. 225
27 Daß es so noch kein geeignetes Unterrichtsthema ist, braucht hier nicht diskutiert zu werden.
28 GR 1-69, S. 30
29 H. Knübel: Thesen zur Geographie in der Grundschule; GR 1-77, S. 25
30 a.a.O., S. 252
31 Verordnung über die erste Staatsprüfung für das Lehramt an berufsbildenden Schulen – Handelslehramt – vom 31. Juli 1973, Studienrichtung II, MBI Schul 1973, S. 85-94
32 Vgl. dazu auch Engelhardt/Heinritz/Wirth: in GR 11-75, S. 486 (Lehrveranstaltungen des Grundstudiums).
33 E. Wirth: a.a.O., GR 11-75, S. 480
34 in: GR 10-78, S. 399
35 Verhandlungsband zum Dt. Geographentag in Würzburg 1957, S. 551
36 E. Wirth: Gedanken zur Zukunft der Geographie (2. Teil) in: GR 12-77, S. 426

Henriëtte Verduin-Muller, Utrecht

Das Partizipations-Projekt Randstad-2, entwickelt am Utrechter Curriculum-Modell

Einleitung

Das Partizipationsprojekt Randstad-2, im folgenden als PPR-2 bezeichnet, ist ein geographisches Informationspaket über Raumgestaltung, Raumnutzung, Raumordnung und Bürgerbeteiligung bei der Lösung räumlicher Probleme. Die gesamte Materie soll am Beispiel der Randstad Holland und ihres grünen Herzens erläutert werden. Die Randstad Holland, im weiteren Verlauf dieses Beitrages als „Randstad" bezeichnet, ist der fast geschlossene Gürtel von Städten rund um das „Grüne Herz" in den westlichen Niederlanden, also der Bereich, der traditionell Holland genannt wird.

Beim PPR-2 handelt es sich um ein Projekt der „Geographie für Edukation", einer Abteilung innerhalb des Geographischen Instituts der Reichsuniversität Utrecht. Wenn wir auch im deutschen dem Namen „Geographie für Edukation" den Vorzug vor dem fast gleichzusetzenden Begriff „Geographie für Erziehung" geben, so liegt das in den Eigenheiten der niederländischen Sprache begründet. Hier sind innerhalb des Begriffes „Geografie voor educatie" sowohl die unter Schulerziehung zu fassenden Bereiche als auch die hierüber hinausgehenden wie Erwachsenenbildung oder informelle Edukation, z.B. Auskünfte über räumliche Probleme, Bildungstourismus usw., eingeschlossen.

Überdies und das ist für ein kleines Land nicht ganz unwichtig, ist der Begriff „Geografie voor educatie" international leichter erkennbar. Doch zurück zum PPR-2.

Zielgruppe des PPR-2 ist – und hier haben wir schon einige Schwierigkeiten, zu einer vergleichbaren Schulform zu kommen – die „Niedere Berufsschule" in den Niederlanden, der sogenannte „Lager Beroepsonderwijs", eine Schulform, die direkt auf die Ausbildung der 6-klassigen Primarstufe folgt und über ein breites Spektrum an Fächern verfügt. Der Fächerkanon erstreckt sich über den technischen Bereich, einfachen Verwaltungsdienst und Hauswirtschaft. Dabei ist seit den 50er Jahren in den Berufsschulen der Anteil der allgemeinbildenden Fächer zu Lasten der konkreten Berufsvorbereitung immer mehr in den Vordergrund gerückt worden, insbesondere die Gesellschaftswissenschaften und die Sprachen haben an Boden gewonnen.

Entstehung des PPR-2

Woher stammt nun das PPR-2, und wenn es ein PPR-1, worauf ja die 2 beim PPR-2 schon hindeutet, gibt, oder zumindest gegeben hat, was haben dann diese beiden Projekte miteinander zu tun?
Beim PPR-1 handelte es sich um ein Bürgerbeteiligungsprojekt im Rahmen des Regional-Plans Süd-Holland Ost, also eines Teils der niederländischen Provinz Süd-Holland. PPR-1 war ein Wissenschaftliches Projekt der Abteilung „Geographie für Edukation" und wurde unter der Leitung von Drs. Hein Hoitink und Fräulein Drs. Godelief Verschuren durchgeführt. Ziel dieser Untersuchung war es, Aussagekraft und Informationsgehalt spezieller für diesen Zweck angefertigter sozial-geographischer Informationen bei Anhörungsverfahren des Regionalplans für Süd-Holland Ost zu überprüfen. Später wurde auf Initiative der Behörden in Den Haag dieses Vorhaben auch auf die Regionalplanung in Süd-Holland West ausgedehnt.

Als Ergebnis dieser Untersuchungen war festzuhalten, daß derartige geographische Informationen für die an den Anhörungsverfahren Beteiligten sowohl behördlicherseits als auch bürgerseits aus den verschiedensten Gründen sehr geschätzt wurden. Als Zusammenfassung ließe sich in etwa sagen, daß die Verständigungsebenen wechselseitig besser wurden, da beide betroffenen Parteien mit Hilfe der Information begannen, für die wesentlichen Probleme räumlicher Art im gestellten gesellschaftlichen Rahmen mehr Verständnis aufzubringen und sich ebenfalls ein größeres wechselseitiges Mitspracherecht einzuräumen. Aus diesen Ergebnissen leitete sich die Frage ab, ob derartige Probleme der Mitsprache in räumlichen Prozessen als eine Art „Raum-

---

Für die Unterstützung bei der deutschsprachigen Schlußfassung bedanke ich mich bei Herrn Dr. phil. Michael Gamm, Institut für Geographie und ihre Didaktik, RWTH, Aachen.

und Mitsprache-Bildung" nicht in das Schulcurriculum hineingehörten? Dies schien uns insbesondere dort sehr wichtig, wo die Soziale bzw. Anthropogeographie im Curriculum keinen oder zumindest einen sehr beschränkten Stellenwert hat und somit also die Behandlung derartiger Raum- und Mitsprache-Probleme wenig berücksichtigt wird oder ggf. ganz vernachlässigt werden muß; dies trifft in den Niederlanden besonders auf die Berufsschule zu.

Als sich dann die „Stiftung Curriculum Entwicklung" in Enschede im Frühjahr 1977 bereiterklärte, die Entwicklung und Verwirklichung von geographischen Curriculum-Materialien für Berufsschulen nach dem beim „Geographie für Edukation" entwickelten Modell für geographische Informationsfelder mitzufinanzieren, (d.h. nebst der Universität Utrecht) war PPR-2 als Untersuchungsprojekt gesichert.

So wurden innerhalb dieses zweiten Untersuchungsprojektes sowohl für den Unterricht relevante Materialien entwickelt als auch versucht, die Erkenntnisse, die man nach Abschluß des PPR-1 Projektes gewonnen hatte, umzusetzen und somit auch auf theoretischer Basis das Modell zu verfeinern.

PPR-2 ist ein Projekt, das lediglich von wissenschaftlichen Mitarbeitern des Hauses durchgeführt wird, Studenten sind nicht beteiligt; als Wissenschaftler wirken Drs. Hein Hointink, Drs. Rob van der Vaart, Frau Dr. Henriëtte Verduin-Muller und Fräulein Drs. Godelief Verschuren mit. Den Wissenschaftlern wurde von der Stiftung Curriculum-Entwicklung eine Begleitungskommission zur Seite gestellt, die von Unterrichtspraktikern und Fachwissenschaftlern der Geographie gebildet wurde, darunter befand sich u.a. Prof. Dr. Marc de Smidt, Ordinarius für Soziale Geographie des Geographischen Instituts der Rijksuniversität Utrecht. Das Projekt wurde effektiv am 1.9.1977 gestartet; abgeschlossen im Herbst 1980 mit einem Symposium im Geographischen Institut in Utrecht. Auf dieser Veranstaltung wurden Ergebnisse und Entwicklungsprozesse aus dem PPR-2 diskutiert. Aus dem Bereich der Geographischen Curriculumplaner und der Fachlehrer Geographie waren etwa 50 Teilnehmer eingeladen.

Abb. 1

a conceptual model for the processing of geographical information for education

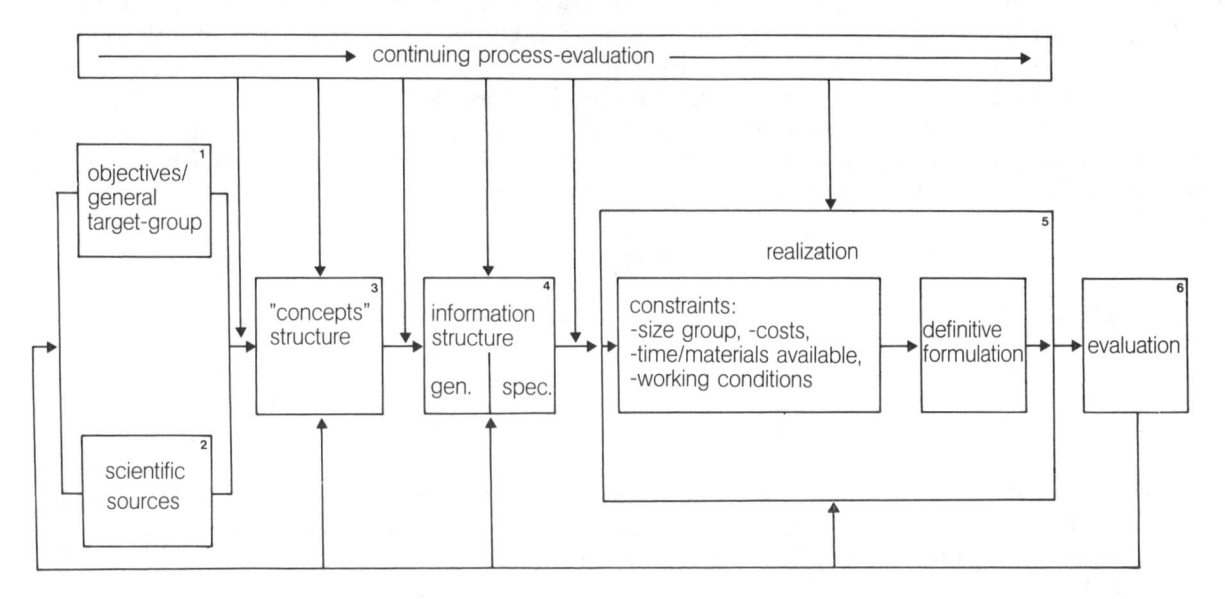

Zum methodischen Vorgehen

Als methodische Basis wurde bei Entwicklung und Verwirklichung des PPR-2 ein von der Abteilung entwickeltes Konzeptionsmodell für informatives geographisches Handeln angewandt (vgl. Abb. 1). Ausgangspunkt für die Entwicklung dieses Modells war die Annahme der sich ändernden Aufgaben der Erziehung im Rahmen der nachindustriellen Gesellschaft und die damit verbundenen Aufgaben einer Alltagsgeographie im Sinne der Existenzerhellung. Im Rahmen dieser Entwicklung ist davon auszugehen, daß die Nachfrage nach individuellem Informationsmaterial stark steigen wird, stehen doch Entwicklungen, wie ein Mehr an Freizeit, umfangreichere Erwachsenenbildung, intensivere Kommunikationseinflüsse, sei es gedruckt, sei es elektronisch, ins Haus – oder auf einem abstrakteren Niveau angesiedelt: ein anders akzentuierter und strukturierter Schulunterricht, eine starke Erweiterung der informellen Bildungs- und Erziehungsebenen, eine starke

Erweiterung der Fortbildung, und schließlich, sicherlich auch sehr wichtig, eine zunehmende interne gesellschaftliche Demokratisierung durch eine intensivere, individuelle Informationsversorgung. Wollen die heutigen Schulfächer im Rahmen einer derartigen Entwicklung der Nachfrage entgegenkommen und gerecht werden, so müssen entsprechende neue und neuartige Materialien und Programme entwickelt werden. Dazu bedarf es als allererstes eines Modells, nach dem vorzugehen wäre.

Im Jahre 1974 wurde im Utrechter Geographischen Institut die Entwicklung eines solchen Modells für die Geographie angegangen. Dies geschah in Zusammenarbeit mit Doktoral-Studenten, in etwa gleichzusetzen mit den Examenskandidaten für die Sekundarstufe II und Diplomanden der Fachrichtung Geographie für Edukation in einem Projektseminar.

Der systemtheoretische Ansatz wurde aus der sogenannten „Black-Box Näherung" übernommen. Erste Themen zu dieser Vorgehensweise wurden formuliert (September 1976, IGU-Kongreß, Moskau, Sektion „Geography for Education"). Die sich daran anschließenden weiterführenden Untersuchungen kristallisierten ein konzeptuelles Modell heraus (London 1978, IGU-Symposium der Sektion „Geography for Education"). Nach etwa 25 verschiedenen Untersuchungsschritten in Projektform ausgeführt sind wir jetzt dabei, das zukünftige Arbeitsfeld und Wissenschaftsgebiet der „Geographie für Edukation" als System zu beschreiben, zu erklären und inhaltlich zu erläutern.

Beim PPR-2 wurde das so entwickelte Modell zweimal durchlaufen. Eine Auswertung von Output 1 (im Rahmen des Systemdenkens benützen wir den Begriff Output) hat uns so wichtige Hinweise gegeben, daß ein zweiter Output, also eine Revidierung von Output 1 nötig erschien. Ob in einigen Jahren noch einmal ein dritter Output vorgenommen wird, ist jetzt noch nicht absehbar, da dies von einigen noch nicht abschätzbaren Randbedingungen abhängig ist.

Lassen Sie mich jetzt, soweit die Kürze der Zeit dies erlaubt, Ihnen Modell und Elemente des Modells erläutern. Dies geschieht am Beispiel der Arbeit im PPR-2, wobei ich mich auf den ersten Modelldurchgang beschränke. Nur dort, wo es relevant ist, erfolgen Querverweise zum zweiten Modelldurchgang, dem Output 2. Innerhalb des Modells sehen wir jedes Element als Ganzes an. Um möglichst intensiv vom Modell profitieren zu können, muß prinzipiell innerhalb jedes Elementes das gesamte Modell durchgespielt werden. Wo es zusätzlich erforderlich ist, können dann über die bisherige Modellanalyse hinaus die einzelnen Elemente weiter ausgearbeitet werden. Für eine derartig vertiefende Modellanalyse fehlt uns jedoch hier Zeit und Gelegenheit. Wir beschränken uns somit auf die Elemente als Ganzes innerhalb des Modells, referieren jedoch im untenstehenden ein einziges Mal dieses methodische Modell auch innerhalb der Modell-Elemente-Konstruktion.

Zum Aufbau der Elemente innerhalb des Modells verweise ich noch einmal auf Abb. 1.

1. Element:
– Bedürfnisse, Zielsetzung, Zielgruppe

Bedürfnisse und Zielsetzungen wurden, wie schon gesagt, aus den Erfahrungen von PPR-1 übernommen. Eine Frage von Bildung und Erziehung sind, unserer Auffassung nach, Kenntnisse und Verständnis zur Raumgestaltung, Raumnutzung, Raumprobleme und die inhärente Mitsprache als Instrument in einem demokratischen Staatswesen.

Die Zielgruppe: Berufsschüler, ± 15 Jahre alt; in diesem Element wird nur die Zielgruppe als Kategorie angegeben.

2. Element
– Wissenschaftliche Quellen:

Literatur zur Raumplanung und demokratischer Durchführung der Planungsvorhaben ebenso zugrunde wie Literatur und Untersuchungsergebnisse über sozialgeographische Fragen aus dem Randstad-Bereich. Außerdem wurden zeitweise Randstad-Experten aus dem Geographischen Institut in die fachwissenschaftlichen Überlegungen mit einbezogen.

3. Element
— Die Konzeptionsstruktur (= Begriffsstruktur)

Die Konzeptionsstruktur hat uns viel Kopfzerbrechen bereitet. Sie ist eines der schwierigsten Elemente im gesamten Modell. Dies läßt sich aus jeder Untersuchung heraus aufzeigen. Beim PPR-2 hat es drei verschiedene Generationen derartiger Konzeptionsansätze gegeben, teilweise sehr komplizierte teilweise relativ einfache Ansätze. Die Abb. 2 zeigt Ihnen die endgültige Struktur. Erfreulich war dabei, daß bei der Revidierung von Output 1, also im zweiten Durchgang des Modells, die ursprünglich gewählte Konzeption aufrecht erhalten werden konnte.

Abb. 2 **Letzte Version der Begriffsstruktur des Partizipationsprojektes Randstad**

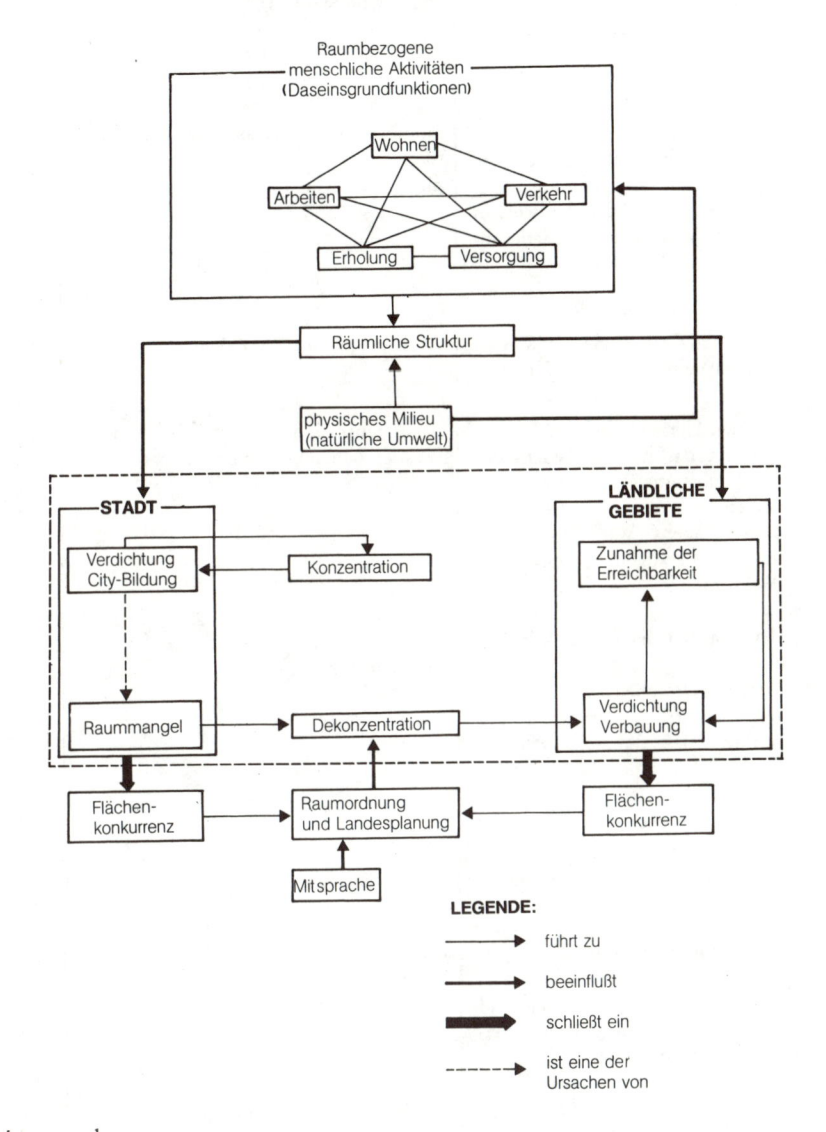

LEGENDE:
- führt zu
- beeinflußt
- schließt ein
- ist eine der Ursachen von

4. Element
— Die Informationsstruktur

Zunächst ist hier auf die globale Informationsstruktur einzugehen (vgl. Abb. 3). Problematisch war dabei, daß die intellektuelle Kapazität der Berufsschüler nicht bekannt war. Ein zusätzliches Problem ergab sich daraus, daß gerade Berufsschüler des häufigeren eine sehr heterogene intelektuelle Gruppe zu bilden scheinen. Außerdem gibt es über Berufsschüler und Berufsschul-Unterricht zumindest in den Niederlanden nur sehr wenige Untersuchungen. Und zu guter Letzt kam hier auch noch eine ganz neue Art von Geographie auf die Berufsschüler zu. Somit kann es auch nicht verwundern, daß bei der Revision von Output 1 Stoffe umgruppiert und teilweise ersetzt worden sind — so wurde die Zahl der einzelnen Unterrichtsabschnitte von 8 auf 5 herabgesetzt, ohne jedoch dabei inhaltliche Kürzungen vorzunehmen.

Globale Informationsstruktur des Medienpaketes „Grondig Meedenken"

Kapitel, Titel und knappe Inhaltsangabe	Bezugselemente der Begriffsstruktur	Anzahl der Unterrichtsstunden
1 **Die Bodenbenutzung** Die raumbezogene Daseinsgrundfunktionen: Wohnen, Arbeiten, Versorgung, Erholung, Verkehrsteilnahme; Verallgemeinerung: Fünf Arten der Bodennutzung. Fast der gesamte Boden der Niederlande wird durch den Menschen genutzt.	Raumbezogene menschliche Aktivitäten (Daseinsgrundfunktionen)	5
2 **Die Planung der Bodennutzung** Zusammenhang zwischen den verschiedenen Arten der Bodennutzung auf Mikroniveau (Gemeinde) und Makroniveau (IJsselmeerpolder).	Räumliche Struktur	5
3 **Bodennutzung und natürliche Umwelt** Der Begriff „natürliche Umwelt"; Faktoren, die die natürliche Umwelt beeinflussen; der Zusammenhang zwischen Bodennutzung und natürlicher Umwelt in historischer Sicht; Beispiele: Geldersche Flußniederungen und Plan für den Vorhafen IJmuiden	raumbezogene menschliche Aktivitäten; physisches Milieu	6
4 **Die „Randstad" und das „Grüne Herz"** Die Begriffe „Randstad" und „Grünes Herz"; Wachstum der Randstadt; Merkmale des Grünen Herzens	Daseinsgrundfunktionen; räumliche Struktur; physisches Milieu	4
5 **Veränderungen im „Grünen Herzen", Beispiel Vianen** Vianen historisch gesehen; das heutige Wachstum Vianens; Folgen dieses Wachstums (Verbauung, Veränderung des sozialen Gemeindelebens; Verdichtung), Ursache des Wachstums Vianens (Wohnungsmarkt; Autobesitz; Erreichbarkeit); Verallgemeinerung: Verbauung des Grünen Herzens?	Dekonzentration; Verdichtung/Verbauung; Zunahme der Erreichbarkeit	6
6 **Veränderungen in den Städten der Randstad: Beispiel Utrecht** Der Raummangel in Utrecht; Ursachen des Raummangels (Rückgang der durchschnittlichen Familien- und Haushaltsgröße; Zunahme des durchschnittlichen Raumbedarfs je Wohnung). Folgen des Raummangels (Dekonzentration); die City von Utrecht: Merkmale und historische Sichtweise; Ursachen und Folgen der City-Bildung. Verallgemeinerung: Raummangel und City-Bildung in allen großen Städten der Randstad?	Konzentration; Verdichtung; City-Bildung; Raummangel	
7 **Erreichbarkeit und Flächenkonkurrenz** (vorläufiger Titel): Der Begriff Erreichbarkeit; Beziehung zwischen der Zunahme der Erreichbarkeit und der Flächenkonkurrenz. Beziehung zwischen der Flächenkonkurrenz und der Landesplanung.	Erreichbarkeit; Flächenkonkurrenz räumliche Ordnung	4
8 **Simulationsspiel** (endgültiger Titel noch nicht bekannt): Interessenkonflikte bei der Planung einer neuen Straße durch ein (fiktives) Dorf in den „Vijfheerenlanden"; Vertrautmachen mit dem Gebiet; Motive der verschiedenen Interessengruppen; Mitbestimmung und Raumordnung.	(hierin wirken alle Elemente und Beziehungen der Begriffsstruktur mit, besonders aber:) Mitsprache; Flächenkonkurrenz; Raumordnung	6

Abb. 3

Der zweite Teil der Informationsstruktur ist die präzise Informationsstruktur.
Hier wird in den einzelnen Teilabschnitten die inhaltliche Füllung einschließlich der erforderlichen Erklärungen und Medien vorgenommen. Die endgültige Formulierung erfolgt jedoch in der nächsten Phase des Modells. An dieser Stelle wollen wir kurz auf das methodische „Modell im Modell" eingehen. Was ist nun für den Untersuchenden bzw. für die Untersuchung so wichtig, daß das ganze Modell in den einzelnen Phasen durchlaufen wird, also Bedürfnisse, Zielsetzung und Zielgruppe, wissenschaftliche Quellen, Konzeptionsstruktur usw.
Im ersten Element kann so der Untersuchende im richtigen Augenblick seine ganze Aufmerksamkeit auf die Zielgruppe richten, das charakteristische der Zielgruppe kommt zur Geltung. Was die wissenschaftlichen Quellen angeht, können Studien über Curriculumpakete zur Raumordnung und zur Mitsprache in derartigen Raumordnungsprojekten für das Berufsschulniveau, soweit sie überhaupt bestehen, berücksichtigt werden. Die vorzunehmenden Untersuchungen betreffen Analysen für Aufbau und Formgebung derjenigen Pakete, die erstellt werden sollen. Es geht also somit um die präzise Informationsstruktur. Dabei ist nicht auszuschließen, daß es bereits für das entsprechende Niveau eine derartige präzise Informationsstruktur gibt und auch veröffentlicht ist, so daß dem Untersuchenden ein Vergleich zwischen Soll- und Ist-Niveau offen steht. Leider kommt in der Praxis ein derartiges methodisches Vorgehen, das einen Sollzustand vorhandener Informationsstrukturen berücksichtigen kann, kaum vor. Wissenschaftstheoretisch kann die Projektion des Modells in den einzelnen Elementen sich so lange wiederholen, bis sie für die Untersuchung nicht mehr von Nutzen ist. Soweit die Modell-in-Modell Projektion und nun zurück zur Modellanalyse.

5. Element
– Das Realisierungselement

Während der Realisierungsphase kann man auf allerlei Durchführungsschwierigkeiten stoßen. Dann besteht durchaus die Gefahr, daß man sich nur noch begrenzt oder ggf. auch gar nicht mehr um die präzise Informationsstruktur kümmert. Um dann nicht ins Blaue hineinzuarbeiten, muß man sich daher von vornherein exakt an die präzise Informationsstruktur halten.

Innerhalb des Modells handelt es sich beim Realisierungselement um einen Komplex, der aus einer Sammlung von Teilelementen besteht, die beim PPR-2 alle innerhalb des Geographischen Instituts entwickelt werden konnten. Dies versetzte die Forschungsgruppe in die Lage, definitiven Inhalt und Form des Inhalts ständig zu überdenken. Dies erwies sich als sehr wichtig, denn des öfteren geriet ein fast fertiges Produkt aus dem Bereich der Initiatoren hinaus und wurde aus einer ganzen Reihe, meist gut gemeinter Gründe, sicherlich recht inhaltsreich aber geographisch nicht relevant, ergänzt oder verändert. Einmal vom Kostenaspekt abgesehen erweist sich ein derartiges Vorgehen in der Regel als schädlich für den Inhalt eines fachwissenschaftlich und fachdidaktisch ausgerichteten Informationspaketes.

Bei der Überarbeitung von Output 1 wurde beim Realisierungselement insbesondere darauf geachtet, die Kontinuität des Schwierigkeitsgrades in den einzelnen Kapiteln beizubehalten. Bei der Erprobung stellte sich allerdings heraus, daß der Schwierigkeitsgrad nicht immer der Zielgruppe entsprach. Vielleicht lag der Hauptgrund dafür in der Tatsache begründet, daß in der Berufsschule jeder Umgang und jede Erfahrung mit einer solchen „neuen" Geographie im Stoff und Lehrplan bislang völlig fehlte. Denn was ist in diesem Zusammenhang für einen Berufsschüler schwierig und was kann überhaupt als inhaltlich bekannt vorausgesetzt werden?

6. Element
– Die Erprobungsphase

In dieser Phase des Modells wird überprüft, ob im Rahmen der Zielsetzungen die geographischen Inhalte auf einem anspruchsvollen Niveau verwirklicht worden sind.

Der unmittelbare didaktische Aspekt, also die Benutzung und Verwendung in der konkreten Lehr- und Lernsituation vor Ort muß dem Lehrer überlassen bleiben, denn die didaktische Organisation auf dem Mikroniveau ist ureigenes Feld des Lehrers und kann für die einzelne Situation nicht in einer derartigen Unterrichtsreihe mit berücksichtigt werden.

Inhaltsverzeichnis: ‚Gründlich Mitdenken'

Angabe der Haupt- und Unterkapitel	Seitenumfang	Ergänzende Medien
1. Nutzung von Grund und Boden ● Wozu benötigen wir Grund und Boden? ● Benötigen wir alle Grund und Boden? ● Abhängigkeiten bei der Nutzung von Grund und Boden ● Mitentscheiden! ● Die Inwertsetzung eines Polders	18	– Ton-Bildreihe – Wandkarte der Niederlande
2. Die Randstad und ihr Grünes Herz ● Kennenlernen der Randstad und ihres Grünen Herzens ● Die Entstehung der westlichen Niederlande: physisch-geographische Aspekte ● Die Entstehung der westlichen Niederlande: die Aktivitäten des Menschen ● Bauen auf Moorboden ● Das Heranwachsen der Randstad	26	– Foliensatz mit Decktransparenten – Dia-Reihe (optimal)
3. Veränderungen in den Großstädten der Randstad, Beispiel: Utrecht ● Weniger Menschen in den großen Städten ● Weniger Menschen pro Wohneinheit ● Weniger Wohnraum durch Verdrängung ● Weniger Wohnraum durch Stadterneuerung ● Kann Utrecht noch größer werden?	22	– Dia-Reihe (6): Utrecht – Stadtplan: Utrecht – Topographische Karten 1 : 50 000 nr.: 38 Ost, 31 Ost, 32 West, 39 West als Sammelkarte
4. Veränderungen im Grünen Herzen, Beispiel: Vianen ● Vianen wächst schnell ● Versteinerung und Verdrängung ● Was halten die Menschen vom Wachstum Vianens? ● Warum ist Vianen gerade nach 1960 so gewachsen? ● Versteinert das Grüne Herz?	18	– Tonband (Interview) – Dia-Reihe (6): Vianen – Topographische Karten als Sammelkarte (siehe 3)
5. Raumordnung und Bürgerbeteiligung ● Vier neue Begriffe ● Raumkonkurrenz in Süd-Holland Ost ● Die Pläne der Behörden für Randstad und Grünes Herz ● Süd-Holland West ● Gründlich Mitdenken: ein Planspiel	18	– Ton-Bildreihe: Raumkonkurrenz in Süd-Holland Ost – Wandkarte: Regionalplan von Süd-Holland West – Planspielunterlagen

Zu jedem Kapitel gehören Arbeitsblätter und Arbeitsaufgaben

Abb. 4

Das Paket wurde an drei Berufsschulen experimentell überprüft: In Utrecht (Verwaltungsberufsschule), Tiel (Technische Berufsschule) und Gorinchem (Haushaltsschule). In jeder Schule waren mindestens 2 Klassen von ± 20 Schülern an der Untersuchung beteiligt.

Zu jedem Kapitel gehörten Arbeitsblätter und Arbeitsaufgaben. Zum Schluß folgte noch eine Abschlußüberprüfung. Oberstes Lernziel war grundsätzlich die Überprüfung, ob das Gelernte auch in anderen Situationen im Transfer verwertet werden konnte. Sehen wir es in der Bloomschen Hierarchie, so handelt es sich um ein Ziel, das an einer hohen Stelle einzuordnen ist.

Lassen Sie mich in diesem Zusammenhang eine kurze Anmerkung zur Zusammenarbeit mit den beteiligten Lehrern machen. Während des Entwicklungsprozesses des PPR-2 haben laufend und von allen Beteiligten als positiv empfundene Gespräche stattgefunden, insbesondere auch mit jenen Berufsschullehrern, welche an der ständigen Erprobung beteiligt waren. Leider hat auf beiden Seiten Zeitdruck verhindert, noch intensiver zusammenzuarbeiten. Die Forschungsgruppe hatte stets Gelegenheit, den Stunden, in denen die geographischen Informationen in der Klasse behandelt wurden, beizuwohnen. Am Ende dieser Stunde konnte sich auch der einzelne Forscher über die Inhalte mit Lehrern und Schülern unterhalten.

Der curriculare Output des Projekts: „Gründlich mitdenken"

Es ist im Rahmen dieses Referates nicht möglich, das ganze Paket, wie es nun in niederländischer Sprache vorliegt, zu analysieren. Ebenso wenig ist es möglich, den gesamten Entwicklungsprozeß methodisch durchzugehen: schließlich hat die Gruppe drei Jahre, zwar nicht ständig, aber doch sehr regelmäßig an diesem Vorhaben gearbeitet; auch hat es häufige Beratungen mit der begleitenden Kommission gegeben. Was den methodischen Vorgang anbelangt, haben wir uns damit bei der Modellerläuterung beschäftigt. Bei der nun folgenden Analyse des Paketes wollen wir die Charakteristika des Inhalts und der Form in den Vordergrund stellen. Dazu gehört eine genaue Kapitelangabe inklusive der eingesetzten Medien, eine Übersicht zu Arbeitsblättern und Lehrerhandreichungen und Hinweise auf potentielle Benutzer des Paketes.

Zunächst aber ein Wort zum Namen des Outputs vom PPR-2. Es trägt im niederländischen den Titel „Grondig meedenken". Übersetzt auf deutsch heißt dies „Gründlich mitdenken", aber auch „Räumlich mitdenken", denn „Grondig" ist im niederländischen doppeldeutig. Es bedeutet sowohl „gut" und „gründlich" aber auch „gründlich" im Sinne von „Grund", „Boden" oder „Raum". Ohne dieses Wortspiel im deutschen weiter aufgreifen zu können, werden wir im folgenden den Begriff „gründlich mitdenken" benutzen.

Doch nun zu den Charakteristika des Inhalts und der Form, wie in Abb. 4 aufgeführt, zunächst soweit diese den Inhalt betreffen.

Für den Inhalt von „Gründlich mitdenken" sind drei Faktoren maßgebend:
1. Der Mensch als Gestalter seiner Umwelt im Rahmen der Daseinsgrundfunktionen.
2. Raumplanung als Spiegelbild geographisch-relevanter Gruppeninteressen.
3. Zu diesen beiden allgemeingeographischen Aspekten tritt der regionale Bezug – die Randstad Holland und das „Grüne Herz"; denn auf diese Region bezogen sollen die individuellen und gesellschaftlichen Aktivitäten räumliche Ausgestaltung erfahren. Lösungen und Kompromisse bei der Planung dieser raumwirksamen Aktivitäten werden vorgestellt.

Auf die formale Vermittlung des Inhalts von „Gründlich mitdenken" bezogen, können wir ebenfalls drei Einheiten differenzieren.
1. Der Inhalt wird möglichst in verschiedenen Medien erfaßt: d.h. Wort, Karte, Grafik, Bild (sei es Photos, Skizzen, oder Dia-Serien), Interview oder Tonbildreihen bilden je nach Bedarf die inhaltliche Einheit. Dabei sollen sich die einzelnen Medien gegenseitig ergänzen, nicht das eine das andere ersetzen.
2. Prinzipiell wird nach dem sogenannten „Entdeckenden Lernen" vorgegangen; als erstes wäre in diesem Zusammenhang das Planspiel in Kapitel 5 zu nennen, eigentlich wurde jedoch dieses Vorgehen nach dem „Entdeckenden Lernen" im ganzen Paket praktiziert.
3. Die aktuelle Zielkonfliktsituation der Raumnutzung – dichtbesiedelte Region der Randstad auf der einen und das relativ leere „Grüne Herz" auf der anderen Seite – konnten in hohem Maße innerhalb der aktuellen Diskussion als zusätzliche Motivation und Parameter für räumliche Probleme herangezogen werden.

Was Arbeitsblätter und Lehrerhandreichungen anbelangt, müssen wir uns kurz fassen und können es in diesem Rahmen auch. Im Output von „Gründlich mitdenken" gibt es 11 einzelne Arbeitsblätter, alle diese Blätter enthalten Karten und Schemata. Die Arbeitsaufgaben sind innerhalb der Kapitel angegeben. Weitere Fragen und auch Anregungen zu vertiefenden Aufgaben stehen in den Lehrerhandreichungen. Aufgrund der sehr unterschiedlich ausgelegten Startkompetenz sowohl bei Lehrern wie bei Schülern und um dem Lehrer alle Freiheit zu geben, hat die Untersuchungsgruppe auch aufgrund der Erfahrung aus Output 1 diesen Weg gewählt.

Das Lehrerhandbuch enthält ebenfalls Informationen über den methodischen Aufbau und das Entstehen von „Gründlich mitdenken". Hinzu kommt eine ausführliche didaktische und methodische Analyse der einzelnen Kapitel und Abschnitte, die Lösung der Aufgaben, zusätzliche geographische Hintergrundinformationen und Anregungen zur vertiefenden Weiterarbeit.

– Mögliche Zielgruppen

Obwohl als Zielgruppe für PPR-2 zunächst Berufsschüler ins Auge gefaßt wurden, kann „Gründlich mitdenken" auch als Unterrichtsmittel in der Hand des Berufsschullehrers gute Dienste leisten, ohne daß die Schüler diese Unterlagen zur Verfügung haben. Am günstigsten dürfte eine Kombination beider Möglichkeiten sein. Dies muß der Lehrer letztendlich von Fall zu Fall selbst entscheiden.

„Gründlich mitdenken", kann natürlich auch als reines Informationsmittel für jeden Lehrer verwendet werden. Es ist ja durchaus möglich, daß aus allerhand Gründen der Lehrer das besagte Paket in der vorgegebenen Fassung gar nicht verwenden kann und trotzdem in irgendeiner Weise die im Paket aufgewiesenen Informationen räumlicher Natur und die inhärente Mitsprachemöglichkeit bei der Lösung von Raumproblemen im Unterricht aufgreifen will.

Eine letzte Gruppe wären Interessierte aus anderen Bildungsbereichen. Wir denken hier an die Erwachsenenbildung, insbesondere in den Niederlanden, auch an die sogenannte „De Open School". Die „Offene Schule" beschäftigt sich mit Gruppen von Erwachsenen, die meistens nur am 6-jährigen Primarunterricht teilgenommen haben. Sie treffen sich zweimal einen halben Tag in der Woche zu einem weiterbildenden Kurs.

Darüber hinaus ist „Gründlich mitdenken" für jedermann käuflich zu erwerben, so daß jeder an dieser Thematik Interessierte sich mit Hilfe dieses Paketes informieren kann. Dieses ausgedehnte Spektrum möglicher Benutzer mag ein wenig verwundern. Doch wird die breite Verwendung dank der geographischen Inhalte und der Darlegung des Inhaltes ohne Schwierigkeiten möglich. Dies liegt im wesentlichen daran, daß das Material nicht auf irgendein ohnehin schwierig festzulegendes Berufsschülerniveau ausgelegt worden ist, sondern Informationen geliefert werden, die von Fall zu Fall aufzuarbeiten sind.

Raumkonkurrenz in Süd-Holland Ost

Abschließend möchte ich Ihnen die Tonbildreihe „Raumkonkurrenz Süd-Holland Ost" vorstellen, im Tagungsbericht wenigstens in einer Textfassung.

Wie wir bereits erwähnten, wird der Inhalt des Paketes von verschiedenen Medien begleitet. Eines davon, diese Reihe, stammt aus dem PPR-1, also aus dem Mitspracheprojekt zum Regionalplan Süd-Holland Ost. Im PPR-2 haben wir diese Tonbildreihe weiter verwendet, um den Berufsschülern möglichst realistisch Gelegenheit zu geben, sich in Mitspracheverfahren einzudenken. Zwischenzeitlich sind an dieser Ton-Bildreihe noch einige Ergänzungen vorgenommen.

Die aus diesem Projekt stammende Tonbildreihe wurde ins Deutsche übersetzt, – im übrigen besteht auch eine englische Version. Diese Reihe wird bereits seit einigen Jahren auch von Kollegen in den entsprechenden Ländern für didaktische Analysen innerhalb des Geographiestudiums und des Geographieunterrichtes benutzt.

Raumkonkurrenz in Süd-Holland Ost wurde im Jahre 1976 von der Abteilung „Geographie für Edukation", damals war der Name übrigens noch „Soziale Geographie für Unterricht und Informations-Übertragung" hergestellt. Die Serie besteht aus 43 Bildern und dauert 13 Minuten.

Wir bedanken uns bei Prof. Dr. Robert Geipel, Geographisches Institut der Techn. Universität München, und Dr. Martin Fürstenberg seinerzeit Mitarbeiter des Raumwissenschaftlichen Curriculum Forschungsprojektes München für die Korrekturen sprachlicher Art und für das Besprechen des Tonbandes. Die technische Mitarbeit wurde von Film und Bild in Wissenschaft und Unterricht (FWU), Grünwald/München und dem Onderwijs Media Instituut, Rijksuniversität Utrecht geleistet.

Geographisches Institut
Sozialgeographie für Unterricht und Informationsübertragung (seit Oktober 1978 Geographie für Edukation)
Rijksuniversiteit, Utrecht

Visuelle Information
(Dias)

"Raumkonkurrenz in Süd-Holland-Ost"   **Textliche Information**
(Ton-Band)

1. Titel des Programms —

2. Satellitenaufnahme des westlichen Teils der Niederlande
Der Westen der Niederlande ist eines der dichtest bevölkerten Gebiete Europas. Die Bevölkerung wohnt hier konzentriert wie in einer Großstadt. Dieses Gebiet ist unter dem Namen ‚Randstad Holland' bekannt. Auf dieser Satelliten-Aufnahme ist das Gebiet der Randstad schraffiert.

3. Karte der urbanen Flügel
Die Randstad hat zwei Flügel: den Nordflügel und den Südflügel. Im Nordflügel befinden sich unter anderem die Städte Haarlem, Amsterdam, Hilversum, Amersfoort und Utrecht. Zum Südflügel gehören Leiden, Den Haag, Rotterdam und Dordrecht.

4. Karte der städtischen Gebiete 1850
Vor etwa hundert Jahren gab es hier noch kein zusammengewachsenes städtisches Gebiet. Die Städte waren damals noch klein.

5. Karte der städtischen Gebiete 1900
Durch den Zuwachs an Bevölkerung und durch die ökonomische Entwicklung fingen die Städte etwa um 1900 an zu wachsen. Die Beschäftigungsmöglichkeit in den Städten zog Menschen vom Lande an.

6. Karte der städtischen Gebiete 1950
Um 1950 zeichnete sich die heutige Form der Randstad bereits ab. Die Städte erweiterten sich. Auch die dazwischen liegenden Gemeinden fingen an zu wachsen.

7. Karte der städtischen Gebiete Prognose 1980
Dieser Prozess der Verstädterung ist besonders seit dem Ende der fünfziger Jahre weitergegangen. Man erwartet, daß die Randstad um 1980 so aussieht.

8. Karten 4-7 kombiniert
So haben sich im letzten Jahrhundert einige relativ kleine Städte zu einem ringförmigen Verstädterungsgebiet entwickelt. Randstad bedeutet zu Deutsch Ringstadt.

9. Graphik der Bevölkerungsentwicklung der vier großen Städte	Seit den 60er Jahren nimmt die Einwohnerzahl der vier großen Städte langsam ab. Diese Abnahme wird durch das Wegziehen der Einwohner veranlaßt.
10. Alte Wohnungen, Amsterdam	Eine der Ursachen für den Wegzug der Einwohner ist die schlechte Qualität der Wohnungen in den alten Stadtvierteln. Der Komfort dieser Wohnungen ist nicht groß.
11. Groß-maßstäbliche Konstruktion, Amsterdam	Eine andere Ursache für den Auszug aus der Stadt ist der Verlust an Häusern. Viele Häuser müssen abgebrochen werden, weil sie baufällig sind. Auch findet ein Funktionswandel statt. Wohngebäude müssen Platz machen für die Anlage einer U-Bahn, den Bau von Verwaltungsgebäuden, öffentlichen Einrichtungen und Hotels.
12. Erneuerungsprojekt, Amsterdam	Anderswo werden alte Häuser abgebrochen und durch neue ersetzt. Die neuen Wohnungen sind größer als die alten, mit der Folge, daß jede Familie mehr Wohnraum bekommt. Auch werden sie weiter auseinander gebaut. Dadurch können weniger Menschen auf derselben Fläche wohnen. Eine große Zahl der Einwohner muß dadurch umziehen.
13. Wohnumgebung aus dem 19. Jahrhundert, Amsterdam	Der Mangel an Grün und das Fehlen der Möglichkeiten für Kinder, ohne Gefahr draußen spielen zu können, macht das Wohnen in der Stadt unangenehmer. Das bezieht sich besonders auf die Viertel aus dem 19. Jahrhundert.
14. Verkehrs-Durcheinander, Amsterdam	Schließlich wird auch der Erlebniswert der Stadt durch den lebhaften Verkehr vermindert. Der Verkehr verursacht Lärm- und Abgas-Belastungen. Die Sicherheit für Radfahrer und Fußgänger läßt viel zu wünschen übrig.
15. Neue Hochhausviertel, Utrecht	Viele Stadtbewohner ziehen infolge dieser Ursachen um. Sie lassen sich nieder in den neuen Hochhausvierteln am Rande der Stadt.
16. Karte der Umzugsrichtungen aus der Randstad hinaus	Andere Leute verlassen die großen Städte und ziehen in die Kleinstädte und Dörfer. Hierdurch beginnen die kleinen Kerne im grünen Herzen der Randstad zu wachsen. Auch in den Provinzen Nord-Holland, Gelderland und Nord-Brabant werden die kleinen Kerne auf dem flachen Land größer.
17. Einfamilienhäuser, Woubrugge	Einer der Vorteile des Wohnens im grünen Herzen ist das bequeme Einfamilienhaus, so wie hier in Woubrugge in Süd-Holland-Ost.
18. Grünanlagen, Woubrugge	Diese Häuser haben den Vorzug eines Gartens und sind von vielen Grünanlagen umgeben.
19. Spielraum, Woubrugge	Für die Kinder gibt es genügend Möglichkeiten, um sicher draußen zu spielen.
20. Lärmarme Straßen, Woubrugge	Es gibt wenig Verkehr und also auch wenig Lärm und Abgase.

21. Textliche Information über die Gründe der Abwanderung aus den Städten	Die Abwanderung aus der Stadt wurde durch die Hebung des Wohlstandes in den 60er Jahren möglich. Durch die Steigerung der Einkommen war es vielen Leuten möglich, ein Haus zu kaufen. Später konnte man durch Zunahme des Bestandes an Autos den Abstand zwischen Wohn- und Arbeitsort leicht überbrücken.
22. Reisezeit-Karte der Erreichbarkeit der wichtigsten Städte	Das „Grüne Herz" hat eine sehr gute Verkehrslage. Aus dem farbigen Gebiet auf dieser Karte kann man mit dem Wagen in weniger als 30 Minuten das Zentrum einer der vier großen Städte erreichen. Durch die Verbesserung der Straßen werden die Verbindungen immer schneller. Hierdurch nimmt der Umfang der weißen Gebiete weiter ab. Nur noch ein kleines Stück des „Grünen Herzens" ist weiß.
23. Textliche Informationen über Gruppen, die die Stadt verlassen	Besonders junge Familien mit Kindern und junge Menschen aus der Gruppe mit höheren Einkommen verlassen die Stadt. Die Älteren und die niedrigeren Einkommensgruppen bleiben zurück.
24. Historischer Stadtteil, Amsterdam	Daneben bleiben die Menschen mit den höchsten Einkommen immer mehr in der Stadt wohnen. Besonders die historischen Stadtteile sind beliebt. Oft besitzt diese Gruppe noch eine zweite Wohnung auf dem Lande.
25. Industrie im offen Mittengebiet	Auch Betriebe und Einrichtungen lassen sich im Gebiet der offenen Mitte nieder, weil es gut erreichbar ist und Grundstückspreise relativ niedrig sind.
26. Graphik der Bevölkerungszu- bzw. abnahme	Durch den Umzug der Stadtbewohner ins Gebiet der Mitte, nimmt die Bevölkerungszahl hier immer mehr zu. Das wird durch die rote Farbe gekennzeichnet. Im Städtering wird die Bevölkerungszunahme immer kleiner, was durch die blaue Farbe angezeigt wird. 1970 gab es bereits eine Bevölkerungsabnahme innerhalb des Städteringes.
27. Textliche Information; Übersicht „der Raumkonkurrenzkampf"	Mit dem Zuwachs der Bevölkerung in Süd-Holland-Ost nimmt der Druck auf den spärlichen Raum zu. Alle Formen der Raumnutzung beanspruchen Platz. Hierdurch entsteht ein Konkurrenzkampf zwischen den verschiedenen Formen der Raumnutzung, d.h. zwischen Wohnen, Arbeiten, dem Verkehr, der Landwirtschaft, der ungestörten Natur und der Erholung. Das Ganze wird noch durch die Tatsache kompliziert, daß die eine Form der Raumnutzung mit der anderen zusammenhängt. So ist Wohnen ohne Verkehr unmöglich.
28. Wohnungs-Entwicklung in Süd-Holland-Ost.	Das Wohnen. Immer mehr neue Wohnungen werden gebaut. Das kostet Raum; Raum der von der Landwirtschaft abgetreten werden muß.
29. Moderne Industrie-Betriebe in Süd-Holland-Ost	Das Arbeiten. Die neuen Betriebe, die sich in Süd-Holland-Ost niederlassen, sind meistens ebenerdig. Sie brauchen besonders viel Raum.

30. Straße, lebhafter Pendelverkehr, Süd-Holland-Ost

Die Kommunikation.
Auch die neuen oder verbreiterten Straßen für den lebhafen Pendelverkehr beanspruchen immer mehr Platz.

31. Landwirtschaft und Gartenbau, Süd-Holland-Ost

Die Landwirtschaft.
Die Landwirtschaft ist die älteste und wichtigste Form der Raumnutzung in Süd-Holland-Ost, sie muß aber immer mehr Grund abgeben.

32. Flußaue-Vegetation, Süd-Holland-Ost

Die ungestörte Natur.
Die ungestörte Natur ist in letzter Zeit immer mehr durch den Bau von neuen Wohnvierteln, die Anlage von Straßen und Industriegelände und die immer intensivere Erholungsfunktion in Bedrängnis gekommen.

33. Jachthafen, Süd-Holland-Ost

Die Erholungsfunktion.
Der Raumbedarf für Erholung wird immer größer. Neue Jachthäfen werden angelegt, die Seen werden intensiv genutzt, und die Sportanlagen wachsen in Anzahl und Umfang.

34. Diagramm der konkurrierenden Raumnutzungsformen

Alle diese Formen der Raumnutzung konkurrieren miteinander. Dadurch entsteht ein fast unentwirrbares Knäuel von Interessengegensätzen. Bis heute mußten die unteren drei immer gegenüber den obenen drei den Kürzeren ziehen. Es ist die Aufgabe der Regierung, alle diese Interessen gegeneinander abzuwägen und bei der Feststellung der Raumordnungspolitik zu entscheiden.

35. Textliche Information über die Prioritäten der Provinzbehörde

Ebenso wie die Regierung will auch die Provinzbehörde Süd-Holland-Ost das „Grüne Herz" offen halten. Das „Grüne Herz" muß grün bleiben.

36. Textliche Information über die wünschenswerten Entwicklungen

Die Provinzbehörde entscheidet sich also für die bedrohten Interessen des Milieus und der Landschaft, für die Landwirtschaft und die Erholungsfunktion.

37. Textliche Information über die Beschränkungen

Die Provinz will dem Zuwachs der Zahl der Wohnungen, des Gebrauchs der Autos und der Errichtung bestimmter Industrien Beschränkungen auferlegen. Gleichzeitig wird der Versorgungssektor entwickelt.

38. Der Planungsbericht

Aus diesem Grunde hat die Provinzbehörde eine Anzahl Möglichkeiten für die zukünftige räumliche Entwicklung von Süd-Holland-Ost untersuchen lassen. Aus der Untersuchung sind verschiedene Alternativen hervorgegangen. Sie sind in dem vorliegenden Bericht „Alternativen en Varianten" enthalten.

39. Karte, Alternative A-D

Die erste Alternative ist Alternative A-D. Hier wird dem heutigen Zuzug von Menschen aus dem Städtering nach Süd-Holland-Ost Halt geboten. Die kleinen Kerne dürfen nicht mehr an Einwohnerzahl zunehmen. Der natürliche Zuwachs der Bevölkerung muß deswegen in Alphen, Gouda und Gorkum aufgefangen werden. Mittelgroße Kerne wie Leerdam, Schoonhoven und Bodegraven dürfen wohl ihren eigenen Bevölkerungszuwachs aufnehmen. Daneben aber hat der Schutz von Natur und Landschaft große Priorität. Eine zweite Alternative ist Alternative F. Diese ist ungefär so wie Alternative A-D. Nur gibt es in F einige Wanderungsbewegungen aus Süd-Holland-West nach Gouda und Alphen.

Alternative A - D

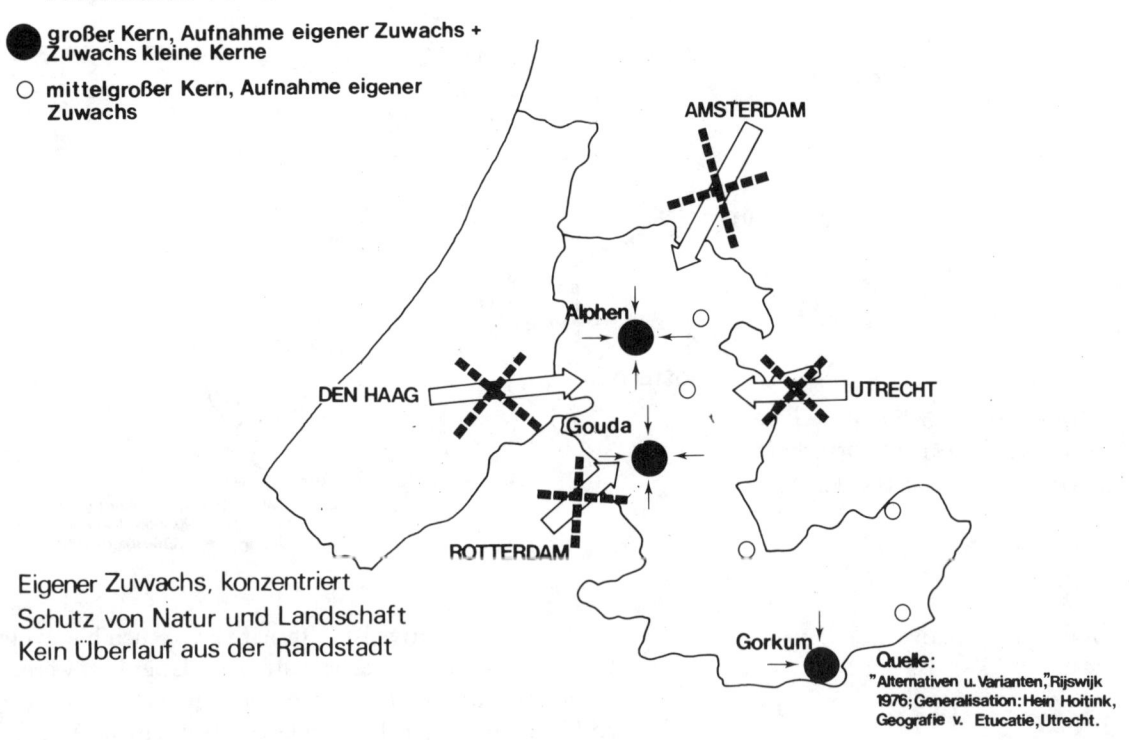

● großer Kern, Aufnahme eigener Zuwachs + Zuwachs kleine Kerne

○ mittelgroßer Kern, Aufnahme eigener Zuwachs

Eigener Zuwachs, konzentriert
Schutz von Natur und Landschaft
Kein Überlauf aus der Randstadt

Quelle:
"Alternativen u. Varianten," Rijswijk 1976; Generalisation: Hein Hoitink, Geografie v. Etucatie, Utrecht.

40. Karte, Alternative B-E

Dies ist Alternative B-E. Jede Gemeinde, groß oder klein, darf hier ihren eigenen Bevölkerungszuwachs behalten. Dadurch wird dieser Zuwachs ganz über Süd-Holland-Ost gestreut. Alphen, Gouda und Gorkum werden dadurch nicht so stark anwachsen wie in den Alternativen A-D und F. Auch hier werden die Wanderungsbewegungen aus dem Städtering gesteuert.

Alternative B-E

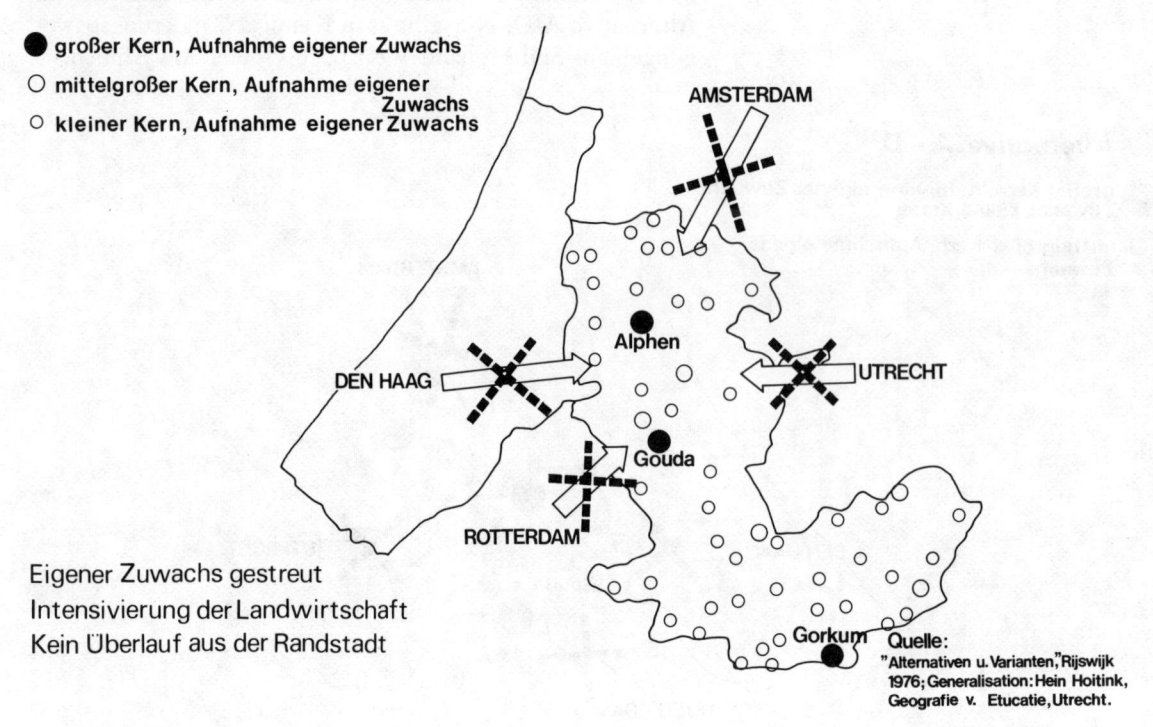

● großer Kern, Aufnahme eigener Zuwachs
○ mittelgroßer Kern, Aufnahme eigener Zuwachs
○ kleiner Kern, Aufnahme eigener Zuwachs

Eigener Zuwachs gestreut
Intensivierung der Landwirtschaft
Kein Überlauf aus der Randstadt

Quelle:
"Alternativen u. Varianten,"Rijswijk 1976; Generalisation: Hein Hoitink, Geografie v. Etucatie, Utrecht.

41. Karte, Alternative C.

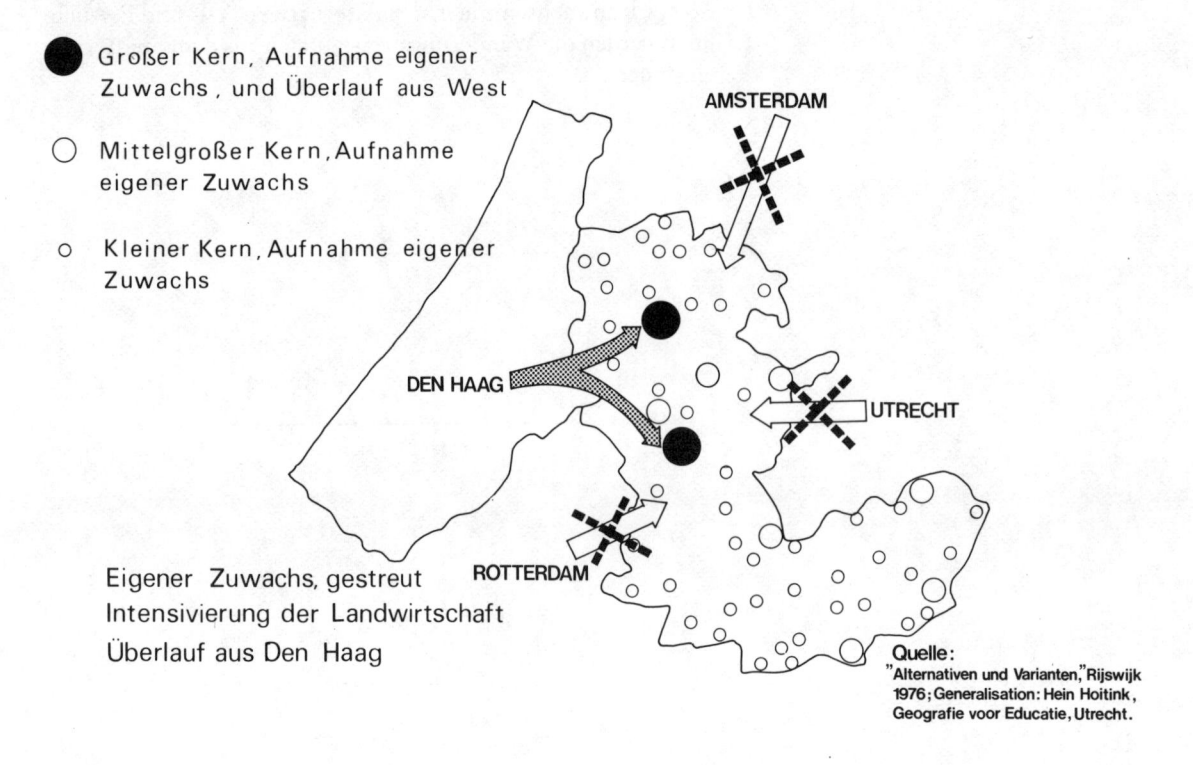

Die letzte Alternative ist Alternative C. Auch hier will man den Bevölkerungszuwachs aufteilen. Überdies werden in dieser Alternative Wanderungsbewegungen aus Süd-Holland-West gestattet. Diese müssen aber ganz in Alphen und Gouda aufgefangen werden. Beide Städte werden dadurch stark wachsen.

Alternative C

● Großer Kern, Aufnahme eigener Zuwachs, und Überlauf aus West

○ Mittelgroßer Kern, Aufnahme eigener Zuwachs

○ Kleiner Kern, Aufnahme eigener Zuwachs

Eigener Zuwachs, gestreut
Intensivierung der Landwirtschaft
Überlauf aus Den Haag

Quelle:
"Alternativen und Varianten," Rijswijk 1976; Generalisation: Hein Hoitink, Geografie voor Educatie, Utrecht.

42. Textliche Information; die gewählte Alternative wird Grundlage sein für den Raumordnungsplan	Aus den genannten Alternativen muß die Provinzbehörde eine auswählen. Bei dieser Wahl wird mit den Vorschlägen der Bürgerbeteiligung gerechnet. Die gewählte Alternative ist dann die Grundlage für den Raumordnungsplan für Süd-Holland-Ost.
43. Produktion des Programms	—

Utrecht, Februar 1977

Zusammenfassung

Fassen wir die bisherigen Kenntnisse noch einmal zusammen, so kann festgestellt werden, daß das Projekt PPR-2 in verschiedener Hinsicht äußerst wertvoll gewesen ist.

Erstens liegt nun das Curriculumpaket „Gründlich mitdenken" für den Geographieunterricht oder für die gesellschaftwissenschaftlichen Fächer in den Berufsschulen vor. Die Lehrer verfügen über ein zeitgemäß funktionell gestaltetes Material, was sich gleichzeitig als eine Art Beispielpaket für andere Aktivitäten auswirken kann. Aufgrund der spezifischen Inhalte kann es auch für andere Gruppen im weiten Bereich von Bildung und Erziehung oder Interessierte allgemein wertvoll sein, sich mit diesem Paket zu befassen.

Zum zweiten hat der an diesem Modell entwickelte methodische Ablauf eine noch größere Vertrautheit mit dem Modell als solchem und den einzelnen Elementen an sich ergeben. Eine Folge war eine vertiefte Einsicht in den methodischen Vorgang. Dieses hat zur Modellverfeinerung geführt und war weiterhin behilflich bei der Systemformulierung.

Eine exakte Beschreibung dieses prozessualen Ablaufs liegt noch nicht vor, daran wird aber von Drs. van der Vaart gearbeitet und die entsprechenden Ergebnisse werden unter Einbeziehung der vorliegenden Arbeitsprotokolle und aller Materialien, nicht nur der endgültigen, bald veröffentlicht werden. Ob es zusätzlich zur niederländischen auch eine deutsche Fassung geben wird steht noch nicht fest.

Zum dritten sollte man auch nicht vernachlässigen, daß man innerhalb der Forschergruppe durch die intensive Zusammenarbeit auch einen zwischenmenschlichen Vorteil erlangen konnte. Man lernte einander gründlicher kennen und die positiven menschlichen und sozialen Fähigkeiten sowie die intellektuellen Kapazitäten konnten so besser in dieses Projekt eingebracht werden und bei den immer auftretenden inhärenten negativen Aspekten konnte man einander auffangen.

Eugen Ernst, Neu-Anspach/Gießen

Schülerexkursionen in Museen, dargestellt am Beispiel des Freilichtmuseums Hessenpark

„Schülerexkursionen in Museen": — dies ist nur ein kleiner Teilaspekt unserer groß angelegten Tagung. Doch ist er in den letzten Jahren unversehens im pädagogischen Raum viel stärker zur Geltung gekommen, als es früher der Fall war. Aber es kann ja wohl nicht darauf ankommen, nur etwas darzustellen, was pädagogisch „in" ist, sondern es ist zu fragen, ob und wie Museen und Schulen diesen Trend zu einem außerschulischen Lernort didaktisch sinnvoll zu nutzen gewillt sind.

Was Schülerexkursionen generell zu leisten vermögen, brauche ich nicht mehr zu erläutern. Über die lern- und entwicklungspsychologischen Gesichtspunkte dieses überwiegend induktiven Lehr- und Lernverfahrens und damit hochkarätigen pädagogischen Unterfangens ist genug gesagt worden — da gibt es nichts entscheidend Neues.

Ich will mich deshalb auf folgende Einzelabschnitte beschränken:

I. Was ist ein Freilichtmuseum und wo liegen seine möglichen Lernziele?
II. Wie kann man diese Ziele erreichen und mit welchen Methoden sollte man arbeiten?
III. Welche Forderungen sind an die Museen und an die Lehrer zu stellen?
(Daß dabei überwiegend auf geographisch-didaktischem Boden verharrt wird, ist bei einem Geographentag — denke ich — statthaft)

I.
Zur Definition eines Freilichtmuseums beziehe ich mich auf Artikel V der Deklaration des International Council of Museums (kurz: ICOM) 1957: „Freilichtmuseen sind öffentliche Einrichtungen, die in der Regel Gebäude beherbergen, die der volkstümlichen und vorindustriellen Architektur angehören. In Freilichtmuseen werden Wohngebäude von Bauern, Hirten, Fischern, Handwerkern, Geschäftsleuten und Arbeitern sowie deren Neben- und Wirtschaftsgebäude (Scheunen, Ställe, Werkstätten und gewerbliche Bauten wie Mühlen, Töpfereien, Kaufläden etc.) aufgebaut. Ihnen gehören außerdem an: alle Bestandteile der ländlichen oder städtischen, der profanen oder religiösen, der privaten oder öffentlichen Architektur dieser Art. Es wird ausdrücklich betont, daß auch Baudenkmale der Hocharchitektur, wie Gutshöfe, Kapellen, historische Gebäude usw. in Freilichtmuseen untergebracht werden können"[1]. Immer gilt jedoch der Satz, daß eine Erhaltung an Ort und Stelle besser ist als eine Translozierung in ein Freilichtmuseum, d.h., daß Freilichtmuseen die Auffassung der Denkmalpflege teilen sollten, nach Möglichkeit Gebäude an ihrem Ursprungsort zu erhalten. Nur wenn dies nicht möglich ist, sollten Baudenkmale überwiegend aus der vorindustriellen Zeit in Freilichtmuseen eingebracht werden.

Am Beispiel des Hessischen Freilichtmuseums möchte ich auf die geographischen Lernziele eines Freilichtmuseums eingehen und dabei auch die ganze Planungssubstanz des Museums — mindestens im Überblick — vorstellen[2].

Das Hessische Freilichtmuseum bemüht sich, wie die meisten Freilichtmuseen, eine anschauliche Begegnungsstätte zu werden mit Strukturen und Lebensweisen unserer Vorfahren — insbesondere im ländlichen Raum. Die bildungstheoretischen Absichten dieser Einrichtung möchte ich partiell am Beispiel einiger geographischer Lernzielgruppen aufbereiten. Ich werde auf die speziellen volkskundlichen, historischen, kunstgeschichtlichen und technischen Lernziele eingehen, die an anderer Stelle zugeordnet werden müssen.

1. Zunächst zu dem Problem der **Siedlungsbilder:**
Gebäude, die nach Abwägung aller Interessen an ihrem ursprünglichen Standort nicht erhalten werden können, werden im Hessischen Freilichtmuseum nach einem Aufbauplan wiedererrichtet, der einen vergleichenden

Einblick in die regionale Differenzierung der hessischen Siedlungslandschaft erlaubt. Um ein willkürliches Sammelsurium von Häusern — also eine Art Altersheim für Fachwerkhäuser — zu verhindern, werden die jeweils charakteristischen Elemente eines bestimmten Siedlungs- und Sozialraums in einer Baugruppe zusammengefaßt. Insgesamt sind 5 Höfegruppen vorgesehen, die durch Wald- oder Hügelkulissen optisch voneinander getrennt sind. Es ist beabsichtigt, alle Haus- und Hoftypen nach Landschaft, Zeitepoche und Betriebsgröße zu differenzieren. Außerdem soll innerhalb der Baugruppen das Spannungsverhältnis zwischen den reichen Gunsträumen, wie z.B. der Wetterau oder der niederhessischen Senke einerseits und den zuzuordnenden Mittelgebirgen, wie z.B. Taunus, Vogelsberg, Rhön andererseits erkennbar werden. Dabei wird deutlich, daß es ganz klare, lupenreine Abgrenzungen von Hauslandschaften im naturräumlich wie territorialgeschichtlich kleingekammerten Hessen nicht gibt. In allen Landesteilen — abgesehen vom Esse-Diemel-Land, wo der niedersächsische Hallenhaustyp dominiert — reicht die Skala von der mitteldeutschen Vier- und Fünfseit-Anlage über den Dreiseit- und Winkelhof bis zum Eindachhof, zum Unterstallhaus und zu den Hirtenhäusern und Tagelöhnerhütten. Damit wird neben der raum-zeitlichen auch eine sozialgeographische Differenzierung erreicht.

Die diesbezüglichen Lernziele könnten lauten:
a) Einblick gewinnen in die Vielfalt der alten Hausformen, sie mit heutigen Wohnformen und Baustilen vergleichen können.
b) Alte Techniken des Hausbaus (Pfosten-, Ständer-, Geschoß- oder Rähmbau) unterscheiden können und traditionelle Baumaterialien (Bruchstein, Fachwerk, Stroh- oder Reetbedeckung, Wandaufbau etc.) im Vergleich mit heutigen Baustoffen benennen lernen und bewerten können.
c) Entsprechende Berufsbilder erfassen und Handwerkszweige definieren können, die beim Aufbau der Gebäude wichtig waren.
d) Frühere Dorf- und Siedlungsformen, je nach Verbreitungsgebiet kennenlernen und ihre Entwicklung bis zu den heutigen Siedlungskörpern verfolgen können.
e) Die hessische Siedlungslandschaft in Genese und Funktion gliedern können.

2. Über diese Lernzielgruppe hinaus gibt es eine weitere, die einen mehr **sozialgeographischen** Charakter hat. Die Herausbildung neuer Sozialgruppen beginnt in vielen hessischen Dörfern schon ansatzweise im Mittelalter. Dieser Vorgang wurde jedoch durch die Bevölkerungsdezimierungen, verursacht durch Seuchen und verheerende Kriege, immer wieder unterbrochen oder ganz rückgängig gemacht. In Hessen beginnt erst hundert Jahre nach dem 30jährigen Krieg bei stark zunehmender Bevölkerung und dem gleichzeitig geübten Rechtsbrauch der Erbteilung ein ökonomischer Zwang an Zusatzeinkommen. Neue, zumeist noch stark dem bäuerlichen Lebenskreis verpflichtete Sozialgruppen bilden sich in Übergangsformen heraus, z.B. Handwerkerbauern, wie Waldschmiede, Köhler, später Weber, Nagelschmiede, Steinhauer, Glasbläser und im 19. Jahrhundert Saisonarbeiter, wie Maurer, Zimmerleute, die in entfernten Städten als Wochen- oder Monatspendler tätig waren. Insbesondere aus dem Bereich der Heimgewerbler und Tagelöhner, die als Kleinstbauern oder Besitzlose auftraten, rekrutieren sich schließlich die ersten Arbeitnehmer.

Da die Gebäude des Freilichtmuseums je nach Funktion und Sozialstatus entsprechend eingerichtet sind, kommt es auch zu einer Begegnung mit Gerätschaften und Wohn- und Lebensweisen der hauswirtschaftlich und teilhandwerklich orientierten Bevölkerung. Wenn man mit den Arbeitsprozessen und den Gerätschaften dieser Sozialgruppe bekanntgemacht wird, kann eine sinnerschließende Wirkung erfolgen. Diese ist geeignet, agrarromantische und nostalgische Betrachtungsweisen zu verhindern, insbesondere dann, wenn man auch die Arbeitsbedingungen eines 12-16-Stundentags berücksichtigt. Wenn Schülern und Besuchern bewußt wird, wie die Menschen früher gelebt haben, wie damals die Wirtschafts- und Versorgungs- und Bildungsbedingungen gewesen sind, dann wird das Reden von der sogenannten „guten, alten Zeit" und einer „heilen Welt" in der Vergangenheit, wo ja nichts mehr weh tut, ad absurdum geführt. Ohne die notwendige Zeitkritik zu vernachlässigen, könnte gerade aus diesem Wissen etwas mehr Zufriedenheit und Bescheidenheit im affektiven Lernzielbereich die Folge sein.

Die hier sichtbar werdenden geographischen Lernziele tangieren stark sozialkundliche und historische Sachbereiche. Mögliche Lernziele wären:
a) Aus den Gehöftanlagen auf die agrarischen Betriebsgrößen und aus der Haus- und Hofeinrichtung auf die sozialen Verhältnisse schließen können.
b) Die Einflüsse der Realteilung auf die Flurverfassung, die Hofformen und das Dorfbild beschreiben können.
c) Die Arbeits-, Wirtschafts- und Abhängigkeitsverhältnisse im Übergang zum Heimgewerbe begreifen lernen.

d) Alte Handwerksberufe in ihren soziotechnischen und sozioökonomischen Bedingungen und Wirkungen erfassen können.
e) Das Problem der Ackernahrung bei zunehmender Bevölkerung verstehen und damit die Umwandlung von der Selbstversorgung aus der Landwirtschaft zum arbeitsteiligen Gewerbe erklären können.

3. Eindeutig geographisch sind auch jene Lernziele, die den **ökologischen** Zusammenhang im Raum ansprechen. Da es, wie gesagt, nicht darum gehen kann, ländliche Idylle zu beschwören, wird im Hessenpark die Forderung des französischen Museumsfachmanns Rivère ernst genommen, der ein „musée écologique de plein air" fordert[3]. Die Grünflächen werden im Bereich der 55 ha des Hessenparks wieder zu blumenreichen, einschürigen Wiesen renaturiert, wie es zur Zeit vor der Chemisierung der Böden und ihrer Intensivnutzung durch die Dauerbeweidung gewesen ist. Kleine Sümpfe und Teiche werden angelegt und die vorhandene Drainage wird zum Teil unterbrochen, so daß auf begrenzter Fläche wieder jene „Schwämme" in der Landschaft entstehen, deren Bedeutung als Regenerationsbereiche des Grundwassers in Zukunft sicher wieder mehr beachtet wird. In Verbindung mit dem Hessischen Bund für Vogelschutz entstehen vielfältige Nistmöglichkeiten und Wiederansiedlungsversuche u.a. mit Störchen. Überdies bemüht sich der Hessenpark um die Rückzüchtung bestimmter Tierarten. Zwei Höfe werden ab 1982/83 historisch-landwirtschaftlich betrieben; der eine arbeitet nach dem System der nicht verbesserten Dreifelderwirtschaft aus der vorphysiokratischen Zeit (Sommerfrucht, Winterfrucht, Schwarzbrache), der andere wird im Stil des frühen 19. Jahrhunderts bewirtschaftet. Dabei werden auch alte Feldfrüchte wie Hirse, Flachs, Buchweizen, Dinkel, Hanf etc. angebaut. Teile des nunmehr seit ca. 20 Jahren überständigen ehemaligen Lohwaldes werden wieder zum Niederwald mit seiner charakteristischen Krautvegetation zurückverwandelt. Auch an eine altertümliche Feldgraswirtschaft und an ein Haubergsystem ist gedacht. Die Waldweide, die besonders im 18. Jahrhundert die Wälder so stark verwüstet hatte, wird in einem kleinen Teil bereits betrieben. Die Überlegungen zum Aufbau einer alten Imkerei (Zeidlerei) sind noch nicht abgeschlossen. Die diesbezüglichen Lernziele könnten lauten:

a) Ökologische Probleme im Vergleich alter Florenbilder mit agrarischer Intensivnutzung erkennen und naturgeschützte Pflanzen benennen können.
b) Gründe für die Wandlungen in den Flächennutzungssystemen und die ökologischen Folgen von technokratisch bestimmten Flurbereinigungen aufzeigen können.
c) Landschaftsschutzgebiete und Naturschutzgebiete in ihrer Zielsetzung definieren können, d.h. die Beseitigung von Umweltschäden in den agrarischen Nutzflächen realistisch einschätzen können.

4. Ein weiteres Anliegen, das durchaus geographische Aspekte aufweist, ist das Problem der **Denkmalpflege**. Weder darf das Museum in den Dörfern wildern und Gebäude nach eigenem Geschmack und Willen abbrechen, noch darf die „Erhaltung am ursprünglichen Ort" zur denkmalpflegerischen Ideologie entarten. Die Konflikte, die zwischen den Kräften der Erhaltung an Ort und Stelle und denen des Verzichts bzw. der Umsetzung in ein Freilichtmuseum entstehen, sind kein Teufelswerk; dem öffentlichen Interesse ist auf alle Fälle der Vorrang zu geben, wenn der privat Betroffene schadlos gehalten werden kann. In Artikel IV der ICOM-Deklaration heißt es: „Wenn sich die klassische Lösung einer Erhaltung an Ort und Stelle als unzureichend erweist, wird man um eine Translozierung des Gebäudes, das man retten will, nicht herumkommen". Nun, wir wohnen seit Jahrzehnten dem Verfall, besser gesagt: der baulichen Umorientierung unserer Dörfer bei. Alte Scheunen und Ställe verlieren zunehmend ihre Funktion, altväterliche Häuser mit niedrigen Stuben ohne Heizung und Sanitäreinrichtung werden gegen den neuen Bungalow oder das Fertighaus am Ortsrand getauscht. Die Gemeinden wollen mehr Grün in die oft stark verschachtelten, engen Dorfkerne bringen, und die Straßenbauverwaltungen müssen der zunehmenden Motorisierung in der Gestaltung der innerdörflichen Verkehrsflächen Rechnung tragen, zumal auch die landwirtschaftlichen Geräte wesentlich größer und sperriger geworden sind. Landwirte siedeln aus in neue, betriebswirtschaftlich rationeller eingerichtete Höfe in der Flur draußen, alte Wirtschaftsgebäude fallen der Spitzhacke zum Opfer oder sie werden zu Garagen, Geschäfts- oder Lagerräumen oder gar Wohnungen umgebaut.

Innerhalb dieser Rahmenbedingungen haben Freilichtmuseen nicht die Aufgabe, die noch fehlenden Gebäude aufzustöbern und abzubrechen. Freilichtmuseen werden mit soviel Abbruchgenehmigungen konfrontiert, daß sie kritisch auswählen können. Dabei kann allerdings nicht ausgeschlossen werden, daß sie als Alibi mißbraucht werden. Freilichtmuseen können, wie das im Hessenpark nachzuweisen ist, umgekehrt die Besitzer alter Häuser zum Umdenken bewegen, nachahmenswerte Beispiele setzen und Erkenntnisse in zweckdienlichen Bautechniken und in der Farb- und Holzrestaurierung vermitteln. Damit wird aktive Denkmalpflege im Sinne der Erhaltung alter Ortsbilder geleistet.

Mögliche Lernziele könnten hier lauten:
a) Abbruchbedrohte Gebäude in ihrem Ensemblewert am alten Standort erkennen.
b) Die Notwendigkeit der Abwägung aller Interessen vor der Translozierung in ein Freilichtmuseum bewußtmachen und eine mögliche Vernichtung durch Erhalt des Gebäudes als Kulturobjekt an Ort und Stelle realistisch einschätzen, z.B. durch Zweckentfremdung und Neu- oder Ausbau.
c) Das Anliegen der Ortssanierung und das der Denkmalpflege als gleichberechtigte politische Dimensionen begreifen und entstehende Konflikte kritisch einschätzen können.
d) Erkennen, daß das Freilichtmuseum leicht als Alibi mißbraucht werden kann, um sich bei Abbrüchen ein gutes Gewissen zu verschaffen, andererseits Einsicht gewinnen in mögliche Widersprüche zwischen Verfassungsrecht, Gesetzgebung und politischer Wirklichkeit.

Da wir im Hessenpark nicht alle Gebäude originär ausstatten, sondern ca. 50-60 landeskundliche Themen in Kurztexten, Bildern, Grafiken bearbeiten und darstellen, ergeben sich auch auf diesem Sektor eine ganze Menge geographischer Inhalte, die auf eine anschauliche Weise vermittelt werden. Es handelt sich auch hier meist um Themen, die den ländlichen, d.h. den bäuerlich-handwerklichen Lebenskreis betreffen, Themen, die in unseren großartigen Landesmuseen in Wiesbaden, Kassel und Darmstadt nicht erfaßt sind. In den großen Landesmuseen wird die Welt der Natur, der Prähistorie, insbesondere aber die Kultur der Oberschichten, also des Adels, der Kirchen, des Großbürgertums, kurz: die große Kunst in großartiger Form dargeboten. Die Welt jener Bevölkerungskreise, die in der Mitte des vorigen Jahrhunderts noch ca. 90 % unserer Bevölkerung betrugen und im ländlichen Raum lebten, wird dort kaum erfaßt. Wir versuchen, das im Freilichtmuseum so gut es geht nachzuholen. So werden beispielsweise Themen, wie die Auswanderungs- und die Einwanderungsvorgänge in Hessen aufgezeigt, d.h. also Lernziele angestrebt, die etwas mit räumlicher Mobilität und mit Distanzproblemen zu tun haben. Außerdem werden Fragen der Ausbildung des Natur- und Kulturraums einzelner hessischer Landschaften dargestellt und damit eminent geographische Lernziele vermittelt.

II.

Fragen wir daher nun im zweiten Abschnitt nach den lerntheoretischen und lernorganisatorischen Aufgaben in Museen schlechthin und in Freilichtmuseen im besonderen. Sicher genügt es nicht, wenn sich Forscher auf die museale Darstellung ihrer eigenen Sammelleidenschaft begrenzen und sogenannte wertfreie Forschungsaufträge für die Wissenschaft in den Museen absolvieren wollen. Dieter Gaffga, der mit Walter Sperling in Trier am Beispiel des Karl-Marx-Hauses über die geographischen Aspekte des Bildungsverhaltens berichtet hat, machte deutlich darauf aufmerksam, daß die „sakrale Aura" der Museen abzustoßen ist und daß die gegenwärtigen Lebensbedingungen und Anforderungen auch bei dem Besuch in den Museen berücksichtigt werden müssen. Wenn man also keine Musentempel, sondern einen echten Lernort will, muß man museumsdidaktisch entsprechende Überlegungen anstellen.

Wir müssen zugeben, daß Schüler oft Museumsbesuche als lästige Pflichtübungen oder als einen bloßen schulfreien Tag empfinden und Museen schließlich mit den Vokabeln „langweilig, verwirrend, staubig, muffig" usw. versehen. Man muß sich wirklich fragen, ob Museen ihren Auftrag immer richtig verstanden haben, indem sie alles vorführen wollten, was sie zu zeigen hatten und darüber zu kunstgewerblichen, heimatkundlichen oder technischen Rumpelkammern geworden sind. Man muß sich auch fragen, ob wir nicht durch Funk, Fernsehen und illustrierte Zeitschriften mit Bildungsgut aus Museen übersättigt sind und ob Museen andererseits nicht zuviel an Bildungsbereitschaft und geistiger Leistung verlangen.

Der Hessische Museumsverband hat schon vor längerer Zeit eine enge Zusammenarbeit zwischen Schule und Museum gefordert und Museen überhaupt als Teil eines gesamten Bildungssystems gesehen[4]. Nun kann man nach meiner Auffassung Museumsbesuche nicht einfach verordnen, sondern es muß eine pädagogische Motivation vorhanden sein. Ohne didaktische Begründung, die aus dem Unterricht herauswächst, wird der Museumsbesuch zur formalen Ableistung eines Programmes und ist meistens zum Scheitern verurteilt.

Museen sollten selbst Lerneinheiten anbieten, womit eine alte Hoffnung Lichtwarks auf dem Kunsterziehertag 1905 in Hamburg erfüllt würde. Lichtwark forderte, daß „die Museen selbst in der Jugend die Besucher erziehen sollten, die sie sich künftig wünschen".[5] Ich kann diesbezüglich nur ausdrücklich die Arbeiten empfehlen, die Adolf Reichwein in seinem Aufsatz „Schule und Museum" 1941 begonnen hat und wie sie in der Fachgruppe Geographie, Abteilung Didaktik, schon seit mehreren Semestern unter Leitung von Sperling in Trier und von Quandt (Geschichte) nur in Gießen durchgeführt werden[6]. Darüber hinaus ist im Bereich der Geographie-Didaktik zu empfehlen, auf der Basis weiterzugehen, wie sie von Meffert anläßlich eines Besuches mit dem 3. und 4. Schuljahr im Westfälischen Freilichtmuseum Technischer Kulturdenkmale bei Hagen aufgezeigt wurde[7].

Damit sind wir bei dem Thema der Methoden. Man kann in einem Freilichtmuseum etwa dem Vorbild von Meffert folgen und einen Unterrichtsgang vorbereiten. In seinem Vorbereitungs-Unterricht wurde festgestellt, wo und in welchen Branchen die Väter der Kinder im Wupper-Ruhr-Bereich arbeiten und wo die Standorte der eisenschaffenden Industrie im Bergischen Raum liegen. Im Museumsbesuch sollte die Arbeitswelt der Eltern durchschaubarer gemacht und ein technisches Verständnis gewonnen werden, indem Schüler die angesprochenen Dinge augenscheinlich wahrnehmen und materialiter „begreifen" sollten. Wir wissen seit Fiege und aus den Arbeiten der Marburger Psychologen, daß die Erlebnis- und Hafttiefe ungleich größer ist, wenn Schüler nicht dem Abbild, sondern dem Original begegnen und selber einmal in eine Feuerstelle Luft mit dem Blasebalg getrieben oder den Schleifstein in Bewegung gesetzt haben. Wichtig scheint mir, daß Meffert recht getan hat, wenn er sich auf wenige Einrichtungen im Museum beschränkt. Er ließ nur die Feilenschleiferei, die Grobdrahtziehrei und die Sensenschmiede besuchen und ist stets dem exemplarischen Prinzip treu geblieben.

Wenn der Besuch eines Museums so durchgeführt wird, daß man alles anspricht, was es zu sehen gibt, hat man nichts erreicht. Konkret heißt das etwa bei uns im Hessenpark, daß man sich beispielsweise nur auf den Gang durch vier Häuser vom 16. bis zum 19. Jahrhundert beschränken sollte und dabei den Entwicklungsformen der Inneneinrichtungen oder des Herdes, des Daches oder der Fensterformen begegnet. Dabei wird im Prinzip eine ganze Kulturgeschichte dargeboten. Erst beim nächsten Besuch sollte man sich neuen Themen und Objekten widmen.

Werden z.B. überwiegend technische Lernziele verfolgt, dann könnte man sich mit dem Phänomen der Köhlerei, die ja praktisch betrieben wird, mit dem dazugehörigen Haubergwald, den Vorformen des Hochofens, den Rennfeuerstellen, und dem Hammerwerk beschäftigen. Man muß das nun nicht im Unterrichtsgang verwirklichen; mit einem 6. oder 8. Schuljahr läßt sich am besten im gruppenteiligen Verfahren arbeiten. Die Ergebnisse werden im Klassenplenum gewonnen. Allerdings muß dann Zeit bleiben, damit jeder alle besprochenen Geräte und Anlagen im Nachhinein besichtigen kann. Wer glaubt, mit seinen Schülern außer diesem Ensemble (Eisenverhüttung in früherer Zeit) mehr besuchen zu müssen und mehr behandeln zu können, der wird vermutlich keine bleibenden Erinnerungen und keine Lernerfolge bei den Schülern zu verzeichnen haben. Die jeweils durchzuführenden Effektivitätskontrollen werden das beweisen.

Damit ist die Frage der Erfolgskontrolle angesprochen. Meffert hat auf einem Fragebogen unmittelbar nach dem Museumsbesuch Antworten geben und richtige Zuordnungen finden lassen (welche Werkzeuge braucht man zum Herstellen von Feilen? oder: Ordne die Arbeitsstufen bei einem Sensenschmied, oder: Bezeichne die verschiedenen Formen der Wasserräder).

Eilert Ommen hat in einem Modellversuch, wobei die Museen Ostfrieslands zu Bildungsstätten und Lernorten gemacht wurden, eine Reihe von wichtigen Punkten angesprochen, u.a. die Frage, wie man Schüler zur Selbsttätigkeit führen und sie aktivieren kann. Schüler können zu einem vorgegebenen Thema die entsprechenden Materialien und Stoffe suchen, zeichnen, fotografieren, zuordnen, chronologisch einordnen, z.B. ganze Gehöftgruppen. Sie können Arbeitsvorgänge beim Köhler, beim Bäcker, beim Wagner oder Holzschuhmacher beschreiben, in die richtige Reihenfolge bringen, sie können die Landwirte, Schuhmacher, den Schmied befragen. Ommen stellt bei vorgeschichtlichen Themen sogenannte Materialkisten bereit (Ackerbauer-Viehzüchter, „nacheiszeitliche Wildbeuter"). Die hier dem Schüler in die Hand gegebenen Werkzeuge sind nicht bloß „reale Repräsentation", sondern haben insofern Aufforderungscharakter, als sie durch Anfassen, Messen, Wiegen, Ausprobieren Lernvorgänge unterstützen und Größenverhältnisse und Materialeigenschaften erfassen lassen. Man muß von Fall zu Fall prüfen, ob man hier Ähnliches erreichen und anbieten kann.

In dem Museum der Stadt Rüsselsheim durften sich Kinder in Rollen aus früherer Zeit hineinbegeben und bestimmte Vorgänge nachspielen oder kleine Geschichten erfinden. Mit diesbezüglich zunehmender Phantasie stößt man allerdings auch an die Grenzen des didaktisch Sinnvollen.

Hiltrud Eifert, eine Kollegin aus Frankfurt, hat im Hessischen Freilichtmuseum ein Projekt durchgeführt mit einem 3. Schuljahr, indem sie einen Suchbogen austeilte, wobei eine Reihe von Objekten und Detaileinrichtungen zu finden, zu zählen und einzutragen waren. Sie nennt das „Olympiade der Gehirne". Dabei war eine ungeheure Motivation für die Schüler in diesem Alter festzustellen. Es wurde z.B. gefragt: Wieviel Werkstätten befinden sich in der Baugruppe „H" oder: Wieviel Leisten stehen im Regal bei dem Schuster? oder: Wo stand das Haus „X" urspünglich? oder: Wo, wann, warum wurde die alte Schule in „Z" abgebrochen? oder: Nenne vier Gründe für die Auswanderung großer Bevölkerungsteile aus Hessen im 18. und 19. Jahrhundert. Die Kinder erobern sich auch auf diese Weise jedenfalls mit großer Freude und Intensität das Museum und lösen fast im Sinne eines Sports die zu untersuchende Aufgabe.

Das Einsetzen von Arbeitsbögen wurde sehr erfolgreich in anderen Museen bereits angewendet, z.B. in Worms, in dem großen Städtischen Museum (Museumsdidaktisches Zentrum), wo insbesondere Didaktiker der Geschichte hervorragende Arbeitsbögen entwickelt haben. Dabei werden kleine Textvorgaben gegeben, die durch genaues Beschreiben und Beobachten vervollständigt werden, eine Aufgabe, die von dem Schüler leicht erfüllt werden kann. Sie setzt genaues Beobachten voraus und veranlaßt zum Umsetzen der Beobachtung in Sprache. So könnte z.B. ein Text im Hessenpark lauten:

Bis ins 18. und frühe 19. Jahrhundert waren die Rauchhäuser in Hessen stark verbreitet.

1. Beschreibe die Art der Dachbedeckung!
2. Wie haben sich im Lauf der Jahrhunderte innerhalb dieser Häuser der Herd und der Rauchabzug bautechnisch entwickelt?
3. Äußere dich zur Brandgefahr!
4. Kannst du dir das Leben in diesen Häusern bei verschiedenen Wetterlagen vorstellen? Mache dazu einige Angaben!

oder:

1. Informiere dich an der Wandkarte im Flur des Hauses von Grebenau:
    a) welche Phasen der Auswanderungen hessischer Bürger kannst du unterscheiden?
    b) welche Zielgebiete suchten die Auswanderer vornehmlich auf?
    c) welche Hauptgründe veranlaßten sie zum Verlassen der Heimat?

2. Besuche den Raum 1 und studiere die Wandtafeln und Vitrinen:
    a) wie veränderten die Siedler die von den Türken verlassenen Wald- und Steppengebiete Südosteuropas?
    b) ist der Begriff „Donauschwaben" berechtigt, wie kommt er zustande?
    c) zeichne eine Grundrißform der Siedlungen in der Tolnau!
    d) woher kamen die Siedler von Guttenbrunn im Banat?
    e) wie hat sich der Hausbau technisch entwickelt?
    f) welche Versprechungen wurden den Siedlern von den habsburgischen Herrschern (welchen?...) gemacht?
    g) Welche Rolle spielten hessische Auswanderer im Kulturleben Ungarns? Erinnerst du dich an besondere Namen (Budenz, Lotz).

Oder es könnte ein Arbeitsbogen, der sich mit dem engen Thema der Hauskonstruktion beschäftigt, etwa lauten:
Vergleiche die Fensterformen der drei Gebäude X, Y und Z; oder worin besteht der Unterschied von Haus X zum Haus Y im Blick auf seine Konstruktion? oder: Was verstehst du unter einem Ständerbau, wodurch unterscheidet er sich vom Geschoßbau? Vergleiche dazu Vitrine A (Modelle). Zeichne die Grundformen dieser Haustypen!

Mit Oberstufenschülern könnten ökologische Veränderungen durch Untersuchungen in den Feuchtgebieten erkundet werden, sie könnten bestimmte soziologische und sozialhistorische Vorgänge genauer erfassen.

Ausgezeichnete Anregungen zu derartigen Arbeiten findet man in dem Schrifttum, das von dem Römisch-Germanischen Museum in Mainz in Verbindung mit dem Rheinischen Landesmuseum Bonn und dem Museumspädagogischen Zentrum in München herausgegeben wird. Es handelt sich dabei um Unterrichtsmodelle und Stundeneinheiten, aber auch um Aufsätze und Berichte, die von der Zusammenarbeit von Schule und Museum berichten.

III.
Allgemeine Forderungen an die Lehrer und an die Museen

Hildker hatte 1929 auf der Tagung in Berlin „Schule und Museum" bereits formuliert: „Weder hat es das Museum bisher in zureichendem Maße verstanden, die Schule anzuziehen, noch hat die Schule die reichen pädagogischen Möglichkeiten des Museumsbesuchs auch nur annähernd ausgeschöpft."[8] Dieser Satz hat bis heute leider noch seine Gültigkeit. Von bildungspolitischer Seite sind jedoch Bemühungen zu verzeichnen, die aufhorchen lassen. Die Kultusministerkonferenzen vom 14.7.62 und 3.7.69 sowie der Deutsche Städtetag vom 14.2.63 haben die Bildungsfunktion der Museen gewürdigt und 1963 hat sich ein UNESCO-Seminar im Essener Folkwangmuseum um entsprechende öffentliche Wirksamkeit bemüht. Die ersten Erfolge scheinen sich aber erst in jüngster Zeit abzuzeichnen. Die diesbezüglichen Fachbereiche der Universitäten und der pädagogischen Hochschulen beginnen erst zögernd, aber zunehmend, museumsdidaktische Probleme in ihre Veranstaltungskataloge aufzunehmen, und Museen in Köln, Trier, München, Nürnberg machen von sich aus entsprechende Anstrengungen.

Wenn Freilichtmuseen heute nicht nur nach dem fragen, was aufzubauen ist, wie es zu bewahren und darzustellen ist, sondern fragen, wozu das Geld aus Steuer- und Stiftungsmitteln eigentlich ausgegeben wird, d.h. für wen die geretteten Gebäude präsentiert und ausgestattet werden sollen und wie Besuchergruppen spezifisch angesprochen werden können, dann beweist das, daß man erkannt hat, welche Bildungsfunktion man dem Museum zutraut.

Ich bin der Meinung, daß sich Freilichtmuseen und Museen überhaupt nicht von vornherein auf die Schulen verlassen sollten. Nicht jeder Kollege ist in der Lage, die einzelnen Themen von seiner eigenen Ausbildung her voll zu erfassen und auf Anhieb didaktisch zu bewältigen. Ich bin deshalb der Auffassung, daß die Museen selbst Veranstalter von Lernprozessen sein müssen, wie es Günter Otto 1970 auf dem Kulturhistorikertag in Köln gefordert hat,[9] d.h. daß Museen selber die entsprechenden Informationen so zur Verfügung zu stellen haben, daß Lehrer etwas damit anfangen können. Das beginnt damit, daß an jedem Gebäude eine Kurzinformation vorhanden sein muß, etwa eine kleine Tafel, auf der die Lage des Ortes dargestellt und wo gesagt wird, um welche Art von Gebäude es sich handelt und in welchem Jahrhundert es gebaut wurde. Es wäre gut, wenn auch sein Grundriß oder Aufriß noch auf der Informationstafel angebracht würde.

Neben diesen Kurzinformationen unmittelbar am Objekt sollten ausführliche Beschreibungen in Sonderheften angeboten werden, die sich allerdings nicht nur mit der Bausubstanz und der volkskundlichen Einrichtung der Häuser beschäftigen, sondern die auch die landeskundlichen Themen aufgreifen, die in Ausstellungen angesprochen sind.

Damit aber nicht genug: zu den Sachinformationen müssen Lerneinheiten treten, die von Fachleuten ausgearbeitet und erprobt sind und von den Lehrern leicht nachvollzogen werden können. Einen derartigen Service seitens der Museen halte ich für unerläßlich. Die Gebäude und Gegenstände teilen sich bei aller Anschaulichkeit auch im realen Gegenüber nicht von selbst mit. Viele Gerätschaften sind technisch überholt und den Kindern unbekannt, denn sie stammen aus einer anderen technischen und sozioökonomischen Situation und werden infolgedessen stumm bleiben. Sie müssen durch Information und durch die Art ihrer Dokumentation erschlossen werden können.

Daß dabei die Anwendung des exemplarischen Prinzips, d.h. die Beschränkung auf wenige Besuchsobjekte für ein Thema bei den Museumsbesuchen dringend geboten erscheint, brauche ich Ihnen nicht mehr zu begründen. Das, was uns bekannt ist aus der Literatur über die Durchführung von Schülerexkursionen, gibt uns hier genügend Aufschluß. Wenn wir uns an diese Erkenntnisse halten, insbesondere an den pädagogischen Grundsatz des „multum non multa", dann können wir der Entwicklung und zum Teil auch der Manipulation zum oberflächlichen Tourismus, wie er weitgehend von unseren Massenmedien betrieben wird, gegensteuern. Bei bestimmten Themen, wie beispielsweise „Anspruch der Denkmalpflege und Translozierung in ein Freilichtmuseum", also „Erhaltung an Ort und Stelle oder Abbrechen" wäre die beste pädagogische Darbietungsform das Entscheidungsspiel.

Auf alle Fälle müssen Schüler genügend Zeit haben, eigene Beobachtungen und Befragungen im Museum durchzuführen, und das Museum selbst muß dem befragten Personal Zeit lassen, positiv zu einem Bildungsprozeß beizutragen. Für die Nachbereitung sollte entweder ein Klassenzimmer im Freien oder (für das Winterhalbjahr) ein geeigneter Raum zur Verfügung stehen, der mit ein paar Grundgeräten ausgestattet ist, um pädagogisch arbeiten zu können.

Wenn ein Freilichtmuseum in der Lage ist, eine einfache Unterkunft zu bieten, so daß Gruppen tagelang konzentriert darin arbeiten können, so wäre damit eine ideale Voraussetzung für Colloquien und Symposien gegeben. Freilichtmuseen haben den Vorteil, daß jene Gegenstände, die auch bei Schülerexkursionen außerhalb des Klassenraums in den Fragehorizont der Schüler gebracht werden, hier genauso sinnvoll und erfolgreich behandelt werden können. Die unmittelbare Begegnung zwischen Bildungssubjekt und Bildungsobjekt verbunden mit einem hohen Maß an Selbsttätigkeit und Motivation verspricht gute didaktische Erfolge. Die anschauungsreiche reale Präsentation in Originalbauten und ursprünglichen Ausstattungen läßt mit sehr großer Wahrscheinlichkeit hoffen, daß sich auch originale Begegnung einstellt. Die Originalität der Gegenstände tut es jedoch noch nicht, wohl aber die Art der unmittelbaren, der realen Begegnung kann erheblich dazu beitragen, daß ursprüngliche, erstmalige Einsichten und Erkenntnisse gewonnen werden, nach Roth: originale Begegnung erfolgt.

Soweit man in Freilichtmuseen auch immer durch die Art der Anordnung von Geräten und durch den Aufbau von Höfen an die Ursprungssituationen zurückgelangt und damit der Wahrheit nahegekommen ist, das wirkliche volle Leben früherer Zeiten wird in diesen Originalgebäuden nicht gelebt. Wie es etwa bei Tiefdruckwetterlagen in den Rauchhäusern ausgesehen hat, wie es sich in den Höfen leben ließ in einer Zeit, als keine sanitären Anlagen, keine Heizung, kein elektrisches Licht usw. vorhanden waren, wie das bei Krankheiten in den Dörfern aussah, die keine ärztliche Versorgung hatten, das bedarf der Vermittler, des Lehrers, aber auch der bild- und texthaften Dokumentation.

Deshalb müssen alle Themen in separaten Heften als Materialsammlung behandelt und durch Lernsequenzen ergänzt und an die Lehrpläne (Rahmencurricula und Rahmenplan Verband Deutscher Schulgeographen 1975) geknüpft werden. Die Aufgabe des Lehrers besteht nun darin, nicht nur die Lernsequenzen anzuwenden, sondern sie weiterzuentwickeln und auch die Museumsleitung über ihre Erfahrung zu informieren. Das Museum muß eine Kontaktperson haben, die zwischen Schule und Museum vermittelt. Im Hessischen Freilichtmuseum soll 1982 ein Didaktiker eingestellt werden. Ich erhoffe mir dann die Erarbeitung systematischer Optimierungsstrategien unter Einbeziehung in die Erfolgs- und Effektivitätskontrollen von Kriterien wie: Erlebnisabläufe, Veranschaulichungstechniken, Ergiebigkeit von Objekten, etc. Dies ist auch deshalb notwendig, weil wir leider immer noch einen Tatbestand zu verzeichnen haben, dem man nicht tatenlos zusehen darf: immer noch veranstalten viele Lehrer mit ihren Schülergruppen in Freilichtmuseen eine Art „Almauftrieb" nach dem Motto: „Seht euch mal um, in zwei Stunden treffen wir uns wieder am Bus." Da Schule jedoch Dienstleistungsverpflichtungen für anderer Leute Kinder übernommen hat, kann ein Museumsbesuch nicht mit ziellosem Wandern oder sinnlosem Herumstolpern und mit „sight seeing"-Tourismus verwechselt werden. So sehr ich die motorischen Kräfte der Schüler schätze und weiß, daß man ihnen Raum geben muß: ein Museum ist dazu nicht geeignet; diese Kräfte sollten besser in andere, sinnreiche Aktivitäten umgesetzt werden. Die UNESCO-Tagung in Essen hat gefordert: „Die Öffentlichkeitsarbeit der Museen muß bereits beim Schulkind anfangen und ist daher auf pädagogisch und didaktisch ausgebildete Erzieher angewiesen."

Das Museum darf jedoch nicht verschult werden, es hat aber jene Lernziele zu artikulieren, die mit einem hohen Anschauungsgrad verbunden auch erreicht werden können. Die museumsdidaktische Arbeit zielt in erster Linie darauf ab (übergeordnete Lernziele, Leitidee), daß es nicht bei dem liebevollen und verträumten Betrachten des Vergangenen bleibt, das oft allzu spielerisch verarbeitet wird, sondern daß das Erbe unserer Vorfahren als Mitgift verstanden wird, das geistig stets neu erworben werden muß, wenn wir es besitzen wollen (Goethe).

Ich kann nur darum bitten und dazu aufrufen, Freilichtmuseen und überhaupt Museen als sehr anschauliche Begegnungsstätten zu begreifen, in denen die Entwicklung der sozialen und wirtschaftlichen Bevölkerungsstruktur, die Lebensweisen unserer Vorfahren sowie historische, technische und wirtschaftliche Vorgänge, Sitte, Brauchtum und Volkskunst etc. in einer elementaren Form den Kindern nahegebracht werden können. Museen, insbesondere Freilichtmuseen, verfügen über eine Fülle von pädagogischen Chancen. Diese öffentlichen Einrichtungen verpflichten vor allem im Blick auf die Kosten, die sie für den Steuerzahler verursacht haben, sie bedeuten eine bildungspolitische und eine gesellschaftliche Verpflichtung für unsere Jugend. Das Angebot in Museen sollte das Gewissen der Gesellschaft schärfen helfen. Auf diese Weise könnte gegen die unselige Nostalgiewelle angekämpft werden, die im Grunde nichts anderes ist als eine Fluchtbewegung vor den Aufgaben der Gegenwart und der Zukunft hin in eine scheinbar heile Welt, wo in rustikalen Heimbars die Fetische wie Spinnräder, Wagenräder, Gaslaternen und ähnliche Dinge angebetet werden. Diese sollen zwar Geborgenheit, ein hoher Wert, erzeugen, sind aber aus ihrem ursprünglichen Zusammenhang herausgerissen und haben nur dekorativen Charakter. Wir sollten Geschichte als die Gegenwart des längst Vergangenen in den Museen als außerschulischen Lernorten erhellen und den geographischen Raum im Wandel als Brennpunkt zwischen Vergangenheit und Zukunft begreifbar machen und verstehbar für Menschen von heute, die durch schulische Erziehung und anschauliche Begegnung mit Relikten aus der Vergangenheit zu konstruktiv-kritischem, verantwortlichem und positivem Handeln in Staat und Gesellschaft befähigt werden sollen.

Museen können Schulstuben sein, laßt uns hineingehen!

Anmerkungen

1   ICOM News, Vol.11, Paris 1958
2   Entwicklung und Zielvorstellungen, aus der Reihe „Hessenpark", H 1, S. 15 ff u. S. 24 ff
3   Zippelius, A.: Handbuch europäischer Freilichtmuseen, 1974, S. 18
4   Hess. Museumsverband e.V.: Geschäftsbericht für 1973/74, Anhang S. 2 ff. und S. 18
5   Lichtwark, A.: Museen als Bildungsstätten; in: Der Deutsche der Zukunft, Berlin 1905
6   Gaffga, P.: Anmerkungen zum Verhältnis Schule und Museum, in: Geographische Aspekte des Bildungsverhaltens, aufgezeichnet am Beispiel der Stadt Trier und Umgebung, Materialien zur Didaktik der Geographie H 3, Trier 1980, S. 115 ff
7   Meffert, B. u. E.: „Lehrwanderung zum ‚Westfälischen Freilichtmuseum technischer Kulturdenkmale' im Sachunterricht des 3. u. 4. Schuljahres", in: Erdkundeunterricht, H. 13, Ernst, E.: Lehrwanderungen im Erdkundeunterricht, Stuttgart 1971
8   Hildker, F.: Schule und Museum, in: Museum u. Schule, Berlin 1930, S. 98
9   Otto, G.: Lernprozesse im Museum, Thesen, in: Kunst u. Unterricht, 1970, H 8, S. 49

Raumwissenschaftliches Curriculum-Forschungsprojekt (RCFP)

Helmut Schrettenbrunner, München

Bericht über Forschungsarbeiten zum RCFP im Rahmen eines DFG-Projekts

1. Ein DFG–Projekt im Anschluß an das RCFP

Nachdem das Raumwissenschaftliche Curriculum-Forschungsprojekt (RCFP), das von 1973-1978 durch Bund und Länder finanziert worden war (2,9 Mio DM), Ende 1978 auslief, lagen 12 Hefte der Reihe „Materialien zu einer neuen Didaktik der Geographie" vor, die Unterrichtseinheiten und deren Evaluation darstellen; außerdem waren ein Unterrichtspaket und ein zusammenfassender Bericht über die erste Projekthälfte veröffentlicht. Darüberhinaus liefen aber auch noch freiwillige Aktivitäten weiter, wie das Fertigstellen, Erproben und Revidieren von Projekten.

Das DFG-Projekt „Empirische Untersuchungen zum Erdkundeunterricht", das sich daran bis Ende 1980 unter Leitung des Verfassers anschließt, stellt sich als Aufgabe, die auslaufenden Aktivitäten des RCFP zu koordinieren, darüberhinaus zu einer Gesamteinschätzung des Projekts zu kommen und selbst eigene Untersuchungen im Bereich der Curriculumarbeit durchzuführen. Von der DFG wurden für 2 Jahre die Mittel für einen wissenschaftlichen Mitarbeiter, für eine Hilfskraft, sowie in geringerem Umfang Sach- und Reisekosten bereitgestellt.

Folgende Einzelheiten sind in Angriff genommen worden:
- eine Überprüfung und Sicherung der Daten von über 7000 Schülern, die bei RCFP-Erprobungen beteiligt waren;
- eine Überprüfung der methodischen Anlage und der statistischen Verfahren, die bei den RCFP-Evaluationen verwendet wurden;
- eine Untersuchung zu den Motivationsphasen und
  eine Analyse der Lernzielorientierung in den RCFP-Einheiten, der Übereinstimmung zwischen Soll-Formulierungen und der Erfüllung in Testitems, sowie der Reliabilität der verwendeten Tests;
- ein Vergleich der Evaluationsverfahren, die beim RCFP und dem amerikanischen Projekt HSGP verwendet wurden;
- die Auswertung von Schülereinstellungen und Schülerinteresse;
- eine Befragung von Geographielehrern, um die Innovationswirkung des RCFP abschätzen zu können;
- die Betreuung von drei noch zu evaluierenden RCFP-Einheiten (Siedlungsspiel, Hallenbad, merkantilistischer Landesausbau);
- und insgesamt die Weiterführung der Öffentlichkeitsarbeit, die sich aus Rundbriefen an Interessenten, aus drei eigenen Tagungen (Geogr. Institut der TU München 1979, 1979, 1980), aus Referaten (CERI-Tagung in Neusiedl/See 1979) und Veröffentlichungen zusammensetzt.

Im folgenden werden einzelne Ergebnisse der genannten Teilprojekte vorgestellt.

2. Zur generellen Beurteilung der Evaluationsverfahren des RCFP

Die UNESCO hat durch ihre Unterabteilung CERI im Jahre 1979 in Neusiedl/See Evaluationen und deren Methoden vergleichend für viele Curriculum-Projekte darstellen lassen, wobei auch das RCFP präsentiert wurde (Geipel, Schrettenbrunner). Als zusammenfassendes Ergebnis der Beurteilung des RCFP läßt sich formulieren, daß die konzeptionelle Ausrichtung vor allem auf die Innovation von Lernzielen, Lerninhalten und Lehrmethoden gelegt war, wobei die Arbeitsgruppen in ihrer Eigenständigkeit kaum eingeengt wurden. Die Schwerpunkte lagen faktisch auf einer äußerst intensiven, angeleiteten Lehrerfortbildung innerhalb der Projektgruppen unter der Annahme, daß die regional über das ganze Bundesgebiet gestreuten Gruppen innovative Wirkungen in den eigenen Schulen und darüberhinaus bewirken würden. Die Erarbeitung und Bereitstellung von Erprobungsmaterial konnte außerdem für die nächste Gruppe von interessierten Lehrern (ca. 300 Erprobungslehrer, insgesamt ca. 1400 Interessenten) die notwendige Information bereitstellen.

Akzeptiert man, daß der **Innovationscharakter** das Hauptmerkmal des RCFP ist, so ergeben sich bei der Personalstruktur (2 hauptamtliche, beim HSGP bis zu 40 Mitglieder des Forschungsstabes) Folgen, die bei echten Curriculum-Evaluationen nicht auftreten sollen. So wurde z.B. als theoretischer Ansatz das STAKE-Modell verwendet, das sich durch den Vergleich der SOLL-IST-Werte von drei Variablengruppen auszeichnet, nämlich: Unterrichtsvoraussetzungen, Unterrichtsprozesse, Unterrichtsergebnisse. In Wirklichkeit wurden nur sehr wenige Variablen erhoben, die für das angestrebte Modell brauchbar sind, so daß wohl ein theoretischer Ansatz, weniger aber eine empirische Füllung vorhanden ist. Ebenfalls kritisch erscheinen die Tests zu Lernzielen, bei denen wegen der nicht existenten Vortests keine Aussage über die Effektivität der RCFP-Einheiten möglich ist; gleichzeitig fehlen Prüfverfahren, ob die Lernziele, die in den Tests abgefragt werden, mit den am Anfang theoretisch formulierten und in der Unterrichtseinheit faktisch gestalteten überhaupt identisch sind. Die Handhabung der Lernzielbeschreibung ist zudem pro Projektgruppe unterschiedlich und auch in einigen Fällen innerhalb einer Gruppe nicht konsistent. Die offizielle RCFP-Instruktion, sich auf zwei Lernzieltypen (regulative, operative) zu beschränken, kam zu spät und bot praktisch kaum eine Lösung der im Detail immer kritischen Lernzielbestimmung. Hierbei wird gleichzeitig wieder deutlich, daß die Hauptkonzeption eben **innovativen** Charakter hatte und weniger curriculum – **theoretischer** Art war.

Vergleicht man das RCFP mit ähnlichen Projekten aus Großbritannien, so stellt sich als Hauptunterschied heraus, daß der Einfluß der Universitätsgeographie beim RCFP größer ist, während die britischen Projekte mehr von kleinen, teilweise nur lokal arbeitenden Lehrer- und Pädagogengruppen getragen werden (s. Marsden).

Ein Vergleich der Evaluationsverfahren des RCFP und HSGP erbringt, daß beim HSGP sehr wohl Vortests für die kognitiven Lernziele vorhanden sind und Aussagen über das Vorwissen und den Lernzuwachs gemacht werden. Allerdings können auch hier unkontrollierte Faktoren auftreten (Sensibilisierung, Aktivierung von Schulen und Lehrern, Ermüdungseffekte, ...). Beim HSGP wurden die Vor/Nachtestergebnisse jedoch nur zweitrangig bewertet, da man als viel entscheidender die Meinungen und Interessen der Schüler erachtet hatte; eine Tendenz, die beim RCFP ebenfalls stark vorhanden ist. Das Evaluationsdesign ist beim RCFP also noch stärker reduziert als beim HSGP, allerdings sind die erhobenen Daten und durchgeführten Berechnungen umfangreicher. Dabei hätte die Anzahl der Erprobungsfälle beim RCFP pro Unterrichtseinheit durchaus geringer sein können, da das Hauptinteresse auf Revision gerichtet war. Diese Zielsetzung, Unterrichtsmaterial zu verbessern, kann auch als befriedigend erreicht gelten. Wollte man andererseits Aussagen machen, die repräsentativen Anspruch erheben sollten, so hätte der Umfang größer sein müssen und außerdem die Auswahl nach einem der üblichen Stichprobenverfahren vorgenommen werden müssen. Dieses Dilemma gilt gleichermaßen für die englischen Projekte und das HSGP, weswegen vom DFG-Projekt eine der Evaluationen nach einem strengen experimentellen Design (varianzanalytischer Art) angelegt worden ist.

3. Schülereinstellungen zum Schulfach Erdkunde
(Bearbeitung des Testprojektes: A. Schaletzki)

Die Erhebung von Schülereinstellungen ist aus den oben angedeuteten Gründen von besonderer Wichtigkeit, zum einen ganz allgemein für das Fach, zum anderen für die einzelnen RCFP-Einheiten und deren Unterabschnitte im besonderen. Hier soll nur die Einstellung zum Fach vorgestellt werden, die anhand einer geschichteten Stichprobe (unter Vermeidung von Klassen-Effekten) aus den ca. 7000 Fällen berechnet wurde, so daß eine hohe Repräsentativität für den gewählten Schultyp angenommen werden kann. Als theoretisches und mathematisches Verfahren wurde das RASCH-Modell angewendet, das überdies bei Erfüllung gewisser Prämissen als populationsunabhängig gilt und die Verarbeitung von qualitativen Daten zuläßt. In unserem Falle wurden Testitems zu Bereich Interesse für das Fach, Wichtigkeit und Schwierigkeit des Faches analysiert (ein Item lautete z.B.: Erdkunde ist mein Lieblingsfach. Antwortkategorien: stimmt – weiß nicht – stimmt nicht).

Eine Itemanalyse der Schülermeinungstests zum Fach Erdkunde am Gymnasium ergab, daß für die vorliegenden Daten das polytome logistische Modell anzuwenden ist. Modelltests nach den externen Kriterien „Geschlecht" und „Note in Erdkunde" und nach dem internen Kriterium „Rohwert" wurden durchgeführt. Sie ergaben die beste Modellentsprechung bei dem Befragungsteil über die Wichtigkeit des Schulfaches. An den Testformen „Interesse für Erdkunde" und „Schwierigkeit des Faches" wurde trotz geringer Abweichungen festgehalten (beispielsweise interessieren sich Mädchen eher **allgemein** für Erdkunde, während Jungen es häufiger als **Lieblingsfach** empfinden). Soviel zu den Vorbedingungen, die für die Anwendung des RASCH-Modells erfüllt sein müssen.

Die Ergebnisse hinsichtlich der drei Bereiche (Interesse, Wichtigkeit, Schwierigkeit) bei Schülern des Gymnasiums lauten in einer knappen Zusammenfassung:

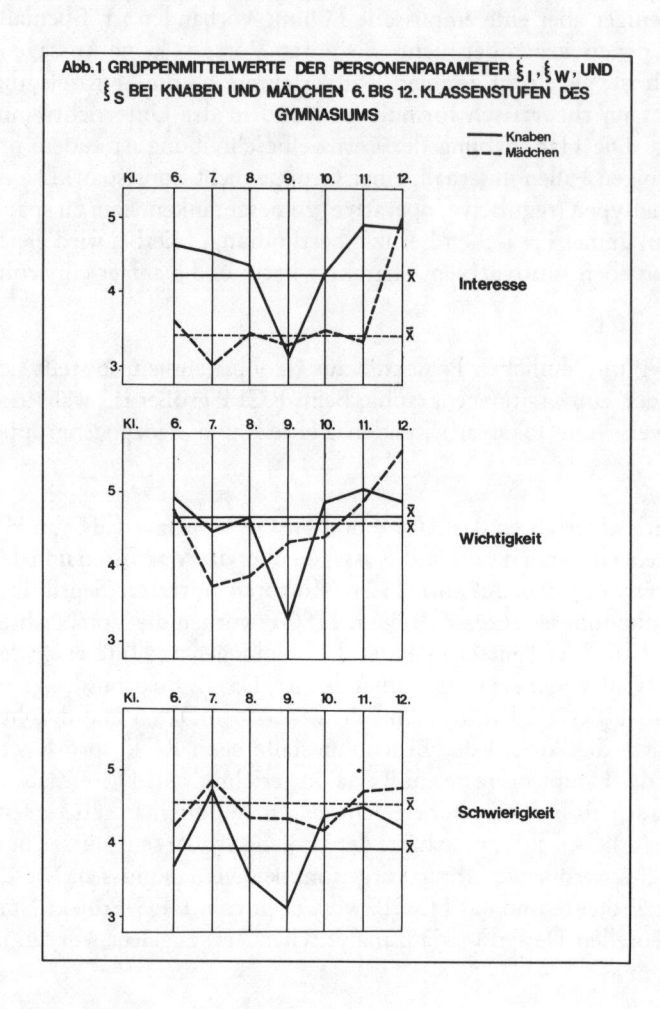

Abb.1 GRUPPENMITTELWERTE DER PERSONENPARAMETER $\xi_I, \xi_W,$ UND ξ_S BEI KNABEN UND MÄDCHEN 6. BIS 12. KLASSENSTUFEN DES GYMNASIUMS

Nur bei Knaben hat die Klassenstufenzugehörigkeit einen Einfluß auf die Einstellung zum Fach (s. Abb. 1). In der 9. Klasse tritt ein Interessenknick auf; das Fach wird vorübergehend für weniger wichtig und für leichter gehalten. Bei den Mädchen verläuft die Einstellung eher kontinuierlich, sie interessieren sich im Durchschnitt weniger und halten den Stoff für schwerer. Da es gleichzeitig in der Schulleistung keine Unterschiede gibt, kann man annehmen, daß sich Mädchen mehr anstrengen müssen, um das geringe Interesse auszugleichen.

Versucht man nun noch weiterzufragen, ob diese 3 Dimensionen der Schülereinstellung eventuell auch durch den Erdkundelehrer beeinflußt sind, so lassen sich folgende Aussagen machen (Tab. 1).

Die Beziehungen zu den Eigenschaften der Lehrer sind nur begrenzt interpretierbar, da unter den freiwilligen Teilnehmern am Projekt Lehrer mit weniger als 5 Dienstjahren überrepräsentiert sind. Diejenigen Lehrer mit längerer Erfahrung, die auch mitmachten, stellen an ihre Schüler wesentlich größere Anforderungen. Diese Schüler sind aber dann auch interessierter und halten das Fach für wichtiger. Hier wird deutlich, wie stark die Lehrerpersönlichkeit oder der Führungsstil die Meinungsbildung der Schüler hinsichtlich des Schulfaches prägen kann. Besonders bemerkenswert wird das Ergebnis gehalten, daß gerade das Niveau der Anforderungen, das immer im Ermessen des Lehrers gestellt bleibt, beim Schüler entscheidend für seine Meinung ist. Unabhängig von der Zahl der Dienstjahre halten Schüler, deren Lehrer Wert auf Benotung legen, das Fach Erdkunde für interessanter und wichtiger (aber nicht für schwieriger). Ein höheres Anforderungsniveau und eine häufigere Benotung wirken sich wahrscheinlich über die Rückmeldung über den eigenen Leistungsstand

Tab. 1 Ergebnisse der t-Tests für unabhängige Stichproben bei den abhängigen Variablen (AV) Interesse, Wichtigkeit und Schwierigkeit bei Aufteilung der Stichprobe nach den unabhängigen Variablen Dienstjahre des Lehrers und Benotung des Projekts

AV		Gruppen	N	$\bar{X}$	s	F	t	df	Signif.
Interesse	Dienstjahre	≤ 5 J. > 5	213 188	3.51 3.93	1.88 1.91	1.30	2.18	399	s.
Wichtigkeit		≤ 5 > 5		4.45 4.95	1.95 1.86	1.10	2.59	399	s.s.
Schwierigkeit		≤ 5 > 5		2.65 3.17	1.66 1.75	1.11	3.04	399	s.s.
Interesse	Benotung	≤ 5 > 5	272 129	3.90 3.30	1.89 1.89	1.01	-2.93	399	s.s.
Wichtigkeit		≤ 5 > 5		4.84 4.36	1.87 1.99	1.15	-2.36	399	s.s.
Schwierigkeit		≤ 5 > 5		2.91 2.87	1.66 1.85	1.24	-0.21	399	-

s. (α = %)
s.s. (α = 1%)

durchaus wie eine positive Verstärkung aus (OERTER, S. 165), die zur positiven Meinungsbildung über ein Fach beiträgt. Eine gute Bewertung der eigenen schulischen Leistung im Fach ist nur über den Lehrer möglich, der vom Schüler gleichzeitig als kompetent und als Fachmann erlebt wird. Daraus wiederum kann sich auch das fachliche Engagement des Schülers richtig entwickeln.

4. Die Diffusion der Innovation des RCFP
(Bearbeiter des Teilprojektes: R. Dolansky)

Ausgangspunkt für dieses Teilprojekt ist die Tatsache, daß das RCFP schon von Anfang an eine sehr starke Öffentlichkeitsarbeit geleistet hat: das Sonderheft 1 des ERDKUNDEUNTERRICHTS (Stuttgart 1971) wurde allen Teilnehmern des Geographentags in Erlangen ausgehändigt, seither wurden sämtliche Schul- und Geographentage zu Anlässen für Ausstellungen und Vorführungen des RCFP, die Erprobungsmaterialien wurden gratis verschickt, etc. Die Fragestellung lautet deshalb: Wie stark ist dieser Innovationsimpuls bei den Lehrern aller Schularten angekommen? Inwieweit lassen sich die theoretisch bekannten Innovationswellen (s. Abb. 2) auch bei einer Erneuerung des Erdkundeunterrichts nachweisen? Zu diesen Fragen wurde 1979 eine Stichprobe (geplantes N = 1270) nach dem Quotenverfahren für drei Schularttypen in Bayern durchgeführt, deren Repräsentativität lediglich durch einen ungleichen Rücklauf etwas eingeschränkt ist.

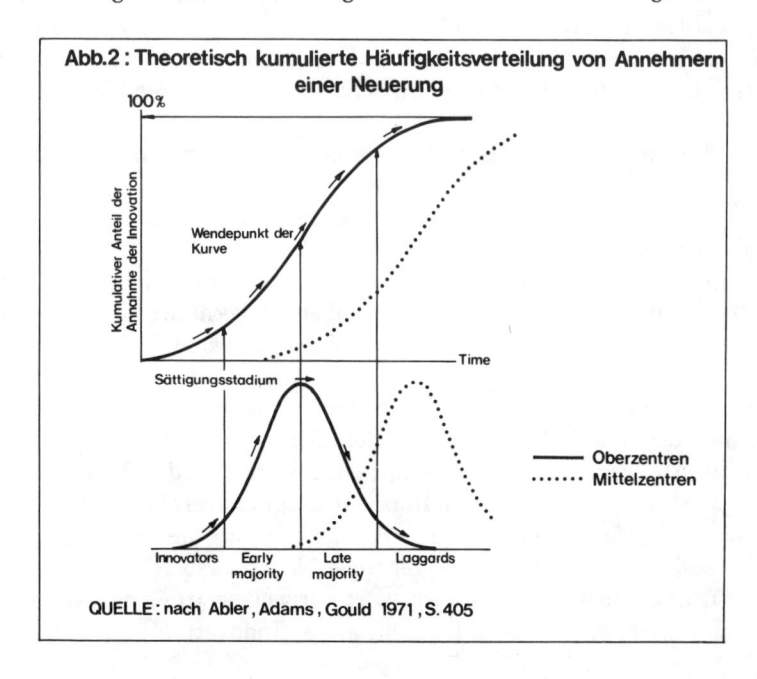

Abb. 2: Theoretisch kumulierte Häufigkeitsverteilung von Annehmern einer Neuerung

QUELLE: nach Abler, Adams, Gould 1971, S. 405

In der Verteilung der Rückantworten wurde eine Abhängigkeit von der Schulart festgestellt. So antworteten 41 % der Grund- und Hauptschullehrer, 63 % der Realschullehrer und 66 % der Gymnasiallehrer. Dabei liegen die Rückantworten der weiblichen Lehrkräfte bei allen drei Schularten eindeutig unter denen ihrer männlichen Kollegen.

Der geringe Prozentsatz der Lehrer, die schon vom RCFP gehört haben, war mit 22,3 % (n = 153) enttäuschend. Signifikante Unterschiede in der Bekanntheit des RCFP ergab eine Differenzierung nach der Schulart. So wußten von dem Projekt 4,9 % der Grund- und Hauptschullehrer, 21,2 % der Realschullehrer und 37,9 % der Gymnasiallehrer. Im Gegensatz zu der Informiertheit über das Projekt konnte bei der **Annahme** der Neuerung keine Abhängigkeit von der Schulart festgestellt werden.

Die Erstinformation über das Projekt erfolgte in fast 3/4 aller Fälle auf persönlicher Ebene, wobei Fortbildungsveranstaltungen und Geographentage einen Anteil von fast 50 % ausmachen. Von den RCFP-Informierten bemühen sich 51 % aktiv um weitere Information, die in etwa zu gleichen Teilen auf persönliche und unpersönliche Quellen entfiel. Bemerkenswert ist, daß die Art der Erstinformation keinen Einfluß auf die Aktivität hat, weitere Informationen über das Projekt einzuholen.

Bei der Auswahl der Stichprobe wurde davon ausgegangen, daß Lehrer, die vom RCFP gehört hatten, die Information an ihre Kollegen weitergeben. Aus diesem Grund wurde je Schule nur eine Lehrkraft angeschrieben. Die Untersuchungsergebnisse zeigen aber, daß diese Annahme nicht ohne weiteres gemacht werden kann, da von den Informierten nur 35,3 % Information über das RCFP an Kollegen weitergegeben haben.

Es lag theoretisch die Annahme nahe, daß die Verbreitung der Innovation über gewisse Informationskanäle geht, die u.a. durch das zentralörtliche Netz bestimmt sein könnten. Eine Überprüfung, **an welchem** Ort die Lehrer ihre Information über das RCFP erstmals erhielten, belegt sehr deutlich welche Rolle die zentralörtliche Struktur spielt (Abb. 3): Die Informierung der Lehrer ist in Bayern über das abgestufte System von den großen zu den kleinen Städten gelaufen, wobei die Oberzentren sehr dominieren. Der Einfluß von Fortbildungsakademien (Dillingen, Gars), der theoretisch ebenso bedeutend hätte sein können, erweist sich als sehr gering.

Vergleicht man mit der Darstellung der Innovationswellen, aufgeschlüsselt nach der Zentralität der **Schulorte**, in denen die über das RCFP Informierten unterrichten, so ergibt sich zwar die gleiche Rangfolge (wobei der Vorsprung der Oberzentren geringer wird), aber der Ausstrahlungseffekt, den Oberzentren bei der Innovation haben, tritt deutlich hervor (Abb. 4 zu Abb. 3).
Eine Abhängigkeit von der Schulart oder der Art weiterer Information konnte nicht festgestellt werden. Dagegen ergaben sich bei der Aktivität nach weiteren Informationen und der Informationsweitergabe hochsignifikante Unterschiede. Dies weist auf andere wichtige Einflußgrößen hin, wie z.B. Innovationsbereitschaft. Da sich diese Variable nicht direkt mittels Fragebogen erheben läßt, wurden mehrere Einstellungsitems dazu herangezogen. Dabei konnte festgestellt werden, daß die Meinungen der Lehrer nach Schularten bei 11 der 17 Einstellungsfragen signifikant voneinander abweichen. Die wichtigsten Unterschiede sind hier aufgelistet:
- Volksschullehrer empfinden die Lehrpläne für Geographie eher veraltet als ihre Kollegen von Realschule und Gymnasium.
- Realschullehrer und Volksschullehrer sind stärker für Lerninhalte der Erdkunde, die auf künftige Verwendungssituationen abgestimmt sind.
- Für eine Verstärkung von Schulversuchen sprechen sich nur Volksschullehrer aus.
- Das Akzeptieren von Frontalunterricht ist an Volksschulen am geringsten, am Gymnasium am stärksten.
- Die Bedeutung, die einer Fachdidaktik zugemessen wird, ist bei den Volksschullehrern am größten.

Mit Hilfe der Faktorenanalyse wurden die aussagekräftigsten Items als Indikator für Innovationsbereitschaft extrahiert und zur Bildung der neuen Variablen verwendet. Der anfangs vermutete Zusammenhang zwischen Einstellung und Informationsweitergabe konnte jedoch nicht bestätigt werden. Weitere Analysen ergaben, daß die Informationsweitergabe fast ausschließlich von Informationsgrad über die Grundideen des RCFP und von der persönlichen Meinung über das Projekt abhängt. Also: Nicht nur die Information, die auf persönlicher Basis vermittelt werden sollte, und nicht nur eine generelle Neuerungsbereitschaft sind für die Weitergabe entscheidend, sondern natürlich auch die ganz subjektive, positive Bewertung der Neuerung des RCFP. Diese Aussagen decken sich mit allgemein bekannten Ergebnissen der Innovationsforschung. Was nun aber für die

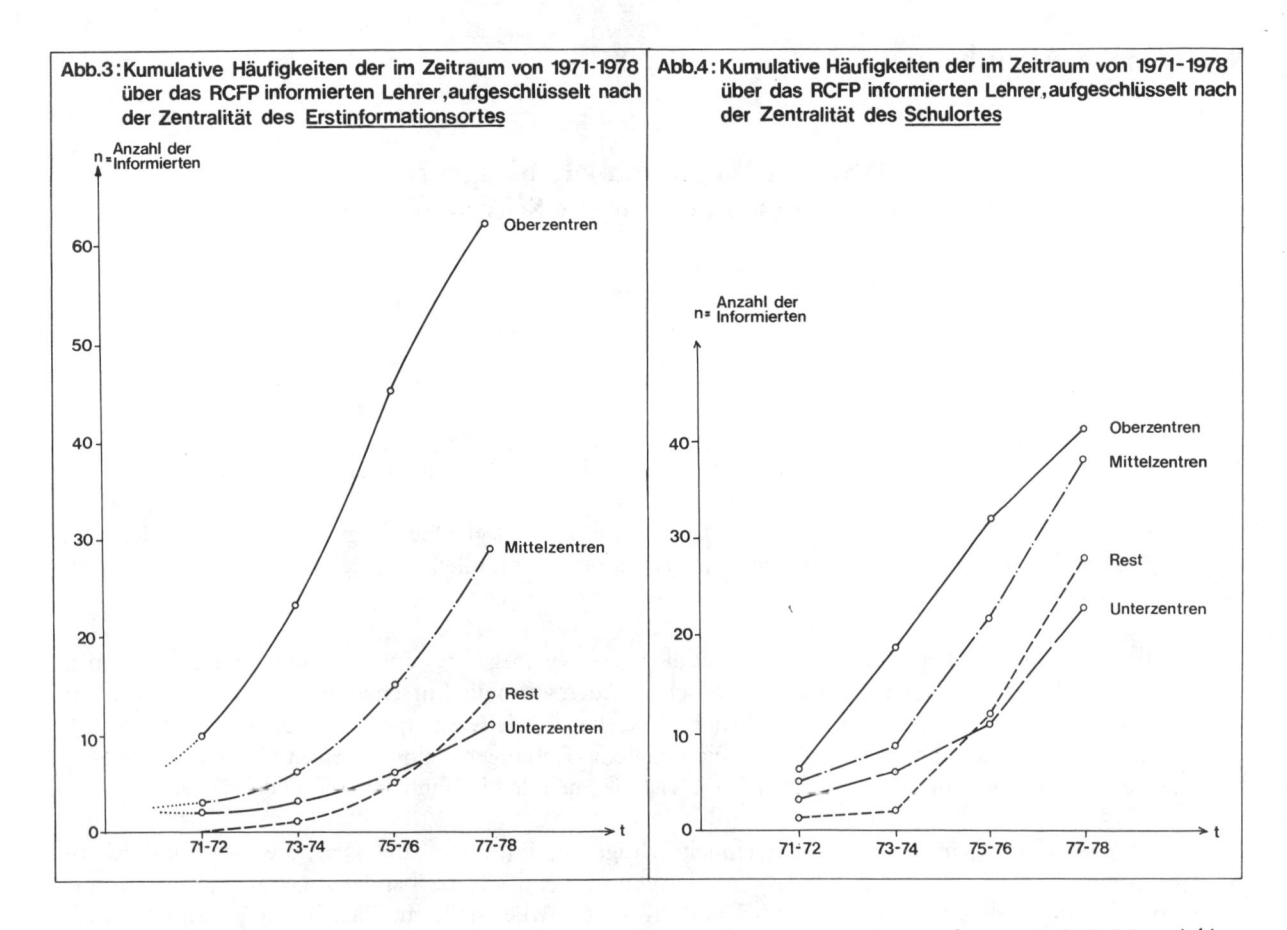

Abb.3: Kumulative Häufigkeiten der im Zeitraum von 1971-1978 über das RCFP informierten Lehrer, aufgeschlüsselt nach der Zentralität des Erstinformationsortes

Abb.4: Kumulative Häufigkeiten der im Zeitraum von 1971-1978 über das RCFP informierten Lehrer, aufgeschlüsselt nach der Zentralität des Schulortes

Weitergabe einer Information gilt, trifft genauso für die Annahme zu (z.B. Verwenden von RCFP-Material im eigenen Unterricht, eventuell Mitarbeit bei einer RCFP-Gruppe).

Erwartungsgemäß wurde das RCFP eher von jüngeren, für Neuerungen positiv eingestellten Lehrern übernommen. Andererseits greifen auch ältere Kollegen zu den Materialien, u.a. deswegen weil sie durch ihre Stellung (z.B. als Ausbildungs-, Seminarlehrer) quasi eine innovative Haltung einnehmen müssen.

Dieser kurze Überblick zeigt wesentliche Unterschiede in den einzelnen Schularten auf, die bei der Einstellung und Erprobung von Lehrplanprojekten Anhaltspunkte geben können. Allgemein scheint die Bereitschaft, neue Projekte zu erproben, jedoch gering zu sein. So sehen auch diejenigen Lehrer, die Unterrichtseinheiten des RCFP ganz oder teilweise verwenden, die Hauptschwierigkeiten in dem zu großen Zeitaufwand innerhalb der Unterrichtszeit. Daneben werden die finanziellen Aufwendungen für die Unterrichtsmaterialien als weiterer hemmender Faktor bei der Verbreitung betrachtet.

Literatur

ABLER, R.; ADAMS, J., GOULD, P.; Spatial Organization, London 1972

FORSCHUNGSSTAB DES RCFP (Hrsg.); Das RCFP, Braunschweig 1978

GEIPEL, R.; Das RCFP: Entstehungszusammenhang, Legitimationsproblematik und Organisation; 2. CERI-Seminar 1979 (im Druck)

MARSDEN, W.R.; The West German Geography Curriculum Project: a Comparative View; in: Journal of Curriculum Studies, 12/1980, No. 1, S. 13-27

OERTER, R.; Moderne Entwicklungspsychologie, Donauwörth ^{12}1973

SCHRETTENBRUNNER, H.; Die Evaluation des RCFP; 2. CERI-Seminar 1979 (im Druck)

Anschrift:
Univ. Erlangen-Nürnberg, Regensburger Str. 160, 85 Nürnberg 30

Wolf Gaebe, Mannheim

Welchen Weg nimmt Reblingen?
Eine Unterrichtseinheit für die Sekundarstufe II

Die zusammen mit W. Hofmeister (Pforzheim) entwickelte Unterrichtseinheit führt beispielhaft in Probleme des ländlichen Raumes ein. Im Mittelpunkt steht die Auseinandersetzung um die beste Entwicklungskonzeption gemessen an dem Beitrag zur Verbesserung der Lebens- und Tätigkeitsbedingungen und an den knappen Mitteln. Einerseits gilt es den Schülern die sich verstärkenden räumlichen Ungleichgewichte deutlich zu machen, andererseits auch den engen Planungsspielraum aufzuzeigen.

Die Verflechtungen zwischen Infrastruktur, Produktions-, Versorgungs- und Wohnstandorten werden in einem überschaubaren Erfahrungsbereich angesprochen. Auch wenn die Entscheidungsprozesse im Problemzusammenhang einer Kleinstadt des ländlichen Raumes behandelt werden, sind sie doch von allgemeiner gesellschaftlicher und räumlicher Bedeutung. Die Probleme Reblingens, einer fiktiven Gemeinde, die einer bestehenden eng nachgebildet ist, sind typisch für viele Gemeinden in ähnlicher räumlicher Lage.

1. Schritt: Der Einstieg in die Unterrichtseinheit erfolgt mit Hilfe von drei Dias, die Siedlungsbild und -umland sowie Probleme Reblingens andeuten: ein unzureichendes Einzelhandelsangebot und Flächennutzungskonflikte durch die Mischnutzung mit Wohnungen und Arbeitsstätten. Da Dias nur physiognomische Eindrücke vermitteln können und keine genauen Aussagen über das Versorgungsangebot und die Flächennutzung, z.B. nicht über den Arbeitsmarkt (Arbeitsplatzdefizit, Auspendlerüberschuß) machen, ist eine gründliche Analyse der Raumsituation erforderlich. Die Schüler benötigen u.a. Informationen über Entwicklungsengpässe, Zielkonflikte und Planungsbeschränkungen, wenn sie die im Gemeinderat diskutierten Entwicklungsalternativen beurteilen sollen.

2. Schritt: Um die Informationssuche inhaltlich und zeitlich zu begrenzen, da die Unterrichtseinheit in etwa 8 Stunden durchgeführt werden soll, werden zu sechs Untersuchungsgesichtspunkten
1. Größe und Lage im regionalen Siedlungs- und Verkehrsnetz,
2. Bevölkerungszusammensetzung, -entwicklung und -prognose,
3. Siedlungsentwicklung und Wohnqualität,
4. Oberflächengestalt, Flächennutzung und Nutzungsmöglichkeiten,
5. regionaler Arbeitsmarkt,
6. Infrastruktur und Versorgungsangebot,

Fragen formuliert. Anhand von Karten, Abbildungen, Tabellen im Schülerheft sollen sie entsprechend von sechs Arbeitsgruppen beantwortet werden.

3. Schritt: Die Vorträge der sechs Arbeitsgruppen im Plenum verbreitern und vereinheitlichen den Informationsstand. Für die anschließende Diskussion der in früheren Gemeinderatssitzungen bereits skizzierten Entwicklungsalternativen, über die der Lehrer informiert, werden die Schüler nach geäußertem oder erkennbarem Interesse einer der drei „Fraktionen" zugeordnet:
- den Befürwortern einer status quo-Entwicklung oder Entwicklung vorhandener Ansätze (gleichrangige Bedeutung haben Arbeitsplätze, Wohnungen, Versorgung),
- den Befürwortern einer Ansiedlung von Industrie (es liegt die Anfrage eines Industriekonzerns vor),
- den Befürwortern eines Ausbaus der Naherholungs- und Freizeiteinrichtungen (vorrangige Bedeutung haben Sicherung und Ausbau des Wohn- und Freizeitwertes).

Das Rollenspiel der simulierten Gemeinderatssitzung mit eingehender Diskussion der jeweiligen Vor- und Nachteile schließt mit der Abstimmung über die Entwicklungsalternativen ab. Nach der Entscheidung für eine Entwicklungskonzeption muß dann entsprechend der Flächennutzungsplan überarbeitet werden,

4. Schritt: Die Entscheidung soll nun mit Hilfe einer sog. Nutzwertanalyse überprüft werden. Wie der Name sagt, wird nur der Nutzen verglichen, der bei Verwirklichung der einzelnen Entwicklungsalternativen erwartet wird. Dabei wird, bezogen auf die Teilziele:

    Verbesserung des Arbeitsplatzangebotes,
    Verbesserung der Versorgung mit kommunalen Dienstleistungen,
    Verbesserung des privatwirtschaftlichen Versorgungsangebotes,
      möglichst geringe Umweltbelastung,
      möglichst gutes Wohnungsangebot,

der jeweilige Nutzen bestimmt und aufaddiert. Anschließend folgt eine kritische Reflektion der getroffenen Entscheidung, z.B. hinsichtlich Art und Umfang der notwendigen Investitionen und der erhofften privatwirtschaftlichen Folgeinvestitionen.

5. Schritt: Dieser Schritt führt über die eigentliche Unterrichseinheit hinaus. Zwei Erweiterungsvorschläge sind vorbereitet: 1. ein Vergleich der im Unterricht getroffenen Entscheidung mit der tatsächlich in der Gemeinde getroffenen Entscheidung, der Reblingen nachgebildet wurde, 2. eine allgemeine Analyse der Probleme des ländlichen Raumes, u.a. der Infrastruktur, der Erwerbsstruktur, der Siedlungsstruktur und der Mobilitätsvorgänge. Zur Erleichterung einer solchen Analyse sind der Unterrichseinheit drei Karten des Raumes beigegeben, in dem Reblingen liegt.

Die Unterrichtseinheit wurde regional erprobt und danach überarbeitet. Unterrichtserfahrung und Befragungen der Schüler zeigten eine hohe Motivation, sich mit Entwicklungskonzeptionen für eine Kleinstadt auseinandersetzen. Sie ist im Klett-Verlag veröffentlicht.

Irmgard Schickhoff, Duisburg

(K)ein Platz für Kinder –
Ein Ballspielplatz für das Handwerkerviertel
Eine Unterrichtseinheit für die 3./4. Klasse

Die im folgenden in ihren Grundzügen vorgestellte Unterrichtseinheit wurde im Rahmen des Raumwissenschaftlichen Curriculum-Forschungsprojektes von der regionalen Projektgruppe Karlsruhe-Duisburg erstellt. Diese Gruppe hatte sich zum Ziel gesetzt, nach Inhalt, Form und Altersstufenbezug differenzierte, jedoch eng aufeinander bezogene Unterrichtseinheiten zum Rahmenthema „Auf der Suche nach dem besten Standort für öffentliche Einrichtungen" zu entwickeln. Sie war der Überzeugung, daß die Beschäftigung mit Fragen optimaler Standortfindung und Bereichsgliederung für zentrale öffentliche Einrichtungen für die Schule bedeutsam sei und daß diese theoretisch-methodisch interessante wie raumplanerisch bedeutsame Standortproblematik öffentlicher Einrichtungen Bestandteil eines neuen Geographieunterrichts an den Schulen sein müsse.

Eine Sequenz von vier Unterrichtseinheiten von der Primarstufe bis zur Sekundarstufe II soll den Schülern Einblick in den kommunalen Standortplanungsprozeß vermitteln und sie zur Beteiligung an Problemen der Gestaltung ihrer räumlichen Umwelt anregen. In dieser für die Primarstufe entwickelten Unterrichtseinheit soll der Schüler erkennen,
- daß die Frage, wo ein Ballspielplatz in seinem Wohngebiet errichtet werden soll, seinen eigenen Lebensbereich betrifft;
- daß die Suche nach dem „besten" Standort dem Bemühen entspricht, einen Ausgleich zwischen verschiedenen Zielvorstellungen und Interessen herbeizuführen und
- daß objektivierende Verfahren zur Standortfindung und zur Beurteilung von Planungsalternativen eine notwendige Entscheidungshilfe darstellen.

Für die in fünf Unterrichtsabschnitte gegliederte Unterrichtseinheit wurden aus der Vielfalt möglicher Fragenkomplexe nur die beiden folgenden ausgewählt.

I. Zur räumlich unterschiedlichen Ausstattung mit Spielplätzen:
   In welchen Gebieten fehlen Spielmöglichkeiten, und welche Folgen hat die mangelnde Ausstattung mit Spielplätzen?

II. Zur Standortwahl von Spielplätzen:
   Wo sind neue Spielplätze zu errichten; nach welchen Kriterien ist die Standortentscheidung zu treffen?

In den ersten beiden Unterrichtsabschnitten, die den erstgenannten Fragenkomplex zum Inhalt haben, sollen die Schüler erkennen:
1. Ballspielplätze müssen innerhalb einer bestimmten, höchstens zumutbaren Entfernung zu den Wohnungen der Kinder liegen, sonst werden sie nicht in Anspruch genommen. Gebiete, die mehr als diese kritische Distanz von einem Ballspielplatz entfernt sind, müssen als unterversorgt gelten.
2. Die höchstens zumutbare, kritische Entfernung kann als Reichweite des Spielplatzes aufgefaßt werden. Für die Reichweite ist weniger die Luftlinienentfernung von Bedeutung. Sie wird vielmehr bestimmt durch den zeitlichen Aufwand für die tatsächlich zurückzulegenden Wege.

Die übrigen drei Unterrichtsabschnitte, die sich mit dem zweitgenannten Fragenkomplex beschäftigen, sollen dem Schüler folgende Einsichten vermitteln:
1. Die Nutzung eines Grundstückes als Ballspielplatz sollte verträglich sein mit der bestehenden oder geplanten Nutzung der Nachbargrundstücke.
2. Ein Ballspielplatz sollte innerhalb seines Einzugsgebietes so liegen, daß er von allen Kindern möglichst gut erreichbar ist.

3. Die Wege zwischen den Wohnungen der Kinder und dem Ballspielplatz sollten sicher sein in dem Sinne, daß keine unzumutbaren Verkehrsgefährdungen für die Kinder auftreten.

Um diese Lernziele zu erreichen, wird von einer Karte eines fiktiven städtischen Wohngebietes (genannt Handwerkerviertel) ausgegangen, auf der vier Standortalternativen für den Ballspielplatz vorgegeben sind und aus denen eine möglichst günstige ausgewählt werden soll.

Im dritten Unterrichtsabschnitt wird daher die folgende Frage in den Mittelpunkt gestellt: Soll ein Ballspielplatz neben einem Altenheim errichtet werden? Diese unmittelbare Nachbarschaft wird von den Schülern als unverträglich angesehen, und dieses Grundstück wird aufgrund seiner Lageeigenschaft ausgeschlossen.

Der vierte Unterrichtsabschnitt behandelt dann folgendes Problem: Wann ist ein Ballspielplatz möglichst gut erreichbar? Was bedeutet das Kriterium „in der Mitte liegen" bzw. „zentral liegen"? Das bedeutet in diesem Falle doch, daß auf dem auszuwählenden Grundstück ein Ballspielplatz für das **gesamte** Handwerkerviertel eingerichtet werden soll. Und das bedeutet insbesondere, daß kein Haus im Handwerkerviertel weiter als der höchstens zumutbare zeitliche Aufwand (festgesetzt auf 10 Minuten) von dem Grundstück entfernt sein darf.

Für Standortplanungen, bei denen die Erreichbarkeit eine Rolle spielt, gibt es eine Möglichkeit, die zentrale Lage, die Lage in der Mitte oder die optimale Erreichbarkeit sehr anschaulich zu definieren: Ein Standort ist umso besser erreichbar (liegt umso zentraler bzw. mehr in der Mitte), je geringer der Unterschied zwischen dem Weg (gemessen durch den zeitlichen Aufwand) des am entferntesten und dem des am nächsten wohnenden Benutzers ist. Dieses Kriterium entspricht dem nach größtmöglicher Gerechtigkeit (hinsichtlich des Wegeaufwandes) und ist dem Schüler unmittelbar einleuchtend.

Für die Anwendung dieses Kriteriums wird bei den Schülern die Fähigkeit vorausgesetzt, Punkte auf einer Karte lokalisieren, Wege zwischen zwei Orten finden und ihre Länge mit Hilfe einer Maßstabsleiste und eines Gitternetzes bestimmen zu können. Diese Fertigkeiten werden i.a. von den Schülern einer 3./4. Klasse beherrscht.

Das dritte Lernziel soll schließlich dadurch erreicht werden, daß das Problem der Sicherheit der Wege zum Ballspielplatz thematisiert wird. Welche Veränderungen ergeben sich für die Standortentscheidung dadurch, daß eine vorgegebene Straße im Einzugsgebiet des Ballspielplatzes eine Hauptverkehrsstraße ist, die nur an einer bestimmten Kreuzung mittels einer Ampelanlage gefahrlos überquert werden kann? Durch diese Bedingung wird von den Schülern eine erneute Entscheidung zwischen den vorgegebenen noch übriggebliebenen drei Standortalternativen gefordert, die natürlich aufgrund des im vorigen Unterrichtsabschnittes erarbeiteten Kriteriums überprüft werden kann.

Die Unterrichtseinheit ist insgesamt so aufgebaut, daß am Ende dieser Einheit mehrere Alternativen möglich sind, die von den Schülern diskutiert und vertreten werden können. Die verschiedenen Alternativen ergeben sich z.B. durch die Anlage einer weiteren Ampel an der erwähnten Hauptverkehrsstraße oder durch den Bau von zwei Ballspielplätzen für die jeweils durch die Hauptverkehrsstraße getrennten Einzugsbereiche. Für letztere Alternative kann man den Standpunkt vertreten, daß eine Hauptverkehrsstraße mitten durch das Einzugsgebiet eines Ballspielplatzes selbst bei optimaler Sicherung durch Ampelanlagen an jeder Kreuzung zu gefährlich ist, da Kinder häufig dazu neigen, nicht die gesicherten Übergänge zu benutzen, sondern zwischen ihnen die Straße zu überqueren.

Den Schülern soll durch diese verschiedenen Alternativen die Tatsache bewußt werden, daß Standortentscheidungen letztlich politische Entscheidungen sind und somit nie für alle Beteiligten ein optimales Resultat haben können. Unterschiedliche Planungsalternativen ergeben sich aus der verschiedenen Gewichtung der vorgegebenen Ziele. Die Schüler sollen sich deshalb für eine Alternative frei entscheiden können, müssen aber die gewählte Alternative begründen und deren Vor- und Nachteile gegenüber den anderen Lösungen darstellen, wobei der gesamte Gedankengang der einzelnen Unterrichtsabschnitte Berücksichtigung finden soll.

Literatur

BAHRENBERG, G./SCHICKHOFF, I. unter Mitarbeit von S. Arntzen, W. Müllers, J. Schön: (K)ein Platz für Kinder – Ein Ballspielplatz für das Handwerkerviertel. Erprobungsfassung einer Unterrichtseinheit der Karlsruher Projektgruppe des RCFP. In: Materialien und Manuskripte der Universität Bremen – Schwerpunkt Geographie, Heft 4, 1980

Walter Grau, Vaterstetten

Werkstattbericht RCFP-Unterrichtseinheit Verkehr im ländlichen Raum: Pro und Contra Streckenstillegung Ebersberg – Wasserburg am Inn

Bei allen Vorzügen, die die Projekte des RCFP den Lehrern der verschiedenen Schulformen und Jahrgangsstufen für ihre Unterrichtsarbeit bieten, stellt das Problem einer oftmals nicht vorhandenen Lehrplankonformität immer wieder ein echtes Hindernis dar, sogar als hervorragend erkannte Unterrichtsprojekte einzusetzen. Den für einen solchen Einsatz notwendigen Freiheitsraum haben nebenbei bemerkt auch die zunehmenden Stundenkürzungen in Erdkunde sowie besonders die exakten Formulierungen von verpflichtenden Lernzielen und Lerninhalten in den Curricula und Lehrplänen noch mehr eingeengt. So ist zum Beispiel das RCFP-Projekt „Tabi Egbe will nicht Bauer werden" (Erprobungsfassung) für den Einsatz gerade auf der Orientierungsstufe ideal, auf Grund der Lehrpläne ist es aber z.B. in Bayern in den Jahrgangsstufen 5 und 6 des Gymnasiums praktisch kaum einsetzbar.

Ein weiteres Problem beim Einsatz der Projekte besteht darin, daß bei Themenbereichen, die sich auf Fragen der Raumplanung und Raumentwicklung im Bereich der Bundesrepublik beziehen, der motivierende Stellenwert einer persönlichen Begegnung mit dem konkreten Raum häufig nicht in Erscheinung treten kann, etwa wenn man das RCFP-Projekt „Der Geltinger Bucht soll geholfen werden" (Erprobungsfassung) an einer Schule im Alpenraum behandeln will. Sollen hier echte raumbezogene Schüleraktivitäten in Erscheinung treten, so würde es sich empfehlen, bei Beibehaltung der Grundthematik (oder besser gesagt der nicht am jeweiligen Raumbeispiel ausgerichteten Komponente der Lernzielvorstellungen) im Transfer ein Beispiel aus dem Nahbereich der Schüler, etwa Fremdenverkehrsentwicklungen in einem Alpengebiet, als Raumbeispiel zu nehmen.

Sicher sind diese beiden kurz angeschnittenen Aspekte den Autoren des RCFP-Projekts „Verkehr im ländlichen Raum" bewußt. Sie stellen ihrem relativ weit vorstrukturierten Curriculum „Im Flughafenstreit dreht sich der Wind" damit ein sehr „offenes" Curriculum gegenüber und wollen Lehrer und Schüler zur eigenen Mitgestaltung des Themas anregen. In sieben Unterrichtsvorschlägen für die Klassen 6 bis 11 geben sie einen Rahmen vor, in welchem durchaus das oben genannte Problem der oft fehlenden Lehrplankonformität zu lösen ist. Auch wenn im Materialteil dieses Curriculums immer wieder konkrete Raumbezüge zu erkennen sind, so sind doch die Zielvorstellungen und die Verlaufsschemata so allgemein strukturiert, daß dem Lehrer die freie Wahl eines Raumbeispiels, mit dem die Schüler aus eigener Anschauung vertraut sind, durchaus möglich ist. Dies und die Tatsache, daß auch die Schüler den Unterrichtsablauf mitbestimmen können, begründet den hohen Motivationsgrad dieses Projekts.

Aber nicht nur in Aufbau und Inhalt, sondern auch im Modus seiner Erprobung stellt dieses Curriculum sicher ein Novum im Rahmen des RCFP dar. Lehrer und Schüler können, gerade wegen der offenen Form der Unterrichtseinheit im Rahmen der Erprobung stärker in Richtung auf eine Mitentwicklung des Projektes tätig sein und ihre aus der eigenen Situation entwickelten Vorstellungen über Unterrichtsinhalte und -abläufe in die Revisionsüberlegungen einfließen lassen.

Das Maria-Therasia-Gymnasium in München (Math.-Naturw. Gymn.) hat wiederholt schon Unterrichtseinheiten des RCFP ausprobiert. Dabei konnten im Rahmen ihrer Ausbildung im Studienseminar für Erdkunde immer wieder Referendare wichtige Anregungen für ihre spätere Tätigkeit gewinnen. So wurde das RCFP-Projekt „Verkehr im ländlichen Raum" gemeinsam mit Herrn StRef Wolfgang Götz vom 8.5.-29.5.1979 in der Klasse 11b (29 Schüler, nur männlich, 17-18 Jahre alt) im Unterricht durchgeführt. Herr Götz hielt das Studienseminar durch Kurzberichte über das Projekt auf dem Laufenden. Nach Vorbesprechungen mit anderen, ebenfalls an der Erprobung beteiligten Fachkollegen, ferner im Studienseminar und insbesondere mit der Klasse wurde beschlossen, den Vorschlag 6 der RCFP-Gruppe „Debatte: Pro und Contra Streckenstillegung der Bundesbahn" auszuführen. Für dieses Thema sprach zunächst ein konkreter Fall im Nahraum der Schule, der besonders auch in der Presse lebhaft diskutiert wurde. Ferner war auch im Bayerischen Lehrplan für die Jahrgangsstufe 11 in Erdkunde ein bestens geeigneter Rahmen gegeben. Dieser Lehrplan sieht für diese Jahrgangsstufe neben einem „geographischen Forschungsprojekt" (es wurde das Thema „Nördlinger Ries" behandelt) die „Strukturanalyse eines Raumes" vor. Über dieses Unterrichtsgebiet haben eine Reihe von Autoren bereits publiziert; den Überlegungen von Bauer, Hasch, Jahn und Kistler stehen neuerdings besonders die Ausführungen von Engelhardt und Popp gegenüber. Auf die aus diesem Gegensatz entstandene Diskussion soll hier nicht näher eingegangen werden. Am Maria-Theresia-Gymnasium wird der sich daraus ableitende Zwiespalt so gelöst, daß ein vorgegebenes Untersuchungsgebiet zunächst im Sinn von Hasch als „Geflecht der Raumfaktoren" durch die Schüler untersucht wird. Im Fall der Klasse 11b war es – wie gewöhnlich – der Münchner Osten unter besonderer Berücksichtigung des Landkreises Ebersberg. Diese Untersuchung stellt die Vorarbeit für das eigentliche Projekt dar. Dieses orientiert sich zentral an einem bestimmten Bereich der Geographie (z.B. Verkehr, Ökologie), der bewußt bei der Vorarbeit ausgespart bzw. nur mit einem geringen Stellenwert angesetzt wurde und erst im Rahmen des Projekts vertieft behandelt wird. Solche Projekte waren am Maria-Theresia-Gymnasium z.B. 1977: „Der Markt Glonn als Fremdenverkehrsort", 1978: „Erdölgewinnung bei Aßling", 1979: „Streckenstillegung Ebersberg – Wasserburg/Inn" und 1980: „Gefahr für das Landschaftsschutzgebiet Dobel bei Grafing durch Kiesabbau". Alle Raumbeispiele liegen im oben genannten Untersuchungsgebiet, das den Schülern eines Gymnasiums im Osten von München weniger als Wohngebiet, als vielmehr in der Funktion als Freizeitraum bekannt ist.

Dem eigentlichen RCFP-Projekt ging am 22.3.1979 eine Arbeits- und Demonstrationsexkursion voran. Die Schüler sollten aus eigener Anschauung einen einheitlichen Kenntnisstand über das Untersuchungsgebiet erhalten. Neben der Besichtigung der genannten Bahnstrecke wurde eine bereits 1971 stillgelegte Strecke (Grafing – Glonn, ebenfalls im Untersuchungsgebiet) teilweise mit dem Bus abgefahren. Die Schüler wurden angehalten, eine Fülle von Erscheinungen im Gelände zu beobachten und in Arbeitsbögen festzuhalten. Höhepunkt der Exkursion war eine gemeinsame Sitzung mit dem Bürgermeister einer von der geplanten Stillegung betroffenen Gemeinde (Steinhöring) im Rathaussaal, die bei den Schülern einen hohen Grad an Betroffenheit hinterließ und ihre Grundeinstellung zum Projekt wesentlich beeinflußte.

Weitere Vorarbeiten bestanden in der Ausarbeitung und Auswertung von Fragebögen, die an verschiedene Bürgermeister aus Gemeinden im Bereich der beiden Bahnlinien geschickt wurden. Ferner wurden Materialien aus dem behördlichen Bereich, bes. von Bundesbahn und Landratsamt, besorgt, Zeitungsausschnitte zu dem Thema gesammelt und durch die Schüler Strukturkarten (als Arbeitsblätter oder Folien) angefertigt, die bei der Durchführung des eigentlichen Projekts Verwendung finden sollten. Alle diese Vorbereitungen dienten dazu, daß der Schüler bei Beginn des RCFP-Projekts mit dem gesamten räumlichen Hintergrund vertraut sein würde.

Bis zu diesem Zeitpunkt war das RCFP-Material noch nicht eingesetzt worden; es fand auch nicht Verwendung bei der Diskussion über die Wahl des Themas „Streckenstillegung". Erst mit dem Beginn des Projekts am 8.5. 1979 wurden die vorgegebenen Materialien, insbesondere das Heft D, an die Schüler ausgeteilt. Da in diesem Heft konkrete Bezüge zu dem gewählten Beispielraum fehlen, mußte weiteres Material für die Hand des Schülers (von Herrn StRef. Götz) ausgearbeitet werden. Hierbei fand eine Handreichung von W. Grau und K. Hable (ebenfalls Referendar eines früheren Seminars) Verwendung. Verschiedene Materialien wurden amtlichen Unterlagen entnommen. Auch wurden weitere Medien erarbeitet: aus Lehrer- und Schüleraufnahmen wurde eine Diaserie mit 15 Bildern aufgestellt und mit interessierten Schülern besprochen. Andere Schüler fertigten Informationsplakate an. Auch Material von F. Schaffer über Streckenstillegung in Verdichtungsräumen gelangte zur Ausstellung. Im Rahmen des Werkstattberichts wurde das gesamte, außerhalb des Angebots des RCFP angefertigte Material vorgestellt.

Der vorgesehene Ablauf des Projekts war nun ebenfalls Gegenstand einer Vorbesprechung von Lehrer und Schülern. Die Vorschläge der RCFP-Gruppe München wurden im Grundsatz genehmigt, lediglich wurde auf Wunsch der Schüler die Abstimmung I erst kurz vor die Debatte gelegt, also im Gegensatz zu dem Vorschlag erst nach der gesamten Vorbereitung derselben. Dieser Schritt verhinderte weitgehend den Einfluß der Vorbereitungen auf das Ergebnis der Abstimmung II, die am Ende der Debatte vorgesehen war. Diese Diskussion war somit also für einen etwaigen Meinungswechsel Grundlage. Bei einer solchen Entscheidung war eben doch das Vorbild einer beliebten Fernsehsendung in seinem Einfluß nicht zu übersehen. Weiterhin wurden die Zeitvorstellungen der RCFP-Gruppe diskutiert und weitgehend verändert. Schließlich mußte auch noch eine schriftliche Prüfung (Kurzarbeit über den gesamten Stoff) am Ende der Unterrichtseinheit eingeplant werden.

Gemäß den Vorstellungen der Bearbeiter des Projekts erfolgte dann am 11.5.1979 der Einstieg. Die Problemlage: wirtschaftliche Situation der DB und der Auftrag zur Netzreduzierung wurde vom Referendar im

Frontalunterricht in 45 Minuten dargestellt, nicht in 5 (!) Minuten, wie im Vorschlag der Projektgruppe. Unter Umständen wäre auch denkbar gewesen, die Thematik durch Kollegiaten eines Leistungskurses in Referaten vortragen zu lassen, evtl. auch durch gute Schüler der genannten Klasse. Am 15.5.1979 fand dann die genaue Problemstellung und die Rollenverteilung, sowie die organisatorische Vorbereitung der Debatte statt. In dieser Stunde konnten die Vorschläge der RCFP-Gruppe betr. Aktionsformen und Zeitplan voll eingehalten werden. Auch die evtl. vorgesehene Hausarbeit war nötig.

Für die Debatte wurde die Klasse zunächst in insgesamt sechs Arbeitsgruppen von rund fünf Schülern aufgeteilt. Jede Gruppe wählte aus ihrer Mitte einen Sprecher, der dann in der Debatte eine ganz bestimmte Rolle zu übernehmen hatte. Für diese Rolle arbeiteten die Mitglieder der Gruppe — nebenbei unabhängig von der persönlichen Einstellung des Einzelnen — die jeweils relevante Argumentation aus. Ihre persönliche Einstellung konnten sie freilich dann — soweit sie keine Rolle übernommen hatten — in der Debatte artikulieren. Folgende Rollenverteilung lag der Debatte zu Grunde: ein Schüler war als Vertreter der Bundesbahn (allgemeine Verwaltung) vorgesehen, ein weiterer als Experte der Bundesbahn für den konkreten Fall; weitere Rollen waren: Mitglied einer Kreistagsgruppe, die für die Stillegung der Strecke und die Verwendung der ehemaligen Gleisbettung für eine Umgehungsstraße votiert, Mitglied einer anderen Kreistagsgruppe, die den wirtschaftlich geringer entwickelten Osten des Landkreises vertritt und gegen die Streckenstillegung ist, Vertreter der von den Stillegungsplänen der DB besonders hart betroffenen Stadt Wasserburg am Inn, die bereits 1972 ihren Kreissitz verloren hatte, Sprecher einer Bürgerinitiative der ebenfalls betroffenen Gemeinde Steinhöring, die (nebenbei bemerkt) im Rahmen der Vorexkursion besucht worden war.

Der Debatte am 18.5.1979 ging dann zunächst auf Wunsch der Schüler die im Projektentwurf früher vorgesehene Abstimmung I voran. Es ergab sich ein Stimmenverhältnis von 12:3 gegen die Stillegung, bei 9 Enthaltungen. Wahrscheinlich wäre das Ergebnis am 11.5.1979 — also bei Beginn der Unterrichtseinheit — anders ausgefallen. Ansonsten wurde für den Ablauf der Debatte der Vorschlag der RCFP-Gruppe München voll eingehalten. Im Verlauf der Stunde erfolgten zuerst die Argumentationen der einzelnen Sprecher; es schloß sich eine Diskussion mit den übrigen Schülern an, als deren Ergebnis Pro- und Contra-Meinungen thesenartig zusammengefaßt wurden. Die darauf folgende Abstimmung II brachte dann als Ergebnis 18:0 gegen die Stillegung, bei 6 Enthaltungen. Nebenbei bemerkt ging auch die DB im Herbst 1979 wieder von ihren Stillegungsplänen betr. diese Bahnlinie ab; der Schülerwunsch, auf dieser idyllischen Strecke in Großstadtnähe zumindest an Sonntagen Dampfzüge fahren zu lassen — nebenbei auch ein Wunschtraum vieler Bürger — ist freilich aus grundsätzlichen Überlegungen (noch?) nicht möglich.

Am 22.5.1979 erfolgte dann — entsprechend dem Vorschlag der RCFP-Gruppe — die Zusammenfassung und Ergebnissicherung — leider, möchte man fast sagen, auch im Rahmen einer termingebundenen Kurzarbeit. Daß bei aller Freude an den RCFP-Projekten auch schriftliche Noten nicht zu vermeiden sind, wird dem Lehrer im Rahmen eines Projektablaufes immer wieder bewußt.

Der 29.5.1979 brachte dann — unter Verwendung der dazu vom RCFP vorgesehenen Materialien — die Abschlußdiskussion mit Befragung der Schüler. Die Debatte vom 18.5.1979 wurde dabei von der Mehrheit der Schüler als mindestens nützlich bezeichnet, es wurde angegeben, daß sie ebenfalls der Mehrheit viel Spaß gemacht hat. Trotz aller gemeinsamen Planungen hatten die Schüler aber immer noch nicht den Eindruck, den Unterrichtsverlauf wesentlich mitzubestimmen. Auch waren sie sich erst allmählich über die Ziele der Unterrichtseinheit klar. Vielleicht ist die straffe Unterrichtsführung, die wegen der geringen zur Verfügung stehenden Zeit einfach notwendig war, der Grund dafür, daß die große Möglichkeit der Mitgestaltung (so legten die Schüler z.B. weitgehend die Rollen in der Diskussion fest) nicht so transparent wurde.

Die von uns erprobte Unterrichtseinheit war im ganzen gesehen wohl erfolgreich. Das Interesse an Fragestellungen der modernen Wirtschafts- und Sozialgeographie wurde geweckt und schlug sich auch bei der Kurswahl im folgenden Jahr eindeutig nieder. Diese Ergebnisse wurden aber auch schon in den Vorjahren mit den anderen oben genannten Projekten erzielt, die allerdings auch nicht in der gebräuchlichen Art und Weise strukturiert waren. Freilich soll nicht verschwiegen werden, daß in diesem Zusammenhang immer wieder Anregungen (bes. auch methodischer Art) aus früher schon durchgeführten RCFP-Projekten wirksam wurden. Das RCFP hat sich also auch als eine Form der Lehrerfortbildung gezeigt, die Lehrer geradezu zum Methodentransfer auf andere Beispielräume befähigt.

Das von der genannten RCFP-Gruppe im Lehrerband und in den Schülerheften vorgegebene Material bietet im Fall der Unterrichtseinheit „Verkehr im ländlichen Raum" dem Lehrer – anders wie bei den bisherigen Projekten – keine „fertigen" Unterrichtseinheiten. Bei diesem Projekt erhält der Lehrer vielmehr nur eine „Grundausstattung" an Vorschlägen für den Unterrichtsablauf, ferner Materialien zu allgemeinen, raumübergreifenden Bereichen und Informationen zu etlichen Raumbeispielen, die zwar für einen Transfer anregend sind, für die Durchführung eines ganzen Projekts aber wohl kaum ausreichen. Im Gegensatz zu den anderen RCFP-Projekten bleibt es dem Lehrer und den Schülern überlassen, die Materialbeschaffung selbst durchzuführen. In diesem Zwang zum Transfer aber liegt gerade der hohe didaktische Stellenwert dieser Unterrichtseinheit. Der Lehrer hat sicher mehr zu „tun", als bei anderen RCFP-Projekten. Zwar liegt gerade in der Bereitstellung hervorragender Materialien ihre Bedeutung, der Lehrer erhält aber im Fall des „Verkehrs im ländlichen Raum" erhöhte Lehrplankonformität und Adressatenrelevanz als Gegenleistung. Mit diesem Unterrichtsmodell hat das RCFP jedenfalls einen Weg beschritten, der neben den anderen vorstrukturierten und materialgebundenen Einheiten in Zukunft – wenn überhaupt noch möglich – weiter verfolgt werden sollte. Denn es sollte nicht nur die Eigenaktivität der Schüler, sondern auch die der Lehrer im Rahmen des RCFP verbessert werden!

Literaturverzeichnis

Akademie für Lehrerfortbildung Dillingen/Donau: Erdkunde in der 11. Klasse, Akademiebericht Nr. 26, Dillingen 1975

BAUER, L.: Einführung in die Didaktik der Geographie, Darmstadt 1976

BAUER, L.: Wissenschaftstheoretische Grundlegung, Zielsetzung und Durchführung einer Regionalanalyse, in: Hasch, R. (Hrsg.) Strukturanalyse eines Raumes, München 1977

Deutsche Bundesbahn: Umstellung schwacher Personenverkehre von der Schiene auf die Straße; Strecke Ebersberg-Wasserburg (Inn) Stadt, Schreiben vom 15.11.1978

GRAU, W. u. HABLE, K.: Materialien zur Strukturanalyse des Landkreises Ebersberg, vervielfältigte Unterlagen zur Fortbildung von Lehrkräften (Landeshauptstadt München), München 1976

GRAU, W.: Das Nördlinger Ries und seine Entstehungstheorien, GR 1978/4

HASCH, R.: Methoden der Durchführung einer Raumanalyse, veranschaulicht an signifikanten und transferierbaren Beispielen aus Bayern, in: Hasch, R. (Hrsg.) Strukturanalyse eines Raumes, München 1977

HASCH, R.: Raumanalyse im Unterricht der 11. Klasse – Nordschwaben, GR 1978/4

JAHN, W.: Strukturanalyse eines Raumes, Beispiel Allgäu, München/Paderborn 1976

JAHN, W.: Strukturanalyse eines Raumes – Beispiel Allgäu, GR 1978/4

JAHN, W.: Das Allgäu, Materialien und Anleitungen zur analytischen und synoptischen Raumbetrachtung, München/Paderborn 1979

KISTLER, H.: Die Zielsetzung des Curricularen Lehrplans für die 11. Jahrgangsstufe des Gymnasiums, in: Hasch, R. (Hrsg.) Strukturanalyse eines Raumes, München 1977

Landratsamt Ebersberg: Niederschriften über Sitzungen des Kreistages und seiner Ausschüsse – versch. Datum

Lehrplan für die 5. und 6. Jgst. der Gymnasien in Erdkunde: KMBl. I So. Nr. 10/1976

Lehrplan für die 11. Jahrgangsstufe der Gymnasien in Erdkunde: KMBl. I So. Nr. 7/1977

POPP, H. (Hrsg.): Strukturanalyse eines Raumes im Erdkundeunterricht, Donauwörth 1979

RCFP Projekt: Materialien zu einer neuen Didaktik der Geographie (in Auswahl): Nr. 2: Im Flughafenstreit dreht sich der Wind, München 1975; Nr. 4: Tabi Egbe will nicht Bauer werden, München 1976; Nr. 7: Der Geltinger Bucht soll geholfen werden, München 1977; o. Nr.: Verkehr im ländlichen Raum, München 1978

SCHAFFER, F. u.a.: Streckenstillegung in Verdichtungsräumen?, Ausburger Sozialgeographische Hefte Nr. 3, Neusäß/Augsburg 1979

Süddeutsche Zeitung (Beilage Ebersberger Neueste Nachrichten): Berichte zu den Diskussionen über die Stillegung der Bundesbahnstrecke Ebersberg-Wasserburg (Inn) Stadt – versch. Datum

Das Literaturverzeichnis enthält Titel zum konkreten Fall des Projektes Pro und Contra Streckenstillegung, aber auch allgemein zum Geographieunterricht in der Jgst. 11 der Gymnasien in Bayern, in dessen Rahmen das Projekt durchgeführt wurde.